D1701352

WINDGESICHTER

Herausgegeben und fotografiert von:
Jan Oelker

Vorwort:
Peter Ahmels

Texte:
Christian Hinsch
Andrea Horbelt
Bernward Janzing
Dierk Jensen
Ralf Köpke
Jan Oelker
Nicole Paul

Texte Bildseiten:
Jan Oelker
Dierk Jensen

Zeittafel:
Jan Oelker

Redaktionelle Bearbeitung:
Jan Oelker
Dierk Jensen
Ralf Köpke

Gestaltung:
Jens Mangelsdorf

WINDGESICHTER

Aufbruch der Windenergie in Deutschland

Inhalt

Vorwort von Peter Ahmels

Heute sind die erneuerbaren Energien ein selbstverständlicher Bestandteil der energiepolitischen Diskussion. Man glaubt fast, es sei nie anders gewesen. Die Verteuerung der fossilen Energien und der Klimawandel beschleunigen die verstärkte Nutzung der regenerativen Quellen. Allein in Deutschland stehen rund 17 000 Windkraftanlagen, die sieben Millionen Haushalte mit Strom versorgen können. Nicht zu vergessen: Dadurch werden jährlich 25 Millionen Tonnen Kohlendioxid weniger in die Atmosphäre gepustet.

Mit der Nutzung der Windenergie ist eine Branche entstanden, die hier zu Lande jährlich rund 4,6 Milliarden Euro erwirtschaftet. Die Windenergie hat gezeigt, dass bei konsequenter Förderpolitik der Strom sehr schnell deutlich billiger erzeugt werden kann.

Diese Erfolgsgeschichte ist aber kein Selbstläufer gewesen. Dieser Prozess, hat drei Jahrzehnte gebraucht. Und hinter dieser Entwicklung stehen Menschen mit einer individuellen Geschichte, persönlichen Motivationen und konkreten Visionen.

Das Buch „Windgesichter" porträtiert die individuellen Wege der Protagonisten dieser Entwicklung, wobei die Auswahl der Personen nur repräsentativ und nie vollständig sein kann. Denn es sind viel mehr, die an diesem Prozess mitgewirkt haben.

Neue Lösungen. Der erste Teil des Buches fokussiert auf die Entwicklung der Technologie: „Aus Windrädern werden Kraftwerke."

Der Ausbruch der ersten Ölpreiskrise liegt über 30 Jahre zurück, nach der Reaktorkatastrophe von Tschernobyl sind fast 20 Jahre vergangen. Sie war der entscheidende Auslöser für die verstärkte Suche nach neuen Lösungen auf dem Energiesektor. Dazu kommen der immer spürbarer werdende Klimawandel sowie die wirtschaftliche Abhängigkeit von Energieimporten. Die Geschichte hat den Vordenkern Recht gegeben. Im Herbst 2005 kletterte der Ölpreis erstmals auf über 70 Dollar pro Barrel. Es gibt damit genug gute Gründe, von der atomaren und fossilen Energieerzeugung auf erneuerbare Energien umzusteigen.

Diese Notwendigkeit haben einige früher erkannt, andere brauchen noch etwas länger. Die Entwicklung der Windenergietechnologie ist nur der erste Schritt auf dem Weg zu einer dezentralen und regenerativen Energiebereitstellung. Dänemark hat dabei in den Achtzigerjahren die Pionierarbeit geleistet und gezeigt, dass es möglich ist, Strom aus Windenergie zu erzeugen und ins öffentliche Netz einzuspeisen. Deutschland hat daran angeknüpft und in den Neunzigerjahren die Vorreiterrolle in der Windstromerzeugung übernommen, aber auch in der Weiterentwicklung der Windtechnik.

Zunächst liefen zwei Prozesse parallel. Einerseits waren da die staatlich finanzierten Forschungsprogramme der Siebziger- und Achtzigerjahre. Dabei entstanden Prototypen, die zwar viel Know-how, aber eben keine Serienanlagen hervorbrachten.

Auf der anderen Seite gab es Eigenbauer und Kleinstfirmen, die meist von Idealismus getragen einfache kleine Windkraftanlagen bauten, denen aber die Anbindung an das wissenschaftliche Know-how fehlte.

Erst in der zweiten Hälfte der Achtzigerjahre entstanden professionelle Firmen. Sie brachten das Know-how der Großen mit dem Enthusiasmus der Kleinen zusammen. Eine hochdynamische Entwicklung begann, die von mittelständischen Firmen vorangetrieben wurde. Sie gaben der Technologie den entscheidenden Schub zur Markteinführung – unterstützt von vorausschauenden politischen Rahmenbedingungen.

Neue Politik. Der zweite Teil des Buches – „Zivilcourage gegen das Strommonopol" – beleuchtet, wie das Strommonopol der klassischen Energieversorger durch das Auftreten vieler privater „Stromerzeuger" löcherig wird.

Dabei werden die unterschiedlichen Entwicklungen bei der Windkraftnutzung an der Küste und im Binnenland, die besondere Situation im Osten Deutschlands sowie unkonventionelle Projekte dargestellt.

Die ersten Betreiber von zumeist aus den Niederlanden und Dänemark importierten Windkraftanlagen hatten jedoch weniger mit der Technologie der Maschinen zu kämpfen, sondern mehr mit den Hürden der Bürokratie. Besonders hochohmig war der Widerstand der Netzinhaber gegen die neuen Marktteilnehmer. Schließlich haben die neuen unabhängigen Stromerzeuger das Jahrzehnte alte Monopol in seinen Grundfesten erschüttert – schon lange bevor die Liberalisierung einsetzte.

Deshalb war und ist für den Ausbau der Windenergie die Unterstützung der Politik und der Verbandsebene enorm gefragt. Eine zentrale Rolle spielte dabei das Stromeinspeisungsgesetz, das ab Anfang 1991 galt. Es legte nicht nur die Höhe der Vergütung fest, sondern postulierte auch eine Abnahme- und Vergütungspflicht. Damit bot sich die einzige Chance, etwas Neues gegen einen geschlossenen Strommarkt zu installieren, der selbst noch in hohem Maße subventioniert wurde und wird.

In einer Fülle von Rechtsstreitigkeiten hat sich die klassische Energiewirtschaft gegen dieses Prinzip zur Wehr gesetzt. Sie hat durch alle Instanzen bis zum europäischen Gerichtshof verloren. Das Stromeinspeisungsgesetz ist mittlerweile zweimal verbessert worden. In den Jahren 2002 und 2004 fanden die entscheidenden Abstimmungen zum Erneuerbare-

Energien-Gesetz statt. Jetzt waren alle Alternativen in die Förderung einbezogen.

Dabei handelt es sich um eine Regelung und keine Reglementierung, die die Lösung des Problems so lange forciert, bis sie sich am Markt selbst durchsetzt. Sie stellt die Interessen der Allgemeinheit, den Klimaschutz, über die Interessen einiger weniger konventioneller Stromversorger.

Die erneuerbaren Energien bieten eine höhere Lebensqualität und wirtschaftliche Perspektiven für viele. Der Ressourcenverbrauch verringert sich. Ökologische, soziale und wirtschaftliche Probleme lassen sich so intelligent lösen. Und sie eröffnen Wege zu mehr Demokratie. Durch die Bildung demokratischer Strukturen in der Wirtschaft lassen sich Machtmonopole aufweichen.

Neue Aussichten. Mittlerweile haben die erneuerbaren Energien einen Marktanteil von mehr als elf Prozent erreicht, eine Quote, bei der den „alten" Energieunternehmen spürbar Umsätze und Margen verloren gehen.

Die erneuerbaren Energien haben in allen Umfragen immer eine sehr hohe Zustimmung von 65 bis über 80 Prozent erreicht. Nicht nur die Naturschutzverbände heben immer wieder die Notwendigkeit der grünen Energien für den Klimaschutz hervor. Gerade jetzt wird auch klar, dass der Preisanstieg bei importierten Brennstoffen wie Öl und Gas nur aufzuhalten ist, wenn Alternativen vorhanden sind. So ist Strom an der Börse in nur einem Jahr um 50 Prozent teurer geworden. Erneuerbare Energien hingegen werden mit Sicherheit billiger. Daneben schaffen sie Arbeitsplätze im Land. Der Export umfasst inzwischen gut 60 Prozent der gesamten Wertschöpfung.

Deshalb hat die klassische Elektrizitätswirtschaft ihre Strategie geändert: Die erneuerbaren Energien werden nicht mehr grundsätzlich in Frage gestellt, sondern nur noch das System zur Markteinführung. Die großen Stromkonzerne favorisieren ein kompliziertes Zertifikatsmodell, weil es wettbewerbskonformer sein soll. Europaweit liegen mit Quoten- oder Zertifikatssystemen erste Erfahrungen vor. Sie sind administrativ schwieriger zu handhaben und unter dem Strich vor allem für den Konsumenten deutlich teurer.

Dennoch ist die Taktik durchschaubar. Der ungeliebte Wettbewerb vieler privater Anbieter soll ausgeschaltet werden. Denn nur für Unternehmen mit „eigener Hausbank" sind die Risiken des Zertifikatssystems finanzierbar. Außerdem kann durch eine moderate Quote die Geschwindigkeit des Ausbaus deutlich abgebremst werden. Dies alles ist in Italien und Großbritannien zu beobachten.

Die Politik hat erheblichen Handlungsbedarf. Sie muss die einzelbetrieblichen Interessen der Stromversorger gegen die langfristigen Preis- und Versorgungsrisiken der Verbraucher abwägen. Auch internationale Verpflichtungen, die die Bundesregierung im Interesse des weltweiten Klimaschutzes eingegangen ist, müssen erfüllt werden.

Außerdem muss sie ein Interesse daran haben, rare Arbeitsplätze in einer boomenden Exportbranche zu erhalten und auszubauen. Die erneuerbaren Energien und allen voran die Windenergie erfüllen all diese Erwartungen.

***Peter Ahmels** | „Die erneuerbaren Energien bieten höhere Lebensqualität und wirtschaftliche Perspektiven für viele."*

Deutschland ist erneuerbar. Das haben die Protagonisten dieses Buches bewiesen. Sie stehen stellvertretend für viele andere, die an dieser Stelle nicht erwähnt wurden, stellvertretend für 130 000, die in der Branche der erneuerbaren Energien tätig sind und auch für die, die ihr Geld als Kommanditisten oder Aktionäre in diese zukunftsfähige Energiealternative investiert haben.

Viele haben dabei Geduld und Ausdauer bewiesen, wie auch Jan Oelker. Vor mehr als sechs Jahren hat er die ersten Ideen für das Buch „Windgesichter" präsentiert. Anschließend hat er bundesweit über 100 Windpioniere interviewt und fotografiert.

Gemeinsam mit den Autoren ist er an die Wurzeln der deutschen Windbranche zurückgegangen. In zwölf Kapiteln haben sie verschiedene Aspekte der Entwicklung der Windenergie bis in die Gegenwart porträtiert. In enger redaktioneller Zusammenarbeit mit Ralf Köpke und Dierk Jensen entstand daraus das vorliegende Werk, das den Vorreitern dieses neuen aufstrebenden Industriezweiges ein publizistisches Denkmal setzt.

„Windgesichter" ist jedoch kein Buch über die Vergangenheit – „Windgesichter" ist ein hoch aktuelles Buch und auch eines für die Zukunft, das Mut macht, die Lösung globaler Probleme lokal anzugehen.

Aus Windrädern werden Kraftwerke

Teil 1

NECKARWERKE

Hütters Erbe – Die Stuttgarter Schule

Die Entwicklung moderner Windkraftanlagen in Deutschland hatte ihren Ausgangspunkt an den Forschungseinrichtungen für Luftfahrt in Stuttgart. Sowohl nach dem Zweiten Weltkrieg als auch nach der Ölpreiskrise kamen die entscheidenden Impulse für die Nutzung der Windenergie aus dem Umfeld von Professor Ulrich Hütter.

Mit den Forschungen auf dem Gebiet der Rotorblatt-Aerodynamik und der Komposit-Bauweise haben Hütter sowie seine Schüler und Kollegen an der Universität Stuttgart sowie an der Deutschen Forschungs- und Versuchsanstalt für Luft- und Raumfahrt (DFVLR) vor allem die Grundlagen für Auslegung und Konstruktion von Rotorblättern geschaffen.

Links | Seit 1956 werden auf dem Testfeld Stötten/Schnittlingen auf der Schwäbischen Alb Windkraftanlagen praktisch getestet und vermessen. Der schlanke Flügel der Voith WEC-52 war für extreme Schnellläufigkeit ausgelegt. Die an der DFVLR entwickelte Windturbine DEBRA 25 war von 1984 bis 2001 in Betrieb

Ulrich Hütter | *Konsequenter Leichtbau*

Der Flugzeug-Konstrukteur Ulrich Hütter schuf die Grundlagen für die Entwicklung moderner Windkraftanlagen, indem er die theoretischen Ansätze, die Leichtbauphilosophie und den Einsatz von Faserverbundwerkstoffen aus dem Flugzeugbau auf die Konstruktion von Windturbinen übertrug.

In seiner 1942 verfassten Dissertation entwickelte er eine Berechnungsmethode für die aerodynamische Auslegung moderner Windturbinen, indem er die Grundsätze der Tragflügelaerodynamik auf Rotoren von Windkraftanlagen anwendete.

Als Flugzeugbauer achtete Hütter auf konsequente Leichtbauweise. Besonders bei der Rotorblattentwicklung strebte er eine Minimierung der Kräfte durch Gewichtsreduktion an, was sich auf die gesamte Konstruktion seiner Windkraftanlagen auswirkte.

Das gelang ihm in erster Linie durch den Einsatz von Faserverbundwerkstoffen. Hütter baute erstmals Rotorblätter, deren tragende Struktur aus glasfaserverstärktem Kunststoff bestand. Seine Werkstoffforschungen waren eine wichtige Voraussetzung für die Anwendung dieses Materials. Erst durch den Einsatz von Glasfaser- und Kohlefaser-Verbundwerkstoffen wurde es möglich, Rotorblätter in der Dimension zu bauen, wie wir sie heute vorfinden (Foto: Archiv Dörner)

Allgaier-Anlage auf dem Firmensitz der Klöckner-Moeller GmbH in Bonn: Die von Hütter konstruierte Allgaier WE 10 war in Deutschland die erste in Serie produzierte Windkraftanlage mit aerodynamisch geformten Rotorblättern. Die Maschinenbaufirma Allgaier aus Uhingen bei Göppingen produzierte zwischen 1950 und 1959 etwa 200 Anlagen dieses Typs mit einer Leistung zwischen sechs und zehn Kilowatt und exportierte sie weltweit

***Sepp Armbrust** | Die W-34 und das Testfeld in Stötten/Schnittlingen*

Der Ingenieur Sepp Armbrust war der Praktiker an Hütters Seite. Er begann 1955 als Konstrukteur in der Entwicklungsabteilung der Firma Allgaier. Unter Hütters wissenschaftlicher Leitung erarbeitete er die Projektunterlagen für die W-34. Armbrust war auch maßgeblich an der Fertigung dieser 100-kW-Anlage, vor allem der Rotorblätter, beteiligt und leitete im August 1957 den Aufbau auf dem Windenergie-Versuchsfeld zwischen Schnittlingen und Stötten auf der Schwäbischen Alb.

Das Testfeld Stötten/Schnittlingen war nicht nur der wichtigste Schauplatz für die Anlagenentwicklung in den Fünfzigerjahren. Auch nach der Ölpreiskrise wurden dort die ersten im Rahmen von staatlichen Forschungsprogrammen entwickelten kleinen Windkraftanlagen getestet.

Sepp Armbrust leitete das Testfeld von der Eröffnung 1956 bis 1968 und dann wieder 1979 bis zu seiner Pensionierung im Jahr 1993. Zwischenzeitlich übernahm er die Leitung des Kunststofflabors an der Deutschen Forschungs- und Versuchsanstalt für Luft- und Raumfahrt in Stuttgart. Damit stand Armbrust fast sein gesamtes Berufsleben im Dienste der Windenergie.

Oben | Aufbau der W-34 im August 1957

Die W-34 auf dem Testfeld Stötten, 1958: Das technische Konzept der Versuchsanlage W-34 (Bildmitte) war Vorbild für die ersten Anlagenentwicklungen nach der Ölpreiskrise. Wesentliche technische Merkmale waren der schlanke, abgespannte Stahlrohrmast, und der lee-läufige Zweiblatt-Rotor mit Pendelnabe und verstellbaren Flügeln aus selbsttragendem glasfaserverstärktem Kunststoff. Im Hintergrund eine zu Testzwecken ebenfalls mit Pendelnabe und Zweiblatt-Rotor umgerüstete Allgaier-Anlage (beide Fotos: Sepp Armbrust)

Heiner Dörner | *Die Renaissance der Windenergieforschung*

Heiner Dörner, Dozent am Institut für Flugzeugbau (IFB) an der Universität Stuttgart, war unmittelbar in die Renaissance der Windenergieforschung nach dem ersten Ölpreisschock von 1973 eingebunden.

Als Assistent Hütters war Dörner an der Vorarbeit für die vom Bundesforschungsministerium initiierten Windkraftprojekte GROWIAN und Voith WEC-52 beteiligt.

An der 265-kW-Anlage der Firma Voith wurde die Leichtbauphilosophie Hütters konsequent bis in den Grenzbereich des technisch Machbaren umgesetzt.

Von 1971 bis 2004 hielt Dörner als Lehrbeauftragter am IFB Vorlesungen zur Windenergie, die auf der Theorie Hütters aufbauen. Die Materialien, die sein Mentor und Vorbild ihm überließ, hat Dörner aufgearbeitet und 1995 in einer Biografie „Drei Welten – ein Leben, Prof. Dr. Ulrich Hütter, Hochschullehrer, Konstrukteur, Künstler" veröffentlicht.

Oben | *Heiner Dörner neben dem Flügel der W-34, den er 1981 zu Hütters Ehren anlässlich dessen 70. Geburtstags vor dem Institutsgebäude an der Universität Stuttgart als Kunst am Bau aufstellen ließ: „Die akademischen Wurzeln für die moderne Windenergienutzung in Deutschland liegen an den Forschungseinrichtungen für Luftfahrt in Stuttgart."*

Jens Peter Molly plädiert für mehr Forschung, damit auch in Zukunft aus Deutschland wesentliche Impulse für die Entwicklung der Windenergie kommen: „Die Entwicklung findet dort statt, wo das Know-how liegt.“

Jens Peter Molly | *Neuorientierung*

Jens Peter Molly, der Leiter des Deutschen Windenergie-Instituts (DEWI), verkörpert die Neuorientierung in der Windenergieforschung, die sich mit Entstehen eines Marktes für Windkraftanlagen vollzog.

Mollys Beschäftigung mit der Windenergie begann 1974 am Institut für Flugzeugbau an der Universität Stuttgart. Zwei Jahre später wechselte er an die DFVLR und übernahm die Leitung der Windenergie-Abteilung. Neben der Mitarbeit an Studien und Grundlagenforschungen auf dem Gebiet der Rotorblattkonstruktion war er innerhalb des deutsch-brasilianischen Gemeinschaftsprojektes maßgeblich an der Entwicklung und wissenschaftlichen Erprobung der DEBRA 25, einer 100-kW-Anlage mit 25 Metern Rotordurchmesser, beteiligt.

Als Molly 1990 in Wilhelmshaven den Aufbau des DEWI übernahm, brachte er 15 Jahre Berufserfahrung aus der Stuttgarter Windenergieforschung ein. Mit dem Umzug aus dem windschwachen Schwaben an die Küste verlagerten sich die Forschungsschwerpunkte aber nicht nur geografisch, sondern auch inhaltlich.

Das DEWI konzentrierte sich von Beginn an auf anwendungsorientierte Forschung und zunehmend auch auf ingenieurtechnische Dienstleistungen, denn die Impulse für die Entwicklung kamen in den Neunzigerjahren nicht mehr aus staatlichen Forschungsprogrammen, sondern zunehmend aus der Industrie. Unter Jens Peter Mollys Leitung avancierte das DEWI zu einem der weltweit führenden Windenergie-Institute und ist heute zunehmend international ausgerichtet. Das während der Boomjahre angewachsene Know-how der DEWI-Wissenschaftler hat sich inzwischen zu einem lukrativen Exportartikel entwickelt.

„Wir haben immer leichte Flügel gebaut, da unser Know-how aus dem Flugzeugbau stammt."

***Walter Keller** | Flügel für die Windenergie*

Walter Keller hat als erster die Leichtbautechnologien aus der Luftfahrttechnik für die Serienproduktion von Rotorblättern übernommen. Als Hilfsassistent am IFB erhielt der passionierte Segelflieger von MAN den Auftrag, Flügel für die Prototypen der 10-kW-Maschine Aeroman zu bauen. Als nach Auslieferung des ersten Flügelsatzes eine Bestellung von 20 weiteren folgte, gründete er im Mai 1979 seine Firma „Walter Keller – Bau und Entwicklung von Luftfahrtgeräten und Kunststofferzeugnissen" in Bundenthal in der Pfalz. Er war damit einer der ersten in Deutschland, der in der Windenergie eine privatwirtschaftliche Chance sah.

Zunächst fertigte er kleine Lose und Einzelentwicklungen, wie 1982 die teilbaren Rotorblätter für die Debra 25. Als 1985 die Serienproduktion für die Aeromanblätter startete, wandelte er seine Firma in die Aeroconstruct GmbH um und produzierte täglich einen Flügel. Bereits 1987 entwickelte er ein 17,2 Meter langes Blatt für die Floda 500, die weltweit erste für die Serienproduktion vorgesehene 500-kW-Anlage.

In den Neunzigerjahren profitierte nicht nur Enercon, die er bei der Entwicklung des Rotorblattes für die E-40 und beim Aufbau einer eigenen Rotorblattproduktion unterstützte, vom Know-how Kellers, sondern auch der dänische Rotorblatthersteller LM Glasfiber A/S, an den er 1994 seine Firma Aeroconstruct zu drei Vierteln verkauft hatte. Nach einem Flugzeugabsturz im Februar 1998, infolge dessen Walter Keller für anderthalb Jahre außer Gefecht gesetzt war, hat LM dann Aeroconstruct ganz übernommen.

Von 1999 bis 2003 war Keller bei der Nordex AG in Rostock technisch für die 2,5-MW-Anlage verantwortlich. Das Wissen und die Erfahrungen aus über 25 Jahren Entwicklung und Produktion von Rotorblättern aus Faserverbundmaterialien bietet Keller heute mit seinem Ingenieurbüro als Berater an.

Hütters Erbe – Die Stuttgarter Schule

Bernward Janzing und Jan Oelker

Der Schock saß. Heiner Dörner, Dozent am Institut für Flugzeugbau der Universität Stuttgart, erinnert sich an den Herbst des Jahres 1973: „Wir sind sonntags auf den Autobahnen spazieren gegangen und geradelt." Erdöl war knapp geworden auf den Märkten Europas und Nordamerikas – weshalb sich viele Regierungen zu solch unpopulären Schritten wie dem Sonntagsfahrverbot für private Fahrzeuge gezwungen sahen. Schlagartig rückte damit die Abhängigkeit des Westens von Öl- und Gasimporten ins öffentliche Bewusstsein.

Auslöser waren die arabischen Erdölförderstaaten, die in jenem Herbst die Produktion von Rohöl um bis zu 25 Prozent gekürzt und zeitweise Liefersperren verhängt hatten. Anschließend leiteten sie im Januar 1974 eine neue Preispolitik ein, die eine Anhebung der Rohöllistenpreise auf fast das Vierfache zur Folge hatte. Die westliche Welt geriet damit in eine ernsthafte Ölpreiskrise.

Unter dem Eindruck steigender Energiepreise rückte auch die Nutzung alternativer Energiequellen wie der Windkraft wieder in das Blickfeld der Öffentlichkeit. „Die Windkraft kommt immer in Wellen über die Menschheit, immer in Krisenzeiten erinnert man sich ihrer", resümiert Dörner. So nach dem Ersten Weltkrieg, als die Kohle knapp wurde, nach dem Zweiten Weltkrieg, als die Energieversorgung brach lag, und so auch nach dem Ölpreisschock in den frühen Siebzigerjahren.

Die Renaissance der Windenergienutzung nach der ersten Ölpreiskrise hat Dörner als junger Wissenschaftler an der Stuttgarter Universität unmittelbar miterlebt.

Doch obwohl er mehr als 35 Jahre an dieser Lehr- und Forschungseinrichtung gewirkt hat, sieht er sich nicht als Pionier. Denn die Wiedergeburt der Windenergie hatte eine Vorgeschichte. Und diese ist vor allem mit dem Namen jenes Mannes verbunden, dessen akademisches Erbe Dörner verwaltete und mehr als drei Jahrzehnte lang an Studenten weitergab – mit dem Namen seines Lehrers, Mentors und Vorbildes: Professor Ulrich Hütter.

Die Beschäftigung mit der Energie des Windes war für Hütter, wie für viele andere Pioniere auch, eng mit dem Traum vom Fliegen verbunden. Bereits in den Dreißigerjahren hatte der 1910 in Pilsen geborene Segelflug-Fan zusammen mit seinem Bruder Wolfgang einige sehr leichte Segelflugzeuge konstruiert, die von der Göppinger Firma Sportflugzeugbau Schempp-Hirth in Serie gebaut wurden. Während des Krieges leitete er die Konstruktionsabteilung des Luftfahrtforschungsinstituts „Graf Zeppelin" bei Stuttgart und im Sommer 1944 übernahm er einen Lehrauftrag für Strömungslehre und Flugmechanik an der Technischen Hochschule in Stuttgart.

Doch als nach dem Ende des Zweiten Weltkriegs die Alliierten den Flugzeugbau in Deutschland bis auf weiteres untersagten, bedeutete das einen harten Einschnitt für zahlreiche Ingenieure, die sich zeitlebens der Luftfahrt gewidmet hatten. Flugzeugkonstrukteur Ulrich Hütter nahm dieses Verbot zum Anlass, sich wieder verstärkt mit einem Thema zu befassen, dem er schon Jahre zuvor große Aufmerksamkeit gewidmet hatte: der Windenergie.

Bereits im Jahre 1942 hatte Hütter an der Universität Wien mit seinem „Beitrag zur Schaffung von Gestaltungsgrundlagen für Windkraftwerke" promoviert. Er arbeitete seinerzeit an der Fachhochschule in Weimar als Dozent und hatte auf einem Testfeld der dortigen Firma Ventimotor GmbH wertvolle Erfahrungen mit kleinen, nach dem aerodynamischen Prinzip arbeitenden Windkraftanlagen sammeln können. Ihre Rotorblätter waren so geformt, dass für den Antrieb des Rotors der aerodynamische Auftrieb genutzt wurde und nicht wie bei alten Windrädern der Luftwiderstand.

Die Vorteile solcher Maschinen sind seit den grundlegenden Untersuchungen des Strömungsforschers Albert Betz in den Zwanzigerjahren unumstritten. Betz hatte im Windkanal der Aerodynamischen Versuchsanstalt in Göttingen Windradmodelle mit unterschiedlicher Flügelzahl untersucht und daraus die physikalischen Grundlagen der Windenergiewandlung abgeleitet. Dabei ermittelte er auch die heute als „Betzscher Faktor" bekannte Obergrenze für den theoretischen Maximalwert der Windkraftleistung, der bei 16/27 liegt. Demnach können der Luftströmung, die auf den Rotorkreis einer Windturbine trifft, maximal 59,3 Prozent ihrer Gesamtleistung entzogen werden. Die theoretischen Arbeiten von Betz bilden seitdem die Grundlage für die Berechnung von Windturbinen.

So baut auch Hütters Dissertation auf der Betzschen Theorie auf. Hütters Verdienst ist es, erstmals die Grundsätze der Tragflügel-Aerodynamik von Flugzeugen auf Rotoren von Windturbinen übertragen zu haben. Bis heute haben Hütters damals abgeleitete Auslegungsgrundsätze für die Berechnung von Windkraftanlagen weitgehend Bestand.

Die Tatsache, dass Hütters Philosophie ihre Wurzeln im Flugzeugbau hat, sollte sich auf alle seine Konstruktionen auswirken – insbesondere auf die Rotorblattentwicklung. „Alles was rotiert, so leicht wie möglich bauen, aber natürlich so fest wie nötig", lautete seine Devise. Schon bei kleinen Anlagen war es Hütter wichtig, die Kräfte am Rotorblatt durch Gewichtsreduktion zu minimieren. Folglich lautete sein Grundprinzip: konsequente Leichtbauweise.

Als Flugzeugbauer legte Hütter dabei großen Wert auf die Profile der Rotorblätter und arbeitete viel an deren aerodynamischer Optimierung. Er setzte auf schnelllaufende Maschinen und hohe Auftriebsbeiwerte durch das Flügelprofil. „Aus aerodynamischer Sicht ist bei Schnellläufern die Profilierung wichtig, nicht die Blattzahl", zitiert Dörner seinen Lehrer. „Die Theorie sagt, dass für eine Windturbine sogar ein Flügel ausreichen kann, um nahe an die aus dem Wind theoretisch mögliche Energieausbeute zu gelangen." Aus heutiger Sicht ergänzt er: „Zwei Flügel wurden aus gewichtssymmetrischen Gründen genommen, erwiesen sich wegen der wechselnden Belastung aber als nicht so günstig für die Lebensdauer. Deshalb haben sich letztlich drei Blätter durchgesetzt." Doch bis zu dieser Erkenntnis war ein langer Weg zurückzulegen.

Die Suche nach dem optimalen Konzept begann für Hütter kurz nach dem Zweiten Weltkrieg mit der Konstruktion von Kleinstanlagen. Zusammen mit der Firma Schempp-Hirth hatte er im Jahre 1946 zunächst einen kleinen Einblattrotor entwickelt. Nach weiteren Experimenten konnte er bereits im folgenden Jahr eine dreiflüglige 1,3-kW-Anlage für die Stromversorgung einer Hühnerfarm in Ohmden bei Kirchheim/Teck bauen.

Nun erkannte der Unternehmer Erwin Allgaier aus dem württembergischen Uhingen bei Göppingen die Chancen der neuen Technik für seinen mittelständischen Maschinenbaubetrieb, die Allgaier-Werke. Das Unternehmen, das einst als Werkstatt für Schnitt- und Stanzwerkzeuge gegründet worden war, fertigte zwischenzeitlich ein breites Sortiment an Metallprodukten – von Kochtöpfen bis zu Güllepumpen.

Dazu passte die Windkraft. Allgaier holte umgehend Hütter als Chefkonstrukteur in seine Firma. Unweit des Unternehmens baute Allgaier im Jahre 1948 ein Testfeld auf, wo Hütter systematisch forschen konnte. Die erste Versuchsanlage hatte einen Durchmesser von acht Metern und eine Leistung von 1,3 Kilowatt.

Hütter, Konstrukteur aus Leidenschaft, entwickelte die dreiflüglige Anlage mit zunächst 7,2 Kilowatt Leistung und einem Rotor mit 11,28 Metern Durchmesser weiter. Da diese Anlagen vornehmlich für den Inselbetrieb vorgesehen waren und somit nicht vom Netz geführt wurden, setzte Hütter auf die Leistungsregelung durch Verstellung des Anströmwinkels der drehbar gelagerten Rotorblätter, die so genannte Pitch-Regelung. Er nahm in Kauf, dass diese Lösung schon bei den kleinsten Anlagen komplizierte Konstruktionen notwendig machte. Anderseits ließ sich damit für jede Windgeschwindigkeit der optimale Blattwinkel einstellen, was eine Reduzierung der Kräfte zur Folge hatte und Hütters Leichtbauphilosophie entgegen kam.

Ab 1950 begann die Produktion der Anlage unter der Bezeichnung Allgaier WE 10. Es war in Deutschland die erste Serienmaschine, die nach dem aerodynamischen Prinzip arbeitete. Im folgenden Jahrzehnt wurden etwa 200 Anlagen dieses Typs mit Leistungen zwischen sechs und zehn Kilowatt produziert, die sich im In- und Ausland ganz passabel verkauften.

Allgaier lieferte auch die Anlagen für den ersten Windpark Deutschlands. Im November 1953 nahm das Wasserwirtschaftsamt Meppen acht Anlagen des Typs WE 10 bei Papenburg im Emsland in Betrieb, um Strom für eine Pumpstation zu erzeugen. Zehn Jahre lang pumpten die Dreiflügler am „Nenndorfer Hammrich" Grund- und Regenwasser ab, das auf Grund eines Deiches keinen natürlichen Abfluss mehr zur Ems hin hatte.

Auf Anregung des Regionalversorgers Energieversorgung Schwaben testete Ulrich Hütter im Jahre 1952 auch erstmals den Netzparallelbetrieb – und zwar erfolgreich. So markierte die WE 10 den Anfang der professionellen Windenergienutzung. Und Hütter hatte sich mit dieser Anlage eine hervorragende Referenz geschaffen. Wer sich für die Nutzung des Windes interessierte, kam an dem Stuttgarter Flugzeugbauer nicht mehr vorbei.

So beauftragte auch die Studiengesellschaft Windkraft, die im Dezember 1949 auf Initiative des Landesgewerbeamtes Stuttgart gegründet worden war, den Pionier im Oktober 1953 mit der Entwicklung einer für diese Zeit wagemutig großen Anlage: 100 Kilowatt sollte sie leisten. Hütter hatte sich bei einem Entwurfswettbewerb auch gegen seinen Kollegen Richard Bauer durchsetzen können. Bauer, ebenfalls gelernter Flugzeugkonstrukteur, setzte auf den Einblattrotor, da mit diesem die höchste Schnellläufigkeit zu erreichen ist. Die praktische Umsetzung scheiterte aber immer wieder an Problemen mit der Regelung und an der aerodynamischen Stabilität.

Da hatte Hütter mit seinem Entwurf und seinen Erfahrungen die wesentlich besseren Karten. Er entschied sich für einen Zweiflügler, ausgestattet mit einer Pendelnabe. Diese war notwendig, da im normalen Höhenprofil des Windes jeweils der obere Flügel stärker angeströmt wird als der untere. Also muss die auf den Rotor wirkende Kraft aufgefangen werden, entweder durch die Stabilität der Blätter oder durch eine nachgebende Nabe. Hütter entschied sich für die zweite Variante, um sein Prinzip des Leichtbaus nicht aufgeben zu müssen.

Da die Firma Allgaier die Entwicklung der von der Studiengesellschaft gewünschten 100-kW-Anlage allein nicht tragen konnte, wurde im Juli 1954 die Windkraft Entwicklungsgemeinschaft (WEG) gegründet. Dem Verein gehörten sieben öffentliche Stromversorger und fünf Firmen der Elektromaschinenindustrie und des Strömungsmaschinenbaus an – ein Beleg für das Interesse, das die Wirtschaft damals an der Windkraft hatte.

Als Flugzeugexperte nutzte Hütter sein großes Wissen über aerodynamische Flügelprofile, bei der Mechanik griff sein Team auf bewährte Systeme zurück und fand dabei Unterstützung bei renommierten Herstellern. Die Liste der Zulieferfirmen liest sich wie das „Who's who" des süddeutschen Maschinenbaus: Die Firma Voith aus Heidenheim lieferte das Getriebe, Escher/Wyss aus Ravensburg das Drehlager, Mannesmann den Turm, Porsche den Maschinenträger und AEG steuerte den Generator plus Schaltanlagen bei. Bei Hütters Team in der Firma Allgaier liefen die Fäden zusammen.

Als Verstärkung für die Entwicklung der Anlage engagierte Hütter auf Empfehlung seines Mitarbeiters Eugen Hänle im Februar 1955 den Konstrukteur Sepp Armbrust. Der 1930 im ungarischen Pécs geborene Armbrust hatte an der Fachhochschule für Technik in Esslingen Maschinenbau studiert und

Das Testfeld in Stötten/Schnittlingen trägt seit 1986 den Namen „Windenergie-Testfeld Ulrich Hütter"

war, wie Hütter und Hänle, ein begeisterter Segelflieger. Er hat mehrfach an Deutschen Meisterschaften teilgenommen und war später Mitglied der Deutschen Segelflug-Nationalmannschaft.

Armbrust, der praktisch sein ganzes Berufsleben lang bis zu seiner Pensionierung im Jahr 1993 auf dem Gebiet der Windenergie tätig war, erinnert sich auch nach Jahrzehnten noch gut an seine Anfänge bei Allgaier in Uhingen: „Wenn Erwin Allgaier sich zum Besuch in unserem Büro angekündigt hatte, dann hat Hütter beim Hänle oder bei mir geguckt, wer die interessantesten Zusammenbau-Zeichnungen hatte. Die hat er sich geholt und auf sein Brett in seinem Zimmer getan, damit da eine schöne Zeichnung als Background stand." Hütter habe schöne Zeichnungen geliebt, konnte selbst auch wunderbar skizzieren. „Er war schon Ästhet, sehr freundlich und charmant", charakterisiert Armbrust den Österreicher. „Er war aber auch sehr ehrgeizig."

Dieser Ehrgeiz war geweckt worden, denn bei der 100-kW-Anlage handelte es sich um ein sehr ambitioniertes Projekt. Allein die Verzehnfachung der Leistung gegenüber den Allgaier-Anlagen bedeutete einen gewaltigen Sprung. Die Anlage, die einen Rotordurchmesser von 34 Metern haben sollte und daher die Bezeichnung W-34 bekam, sollte nicht nur für die Windkraft eine große Innovation werden, sondern auch für die Werkstofftechnik.

Die beiden jeweils 17 Meter langen Rotorblätter wurden aus glasfaserverstärktem Kunststoff (GfK) gefertigt. Hütter übernahm auch diese Technologie aus dem Segelflugzeugbau. Armbrust und Hänle testeten verschiedene Glasfasern und Harze für das neue Blatt und konstruierten eigens eine Harztränkvorrichtung zur exakten Dosierung der Harzmenge. Im Februar 1957 waren beide Blätter fertig. Die weltweit ersten GfK-Flügel dieser Größe bedeuteten nicht nur ein Novum im Bereich der Windenergie – sie waren zu diesem Zeitpunkt die größten Teile, die aus dem neuen Material gefertigt worden waren.

Für die Erprobung der W-34 wurde im Jahre 1956 das Testfeld „Schnittlinger Berg" zwischen Schnittlingen und Stötten auf der Schwäbischen Alb geschaffen. Sepp Armbrust übernahm die Leitung des Testfeldes, das bis zu seiner Pensionierung, abgesehen von einigen Unterbrechungen, sein zweiter Arbeitsplatz wurde.

In Schnittlingen wurde Ende 1956 zunächst eine mit Pendelnabe und zwei GfK-Flügeln umgerüstete Allgaier-Anlage mit 8,8 Kilowatt Leistung errichtet und getestet, um Erfahrungen mit diesem Material und der geänderten Konstruktion zu sammeln. Im August 1957 begann auf dem Testfeld der Aufbau der W-34, die am 4. September zu rotieren begann. Am 11. Dezember 1957 gab es die erste Netzschaltung, einen Tag später erreichte die Anlage erstmals Volllast.

Die W-34 war eine reine Versuchsanlage, die den höchsten bis dahin an einer Windkraftanlage gemessenen Leistungsbeiwert erreichte. Große Stromerträge erzielte sie nicht. Dennoch sollten die mit dieser Versuchsanlage gewonnenen Erfahrungen und das von Hütter favorisierte Grundkonzept, vor allem die Leichtbauweise und die Blattverstellung, in spätere Entwicklungen einfließen. Damit hatte Hütter für die Entwicklung der modernen Windkraftnutzung in Deutschland – und wie sich zeigen sollte, auch in Amerika – eine vergleichsweise prägende Pionierrolle inne, wie sein dänischer Kollege Johannes Juul im nördlichen Nachbarland.

Der Elektroingenieur Juul nahm im Frühsommer 1957 eine 200-kW-Anlage mit 24 Metern Rotordurchmesser in Gedser im Süden der Ostseeinsel Falster in Betrieb. Nicht nur wegen der gegenüber Stötten viel höheren Windgeschwindigkeiten war die Gedser-Anlage vergleichsweise sehr robust konstruiert. Da Juul bei früheren Versuchsanlagen Probleme mit der Stabilität der Flügel gehabt hatte, sah er die Notwendigkeit, die Rotorblätter sowohl in Windrichtung als auch seitlich durch Abspannung zu stabilisieren. So entschied er sich für einen Dreiblatt-Rotor mit starren Rotorblättern, deren aerodynamisches Profil Juul so formte, dass es bei konstanter Drehzahl und höheren Windgeschwindigkeiten zu einem Strömungsabriss am Flügel kommt. Diesen aus dem Flugzeugbau bekannten Stall-Effekt, der den aerodynamischen Auftrieb reduziert, nutzte Juul zur Leistungsbegrenzung. Als weitere Sicherheit setzte er verstellbare Flügelspitzen ein, die bei Überdrehzahl durch einen fliehkraftgeregelten Federmechanismus ausgeklappt werden und als aerodynamische Bremsklappen wirken.

Durch die robuste Konstruktion und die Stall-Regelung unterschied sich Juuls Konzept ganz wesentlich von jenem Hütters. Mit dieser letztlich zehn Jahre lang sehr zuverlässig arbeitenden Windkraftanlage legte der Elektroingenieur die Grundlagen für die Erfolgsgeschichte des so genannten Danish Designs von Windkraftanlagen in den Siebziger- und Achtzigerjahren. So unterschiedlich ihre Konzepte auch waren – mit ihren Forschungen nach dem Zweiten Weltkrieg haben

Juul und Hütter die ingenieurtechnischen Grundlagen für moderne Windkraftanlagen, wie wir sie heute kennen, entwickelt.

Die W-34 sollte der vorläufige Höhepunkt von Hütters Wirken auf dem Gebiet der Windenergienutzung sein. Als er 1959 den Lehrstuhl für Flugzeugbau an der damaligen Technischen Hochschule Stuttgart übernahm, sorgte er für die Fortführung der Versuche in Stötten, die nunmehr aber nur noch akademischen Wert besaßen. Von Seiten der Energiewirtschaft und der Politik interessierte sich zu diesem Zeitpunkt niemand mehr für weitere Forschungen oder gar eine Serienproduktion von Windkraftanlagen. Die Gestehungskosten für Strom aus Wind konnten mit den auf Rohstoffverbrauch basierenden Energien nicht mehr konkurrieren, nachdem Ende der Fünfzigerjahre der Siegeszug des billigen Erdöls begonnen hatte. Zudem wurden die Stromnetze ausgebaut sowie die Kapazitäten fossil befeuerter Kraftwerke ständig erhöht. Vor allem aber sahen viele Politiker und Energiemanager in der Atomkraft eine ideale Energiequelle für die Zukunft.

Die Firma Allgaier konnte angesichts dieser Perspektiven kein wirtschaftliches Potenzial mehr im Bau von Windkraftanlagen erkennen und stieg daher 1959 komplett aus diesem Geschäft aus. Auch die WEG zog sich aus der weiteren Finanzierung der Versuche zurück. Nachdem die Studiengesellschaft Windkraft Anfang Oktober 1964 ihre Auflösung beschlossen hatte, übertrug der Vereinsvorstand das Versuchsfeld in Stötten sozusagen als Erbe der Deutschen Forschungs- und Versuchsanstalt für Luft- und Raumfahrt e.V. (DFVLR) in Stuttgart, deren Vizepräsident Hütter gerade geworden war. Doch auch die DFVLR hatte bald kein Interesse mehr an dem Versuchsfeld. Die Forschung kostete Geld und schon allein die Pacht für das Gelände war man bald nicht mehr gewillt aufzubringen. „Wenn der Liter Öl gerade vier Pfennige kostet – da ist Windkraft nun einmal nicht attraktiv“, erinnert sich Armbrust an das vorläufige Ende der Windkraftforschung.

Also wurde die W-34 im Jahre 1968 verschrottet. Ein Dorfschlosser aus dem nahe gelegenen Schnittlingen machte sich an den Abbau der Anlage. Ein trauriger Moment für Sepp Armbrust – aber wenigstens einen Flügel der W-34 konnte er retten. Armbrust organisierte einen Langholztransporter, den er aus seinem Reisekosten-Budget bezahlte, und ließ den Flügel nach Stuttgart bringen. Er lagerte ihn für einige Jahre im Kunststofflabor an der DFVLR ein, das er von 1968 bis 1973 leitete. Hütter und seine Mitarbeiter sollten sich in den Folgejahren verstärkt der Grundlagenforschung auf dem Gebiet der Faserverbundwerkstoffe widmen.

Dreizehn Jahre später ließ Heiner Dörner dieses Rotorblatt als „Kunstwerk am Bau“ zu Ehren Hütters vor der Stuttgarter Fakultät aufstellen. Vor dem fünfstöckigen Hochschulgebäude beeindruckt dieser 17 Meter lange Flügel bis heute – nicht nur auf Grund seiner Größe, sondern auch wegen seiner ganz eigenen Ästhetik, seiner schlanken, anmutigen Gestalt. Als „mahnender Energiefinger“, so Dörner, weise er zudem auf den schonenden Umgang mit den natürlichen Ressourcen hin. Denn die Verknappung des Öls sollte Anfang der Siebzigerjahre zum Auslöser für die Wiedergeburt der Windenergie werden.

Nach einigen Jahren Funkstille in der Windenergieforschung waren es zuerst die Amerikaner, die die Energiekrise zu spüren bekamen und sich auf der Suche nach Alternativen an Hütters frühere Arbeiten auf diesem Gebiet erinnern sollten. Dörner, der seit 1968 als Hütters Assistent am Institut für Flugzeugbau (IFB) arbeitete, erinnert sich, dass schon 1972 eine Anfrage der amerikanischen Raumfahrtbehörde Nasa, die Hütters gute alte W-34 kaufen wollte, das Stuttgarter Institut erreichte.

Die Nasa erarbeitete gemeinsam mit der National Science Foundation (NSF) das „U.S. Federal Wind Energy Program“, das 1973 verabschiedet wurde, und war für die Entwicklung und Erprobung großer Windenergieanlagen verantwortlich. Doch ihr Interesse für Hütters Anlage kam zu spät – die W-34 gab es nicht mehr. Immerhin konnte Sepp Armbrust wenigstens die Pläne und Bauunterlagen noch auftreiben, die dann für 55 000 US-Dollar an die Nasa verkauft wurden.

So war es kein Zufall, dass das Hüttersche Vorbild nicht nur für die erste innerhalb des amerikanischen Windenergieprogramms von der Firma Westinghouse entwickelte 100-kW-Anlage MOD-0, die 1975 in Betrieb ging, Pate stand. Auch alle weiteren großen amerikanischen Windkraftanlagen, die in den Siebziger- und Achtzigerjahren Firmen wie General Electric und Boeing entwickelt hatten, waren deutlich von Hütters Grundphilosophie geprägt.

Hütter hatte Beraterverträge mit der Nasa und später auch mit dem Flugzeugbauer Boeing. Da er aber mittlerweile kurz vor dem Pensionsalter stand, verspürte er immer weniger Lust, jenseits des Atlantiks den dortigen Ingenieuren grundlegende Nachhilfe zu geben: „Den Kindergarten der Windenergie mache ich nicht mehr selbst“, wird er von seinem damaligen Assistenten Dörner zitiert, den er statt seiner „über den großen Teich“ geschickt hatte und der auf diese Weise das Windenergierevival in Amerika hautnah erlebte.

Als schließlich der Ölpreisschock Europa erreicht hatte, sollte es an der Universität Stuttgart ebenfalls wieder mit der Windenergieforschung losgehen. Der Startschuss erfolgte 1974 durch einen Anruf aus dem Bundesministerium für Forschung und Technologie (BMFT) bei den Stuttgarter Windkraftexperten. Im BMFT war man gerade dabei, das „Rahmenprogramm Energieforschung“ für die nächsten vier Jahre vorzubereiten, in dem man bislang ungenutzte nichtnukleare Energiequellen untersuchen wollte. Als ein Unterpunkt sollte auch die „Erschließung neuer Energiequellen für den großtechnischen Einsatz“ gefördert werden, so unter anderem auch die Windenergie.

Das Ministerium lud die Ingenieure zu einem Gespräch ein. Also fuhren Hütter und Dörner in die damalige Bundeshauptstadt Bonn, um dort dem Regierungsdirektor Alois Ziegler Rede und Antwort zu stehen. „Wie viele Megawatt könnt ihr denn mit eurer Windkraft machen?“, lautete die erste Frage des Ministerialbeamten. Hütter berichtete über seine Erfahrungen mit der W-34 und schlug einen Sprung in die Größenordnung von einem Hektar Rotorfläche vor – er hatte eine Vorliebe für runde Zahlen. Diese Fläche entspricht einem

Rotordurchmesser von 112,8 Metern, den Hütter für technisch grenzwertig, aber machbar hielt. Bei den bekannten Flächenerträgen ergäbe das dann eine Leistung von rund drei Megawatt, rechnete er vor. Die Anlage hätte damit eine Dimension, die auch für die Elektrizitätswirtschaft interessant wäre.

„Was, so wenig?", war die Reaktion des Ministerialen, in der das ganze Dilemma zwischen dem technisch Machbaren und dem politisch Erwünschten zu Tage trat. Während man bei der Windkraftnutzung bis dahin nur über Erfahrungen im Bereich von 100 Kilowatt verfügte, dachten Politiker und Elektrizitätsversorger in volkswirtschaftlichen Größenordnungen von Hunderten und Tausenden Megawatt.

Trotz der so grundlegend verschiedenen Vorstellungen war dieses Gespräch die Geburtsstunde des GROWIAN, der GRoßen WIndkraftANlage, die zum Kern-Projekt der staatlichen Windenergieforschung in Deutschland nach der Ölpreiskrise werden sollte. Allerdings stand diese Geburt unter einem ungünstigen Stern, denn die Zahlen gingen am nächsten Tag an die Presse und wurden damit, wie Dörner sagt, „zementiert". Growians Dimension war damit a priori festgelegt.

Für diesen Vorschlag sollte Hütter, der selbst absolut davon überzeugt war, dass sich Rotorblätter in Faserverbundbauweise in dieser Größenordnung herstellen lassen, noch viel Kritik einstecken. Dabei machte er keinen Hehl daraus, dass er noch Forschungsbedarf sah, bevor man an die technische Umsetzung in so einer Dimension gehen könne, und relativierte seinen Vorschlag in der vom BMFT in Auftrag gegebenen Programmstudie „Energiequellen von morgen? Nichtfossile – Nichtnukleare Primärenergiequellen". In dieser Studie, die pikanterweise ein Fragezeichen im Titel trägt, bearbeiteten seine Mitarbeiter an der Universität Stuttgart und der DFVLR den Teil III, die Windenergie.

Mit dieser Studie hatte Hütters Team neben der Abschätzung des Windenergiepotenzials in Deutschland und einer Wirtschaftlichkeitsanalyse auch das Grobkonzept für die Entwicklung einer großen Windkraftanlage vorgegeben, das sich im Wesentlichen auf Hütters Erfahrungen mit der W-34 stützte. Als erster Schritt wurde die Entwicklung einer Anlage mit 80 Meter Rotordurchmesser und einer Leistung von etwa einem Megawatt vorgeschlagen. Auf diesen Erfahrungen aufbauend, könne man sich später zu größeren Anlagen vortasten.

Doch davon wollte das BMFT nichts wissen. Auch wenn diese Programmstudie als Leitfaden für die Entwicklung der neuen Energietechnologien und als Grundlage für die Forschungsprogramme der nächsten Jahre diente, so wollte man von der Dimension des Prototypen in Bonn nicht mehr abrücken. Zum einen war der große Schritt gewollt, weil man darin den einzigen Weg sah, das Interesse der Wirtschaft für dieses Projekt zu wecken. Denn die geringe Energiedichte und die Unstetigkeit des Windes passten nicht in die eingefahrenen Konzepte der Energieversorger. Das auf Atomkraft fixierte Establishment in Politik und Industrie sah in der Windenergie ohnehin keine ernsthafte Alternative. Dieser skeptischen Haltung, so glaubte das BMFT, könne man nur mit einer sehr großen Anlage begegnen.

Zum anderen hing viel politisches Prestige an diesem Projekt. Im Ministerium kannte man die Pläne von Boeing, eine Anlage mit 91 Meter Rotordurchmesser zu bauen, und wollte diese überbieten. Im BMFT schien es das Ziel zu sein, die internationale Wettbewerbsfähigkeit der deutschen Wirtschaft unter Beweis zu stellen: Unter allen Umständen sollte in Deutschland die weltgrößte Windkraftanlage gebaut werden.

Der Weg zum Growian war damit vorgezeichnet. Das BMFT setzte die Kernforschungsanlage Jülich GmbH (KFA) als Projektträger ein. Den Zuschlag für die Umsetzung des Projekts und die Koordination der beteiligten Firmen und Institutionen bekam die MAN Neue Technologien GmbH aus München.

Auch die Stuttgarter Forschungsinstitute waren mit von der Partie. Das eigens für Hütters Windenergieforschungen gegründete Forschungsinstitut Windenergietechnik (FWE) an der Universität Stuttgart übernahm die aerodynamische Leistungsberechnung. Für die Konstruktion der Rotorblätter zeichnete das ebenfalls von ihm geleitete Institut für Bauweisen- und Konstruktionsforschung bei der DFVLR verantwortlich. Hütters Kollege Franz-Xaver Wortmann, Professor am Institut für Aerodynamik und Gasdynamik (IAG) an der Universität Stuttgart, übernahm die Berechnung und Optimierung der Flügelprofile.

Während der Projektphase, in der baureife Unterlagen für den Growian erstellt werden sollten, kam es jedoch zu einem Interessenkonflikt zwischen dem Auftraggeber BMFT, dem Ideengeber Hütter und den Ingenieuren der Firma MAN. Hütters Ingenieure favorisierten Rotorblätter in Composit-Bauweise aus GfK oder CfK, also Glas- oder Kohlefasern. Sie hatten in den vergangenen fünfzehn Jahren viel Erfahrung mit Verbundwerkstoffen gesammelt und schätzten die Vorteile dieser damals recht neuen Werkstoffe. Sie schlugen eine Verringerung des Rotordurchmessers oder wenigstens den Bau eines Testrotorblattes vor. Das BMFT lehnte das aus Zeit- und Kostengründen ab und beharrte auf einem Rotordurchmesser von mindestens 100 Metern. Diesen Schritt trauten sich die Münchner Maschinenbauer von MAN nicht zu, da sie zu wenig Erfahrung mit Faserverbundmaterialien hatten.

Auftraggeber und Auftragnehmer einigten sich auf einen Kompromiss, der darin bestand, 50 Meter lange Rotorblätter in Hybridbauweise herzustellen: Die Kräfte sollte ein sechseckiger Stahlkastenholm aufnehmen, der mit einer GfK-Schale umhüllt war, die ihm die aerodynamische Form gab. Diese Lösung kam den Maschinenbauern von MAN entgegen, war allerdings auch wesentlich schwerer als ein selbsttragender GfK-Flügel, sodass der gesamte Anlagenentwurf überarbeitet werden musste.

Das bedeutete die Abkehr vom Prinzip des konsequenten Leichtbaus, wie es Hütter vorschwebte. Mit der praktischen Umsetzung des Growian hatte er selbst nicht mehr viel zu tun, denn die Leitung des Instituts für Bauweisen und Konstruktionsforschung an der DFVLR hatte er bereits 1976 abgegeben und das von ihm noch kommissarisch geleitete IFB war zu diesem Zeitpunkt nicht mehr in das Growian-Projekt eingebunden.

Bessere Chancen, seine akademischen Ideen zu verwirklichen, sah Hütter in der Zusammenarbeit mit der Voith GmbH aus Heidenheim. Dort war Wolfgang Weber beschäftigt, einer der letzten, der unter Hütters Ägide promovierte. Zusammen mit Weber, der später Professor für Wirtschaftsingenieurwesen an der Fachhochschule Aalen wurde, entwarf Hütter eine extrem schnellläufige 265-kW-Anlage, mit der er seine Leichtbauphilosophie noch einmal auf die Spitze treiben wollte. Die Anlage, die wegen ihres Rotordurchmessers von 52 Metern die Bezeichnung WEC-52 bekam, war ein zweiflügliger Lee-Läufer. Um das Gewicht der Maschinengondel zu reduzieren, wurde die Energie über ein Kegelradgetriebe und eine schnelle Welle im Turm an ein zweites Getriebe übertragen, das sich, ebenso wie der Generator, leicht zugänglich im Turmfuß befand.

Als die Anlage im Oktober 1981 auf dem zwei Jahre zuvor wieder eröffneten Testfeld in Schnittlingen in Betrieb ging, war sie die größte Windkraftanlage, die bis dahin in Deutschland gebaut worden war. Allerdings sollte der Versuchsbetrieb nur wenige Monate dauern. Hütter hatte versucht, den Leistungsbeiwert der Rotoren mit einer extrem hohen Umfangsgeschwindigkeit an den Flügelspitzen von über 100 Metern pro Sekunde zu maximieren. Aerodynamisch erfordern solche Geschwindigkeiten sehr schmale Flügelprofile. In Bezug auf die Steifigkeit gelangte er damit an eine Grenze.

Die äußerst schlanken Rotorblätter bogen sich in bestimmten kritischen Betriebszuständen sehr weit durch. Beim Abbremsen wirkten Torsionskräfte auf die Blätter, sodass sie bis zu drei Meter weit peitschenartig ausschlugen. Als man sich daraufhin entschloss, die Flügel um jeweils fünfeinhalb Meter zu kürzen, war das ehrgeizige Großexperiment WEC-52 beendet. Auch wenn die Voith WEC-52 nur für kurze Zeit der Star auf dem zu neuem Leben erweckten Testfeld in Schnittlingen war, konnte Hütter damit seinem akademischen Werk noch einmal eine Krone aufsetzen. Hütters Philosophie wurde hinsichtlich der Schnellläufigkeit und der Gewichtsreduktion mit der Voith-Anlage bis an die Grenze des Machbaren ausgereizt.

Hütter ging, nachdem er das IFB nach der Pensionierung noch fünf Jahre lang kommissarisch geleitet hatte, 1980 endgültig in den Ruhestand und war danach nur noch als Berater tätig. Der visionär denkende Wissenschaftler hatte mit seinen Forschungen wesentliche Grundlagen für die Nutzung der Windenergie geschaffen. Jetzt war es seinen zahlreichen Schülern vorbehalten, den von ihm vorgegebenen Weg mit praxisorientierter Forschung weiterzugehen.

Während Heiner Dörner am IFB Hütters Lehre an Studenten weitergab, war es an der DFVLR in erster Linie Jens Peter Molly, der die Forschungsaufgaben zum Thema Windenergie fortführte. Molly hatte bis 1976 als Assistent am IFB gearbeitet und wechselte 1976 an die DFVLR, wo er die Leitung der Windenergieabteilung übernahm.

Seinen Einstieg in das Thema fand Molly durch die Mitarbeit an Studien. Er war an der BMFT-Studie „Energiequellen von morgen?“ maßgeblich beteiligt gewesen, später auch an der Ausschreibung und der Erstellung baureifer Unterlagen für den Growian. Parallel dazu erhielt die DFVLR den Auftrag, eine kleine Windkraftanlage zu entwickeln, für die man seitens des BMFT vor allem Einsatzmöglichkeiten in Entwicklungsländern sah.

Da es in weiten Teilen der Welt gar keine oder allenfalls schwache Stromnetze gibt, war eine solche Anlage für den Inselbetrieb auszulegen, was gegenüber Anlagen, die durch das Stromnetz geführt werden können, mit erheblichem Mehraufwand für die Regelung verbunden ist. Es lag in Stuttgart nahe, sich bei der Konstruktion an Hütters Allgaier-Anlagen zu orientieren. Die DFVLR-Ingenieure kauften dem Spediteur Alber aus Albstadt-Ebingen eine Allgaier WE 10 ab, versahen sie mit neuen Rotorblättern und ließen sie auf dem Dach des Institutsgebäudes in Stuttgart errichten. Sie diente als Vorbild für die Entwicklung einer 10-kW-Anlage in Modulbauweise, die so konstruiert war, dass alle Hauptbaugruppen unabhängig voneinander ausgetauscht werden konnten. Diese Anlage, MODA 10 genannt, wurde im Oktober 1979 in Schnittlingen errichtet, womit zugleich das alte Testfeld eine Renaissance erlebte.

Die Moda 10 sollte aber eine reine Versuchsanlage bleiben. Es blieb der alten Allgaier-Anlage auf dem Institutsgebäude in Stuttgart vorbehalten, den Auftakt für eine Zusammenarbeit mit brasilianischen Wissenschaftlern zu bilden, die in den nächsten Jahren die Windenergieforschungen an der DFVLR bestimmen sollte. Die Anlage wurde 1979 abgebaut und nach Brasilien verschifft. Auf einem Testgelände in Natal im Nordosten Brasiliens war sie für einige Jahre als Teil eines Hybrid-Energieversorgungssystems im Verbund mit einer Photovoltaik-Anlage und einem Dieselgenerator in Betrieb. Auch wenn durch das aggressive tropische Klima an der Atlantikküste große Korrosionsprobleme auftraten, weckte dieses Projekt das Interesse der Brasilianer an der Windenergienutzung.

Wesentlich intensiver wurde die wissenschaftliche Zusammenarbeit mit den Brasilianern dann bei der Entwicklung der Debra 25, einem dreiflügligen Lee-Läufer mit 25 Metern Rotordurchmesser und 100 Kilowatt Leistung. Der Name steht für ein DEutsch-BRAsilianisches Gemeinschaftsprojekt zwischen der DFVLR und ihrem brasilianischen Partner, dem Centro Técnico Aeroespacial in Sao José dos Campos in der Nähe von Sao Paulo.

Dabei war es zunächst nicht ganz einfach, für dieses Projekt Forschungsgelder vom BMFT zu bekommen, denn das Ministerium förderte keine Entwicklungshilfe, sondern allenfalls Technologieentwicklung. „Wir mussten uns einige Raffinessen einfallen lassen, um in den Genuss von BMFT-Geldern zu kommen“, erinnert sich Molly an die Auftragsakquisition. Die Innovation bestand darin, eine Windkraftanlage zu entwickeln, die ohne Kran errichtet und komplett in einem 20-Fuß-Container transportiert werden konnte. Dieser sollte am Aufstellungsort verbleiben und als Kontrollraum dienen. Den Clou der Anlage sah Molly aber zweifelsohne in den teilbaren Rotorblättern: „Das war nicht nur für kleine Anlagen eine interessante Lösung, sondern auch im Hinblick auf Großanlagen. Es war absehbar, dass es schwierig wird, Growian-Blätter durch die Landschaft zu fahren."

Die Brasilianer hatten das Blatt aerodynamisch ausgelegt und die Urform gebaut. Der strukturelle Aufbau des Flügels wurde an der DFVLR entworfen, inklusive eines speziellen Anschlusses für die Verbindung der beiden Rotorblatt-Hälften. Diese „Schnittstelle" war so konstruiert, dass sie innerhalb der Kontur des Rotorblattes lag.

Die Teilbarkeit der Debra-Flügel stellte eine besondere Herausforderung für Walter Keller dar, der die Fertigung übernahm. Am Ostermontag des Jahres 1982 kamen die Formen aus Brasilien mit einem Flugzeug der brasilianischen Luftwaffe in Stuttgart an. Keller baute die Rotorblätter zunächst im Ganzen, allerdings schon mit den vorgesehenen internen Verbindungsstrukturen. Anschließend wurde das Blatt dann an der Verbindungsstelle zersägt und danach mit in der Kontur liegenden, längs ausgerichteten Schrauben wieder zusammengefügt.

Keller zählte zu den wenigen in Deutschland, die zur damaligen Zeit über das nötige Know-how zur Fertigung von Rotorblättern aus GfK verfügten. Der passionierte Segelflieger hatte bei Hütter Flugzeugbau studiert und sich schon während des Studiums ein Zubrot durch die Reparatur von Segelflugzeugen verdient. Als Hilfsassistent bei Hütter wurde er Anfang 1979 von Ingenieuren der Firma MAN gefragt, ob er in der Lage sei, Rotorblätter für die Prototypen des Aeroman, einer damals bei MAN parallel zum Growian entwickelten kleinen Windkraftanlage, zu bauen.

Er räumte in einer stillgelegten Halle in der Schuhfabrik seines Onkels in Bundenthal in der Pfalz eine Ecke frei und begann „zwischen den Schuhleisten" mit dem Bau der ersten drei Flügel von sechs Metern Länge für die 10-kW-Anlage. Als daraufhin ein Folgeauftrag von MAN über 20 weitere Sätze kam, gründete Keller im Mai 1979 seine eigene Firma: Walter Keller – Bau und Entwicklung von Luftfahrgeräten und Kunststofferzeugnissen. Damit war er in Deutschland einer der ersten, der die Windkraft als privatwirtschaftliche Chance erkannte und nutzte.

Keller, der nicht nur die Flügel baute, sondern auch in die Entwicklung einbezogen war, kam es dabei zugute, dass er schon in der Segelflugzeugproduktion gearbeitet hatte. Er wusste, wie der Fertigungsprozess ablaufen muss und worauf bei der Konstruktion zu achten ist, um preiswert und leicht zu bauen. „Die Bauweise war wie bei Tragflügeln von Segelflugzeugen, wir haben Glasgewebe statt Matten eingesetzt und das Epoxydharz wurde unter Vakuum und Temperatur gehärtet", erklärt Keller. Er war bemüht, so wenig wie möglich Harz in das Blatt zu bringen, denn Harz trägt nicht, es verklebt lediglich die Fasern. „Wir zielten immer darauf ab, dass wir leichte Flügel bauen." Mit dieser Philosophie sah er sich im Vorteil gegenüber den damaligen Anbietern von Rotorblättern aus Holland oder Dänemark, die aus dem Yachtbau oder der Möbelindustrie kamen. „Unsere Blätter waren viel leichter als die der Dänen, da unser Know-how aus dem Flugzeugbau stammt."

Die Debra 25, die im Juli 1984 auf dem Testfeld in Schnittlingen errichtet wurde, lief bis zum Herbst 2001 mit dem ersten Satz Rotorblätter. Für Molly, der damals die Entwicklung der Anlage leitete, ist das Debra-Blatt ein gutes Beispiel dafür, dass Rotorblätter weit mehr als 15 Jahre halten können. „Als Flugzeugbauer lernt man, mit Rissen zu leben, man muss nur wissen, wo sie auftreten", zitiert er einen Hütterschen Lehrsatz.

Für die Forschung war die Debra 25 ein wahres Eldorado. Molly und seine Kollegen kannten nicht nur das Rotorblatt, sondern die gesamte Anlage in- und auswendig. Mit über 100 Messpunkten an belastungsrelevanten Stellen hatten sie die gesamte Anlage intensiv vermessen. Doch entscheidend war für Molly: „Wir kennen die Berechnungen, die Belastungsansätze und den strukturellen Aufbau des Rotorblattes – von den heutigen Maschinen kennt das niemand außerhalb der Herstellerfirmen." Deshalb wird der Debra-Flügel noch heute genutzt, um Rechenprogramme zu verifizieren. Das Rotorblatt der Debra 25 wurde in vielen wissenschaftlichen Projekten verwendet. „Insofern war es ganz gut angelegtes Geld seitens des BMFT", resümiert Molly, „auch wenn es letztlich keine Maschine für den Markt war".

Denn die Maschine war nicht kostenoptimiert, unter anderem sei das Getriebe zu teuer gewesen. Als die Lizenz für die Anlage an die Friedrich Köster GmbH & Co KG in Heide verkauft wurde, waren über 100 Parameter an der Anlage zu modifizieren, bevor sie ab 1988 unter dem Namen Adler mit einer Nennleistung von 165 Kilowatt verkauft werden konnte.

Für Molly stand in jener Zeit eine Veränderung an. Denn nach einer Umstrukturierung konzentrierte die DFVLR ihre Forschungen auf Luft- und Raumfahrt. Die Windenergie sollte ausgelagert werden. Molly aber wollte im Metier bleiben. Er wagte 1984 mit zwei Partnern den Schritt in die Selbstständigkeit und gründete seine Firma WISA Energiesysteme GmbH, was für Wind, Solar und Additiv steht. Er betrieb Auftragsforschung auf dem Gebiet der erneuerbaren Energien. Damals, erinnert sich Molly, sei er belächelt worden, wenn er von seinen Forschungen mit der Windenergie erzählt habe.

Das sollte sich durch Tschernobyl grundlegend ändern. Nach der Reaktorkatastrophe in dem ukrainischen Atomkraftwerk Ende April 1986 rückten alternative Energiequellen in das öffentliche Bewusstsein, was sich auch auf die Forschungspolitik auf dem Energiesektor auswirkte. Es entwickelte sich eine Nachfrage nach kleinen Windkraftanlagen, besonders in den windreichen deutschen Küstenregionen. Mittelständische Unternehmen begannen, Windkraftanlagen herzustellen, womit auch verstärkter Bedarf an angewandter Forschung entstand.

Das Land Niedersachsen beabsichtigte daher auf Betreiben des damaligen Wirtschaftsministers Walter Hirche, ein reines Windenergie-Institut zu gründen. Molly bewarb sich für die ausgeschriebene Stelle des Institutsleiters. Der Schritt war für den Wissenschaftler logisch: „Wenn ich weiter auf dem Gebiet der Windenergie forschen will, muss ich dorthin gehen, wo der meiste Wind weht – an die Küste." Im Januar 1990 wurde das Deutsche Windenergie Institut (DEWI) als gemeinnützige GmbH in Wilhelmshaven gegründet, mit dem Land Niedersachsen als alleinigem Gesellschafter und Molly als erstem und damals einzigem Mitarbeiter.

In den knapp 15 Jahren seit der Gründung hat Molly das DEWI zu einer der weltweit bedeutendsten Einrichtungen auf dem Gebiet der Windenergie ausgebaut. Das Land Niedersachsen zog sich inzwischen fast vollständig aus der Finanzierung des Instituts zurück, womit die Forschung in den Hintergrund rückte. Der Schwerpunkt der Arbeit verlagerte sich auf Dienstleistungen für Hersteller und die Planungsbüros, wie das Vermessen von Windkraftanlagen oder die Optimierung von Windparks. Um sich verstärkt für den Bereich Offshore zu engagieren und Windturbinen zu zertifizieren, gründete das DEWI 2003 zusammen mit dem Kreis und der Stadt Cuxhaven das DEWI-OCC, die Offshore and Certification Centre GmbH.

Heute kommen die finanziellen Mittel für die mittlerweile mehr als 60 Mitarbeiter des DEWI vorwiegend aus der privaten Wirtschaft und zu etwa 50 Prozent aus dem Ausland. Seine Dienstleistungen bietet das Institut inzwischen in über 25 Ländern an. Es eröffnete 1999 eine Niederlassung in Spanien, 2004 eine in Brasilien und 2005 auch eine in Frankreich.

Viele der internationalen Kontakte rühren noch aus Mollys Stuttgarter Zeit, in der er sich das Grundwissen über die Windenergie angeeignet hatte. Und nicht zuletzt verweist der leichte Akzent in Jens Peter Mollys Sprache noch 15 Jahre nach dem Wechsel an die niedersächsische Küste auf seine schwäbischen Wurzeln.

In Stuttgart hingegen wurde es zunächst ruhiger – mit dem Windboom in Norddeutschland war die große Zeit der Windenergieforschung in Schwaben einstweilen vorbei. Ulrich Hütter, mit dessen Namen sie untrennbar verbunden war und dessen Philosophie die Entwicklung von Windkraftanlagen in Deutschland entscheidend geprägt hatte, konnte den industriellen Durchbruch der Windenergie nicht mehr selbst erleben; er verstarb im Jahre 1990.

Für Heiner Dörner kam im Herbst 2004 die Zeit, den Staffelstab an Jüngere zu übergeben. Nachdem er mehr als drei Jahrzehnte lang über 1 000 Studenten in die wissenschaftlichen Grundlagen der Auslegung von Windkraftanlagen und der Aerodynamik von Rotorblättern eingeweiht hatte, ging er in den Ruhestand.

Wenn Dörner auf sein Berufsleben zurückblickt, dann lässt er zugleich auch die Entwicklung auf dem Gebiet der Windenergie Revue passieren. Der technologische Durchbruch, resümiert Dörner, sei zwar erst mit der Serienfertigung von Windkraftanlagen erfolgt. Doch die Stuttgarter Wissenschaftler und Ingenieure haben die Grundlagen dafür geliefert, dass man, dreißig Jahre nach dem Ölpreisschock, den wieder steigenden Öl- und Gaspreisen eine alternative Energieerzeugungstechnologie entgegenzusetzen hat: moderne große Windturbinen.

Die entscheidenden Impulse zur Anlagenentwicklung kommen längst aus der Industrie. Doch an firmenübergreifender Grundlagenforschung gibt es weiterhin großen Bedarf, denn die Optimierung der Windturbinen ist noch lange nicht ausgereizt. Ein Teil von Dörners Vorlesungsstoff wird deshalb an dem neu gegründeten Stiftungslehrstuhl für Windenergietechnik weiter gelehrt werden. Diesen finanziert der Unternehmer Karl Schlecht, der sich in den Fünfzigerjahren von Hütters Vorlesungen begeistern lassen hatte. Schlecht ist Besitzer der Putzmeister AG, einem Hersteller von Betonpumpen in Aichtal bei Stuttgart, und betreibt einige Windparks. Am 1. Januar 2004 wurde diese bundesweit erste Windenergie-Professur mit Martin Kühn besetzt, der an der TU Delft über die Auslegung von Fundamenten von Offshore-Windturbinen promovierte und zuletzt bei GE Wind Energy, einem der weltweit führenden Hersteller von Windkraftanlagen, gearbeitet hatte.

Mit dem neuen, dem Institut für Flugzeugbau angegliederten Lehrstuhl für Windenergietechnik ist die Windenergieforschung in Stuttgart für die nächsten Jahre erst einmal gesichert. Heiner Dörner sieht diese Kontinuität nach seinem Rückzug aus dem Berufsleben mit großer persönlicher Genugtuung. Er hofft, dass damit die Hüttersche Tradition wieder auflebt, und betont nicht ohne Stolz: „Die akademischen Wurzeln für die moderne Windenergienutzung in Deutschland liegen an den Forschungseinrichtungen für Luftfahrt in Stuttgart."

Dem Segelflugzeug abgeschaut: Die von Walter Keller entworfenen Winglets an der Rotorblattspitze einer Südwind S46 versprechen Lärmreduzierung und Leistungssteigerung

HSW 600
TACKE

Die „Growiane“ – Der Dienstweg aus der Ölpreiskrise

Ausgelöst durch die Ölpreiskrise von 1973 vergab das Bundesforschungsministerium Aufträge für die Entwicklung der Windkrafttechnologie. Neben der Untersuchung verschiedener Anlagenkonzepte setzte das Ministerium – damals einem weltweiten Trend folgend – den Schwerpunkt auf große Windkraftanlagen.

Die ehrgeizigen Großprojekte offenbarten die ganze Komplexität der Windkrafttechnologie. Wenngleich diese Forschungsstrategie keine serienreifen Windturbinen hervorbrachte, arbeiteten die rund um die „Growiane“ engagierten Wissenschaftler und Ingenieure das technische Know-how systematisch auf und schufen wissenschaftliche Grundlagen für die Windenergienutzung.

Links | Nostalgie im Kaiser-Wilhelm-Koog: Das Maschinenhaus der WKA 60 wird seit der EXPO 2000 auf dem Fundament des GROWIAN präsentiert

Erich Hau | *Die Lehren aus dem Growian*

Erich Hau arbeitete von 1978 bis 1987 bei MAN Neue Technologien an der Entwicklung von großen Windkraftanlagen. Der Flugzeugbauingenieur war für die aerodynamische Auslegung der Großen Windenergieanlage GROWIAN – der damals größten Windturbine der Welt – verantwortlich.

Als MAN sich 1976 um die Erstellung baureifer Unterlagen für eine große Windkraftanlage bewarb, hatte der Technologiekonzern keinerlei Erfahrungen mit Windenergie. Bei der Entwicklung des Growian und in den begleitenden Forschungsprojekten wurde jedoch viel Grundlagenwissen über Windenergie erlangt und systematisch aufgearbeitet. Erich Hau fasste diesen Kenntnisstand in seinem 1988 erstmals erschienenen Buch „Windkraftanlagen – Grundlagen, Technik, Einsatz, Wirtschaftlichkeit" zusammen.

Growian offenbarte die ganze Komplexität der Windkrafttechnologie und auch, dass man Windturbinen ohne kommerzielles Interesse nicht zur Serienreife bringen kann. Aus dieser Erfahrung heraus engagierte sich Erich Hau für die Bildung von Netzwerken zur Förderung der kommerziellen Windkraftnutzung und war Gründungsmitglied der Europäischen Windenergievereinigung (EWEA) und der Fördergesellschaft Windenergie (FGW). Als Berater der EU-Generaldirektion für Forschung war Hau an der Ausarbeitung des Forschungsprogramms WEGA II beteiligt, dass in den Neunzigerjahren die Entwicklung von serientauglichen Windkraftanlagen der Megawatt-Klasse forcierte.

Von 1988 bis 1990 arbeitete Erich Hau als Vorstand für Technik und Organisation am neu gegründeten Institut für Solare Energieversorgungstechnik e.V. (ISET) in Kassel. Er kehrte 1990 jedoch nach München zurück und leitete die 1989 von ihm gegründete ETAPLAN GmbH, ein Ingenieurbüro für energietechnische Analysen und Projektplanungen. Erich Hau ist heute im Aufsichtsrat der RENERCO Renewable Energy Concepts AG tätig, die 2003 aus einer Fusion von Etaplan mit anderen Firmen entstand.

Erich Hau in seinem Münchner Büro mit Bildern von den MAN-Großanlagen Growian und WKA 60: „Das Grundlagenwissen über die Windenergie wurde an den Forschungsprojekten rund um den Growian systematisch aufgearbeitet."

Siegfried Mickeler |
Monopteros – der Einflügler

Siegfried Mickeler arbeitete rund 15 Jahre an der Entwicklung von Einblatt-Rotoren. Der Strömungsmechaniker untersuchte bereits im Rahmen seiner Dissertation das Regelverhalten eines kleinen Einblatt-Rotors mit Vorflügel. Als wissenschaftlicher Mitarbeiter am Institut für Aerodynamik und Gasdynamik an der Universität Stuttgart war er auch bei der Auslegung der ersten einflügligen Windkraftanlage des Münchner Technologiekonzerns Messerschmitt-Bölkow-Blohm GmbH (MBB) eingebunden: Für den 1982 in Bremerhaven errichteten Monopteros M400 berechnete Mickeler die Aerodynamik und die Lasten. Als die Hubschrauberabteilung von MBB 1978 den BMFT-Auftrag für den Bau einer großen Windturbine angenommen hatte, entschieden sich die Ingenieure für das Konzept eines Einblatt-Rotors, da sie sich bei großen Maschinen eine Gewichts- und Kostenersparnis erhofften. Wie beim Hubschrauber erlauben Einblatt-Rotoren eine weiche, nachgiebige Blattaufhängung und können deshalb so konstruiert werden, dass große Belastungen für die Maschine konstruktiv vermieden werden.

Siegfried Mickeler wechselte 1986 selbst zu MBB und leitete dort die Entwicklung von Monopteros 50, von dem drei Prototypen im November 1989 in Wilhelmshaven ans Netz gingen. Die Einblatt-Rotoren konnten sich wegen der hohen Drehzahl und der damit verbundenen Geräuschentwicklung für die Windkraftnutzung an Land jedoch nicht kommerziell durchsetzen. Hingegen sieht Siegfried Mickeler auf dem Meer durchaus wieder Chancen für den Einflügler.

Oben | Windkanal-Versuche: Seit 1993 lehrt Siegfried Mickeler Strömungsmechanik im Fachbereich Maschinenbau an der Fachhochschule Würzburg-Schweinfurt

Dietmar Knünz |
Zwei Flügel – Aeroman und Aeolus II

Dietmar Knünz arbeitete sowohl bei MAN als auch bei MBB als Konstruktionsleiter. Bei MAN war Knünz ab 1978 Projektverantwortlicher für die Entwicklung des Aeroman. Diese pitch-geregelte Zweiblatt-Maschine, von der Versionen zwischen zehn und 55 Kilowatt gebaut wurden, war für den universellen Einsatz in Inselnetzen sowie für den Netzparallelbetrieb konzipiert. So kam der Aeroman in den Achtzigerjahren bei diversen Projekten zum Einsatz, in denen das Bundesforschungsministerium verschiedene Anwendungsmöglichkeiten für kleine Windkraftanlagen testen ließ.

Knünz wechselte 1988 zu MBB und zeichnete als Konstruktionsleiter für den Bau von Aeolus II verantwortlich. Diese gemeinsam von MBB und der schwedischen Kvaerner Turbin AB entwickelte Zweiblatt-Turbine ging 1993 in Wilhelmshaven in Betrieb. Mit drei Megawatt Leistung und einem Rotordurchmesser von 80 Metern war Aeolus II in den Neunzigerjahren die größte Windkraftanlage in Deutschland.

Von 2000 bis 2002 arbeitete Knünz für die Nordex AG beim Aufbau der Rotorblattfabrikation in Rostock. Heute ist er als beratender Ingenieur tätig und betreibt Aeolus II in Wilhelmshaven.

Oben | Dietmar Knünz mit einem Querschnitt des Rotorblattes von Aeolus II: Die 40 Meter langen Rotorblätter waren 1992 die weltweit größten Bauteile aus einem Verbundmaterial von Glas- und Kohlefasern

Die Growiane | Die Großprojekte der Konzerne

Die Windenergieförderung des Bundes und der Europäischen Gemeinschaft unterstützte zunächst bevorzugt die Entwicklung großer Windkraftanlagen. Die bei MAN und MBB entwickelten „Growiane" brachten zwar viel Know-how, blieben jedoch Unikate.

Links | Growian: Das Kernstück der BMFT-Forschung war die GRoße WIndenergieANlage – kurz der Growian. Er wurde 1982 im Kaiser-Wilhelm-Koog in der Nähe der Elbmündung aufgebaut und 1984 erstmals ans Netz geschaltet. Die 3-MW-Anlage mit einem Rotordurchmesser von 100,4 Metern und einer Nabenhöhe von 102,1 Metern war zu jener Zeit die größte je auf der Welt gebaute Windturbine. Sie sollte es noch 14 Jahre lang nach ihrem Abriss im Jahr 1988 bleiben (Foto: Archiv Erich Hau)

Unten | WKA 60: Nach dem Scheitern des Growian entwickelte MAN gemeinsam mit spanischen Partnern die 1,2-MW-Maschine WKA 60. Ab Februar 1990 speiste eine WKA 60 auf Helgoland Strom in den Energieverbund der Nordseeinsel ein (Foto: Uwe Hinz)

Links | Aeolus II: Gemeinsam mit der schwedischen Kvaerner Turbin AB entwickelte MBB die 3-MW-Anlage Aeolus II, die 1993 in Wilhelmshaven in Betrieb ging. Bei den fast 40 Meter langen Rotorblättern von Aeolus II verwendeten die Ingenieure von MBB wie schon bei den Monopteros-Anlagen ein Verbundmaterial von Glas- und Kohlefasern und setzten damit Maßstäbe für die Konstruktion großer Rotorblätter

Oben | Monopteros: Die 1989 im Jade-Windpark in Wilhelmshaven errichteten Monopteros 50 waren mit einem Rotordurchmesser von 56 Metern die größten jemals gebauten einflügligen Windturbinen

Albert Fritzsche |
Der Charme des Darrieus-Rotors

Albert Fritzsche war als Leiter der Konstruktionsabteilung bei der Dornier-System GmbH aus Friedrichshafen am Bodensee für die Entwicklung von Darrieus-Rotoren verantwortlich. Als sein Team 1974 im Auftrag des Bundesministeriums für wirtschaftliche Zusammenarbeit eine Studie zur „Beurteilung der Einsatzmöglichkeiten von Windkraftanlagen in Entwicklungsländern" anstellte, stießen sie auf das Patent des Franzosen George Darrieus aus dem Jahr 1925.

Fritzsche sieht bei diesen Vertikalachsrotoren einige Vorteile: „Der Darrieus-Rotor steht immer richtig zur Windrichtung, ist also windrichtungsunabhängig, Generator und Getriebe sind am Boden, also gut zugänglich, und er ist sehr gut geeignet für Starkwindgebiete – das macht das Potenzial und den Charme des Vertikalachsers aus."

Auch wenn bei Dornier nur Prototypen des Darrieus-Rotors gebaut wurden, gebührt Albert Fritzsche und seinem Team das Verdienst, in den 15 Jahre währenden Untersuchungen einiges an Grundwissen über dieses Rotorenprinzip aufgearbeitet zu haben: „Mit diesem Wissen konnten wir mit jedem konkurrieren. Es hätte aber erheblicher Mittel bedurft, um mit der Produktion loszulegen."

Rechts | Der größte von Dornier gebaute Darrieus-Rotor: In Heroldstatt-Ennabeuren auf der Schwäbischen Alb ging 1990 eine 25 Meter hohe Zweiblatt-Maschine mit einem Rotordurchmesser von 15 Metern und einer Leistung von 55 Kilowatt in Betrieb

Götz Heidelberg | *Der H-Rotor*

Der Physiker Götz Heidelberg aus dem oberbayrischen Starnberg entwickelte Ende der Achtzigerjahre den H-Rotor, eine Vertikalachsturbine mit ähnlichem aerodynamischem Funktionsprinzip wie der Darrieus-Rotor – allerdings mit geraden Rotorblättern. Heidelbergs H-Rotoren zeichneten sich dadurch aus, dass der Rotor mit dem integrierten Permanentmagneten des Generators das einzige bewegliche Bauteil der getriebelosen Anlage darstellte.

Heidelbergs Anspruch war es, die Maschine robust und wartungsarm auszulegen, denn er hatte mit dieser Konstruktion extreme Anwendungsgebiete im Blick. Ende 1989 errichtete Heidelberg einen ersten Prototyp des H-Rotors 20/56 mit 20 Kilowatt Leistung im Testfeld Kaiser-Wilhelm-Koog. Nach neunmonatiger Testzeit wurde die Anlage demontiert und in die Antarktis verschifft, wo sie im Januar 1991 zur Stromversorgung der deutschen Forschungsstation „Georg von Neumeyer" wieder in Betrieb ging.

Heidelberg errichtete zwischen 1991 und 1994 fünf H-Rotoren mit jeweils 300 Kilowatt Leistung im Kaiser-Wilhelm-Koog. Als ein Sturm eine Anlage total zerstörte, bedeutete das die Insolvenz der Heidelberg Motor GmbH und damit das Aus für die Entwicklung der H-Rotoren.

Götz Heidelberg forscht jedoch weiter nach innovativer Energie- und Antriebstechnik. Als Geschäftsführer der Magnet Motor GmbH leitet er ein Team von Physikern und Ingenieuren, das beispielsweise einen supraleitenden magnetischen Energiespeicher für die Stabilisierung elektrischer Netze entwickelt hat.

Links | Unter extremen Windverhältnissen oder in gebirgigen Gegenden mit stark wechselnden Windrichtungen haben Vertikalachsrotoren nach wie vor ihre Berechtigung: Heidelberg errichtete 1994 in Ruanda einen H-Rotor 20/60 auf dem Mt. Karifimbi in 4 000 Metern Höhe zur Stromversorgung einer Sendestation (Foto: Archiv Götz Heidelberg)

Oben | Der Windenergiepark Westküste im Kaiser-Wilhelm-Koog wuchs mit den Anlagengrößen: Am 24. August 1987 gingen die ersten 30 Maschinen mit Leistungen zwischen 25 und 55 Kilowatt in Betrieb. Es folgten 1989 zwei Anlagen mit jeweils 165 Kilowatt, 1993 vier Maschinen der 250-kW-Klasse und 1995 eine 500-kW-Anlage. Im April 1997 wurde die erste 1,5-MW-Anlage von Vestas in Deutschland, eine V63, errichtet (Bildmitte). Die kleinen Anlagen der ersten Generation sind mittlerweile zurückgebaut

Gert Nimz | *Die Einheit von Windkraftanlage und Netz*

Gert Nimz leitete als Geschäftsführer der Windenergiepark Westküste GmbH den Betrieb des ersten modernen Windparks nach der Ölpreiskrise in Deutschland. In diesem vom Bundesforschungsministerium nach dem Scheitern des Growian initiierten Demonstrationsprojekt begannen 1987 unter Federführung des Energieversorgers Schleswag umfassende Untersuchungen zum Betrieb eines Windparks mit kleinen Serien-Windkraftanlagen.

Der Windenergiepark Westküste lieferte grundlegende Erkenntnisse über Schallemission, Schattenwurf und Abschottung der Maschinen untereinander. Im Mittelpunkt der Untersuchungen stand jedoch die Integration von Windkraftanlagen in das Stromnetz.

Gert Nimz gab den Herstellern in konstruktiver und ideologiefreier Zusammenarbeit wesentliche Impulse für die Verbesserung der Netzverträglichkeit von Windturbinen. Der Elektroingenieur, der zuvor zehn Jahre lang Erfahrungen mit Netzplanung bei der Schleswag gesammelt hatte, plädierte immer dafür, das System von der Stromerzeugung bis zum Verbraucher als Ganzes zu betrachten: „Wir müssen die Windkraftanlage und das Netz als eine Einheit sehen."

Bernhard Richter und Christian Nath | *Die Prüfinstanz*

Bernhard Richter und Christian Nath, das langjährige Führungsduo der Windenergieabteilung des Germanischen Lloyd (GL), eigneten sich das Know-how zur Zertifizierung von Windkraftanlagen über die Prüfung des Growian an. Eine Anfrage der KFA Jülich an den Werkstoffspezialisten Richter, ob der GL den Growian prüfen kann, bildete 1977 seinen Einstieg in die Windenergietechnik. Der Schiffbauingenieur Christian Nath stieß 1979 zu dem Projekt. Es war für beide Ingenieure eine große Herausforderung, eine neue Systemtechnik komplett zu prüfen, ohne dass damals Erfahrungen auf diesem Gebiet vorlagen.

„Von den großen Anlagen haben wir gelernt, was wir nicht machen dürfen", sagt Richter, verweist jedoch darauf, dass das dabei gewonnene Know-how der Windkraftbranche erhalten blieb. Anfang der Achtzigerjahre gab es noch keine genormte Typenprüfung für Windturbinen. Die Erkenntnisse aus der Prüfung des Growian brachte der GL im Richtlinienausschuss des Landes Schleswig-Holstein ein und bekam 1984 den Forschungsauftrag, Lastannahmen und Standards zur Prüfung von Windenergieanlagen aufzustellen. Im Ergebnis gab der GL 1986 erstmals eigene „Richtlinien für die Zertifizierung von Windenergieanlagen" heraus.

Für die Datenerfassung an Windturbinen betreibt der GL seit 1984 ein Testfeld auf dem Growian-Gelände, dem wie Richter sagt „bestvermessenen Windstandort der Welt". Gemeinsam mit der Schleswag und dem Land Schleswig-Holstein gründete der GL 1989 die Windtest Kaiser-Wilhelm-Koog GmbH, die neben dem Betrieb des Testfeldes ein breites Dienstleistungsangebot für Hersteller und Betreiber von Windkraftanlagen anbietet. Weitere Filialen eröffnete der GL 1997 mit dem Binnenlandtestfeld im niederrheinischen Grevenbroich und 2003 mit der Windtest Iberica in Spanien.

Seit Oktober 1995 gab es beim GL eine eigenständige Windenergieabteilung, die Bernhard Richter und Christian Nath gemeinsam leiteten. Fünf Jahre später wurde diese Abteilung ausgegliedert und firmiert seitdem als GL WindEnergie GmbH (GL Wind). Sie bildet zusammen mit den Windtest-Firmen die GL Wind Gruppe, die heute Weltmarktführerin bei der Zertifizierung von Windkraftanlagen ist.

Bernhard Richter verabschiedete sich im September 2005 in den Ruhestand. Christian Nath hingegen sieht als Geschäftsführer von GL Wind den Schwerpunkt der zukünftigen Arbeit bei der Zertifizierung von Windturbinen und Projekten auf hoher See – dort, wo der Germanische Lloyd als Prüfinstanz für Schiffe seinen Ursprung hat.

Linke Seite | Bernhard Richter (li.) und Christian Nath am Hamburger Niederhafen: Die erste Windturbine hat der Germanische Lloyd 1872 zertifiziert – eine Segelwindmühle zum Antrieb der Lenzpumpe auf einem Schiff

Werner Kleinkauf |
Intelligente Regelsysteme

Werner Kleinkauf beschäftigt sich seit der ersten Ölpreiskrise mit alternativen Energieversorgungssystemen. Der Elektroingenieur bildete an der Deutschen Forschungs- und Versuchsanstalt für Luft- und Raumfahrt in Stuttgart eine der ersten Forschungsgruppen für Solarenergie in Deutschland und war bei der BMFT-Programmstudie „Energiequellen von morgen?" für den Bereich Solarenergie verantwortlich.

Kleinkauf nahm 1976 an die Universität Gesamthochschule Kassel eine Professur für Leistungselektronik an und baute dort das Institut für Elektrische Energieversorgungssysteme auf, das er bis zu seiner Emeritierung im April 2004 leitete. Dort entwickelte er sowohl für den Aeroman als auch für den Growian die Regelsysteme.

Kleinkauf hatte früh erkannt, dass dezentrale Energieanlagen sowohl in Inselnetzen als auch im Verbundnetz intelligente Regelsysteme benötigen.

Um auch die Hardware dafür zu liefern, gründete er 1981 zusammen mit seinen Assistenten die SMA Regelungstechnik GmbH, eine Firma zur Entwicklung und Produktion computerbasierter Regelsysteme für eine dezentrale, modulare Energietechnik. Das seit 2004 als SMA Technologie AG firmierende Unternehmen ist einer der weltweit größten Anbieter von Regelungen für Wind- und Solaranlagen sowie für Hybridsysteme.

Für anwendungsorientierte Forschung im Bereich der erneuerbaren Energien gründete Werner Kleinkauf im Februar 1988 das Institut für Solare Energieversorgungstechnik e.V. (ISET) an der Universität Kassel und war bis 1998 dessen Vorstand.

Martin Hoppe-Kilpper |
Windkraftwerk Deutschland

Martin Hoppe-Kilpper war von 1990 bis 2005 für die Windenergieforschungen am ISET verantwortlich. Der Elektroingenieur, der zuvor an der Universität Kassel am Institut von Professor Kleinkauf gearbeitet hatte, leitete am ISET die Projektgruppe Windenergie und später den Bereich Information und Energiewirtschaft.

Nachdem die Bundesregierung 1989 das 100-MW-Programm verabschiedet hatte, betreute Martin Hoppe-Kilpper als Projektleiter das begleitende wissenschaftliche Mess- und Evaluierungsprogramm (WMEP). Mit der Erfassung und wissenschaftlichen Auswertung der Betriebsdaten von über 1 500 Windkraftanlagen verschiedener Typen und Leistungsklassen an Standorten in ganz Deutschland entstand am ISET die weltweit größte Datensammlung über die Windenergie.

Aufbauend auf dieser Datenbasis entwickelte das ISET eine Methode zur Online-Erfassung und Prognose der Windleistung im Versorgungsnetz, die mittlerweile alle großen Netzbetreiber in Deutschland nutzen. Bei diesem Prognosesystem werden die im jeweiligen Versorgungsgebiet stehenden Windturbinen als ein großes Kraftwerk betrachtet, dessen Leistungsschwankungen vorhersagbar sind – auf das gesamte Bundesgebiet bezogen nennt es Martin Hoppe-Kilpper das „Windkraftwerk Deutschland".

Die Integration der Windturbinen in die Stromversorgung ist auch Martin Hoppe-Kilppers neuer Arbeitsschwerpunkt: Seit Februar 2005 leitet er den Bereich Kraftwerke und Netze bei der Deutschen Energie-Agentur.

Bernward Janzing und Jan Oelker

Ein lautes Krachen erschüttert den Kaiser-Wilhelm-Koog im Sommer 1988. Die beiden 170 Meter hohen Windmessmasten auf dem Growian-Gelände knicken ein und brechen in sich zusammen. Es ist der spektakuläre Schlussakkord beim Abriss des Growian, der bis dahin größten Windkraftanlage der Welt, die selbst ein paar Wochen zuvor abgebaut worden war.

Speziell in den Reihen der großen Energieversorger gibt es zahlreiche Zeitgenossen, die mit dem Ende des Growian am liebsten die gesamte Windenergienutzung begraben hätten. Und so muss das Projekt bis heute als „Beweis" herhalten, dass Windenergie nicht funktioniert, sinnlos oder einfach zu teuer sei – obwohl dies mittlerweile allein in Deutschland rund 17 000fach widerlegt wurde. Dass beim Großversuch mit dem Growian vieles falsch lief, ist gleichwohl unbestritten. Und so weinten selbst dezidierte Windenergiebefürworter der Anlage kaum eine Träne nach.

Erich Hau gehört dabei zu den Ausnahmen. Der gelernte Flugzeugbauer, der seinerzeit in der Konstruktionsabteilung der MAN Neue Technologien GmbH in München für die aerodynamische Auslegung des Growian verantwortlich war, durchlebte wie wohl kaum ein Zweiter alle Herausforderungen und Tücken dieses Projektes, wenn auch oft mit zwiespältigen Gefühlen.

Der Growian, die große Windenergieanlage, war vom Bundesforschungsministerium (BMFT) initiiert worden. Denn nach der Ölpreiskrise hatte sich die Bundesregierung im Zugzwang gesehen, die Möglichkeiten bisher ungenutzter Energiequellen untersuchen zu lassen. Dabei sollte, wenngleich nur marginal, auch die Erschließung alternativer Energiequellen – wie der Windenergie – für den großtechnischen Einsatz gefördert werden.

Der Startschuss für das Projekt Growian fiel am 11. Juni 1976 in einer vom BMFT einberufenen Expertenrunde beim Projektträger, der Kernforschungsanlage Jülich GmbH. Dort einigten sich 36 Vertreter aus Politik, Wissenschaft und Wirtschaft über den Bau einer Prototyp-Windkraftanlage nach einem von Professor Ulrich Hütter in der Programmstudie „Energiequellen von morgen?" vorgeschlagenen Konzept.

Einen Monat später wurden die Papiere für eine beschränkte Ausschreibung zur Erstellung baureifer Unterlagen an 16 renommierte Unternehmen der deutschen Großindustrie verschickt. Der Zuschlag ging schließlich im Sommer 1977 an die MAN Neue Technologie. Es war ein lukrativer Ingenieursauftrag, zumal das Projekt zu 100 Prozent staatlich finanziert wurde.

Das Konzept und die Vorgaben für die Größe der Anlage waren bereits im Vorfeld festgelegt worden. MAN war, wie Hau sagt, dabei „nur die ausführende Firma". Es sollte eine leeläufige Windkraftanlage mit einer horizontalen Achse sein, mit zwei in Compositbauweise hergestellten Rotorblättern und einer Pendelnabe. „Das Konzept für den Growian hieß schlicht", so erinnert sich Hau, „die Hüttersche W-34 aus den Fünfzigerjahren einfach größer zu bauen".

Doch Dokumentationen von systematischen Messungen an der W-34 waren zu diesem Zeitpunkt längst nicht mehr aufzutreiben – es existierte lediglich noch ein alter Übersichtsplan. Noch weniger Unterlagen waren von dem Projekt „Windkraftwerk MAN-Kleinhenz" aus den frühen Vierzigerjahren zu finden, nachdem das Gros der Konstruktionszeichnungen bei einem Bombenangriff auf die MAN-Zentrale vernichtet worden war.

Bei dem Projekt hatte es sich um ein Großwindkraftwerk mit 130 Metern Rotordurchmesser und zehn Megawatt Leistung gehandelt, das der Ingenieur Franz Kleinhenz in den ersten Kriegsjahren bei MAN konstruiert hatte. Doch für eine Umsetzung der Pläne hatten während des Krieges die Mittel gefehlt. Immerhin fand man nun im MAN-Archiv noch einige Berechnungsunterlagen, die bei der Auslegung des Growian mit herangezogen werden konnten. Ansonsten fing das Entwicklungsteam von MAN, das vom Projektmanager Siegfried Helm geleitet wurde, bei null an.

„Wir hatten damals keine Ahnung von Windenergie" erinnert sich Hau an seinen Einstieg in das Projekt. Dieser erfolgte 1978 mit einer Fahrt nach Stuttgart zu den Projektpartnern von der Deutschen Forschungs- und Versuchsanstalt für Luft- und Raumfahrt (DFVLR), die die Systemoptimierung des Growian übernommen hatten. Dort trafen sich Helm und Hau mit dem Leiter der Windenergie-Abteilung, Jens Peter Molly, und dem Faserverbund-Spezialisten Dieter Muser zu einer ersten Besprechung, um sich das Hüttersche Konzept näher erläutern zu lassen. Auf der Heimfahrt nach München wurde Hau erstmals bewusst, dass dies kein Routine-Auftrag werden würde: „Das ist ja Wahnsinn, jetzt sollen wir eine 3-MW-Windkraftanlage bauen und wir haben noch nie ein Windrad gesehen."

Also machten sich die MAN-Techniker erst einmal auf die Suche nach einer kleinen Windkraftanlage als Testobjekt. Bei Menno Schoof, einem ostfriesischen Bauern im Wangerland, fanden sie eine Allgaier WE 10 aus den Fünfzigerjahren. „Die lag zerlegt in der Scheune." Die Ingenieure bezahlten 20 000 Mark dafür, brachten sie nach München und montierten sie auf das Dach des MAN-Firmengebäudes. Prompt gab es Ärger. Für manchen Betrachter, so musste Hau sich vorhalten lassen, wirke der Dreiflügler wie ein Mercedes-Stern, bekanntlich die Konkurrenz auf dem Lkw-Sektor. Und das goutierte die MAN-Führung überhaupt nicht – die Anlage musste wieder abgebaut werden.

Doch auch als Versuchsanlage war sie mit ihrem mechanischen Regler ungeheuer kompliziert. Um Erfahrungen zu sammeln, fasste das Helm-Team den Entschluss, eine kleine Testanlage parallel zum Growian zu entwickeln, die einige seiner wesentlichen Konstruktionsmerkmale aufweisen sollte. „Daraus wurde der Aeroman, der zunächst überhaupt nicht zum Verkauf vorgesehen war", wie Hau sagt, „sondern als ein Modell des Growian".

Das wäre Dietmar Knünz allerdings zu wenig gewesen, der im Sommer 1978 die Projektleitung für die Entwicklung der kleinen Windkraftanlage Aeroman in der Konstruktionsabteilung von MAN übernahm. Aus der Sicht des Maschinenbauingenieurs, der zuvor bei MAN im Management des Raketenprojekts Ariane mitgearbeitet hatte, war Aeroman mehr als eine Versuchsanlage.

Die pitch-geregelte Zweiblatt-Anlage bekam mit einigem theoretischen Input ein sehr modernes Konzept, das auf dem Ingenieurwissen der damaligen Zeit beruhte. Mit den einfachen und robusten Stall-Anlagen, die zeitgleich in Dänemark aufkamen, hatte Aeroman nicht viel gemein.

Mit fast schon unternehmerischem Ehrgeiz legte das Team um Knünz den Aeroman im Wissen um eine spätere Serienfertigung in Modulbauweise aus. Die Nabe bildete eine Einheit mit den Blattlagern und dem Hydraulikzylinder für die Blattverstellung. Das Getriebe und die Rotorwelle ergaben ein in sich geschlossenes System. Die Windnachführung war ein separates Bauteil zwischen Gondel und Turm. Jede Baugruppe war so konstruiert, dass man sie sich von verschiedenen Herstellern anbieten lassen konnte.

Die Vorgaben an die Zulieferer mussten allerdings im eigenen Haus entwickelt werden, denn Windenergie war damals für alle Beteiligten Neuland. MAN Neue Technologien bot dafür exzellente Vorraussetzungen, denn es war ein eigener Entwicklungsbereich innerhalb des MAN-Konzerns. Unabhängig von der Getriebeherstellung in Augsburg und der Lkw-Fertigung in Nürnberg wurden in München neue Produkte entwickelt. Auf dem Energietechniksektor waren das damals neben Windkraftanlagen noch Solaranlagen, Wärmepumpen, Blockheizkraftwerke, aber auch Zentrifugen zur Uran-Anreicherung. Nicht nur maschinentechnisch war der Konzern bestens ausgerüstet, Knünz sah noch einen anderen Vorteil. „Wir hatten in der Firma Spezialisten auf fast allen Gebieten der Ingenieurwissenschaften vereint, da gab es nichts, was nicht ging."

So war das Knünz-Team in der Lage, die Lastannahmen für alle Baugruppen einer Windkraftanlage vorzugeben und die Bauteile gemeinsam mit den Zulieferern zu entwickeln. Da die Arbeiten immer auch parallel für den Growian liefen, profitierte die Aeroman-Entwicklung auch von der über das Growian-Projekt finanzierten Zusammenarbeit mit den Forschungseinrichtungen wie der DFVLR und der Universität Stuttgart bei der Rotorblattentwicklung oder der Gesamthochschule Kassel und der Universität Braunschweig bei der Regelungstechnik.

Der erste Prototyp des Aeroman mit zehn Kilowatt Leistung wurde im Frühjahr 1979 auf dem Werksgelände von MAN in Karlsfeld bei München am Rande einer Lkw-Versuchsstrecke errichtet. Ein zweiter folgte auf dem Testfeld der DFVLR in Schnittlingen auf der Schwäbischen Alb. „Wie das so ist in einer großen Firma", erinnert sich Erich Hau. „Als die Kaufleute die erste Anlage gesehen hatten, wollten sie das Teil verkaufen." So wurde noch 1979 ein erster Aeroman nach Neuseeland exportiert, 1980 folgten weitere Lieferungen nach Australien und Korea. „Das waren Einzelanlagen – es war total verrückt, eigentlich Schwachsinn", resümiert Projektleiter Knünz mit dem Abstand der Jahre. Denn es traten – wie bei allen Prototypen – Probleme auf. Immer war irgendetwas defekt. „Es war ein Desaster."

Die ersten systematischen Testläufe unter rauen Küstenbedingungen absolvierte der Aeroman ab Mai 1980 auf der Nordseeinsel Pellworm. Das GKSS-Forschungszentrum Geesthacht untersuchte im Rahmen eines BMFT Forschungsvorhabens kleine Windkraftanlagen verschiedener Hersteller.

Zunächst wurde ein Aeroman 11/11, ein Lee-Läufer mit elf Metern Rotordurchmesser und elf Kilowatt Leistung, getestet. Diese im Inselbetrieb laufende Turbine bereitete aber immer wieder Probleme mit der Steuerung und der Rotornabe. Ein Fehler in der Elektronik führte im April 1982 zum Totalschaden. Daraufhin wurde sie durch einen weiterentwickelten Aeroman 11/20 ersetzt, der als Luv-Läufer konzipiert und mit einem 20-kW-Asynchrongenerator versehen war, um im Netzparallelbetrieb zu fahren. Diese Anlage lief wesentlich stabiler als das Vorgängermodell, dennoch aber haperte es vor allem mit der Elektronik und Hydraulik der Steuerung.

Von den auf Pellworm getesteten Maschinen lief nur eine dänische Windmatic-Anlage relativ problemlos. Diese robuste, dreiflüglige Stall-Anlage hatte gezeigt, dass zumindest bei netzgeführten Maschinen weniger konstruktiver Aufwand manchmal mehr sein kann. Doch Knünz verteidigt das anspruchsvolle und komplizierte Regelsystem des Aeroman. „Die Grundüberlegung für den Aeroman war, dass die Anlage universell einsetzbar sein muss. Sie muss sowohl im Netzeinspeisebetrieb als auch im Inselbetrieb funktionieren, was hohe Anforderungen an die Regelung stellt."

Die Regelungssysteme von Aeroman und Growian wurden von Anfang an gemeinsam mit Professor Werner Kleinkauf und seinen Assistenten entworfen. Kleinkauf hatte seit 1976 an der Gesamthochschule Kassel den Bereich Elektrische Energieversorgungssysteme aufgebaut und 1981 die SMA Regelsysteme GmbH aus dem Institut ausgegründet. Diese Firma produzierte computerbasierte Regelungen für Anlagen der dezentralen Energieversorgung. SMA führte die Entwicklung des Regelungssystems gemeinsam mit dem Hochschulinstitut weiter und lieferte auch die Hardware dafür. Der Aeroman war für alle Beteiligten das Lernobjekt.

Einen Markt für so eine kleine Anlage, darin war sich MAN mit dem BMFT und den beteiligten Wissenschaftlern einig, sah man allenfalls in Entwicklungsländern oder in abgelegenen

Der kalifornische Windboom: MAN errichtete 1984 im Windpark Tehachapi in Kalifornien die ersten von rund 350 in die USA exportierten Aeroman 30-kW-Maschinen (Foto: Uwe Hinz)

Gebieten ohne Stromnetz. In Deutschland jedenfalls glaubte niemand an nennenswerte Absatzchancen. So wurden mit dem Aeroman weltweit diverse Anwendungsmöglichkeiten für Windkraftanlagen getestet.

Auf Hallig Süderoog setzte die GKSS 1982 einen Aeroman zur Versorgung einer Meerwasser-Entsalzungsanlage ein. Zwei Anlagen wurden nach Indonesien verschifft, um für Strom zur Brucheis-Erzeugung, für Wasserpumpen und die Energieversorgung eines Fischerdorfes zu sorgen. In Jordanien gab es weitere Projekte zur Energieerzeugung für Wasserpumpen.

Die technisch anspruchsvollsten Projekte waren zweifelsohne die Hybridsysteme zur unterbrechungsfreien Stromversorgung auf der irischen Insel Cape Clear und der griechischen Kykladeninsel Kytnos. Aeroman-Anlagen wurden im Verbund mit Dieselaggregaten und Batteriesätzen betrieben, auf Kytnos kam später noch eine 100-kW-Photovoltaik-Anlage hinzu. Die fünf 1982 auf Kytnos errichteten Aeroman-Turbinen bildeten den ersten Windpark Europas nach der Ölpreiskrise. „In windigen Nächten konnte die gesamte Insel mit Windstrom versorgt werden", erinnert sich Knünz. „Das Dieselaggregat lief nur im Leerlauf mit zur Lieferung des Blindstromes für die Asynchrongeneratoren." Das Projekt Kytnos zeigte auch, dass Windturbinen bei entsprechender Regelung durchaus netzstabilisierend und frequenzhaltend arbeiten können.

Mit dem Aeroman bekam MAN 1984 den Zuschlag für das Projekt „Windkraftanlagen in Entwicklungsländern", das die Kreditanstalt für Wiederaufbau im Auftrag des BMFT ausgeschrieben hatte. Innerhalb dieses staatlich finanzierten Exportprogramms wurden weltweit 50 Anlagen in kleinen Windparks zur Netzeinspeisung errichtet, so zum Beispiel auf Mauritius, den Azoren, den Kapverden oder in Argentinien.

Erst als in Norddeutschland die ersten dänischen Anlagen gekauft wurden, rückte auch der heimische Markt in das Blickfeld der MAN-Verkäufer. Auch hier zeigte sich, dass die Firma einen guten Draht zum BMFT hatte. Das Ministerium ebnete dem Unternehmen den Zugang zum Markt mit einem maßgeschneiderten Forschungsprogramm. In den Jahren 1984 und 1985 verkaufte MAN 20 Turbinen mit jeweils 20 Kilowatt Leistung in Norddeutschland, um die Machbarkeit des Netzparallelbetriebes beim „Einsatz kleiner Windenergiekonverter in der Bundesrepublik Deutschland", so der Name dieses Programms, zu untersuchen.

Mit den gezahlten Investitionszuschüssen von 50 Prozent konnte MAN den Aeroman konkurrenzlos billig anbieten, ansonsten aber war die kleine Maschine zu teuer. Für den Käufer ist es zweitrangig, wie viel wissenschaftliches Knowhow in einer Anlage steckt – ihn interessieren in erster Linie die Kosten der erzeugten Kilowattstunde. In diesem Punkt hatten die Dänen eindeutig die Nase vorn, da sie zu jener Zeit für einen ähnlichen Preis schon ausgereifte 50-kW-Anlagen anboten.

Dänemark war in den Achtzigerjahren das führende Land in Sachen Windenergie. Getragen durch eine breite Umweltbewegung konnten kleine Betriebe bereits Ende der Siebzigerjahre einfach konstruierte Windkraftanlagen verkaufen, die im Wesentlichen nach dem Konzept des dänischen Windpioniers Johannes Juul gebaut waren. Sie besaßen einen Dreiblatt-Rotor ohne Blattverstellung. Die Drehzahl der Anlage wurde über einen direkt an das Netz gekoppelten Asynchrongenerator konstant gehalten.

Auch die dänischen Anlagen liefen anfangs nicht ohne Probleme. Die Genehmigung von Windkraftanlagen geschah aber in Dänemark wesentlich unbürokratischer als in Deutschland. Vor allem war es einfacher, sie ans Netz anzuschließen. So hatten die dänischen Turbinen ihre „Kinderkrankheiten" bereits überwunden, als ab 1981 durch Steuervergünstigungen in den USA ein Markt für kleine Windkraftanlagen entstand. Die Serienfertigung in großen Stückzahlen brachte dann einen gewaltigen Schub für die Zuverlässigkeit und die Effizienz der dänischen Windturbinen.

MAN erreichte eine vergleichsweise hohe Zuverlässigkeit beim Aeroman erst relativ spät – aber nicht zu spät, um ebenfalls noch vom Windenergieboom in den USA zu profitieren. Zum Ende des Jahres 1984 wurden die ersten 75 Aeromane – eine aufgestockte Version mit zwölf Metern Rotordurchmesser und 30 Kilowatt Leistung – in die Tehachapi-Berge nördlich von Los Angeles geliefert. Uwe Hinz, der damals für die Projektabwicklung in den USA verantwortlich war, hätte sich mehr Zeit für den Aufbau gewünscht, doch bis zum Jahresende mussten die Anlagen stehen. Nur so kamen die Kunden noch in den Genuss der Tax-Credits – jener Steuervergünstigungen für die Errichtung von Windturbinen, die diesen Boom in Kalifornien ausgelöst hatten. „Wir haben bei den letzten Anlagen die Flügel später nachgerüstet", erinnert sich Hinz an die Hektik beim Aufstellen der Maschinen. „Den Steuerbehörden war es egal, ob die Anlagen Strom produzierten – Hauptsache der Aufbau war abgeschlossen."

Insgesamt exportierte MAN über 350 Anlagen in die USA. „Daran haben wir erst mal gut verdient, vor allem wegen des damals sehr hohen Dollarkurses", erinnert sich Knünz an die Hoch-Zeit der Aeroman-Produktion. Er verleugnet aber auch nicht, dass seine Firma in den Folgejahren kräftig draufzahlte, weil fast alle Getriebe getauscht werden mussten. Nach dieser Umrüstaktion wurden die Anlagen jedoch, wie Knünz sagt, „echte Dauerläufer".

„Mit Aeroman haben wir auf vielen Gebieten technische Maßstäbe gesetzt, von denen später andere Firmen profitieren sollten", resümiert Techniker Knünz. Die Rotorblätter wurden gemeinsam mit den Stuttgarter Forschungseinrichtungen und mit Walter Keller entwickelt, der das Gros in seiner Firma Aeroconstruct produzierte. MAN hatte in Karlsfeld aber auch eine eigene Blattfertigung aufgebaut, in der die Blätter in einem so genannten Prepreg-Verfahren hergestellt wurden. Dabei wird vorimprägniertes GfK in die Formen eingelegt und über Nacht automatisch gehärtet. Bei dem Verfahren wurden wesentlich weniger Dämpfe freigesetzt als bei den damals üblichen Verarbeitungsmethoden.

Auch was die Turmherstellung anbelangte, betraten die Aeroman-Ingenieure Neuland. Nachdem zunächst Gittermasten und achteckige Stahlrohrtürme verwendet wurden, war der Aeroman die erste Windkraftanlage, bei der schwingungsfähige Betontürme zum Einsatz kamen. Diese gemeinsam mit der Pfleiderer AG aus dem oberpfälzischen Neumarkt entwickelten Betonmasten verfügten über sehr gute Dämpfungseigenschaften und außerdem ließen sich damit größere Nabenhöhen erreichen.

Das große Manko des Aeroman bestand jedoch in seiner geringen Größe – selbst in der US-Version mit 30 Kilowatt Leistung war die Maschine noch ziemlich klein. Und eine auf Fehmarn erprobte Aufrüstung mit einem 55-kW-Generator wurde nicht weiter verfolgt. Für die Weiterentwicklung der Windenergie-Aktivitäten fand Knünz keinen Rückhalt mehr in der Konzernleitung, sodass er Mitte 1988 bei MAN ausschied. Die Aeroman-Abteilung übernahm dann Uwe Hinz.

In der Anfangsphase bescheinigt Knünz der Konzernleitung eine gute Unterstützung der Windenergieprojekte. Er hebt dabei seinen Chef Jörg Feustel, den damaligen Leiter der MAN Neue Technologien GmbH, hervor. Feustel habe dafür gesorgt, dass der Entwicklungsetat für Windenergie im Konzern bewilligt wurde. In der zweiten Hälfte der Achtzigerjahre jedoch, so räumt Knünz ein, habe „in der Konzernleitung die Weitsicht dann gefehlt".

Längst war das ursprünglich als Modellanlage gedachte Produkt marktfähig geworden. Doch trotz der weltweit über 470 verkauften Aeromane, war MAN nicht in der Lage, langfristig Kapital aus diesem Erfahrungsschatz zu ziehen. Zum einen passte die potenzielle Klientel für den Aeroman nicht in das Verkaufskonzept des Großkonzerns. Die Münchner Hightech-Schmiede scheiterte, wie Erich Hau bestätigt, an ihrer Firmenphilosophie: „MAN hat keine Kunden wie Bauer X und Bauer Y." Es war zu aufwändig, die Anlagen einzeln zu verkaufen, noch dazu in Norddeutschland, weit weg von der Münchner Zentrale.

Hau nennt aber noch einen Grund für das Scheitern: „MAN war davon ausgegangen, dass die Energieversorger Windkraftanlagen kaufen, wie sie auch andere Kraftwerke kaufen." Für die Konzernleitung kamen für den deutschen Markt somit nur Großanlagen in Frage. Mit dieser Ansicht lag das Management zumindest Anfang der Achtzigerjahre im weltweiten Trend.

Schon der amerikanische Ingenieur Palmer Cosselett Putnam, der 1941 auf dem Grandpa's Knob im US-Bundesstaat Vermont die erste Groß-Windkraftanlage der Welt mit einem Rotordurchmesser von 53,3 Metern und einer Leistung von 1,25 Megawatt errichtet hatte, war davon ausgegangen, dass diese Größenordnung das Mindestmaß für Anlagen zur Integration in das Energieversorgungsnetz darstellt. Putnam sah das wirtschaftliche Optimum bei Rotordurchmessern zwischen 175 und 225 Fuß – also zwischen 53,3 und 68,5 Metern – und einer Generatorleistung zwischen anderthalb und zwei Megawatt.

Auch die Vorstudien aus der Mitte der Siebzigerjahre, die den Förderprogrammen für Windenergie in Deutschland und in den USA vorausgingen, siedelten eine für Energieversorger interessante Dimension von Windturbinen oberhalb der Leistung von einem Megawatt an. So ist es nicht verwunderlich, dass zur damaligen Zeit fast alle Forschungsprogramme in Sachen Windenergie auf die Entwicklung von Großanlagen abzielten.

Den Anfang machten die USA, wo unter Leitung der National Aeronautics and Space Administration (NASA) die Entwicklung von Megawatt-Anlagen in verschiedenen Firmen forciert wurde. Als Vorstufe startete 1975 der Produzent Westinghouse Electric Corp. erste Versuche mit einer 100-kW-Anlage nach dem Vorbild von Hütters W-34, die die Bezeichnung MOD-0 trug, was schlicht für „Modell 0" steht. Parallel dazu erhielt der Konzern General Electric den Auftrag für die Entwicklung einer 2-MW-Anlage, die einen Rotordurchmesser von 61 Metern haben sollte. Im Mai 1979 wurde die als MOD-1 bezeichnete Anlage in Boone in North Carolina errichtet. Für gut ein Jahr sollte diese relativ schwere Konstruktion, die am Ende doppelt so teuer wurde wie ursprünglich geplant, sich mit dem Titel „largest windturbine ever built" schmücken dürfen.

Im Dezember 1980 errichtete der Flugzeugbaukonzern Boeing die erste Anlage vom Typ MOD-2 auf den Goodnoe Hills im US-Staat Washington. Sie erreichte eine Leistung von 2,5 Megawatt bei einem Rotordurchmesser von 91 Metern. Bis Mai 1981 bekam diese schon wesentlich leichter konstruierte Anlage zwei Schwestern, mit denen sie den ersten aus Megawatt-Anlagen bestehenden Windpark der Welt bildete. Doch weder diese Prototypen noch zwei weitere Maschinen, von denen eine an den kalifornischen Energieversorger Pacific Gas & Electric verkauft wurde, liefen jemals zuverlässig. Ganz zu Schweigen von der erhofften Wirtschaftlichkeit. Während General Electric sich 1983 vorerst aus dem Windgeschäft zurückzog, startete Boeing einen letzten Versuch mit einer noch größeren Anlage. Doch auch die 1988 in Oahu auf der Insel Hawai errichtete MOD-5B mit einem Rotordurchmesser von 98 Metern und einer Leistung von 3,2 Megawatt konnte selbst an diesem extrem windigen Standort nicht wirtschaftlich Strom produzieren.

Dass sich auch bei kleinen Anlagen Wirtschaftlichkeit und Verfügbarkeit verbessern lassen, sobald die Stückzahlen steigen, hatte der kalifornische Windenergieboom in der ersten Hälfte der Achtzigerjahre bereits gezeigt. Kalifornien hatte mit dem Tax-Credit-Programm einen offenen Markt für kleine Windkraftanlagen geschaffen, den vor allem die dänischen Hersteller für die Ausreifung ihrer robusten Konstruktionen zu nutzen wussten. Es zeichnete sich ab, dass technologische Schwierigkeiten bei einer Entwicklung in kleinen Schritten wesentlich besser beherrschbar sind. Das Bundes-Windenergieprogramm der USA hingegen, das aus dem Stand heraus auf die Entwicklung von Großanlagen setzte, scheiterte daran, dass man diese sehr komplexe Technologie unterschätzt hatte – sowohl seitens der koordinierenden Behörde, der NASA, als auch seitens der renommierten Technologiekonzerne, die mit der Entwicklung der Windturbinen beauftragt wurden.

Ähnlich erging es den Schweden, die 1982 mit der WTS-3 eine 3-MW-Anlage mit 78 Metern Rotordurchmesser im südschwedischen Marglap in der Nähe von Malmö errichteten. Anfang 1983 folgte bei Näsudden auf der Insel Gotland die WTS-75 mit zwei Megawatt Leistung und 75 Metern Rotordurchmesser. An dem Projekt war auch der Bremer Flugzeugbaukonzern Entwicklungsring Nord GmbH (ERNO) beteiligt, dessen Ingenieure die Rotorblätter entwickelten und bauten. Doch beide Anlagen waren weder wirtschaftlich genug, um in Serie produziert zu werden, noch waren sie geeignet, Impulse für eine Produktion von Windkraftanlagen in Schweden zu geben.

Selbst in Dänemark floss das Gros der staatlichen Forschungsgelder zunächst in die Entwicklung von Großanlagen. In Nibe in Nordjütland wurden als Kernstück des dänischen Windenergie-Forschungsprogramms unter Leitung des jütländischen Energieversorgers ELSAM A/S zwei nahezu identische Versuchsanlagen mit jeweils 600 Kilowatt Leistung und 43 Metern Rotordurchmesser errichtet. Eine Turbine erhielt nach dem Vorbild der legendären Gedser-Anlage des dänischen Windpioniers Johannes Juul abgespannte, starre Rotorblätter mit Blattspitzenbremsen. Sie wurde durch Strömungsabriss am Flügelprofil – der so genannten Stall-Regelung – in ihrer Leistungsabgabe begrenzt. Die andere Anlage bekam ungeteilte, drehbar gelagerte Rotorblätter, die durch Verstellung des Blatteinstellwinkels geregelt wurden – Pitch-Regelung genannt. Die Nibe-Zwillinge, wie diese beiden Anlagen auch hießen, sollten Aufschluss über Vor- und Nachteile des jeweiligen Regelungs-Konzepts unter nahezu identischen Bedingungen geben. Elsam zahlte einiges Lehrgeld bei der Erprobung dieser Anlagen, bevor das Unternehmen kleinere Turbinen, die parallel von mittelständischen Herstellern evolutionär entwickelt wurden, in sein Versorgungskonzept integrierte.

Mit den Großanlagen der frühen Achtzigerjahre wurden verschiedene Grundkonzepte von Windturbinen erprobt. Diesen Projekten war gemeinsam, dass es voneinander losgelöste Einzelentwicklungen waren, die nicht aufeinander aufbauten, sondern meistens direkt staatlich finanzierte Unikate waren – allesamt nicht dazu angetan, eine Serienfertigung zu eröffnen. Staatliche Stellen vergaben Auftragsentwicklungen an Hochtechnologie-Konzerne, denen sie die Umsetzung ihrer ehrgeizigen Ziele zutrauten. Deutschland bildete da, wie Erich Hau zurückblickt, keine Ausnahme. „Die Entwicklung der ersten Generation großer Windkraftanlagen war – national, wie international – eine Klüngelei zwischen Behörden, Forschungseinrichtungen und der Großindustrie."

Auch beim Growian-Projekt war das nicht anders. Nach der Erstellung baureifer Unterlagen beauftragte das Bundesforschungsministerium MAN ohne weitere Ausschreibungen direkt mit dem Bau des Growians. Für die Projektleitung hatte das Forschungsministerium allerdings Unternehmen der Elektrizitätswirtschaft vorgesehen und übertrug der Hamburgische Electricitäts-Werke AG (HEW) die Federführung für den Bau und Betrieb des Growian. Es war der politische Wille, die Energieversorger in das Projekt einzubinden, auch wenn diese schon im Vorfeld keinen Hehl daraus gemacht hatten, dass sie wenig wirtschaftliches Interesse an der Nutzung der Windenergie hatten.

Nach zähen Verhandlungen mit dem BMFT erklärten sich gerade mal zwei weitere Energieversorger, die Schleswig-Holsteinische Stromversorgungs-AG (Schleswag) und die Rheinisch-Westfälische Elektrizitätswerke AG (RWE), bereit, sich an dem Projekt zu beteiligen. Erst als das BMFT den drei Energieversorgern vertraglich zusicherte, dass ihr Kostenanteil zusammen auf 4,7 Prozent der geplanten Projektkosten beschränkt bleibt und das BMFT für alle eventuell anfallenden Mehrkosten aufkomme, übernahmen sie das Forschungsprojekt. Am 8. Januar 1980 gründeten sie eigens für die Errichtung, die Erprobung und den Betrieb des Prototypen des Growian die Große Windenergieanlage Bau- und Betriebsgesellschaft mbH, kurz Growian GmbH.

Von Anfang an war Growian den Energieversorgern ein ungeliebtes Kind. Die geringe Energiedichte des Windes lasse einen wirtschaftlichen Betrieb nicht zu, dessen Unstetigkeit stehe dem Auftrag zur Gewährleistung der Versorgungssicherheit entgegen, hieß es immer. Und hohe Entwicklungskosten für die Windtechnologie seien mit dem Grundsatz einer kostengünstigen Energieversorgung nicht vereinbar.

Beharrlich ignorierten die Energiekonzerne dabei, dass die Entwicklungskosten der Windkraft verschwindend gering im Vergleich zu den Fördergeldern, die seinerzeit für Kernenergie ausgegeben wurden, ausfielen. Die Kritik der Energieversorger an den erneuerbaren Energien hatte einen einfachen Grund: Ihnen war bereits damals klar, dass funktionierende Anlagen zur dezentralen Stromerzeugung – seien es nun Windturbinen oder Solaranlagen – ihre gebietsweise Monopolstellung bei der Stromerzeugung gefährden werden.

So gab es wenig Rückhalt aus den Zentralen der an der Growian GmbH beteiligten Konzerne. „Wir brauchen Growian, um zu beweisen, dass es nicht geht", wird beispielsweise das damalige RWE-Vorstandsmitglied Günther Klätte in der Zeitung „Die Welt" vom 28. Februar 1982 zitiert. Wenn heute jedoch darüber polemisiert wird, dass deshalb die ganze Angelegenheit nur halbherzig angegangen wurde, weist Erich Hau diese Kritik für sich und all jene Kollegen, die direkt in das Projekt eingebunden waren, entschieden zurück. „Auf der Techniker-Ebene waren wir alle auch mit dem Herzen dabei, denn ingenieurtechnisch stellte der Growian eine echte Herausforderung dar."

Growian war mit einem Rotordurchmesser von 100,4 Metern, einer Nennleistung von drei Megawatt und einer Nabenhöhe von 102,1 Metern damals die größte Windkraftanlage, die je auf der Welt gebaut wurde. Und dieser Mega-Propeller sollte es für fast zwanzig Jahre – und damit weit über seinen Abriss hinaus – auch bleiben. Als der Bau des Growian beschlossen wurde, gab es international keine Windkraftanlage, die auch nur annähernd diese Größenordnung erreichte. Seine Dimensionen aber waren ein Politikum. Sie sollten der Hauptkritikpunkt am Growian bleiben, denn viele Probleme wären vermeidbar gewesen, wenn Nabenhöhe und Rotordurchmesser jeweils um rund 20 Meter reduziert worden wären.

Besonders das starre Festhalten am Rotordurchmesser sollte fatale Auswirkungen auf das Gesamtprojekt nach sich ziehen. Den für die damalige Zeit extrem großen Rotor zu verkleinern, wurde bereits in der Phase der Erstellung baureifer Unterlagen kontrovers diskutiert. Das BMFT drängte jedoch auf die maximal mögliche Größe. Deshalb gingen die Ingenieure einen Kompromiss ein. Statt reiner GfK-Blätter wählten sie eine Hybridkonstruktion mit einem tragenden Stahlholm und einer GfK-Verkleidung, was zu einer Verdreifachung des Rotorgewichts führte.

In der Konstruktionsphase entschlossen sich die Entwickler, das Rotorkonzept noch einmal zu verändern und verlängerten den tragenden Stahlholm, der ursprünglich bis zu einem Radius von 32 Metern vorgesehen war, bis in die Blattspitze. Fast alle Hauptkomponenten mussten daraufhin nochmals überarbeitet werden. Schließlich geriet das Maschinenhaus um mehr als die Hälfte schwerer als ursprünglich kalkuliert. Das wiederum wirkte sich negativ auf das ohnehin kritische Schwingungsverhalten des schlanken, durch Stahlseile abgespannten Turmes aus.

Die MAN-Ingenieure unterbreiteten den Vorschlag, die Turmhöhe auf 80 Meter zu reduzieren. So ließe sich das Gewicht der Gondel besser beherrschen. Zweiter großer Vorteil: Bei dieser Höhe hätten Autokrane beim Aufbau oder bei späteren Reparaturen eingesetzt werden können. Das hätte einiges vereinfacht, denn es gab damals keine Autokrane, die die schweren Komponenten des Growian in eine Höhe von 100 Metern heben konnten. Doch das BMFT drängte auch beim Turm auf „Größe".

Offshore-Vision: Growian, das Windkraftwerk der Energieversorger, sollte irgendwann auch im Meer errichtet werden (Zeichnung: Ingelfinger, Archiv Erich Hau)

So bekam Growian, wie Hau sagt, „eine merkwürdige Bauart", die einzig dem Montagekonzept geschuldet war. „Unser Problem bestand darin, ein 400 Tonnen schweres Maschinenhaus ohne Kran in 100 Meter Höhe zu befördern." Der Turm durchdrang das Maschinenhaus, das am Boden vormontiert und anschließend samt Nabe und Rotor mit einer hydraulischen Zugvorrichtung am Turm hochgezogen wurde. „Der Turm fungierte praktisch als Kran." Das Getriebe wurde deshalb in die Nabe verlagert.

Ursprünglich hatte das Entwicklungsteam für den Growian einen Synchrongenerator vorgesehen. Auf Vorschlag der Firma Siemens, die den Generator liefern sollte, wurde dann ein doppelt gespeister Asynchrongenerator verwendet. Dieses Prinzip war zwar bereits seit den Vierzigerjahren bekannt, technische Reife erlangte diese Technologie aber erst Ende der Siebzigerjahre durch den Einsatz leistungsfähiger Rechner in der Steuerung. Die Ingenieure von Siemens entwickelten den Generator für den Growian gemeinsam mit Werner Leonhard, Professor am Institut für Regelungstechnik der Universität Braunschweig. Werner Kleinkauf und Siegfried Heier vom Institut für Elektrische Energiesysteme der Universität Gesamthochschule Kassel entwarfen dafür die Regelung.

Der doppelt gespeiste Asynchrongenerator erfordert ein sehr aufwändiges Regelsystem, dafür vereint diese Variante die

Vorteile von Synchron- und Asynchrongenerator. Der doppelt gespeiste Asynchrongenerator erlaubt eine drehzahlvariable Fahrweise der Windkraftanlage, ohne dass der gesamte Strom über den Wechselrichter fließen muss. Heute ist diese bei Growian erstmals an einer Windkraftanlage getestete Generatorform Stand der Technik – längst wird sie in Serie bei vielen Turbinen der 1,5-MW-Klasse und darüber hinaus eingesetzt.

Alle diese Änderungen kosteten jedoch nicht nur Geld, sondern auch Zeit. Mit zehnmonatiger Verspätung begann im März 1982 im Kaiser-Wilhelm-Koog der Aufbau des Growian. Das ganze Jahr über war der Acker von Bürgermeister Hinrich Kruse, der sich sehr bemüht hatte, die größte Windkraftanlage der Welt in seine Gemeinde zu holen, eine riesige Baustelle. Der Koog nördlich der Elbmündung sollte für einige Jahre zum Mekka der Windenergie-Gemeinde in Deutschland werden.

Der Aufbau des Giganten dauerte fast ein Jahr, weitere fünf Monate vergingen, bis der Rotor sich im Juli 1983 das erste Mal drehte. Am 1. Oktober 1983 starteten die Versuchsreihen im Leerlauf. Erst am 24. Februar 1984 ging Growian erstmals ans Netz. Zu einem Abschluss der Inbetriebsetzungs-Phase und – wie ursprünglich vorgesehen – zu einer Übergabe der Anlage an die Growian GmbH sollte es aber nie kommen. „Nach den ersten zwanzig, dreißig Laufstunden entdeckten wir Risse am Pendelrahmen, die wahrscheinlich aber schon nach den ersten zehn Umdrehungen entstanden waren", erinnert sich Erich Hau. Und so begann eine leidvolle Geschichte.

Um die Belastungen der Nabe infolge der ungleichmäßigen Anströmung des Zweiblatt-Rotors zu reduzieren, war für den Growian eine Pendelnabe vorgesehen, deren Bewegung durch hydraulische Dämpfer abgefangen wurde. Da die Pendelnabe um das Getriebe herumgebaut werden musste, war ein Pendelrahmen nötig. Diese geschweißte Stahlkonstruktion sollte trotz ihres enormen Gewichts von 60 Tonnen die Schwachstelle des Growians werden.

Das erste Defizit des Pendelrahmens sah Hau bereits in seiner Konstruktion. „Schweißnähte sind bei hohen Wechsellasten immer problematisch wegen der Gefahr von Dauerbrüchen." Das wussten die Ingenieure des Growian. Das Konzept mit dem in der Nabe liegenden Getriebe ließ andere Möglichkeiten, wie etwa eine gegossene Nabe, jedoch nicht zu. Um die Werte für die Dauerfestigkeit einzuhalten, wurde die Schweißkonstruktion entsprechend groß dimensioniert. „Die Risse am Pendelrahmen waren aber keine Dauerbrüche", stellt Hau klar, „sondern schlichtweg Gewaltbrüche an den Ecken, wo die Spannungsspitzen auftraten".

Dass niemand diese Spannungsspitzen herausgefunden hatte, führt Hau auf eine recht triviale Ursache zurück: die unzureichende Berechnungsmethode. „Das Unglück wollte es, dass der Pendelrahmen bei MAN in Nürnberg mit einer relativ einfachen Methode, einem so genannten Balkenmodell nachgerechnet wurde, wie es seinerzeit im Kranbau gang und gäbe war." Damit ließen sich zwar die Durchschnittsspannungen ganz gut voraussagen, nicht aber die Spitzen. Erst als Growian schon in Betrieb war, fand man genau diese Spitzen bei Nachrechnungen mit der Finite-Elemente-Methode. So resümiert Hau: „Es war ein sehr vermeidbarer, handwerklich simpler Fehler, der für die nur kurze Lebensdauer des Growian verantwortlich war."

Die Prüfingenieure des Germanischen Lloyd, die für die technische Abnahme des Growian zuständig waren, hatten bereits während des Baus auf dieses Problem aufmerksam gemacht. Zu diesem Zeitpunkt war der Rahmen aber bereits fertig, 60 Tonnen Stahl verbaut und der Terminplan schon überschritten. Das bedeutete Druck. „Wir standen vor der Entscheidung, alles noch mal völlig umzukonstruieren und neu zu bauen", erinnert sich Hau. „Aber eine Terminverzögerung von einem Jahr wollte keiner verantworten." Also ging das Projektteam wieder einen Kompromiss ein: Die Ecken wurden ausgesteift, indem man einfach dickeres Blech aufschweißte.

Auch der Germanische Lloyd als Prüfinstanz brachte nicht die Konsequenz auf, den Neubau des Pendelrahmens zu fordern und trug diesen Kompromiss, wenn auch mit einigen Bedenken, letztlich mit. Bernhard Richter, der sich beim Germanischen Lloyd der Problematik der Windenergie angenommen hatte, begründet das mit den damals fehlenden Normen für die Auslegung und Prüfung von Windkraftanlagen sowie den unzureichenden DIN-Windlasten für Bauwerke: „Auf Grund der Growian-Erfahrungen wurden später die DIN-Lasten grundlegend revidiert." Damals schien ihnen das Risiko im Vergleich mit den Kosten einer Neukonstruktion jedoch vertretbar zu sein.

Der Growian bildete auch für den Germanischen Lloyd, heute Weltmarktführer bei der Zertifizierung von Windkraftanlagen, das Lernobjekt. „Prüft der Germanische Lloyd auch Windkraftanlagen?", zitiert Richter die erste telefonische Anfrage aus der Kernforschungsanlage Jülich im Jahr 1977. Damit war er fast von Beginn an in den Entwicklungsprozess des Growian mit eingebunden.

Der Werkstofffachmann, der zuvor im Schiffbau tätig gewesen war, konnte sich allerdings nicht mit der Hütter'schen Leichtbau-Philosophie anfreunden. Als Flugzeugbauer habe Hütter vor allem auf Leichtigkeit gesetzt, bei einer Windkraftanlage darf das aus Richters Sicht aber nicht das entscheidende Kriterium sein: „Ein Flugzeug wird täglich gewartet, das geht bei einer Windkraftanlage nicht." Auch die aus dieser Philosophie hervorgegangenen konstruktiven Lösungen wie den leichten, abgespannten Turm oder die Pendelnabe sah er kritisch. Dennoch hatte dieses Projekt für Richter einen besonderen Reiz. „Es war eine große Herausforderung für uns, eine neue Systemtechnik komplett zu prüfen, ohne dass Erfahrungen auf diesem Gebiet vorlagen."

Da es damals keine Normen für die Auslegung von Windkraftanlagen gab, zogen die Ingenieure für die Auslegung des Growian die im Kranbau gültigen DIN-Vorschriften heran. Dieses Regelwerk wurde, wie sich herausstellen sollte, den Beanspruchungen einer Windkraftanlage aber nur ungenügend gerecht. Es lagen kaum Erfahrungen vor, in welchen Betriebszuständen die entscheidenden Belastungen auf die Systemkomponenten wirken.

Gerald Hus, der bei MAN die Lastannahmen berechnet hatte, war zunächst von den vier Hauptlastfällen ausgegangen, die bereits von Hütter postuliert worden war: der normale Lastbetrieb sowie die besonderen Belastungen beim An- und Abfahren einer Turbine – sie sind vor allem für die Ermüdung der Bauteile verantwortlich. Extreme Windbedingungen wie die Jahrhundertbö oder technische Störungen wie die Notabschaltung hingegen können zu Gewaltbrüchen im Material führen.

Darauf aufbauend hat Hus zehn Zustände an der Maschine definiert, in denen die wesentlichen Belastungen auftreten sollten, und diese Lastannahmen dann systematisch aufgearbeitet. „Die Grundlagen für die Erarbeitung von Auslegungsnormen für Windenergieanlagen wurden am Growian entwickelt", sagt Richter und verweist darauf, dass der Germanische Lloyd und auch die Anlagenentwickler noch heute davon profitieren. Dank moderner Rechentechnik werden bei der Auslegung moderner Windkraftanlagen heute einige Hundert verschiedene Lastfälle rechnerisch simuliert.

Der Mangel an Erfahrung mit dem Betrieb von Windkraftanlagen führte dazu, dass die Entwickler bei der Auslegung des Growian vor allem die bei Notabschaltungen auftretenden Spannungen weit unterschätzt hatten. Bei Notstopps werden die Rotorblätter in Fahnenstellung gebracht und der Rotor rapide gebremst. Das bringt extreme Belastungen für Rotorblätter, Maschine und Turm mit sich. Das war ein vorgesehener Lastfall. In der Häufigkeit der Notstopps jedoch sah Richter die gravierendste Ursache für das Auftreten der Risse am Pendelrahmen, die letztlich das Aus für den Growian bedeuteten. Bereits bei den ersten Startversuchen ist die Anlage mehrfach in die Notabschaltung gegangen, was jedoch nicht protokolliert wurde. Nach der ersten Netzeinspeisung im Februar 1984 wurden weitere 38 Notstopps gezählt. Für die gesamte Lebensdauer waren jedoch nur 35 derartige Belastungen vorgesehen gewesen.

Kopfschütteln verursacht bei Bernhard Richter aber vor allem die Erinnerung an den Tag der Einweihung. An jenem 17. Oktober 1983 fegte ein heftiger Sturm über die Nordseeküste. Im Kaiser-Wilhelm-Koog hatte sich viel Prominenz eingefunden, um Growian offiziell in Betrieb zu nehmen. Zwar war die Maschine noch gar nicht ans Netz angeschlossen, doch nach fast einem Jahr Verzug waren die Projektverantwortlichen mit der Geduld am Ende. Zu viel Prestige hing an diesem symbolträchtigen Akt der Inbetriebnahme. Alles wartete auf den Knopfdruck und wollte die Anlage drehen sehen. Vernunft hatte in dieser Situation keine Chance.

So legte Growian bei Windgeschwindigkeiten von 22 Metern pro Sekunde schließlich los – im Leerlauf wohlgemerkt. Der Rotor erreichte bald seine Nenndrehzahl, dann löste die Anlage einen Notstopp aus. „Es war der größte Lastfall – Gewalt für die gesamte Maschine", kritisiert Richter dieses Vorgehen. „Bei diesem Sturm hätte Growian nicht ohne Last anfahren dürfen."

Ein paar Monate später entdeckten die Ingenieure dann die Risse am Pendelrahmen und der dazugehörigen Traverse. Man sollte sie nie in den Griff bekommen. Mehrfach wurde der Rahmen nachgeschweißt und mit über vier Tonnen Blech versuchte man, ihn nachträglich zu stabilisieren – doch alles Bemühen half nichts. Der Pendelrahmen ließ sich nicht mehr dauerhaft ertüchtigen, eine Neukonstruktion und der Austausch hätten allein weitere zehn Millionen Mark gekostet. Ohnehin war ungewiss, ob die anderen Systemkomponenten einem Dauerbetrieb gewachsen wären.

So entschlossen sich die Initiatoren Ende 1985 auch offiziell, das Projektziel den Realitäten anzupassen. Der Aufsichtsrat der Growian GmbH lehnte es ab, die Anlage zu übernehmen und verabschiedete sich im Einvernehmen mit dem BMFT vom ursprünglichen Ziel, Growian als Windkraftwerk zu betreiben. Von nun an sprach niemand mehr von einer Prototyp-Anlage, denn eine Serienfertigung war jenseits jeder Realität. Stattdessen einigte man sich, das Versuchsprogramm bis zu einer maximalen Dauer von 500 Betriebsstunden fortzusetzen.

Zur reinen Versuchsanlage deklassiert, ging Growian nur noch in Betrieb, um das Versuchsprogramm abzuarbeiten – das letzte Mal im Mai 1987. Den entscheidenden Punkt, einen Nachweis des Dauerbetriebes, erfüllte Growian jedoch nicht. In den reichlich drei Jahren, die Growian am Netz war, brachte es die Anlage auf ganze 420 Betriebsstunden. „Für jede Tonne Gondelgewicht eine Betriebsstunde", bemerkt Bernhard Richter sarkastisch. Im Sommer 1988 wurde Growian schließlich abgerissen.

Insofern, das ist das eindeutige Fazit fast aller Beteiligten, ist das Projekt gescheitert. Das ursprüngliche Projektziel, der Bau und Betrieb einer Prototyp-Anlage, von der später einmal 100 Stück ein Kraftwerk ersetzen sollten – so stand es in der Ausschreibung – war schon lange verfehlt worden. Doch auch unabhängig von den technischen Pannen, darüber war man sich, wie Erich Hau sagt, auch bei MAN einig, hätte Growian nie ein wirtschaftlicher Erfolg werden können. „Die Baukosten waren so hoch, dass eine wirtschaftliche Stromerzeugung illusorisch war, auch wenn die Anlage länger gelaufen wäre."

Die a priori politisch determinierte Größe des Growian barg von Anfang an ein überhöhtes Risiko für den Erfolg des gesamten Unternehmens. Denn auch mit dem Versuchsbetrieb lassen sich die Gesamtkosten des Projektes von rund 90 Millionen Mark kaum rechtfertigen. Die wissenschaftlichen Erkenntnisse wären an einer kleineren Windkraftanlage mit wesentlich geringeren Kosten zu erzielen gewesen.

So ist das Scheitern des Growian nicht zuletzt auch der verfehlten Förderpolitik des Bundes zuzuschreiben. Es zeigte sich sowohl am Growian als auch bei den parallel laufenden Projekten, dass eine 100-prozentige Förderung nicht geeignet war, einer technologischen Innovation zum kommerziellen Durchbruch zu verhelfen. Durch einen gewissen Eigenanteil hätten die beteiligten Firmen sicher zu einem effektiveren und erfolgsorientierteren Einsatz der Forschungsgelder bewegt werden können. So aber blieb die Windkrafttechnologie zunächst in der Forschung und Entwicklung stecken.

Das Forschungsministerium sah sich seinerzeit nicht dafür zuständig, die Entwicklung von Windkraftanlagen bis zur Serienreife zu unterstützen oder gar den Betrieb von Windkraftanlagen zu bezuschussen. Das wäre Aufgabe des Wirtschaftsministeriums gewesen, das sich der Förderung alternativer Energiequellen aber vollkommen verweigerte.

Das BMFT verschloss sich auch der Subventionierung einfacher Stall-Anlagen, wie die Dänen sie bauten. Das Stall-Prinzip ist bei kleinen und mittelgroßen Anlagen sinnvoll. Bei großen Maschinen sind die Lasten am Stall-Flügel jedoch kaum beherrschbar, da der Schub auf das Rotorblatt mit steigender Windgeschwindigkeit permanent weiter zunimmt, auch wenn die Nenngeschwindigkeit erreicht ist und der Strömungsabriss einsetzt. Da das BMFT aber einseitig auf die Entwicklung von großen Windkraftanlagen fixiert war, hielten die zuständigen Ministerialbeamten stall-geregelte Maschinen nicht für zukunftsfähig.

Stattdessen flossen etliche Fördermillionen in die Auftragsforschungen zur Untersuchung ausgefallener Konzepte, die in Deutschland von vornherein wenig kommerzielle Erfolgschancen hatten, wie etwa Windkonzentratoren, Aufwindkraftwerke oder Vertikalachsrotoren.

„Man musste immer wieder neue Ideen haben, um Forschungsgelder vom Bund zu bekommen“, bestätigt Albert Fritzsche, der frühere Projektverantwortliche für Windenergie bei der Dornier-System GmbH aus Friedrichshafen am Bodensee. Fritzsches Team hatte 1974 im Auftrag des Bundesministeriums für wirtschaftliche Zusammenarbeit (BMZ) das Potenzial und den Stand der Technik von Windkraftanlagen untersucht, speziell im Hinblick auf deren Einsatz in Entwicklungsländern. Dabei waren die Ingenieure auf den Darrieus-Rotor gestoßen.

Bei diesem Patent des Franzosen George Darrieus aus dem Jahr 1925 handelt es sich um eine Windturbine mit vertikaler Achse, an der zwei oder drei bogenförmige Rotorblätter angeordnet sind. Dreht sich dieser Rotor in der Windströmung, entsteht an den profilierten Rotorblättern ein aerodynamischer Auftrieb, durch den ein Drehmoment erzeugt wird.

In den charakteristischen Eigenheiten dieses Konzepts sieht Albert Fritzsche für bestimmte Anwendungen einige Vorteile: „Der Darrieus-Rotor steht immer richtig zur Windrichtung, ist also windrichtungsunabhängig, Generator und Getriebe sind am Boden, also gut zugänglich und er ist sehr gut geeignet für Starkwindgebiete – das macht das Potenzial und den Charme des Vertikalachsers aus.“

Demgegenüber stehen zwei entscheidende Nachteile dieser Technik. Zum einen ist der Leistungsbeiwert, also der zu erzielende Ertrag im Verhältnis zur in der Rotorfläche auftreffenden Windenergie, geringer im Vergleich zu schnell laufenden Windturbinen mit horizontaler Achse. Zum anderen ist eine gewisse Umfangsgeschwindigkeit des Rotors nötig, um den aerodynamischen Auftrieb zu erzeugen. Der Darrieus-Rotor kann daher nicht aus eigener aerodynamischer Kraft anlaufen und benötigt zum Erreichen der Mindestdrehzahl eine Anlaufhilfe.

Die Entwicklung eines Darrieus-Rotors stellte die Ingenieure des Flugzeugherstellers Dornier vor allem wegen seiner aerodynamischen Besonderheiten vor eine anspruchsvolle Forschungsaufgabe. „Das Forschungsministerium schlug vor, dass wir uns um dieses Prinzip kümmern, während MAN sich eingehender mit den Horizontalachsern beschäftigen sollte“, blickt Fritzsche auf die damalige „Arbeitsteilung“ zurück. So liefen etliche Projekte von Dornier parallel zu denen des Aeroman von MAN.

Nach einigen Tests im Windkanal ging der erste Prototyp mit 5,5 Metern Rotordurchmesser und einer Leistung von vier Kilowatt 1978 auf dem Schauinsland bei Freiburg in Betrieb. Zwei Jahre später wurde diese Anlage abgebaut und auf das Testgelände der GKSS auf Pellworm gebracht.

Dieser Prototyp hatte zwei so genannte Savonius-Rotoren als Anlaufhilfe. Diese aus zwei U-förmig gebogenen Halbschalen bestehenden Vertikalachsrotoren stellen für sich ein eigenständiges Konzept einer Windkraftanlage dar. Sie wurden nach dem finnischen Schiffsoffizier Sigurd Savonius benannt, der in den Dreißigerjahren mit diesem Prinzip experimentiert hatte. Savonius-Rotoren sind reine Widerstandsläufer, eine Optimierung des ältesten auf der Welt bekannten Konstruktionsprinzips von Windmühlen. An der ersten Dornier-Anlage wirkte sich der Luftwiderstand der beiden Savonius-Rotoren im Betrieb allerdings als nachteilig aus. Spätere Modelle hatten kleinere Savonius-Rotoren oder wurden durch Umschaltung des Generators elektromotorisch auf Nenndrehzahl gebracht.

Die Versuche auf Pellworm bezeichnet Fritzsche als „das erste große Happening“ zum Test der Markttauglichkeit von kleinen Windturbinen. „Auf Pellworm weht der Wind und der Wind hat das Aussortieren besorgt.“ Auch Dorniers Vertikalachsrotor bestand das Programm nicht, denn die Entwicklung war meilenweit entfernt von der Serienreife. Als ein Kupplungselement brach, ging die Anlage in Überdrehzahl und rotierte mit bis zu 200 Umdrehungen pro Minute. Nur mit Mühe konnte sie per Hand abgebremst werden. „Ein unbeaufsichtigter Betrieb war wegen der geringen Zuverlässigkeit des Bremssystems nicht möglich“, heißt es im Abschlussbericht der GKSS.

Zufriedenstellender lief eine im April 1981 in Kooperation mit der Argentinischen Luftwaffe in Patagonien errichtete 20-kW-Anlage. Der Flugplatz „Comodore Rivadaria“, den die Anlage mit Strom versorgte, ist mit einer Windgeschwindigkeit von neun Metern pro Sekunde im Jahresmittel der ideale Einsatzort für einen Darrieus-Rotor. Bis 1985 liefen das Test- und Messprogramm an dieser Maschine, die obendrein eine der ersten Windkraftanlagen mit variabler Drehzahl war.

Weitere Anlagen sind, jeweils in Kooperation mit Universitäten und Firmen, in China und Indien errichtet worden. Ein in vielen Details verbesserter Darrieus-Rotor, der mit der

Bezeichnung DZ 12 als Vorserienmodell gedacht war, wurde 1987 auf dem Höchsten, einem Berg am Bodensee in der Nähe des Firmensitzes, errichtet. Letztlich kam dieses Modell ebenso wenig über das Prototypstadium hinaus wie das nächstgrößere mit einer Leistung von 55 Kilowatt. Dieser mit einer Gesamthöhe von 25 Metern und einem Rotordurchmesser von 15 Metern größte von Dornier gebaute Darrieus-Rotor wird seit 1990 auf einem kleinen Testfeld in Heroldstatt-Ennabeuren auf der Schwäbischen Alb von der Energieversorgung Schwaben AG betrieben, die mittlerweile in der EnBW AG aufgegangen ist.

Bei Dornier bestand ähnlich wie bei MAN keine zwingende Notwendigkeit, in die Serien-Produktion von Windkraftanlagen einzusteigen. „Wenn wir einen Forschungs- und Entwicklungsauftrag mit 100 Prozent gefördert bekommen, dann machen wir das natürlich", verteidigt Albert Fritzsche die Haltung seiner Firmenleitung. Vertikalachsrotoren blieben jedoch ein Nischenprodukt, da ihre Vorteile erst in extremen Einsatzgebieten mit hohen Windgeschwindigkeiten und stark wechselnden Windrichtungen zum Tragen kommen. Die Herstellung in kleinen Losen versprach aber zu wenig Rendite für ein Unternehmen wie Dornier.

So blieb Windenergie bei Dornier, wie Fritzsche sagt, immer nur eine „Randverzierung". Albert Fritzsche und seinem Team gebührt das Verdienst, in den 15 Jahre währenden Untersuchungen des Darrieus-Rotors einiges an Grundwissen über dieses Rotorenprinzip aufgearbeitet zu haben. „Mit diesem Wissen konnten wir mit jedem konkurrieren. Es hätte aber erheblicher Mittel bedurft, um mit der Produktion loszulegen."

Darüber hinaus ging der Trend auf dem Weltmarkt für Windkraftanlagen längst zu größeren Maschinen, als sie Dornier fertigte. Denn der Darrieus-Rotor war durchaus nicht nur ein Konzept für kleine Windkraftanlagen. Die Schweizer Firma Alpha Real AG hatte bereits 1985 im Kanton Jura Europas größten Darrieus-Rotor mit einer Leistung von 160 Kilowatt bei 17 Metern Rotordurchmesser errichtet. Die US-amerikanische Firma FloWind hatte in Kalifornien einen Windpark mit Darrieus-Rotoren von jeweils 19 Metern Durchmesser ausgerüstet, von denen jeder eine Leistung von 170 Kilowatt hatte. Den Rekord stellte aber die kanadische Firma Shawinigan Engineering Company Ltd. auf, die im Dezember 1986 in Cap Chat am St.-Lorenz-Golf im Osten Kanadas den weltgrößten Darrieus-Rotor ÉOLE mit einer Leistung von vier Megawatt errichtet hatte. Diese 110 Meter hohe Anlage mit einem Durchmesser von 64 Metern wurde von dem kanadischen Energieversorger Hydro Quebec betrieben, mit dem auch Dornier in enger Kooperation stand.

Gemeinsam mit Hydro Quebec hatte Dornier eine 500-kW-Anlage entwickelt, Pläne für eine weitere mit einer Leistung von zwei Megawatt lagen bereits in der Schublade. Doch zum Bau von Prototypen sollte es nicht kommen. Nachdem sich 1989 mehrere deutsche Firmen der Luft- und Raumfahrttechnik, darunter auch Dornier und die Messerschmitt-Bölkow-Blohm GmbH (MBB), zur Deutschen Aerospace AG (DASA) zusammengeschlossen hatten, kam das Aus für die Forschungen am Vertikalachsrotor bei Dornier. Innerhalb der DASA wurden die Aufgabenfelder der einst konkurrierenden Tochterfirmen neu geordnet. Dabei fiel im Sommer 1990 auch der Entschluss, die Aktivitäten des Konzerns auf dem Gebiet der Windenergie bei MBB zu konzentrieren.

Der in Ottobrunn am Stadtrand von München ansässige Technologiekonzern MBB war ebenfalls seit Ende der Siebzigerjahre mit von der Partie, wenn es darum ging, im Auftrag des Forschungsministeriums Windkraftanlagen zu entwickeln. Die Firma erhielt 1978 den Zuschlag zur „Erarbeitung baureifer Unterlagen einer Windenergieanlage mit einer Leistung von ca. 5 MW". Bei diesem Growian-II-Projekt schwebte den Beteiligten ein Riesenpropeller mit nur einem Flügel vor, der einen Rotorkreis von etwa 140 Metern Durchmesser überstreichen sollte. Dass die Hubschrauberkonstrukteure von MBB mit diesem Riesenflügel die Dimensionen des Growian noch weit übertreffen wollten, verdeutlicht, dass auch sie die Problematik der Windenergie anfangs weit unterschätzten.

Dabei verfügte der Unternehmensbereich Drehflügler über die besten Vorrausetzungen für den Bau von Windkraftanlagen. Bei MBB gab es erfahrene Spezialisten auf den Gebieten der Ingenieurwissenschaften, die zur Beherrschung von Hubschrauberrotoren nötig sind, sowie ein großes Erfahrungspotenzial in der Verarbeitung von Faserverbundwerkstoffen. Vor diesem Hintergrund verwundert es nicht, dass sie sich mit dem Einflügler an das komplizierteste Konzept aller Windturbinen wagten, von dem bislang nur Experimentalanlagen mit Leistungen von weniger als zehn Kilowatt existierten. Denn auch auf diesem Gebiet hatte MBB bereits Erfahrungen: Es hatte 1961 den einflügligen Ein-Mann-Hubschrauber Bo 103 erfolgreich getestet.

„Vor 25 Jahren wusste niemand, wie die optimale Lösung für eine Windkraftanlage einmal aussehen wird", gibt Siegfried Mickeler zu bedenken, der seinerzeit als wissenschaftlicher Mitarbeiter am Institut für Aerodynamik und Gasdynamik an der Universität Stuttgart die aerodynamischen Besonderheiten von Einblatt-Rotoren erforschte. Theoretisch war klar, dass ein Rotorblatt genügt, um dem Wind die Energie zu entziehen. Man wusste aber auch, dass der maximale Leistungsbeiwert eines Einblatt-Rotors etwa zehn Prozent unter dem eines Zweiblatt-Rotors und gar 15 Prozent unter dem eines Dreiblatt-Rotors liegen würde. Allerdings erhofften sich die MBB-Ingenieure, diese Ertragseinbuße durch geringere Kosten ausgleichen zu können. Bei Großanlagen – das war der Ausgangspunkt der Überlegungen – kamen aus ihrer Sicht für die tragenden Teile des Rotorblattes nur sehr teure Kohlefasern in Frage. Bei nur einem Flügel sahen sie ein enormes Einsparpotenzial.

Dass der Lauf eines solitären Flügels nicht einfach zu beherrschen ist, hatten schon Hütter und vor allem der Flugzeugkonstrukteur Richard Bauer erfahren müssen, die bereits in den Vierziger- und Fünfzigerjahren mit Einblatt-Rotoren experimentierten. Bauer hatte bereits 1949 erste einflüglige

Versuchsanlagen mit 3 beziehungsweise 8,6 Metern Rotordurchmesser getestet und von der 3-m-Anlage auch eine kleine Serie verkaufen können. Eine Maschine mit zwölf Metern Rotordurchmesser errichtete Bauer 1956 auf dem Testfeld Stötten in der Schwäbischen Alb. Bei diesem Einflügler traten jedoch große Schwingungsprobleme auf, sodass Bauer seine Versuche beendete, als das von der Studiengesellschaft Windenergie zur Verfügung gestellte Geld ausgegeben war.

Die Stöttener Versuchsanlage entstand in Zusammenarbeit mit Bauers Kollegen Ludwig Bölkow, dem späteren Gründer und Vorstand von MBB, in dessen Firma Bölkow Entwicklungen KG in Stuttgart. Bauer entwarf in jener Zeit auch einen ersten Einblatt-Hubschrauber, den er sich patentieren ließ. Die Rechte übertrug der 1962 verstorbene Richard Bauer an Ludwig Bölkow.

Nach der Ölpreiskrise war es vor allem Siegfried Mickelers damaliger Chef und Doktor-Vater, Professor Franz-Xaver Wortmann, der sich der Erforschung dieses Prinzips widmete. Dem Aerodynamiker erschien der Einblattrotor schon deshalb interessant, weil sich mit ihm die höchsten Schnelllaufzahlen erreichen lassen. Wortmann vertrat die Philosophie, eine Windkraftanlage so zu konstruieren, dass sie wie ein Baum dem Wind ausweichen kann. Mit einer nachgebenden Konstruktion wollte er verhindern, dass an den Bauteilen zu große Belastungen auftreten. Diese Grundidee der „schwingenden Windturbine" liegt ebenso der Konstruktion des Einblatt-Rotors zu Grunde.

„Wir brauchen auch an einer Windkraftanlage einen artikulierten Rotor, der sich dynamisch bewegen kann, wie beim Hubschrauber", beschreibt Mickeler den Grundgedanken. Am Hubschrauber hat man drei Gelenke: Der „Pitch" verstellt den Blatteinstellwinkel, das „Lead-Lag" gestattet ein Oszillieren der Blätter in der Rotorebene, während ein „Flap-Hinge" genanntes Schlaggelenk ein Ausweichen senkrecht zur Rotorebene erlaubt.

Für den Einblatt-Rotor sind zwei Gelenke übernommen worden: der Pitch und das Schlaggelenk. Mit dem Pitch ließ sich der Anströmwinkel des Rotorblattes optimieren, mit dem Schlaggelenk die Momente an der Blattwurzel reduzieren, die bei Großanlagen kritisch sind. Die „Lead-Lag"-Bewegung nahm der Generator auf, den man drehzahlvariabel fuhr, um ein drehweiches System zu bekommen.

Wortmann untersuchte die Spezifika des Einblatt-Rotors an verschiedenen Experimentalanlagen im Windkanal und später auch auf dem Testfeld in Schnittlingen. Er nannte diese Turbinen FLAIR, was für flexiblen, autonomen 1-Blatt-Rotor steht. Mit Growian II ergab sich für ihn die Chance, das Experimentalstadium zu verlassen und seine Ideen auch einmal großtechnisch zu erproben. Zugleich konnte Wortmann sich damit aber auch von Hütter emanzipieren. Denn obwohl Wortmann als renommierter Aerodynamiker seit der Renaissance der Windenergie nach der Ölpreiskrise aktiv in dieses Thema involviert war, stand er zunächst etwas im Schatten Hütters, der von dem großen Erfahrungsbonus durch den Bau der Windkraftanlage W-34 in den Fünfzigerjahren zehrte. „So gesehen könnte die Idee zu Growian II einer gewissen Konkurrenzsituation zwischen den Stuttgarter Professoren Hütter und Wortmann entsprungen sein", erinnert sich Siegfried Mickeler an die Ausgangssituation Ende der Siebzigerjahre.

Einen starken Partner für die Umsetzung seiner Ideen fand Franz-Xaver Wortmann in Rudolf Meggle, der in der Hubschrauberschmiede Programmleiter für neue Technologien war. Meggle machte sich im Konzern stark für das Projekt, eine Windkraftanlage zu entwickeln. Da MBB bei der Ausschreibung für die Erstellung baureifer Unterlagen für den Growian dem Angebot der MAN unterlegen gewesen war, kam ihnen Wortmanns Initiative zu Growian II sehr entgegen. „Wir versprachen uns durch das Windenergieprojekt einen Know-how-Gewinn für den Hubschrauberbau vor allem auf dem Gebiet der Faserverbundwerkstoffe", beschreibt Meggle die damalige Motivation des Konzerns für den Einstieg in die Windenergie.

Bei der Finanzierung profitierte MBB von der Enttäuschung, die im Forschungsministerium über die „eigentlich zu geringe Größe des Growian" herrschte. Auf der Suche nach dem optimalen Konzept einer Windkraftanlage war dem BMFT die Entwicklung des Einflüglers immerhin 28,5 Millionen Mark wert – der Bau einer Demonstrationsanlage im Maßstab eins zu drei inklusive.

So entstand der erste Monopteros, wie die griechische Übersetzung für Einflügler lautet. Ursprünglich war vorgesehen, ein reines maßstabsgerechtes Versuchsmodell zu bauen, mit einer mechanischen Bremse an Stelle eines Generators, an dem das Schwingungsverhalten im Hinblick auf die Großanlage untersucht werden sollte. Auf Grund der Schwierigkeiten des parallel laufenden Growian-Projektes änderte das BMFT noch während der Entwicklungsphase die Zielsetzung des Programms für Growian II.

Das Entwicklungsteam um die Ingenieure Helmut Huber und Valentin Klöppel entwarf nun eine funktionstüchtige Turbine, die für eine Nennleistung von 370 Kilowatt ausgelegt war. In der Hubschrauberabteilung in Ottobrunn wurde das 23 Meter lange Rotorblatt gefertigt, bei dem sie neben Glasfasern auch Kohlefasern für die hochbeanspruchten Gurte und den Blattanschluss einsetzte. Die MBB-Ingenieure entwickelten einen speziellen Blattanschluss, bei dem Querbolzen als Zuganker wirken. Dieser so genannte „IKEA"-Anschluss ist heute Stand der Technik und die verbreitetste Form des Blattanschlusses.

Die Blattprofile hatte, wie schon bei Growian, Professor Wortmann entwickelt. Auch Siegfried Mickeler war von Beginn an in das Projekt eingebunden. Er hatte die Aerodynamik und die Lasten berechnet. Als „revolutionär" bezeichnet er die Aufhängung des Rotorblattes. „Es war klar, dass das Gelenksystem bei einer Windkraftanlage konstruktiv wesentlich einfacher gestaltet werden muss als beim Hubschrauber, um gegenüber dem starren Rotor einer Zweiblatt- oder Dreiblatt-Turbine konkurrenzfähig zu bleiben."

Im Dezember 1981 wurde die Demonstrationsanlage M400, die einen Rotordurchmesser von 48 Metern aufwies, in Bremerhaven-Weddewarden errichtet. Es sollte mehr als zehn Monate dauern, bis die Anlage das erste Mal Strom an das Netz abgab. Doch die Maschine lief nie unbeaufsichtigt im Dauerbetrieb. Wie beim Growian beschränkte sich auch MBB darauf, ein Versuchsprogramm abzuarbeiten, ansonsten stand die Anlage zumeist still. In knapp drei Jahren brachte es die Maschine gerade mal auf eine Laufzeit von 600 Stunden. Im Juli 1985 fand der Testbetrieb ein jähes Ende, als auf Grund eines Fehlers im Pitch-System Rotorblatt und Rotorkopf schwer beschädigt wurden.

Zu diesem Zeitpunkt hatte sich die Hubschrauberabteilung bereits von der Entwicklung ganzer Windturbinen verabschiedet. „Wir mussten erkennen, dass Windenergie nicht unser Metier ist", erinnert sich Rudolf Meggle. Er hatte der Konzernleitung signalisiert, dass in seiner Abteilung – aus Angst vor finanziellen Verlusten – kein Interesse besteht, die Maschine zur Serienreife weiterzuentwickeln oder gar das Risiko für den Bau einer Großanlage einzugehen. Das war das Aus für Growian II, jedoch nicht das Ende der Konzernaktivitäten auf dem Gebiet der Windenergie.

Seit MBB 1981 den Bremer Flugzeughersteller ERNO übernommen hatte, existierten zwei Sparten innerhalb des Konzerns, die sich mit Windenergie beschäftigten. Denn ERNO war in die Entwicklung der deutsch-schwedischen Windturbine Aeolus I eingebunden, die auch unter ihrer technischen Bezeichnung WTS 75 bekannt ist.

Die Konzernleitung entschloss sich daher im Jahr 1984, die Windenergie-Aktivitäten von MBB in dem neuen Unternehmensbereich Energie- und Prozesstechnik in Hoykenkamp bei Delmenhorst zu konzentrieren. Es erschien sinnvoll, eine Windenergiefirma in der Nähe der Küste anzusiedeln. Mit der Hubschrauberabteilung in Ottobrunn kooperierte dieser Bereich jedoch weiter, denn es gab damals in Deutschland keinen größeren Erfahrungsträger bei der Rotorblatt-Entwicklung.

Da man mittlerweile für kleine und mittlere Anlagen bessere Absatzmöglichkeiten sah, erwarb MBB 1984 die einflüglige 18,5-kW-Anlage W 112-N samt aller Unterlagen und der Lizenz zum Nachbau von der BÖWE Maschinenfabrik GmbH aus Augsburg. Die Firma Böwe hatte bereits 1956 – damals noch unter dem Namen Maschinenfabrik Böhler & Weber firmierend – für Richard Bauers Versuchsturbine in Stötten die Maschinenbauteile geliefert.

Nach der Ölpreiskrise wollten die Ingenieure bei Böwe einen Einblatt-Rotor mit 50 Kilowatt Leistung entwickeln und nahmen dafür das Konzept von Bauer wieder auf. Sie begannen 1976 in Augsburg mit Tests an verschiedenen Maschinen und errichteten im April 1980 eine Anlage mit zwölf Metern Rotordurchmesser auf dem Versuchsfeld der GKSS auf Pellworm. Doch wie Bauer seinerzeit in Stötten erlebte auch Böwe mit dieser Anlage zunächst Schiffbruch. Die Regelung über einen drehbaren Vorflügel war nicht beherrschbar, da der Rotor dabei in extreme Vibrationen versetzt wurde. Erst mit Hilfe von Siegfried Mickeler, der in seiner Dissertation theoretisch nachwies, warum diese Regelung zu Instabilitäten führen muss, sollte dieses Problem behoben werden. Daraufhin ging die Firma Böwe von der Vorflügel-Regelung ab. Die Leistungsbegrenzung im Lastbetrieb erfolgte nun durch Strömungsabriss.

Einflügler: Monopteros 50 im Jadewindpark Wilhelmshaven

MBB übernahm die Maschine, nachdem sie im April 1984 durch eine Havarie stark beschädigt worden war und die Firma Böwe kein Interesse mehr an der Weiterführung der Entwicklung gezeigt hatte. Zunächst glaubten die MBB-Techniker, die Turbine ohne größere Veränderungen in Serie fertigen zu können und bauten 1985 auf dem Firmengelände in Hoykenkamp eine Demonstrationsanlage auf. Doch der Probebetrieb zeigte, dass auch diese Maschine instabil lief. So beschloss die Firmenleitung, die Konstruktion mit einer Pitch-Regelung zu versehen, den Rotordurchmesser auf 15 Meter und die Generatorleistung auf 30 Kilowatt zu erhöhen.

Im Frühsommer 1989 errichtete MBB 15 pitch-geregelte Einblatt-Rotoren Monopteros 15 auf einem kleinen Testfeld des Energieversorgers Überlandwerk Nord-Hannover AG (ÜNH) in Cappel-Neufeld bei Cuxhaven. Drei Jahre lang liefen die Turbinen mehr schlecht als recht. Doch selbst wenn sie zuverlässig gelaufen wären, hätten sie sich kaum verkaufen lassen. MBB hegte die Hoffnung, mit dieser Anlage das untere Ende einer Produktfamilie abzudecken, doch sie war völlig am Markt vorbei entwickelt worden.

Siegfried Mickeler, der 1986 von der Universität Stuttgart in die Windenergie-Abteilung von MBB gewechselt war und später Entwicklungsleiter wurde, gibt zu, dass „es nie die helle Freude war". Abgesehen von ihrem optisch unruhigen Lauf war die Maschine bei einer Blattspitzengeschwindigkeit von 120 Metern pro Sekunde viel zu laut, als dass ein Landwirt – als potenzieller Kunde – sich so eine Anlage neben den Hof stellen würde.

Hinzu kam, dass die Konstruktion der kleinen Anlage im Konzern nur nebenbei lief. Die Konstrukteure waren mit der Entwicklung der Nachfolgemodelle der M400 voll ausgelastet. Zusammen mit der italienischen Firma Riva-Calzoni wurde ein Monopteros 30 mit 33 Metern Rotordurchmesser und 200 Kilowatt Leistung entwickelt. Und dann liefen bereits die Entwicklung und der Bau von Monopteros 50 auf vollen Touren, der sogar einen Rotordurchmesser von 56 Metern aufweisen sollte.

Wie auch alle seine Vorgänger war Monopteros 50 als Lee-Läufer konzipiert, der mit einer elektrischen Blattwinkelverstellung pitch-geregelt wurde. Drei Turbinen mit einer Nennleistung von jeweils 640 Kilowatt gingen im November 1989 im Jade-Windpark bei Wilhelmshaven in Betrieb. Die Jade-Windenergie Wilhelmshaven GmbH (JWE), eine Tochter des örtlichen Stadtwerks, betrieb diese Turbinen bis 2001. Es waren die weltweit größten Einblatt-Rotoren, die je gebaut wurden.

Doch obwohl man bei den Monopteros 50 die Laufruhe in den Griff bekommen hatte und die Anlagen über zehn Jahre liefen, waren sie ökonomisch ein Flop. Die Maschinen waren schlichtweg zu teuer. Die Entwickler hatten es nicht geschafft, die aerodynamische Leistungseinbuße des Einflüglers durch eine kostengünstige Konstruktion zu kompensieren.

Aber es offenbarten sich am Monopteros auch rein technische Probleme, die durch die Spezifik des Einblatt-Rotors bedingt waren. Wegen der für den Einflügler charakteristischen hohen Laufgeschwindigkeit gab es zum einen Erosionsprobleme am Rotorblatt. Zum anderen ergaben sich enorme Lautstärken, da die Schallentwicklung etwa in der fünften Potenz der Blattspitzengeschwindigkeit steigt.

Aus diesen Gründen favorisiert Mickeler, der rund 15 Jahre an der Optimierung von Einblatt-Rotoren gearbeitet hatte, heute den Dreiblatt-Rotor: „Vor allem wegen der Geräuschentwicklung hat sich der Einflügler für den Einsatz an Land als Irrweg erwiesen." Für den Offshore-Einsatz, so räumt Mickeler ein, könne es durchaus passieren, dass der Einblatt-Rotor eines Tages wieder aktuell wird.

Als MBB Ende der Achtzigerjahre mit der Entwicklung einer Großanlage mit drei Megawatt Leistung begann, waren es allerdings keine technischen Gründe – basierend auf den Erfahrungen mit den Monopteros-Anlagen –, die zu einer Abkehr von den Einflüglern führten. Dass diese Anlage, die den Namen Aeolus II bekam, als Zweiblatt-Rotor ausgelegt wurde, war mehr der Tradition in der Zusammenarbeit mit dem schwedischen Projektpartner, der Kvaerner Turbin AB, geschuldet.

Dieser Maschinenbaubetrieb aus Kristinehamn war bereits bei Aeolus I – damals noch unter dem alten Firmennamen KaMeWa A/B – Partner von ERNO. Die Schweden wollten auch bei Aeolus II auf dem Prinzip von Aeolus I aufbauen. „Es war schwierig, den Schweden den Zweiflügler auszureden, da war man pragmatisch", blickt Mickeler zurück, der die Entwicklung dieser Maschine bis zu seinem Ausscheiden aus dem Unternehmen 1991 leitete. So entschloss man sich, einen robusten Zweiflügler zu bauen, aber mit modernerer Technologie. Bei Aeolus I hatten vor allem die Stahlflügel viele Probleme bereitet, sodass es besonders bei den Rotorblättern viele Änderungen gab, wo die fortschrittliche Technologie des Monopteros übernommen wurde.

Bei der Entwicklung der Rotorblätter griff das Entwicklungsteam wieder auf die Erfahrungen der Hubschrauberabteilung in Ottobrunn zurück. Gefertigt wurden sie jedoch bei der Abeking & Rassmussen Rotec GmbH in Lemwerder. Es waren damals die weltweit größten Bauteile aus kohle- und glasfaserverstärktem Kunststoff. Mit diesen Rotorblättern hat MBB Maßstäbe in der Rotorblatt-Technologie für große Windkraftanlagen gesetzt und viel Grundlagenwissen erarbeitet, das späteren Serienmaschinen zugute kam.

Als die Anlage nach einjähriger Inbetriebsetzungs-Phase im November 1993 im Jade-Windpark in Wilhelmshaven offiziell in Betrieb genommen wurde, war sie mit 80 Metern Rotordurchmesser die mit Abstand größte Windkraftanlage in Deutschland. Allerdings auch die teuerste. Es ist bezeichnend, dass der mittlerweile im E.ON-Konzern aufgegangene Energieversorger PreussenElektra, der die Maschine damals betrieben hat, diesen rund 20 Millionen Mark teuren Prototypen immer wieder zur Wirtschaftlichkeitsberechnung der Windenergie heranzog.

Mit Aeolus II hatte MBB einen funktionierenden Growian gebaut, aber er sollte ein Prototyp bleiben. Denn außer der schwedischen Schwesteranlage in Näsudden wurde keine weitere Maschine gebaut. Es gab 1993 innerhalb der DASA, zu der MBB seit 1989 gehörte, eine – wie es im Börsen-Jargon so schön heißt – „Konsolidierung der Geschäftsaktivitäten mit der Konzentration auf das Kerngeschäft". Der damalige DASA-Chef Jürgen Schrempp verfolgte die Strategie, allen Ballast abzuwerfen. So kam es zur Einstellung sämtlicher Windenergie-Aktivitäten. „Zum damaligen Zeitpunkt ein schwerer Fehler", kritisiert Siegfried Mickeler diesen Schritt später. „Denn so weit wie wir mit Aeolus war damals niemand."

Bei MAN verlief die Entwicklung ähnlich. Nach dem Scheitern des Growian entwickelten die Münchner eine zweite Großanlage, die WKA 60. Bei dieser 1,2-MW-Anlage wählten sie ein völlig anderes, robusteres Konzept als beim Growian. Sie entschieden sich für einen dreiflügligen Luv-Läufer mit 60 Metern Rotordurchmesser. Von diesem in deutsch-spanischer Kooperation entwickelten Anlagetyp wurden drei Maschinen gebaut.

Als erstes wurde im September 1989 die spanische Schwesteranlage AWEC-60 im nordspanischen Cabo Vilano errichtet. Drei Monate später folgte die erste WKA 60 auf der Nordseeinsel Helgoland. Zusammen mit zwei Dieselaggregaten war diese Anlage Teil des Helgoländer Energieverbundes, der Überschussstrom wurde zur Meerwasserentsalzung genutzt. Die dritte Maschine dieses Typs entstand 1992 im Kaiser-Wilhelm-Koog auf dem Fundament des Growian.

Doch wie bei Aeolus II blieb es auch bei der WKA 60 bei den genannten Prototypen. Auch diese Anlagen waren viel zu schwer und zu teuer, um in der Wirtschaftlichkeit gegen die mittlerweile entstandenen Kleinanlagen zu konkurrieren. So zog sich MAN wie auch MBB Anfang der Neunzigerjahre aus dem Windsektor zurück. In der Leitung dieser Konzerne gab es kein Interesse, eigenes Kapital für die Weiterentwicklung der Maschinen einzusetzen. Bezeichnenderweise geschah dieser Ausstieg zu einem Zeitpunkt, als Deutschland seinen ersten Windenergieboom erlebte.

Die Entwicklung der „Growiane" von MAN und MBB sowie die exotischen Konzepte verschlangen in Deutschland bis zum Ende der Achtzigerjahre etwa drei Viertel aller staatlichen Zuschüsse für die Windenergie, ohne dass daraus marktfähige Produkte entstanden. „Heute wissen wir, dass dieser Ansatz nicht der richtige war, denn er war nicht effektiv und zu ehrgeizig angelegt", resümiert Erich Hau. „Selbst große Firmen mit vielen Ingenieuren waren ohne Erfahrung nicht in der Lage, aus dem Stand heraus Windkraftanlagen zu entwickeln."

Aus seiner Sicht war dieses Geld, das zweifelsohne effektiver einsetzbar gewesen wäre, dennoch nicht umsonst ausgegeben. Hau bedauerte später, dass durch das Scheitern die vielen innovativen technischen Finessen dieser Projekte bei der Bewertung in eine untergeordnete Rolle gedrängt wurden. „Wir haben die ingenieurtechnischen Grundlagen der Windenergienutzung systematisch und wissenschaftlich aufgearbeitet, während die Entwickler von Kleinanlagen seinerzeit mehr empirisch gearbeitet hatten", erklärt Hau und verweist darauf, dass die heutigen Firmen von diesem Wissen profitieren.

Zweifelsohne löste das Scheitern der überwiegend auf nationaler Ebene geförderten Großprojekte der ersten Generation in der zweiten Hälfte der Achtzigerjahre ein Umdenken in der Förderpolitik aus, sowohl in Deutschland als auch auf europäischer Ebene. Bei der Europäischen Gemeinschaft in Brüssel war es vor allem der Leiter der für Forschung zuständigen Generaldirektion XII Wolfgang Palz, der erkannt hatte, dass die großtechnische Nutzung der Windenergie ein Anliegen von europäischer Bedeutung ist.

Die Ende der Achtzigerjahre entwickelte zweite Generation großer Windkraftanlagen – wie die WKA 60 oder die dänische ELSAM 2000 – bekamen bereits Unterstützung aus dem Förderprogramm WEGA I der Europäischen Gemeinschaft. WEGA steht dabei für „WindEnergieGroßAnlagen". Mit diesem Programm hat man – anders als bei den voneinander abgeschirmten Entwicklungen der ersten Generation – den nationalen „Tellerrand" überschritten. Diese Maschinen erhielten Zuschüsse für Messprogramme, deren Ergebnisse ausgetauscht wurden. Das war der Beginn, die Erfahrungen bei der Entwicklung von Großanlagen zu vernetzen.

Aber auch diese Maschinen der zweiten Generation waren noch viel zu schwer, material- und damit kostenintensiv gebaut und nicht für die Serienproduktion tauglich. So gab Palz eine Studie in Auftrag, in der Experten aus verschiedenen europäischen Ländern die Erfahrungen mit den Growianen der ersten und zweiten Generation und die dazugehörigen Forschungsprogramme auswerteten. Erich Hau leitete, nachdem er 1988 bei MAN ausgeschieden war, die Arbeiten für diese Grundsatzstudie, die vor allem das wirtschaftliche Potenzial großer Windkraftanlagen auslotete. Die Experten kamen damals zu dem Schluss, dass Windkraftanlagen der Megawatt-Klasse durchaus wirtschaftlich werden können, wenn es gelingt, sie wesentlich leichter zu bauen und vor allem in Serie zu fertigen. Sie empfahlen daher, die Fördermittel so einzusetzen, dass damit die Eigeninitiative der Hersteller geweckt und unterstützt wird.

Diese Ideen wurden mit dem WEGA-II-Programm umgesetzt, das die Entwicklung von Serienwindkraftanlagen der Megawatt-Klasse forcierte. Die Mittel für dieses Programm kamen aus den übergeordneten Förderprogrammen JOULE und THERMIE, mit denen Entwicklungs- beziehungsweise Demonstrationsprojekte auf dem Sektor der nichtnuklearen Energietechnologie auf europäischer Ebene gefördert wurden. Fördermittel aus WEGA II gingen nur an die Hersteller, wenn diese Firmen selbst einen hohen finanziellen Eigenanteil trugen. Die Fehler mit der Förderung der Growiane wollte niemand wiederholen.

Doch auch mit WEGA II war die Entwicklung von serientauglichen Großanlagen noch kein Selbstläufer und nicht jede aus diesem Programm geförderte Anlage – wie beispielsweise Aeolus II von MBB – erlangte die Serienreife. Die Förderung aus WEGA II erreichte in der ersten Hälfte der Neunzigerjahre jedoch auch die mittelständischen Hersteller, die damals gerade 500-kW-Maschinen auf den Markt brachten. Das Programm bot ihnen einen Anreiz, die Entwicklung von Großanlagen zu beschleunigen. Dass 1995 in Dänemark und Deutschland Serienmaschinen der 1,5-Megawatt-Klasse entstanden, wertet Erich Hau als einen Erfolg dieses Programms. „Mit Hilfe der Förderung durch WEGA II hatte die Großanlagentechnik den Anschluss an die Wirtschaftlichkeit und die Kommerzialisierung geschafft."

Auch auf nationaler Ebene schlug die Forschungspolitik ab Mitte der Achtzigerjahre eine andere Richtung ein. Inzwischen hatte das BMFT begonnen, in Demonstrationsprogrammen auch die Entwicklung kleinerer Maschinen bis zu einer Nennleistung von 250 Kilowatt zu fördern. Auch einige Bundesländer nahmen Geld in die Hand und unterstützten die Investitionen und vor allem die Forschung auf dem Gebiet der Windenergie. Denn die Entwicklung der Growiane hatte deutlich gemacht, dass es sich bei der Windenergie um alles andere als eine triviale Technologie handelt und dass noch erheblicher Forschungsbedarf auf diesem Gebiet besteht. Einige der am Growian beteiligten Wissenschaftler und Ingenieure gründeten erste Institutionen, die sich speziell mit Windenergie beschäftigen.

Werner Kleinkauf eröffnete im Februar 1988 an der Universität Gesamthochschule Kassel das Institut für Solare Energieversorgungstechnik e.V. (ISET) für anwendungsorientierte Forschung im Bereich der erneuerbaren Energien. Auch Erich Hau wechselte 1988 von MAN zum ISET und wurde gemeinsam mit Kleinkauf Geschäftsführer.

Der Germanische Loyd gründete 1989 zusammen mit der Schleswag und dem Land Schleswig-Holstein die Windtest Kaiser-Wilhelm-Koog GmbH. Kernstück von Windtest ist das bereits seit 1984 vom Germanischen Lloyd betriebene Testfeld für Windkraftanlagen auf dem Growian-Gelände, dem – wie Bernhard Richter sagt – „bestvermessenen Windstandort der Welt". Neben dem Betrieb des Testfeldes baute Windtest ein breites Dienstleistungsangebot auf, um Hersteller und Betreiber bei der Weiterentwicklung der Windenergietechnik zu unterstützen.

Durch die Forschungsvorhaben um die großen Windturbinen entstand auch an den beteiligten Universitäten eine breite wissenschaftliche Basis. Dort wurden Leute ausgebildet, die heute professionelle Techniker auf dem Gebiet der Windenergie sind. Und nicht zuletzt waren eine große Anzahl von Personen aus der Industrie in die Projekte integriert, allein bei Growian rund 200 Ingenieure, von denen viele noch heute in der Windkraftindustrie tätig sind.

Aus diesem Kreis heraus erfolgte 1985 die Gründung der Fördergesellschaft Windenergie (FGW). Diese Plattform brachte Wissenschaftler, Ingenieure und Politiker zusammen mit dem Ziel, die kommerzielle Nutzung der Windenergie zu fördern. Der erste Vorsitzende wurde der HEW-Vorstand Gunther Clausnizer, der in den Fünfzigerjahren bei Hütter promoviert hatte und für die HEW im Aufsichtsrat der Growian GmbH saß. Mit der Einbindung von Vertretern der Stromwirtschaft stand die FGW in gewisser Konkurrenz zu der seit 1974 existierenden Deutschen Gesellschaft für Windenergie (DGW), deren Mitglieder auf die Entwicklung von Kleinanlagen analog des dänischen Weges setzten und massive Kritik an der Forschungspolitik des BMFT beim Growian geübt hatten.

Einen Grund für die bewusste Abgrenzung zur DGW sah Erich Hau, der zunächst die Leitung der Geschäftsstelle übernahm, jedoch in der Rolle der FGW als Bindeglied zwischen Industrie und BMFT. „Im Forschungsministerium gab es seinerzeit doch einige Berührungsängste mit den Amateuren, die in der DGW organisiert waren. Die zuständigen Abteilungen wollten lieber mit Professoren und Firmen wie Siemens, MAN oder den Energieversorgern zusammenarbeiten."

Doch gerade die so genannten Amateure, kleine und mittelständische Betriebe ohne gesonderte Forschungsabteilungen, brachten in der zweiten Hälfte der Achtzigerjahre kleine Windkraftanlagen zur Marktreife. Nun konnte man sich auch im BMFT nicht mehr gänzlich der Tatsache verschließen, dass die Entwicklung von Windturbinen auf einem evolutionären Weg in überschaubaren Schrittweiten erfolgversprechender scheint als das alleinige Setzen auf Großanlagen.

Auf Initiative der FGW entschloss sich das Forschungsministerium zur „Förderung eines Windparks im Rahmen des Energieforschungsprogramms". In unmittelbarer Nachbarschaft des Growian entstand im Sommer 1987 der Windenergiepark Westküste, der erste Windpark in Deutschland nach der Ölpreiskrise. Besonders Erich Hau, der damals neben seiner Tätigkeit bei MAN auch ehrenamtlicher Geschäftsführer der FGW war, hatte sich sehr für dieses Projekt eingesetzt. „Nach dem Scheitern des Growian sollte endlich ein Windpark mit gängigen Anlagen getestet werden."

So ist es nicht verwunderlich, dass das Gros der Maschinen aus dem Hause MAN kam. Doch neben den 20 Aeroman-Anlagen mit einer Leistung von jeweils 30 Kilowatt, wurden auch fünf Mühlen der Auricher Firma Enercon mit je 55 Kilowatt Leistung und fünf 25-kW-Anlagen vom Typ ElektrOmat der Windkraft-Zentrale aus Brodersby errichtet. Die Inbetriebnahme des Windenergieparks Westküste im August 1987 war daher durchaus ein Zeichen dafür, dass im Forschungsministerium, das sich bis dahin schwer damit getan hatte, die Bemühungen kleiner und mittelständischer Unternehmen zu unterstützen, langsam ein Umdenken in der Ausrichtung der Windenergieförderung begann.

Dass die Windenergiepark Westküste GmbH, die in der Nachfolge der Growian GmbH gegründet worden war, den Zuschlag für den Betrieb dieses 1-MW-Windparks bekam, war ein Selbstläufer. Mit dem Growian-Gelände im Kaiser-Wilhelm-Koog hatten sie einen ausgezeichneten Standort vorzuweisen, mit hohem Windangebot und komplett vorhandener Infrastruktur und Netzanschluss. An dieser Gesellschaft übernahm die Schleswag die Hälfte der Anteile und damit die Federführung des Projekts. Die Entwicklungsgesellschaft Brunsbüttel mbH und die HEW beteiligten sich mit 30 beziehungsweise 20 Prozent.

Nach dem Growian-Desaster hatte sich die skeptische Haltung der Energieversorger gegenüber der Windenergienutzung noch verschärft. Dass sich die Schleswag dennoch dieser Technologie öffnete, erklärt sich aus ihrem Selbstverständnis als regionaler Stromversorger. „Wir kümmern uns um alles, was mit Stromerzeugung und -verteilung zu tun hat", umschreibt Gert Nimz das Credo des Unternehmens. Der Elektroingenieur, der zuvor bei der Schleswag zehn Jahre lang in der Netzplanung gearbeitet hatte, übernahm die Geschäftsführung der Windpark Westküste GmbH.

Nimz, der als Hobbysegler „Spaß an Wind und Aerodynamik" hatte, sah seine neue Aufgabe ideologiefrei. „Die Konstrukteure der Windkraftanlagen hatten Ahnung auf ihrem Gebiet und wir hatten Ahnung von Netzen und Netzbetrieb und beides musste zusammenkommen." Da man damals nur wenig über die Rückwirkungen von Windturbinen auf das Stromnetz wusste, sah Nimz eine Mitverantwortung der Energieversorger für die Entwicklung der Windenergietechnik.

Die Netzverträglichkeit von Windturbinen stand im Mittelpunkt der Untersuchungen im Windenergiepark Westküste. Hier wurde das Lastverhalten sowohl an Einzelanlagen verschiedener Bauart, als auch des gesamten Parks untersucht und die Probleme identifiziert, die sich aus den Leistungsschwankungen der Anlagen ergaben. Daraus wurden in den Folgejahren in Zusammenarbeit mit anderen Institutionen eine

Netzrückwirkungs-Richtlinie ausgearbeitet, nach der die Netzbeeinflussungen von Windkraftanlagen bewertet und auch zertifiziert werden. Nimz macht dabei keinen Hehl daraus, dass drehzahlvariable Maschinen hier wesentlich besser abschneiden.

Bei den Maschinen mit Asynchrongeneratoren hingegen, wie dem Aeroman oder den meisten dänischen Fabrikaten jener Zeit, deren Drehzahl durch das Netz konstant gehalten wird, bedeutet jede Turbulenz eine Änderung des Drehmoments und auch eine Änderung der Leistungsabgabe. Damit sind bei diesen Systemen sowohl der Triebstrang, als auch das Netz höheren Belastungen ausgesetzt. Es ist daher beileibe kein Selbstzweck des Netzbetreibers, wenn Nimz für weiche Gesamtsysteme plädiert, bei denen der Generator nicht fest an das Netz gekoppelt ist. „Das, was fürs Netz gut ist, ist auch für die Belastung der Komponenten gut."

In der oft sehr emotional geführten Debatte um die Windenergie war Nimz immer um eine Versachlichung bemüht. Er suchte den kollegialen Dialog mit den Herstellerfirmen, aus dem diese viele Impulse für eine verbesserte Anlagentechnologie mit deutlich reduzierter Netzbeeinflussung ziehen konnten. Denn Nimz hielt es nur für einen ersten Schritt, eine Windturbine zum Laufen zu bringen. Er plädierte an die Anlagenentwickler, auch den zweiten zu tun: „Wir müssen die Windkraftanlage und das Netz als eine Einheit sehen."

Nachdem der Windenergiepark Westküste im Sommer 1987 in Betrieb gegangen war, entbehrte das Szenario im Kaiser-Wilhelm-Koog nicht einer gewissen Symbolik für den beginnenden Wandel innerhalb der deutschen Windenergieszene. Auf der einen Seite stand der Growian kurz vor seinem Abriss, als weithin sichtbares Symbol für das Scheitern der bisherigen einseitigen Forschungspolitik. Der Dienstweg aus der Ölpreiskrise – die staatlich oktroyierte Entwicklung von Großanlagen – hatte in eine Sackgasse geführt.

Auf der anderen Seite deutete sich im benachbarten Windenergiepark Westküste an, dass die kleinen Windkraftanlagen der von der staatlich protegierten Windkraftszene lange belächelten „Amateure" immer professioneller wurden. Dass kleine Firmen mit damals marginaler öffentlicher Unterstützung Windkraftanlagen zur Marktreife gebracht hatten, fand auch bei Erich Hau neidlose Anerkennung. „Diesen kleinen, gut organisierten Firmen, die ein Mindestmaß an Professionalität und Firmengröße mitbrachten, haben wir den heutigen Erfolg der Windenergie in erster Linie zu verdanken."

Dass demgegenüber die großen Windkraftanlagen der Technologiekonzerne nicht über das Prototypstadium hinausgekommen waren, hatte aus Sicht von Erich Hau nichts mit dem Engagement der einzelnen beteiligten Akteure zu tun. Vielmehr macht er die Kosten- und Entscheidungsstrukturen innerhalb dieser Unternehmen dafür verantwortlich, die gänzlich ungeeignet sind, eine Technik zu entwickeln, die nicht sofort Gewinne und hohe Rendite verspricht.

In großen Konzernen war das Engagement für die Windenergie immer eine Marginalie, die verfolgt wurde, solange es dafür staatliche Gelder gab. Die Vorstände konnten aber auch davon lassen, wenn technische, finanzielle oder administrative Hürden zu überwinden waren, die sich bei der Entwicklung einer neuen Technologie unweigerlich auftun. Für das Wohl und Wehe des Unternehmens war das nicht entscheidend. Aus Angst vor finanziellen Verlusten fehlte den Konzernen die letzte Konsequenz, das angehäufte Know-how auch kommerziell zu verwerten.

In dieser Hinsicht sah Hau in kleinen engagierten Firmen ganz andere Triebkräfte wirken. „Wenn ein mittelständischer Unternehmer auf die Windenergie gesetzt hatte, musste er damit Erfolg haben oder er hatte gar keinen." Dabei ist nicht zu verhehlen, dass das unternehmerische Risiko bis Ende der Achtzigerjahre sehr hoch war und viele kleine Firmen in ihren Bemühungen, Windturbinen zu entwickeln auf der Strecke blieben. Mit der finanziellen Unterstützung, die in die Growiane geflossen war, hätte das sicher in vielen Fällen verhindert werden können und früher eine breite, mittelständische Windkraftindustrie entstehen können. „Doch letztlich", so das tröstliche Resümee von Erich Hau, „hat das Scheitern des Growian die Entwicklung der Windenergie nicht aufhalten können".

Der letzte der Growiane: Aeolus II läuft seit 1993 in Wilhelmshaven

Zeit des Probierens – Motivierte Techniker entwickeln kleine Windkraftanlagen

Ob sie nun Selfmade-Konstrukteure, clevere Handwerker oder einfach nur windbegeisterte Tüftler waren: Diejenigen, die Ende der Siebziger- und zu Beginn der Achtzigerjahre im Schatten der Großwindprojekte oft im Alleingang kleine Windkraftanlagen bauten, waren allesamt davon überzeugt, dass diese Form der Energieerzeugung eine Alternative zu Gas, Atomkraft, Kohle und Öl werden könnte.

*Diese Pioniere experimentierten mit den verschiedensten Konstruktionen, um die Kraft des Windes zu wandeln. Sie machten dabei die Erfahrungen und Fehler, von denen die nachfolgende Generation von Anlagenentwicklern profitierte.
Es war die von Idealismus und Selbstversorgerträumen geprägte Zeit des Probierens – mit all ihren Rückschlägen und Neuanfängen.*

Links | Seit über 25 Jahren in Betrieb: Eigenbauanlage von Friedrich Böse in Päpsen

Walter Schönball | *„Noah" auf Sylt*

Walter Schönball erkannte als Experte für Bevölkerungsentwicklung bei der UNO in Genf sehr früh die Vorteile von alternativen Energiequellen für eine zukünftige, unabhängige und umweltschonende Energieversorgung. Mit zum Teil eigenem Geld und dem Know-how befreundeter Ingenieure baute er im Sommer 1973 auf der Nordseeinsel Sylt eine Windkraftanlage mit 70 Kilowatt Leistung auf, die er auf den Namen „Noah" taufte.

Die getriebelose Konstruktion hatte einen Ringgenerator und einen gegenläufigen Doppelrotor, der allerdings nicht den von Schönball erhofften Mehrertrag brachte. Auch wenn die Anlage nur bis zu den ersten Winterstürmen hielt, so wurde sie doch zu einem Anziehungspunkt für Gleichgesinnte. Zusammen mit 13 überzeugten Windkraftpionieren gründete Schönball im Juli 1974 den Verein für Windenergieforschung und -anwendung (VWFA), den frühesten Vorläufer des heutigen Bundesverbandes WindEnergie (BWE).

Schönball baute noch verschiedene kleine Windkraftanlagen. Enttäuscht darüber, dass der Ausbau der Windkraft nicht mit dem von ihm erhofften Entwicklungstempo vonstatten ging, zog er sich Mitte der Achtzigerjahre aus der Windkraftszene zurück.

Links oben | Mit Windmühlenflügeln aus der Ölfalle: Montage des Doppelrotors von „Noah" bei Tinnum auf Sylt (Foto: Walter Schönball)

Wagner-Rotor | *Offshore-Kuriosum*

Eine der kuriosesten Konstruktionen von Windkraftanlagen war der Wagner-Rotor. Dieser von Günter Wagner, einem aus Berlin stammenden Geschäftsmann, entwickelte Rotor besteht aus einem 25 Meter langen Arbeitsflügel und einem kürzeren, rechtwinklig angeordneten Stabilisierungsflügel. Wagner ließ den Rotor mit einer schräg angestellten Nabe auf einen 30 Meter langen Kutter montieren und wollte damit im Wattenmeer vor Sylt bis zu 250 Kilowatt Strom erzeugen.

Wagner stellte Pläne vor, ähnliche Schiffsrotoren mit einer Leistung von bis zu utopischen 100 Megawatt zu bauen. Dafür fand er in der Politik offene Ohren, sodass er für seine Versuche auch öffentliche Gelder bekam. Über das Experimentierstadium sollte der Wagner-Rotor, der im Sommer 1982 die Attraktion im Hafen von List auf Sylt war, allerdings nicht hinauskommen. (Fotos: Sönke Siegfriedsen)

Hans-Dietrich Goslich |
Schlaggelenk-Einblatt-Rotor

Der Flugzeugbauingenieur Hans-Dietrich Goslich hatte sich der Suche nach anspruchsvollen technischen Konzepten für Windkraftanlagen verschrieben, die vor allem auf leichte Konstruktionen abzielten.

Bereits bei „Noah“ war er für den Bau des Rotors verantwortlich. In der Folgezeit untersuchte er unterschiedliche Rotorsysteme mit Schlaggelenken. Bei dieser aus dem Hubschrauberbau bekannten Konstruktion treten an der Blattwurzel kaum Biegekräfte auf, was die Kräfte und damit das Gewicht der Anlage im Gegensatz zu starr befestigten Rotorblättern insgesamt reduziert. Goslich favorisierte den konstruktiv überaus anspruchsvollen Einblatt-Rotor, den er bei Schleppversuchen auf Fahrzeugen testete.

Der 1995 verstorbene Techniker war Mitbegründer und Vorstandsmitglied des VWFA und leitete viele Jahre den Technischen Ausschuss Windenergie. Sein Engagement wie auch das zahlreicher Vereinsmitglieder war von großem Idealismus geprägt. Er finanzierte seine Forschungen fast ausschließlich aus eigenem Geld. Staatliche Anerkennung und damit verbundene Zuschüsse für weiterführende Forschungen blieben ihm verwehrt. (Fotos: Sönke Siegfriedsen, Robert Gasch)

Sören Fries | *Zäsur auf Pellworm*

Unter der Leitung von Sören Fries baute das Geesthachter Forschungszentrum GKSS ab Herbst 1979 auf der Nordseeinsel Pellworm ein Versuchsfeld für kleine Windkraftanlagen auf. Der studierte Schiffsmaschinenbauer hatte zuvor bereits bei einem Meerwasser-Entsalzungsprojekt auf der benachbarten Hallig Süderoog erste Erfahrungen mit der Windkraft gesammelt.

Auf Pellworm sollten im Auftrag des Bundesforschungsministeriums kommerzielle Windturbinen mit Leistungen um die zehn Kilowatt auf ihre Leistungsfähigkeit und Betriebssicherheit untersucht werden. Doch die Erwartungen in den Stand der Technik waren zu hoch.

Der zuvor mit Hochtechnologien wie Membrantechnik und Atomenergie beschäftigte Fries musste feststellen, dass es den meisten auf Pellworm vertretenen Konstruktionen an ingenieurtechnischem Know-how fehlte.

Links oben | Anlaufschwierigkeiten: Der 4-kW-Darrieus-Rotor von Dornier ist eine ausgesprochene Starkwindanlage und startete trotz eines Savonius-Rotors als Anlaufhilfe erst bei Windgeschwindigkeiten von etwa acht Metern pro Sekunde

Unten | Zwei der besser funktionierenden Anlagen auf Pellworm: Die 11-kW-Anlage von Brümmer (Mitte) und die verbesserte, für den Netzbetrieb ausgelegte 20-kW-Version des Aeroman von MAN (vorn), der ab Juli 1982 den Prototypen mit elf Kilowatt Leistung ersetzte.
Im Hintergrund steht die überarbeitete Westernturbine von Heindl (Fotos: Sönke Siegfriedsen)

Fazit von Sören Fries über die Versuche auf Pellworm: „Auch eine Windkraftanlage mit zehn Kilowatt Leistung ist schon eine richtige Maschine, die für den sicheren Betrieb das Know-how eines Ingenieurs benötigt.“

Hermann Brümmer | *Einzelkämpfer aus Nordhessen*

Hermann Brümmer war einer der ersten Hersteller von Windkraftanlagen. Der Elektromeister verkaufte seit den frühen Sechzigerjahren selbst konstruierte Windräder, vor allem für den Inselbetrieb. Bei der Anlagenphilosophie waren ihm drei Dinge wichtig: Einfachheit, Robustheit und Zuverlässigkeit.

Zwölf Modelle mit bis zu 60 Kilowatt Leistung entwickelte der Einzelkämpfer in 20 Jahren. Rund 380 Anlagen verließen seine Werkstatt in Bad Karlshafen-Helmarshausen, die teilweise bis nach Tahiti oder Kanada ausgeliefert wurden.

Als Mitte der Achtzigerjahre eine Nachfrage nach netzgekoppelten Windturbinen einsetzte, fehlte Hermann Brümmer das Kapital für Weiterentwicklungen und den Aufbau einer Serienfertigung. Da seine bewährten Modelle nicht mehr up to date waren, stellte Brümmer seine Produktion ganz ein. Er baute seitdem einzelne Wasserkraftturbinen, für die er wie für seine Windmaschinen eigene Patente hält.

Linke Seite | Hermann Brümmer vor seiner BW 150 in Hasselhof. Seine einzige netzgekoppelte Anlage hatte er 1977 im Auftrag des BMFT entwickelt

Oben | Charakteristisch sind die geteilten Flügel der Brümmer-Windkraftanlage, die sich bei zu hohen Drehzahlen fliehkraftgeregelt in Fahnenstellung drehen

Ulrich Stampa | *Nestor der Eigenbauer*

Ulrich Stampa lieferte für rund 120 Eigenbauanlagen die Konstruktionsbausteine und gab vielen Tüftlern professionelle Unterstützung bei der Berechnung ihrer Anlagen oder bei der Zusammenstellung von Unterlagen für Bauanträge.

Das nötige Fachwissen hatte sich der studierte Flugzeugbauingenieur bei der Entwicklung von Aeolus I erworben, einer schwedischen Versuchsturbine mit zwei Megawatt Leistung, die Anfang 1983 auf der Ostseeinsel Gotland errichtet wurde. Stampa war wissenschaftlicher Koordinator im Team der Entwicklungsring Nord GmbH (ERNO), das die Anlage in Zusammenarbeit mit dem schwedischen Turbinenhersteller KaMeWa AB entwickelte und in erster Linie für Auslegung und Konstruktion der Rotorblätter verantwortlich war.

Schon Mitte der Siebzigerjahre war Stampa aus Interesse an Windrädern für die Stromerzeugung in den Verein für Windenergieforschung und -anwendung eingetreten. Der Verein bot damals eine Plattform zum Erfahrungsaustausch unter Selbstbauern, von denen Stampa für seine Arbeit bei ERNO viel lernen konnte.

Nachdem er in den Ruhestand ging, gab Stampa wiederum sein beruflich erworbenes Wissen in die damals überschaubare Windszene zurück. Er stellte Zeichnungssätze für den Bau kleiner Windkraftanlagen zusammen, die er als HAus-WInd-anlagen (HAWI) an interessierte Eigenbauer verkaufte.

Oben | Ulrich Stampa vor einer HAWI 15 in Delmenhorst

Heinrich Christoffers | *Low-cost-Lösung*

Der Landwirt Heinrich Christoffers aus Oldehusen bei Wittmund hat zwei Haus-Windanlagen nach Plänen von Stampa aufgestellt, 1984 eine mit 15 Kilowatt Leistung und 1990 die einzige größere Konstruktion mit 60 Kilowatt, jeweils nach drei Jahren Bauzeit. Er bezeichnet diese als Low-cost-Lösung: wenig Geld, kein Kredit, viel Arbeit. Diese Herangehensweise war charakteristisch für viele Selbstbauer.

Oben | Platz zum Schrauben: Heinrich Dove im Maschinenhaus seiner Windkraftanlage.

Rechte Seite | Mut zur unkonventionellen Idee: Auf Doves Tandem sitzt man nebeneinander. Im Hintergrund dreht sich DOBA 4.

Heinrich Dove | *Freude am Tüfteln*

Kleinbauer Heinrich Dove aus Barenburg-Munterburg südlich von Sulingen bastelte 1980 seine erste „Windmaschine". Es war eine Konstruktion mit drei Kilowatt Leistung, die er an eine Gärtnerei verkaufte. Seine nächsten Konstruktionen DOBA 2 und 3 mit 6 beziehungsweise 18 Kilowatt Leistung, die er eigentlich für den Eigenbedarf auf seinem Hof gebaut hatte, kauften ihm libysche Geschäftsleute ab. Sein Meisterstück war eine Anlage mit 70 Kilowatt Leistung, die er überwiegend aus Schrottteilen zusammenbaute. DOBA 4 war zum Zeitpunkt ihrer Errichtung im September 1986 die größte von einem Privatmann gebaute Windkraftanlage in Deutschland. Neben einer Ersparnis von Heiz- und Stromkosten brachte ihm diese Mühle ab 1991 durch die vergütete Einspeisung des Windstroms auch eine Zusatzrente ein.

Die Motive des im Januar 2003 verstorbenen „Daniel Düsentriebs" aus Barenburg waren aber nicht allein ökonomischer Natur. Dove hatte vor allem Freude am Tüfteln und Selberbauen. Davon zeugen auch eine Solaranlage, ein zum Blockheizkraftwerk umgebauter Peugeot-Motor sowie sein Lieferwagen, der aus Baugruppen von mehr als zehn Automarken besteht.

Horst Frees | *Pumpen, Heizen, Strom erzeugen – mit Wind*

Horst Frees gehörte mit seiner Firma Windkraft-Zentrale zu den ersten in Deutschland, die Windräder in Serie herstellten. Der umtriebige Ingenieur begann 1973 mit dem Bau von windgetriebenen Pumpen, Kompressoren und Batterieladern und übernahm 1977 den Vertrieb kleiner, Drehstrom erzeugender Windräder der dänischen Firma S. J. Windpower, die vorwiegend für Heizung eingesetzt wurden.

Frees optimierte die Windpower-Konstruktion und fertigte die Windräder ab 1981 selbst unter seinem Markenzeichen elektrOmat (Abb. links). Für diese 16-flügligen Anlagen mit einer maximalen Leistung von zwölf Kilowatt bekam Frees 1982 als erster deutscher Hersteller von Windkraftanlagen eine Typenprüfung.

Obwohl er autarke Energiesysteme favorisierte, entwickelte Frees 1985 auch eine dreiflüglige 20-kW-Anlage für den Netzparallelbetrieb (Abb. rechte Seite). Als sich Ende der Achtzigerjahre endlich ein wirtschaftlicher Durchbruch für die Windenergie abzeichnete, erkrankte Frees an Krebs. Die Konstruktionen des 1990 verstorbenen Vorkämpfers lieferten die Basis für die ersten Windturbinen der Theo Fuhrländer GmbH.

Windkraft-Zentrale: Horst Frees (re.) auf dem Hof seiner Firma in Brodersby bei Kappeln zusammen mit seinem damaligen Mitarbeiter Norbert Wippich (Foto: Archiv Norbert Wippich)

Georg Böhmeke | *Bestandsaufnahme*

In einer von der Deutschen Gesellschaft für Windenergie (DGW) organisierten Bestandsaufnahme erfasste Georg Böhmeke in den Jahren 1983 und 1984 zusammen mit anderen Vereinsmitgliedern über 200 Konstruktionen von Windkraftanlagen, überwiegend von Eigenbauern.

Den technischen Standard stufte der Diplomingenieur, der innerhalb des Projekts für die Vermessung und die technische Beurteilung der Anlagen verantwortlich war, überwiegend als sehr gering ein. Dieser Status-quo-Report zeigte aber auch, dass sich ein sehr großer Kreis von Menschen in Deutschland den technischen Problemen der Windkraftnutzung gestellt und auch erste Ansätze zur wirtschaftlichen Nutzung der Windenergie entwickelt hatte.

Böhmeke arbeitete seitdem als Projektleiter, Konstrukteur und Entwickler unter anderem im Monopteros-Projekt bei MBB, beim Rendsburger Entwicklungsbüro aerodyn und bei der Tacke Windtechnik GmbH. Seit 1999 lebt er in Finnland und hat dort für die Firma WinWinD Oy die ersten finnischen Windturbinen mit Leistungen von einem und drei Megawatt entwickelt und konstruiert.

Links | Mit einer selbstgebauten Stereokamera dokumentiert Georg Böhmeke im Windpark Husum die 250-kW-Anlagen von HSW und Tacke, die er seinerzeit mitentwickelte: „Es ist gut, dass die Windenergie den kommerziellen und industriellen Kurs genommen hat, sonst könnte sie heute nicht nennenswert zur sauberen Energieerzeugung beitragen."

Dierk Jensen und Ralf Köpke

Die Klingel neben der Haustür im Bonner Westen fällt nicht sehr auf, der schwarze Druckkopf ist nicht einmal einen Fingernagel groß. Unter dem schmalen Plastikstreifen lässt sich mit Mühe ein Name auf dem vergilbten Papier erkennen: „CWS Windrotoren GmbH". Das W und das S stehen für Walter Schönball, das C für den Vornamen seiner Ehefrau Christa.

Der unscheinbare Namenszug dürfte eine der noch wenigen sichtbaren Reminiszenzen sein, die an ein bewegtes Kapitel im Leben von Walter Schönball erinnern: Nachdem in den Sechzigerjahren bundesweit sämtliche Windkraft-Aktivitäten sanft in einen nicht abschätzbar langen Dornröschenschlaf gefallen waren, sorgte der Jurist Anfang der Siebzigerjahre mit einer eigenwilligen Windradkonstruktion für einen Neustart – und zwar noch vor der ersten Ölpreiskrise. Genauso unbestritten zählt Schönball zu den Vätern der modernen Windkraft-Bewegung. Auf ihn geht die 1974 erfolgte Gründung des Vereins für Windenergieforschung und -anwendung (VWFA) zurück, dem frühesten Vorläufer des heutigen Bundesverbandes WindEnergie (BWE).

Über seine Arbeit als Experte für Bevölkerungsentwicklung für die in Genf sitzende Intergovermental Organization for Migration der UNO wandte sich Schönball Anfang der Siebzigerjahre der Windkraft zu: „Mir war klar, dass das damals schon absehbare Wachstum der Weltbevölkerung nicht ohne Probleme für die Energieversorgung bleiben und ein Ausweg vor allem in den regenerativen Energien liegen könnte." Für seine Forschungs- und Entwicklungsarbeiten konnte er immerhin Sponsorengelder von Firmen wie Shell, der Bayer AG, der Krauss-Maffei AG oder der Vereinigte Aluminiumwerke AG gewinnen.

Schönballs Entree in die deutsche Windszene war ein Novum: Der Mann, damals Mitte vierzig, war Jurist, kein Ingenieur oder Elektrotechniker. Deshalb entwickelte er seine Anlage unter Mitwirkung von Professor Marcel Jufer von der TH Lausanne und Diplomphysiker Jacques Dufournaud. „Egal, ob Generator oder Stahlgittermast, ich habe alle wichtigen Komponenten auf dem Markt zusammengekauft, die gab es ja alle", sagte Schönball zu seinem Vorgehen. Mit der Konstruktion der Flügel beauftragte er einen Mann, der im Verlaufe der Siebzigerjahre als Konstrukteur von Windkraftanlagen von sich reden machen sollte: Hans-Dietrich Goslich, ein studierter Flugzeugbauingenieur.

Dank dieser fachlichen Unterstützung und der rund 100 000 Mark aus eigener Tasche konnte Schönball in der ersten Julihälfte 1973 die Premiere seiner Windturbine mit 70 Kilowatt Leistung in Tinnum auf Sylt feiern. Die Anlage hatte einen gegenläufigen Doppelrotor mit einem Durchmesser von elf Metern und jeweils fünf Flügeln. Interessanterweise besaß diese getriebelose Anlage schon einen Ringgenerator. Seiner Turbine hatte Schönball den Namen „Noah" gegeben, wobei der Bezug zur biblischen Arche ganz bewusst gewählt war. „Die Windkraft erschien mir damals schon so etwas wie ein Ausweg, ein Rettungsschiff zu sein. Ich wollte bewusst auf nicht fossile Energieerzeugungen aufmerksam machen."

Zunächst erlitt Schönball mit seinem Doppelrotor jedoch Schiffbruch. Bereits im Dezember 1973 brach ein erstes Rotorblatt ab, was zu Spannungen zwischen Schönball und Goslich führte. Noch schneller zeigten sich die Schwächen der Doppelrotorkonstruktion: Das hintere Rad drehte sich kaum oder lief rückwärts. Der Traum vom doppelten Stromertrag mit einer Maschine war geplatzt. Schönball überarbeitete deshalb seine Anlage und präsentierte knapp zwei Jahre später als Blickfang auf der Kunststoff- und Kautschuk-Messe in Düsseldorf einen „einfachen" Sechsblatt-Rotor.

Während der Noah-Pilotphase auf Sylt traf Walter Schönball mit Ingo Mierus, einem Kaufmann aus Eckernförde, zusammen. Mierus war eigens von der Ost- an die Nordseeküste gereist, um die neuartige Windturbine zu bestaunen. Schnell waren sich Schönball und Mierus einig darüber, dass ein eigener Lobbyverband zum Ausbau der Windkraft notwendig sei – was sozusagen die Geburtsstunde des VWFA markierte. Im Juli 1974 gründeten dann 17 Windkraft-Freunde im Hotel Sandkrug in Eckernförde den Verein, weshalb auch noch heute der BWE als Nachfolger im dortigen Vereinsregister eingetragen ist. Zum Gründungsteam zählten damals neben Schönball, Mierus und Goslich unter anderem auch der Rechtsanwalt Ivo Dane und der Publizist Erich Haye, die in späteren Jahren die Verbandsgeschicke mitbestimmten.

Der Verein entwickelte sich zu einer Plattform vieler Selbstbauer, Hobby-Konstrukteure und Tüftler, die bis dahin untereinander kaum Kontakt gehabt hatten. Dass bei ihren Treffen teilweise heftige technische Diskussionen um die beste Anlagenphilosophie im Mittelpunkt standen, ist leicht auszumalen. Eine staatliche Windenergieforschung gab es damals noch nicht. Die Windenthusiasten konnten lediglich auf das von der Studiengesellschaft Windenergie und Ulrich Hütter erworbene Wissen aus den Fünfzigerjahren aufbauen. Deshalb war „Forschung von unten" angesagt. Daran erinnerte sich auch Ivo Dane: „Auf den Jahreshauptversammlungen ging es über die Tische hinweg: Luv- oder Lee-Läufer, Blattverstellung oder Stall-Regelung, aerodynamisches Prinzip oder Widerstandsläufer, ein, zwei, drei oder noch mehr Flügel – das waren die Fragen, die damals diskutiert wurden."

Neben den technischen Diskussionen lag Walter Schönball aber auch daran, die politischen Rahmenbedingungen für die Windkraftnutzung zu verbessern. Da er seinen Wohn- und Firmensitz am damaligen Regierungs- und Parlamentsstandort in Bonn hatte, fiel ihm innerhalb des VWFA die Aufgabe zu, Kontakt zu den zuständigen Ministerien und den Politikern zu suchen. Schönball: „Im Rückblick gesehen, haben wir mit unserer Arbeit sicherlich die Fundamente für das spätere Stromeinspeisungsgesetz gelegt."

Als dieses Gesetz 1991 in Kraft trat, hatte sich Schönball vom Projekt Noah schon längst verabschiedet – einen Schritt, den er im Nachhinein auch angesichts des heutigen Erfolgs anderer Windschmieden nicht bereut: „Ich war finanziell nie auf wirtschaftliche Gewinne aus der Windkraft angewiesen, weshalb mir auch der Ausstieg leicht fiel." Die Gründe für Schönballs Ausstieg sind zum einen in der nach seiner Ansicht viel zu langsamen, zähen Entwicklung der gesamten Windkraftbranche zu suchen: „Seit Mitte der Achtzigerjahre war ich überzeugt davon, dass die Windenergie nicht mehr als einen etwa fünfprozentigen Beitrag zur Energieversorgung Deutschlands leisten könnte." Hinzu kam auch das Scheitern seiner Noah-Maschine. Dieses „Waterloo" ist eng mit der Nordseeinsel Pellworm verbunden.

Auf Pellworm ließ das damalige Bundesministerium für Forschung und Technologie (BMFT) erstmals untersuchen, welchen Beitrag kleinere Windkraftanlagen für eine künftige Energieversorgung leisten können. Nach dem Ölpreisschock hatte die Bundesregierung die Windkraft wiederentdeckt, allerdings Forschungsgelder überwiegend in Großprojekte und an renommierte Großunternehmen wie MAN, MBB und Dornier vergeben.

Um überhaupt Erfahrungen mit der Nutzung von kleineren Anlagen zu gewinnen, schrieb das BMFT im Jahre 1978 einen Forschungsauftrag aus. Es wurde ein Institut gesucht, dass in einem Testfeld „vergleichende Untersuchungen des Betriebsverhaltens von Windenergieanlagen kleinerer Leistung" vornehmen sollte. Eine Forschungsaufgabe, die damals offenbar nicht sonderlich attraktiv war. Nur zwei Forschungseinrichtungen, die erste Erfahrungen in der Windkraft gesammelt hatten, bewarben sich. Zum einen war es die Deutsche Forschungs- und Versuchsanstalt für Luft- und Raumfahrt (DFVLR), die mit so einem Forschungsvorhaben das alte Testfeld in Schnittlingen in der Schwäbischen Alb wiederbeleben wollte. Zum anderen beteiligte sich die Gesellschaft für Kernenergieverwertung in Schiffahrt und Schiffbau (GKSS) mit Sitz in Geesthacht. Deren Ingenieure beschäftigten sich nach dem Aus für ein atomar getriebenes Containerschiff, an dem jahrzehntelang geforscht worden war, unter anderem auch mit Umweltforschung und Meerwasserentsalzung.

Die GKSS machte das Rennen. „Wir hatten mit Pellworm einfach den besseren Windstandort vorzuweisen als unser Mitbewerber", erinnert sich Sören Fries, der damals den Projektantrag stellte, an den Zuschlag. Fries arbeitete in jenen Jahren als Leiter der Zentralabteilung Technik am Aufbau einer Meerwasser-Entsalzungsanlage auf der Hallig Süderoog, bei der eine Windturbine aus dem Hause Allgaier mit einer Leistung von zehn Kilowatt eingesetzt wurde. Bei der Arbeit vor Ort lernte er auch die benachbarte Insel Pellworm kennen, die ihm dann – als die Ausschreibung auf seinen Bürotisch flatterte – als idealer Standort für ein Windtestfeld erschien.

„Den Platz haben sie", sicherte der Pellwormer Bürgermeister Alfred Dethlefsen dem GKSS-Mann schon beim ersten Telefonat zu. „Der war sofort Feuer und Flamme", erinnert sich Sören Fries an den damaligen Lokalfürsten. Als dann die GKSS tatsächlich den Zuschlag aus Bonn erhielt, wurden für die ausgesuchten Flächen mit den betroffenen Bauern schnörkellose, knappe Pachtverträge abgeschlossen. Das Testfeld stand also bereit.

Dagegen gestaltete sich die Akquise von kleinen Windkraftanlagen in der Größenordnung von zehn Kilowatt schwieriger, obwohl den Herstellern 30 000 bis 50 000 Mark pro Anlage winkten. „Als wir dann die ersten Rückmeldungen bekamen, erkannten wir, dass es sich in vielen Fällen um Bastler handelte", erzählt Fries vom Erstaunen, ja auch vom Entsetzen bei der GKSS, „wie wenig ingenieurtechnisches Know-how hinter diesen Konstruktionen stand". So gab es für einige der insgesamt neun Anlagen im Testfeld keine Fundamentpläne. „Die mussten wir anhand der unzureichenden Unterlagen selber berechnen. Wir hatten einfach geglaubt, dass die Anlagenbauer weiter seien", erinnert sich Fries.

Danach gab es aber kein Zurück mehr. Im Herbst 1979 wurde eine Noah-Maschine mit zehn Kilowatt Leistung von Walter Schönballs Firma Noah Energiesysteme GmbH als erste Anlage errichtet. Bis zum Frühsommer 1980 folgten acht weitere Anlagen – und zwar:

- ein Zweiblatt-Rotor von Hans-Dietrich Goslich mit extrem leichter Konstruktion
- ein dreiflügliger Lee-Läufer der Firma Maschinen- und Apparatebau Hüllmann, einer Schlosserei aus Tornesch bei Hamburg
- eine so genannte Amerikanische Windturbine, ein Luv- und Langsam-Läufer mit horizontaler Rotorachse und 18 Rotorblättern von der Firma Krampitz Klärtechnik GmbH aus Oststeinbek bei Hamburg, die nach dem Konkurs im November 1981 von der Ing. Volker Heindl GmbH aus Eckernförde übernommen wurde
- ein Einblatt-Rotor der BÖWE Maschinenfabrik GmbH aus Augsburg
- ein Darrieus-Rotor der Dornier-System GmbH aus Friedrichshafen
- ein Zweiblatt-Luv-Läufer vom Typ Aeroman, den die MAN Neue Technologie GmbH aus München herstellte
- eine 22-kW-Anlage der dänischen Firma Windmatic ApS, die auf einer Konstruktion des dänischen Entwicklers Christian Riisager beruhte
- ein Dreiblatt-Rotor mit Blattverstellung vom Typ Brümmer BW 120 S, den die Firma Hermann Brümmer Wind- und Wasserkraftanlagen KG aus Nordhessen entwickelt hatte.

Wo früher Bullen auf fetten Weiden grasten, wurde am 27. Juni 1980 das Windtestfeld Pellworm feierlich eröffnet. „Da war viel Show dabei", hat Sören Fries in Erinnerung. Schon an diesem windigen, aber sonnigen Tag zeigte sich, dass die meisten Anlagen erhebliche Konstruktionsmängel aufwiesen. Die Techniker von Böwe trauten sich erst gar nicht, ihre

Anlage in Betrieb zu nehmen. Auch Walter Schönball steuerte seine Noah an jenem Tag per Hand mit Seilwinden aus dem Wind.

Dabei zeigte sich ein Manko, das Schönballs Konstruktion beim nächsten Sturm zum Verhängnis wurde. Er hatte zwar von seinem Genfer Kollegen Dufournaud eine vollelektronische Steuerung entwickeln lassen, die die Leistungsabgabe so regelte, dass die Rotorgeschwindigkeit immer auf das aerodynamische Optimum gedrosselt werden sollte, bei starkem Sturm musste der Rotor allerdings von Hand mittels Seilwinde abgekippt werden. Als Schönball, der bei der nächsten Sturmwarnung von Bonn nach Pellworm geeilt war, auf der Nordseeinsel eintraf, konnte er nur noch zusehen, wie eine Rotorblattspitze wegbrach. Die GKSS verweigerte Schönball daraufhin die Auszahlung des vollen Kaufpreises. „Für den unbeaufsichtigten Betrieb im Testfeld war die Anlage damit nicht geeignet", verteidigt Fries den Standpunkt der Testfeldbetreiber. Schönball hingegen konnte von dem angebotenen Abschlag die Reparatur nicht bezahlen. So blieb die Anlage wegen Funktionsuntüchtigkeit bis zum spektakulären Abbau außer Betrieb.

Dabei kam es zu dramatischen Szenen. „Erfinder im Hungerstreik: Seiner Super-Windmühle droht der Abbruch", titelten im September 1982 die Husumer Nachrichten. Der Noah-Konstrukteur, der das Scheitern seiner Windkraftanlage auch noch zwei Jahrzehnte später auf die „ungewöhnliche Widerstandshaltung des Projektträgers" zurückführt, war auf die rund 15 Meter hohe Anlage geklettert, um die Demontage zu verhindern. „Zwei blutrot gehaltene Plakate mit der Aufschrift ‚Hilfe' und ‚Besetzt' ", so das Lokalblatt, „weisen auf den Vorgang hin". Da beim letztlich dann doch erfolgten Abbau der Versuchsanlage der GKSS-Crew ein Fehler unterlief, der zum Totalschaden der Maschine führte, verklagte Schönball das Forschungsinstitut. Beide Seiten einigten sich am Ende auf einen Vergleich – das heißt, sie teilten sich das Lehrgeld.

Neben Schönballs Anlage konnten auch die von Hüllmann und Goslich den Versuchsbetrieb nicht aufnehmen. Eine bittere Erfahrung vor allem für den Konstrukteur Hans-Dietrich Goslich. Seit Beginn der Siebzigerjahre hatte er sein Glück mit verschiedenen Rotormodellen versucht. Goslichs Präferenz galt vor allem dem Einblatt-Rotor mit schrägem Schlaggelenk, womit der Flügel plötzlichen Böen ausweichen konnte. Die Idee des Gelenkrotors begeisterte auch Professor Robert Gasch, der jahrelang das Institut für Luft- und Raumfahrttechnik an der Technischen Universität Berlin leitete. Einige seiner Studenten brachten dieses Konstruktionsprinzip später als Ingenieure beim Berliner Windturbinenhersteller Südwind zur Serienreife. Vor allem bewunderte Gasch, mit wie viel Engagement Goslich seinerzeit versuchte, den Mangel an Kapital wettzumachen: „Der Mann hat bis zur völligen Selbstaufgabe seine Idee verfolgt."

Goslich ließ sich auch von dem Rückschlag auf Pellworm nicht entmutigen. Da seine Anlage nicht lief und die GKSS in ihrer Ausschreibung den Herstellern „betriebsfähige Anlagen" abgekauft hatte, sollte er seine Zuwendungen zurückzahlen. Das war bitter, hatte er doch das gesamte Budget und auch viel privates Geld in seine Konstruktion gesteckt. Goslich, der als Vorstandsmitglied der aus dem VWFA hervorgegangenen Deutschen Gesellschaft für Windenergie jahrelang den Technischen Ausschuss Windenergie leitete, hätte sich mehr staatliche Unterstützung für die Entwicklung kleiner Anlagen in kleinen mittelständischen Firmen gewünscht. Hier setzt auch seine Kritik an der damaligen Förderpolitik an, die zu sehr auf Großprojekte abzielte. In einem Interview mit der Stader Rundschau brachte Goslich es auf den Punkt: „Als die Fliegerei erfunden wurde, hat doch auch keiner daran gedacht, einen Jumbo-Jet zu bauen." Am Credo des 1995 verstorbenen Windpioniers änderte sich nichts. „Es wäre denkbar, dass in der Bundesrepublik eine riesenhafte Windenergie-Industrie entstehen könnte, wenn von der Regierung und der Großindustrie dieser Energiegewinnung das entsprechende Verständnis entgegengebracht würde."

Von den neun auf Pellworm vorgesehenen Anlagen konnte nur an drei Modellen das konzipierte Testprogramm vorgenommen und ihnen „Marktreife" bescheinigt werden. Zu diesem Trio zählte neben dem Aeroman von MAN und der dänischen Windmatic-Anlage auch die Konstruktion von Hermann Brümmer.

Von den Selfmade-Konstrukteuren, die damals ihre Anlagen nach Pellworm brachten, hatte Brümmer am längsten Erfahrungen in Sachen Windkraft gesammelt – und zwar seit den frühen Sechzigerjahren. Rund 20 Jahre lang baute und verkaufte der 1937 im nordhessischen Helmarhausen, einem Stadtteil von Bad Karlshafen an der Weser, geborene Brümmer seine Windräder. Zwölf unterschiedliche Typen hatte der Mann mit der Doppel-Ausbildung – Brümmer besitzt Meisterbriefe für Elektrotechnik und für Radio- und Fernsehtechnik – entwickelt, die bis auf eine Maschine alle für den Inselbetrieb ausgelegt waren. Dabei reichte das Leistungsportfolio von wenigen Watt bis zu 60 Kilowatt und der Durchmesser von sechs bis 22 Meter. Nach eigenen Angaben hat Brümmer rund 380 seiner Konstruktionen verkauft, wobei das Gros auf die ganz kleinen Leistungsklassen entfiel.

So war es wirklich kein Zufall, dass auch eine seiner Anlagen zu den Testmaschinen auf Pellworm gehörte. Brümmer zählte in dieser Zeit zu den ganz wenigen Betrieben, die ihr Geld mit der Windkraft verdienten: „Zu besten Zeiten hatten wir zwölf Angestellte", erinnert sich Hermann Brümmer.

Dass er überhaupt in die Windkraft einstieg, war Zufall. Hermann Brümmer arbeitete im Elektro- und Rundfunkgeschäft seines Vaters in Helmarshausen, das er später, als der Vater erkrankte, übernehmen sollte. Ein Kunde seines Vaters bat ihn um die Reparatur einer Windkraftanlage, die einen Holzflügel mit Gegengewicht besaß. Entwickelt hatte die Anlage der Flugzeugkonstrukteur Richard Bauer, der eine Zeitlang mit Ulrich Hütter in den Anfangsjahren der 1949 gegründeten Studiengesellschaft Windkraft zusammengearbeitet hatte.

Knapp zehn Jahre später gab es für die wenigen Bauer-Rotoren schon keine Ersatzteile mehr, sodass Hermann Brümmer für seinen ersten Kunden eigens einen Ersatzflügel anfertigte. Dabei kamen ihm seine Kenntnisse der Aerodynamik zugute, die er als begeisterter Segelflieger gewonnen hatte. „Damit war mein Interesse an der Windkraft geweckt. An der Bauer-Anlage experimentierte ich so lange herum, bis gute Resultate vorlagen", erzählte Brümmer von seinen ersten Gehversuchen.

Dass sich der Nordhesse intensiver mit der Windtechnik beschäftigte, hing auch damit zusammen, dass er in dem Landstrich mindestens zwei Dutzend Gehöfte ohne Stromanschluss kannte. „Da drängte sich die Windkraft als Energiequelle einfach auf." Langsam gewann Brümmer Kunden um Kunden, sodass er zusammen mit seiner Frau Gudrun Mitte der Sechzigerjahre den Entschluss fasste, das elterliche Elektrogeschäft aufzugeben und sich nur noch auf die Windkraft zu konzentrieren.

Brümmer legte bei seinen Maschinen vor allem Wert auf drei Dinge: Einfachheit, Robustheit und Zuverlässigkeit, weshalb die dreiflügligen Anlagen durchweg als Lee-Läufer konstruiert waren. Hermann Brümmer zu seinen Prinzipien: „Wir haben immer darauf geachtet, dass alle Ersatzteile, die nicht als Normteile zu bekommen waren, in einer guten Schlosserei angefertigt werden konnten. Deshalb wurden auch die Flügel aus Rohrholmen mit Blechrippen und aufgenieteter Blechhaut gebaut."

Allerdings brachte sich der Windpionier damit um wichtige Wartungs- und Reparaturaufträge. Jeder seiner nur einigermaßen handwerklich begabten Kunden konnte die Anlage selbst in Schuss halten. Und nicht nur das: Seine Maschinen waren relativ leicht nachzubauen. Zwar konnte das Helmarshausener Unternehmen Anlagen bis Kanada und auch Tahiti verkaufen – aber immer nur eine.

Große Hoffnungen setzte Brümmer deshalb auf einen BMFT-Forschungsauftrag, den er Mitte der Siebzigerjahre „als erster Handwerksmeister überhaupt" erhielt. Die Anlage mit einer elektrischen Leistung von 15 Kilowatt mit einem Rotordurchmesser von 15 Metern sollte in Entwicklungsländern leicht nachgebaut und auch ohne Autokran montiert werden können. Außerdem, so die BMFT-Vorgabe, sollte aus Transportgründen kein Teil länger als drei Meter sein.

1977 konnte Brümmer diese Anlage, seine erste netzgekoppelte, in Hasselhof, einem Flecken in der Gemarkung Helmarshausen, in Betrieb nehmen. Studenten der Fachhochschule Gießen-Friedberg begannen im Auftrag des BMFT mit der Vermessung der Anlage, die bis 1987 lief und seitdem still steht. In dem Prüfbericht heißt es eindeutig: „Wie [...] gezeigt wurde, hat die WKA in Bezug auf die Leistungsdaten die gestellten Anforderungen voll erfüllt. Leistungskennlinie und Leistungsbeiwert liegen trotz einfacher Flügelkonstruktion nur wenig unter denen anderer Anlagen. Herstellung und Aufbau gelangen mit einfachen Mitteln ohne Großmaschinen, weshalb die Anlage auch in einem unterentwickelten Land hergestellt und errichtet werden kann." Brümmer hat wirklich einige Maschinen in die Dritte Welt geliefert, Folgeaufträge blieben aber aus.

„Über die Jahre gesehen, haben wir rund zwei Millionen Mark in unsere verschiedenen Anlagetypen investiert", erinnert sich Hermann Brümmer. Der Kapitalrückfluss stockte allerdings. Zwar zählte die Brümmer-Anlage während des Tests auf Pellworm zu den drei besseren, offenbarte aber auch einige Schwächen. Immerhin heißt es im GKSS-Abschlussbericht: „Auf Grund der relativ niedrigen Investitionskosten und der Tatsache, dass die BW 120 S mit einfachen Mitteln hergestellt und aufgebaut werden kann, bestehen gute Wettbewerbschancen für die Fertigung und den Betrieb der Anlage in Entwicklungsländern mit Jahresmitteln der Windgeschwindigkeit von bis zu acht Metern pro Sekunde."

Aber genau für die damit verbundene Vorfinanzierung und die von der GKSS vorgeschlagenen Verbesserungen fehlte Hermann Brümmer das Kapital. Mit dazu beigetragen hatte auch ein Wasserkraftprojekt – der Bau von Wasserkraftturbinen war seit den Sechzigerjahren sein zweites Standbein –, bei dem sich Brümmer verkalkuliert hatte. Da Brümmer Partner oder externe Geldgeber stets ablehnte, zog er die Konsequenzen. „Der Markt für Windkraftanlagen war Anfang der Achtzigerjahre nicht so groß, dass wir glaubten, davon langfristig existieren zu können. Deshalb stellten wir die Produktion ein."

Eine Chance für ihn wäre sicher das Projekt „Windkraftanlagen in Entwicklungsländern" gewesen, das die Kreditanstalt für Wiederaufbau im Auftrag der Bundesregierung Anfang 1984 ausgelobt hatte. Rund 100 Anlagen sollten weltweit geliefert werden. Das war ein Auftrag, den die Ministerialbürokratie einem Einzelkämpfer nicht zugetraut hätte, vermutet Brümmer: „Wir haben die Ausschreibung gewonnen, aber MAN erhielt den Zuschlag, weil es näher an den richtigen Leuten dran war." MAN, Brümmers Nachbar auf dem Testfeld, besaß die Kontakte. Dabei hatten die Ingenieure des Großkonzerns auf Pellworm zunächst wesentlich größere Probleme mit ihren Anlagen als der Handwerksmeister.

„Es klappte eigentlich zu wenig", räumt Sören Fries von der GKSS mit dem Abstand von zwei Dekaden zum 4,6 Millionen Mark teuren Abenteuer Pellworm ein. Trotzdem brachte das Windtestfeld Pellworm wichtige Ergebnisse. Während die Presse hämisch über die Pannen auf der Nordseeinsel herzog, haben die Beteiligten vor Ort wichtige Erkenntnisse aus den Probeläufen ziehen können. Und zwar: Das technische Konzept einer nicht netzgeführten Anlage ist eine komplizierte Angelegenheit, weil sie eine aufwändige Regeltechnik erfordert. Es stellte sich heraus, dass eine netzgeführte Windkraftanlage – wie die dänische Windmatic – einen wesentlich sichereren Betrieb gewährleistet, weil die Drehzahl des Rotors über das Stromnetz kontrolliert wird.

So wurde auf dem Pellwormer Testfeld deutlich, dass nicht die Weiterentwicklung von Insel-Anlagen, sondern die Einspeisung ins Netz die Windkrafttechnologie weiterbringen würde. Es bestand aber noch viel Forschungsbedarf. „Uns wurde vor allem klar", so resümiert Sören Fries, „dass auch eine Windturbine mit zehn Kilowatt Leistung eine richtige Maschine ist, die für einen sicheren Betrieb das Know-how eines Ingenieurs benötigt".

Zu einem ähnlichen Ergebnis kam auch Georg Böhmeke in der „Bestandsaufnahme und Erfahrungsauswertung in der Bundesrepublik bestehender Windkraftanlagen". In dieser zwischen 1982 und 1984 von Mitgliedern der Deutschen Gesellschaft für Windenergie (DGW) vorgenommenen Untersuchung war Böhmeke für den Teil „Vermessung" verantwortlich. Bereits als Teenager hatte er beim Bau von Modellflugzeugen technisches Verständnis und handwerkliches Geschick gewonnen und 1977 seine ersten Erfahrungen mit Eigenbauanlagen gesammelt. „Es gibt viele Mittel und Wege, sich ein kleines Windrad zu bauen. Oft genug wird mangels Fachwissen ein laut kreischendes Ungetüm daraus, was sich beim nächsten Sturm dann auf die Nachbargrundstücke verteilt", schreibt er in der Bauanleitung für ein kleines Windrad, die 1980 erstmals in der von Christian Kuhtz herausgegebenen Reihe „Einfälle statt Abfälle" erschien. In dieser 100 Seiten starken Broschüre ist unter anderem der Bau eines Holzrepellers beschrieben und wie sich eine Autolichtmaschine zu einem auch bei niedrigen Drehzahlen stromerzeugenden Ringgenerator umbauen lässt. Durch seine Mitarbeit an dieser Kultreihe der frühen Öko-Bücher hat er sich „von der Pike auf" das Grundwissen für sein wechselvolles Berufsleben als Konstrukteur von Windkraftanlagen angeeignet.

Nach dem Studium – er hatte erst Elektrotechnik bis zum Vordiplom und dann Maschinenbau studiert – begann Böhmeke zunächst, bei Günter Wagner zu arbeiten, einem Berliner Industriellen, der in List auf Sylt ein Büro für Windkraftnutzung unterhielt. Wagner tat sich in jener Zeit vor allem durch seine Experimente mit seinem „Wagner-Rotor" hervor, eine der wohl kuriosesten Erfindungen der Windenergiegeschichte. Diese auch als „V-Rotor" bezeichnete Konstruktion besteht aus zwei etwa im rechten Winkel zueinander stehenden Flügeln, die an einer rund 45 Grad schräg angestellten Nabe befestigt sind. Auf einen im Meer verankerten Kutter montiert sollte diese Konstruktion Sylt mit Strom versorgen. Böhmekes Aufgabe bestand darin, Wagners Anlagen zu vermessen und Testversuche vorzunehmen. Er merkte aber schon bald, dass dieser „V-Rotor" nicht die vom Erfinder erhoffte Leistung erbringen würde und wechselte im Frühjahr 1983 zu dem Projekt der DGW.

Die DGW hatte 1982 vom BMFT den Auftrag für die Bestandsaufnahme kleiner Windkraftanlagen im Leistungsbereich zwischen 1 und 55 Kilowatt bekommen. Dabei ging es aber nicht um eine Aufgabe mit „archäologischem Charakter", sondern vielmehr darum, wie der Leiter des Projektes, der damalige DGW-Vorsitzende Walter Stephenson, schrieb, „die mit diesen Anlagen gemachten Erfahrungen hinsichtlich Sicherheit, Leistung, Umweltproblemen, Akzeptanz in der Nachbarschaft usw. zu sammeln, zu sichten, und für künftige Entscheidungen auch in gesetzgeberischer Hinsicht aufzubereiten".

Der Technische Ausschuss Windenergie erarbeitete einen Fragebogen, den alle DGW-Mitglieder und Windkraftinteressierten nutzen sollten, um Adressen zu melden, wo in Deutschland kleine Windkraftanlagen liefen. Über 300 wurden in einer Art Detektivarbeit ausfindig gemacht, davon nahmen die Projektbearbeiter 210 persönlich in Augenschein. Diese Zahlen bestätigten die vorab geäußerte Einschätzung im Forschungsministerium und beim Windverband, dass es damals zwischen deutsch-dänischer Grenze und dem Alpenvorland 450 bis 500 Windkraftanlagen gegeben hat.

Georg Böhmeke übernahm im März 1983 die Stelle des Projektingenieurs, er sichtete zunächst selbst knapp die Hälfte der erfassten Anlagen und beurteilte deren Konstruktion und Betriebsverhalten. Als erste Hürde war bei vielen Besitzern das Misstrauen abzubauen und glaubhaft zu machen, dass er weder von einer Behörde noch von irgendeiner Zeitung komme, denn oftmals lag für die Anlagen keine Baugenehmigung vor. Ein Pfund, mit dem Böhmeke wuchern konnte, war, wie er sagt, das Angebot, „ihre Anlage aus Sicht des Maschinenbau-Diplomingenieurs durchzusehen und nach Kräften Tipps zu geben".

Dieser Recherche folgte ein Messprogramm an zwölf ausgewählten Anlagen zur Aufnahme der Leistungskurve, bei drei Anlagen kam es auch zu einer Schallvermessung. Dazu wurde ein Datenerfassungsgerät zum Messen der Leistung, Drehzahl, Spannung, Stromstärke, Windrichtung und -geschwindigkeit sowie diverser Temperaturen zusammen mit einem von Böhmeke selbst programmierten Rechner in einem Wohnwagen installiert. Zwischen Kabeln und Gummischläuchen blieb gerade noch Platz für einen Schlafsack. Mit dieser mobilen Messstation tingelte er im Sommer 1983 von Anlage zu Anlage, um alles zu vermessen, „was die Messkiste hergab". Häufig wurde er sehr nett von den Besitzern mit Mahlzeiten versorgt oder bekam einen Schlafplatz im Haus. „Das Leben war spartanisch, aber interessant."

In dem im Frühjahr 1984 fertig gestellten Status-quo-Bericht kommen die Autoren in ihrer qualitativen Analyse zu einem ernüchternden Ergebnis: „58 Prozent der ermittelten Anlagen sind von Amateuren gebaut. Nur einige sind als wirklich gut einzustufen, wenn Konzept, Konstruktion und Ausführung kritisch beurteilt werden. Die meisten Amateurbauten leiden unter Mangel an Fachkenntnissen auf Spezialgebieten wie Aerodynamik, Getriebeberechnung, Generatorauswahl, Regelungssysteme."

Trotzdem beteuerten 59 Prozent der befragten Windmüller, dass ihre Anlage die Erwartungen erfüllt habe. Und noch ein überraschender Befund: Vier von fünf Betreibern zeigten sich mit der technischen Zuverlässigkeit ihrer Mühlen zufrieden. Was wohl auch mit der Energieverwendung zu tun hatte. Fast alle der von Böhmeke erfassten Windräder wurden für die Hausheizung und die Brauchwassererwärmung eingesetzt, auf die Netzeinspeisung waren nur eine Handvoll der Maschinen ausgelegt. Kein überraschendes Ergebnis bei der ungeklärten Windstromabnahme sowie -vergütung. Das Fazit von Böhmeke über die Selbstbauanlagen fiel eindeutig aus: „Der technische Standard sowohl der Amateurbauten als auch der gewerblich produzierten Anlagen ist im Durchschnitt recht gering. Hinzu kommt, dass die Mehrheit der Anlagen an weniger günstigen Windstandorten läuft. Entsprechend ist der betriebswirtschaftliche und volkswirtschaftliche Wert des heutigen Bestandes noch sehr gering zu bewerten. Ausnahmen bestätigen diese Regel.“

Einige dieser Ausnahmen hat Ulrich Stampa beschrieben. An der Seite von Georg Böhmeke erfasste Stampa für die DGW-Bestandsaufnahme die Anlagen im Raum Bremen, eine Region, die nach den Worten von Böhmeke ein „Selbstbauernest“ war. Der studierte Flugzeugbauingenieur und begeisterte Segelflieger Stampa war bereits Mitte der Achtzigerjahre ein alter Fuchs in Sachen Wind. Schon seit Beginn der Siebzigerjahre beschäftigte er sich mit kleinen Windrädern und trat früh in den VWFA ein. Sein technisches Fachwissen in Sachen Windkraft hatte er sich allerdings im Beruf erarbeitet.

Als wissenschaftlicher Koordinator der Firma Weserflug, die zusammen mit anderen Flugzeugbauern ein Joint Venture unter dem Namen Entwicklungsring Nord GmbH (ERNO) bildete, war Stampa intensiv an den Arbeiten für die Versuchsanlage Aeolus I beteiligt. Das Team bei ERNO entwickelte die Flügel für diese 2-MW-Anlage, die 1983 unter Federführung des schwedischen Turbinenherstellers KaMeWa AB auf der Ostseeinsel Gotland errichtet wurde. Als Mitentwickler eines der ersten Strahltriebwerks-Flugzeuge und des Flugzeugtyps Transall konnte Stampa viel aerodynamisches Know-how in sein Engagement für die Windkraft einbringen.

Als Stampa dann 1983 in den vorzeitigen Ruhestand ging, fing er an, selber kleine Anlagen, so genannte Hauswindanlagen (HAWI) zu konzipieren. Die selbstgefertigten Baupläne verkaufte er an interessierte Eigenbauer, deren in Eigenleistung zusammengeschraubte Anlagen er später betreute.

Heinrich Christoffers zählte zu seinen Kunden. Der Landwirt aus Oldehusen bei Wittmund entschied sich für diesen Anlagetyp, weil er eine „Low-cost-Lösung“ ohne großes Kapitalrisiko war. „Wenig Geld, kein Kredit, viel Arbeit“, so die Worte von Heinrich Christoffers. Nach drei Jahren Arbeit stellte er 1984 die erste HAWI mit 20 Kilowatt Leistung auf, sechs Jahre später folgte die 60-kW-Version. Den Kauf größerer Windkraftanlagen vermied er, weil er aus den Betriebserfahrungen mit den HAWI-Anlagen heraus kein höheres Risiko eingehen wollte. Christoffers Grundidee war immer die Eigenversorgung mit Strom, weshalb es für ihn keinen Sinn ergab, Haus und Hof mit Kapitalschulden zu belasten. „Ich geb doch nicht die Kuh als Pfand und kaufe mir eine Melkmaschine“, ist seine Aussage, die markant die Stimmung der Selbstbauer von Kleinanlagen in den Achtzigerjahren widerspiegelt.

Es war eben noch die Zeit, in der Denkansätze einer dezentralen, insularen Strom- oder Wärmeversorgung dominierten. Den meisten Selbstbauern ging es vornehmlich um die Einsparung von Heizöl und Strombezug. Einspeisung ins Netz war damals wirtschaftlich nicht interessant. Ohne Rücksicht auf irgendwelche Industrienormen, Anforderungen der Energieversorger oder Genehmigungen von Baubehörden konnten die Bastler beim Bau von Inselanlagen ihren Heimwerkerfantasien freien Lauf geben.

So erlangte Friedrich Böse aus dem niedersächsischen Päpsen bei Sullingen mit seiner Anlage geradezu Kultstatus: Auf einen aus Stahlrohren geschweißten Gittermast setzte er eine Windmaschine, bei der eine alte Lkw-Achse als Hauptwelle und das Differenzial als erste Getriebestufe dienten. Zwei Jahre lang experimentierten und bastelten Böse und seine Söhne. Am 7. Juni 1980 ging die 10-kW-Anlage in Betrieb und im ersten Jahr kamen über 1200 Besucher, um sich die Anlage anzusehen. Die meisten Technik-Experten schüttelten ungläubig den Kopf. Aber die nach Böses Motto „Lieber ein Zentner Eisen zu viel, als ein Pfund zu wenig“ gebaute Mühle lief nahezu störungsfrei und ersparte dem cleveren Bauern viel Heizöl.

Friedrich Böse, der bereits im März 1988 starb, war es nicht vergönnt, mitzuerleben, wie seine solide Konstruktion das 20-jährige Betriebsjubiläum erreichte. Sein Sohn Herbert hatte aber den Hof übernommen und kümmert sich bis heute um die Windkraftanlage, die als eine der ersten in Deutschland überhaupt diejenige Lebensdauer erreicht hat, die für moderne, industriell hergestellte Turbinen vorgesehen ist.

Auch der Landwirt Heinrich Dove aus Barenburg-Munterburg südlich von Bremen schmiedete seine Windkraftanlagen überwiegend aus Schrottteilen. Im Gegensatz zu Böse ließ er sie aber vor der Errichtung von Ulrich Stampa statisch berechnen und bekam so von der Kreisverwaltung Diepholz Baugenehmigungen für seine Anlagen. Schon 1980 baute er ein vierflügliges Windrad mit einer Leistung von drei Kilowatt für eine Gärtnerei. Es folgte DOBA 2 – DOBA steht für Dove-Barenburg, die Ziffer 2 für seine zweite Anlage –, die mit sechs Kilowatt Leistung allerdings noch zu klein war, um das eigene Haus vollständig zu beheizen. So entstand DOBA 3 mit einer Leistung von 18 Kilowatt, die das Wasser in Doves Tanks in den Wintermonaten auf 75 Grad erwärmte.

Schlagzeilen machte der Hobbybastler mit seinen Windrädern, als ihm ausgerechnet Geschäftsleute aus Libyen seine „alternativen Energieanlagen“ 1985 vom Fleck wegkauften. Die DOBA-2-Maschine nahmen sie gleich mit, für DOBA 3 gab es eine stattliche Anzahlung, sodass Dove an die Umsetzung seiner neuesten Idee gehen konnte. DOBA 4 sollte ein Dreiflügler mit 20 Metern Rotordurchmesser werden. Am Platz, wo seine erste „Windmaschine“ gestanden hatte, stellte Dove dann im September 1986 eine Anlage auf, die mit einer Leistung von 70 Kilowatt den gesamten Hof versorgte und damals wohl die größte privat gebaute Windkraftanlage in Deutschland war. Und das erstaunliche war, dass Dove auch diese Anlage zu 90 Prozent aus Schrottteilen fertigte. Der Turm war ein ausrangiertes Schornsteinrohr, das er von einer Gasfördergesellschaft abkaufte und mit Stahlrohren versteifte. Die Rotorblätter, geschweißte Tragkonstruktionen, die mit imprägnierter Lkw-Plane ummantelt sind, lassen sich verstellen, um einen optimalen Anstellwinkel zu finden.

Die Lokalpresse feierte den Landwirt als den „Mann mit 1000 Ideen“, der nicht nur beim Bau weiterer Mühlen im Gebiet um Sulingen mithalf, sondern auch beim Bau einer Solaranlage, eines kleinen Blockheizkraftwerkes aus einem

Peugeot-Motor oder bei der Konstruktion einer mobilen Betonmischanlage beweisen konnte, dass er diese Bezeichnung zu Recht trug. Doves Anlage, die nach einer Havarie mit gekürzten Flügeln und auf 30 Kilowatt reduzierter Leistung bis heute sehr zuverlässig arbeitet, speist den Strom, seitdem die Vergütung geregelt ist, ins Netz ein. „Ich krieg doch mehr, wenn ich den Strom verkaufe", freute sich der „Daniel Düsentrieb aus Barenburg" lange über diese Zusatzrente. Ende Januar 2003 verstarb der Windpionier.

„Man muss den Selbstbau mit dem richtigen Maßstab messen. Sicherlich hat mancher viel gelernt und allein das war die Sache wert. Wenn sich ein Amateurfunker einen Empfänger selbst baut, fragt ja auch keiner, ob sich das lohne und ob der so gut sei wie ein gekaufter", resümiert Georg Böhmeke mit dem Abstand von 20 Jahren, stellt aber auch klar: „Aber ich denke, es ist gut, dass die Windenergie den kommerziellen und industriellen Kurs genommen hat, sonst könnte sie heute nicht nennenswert zur sauberen Energieerzeugung beitragen."

Einer der ersten, der diese Richtung einschlug, war Horst Frees. Dessen Modell „elektrOmat" zählte die DGW-Studie zu den „ganz wenigen als zuverlässig geltenden Anlagen, die auf dem deutschen Markt angeboten werden".

Der Ingenieur aus Eckernförde beschäftigte sich schon seit 1973 mit der Konstruktion von Windpumpen und Windkraftanlagen für Niederspannung. Der eigenwillige Frees kam nicht zuletzt durch seine Ostsee-Segeltörns mit seinem Trimaran „Sloopy" zur Überzeugung, dass man „mit der kostenlosen Kraft des Windes sehr viel Energie gewinnen kann". Frees, der zu den Gründungsmitgliedern des VWFA gehörte, tat sich 1975 mit Hans-Dietrich Goslich in der Firma WINSON Wind- und Sonnenenergieanwendung GmbH zusammen, um auch beruflich die Kraft des Windes zu nutzen. Das Duo entwickelte eine zweiflüglige, auf Niederspannung arbeitende Anlage mit einer Leistung von fünf Kilowatt, deren Rotor nach Goslichs Prinzip mit einem Schlaggelenk ausgerüstet war. Die Vorstellung dieser Anlage auf der Hannover Messe 1976 wurde für beide allerdings zu einem Reinfall, denn das Interesse war so gering, dass sie weder an einen rentablen Verkauf noch an eine Serienproduktion denken konnten. Frees musste als Fazit der Messe in seinem Buch „Windkraft – die unerschöpfliche Energie" feststellen, dass „das Bewusstsein der Menschen für Alternativenergien in Deutschland eben noch nicht derart entwickelt ist, dass die Windenergieanwendung ernst genommen wird".

Unter den damaligen Bedingungen sah Frees am ehesten Chancen für eine rentable Nutzung der Windenergie beim Einsatz von Windpumpen und gründete deshalb 1976 in Eckernförde seine eigene Firma, die Windpumpen-Zentrale. Er entwickelte eine spezielle Membranpumpe und begann mit der Serienfertigung verschiedener Windpumpen, die er unter dem Markenzeichen „pumpOmat" bis nach Chile verkaufte. Dabei war Frees nicht nur Techniker. Er hatte für den vielfältigen Einsatz dezentraler alternativer Energien eine Vision entwickelt, die er zur ideellen Grundlage seiner Firma machte. In seinem Buch beschrieb Frees einen Strauß von Möglichkeiten, wie man im Kleinen eine ganzheitliche Energiewende angehen kann, und führte Visionen für die Windenergienutzung auf, die heute zum Teil schon Wirklichkeit sind. Für den Mann von der Ostseeküste gab es keinen Zweifel daran, dass es eines Tages die Windenergienutzung auf dem Meer oder im Mittelgebirge geben würde. Frees prognostizierte die Notwendigkeit der Wasserstofferzeugung durch Wind- oder Solarenergie und erkannte auch früh, welch positive Effekte die Nutzung alternativer Energien für den Arbeitsmarkt haben würde. Es sind klare, praktische Überlegungen eines tatkräftigen Technikers, der die Welt mit wachen Augen sah und schräg genug dachte, um eingefahrene Gleise verlassen zu können.

Horst Frees war ein Mann der Tat. So baute er neben seinen Windpumpen auch eigene Sonnenkollektoren, Windkompressoren, die er unter der Bezeichnung „aerOmat" vertrieb, und auch erste kleine Windkraftanlagen unter der Bezeichnung „elektrOmat". Diese zweiflügligen Eigenkonstruktionen konzipierte er zunächst als 12-Volt-Batterielader für die Anwendung im Inselbetrieb mit einer Leistung von 300 Watt. Der Entwickler empfahl die Nutzung von 12-Volt-Geräten und -Lampen in Wochenendhäusern, Berghütten und Wetterstationen. Sie können die gleiche Lebensqualität bieten wie Geräte für 220 Volt. Doch auch Frees musste erkennen, dass es einfacher ist, sich den Forderungen des Marktes zu beugen, als darauf zu hoffen, dass potenzielle Kunden ihre Gewohnheiten ändern.

So bot er ab 1977 auch, wie es in einem Firmenprospekt von damals heißt, „Windkraftanlagen in unterschiedlicher Größe und Ausführung" für Drehstromerzeugung an. Diese Mühlen mit zehn Kilowatt Leistung baute er zunächst nicht selbst, sondern kaufte sie von der dänischen Firma S. J. Windpower und errichtete sie in Deutschland. Allesamt waren das Modelle, die im Inselbetrieb liefen und nach dem dezentralen Energieansatz von Frees zum „Heizen mit der kostenlosen Windkraft" dienten.

Als dann Sven Jensen mit seiner Firma Windpower im Jahre 1981 Pleite ging, kaufte Frees die Konstruktion der Anlage aus der Konkursmasse und stockte sie auf zwölf Kilowatt auf. Es war eine 16-flüglige Windrose, die auf der Rückseite eine Windfahne hatte, die aus dem Wind schwenkte, wenn maximale Windleistung erreicht wurde. Eine bemerkenswerte Besonderheit dieses Langsam-Läufers waren die von Frees entwickelten stark gekrümmten Blätter der Anlage aus Polyurethan-Hartschaum. Das erwies sich nicht nur als ein aerodynamisch recht gutes Konzept, sondern auch als eine in der Serienfertigung sehr kostengünstige Variante, die obendrein, sollte es wirklich einmal zu einem Bruch kommen, keine großen Schäden verursachen konnte.

Frees stellte die ersten beiden so verbesserten Anlagen im Dezember 1981 auf seinem neuen Anwesen, einem ehemaligen Bauernhof in Brodersby bei Kappeln und dem neuen Sitz seines nunmehr unter dem Namen „Windkraft-Zentrale" firmierenden Unternehmens, auf. Während nun auf Pellworm, wo seine Windräder nicht in die Ausschreibung kamen, die meisten Anlagen enttäuschende Ergebnisse brachten, ging Frees mit seinem 12-kW-elektrOmat zu den Bauämtern und erwirkte 1982 für fast 60 000 Mark eine Typenprüfung – die erste in Deutschland überhaupt. Damit konnte er die Anlage in Serie selbst fertigen.

„Das war ganz einfache, aber solide Technik", erinnert sich Norbert Wippich, der über eine Stellenannonce 1981 zum Windfreak Frees kam und dort bis 1986 beschäftigt war. Obwohl Hobbysegler Frees in der Folge mehrere Anlagen verkaufen konnte, musste sich die „Windkraft-Zentrale" um Weiterentwicklungen bemühen. Schon damals gab es den Ruf nach größeren und vor allem netzgekoppelten Anlagen. Für eine Firma mit nur drei festen Mitarbeitern eine fast nicht zu bewältigende Aufgabe, sodass die Arbeitstage bei Frees in der Regel „von morgens 6 bis abends 22 Uhr dauerten".

„Wir nannten die Anlage Profi, abgewandelt vom Begriff aerodynamisches Profil", erzählt Wippich von den Anstrengungen, sich Stück für Stück an größere Dimensionen heranzuwagen. Dabei gewann Frees, wenn zunächst auch nur widerwillig, ebenfalls die Einsicht, dass gerade die größeren Anlagen ans Netz müssen. „Du kannst mit 20 Kilowatt nicht nur ein Haus beheizen wollen", kritisierte Wippich den Standpunkt von Frees, der sich entsprechend seiner Grundphilosophie dezentraler Versorgungslösungen lange gegen einen Netzbetrieb gewandt hatte. Aber schließlich beugte sich Frees dem allgemeinen Entwicklungstrend und bot für seine Anlagen einen nachgeschalteten netzgeführten Wechselrichter an, der die Spannung und Frequenz des erzeugten Stroms automatisch an die Netzparameter anglich.

Im Oktober 1985 bekam Frees nach langem, zähem Ringen mit den Kieler Behörden die Typenprüfung für die 20-kW-Anlage und stellte noch im selben Jahr die ersten Maschinen auf.

Es gab Mitte der Achtzigerjahre zwar viele Interessenten, die Windkraftanlagen aufstellen wollten, aber die Blockadehaltung der Bauämter und Prüfbehörden in Schleswig-Holstein und der Mangel an Unterstützung seitens der damaligen Kieler CDU-Landesregierung behinderten die Bildung eines Marktes und damit auch die Entwicklung solcher kleiner Firmen wie der „Windkraft-Zentrale". Erst 1987 erhielt Frees Förderzuwendungen im Rahmen des „Demonstrationsprogramms für Windkraftanlagen bis 250 kW" des BMFT und stellte damit fünf elektrOmat-Anlagen mit je 25 Kilowatt Leistung im Windpark Westküste im Kaiser-Wilhelm-Koog auf. Doch für eine eigene Entwicklung größerer Anlagen fehlte ihm einfach das Kapital.

Er suchte sich Partner in Dänemark. Zunächst verkaufte er eine Anlage der Firma advanced wind power products A/S an den Wasserbeschaffungsverband Ostangeln. Sie wurde im Januar 1989 unter der Bezeichnung elektrOmat-90-kW am Wasserwerk in Stenderup errichtet. Doch diese Maschine blieb die einzige dieses Typs in Deutschland, denn die Dänen gingen kurz darauf in Konkurs. In einem zweiten Versuch wollte Frees die deutsche Nordex-Vertretung übernehmen, hatte auch schon erste Projekte in Planung. Allerdings fehlte ihm dann für deren Umsetzung sowohl die finanzielle als auch die gesundheitliche Kraft.

„Frees wirkte oft verbittert", erinnert sich Georg Böhmeke an den Pionier von der Ostküste, der über 15 Jahre lang dafür gekämpft hatte, aus der Idee, von der er felsenfest überzeugt war, auch wirtschaftlich Gewinn zu ziehen. Doch praktisch war er all die Jahre gezwungen, seinen Betrieb „von der Hand in den Mund" zu führen. Das zehrte an seiner Gesundheit. Als Ende der Achtzigerjahre die Rahmenbedingungen für die Windkraftnutzung endlich besser wurden, erkrankte Frees tragischerweise an Krebs.

So konnte der Vorkämpfer für die Windkraft nicht mehr ernten, was er gegen den Widerstand so vieler mühsam gesät hatte. Ähnlich erging es Schönball, Brümmer, Goslich und den meisten anderen Vorkämpfern. Jedoch profitierten von ihren Erfahrungen und Rückschlägen all diejenigen, die etwas später mit Windkraftanlagen zu experimentieren begannen. Zu ihnen gehörten auch zwei Herstellerfirmen, deren erste Anlagen bereits in der DGW-Bestandsaufnahme hervorgehoben wurden: Als „absoluten Gewinner" bei Zuverlässigkeit und Wirtschaftlichkeit bewerteten die Autoren damals eine Anlage mit 55 Kilowatt Leistung, die 1983 im nordfriesischen Cecilienkoog ihren Betrieb aufgenommen hatte. Es war eine Turbine der dänischen Firma Vestas A/S, des heute weltweit führenden Windturbinenherstellers. Und im ostfriesischen Ihlowerhörn hatte Georg Böhmeke die 22-kW-Eigenbauanlage eines Mannes vermessen, dessen Maschinen schon bald Maßstäbe für die Windkraftanlagen-Entwicklung in Deutschland setzen sollten. Sein Name: Aloys Wobben.

Spektakel in Barenburg: Am 13. September 1986 errichtet Heinrich Dove die damals größte privat gefertigte Anlage in Deutschland mit 70 Kilowatt Leistung (Foto: Heinrich Dove)

Schritte statt Sprünge – Der Technologiedurchbruch

Ab Mitte der Achtzigerjahre hatte sich das Klima für unternehmerische Investitionen im Bereich Windkraft für kleine und mittelständische Unternehmen verbessert. Als die Maschinen in größeren Stückzahlen produziert und in überschaubaren Schritten weiterentwickelt wurden, erlebte die Windkrafttechnologie den entscheidenden Schub.

Es war vor allem die Symbiose von ingenieurwissenschaftlichem Know-how und privatem Unternehmertum, die funktionierende serienreife Windkraftanlagen hervor brachte. Der Wettbewerb der Hersteller und die Vielfalt der Anlagenkonzepte forcierte die technologische Entwicklung zu immer effektiveren Maschinen.

Links | Neuland: Im Windpark Hamswehrum in Ostfriesland errichtete Enercon, 1993 die erste getriebelose 500-kW-Anlage vom Typ E-40

Die Gelenkflügel erlauben eine sehr grazile und an Gewicht sparende Konstruktion der Rotorblätter: Für die Südwind N1230, ein passiver Lee-Läufer mit 30 Kilowatt Nennleistung, bekamen die Südwind-Ingenieure 1989 den Innovationspreis des Berliner Senats – exakt an dem Tag, als die Mauer fiel

Hermann Harders, Nikolaus Hilt und Robert Gasch | *Faktor „Wurzel Zwei"*

Professor Robert Gasch (re.), der bis zu seiner Emeritierung im Jahre 2001 an der TU Berlin Maschinendynamik lehrte, favorisiert die schrittweise Entwicklung der Windkrafttechnologie: „Den Rotordurchmesser mit dem Faktor ‚Wurzel zwei' zu vergrößern, bringt eine Verdoppelung der Rotorfläche und somit eine Verdoppelung der Leistung."

Gasch gründete 1977 gemeinsam mit Windenergie-Interessierten am Institut für Luft- und Raumfahrt die Arbeitsgruppe Windkraft. Diese entwickelte sich zum Kristallisationskern der Berliner Windenergieszene. Versuchsingenieur Nikolaus Hilt (mi.), der bis 2002 am Institut tätig war, und Hermann Harders (li.) waren von Anfang an mit von der Partie. Sie entwickelten gemeinsam eine Gelenkflügelanlage nach einem aus dem Hubschrauberbau bekannten Prinzip.

Harders übernahm dieses Grundkonzept für die ersten Anlagen der Firma Südwind, die er 1982 zusammen mit zwei Mitstreitern aus der Arbeitsgruppe Windkraft in Berlin-Kreuzberg gründete. Südwind war zunächst ein lockerer Zusammenschluss von Absolventen aus Gaschs Institut, die von dort auch das Gros ihrer Aufträge bezogen. Im November 1986 errichteten sie eine erste netzgekoppelte Windkraftanlage mit 15 Kilowatt Leistung bei Wremen an der niedersächsischen Küste. Damit wurde die Kreuzberger „Windkommune" eine der ersten deutschen Herstellerfirmen.

Jochen Twele und Peter Bosse |
Aus dem Windschatten der Mauer

Peter Bosse (oben) lieferte mit der Diplomarbeit 1984 die Berechnungen für die erste 15-kW-Südwind-Anlage. Ein Jahr später stieß er zu Südwind. Die Berliner Windschmiede produzierte ihre Anlagen direkt an der Mauer in der Köpenicker Straße im zweiten Stock im Hinterhof (Abb. oben). Doch erst mit dem Fall der Mauer wurde aus der „poststudentischen Bastelbude" ein richtiger Betrieb. Ihr Geschäftsführer Peter Bosse kümmerte sich vornehmlich um den Vertrieb und gründete, um den regelmäßigen Absatz zu sichern, ein Planungsbüro für Windenergie, das er auch heute noch betreibt.

Jochen Twele (Abb. linke Seite) arbeitete nach seinem Maschinenbaustudium an der Technischen Universität Berlin zwischen 1982 und 1990 in der Interdisziplinären Projektgruppe für angepasste Technologien (IPAT) in Berlin-Dahlem. In seiner Promotion entwickelte er unter anderem eine Baureihe von windgetriebenen Kreiselpumpen, die speziell für den Einsatz in Entwicklungsländern konzipiert waren. Damit schuf er „angepasste Technologien", die am Einsatzort mit lokalen Ressourcen und Arbeitskräften beherrschbar sind.

Als Südwind-Geschäftsführer zwischen 1993 und 1997 integrierte er diesen Grundgedanken auch in die Firmenphilosophie des sehr „ingenieurlastigen" Unternehmens. Im Auslandsgeschäft favorisierte Twele den Verkauf von Lizenzprodukten, modifiziert für die speziellen Anforderungen des jeweiligen Partnerlandes. „Es ist sinnvoller, Know-how statt Stahl zu verkaufen."

Jochen Twele leitete von 2000 bis 2004 das Berliner Büro des Bundesverbandes WindEnergie (BWE) und führt an der TU Berlin die Vorlesungsreihe von Professor Gasch weiter. Seit Mai 2004 ist er bei der Berliner Tochter der niederländischen Consultingfirma Ecofys für nachhaltige Energieprojekte verantwortlich.

Sönke Siegfriedsen | *Know-how-Fabrik*

Sönke Siegfriedsen leitet das erste herstellerunabhängige Entwicklungsbüro für Windkraftanlagen in Deutschland. Ende der Siebzigerjahre hatte er als Student an der Fachhochschule Lübeck und anschließend während seines Zivildienstes bereits erste Windräder gebaut. Zusammen mit Robert Müller und Friedrich Frank gründete er 1983 die Firma aerodyn Energiesysteme GmbH und konzentrierte sich schon bald voll auf das Engineering: „Unser Ehrgeiz war es, komplette Windkraftanlagen zu entwickeln, von der Rotorblattspitze bis zum Turmfuß."

Aerodyn hat für fast alle deutschen Hersteller gearbeitet und über 60 Maschinen maßgeblich entwickelt. Die Palette der Projekte liegt zwischen einer 5-kW-Anlage für Inselsysteme und einer 5-MW-Turbine für die Offshore-Nutzung, bei der die von Siegfriedsen entwickelte Multibrid-Technologie zum Einsatz kommt. Der Reiz der Windkrafttechnologie besteht für den Maschinenbauingenieur vor allem in deren Komplexität: „Da sind alle Bereiche der Ingenieurwissenschaft gefordert."

Linke Seite | Prototyp mit aerodyn-Know-how: Sönke Siegfriedsen auf dem Maschinenhaus der MD 70 im Kaiser-Wilhelm-Koog

Rechts | Lernobjekt: Aeolus 15 entwickelte Siegfriedsen während seiner Zivildienstzeit auf Hof Springe (Foto: Sönke Siegfriedsen)

Der Prototyp der HSW 750 war 1993 die erste für die Serienfertigung vorgesehene Anlage dieser Größenordnung in Deutschland. Nach einer kurzen Testphase im Kaiser-Wilhelm-Koog wurde die Mühle auf dem Gelände der Husumer Werft errichtet, wo sie nach wie vor Strom produziert

Udo Postmeyer | *Stapellauf für Windturbinen*

Der Schiffbauingenieur Udo Postmeyer war als Betriebsleiter der Initiator für die Herstellung von Windkraftanlagen auf der Husumer Schiffswerft (HSW). Im Januar 1987 ging dort die erste selbstentwickelte Windturbine „vom Stapel". Der Prototyp wurde auf dem Werftgelände errichtet, im Jahr darauf die ersten Anlagen verkauft. Mit einer Leistung von 250 Kilowatt war die HSW 250 damals die größte deutsche Serien-Windenergieanlage.

Postmeyer setzte sich unermüdlich für den Ausbau der Windsparte bei HSW ein, auch gegen Widerstände in der eigenen Firmenleitung, und forcierte die Entwicklung größerer Maschinen. Er sah in der Windenergie eine echte Alternative für die vom Werftsterben bedrohten Arbeitsplätze. Im Jahr 1993 verließ Postmeyer die Werft und gründete ein eigenes Windkraftunternehmen, das aber scheiterte. Udo Postmeyer hat sich daraufhin aus der Windszene verabschiedet und ist heute wieder im Schiffbau tätig.

Carsten Eusterbarkey |
Solide Wer(f)t-Arbeit

Carsten Eusterbarkey lernte das Einmaleins der Windenergie bei der Firma Köster in Heide, wo er mithalf, die Adler 25 zur Serienreife zu bringen.

Im Oktober 1989 wechselte er zur Husumer Schiffswerft und entwickelte dort die 750-kW-Testanlage, die HSW 1000 und die HSW 1000/57. Die ersten vier HSW 1000 wurden im Dezember 1995 in Bosbüll errichtet und dienten als Prototypen für die Serienanlage HSW 1000/57. Bisher wurden über 100 dieser robusten Maschinen verkauft.

Seit 2001 arbeitet Eusterbarkey in der Entwicklungsabteilung der REpower Systems AG in Rendsburg und leitet die Konstruktion der 5-MW-Offshore-Anlage REpower 5M. Für den Bau des Prototypen dieser derzeit weltgrößten Windturbine, der seit November 2004 in Brunsbüttel läuft, war die Husumer Schiffswerft allerdings zu klein. Er wurde bei der Howaldtswerke – Deutsche Werft AG in Kiel montiert.

Winfried Gerold |
Projekt-Akquise für HSW

Winfried Gerold, der neben Udo Postmeyer die zweite treibende Kraft für die Wind-Sparte bei der Husumer Schiffswerft war, akquirierte als Sachbearbeiter im Rechnungswesen die Kunden für Windkraftanlagen.

Der Windpark Nordfriesland mit 50 Maschinen von Typ HSW 250 war dabei der größte Coup für die Werft. Um das 40-Millionen-Mark Projekt zu finanzieren, wurde erstmals eine Fondgesellschaft für den Betrieb eines Windparks gebildet. Diese im Schiffbau übliche Finanzierungsform ist bis heute auch in der Windbranche vorherrschend.

Mit einer Unterbrechung, wo er zwischen 1993 und 1995 für die Firma Autoflug arbeitete, leitete Winfried Gerold den Vertrieb bei HSW bis 1999. Parallel dazu hat er selbst einige Betreibergemeinschaften initiiert, deren Anlagen er verwaltet. Seit 1999 führt er seine eigene Planungs- und Vertriebsgesellschaft GeWi.

Norbert Wippich vor der alten Windmühle in Enge-Sande, die seit 1992 der Firmensitz von Wind Technik Nord ist: „Ich suche mir die Nischen, die andere nicht machen."

Norbert Wippich |
Deutschlands kleinster Hersteller

Norbert Wippich aus Stedesand gründete 1986 die Firma Wind Technik Nord, den einzigen Hersteller großer netzgeführter Windkraftanlagen, der als Einzelunternehmen und nicht als GmbH oder Aktiengesellschaft geführt ist. Zuvor hatte der Techniker sechs Jahre lang bei der Windkraft-Zentrale in Brodersby an der Entwicklung und Fertigung von Windpumpen und kleinen Windrädern, vornehmlich für die Inselstromversorgung, gearbeitet. Zwischen 1987 und 1989 folgte ein Intermezzo bei der Firma Köster in Heide, wo Wippich sich um die Serienfertigung der Adler 25 kümmerte.

Doch Norbert Wippich wollte mit Wind Technik Nord selbst Windturbinen herstellen. So übernahm er 1989 die Lizenz für die 200-kW-Anlagen des dänischen Herstellers Wincon und errichtete im Oktober 1991 die erste Anlage unter der Bezeichnung WTN 200/26 im Uelvesbüller Koog. Die nächstgrößere Maschine mit 300 Kilowatt Leistung und die letzte mit 600 Kilowatt waren Eigenentwicklungen, mit denen Wippich besonders auf den Auslandsmarkt abzielte. Von der 300-kW-Anlage laufen 35 Stück in Indien. Die pitchregulierte 600-kW-Anlage ist mit zwei Generatoren und zwei unabhängigen Umrichtersystemen ausgerüstet und für den Netzparallelbetrieb wie auch für gekoppelten Betrieb mit Dieselaggregaten in Inselsystemen vorgesehen.

Lange Zeit war Wind Technik Nord Deutschlands kleinste Windkraftanlagen-Herstellerfirma. Die rapide Marktentwicklung Ende der Neunzigerjahre ließ aber keine Nische mehr für das kleine Unternehmen, sodass Wippich sich 2001 vom eigenen Anlagenbau verabschiedet hat und seine Anlagenkonstruktionen in Lizenz vermarktet. Er konzentriert sich seitdem auf Wartung, Service und Betriebsführung der über 40 WTN-Anlagen in Deutschland sowie auf die Herstellung von Spezialbauteilen wie zum Beispiel eine von ihm entwickelte Steighilfe für Servicetechniker. Um seine Erfahrung bei der Projektentwicklung weiterhin zu nutzen, gründete er zusammen mit seinem Mitarbeiter Marten Jensen die GEO Gesellschaft für Energie und Ökologie mbH, die Windparks an Land und auf See plant.

Rechts oben | Eigenkonstruktion: Sechs Anlagen der WTN 646 laufen seit Ende 1999 in einem Windpark bei St. Michaelisdonn

Rechts Mitte | Dänische Lizenz: Die WTN 200/26 basiert auf der Technologie des dänischen Herstellers Wincon

Rechts unten | Schwäbische Lizenz: Der Adler 25, an deren Modifikation Norbert Wippich bei Köster in Heide mitgewirkt hat, liegt die Konstruktion der DEBRA 25 zu Grunde, eine Entwicklung des DLR in Stuttgart

Weit gereister Prototyp: Tacke errichtete seine erste Windkraftanlage 1985 im kalifornischen Tehachapi. Nach einer Havarie kam die TW 150 zurück nach Rheine und wurde nach einer umfangreichen Instandsetzung und Überarbeitung im Sommer 1986 nach Sylt verkauft. Nachdem sich die Gemeinden auf der Nordseeinsel gegen Windkraftanlagen gesperrt hatten, übernahmen 1989 die Stadtwerke Itzehoe die Maschine

„Für den Erfolg der Windenergiebranche in Deutschland sind vor allem Leute verantwortlich, die aus dem Mittelstand kommen."

Franz Tacke | *Pro Mittelstand*

Der Unternehmer Franz Tacke sah 1984 in der Produktion von Windkraftanlagen eine neue Chance für seinen Familienbetrieb. Die F. Tacke KG, die damals vor allem Getriebe und Kupplungen herstellte, errichtete die ersten Windturbinen mit 150 Kilowatt Leistung 1985 und 1986 im kalifornischen Tehachapi.

Zusammen mit seinen Söhnen gründete Franz Tacke 1990 die Tacke Windtechnik GmbH. Als erstes Unternehmen in Deutschland brachte Tacke 1992 eine Serienanlage mit 500 Kilowatt Leistung auf den Markt. Mit dieser Anlage, vor allem aber mit dem Nachfolgemodell, der TW 600, stieg Tacke zum zweitgrößten deutschen Hersteller von Windkraftanlagen auf. Nach einem Markteinbruch lernte das Tacke-Team aber auch die Kehrseite schnellen Wachstums kennen. Der Konkurs der Tacke Windtechnik GmbH im Jahr 1997 war ein herber persönlicher Rückschlag für Franz Tacke. Die Entwicklungen aus seinem Haus bilden aber nach wie vor die Grundlage für das Salzbergener Unternehmen, das heute Bestandteil des amerikanischen Konzerns General Electric (GE) ist.

Franz Tacke hatte 1993 die Interessengemeinschaft Windkraftanlagen im Verband Deutscher Maschinen- und Anlagenbau e.V. gegründet und leitete diese bis 1998. Damit schuf er eine gemeinsame Plattform und Interessenvertretung für die damals zumeist mittelständischen Hersteller von Windkraftanlagen. Im Engagement der Akteure, in der Flexibilität und in den kurzen Entscheidungswegen sieht Franz Tacke die Vorteile dieser Marktteilnehmer. Auch wenn heute die meisten Windturbinenhersteller als Aktiengesellschaften oder im Verbund großer Konzerne agieren – der Durchbruch der Windkrafttechnologie zur Serienreife geht auf das Konto des Mittelstands.

Gaby Braun, Martina und Willi Elsenheimer | *Standort Salzbergen*

Gaby Braun (li.) sowie Martina und Willi Elsenheimer gehören zu den erfahrensten Mitarbeitern bei GE Wind Energy in Salzbergen. Sie haben alle Höhen und Tiefen bei den Vorgängerfirmen Tacke Windtechnik und Enron Wind miterlebt. Doch auch wenn Name, Inhaber und Struktur des Unternehmens sich mehrfach änderten, so blieb der Produktionsstandort Salzbergen doch erhalten und wurde stetig ausgebaut.

Martina Elsenheimer begann im August 1989 eine Ausbildung zur Technischen Zeichnerin bei der Renk Tacke GmbH. Sie arbeitet in der Konstruktionsabteilung und ist mittlerweile die Mitarbeiterin, die am längsten bei dem Salzbergener Unternehmen tätig ist.

Gaby Braun arbeitete seit 1991 bei Tacke Windtechnik und Enron Wind als Assistentin der Geschäftsleitung und im Vertrieb. Heute koordiniert Gaby Braun Marketing und Kommunikation der Europäischen Dependancen von GE Wind Energy.

Willi Elsenheimer wurde im Juni 1992 mit der Personalnummer 13 bei Tacke Windtechnik eingestellt und begann als Servicetechniker mit dem Aufbau des Prototypen der TW 500 auf Borkum. Im Oktober 1995 wurde er Fertigungsleiter. Bei Enron Wind war Elsenheimer nicht nur in Salzbergen für den reibungslosen Ablauf der Produktion verantwortlich, sondern hat auch den neuen Werken im spanischen Noblejas bei Madrid und im kalifornischen Tehachapi auf die Beine geholfen. Zudem hat er die neue Fertigungsstätte in Salzbergen aufgebaut, die im März 2002 eröffnet wurde. Heute leitet Willi Elsenheimer das Trainingszentrum der GE Wind Energy GmbH in Salzbergen, in dem Personal und Kunden in der Technik der Anlagen geschult werden.

Flaggschiff für den Offshore-Einsatz: Sieben Maschinen vom Typ GE 3.6 werden seit Anfang 2004 im Windpark Arklow in der Irischen See getestet

Aloys Wobben in einer E-66 im Windpark Holtriem in Ostfriesland: „Ziel ist eine regenerative Energieversorgung."

Aloys Wobben |
Unternehmer, Wissenschaftler, Visionär

Aloys Wobben, Gründer und Geschäftsführer der Enercon GmbH aus Aurich, vereint wie wohl nur wenige Ingenieure die Eigenschaften eines visionären Wissenschaftlers mit denen eines pragmatischen wie erfolgsorientierten Unternehmers. Er gründete 1984 die Firma Enercon mit vier Mitarbeitern zunächst für die Produktion von Wechselrichtern und entwickelte parallel dazu eine 55-kW-Windenergieanlage. Innerhalb von knapp 20 Jahren führte er das Unternehmen zum weltweit zweitgrößten Windturbinen-Hersteller mit über 6 000 Mitarbeitern.

Der experimentierfreudige Spezialist für Elektromaschinenbau und Leistungselektronik hat besonders auf elektrotechnischem und regelungstechnischem Gebiet entscheidende Impulse für die Verbesserung der Windkrafttechnologie gegeben. Dabei hat Wobben immer großen Wert auf einen netzverträglichen Betrieb seiner Anlagen gelegt. Bereits seine ersten Maschinen waren drehzahlvariabel und mit Wechselrichter-Technik ausgerüstet. Seine spektakulärste Neuerung war die Einführung der getriebelosen Technologie in der 500-kW-Klasse mit einem von ihm entwickelten Ringgenerator. Mit der bisher größten Enercon-Entwicklung hat der Ideengeber und Visionär des Auricher Unternehmens eine weitere Grenze überschritten: Der im August 2002 in Egeln bei Magdeburg errichtete Prototyp der 4,5-MW-Anlage E-112 ist die weltweit erste Windturbine mit einer Rotorkreisfläche von mehr als einem Hektar.

Aloys Wobbens Verdienste als Unternehmer und Wissenschaftler wurden 1997 mit der Verleihung des Bundesverdienstkreuzes und im Jahr 2000 mit dem Deutschen Umweltpreis gewürdigt. Mit seinem Unternehmen hat er gezeigt, welche Chancen in der Windenergienutzung stecken. Für ihn ist das bisher Geleistete allerdings nur ein erster Schritt auf dem Weg zu einer nicht fossilen Energiewirtschaft. Aloys Wobben sieht daher für die Zukunft ein riesiges Wachstumspotenzial für alle regenerativen Energien – weltweit.

Oben | Drehzahlvariabel von Anfang an: Die erste Enercon-Anlage, die E-15, errichtete Aloys Wobben im Mai 1985 in seinem Garten in Aurich

Klaus Peters | *Eigenverantwortung*

Klaus Peters war 1985 am Bau der ersten Enercon-Anlage beteiligt und fing daraufhin als Monteur bei Aloys Wobben an. Der gelernte Schlosser bekam früh die Verantwortung für die Fertigung der Windturbinen übertragen. Damit erfuhr Klaus Peters selbst, welche Chance die Philosophie des „Führen durch Freiheit", die auf weitestgehende Eigenverantwortung der Mitarbeiter setzt, für die persönliche Entwicklung bietet. Er qualifizierte sich nebenberuflich zum Maschinenbau- und Elektromeister weiter und absolvierte später noch ein Betriebswirtschaftsstudium.

Klaus Peters koordiniert als Oberproduktionsleiter die Fertigung in allen Produktionsbereichen von Enercon und ist Geschäftsführer der Enercon Mechanics GmbH. Die Verantwortung für die Herstellung der Enercon-Anlagen verteilt er dabei auf mehrere Tausend Beschäftigte. Peters sieht drei Grundsätze als Garant für motivierte Mitarbeiter. Erstens: Ordnung und Sauberkeit. Zweitens: Identifikation mit dem Produkt Windenergie. Drittens: Klima des gegenseitigen Respekts.

Links oben | *Höchste Fertigungstiefe: Die getriebelose Anlage E-40 stellte nicht nur technisches Neuland, sondern auch in der Fertigung eine Herausforderung dar. Um das Know-how im Unternehmen zu halten, errichtete Enercon für jede Hauptkomponente ein neues Werk in Aurich und setzte auf eine sehr hohe Fertigungstiefe*

Klaus Peters in der Fertigungshalle bei Enercon Mechanics in Aurich: „Nur in einem ordentlichen Betrieb kann man ein ordentliches Produkt herstellen.“

Hans-Dieter Kettwig |
Nachhaltige Ökonomie

Hans-Dieter Kettwig sorgt als kaufmännischer Geschäftsführer von Enercon für eine ökonomisch nachhaltige Unternehmenspolitik. Dazu gehören hohe Kapitalrücklagen genauso wie der maximale Gewinnrückfluss in das Unternehmen. Vor allem achtet er darauf, dass die Anlagen einen Preis haben, der Service und Reparaturen über die gesamte Lebensdauer gewährleistet und dabei Qualität und technische Neuentwicklungen sichert. „Langfristig", da ist sich Kettwig sicher, „zahlt sich das für die Kunden aus".

Nichts verdeutlicht die Unternehmensentwicklung besser als die von ihm verbuchten Zahlen. Als Hans-Dieter Kettwig am 1. Januar 1988 bei Enercon begann, erfasste er in der Bilanz für das Vorjahr 13 verkaufte Maschinen vom Typ E-16 und einen Umsatz von etwa 1,8 Millionen Mark. Seitdem hat der Diplomkaufmann in 17 Jahren über 8 000 Windenergieanlagen verkauft und in den vergangenen Jahren Umsätze von jeweils über 1,2 Milliarden Euro verbuchen können.

Hans-Dieter Kettwig vor dem Verwaltungsgebäude Am Dreekamp in Aurich: „20 Betriebsjahre sind eine lange Zeit – wir geben darauf Acht, dass es für die Kunden und für uns ein gutes Geschäft wird."

Heinz Buse in den Hallen von SKET-MAB:
„Einer der besten Standorte der Welt“

Heinz Buse | *Unternehmen „Magdeburg"*

Der Maschinenbau-Unternehmer Heinz Buse ist einer der wichtigsten Kooperationspartner von Enercon. Seit 1986 fertigt die Firma Buses, die Logaer Maschinenbau GmbH im ostfriesischen Leer, Stahl- und Maschinenbauteile für die Auricher.

Für die Produktion von Stahlrohrtürmen kaufte Buse 1996 eine ehemalige Behälterbaufabrik in Magdeburg und gründete damit die SAM Stahlturm- und Apparatebau Magdeburg GmbH. Ein Jahr später erwarb er zusammen mit Aloys Wobben die SKET Maschinen- und Anlagenbau GmbH in Magdeburg, einen weiteren Betrieb aus dem Nachlass des DDR-Schwermaschinenbaus. Damit haben sie entscheidend zur Wiederbelebung des Magdeburger Maschinenbaus beigetragen und gemeinsam den Grundstein gelegt für die Entwicklung Magdeburgs zum größten Produktionsstandort für Windkraftanlagen in Deutschland.

Rechts | Generatorfertigung und Endmontage: Die solide Ausbildung und hohe Motivation der Magdeburger Maschinenbauer ist der größte Standortvorteil der Elbestadt

Christian Hinsch und Jan Oelker

Das Thema Windkraft lag förmlich in der Luft." Robert Gasch erinnert sich noch ganz genau an die ersten Gehversuche dieser alternativen Energietechnologie an der Technischen Universität Berlin in den Siebzigerjahren. Schon der 1972 veröffentlichte Bericht des Club of Rome zur Endlichkeit der Ressourcen und die erste Ölpreiskrise im Jahr 1973 hatten dem Professor für Maschinendynamik und Strukturanalyse die Notwendigkeit einer nachhaltigen Energieversorgung verdeutlicht. Wenige Jahre später ergriff Gasch die Initiative: Zusammen mit an Windenergie interessierten Studenten, Mitarbeitern und Wissenschaftlern gründete er 1977 am Institut für Luft- und Raumfahrt (ILR) die Arbeitsgruppe Windkraftanlagen.

Ähnlich wie die Stuttgarter Wissenschaftler um Professor Ulrich Hütter wollten die Berliner ihr in der Luft- und Raumfahrttechnik erworbenes Know-how für die Entwicklung von Windturbinen einsetzen. Robert Gasch verfolgte dabei ganz bewusst den Weg der kleinen Schritte. Seine Devise: „Bescheiden anfangen und dann langsam mit dem Faktor ‚Wurzel zwei' weiterentwickeln." Das heißt im Klartext: Vergrößert sich der Durchmesser um den Faktor „Wurzel zwei", dann verdoppelt sich die Rotorkreisfläche und damit verdoppelt sich auch die Leistung.

Als Ende der Siebzigerjahre die ersten Pläne für den Growian bekannt wurden, da war der Gruppe um Robert Gasch sofort klar: „Das geht schief." Die damals größte Anlage hatte gerade einmal einen Rotordurchmesser von 30 Metern, der Drei-Megawatt-Gigant Growian sollte immerhin 100 Meter Durchmesser haben. „Faktor drei! Das war der helle Wahnsinn", schüttelt Gasch noch heute den Kopf über die hochtrabenden Pläne im Bundesforschungsministerium (BMFT). Die Berliner Windenergie-Freaks sahen dagegen in der langsamen und kontinuierlichen Entwicklung ihrer Windräder bessere Aussichten auf Erfolg.

Der lockeren Gruppe von Rotormechanikern, Dynamikern, Schwingungsexperten und Aerodynamikern gehörten unter anderem auch Nikolaus Hilt, der Messingenieur von Gaschs Arbeitsgruppe, und der Student Hermann Harders an. Beide hatten Mitte und Ende der Siebzigerjahre erste Erfahrungen im Bau kleiner Windräder sammeln können. Während Hilt sich einen kleinen Batterielader auf das Dach seines Hauses gebastelt hatte, war Harders am Bau einer Windpumpe in der Art amerikanischer „Westernmills" beteiligt: Mit einer Gruppe von Atomkraftgegnern aus Berlin-Kreuzberg hat Harders sein erstes Windrad 1978 auf einem niedergebrannten Waldstück bei Gorleben im Wendland errichtet, es diente zur Bewässerung einer Aufforstungsfläche, die heute zum Atommülllager gehört. „Die Anlage hat sogar zwei Sabotageversuche überlebt, ist am Ende aber doch gekippt worden", blickt Harders zurück.

Nach diesen ersten Erfahrungen stand für den Berliner Studenten dennoch fest, dass er sich weiter mit der Windenergie beschäftigen wird. In den folgenden Semestern war Hermann Harders an der Entwicklung und dem Test einer Windkraftanlage mit Gelenkflügel beteiligt und unternahm im Frühjahr 1980 im Rahmen seiner Diplomarbeit „Windkanalversuche zum statischen und dynamischen Verhalten von Windturbinen".

Die Idee des Gelenkflügels war eigentlich nicht neu: Flugzeugbauer kannten sie von Hubschrauberkonstruktionen. Der Hamburger Ingenieur Hans-Dietrich Goslich, den Gasch aus dem Deutschen Wind-Energie-Verein kannte, experimentierte seit Anfang der Siebzigerjahre an der Modifikation dieser Idee für Windkraftanlagen: Jeder Flügel war separat mit einem Schlaggelenk an der Nabe befestigt und konnte damit auftretenden Böen ausweichen. So ließen sich die Biegemomente quer zum Flügelprofil auf ein Minimum reduzieren, und die Rotorblätter wiesen nur etwa ein Drittel des Gewichts von fest gelagerten Rotorblättern auf. Das wiederum hatte eine Gewichtsreduktion der gesamten Anlagenkonstruktion zur Folge. Im Unterschied zur Pendelnabe, wie sie der Stuttgarter Professor Ulrich Hütter bevorzugt hatte, um einen ähnlichen Effekt zu erzielen, konnten die Gelenkflügel-Anlagen der Berliner drei oder fünf Rotorblätter besitzen und so eine größere Laufruhe erreichen.

Nach dem Abschluss der Diplomarbeit bewarben sich Harders und Gasch um einen Forschungsauftrag im Testfeld Pellworm; der wurde allerdings abgelehnt. Das war bitter für Harders, der unbedingt weiterhin auf dem Gebiet der Windenergienutzung tätig sein wollte. Doch seine Assistententätigkeit an Gaschs Institut lies sich nicht unbegrenzt verlängern. So zog er Ende 1981 mit seinen Mitstreitern Jörg Maurer und Wolfgang Koehne in einen Keller in der Hasenheide in Berlin-Kreuzberg. Dort gründete jeder sein eigenes Ingenieurbüro und „übte sich in Selbstständigkeit", wie Harders schmunzelnd auf die Anfänge zurückblickt.

Nahezu alle Aufträge kamen aus dem Institut von Robert Gasch, so auch die Überarbeitung der THG 5. Die Bezeichnung THG stand dabei für TU-Hilt-Gasch. Das Duo hatte diese Versuchsanlage zusammen mit Studenten entwickelt, um den Rotor eines Fünfflüglers zu testen. Die gesamte Gondel der 1,5-Kilowatt-Anlage war jedoch viel zu schwer. Sie musste abgespeckt werden, um daraus eine verkaufbare Anlage zu machen – eine Aufgabe für die drei jungen selbstständigen Ingenieure.

Ein erster potenzieller Kunde hatte sich schon bei Harders gemeldet: Der Berliner Werbefotograf Janos Merkl kam in das Institut in Berlin-Charlottenburg und wollte Teile für ein Windrad kaufen. „Ich hab ein Haus in der Toskana und keinen Strom. Ich brauch von euch die Flügel, den Rest mach ich dann selbst", zitiert Harders den Wunsch des Wahlitalieners. Als der Fotograf mit seinem geplanten Eigenbau aber nicht weiter vorankam, boten Harders, Maurer und Koehne ihm stattdessen den Prototypen der überarbeiteten THG 5 an. Zu Weihnachten 1981 fuhren sie nach Süden und errichteten die kleine Anlage in Castellina Marittima in den sanften Hügeln der Toskana.

Sehr erfolgreich war das Projekt mit dem Fünfflügler für die Berliner „Profis" allerdings nicht. Die Regelung der Anlage mit 3,4 Metern Rotordurchmesser funktionierte praktisch überhaupt nicht. Das Windrad warf im Sturm seinen Generator ab. „Am nächsten Tag haben wir alles eingepackt und sind wieder nach Hause gefahren", erinnert sich Harders. Die Steuerung hatte Wuseltronik gebaut, ein von Absolventen des Fachbereiches Elektrotechnik an der TU gegründeter Newcomer, der mit gleichem Enthusiasmus und gleicher Unerfahrenheit an das Projekt ging wie Harders und Co. Zurückblickend auf die Anfänge einer langjährigen Zusammenarbeit mit Wuseltronik resümiert Hermann Harders: „Bei der ersten Anlage haben wir alle unser Lehrgeld bezahlt."

Ende des Jahres 1982 beschlossen Harders, Maurer und Koehne, fortan gemeinsam als eine Firma aufzutreten und sich in einer Gesellschaft bürgerlichen Rechts (GbR) zusammenzuschließen. „Die da in Kreuzberg", war zunächst die Bezeichnung des Trios, bevor Robert Gasch und seine Kollegen beim Frühstück in der Institutshalle zu dem Entschluss kamen: „Jetzt müssen wir denen mal einen Namen verpassen." Ost- oder Westwind wirkte in der damaligen Mauerstadt zu politisch, Nordwind klang zu kalt – was blieb, war Südwind. Das klang freundlich und passte auch gut zu den ersten Erfahrungen in der Toskana.

Mit neuem Namen – Südwind GbR – und neuem Elan zog das Trio 1983 in die Köpenicker Straße 145, sozusagen in den Windschatten der Mauer, und teilte sich dort mit Wuseltronik im Hinterhof die zweite Etage. Dabei kam den Windenergie-Experten, zu denen inzwischen auch Lothar Dittmer gestoßen war, die damalige Insellage äußerst gelegen. „Solange wir in Berlin besetzt waren, hatten wir hier freie Hand", sagt Harders.

Beispielsweise konnten die Techniker auf den Flugplätzen der Alliierten, zunächst in Tempelhof und später in Gatow, relativ freizügig mit ihren Prototypen experimentieren. Auf dem exterritorialen Gebiet brauchte man keine Baugenehmigungen. Gatow wurde das kleine „Testfeld" der Südwind-Crew: Die Berliner konnten sogar die Landebahn nutzen, um Untersuchungen an auf Fahrzeuge montierten Rotoren vorzunehmen. „Wir mussten damals nicht eine müde Mark bezahlen. Die Engländer waren sehr zuvorkommend", erinnert sich Harders. „Nur wenn die Queen kam, durften wir nicht zu unserer Mühle." Das änderte sich grundlegend, als die Bundeswehr das Areal übernahm und begann, Rechnungen für den Strom zu stellen und Pacht für das Land zu verlangen.

Doch zurück in die Vorwende-Zeit. 1982, die Gründung der Südwind GbR stand kurz bevor, traf das Team um Robert Gasch mit einer Gruppe um Peter Bade zusammen, den Kopf der Interdisziplinären Projektgruppe für Angepasste Technologie, kurz IPAT. Die ebenfalls an der TU Berlin beheimateten IPAT-Leute, zu denen unter anderem der spätere Südwind-Geschäftsführer Jochen Twele gehörte, hatten sich auf relativ einfache Techniken für Entwicklungsländer spezialisiert. „Dadurch kamen unsere Hightech-Vorstellungen mit etwas simpleren Lösungen zusammen", resümiert Gasch die sich daraus erfolgreich entwickelnde Zusammenarbeit.

Die Berliner Windenergie-Gemeinde wurde immer größer. Robert Gasch verstand es, nicht nur die Professoren in anderen Fachbereichen wie Maschinenbau und Elektrotechnik von den Möglichkeiten der Windenergienutzung zu überzeugen. Vor allem begeisterte er seine Studenten für diese junge Technologie. Es mangelte daher nie an motiviertem Ingenieursnachwuchs.

Doch was fehlte, waren wirklich bezahlte Stellen für die Absolventen. Selbst die Südwind-Ingenieure, die in den Folgejahren eine 15-kW-Anlage mit sieben Metern Rotordurchmesser entwickelten, wurden immer wieder in die Forschungsprojekte an Gaschs Institut integriert. „Das waren die absoluten Selbstausbeuter", urteilt Gasch über die Protagonisten der Achtzigerjahre, von denen er jeweils einen als Assistenten einstellte – damit wenigstens einer ein festes Gehalt bezog.

Die Kreuzberger Windenergie-Kommune stand im Gegenzug offen für Gaschs Studenten. Verdienen ließ sich dort nichts, wichtig war die Begeisterung für die Idee – und man konnte eine gehörige Portion Know-how erlangen. Mit Peter Bosse, Klaus-Peter Martin und Ulrich Knopf schnupperten 1984 drei weitere Windenergie-Fans den Südwind-Duft. Das Trio berechnete in Diplomarbeiten die Statik der 15-kW-Anlage und optimierte die Fertigungstechnologie. „Es gab damals nur ganz wenige Grundlagen", erinnert sich Bosse.

Die letzte eigenständige Südwind-Entwicklung: Aufbau einer S46 im Windpark Kahnsdorf/Lausitz

„Wir brauchten da schon ein gesundes Fingerspitzengefühl, um Theorie und Praxis in Einklang zu bringen." Das hatten die drei Studenten offenbar gefunden – sie stiegen nach dem Abschluss ihres Studiums bei Südwind ein. Wenig später folgte ihnen mit Axel Weidner ein weiterer Gasch-Schüler.

Nachdem die Ingenieure einen ersten Prototypen der 15-kW-Maschine am Klärwerk in Berlin-Marienfelde getestet hatten, konnten sie im November 1986 endlich ihre erste netzgekoppelte Windkraftanlage verkaufen. Sie wurde am Marschenhof in Wremen im Landkreis Cuxhaven zur Versorgung der Bildungsstätte der Bremer Arbeiterkammer errichtet. Aber auch diese Anlage hatte noch so ihre Tücken, vor allem weil die Konstruktion der Berliner Ingenieure das erste Mal den rauen Nordseewinden ausgesetzt war. Doch gerade das brachte dem Südwind-Team wichtige Erfahrungen. Die Turbine wurde vermessen und vor Ort praxistauglich gemacht. Die Berliner kehrten mit der Gewissheit in die Mauerstadt zurück, dass ihr geballtes theoretisches Wissen auch praktisch funktionieren kann.

Einige Monate später – im April 1988 – war der Zeitpunkt gekommen, ergänzend zur GbR noch eine GmbH zu gründen, um das finanzielle Risiko der Gesellschafter zu reduzieren. „Ich lass den Hals ja nicht direkt in der Schlinge", kommentiert Hermann Harders diesen Schritt. Alle Mitarbeiter wurden zu Gesellschaftern, Axel Weidner und Peter Bosse übernahmen die Geschäftsführung. Mittlerweile arbeitete die kleine Firma an der Entwicklung einer 30-kW-Anlage mit 12,5 Metern Rotordurchmesser. Durch ein erstes staatlich finanziertes Demonstrationsprogramm konnte Südwind fünf kleine Windräder vom Typ N1230 verkaufen, die erste Maschine im Juni 1989 im ostfriesischen Rhauderfehn-Burlage. Am 9. November 1989 überreichte der Berliner Senat dem jungen Unternehmen für diesen Anlagentyp den „Innovationspreis". Am gleichen Tag fiel die Mauer zwischen Ost und West.

Mit der Auszeichnung – und dem Ende der Berliner Insellage – ging es rasant voran. „Auf einmal wurden wir auch von den Banken durchaus ernst genommen", weiß Bosse noch heute ganz genau. Das 100-Megawatt-Förderprogramm des Bundes schuf bessere Bedingungen für potenzielle Anlagenbetreiber. „Da fing es an zu laufen", sagt Harders. Die Südwind-Anlagen wurden noch immer im zweiten Stock eines Hinterhauses in der Köpenicker Straße produziert. „Das war jedes Mal eine Riesenaktion, wenn der Kran die Anlage aus dem zweiten Stock hieven musste", erinnert sich Peter Bosse.

Trotz der eintretenden Verkaufserfolge nahm die erste Generation der Berliner Windenergie-Spezies allmählich Abschied von ihrem Steckenpferd. Die Jahre der Selbstausbeutung am Rande des Existenzminimums hatten ihre Spuren hinterlassen. Außerdem gründeten die ersten Windwerker – nach vielen Jahren in der großen Gasch-Gemeinde – ihre eigenen Familien. „Dadurch ändern sich die Prioritäten", weiß Harders. „Wir mussten langsam auch mal Geld verdienen, um Frau und Kinder zu ernähren." Hermann Harders stieg 1991 bei Südwind aus und übernahm eine Stelle beim Landesumweltamt Brandenburg.

Bei der Südwind GmbH begann jetzt jedoch das Firmenwachstum. Durch das 100-Megawatt-Förderprogramm und das Anfang 1991 in Kraft getretene Stromeinspeisungsgesetz war das Kundeninteresse geweckt worden. Der Mitarbeiterstamm wuchs in den folgenden Jahren auf rund 35 Angestellte an. „Auf einmal mussten wir uns um Lohnzahlungen und einen Fuhrpark kümmern", beschreibt der damalige Geschäftsführer Bosse den Wandel.

Doch was den Berlinern auf dem sich langsam entwickelnden Windenergiemarkt fehlte, war ein richtiges Zugpferd. So innovativ die 30-kW-Anlage mit den Gelenkflügeln war, einfach mit dem Faktor „Wurzel zwei" eine größere Anlage zu entwickeln, ging nicht. Es waren längst Maschinen in der Größenordnung von 200 und 300 Kilowatt auf dem Markt. Firmengründer Jörg Maurer selbst hatte in seiner Dissertation nachgewiesen, dass das Gelenkflügel-Konzept für kleine Anlagen zwar sehr gut funktioniert, aber bei Turbinen dieser Größenordnung zu schwer und kostenintensiv wird.

Südwind brauchte ein völlig neues Anlagenkonzept. Bereits 1990 hatten die Westberliner den Versuch unternommen, zusammen mit einem Ingenieurbüro aus Ostberlin eine 300-kW-Anlage zu entwickeln – letztlich erfolglos. „Also begaben wir uns auf Partnersuche nach Dänemark. Aber alle möglichen Varianten stellten sich als nicht tragfähig heraus", sagt Bosse. Die namhaften dänischen Hersteller hatten zu diesem Zeitpunkt längst Vertriebspartner in Deutschland gefunden.

Auf einem Brainstorming-Seminar im Wendland fanden die Berliner dann die vermeintliche Lösung: eine mittelgroße Anlage nach einem im dänischen Folkecenter entwickelten Grundkonzept. Die Konstruktion baute auf einem Getriebe mit tragender Funktion auf, an dem die Hauptkomponenten der Anlage direkt befestigt waren. So konnten die Entwickler auf einen Maschinenträger verzichten. Der Getriebehersteller Flender aus Bocholt hatte ein entsprechendes Getriebe bereits entwickelt. Die Südwind-Konstrukteure entwarfen darauf aufbauend eine neue Anlage nach bewährtem dänischen Prinzip. Im August 1993 war es schließlich so weit: In Wallmow bei Prenzlau in Brandenburg ging der Prototyp der N3127 ans Netz – eine 270-kW-Anlage mit 31 Metern Rotordurchmesser.

„Die Mühle wies ein sehr gutes Preis-Leistungs-Verhältnis auf", schwärmt der ehemalige Südwind-Chef Bosse noch heute von der Maschine. Um diese Überzeugung dem Kunden näher zu bringen, gründete er parallel ein Planungsbüro, das er nach seinem Ausstieg bei Südwind auch heute noch führt. „Ziel war es, einen gesicherten Absatzmarkt für die Südwind-Anlagen zu schaffen", begründet der inzwischen 48-Jährige diesen Schritt.

In der Köpenicker Straße war es mittlerweile zu eng geworden. Schon seit 1991 nutzte das Unternehmen zusätzliche Hallen im Ostteil Berlins. 1994 verlegte die Südwind-Crew den Firmensitz und die Fertigung in die Prinzenstraße, wo der Bezirk Kreuzberg den Windenergie-Managern eine 900 Quadratmeter große Halle angeboten hatte.

Doch der seit 1993 bei Südwind für das kaufmännische Geschick verantwortliche Geschäftsführer Jochen Twele sah die starke Konkurrenz auf dem Markt: Enercon, Tacke, die Dänen und auch die Niederländer machten den Berlinern das Terrain streitig. Es lag nahe, die Südwind-Anlagen, die für den deutschen Markt zu klein wurden, im Ausland zu verkaufen. Und zwar nicht als fertige Turbine, sondern jeweils als Lizenzprodukt, modifiziert für die speziellen Anforderungen des jeweiligen Partnerlandes. Hier sah er eine Chance für die Berliner Ideenschmiede, die von der Gründungsidee her eher ein besseres Ingenieurbüro als ein Fertigungsbetrieb war. Denn Südwinds Stärke lag im Know-how, das durch den engen Kontakt mit der TU und den stets frischen Studenteninput ständig aufgefrischt und erweitert wurde.

Twele konnte dabei auf den Erfahrungen aufbauen, die er zwischen 1982 und 1990 am IPAT gesammelt hatte. Unter anderem war er an der Entwicklung windbetriebener Pumpensysteme beteiligt, die speziell für den Einsatz in Entwicklungsländern konzipiert waren. 1985 unterzog er diese im ostafrikanischen Mosambik einem Praxistest. Für Twele lag es nahe, den Grundgedanken von „angepasster Technologie" – die Technik so zu entwickeln, dass sie vor Ort mit lokalen Ressourcen und Arbeitskräften beherrschbar ist – auch in die Unternehmensphilosophie von Südwind zu integrieren.

So fanden die Berliner hauptsächlich in Indien einen Absatzmarkt für ihr neues Zugpferd in der 300-Kilowatt-Klasse. „Die Kooperation mit der Firma Suzlon klappte aus dem Stand heraus", erinnert sich auch der damalige Südwind-Konstrukteur und technische Geschäftsführer Thorsten Spehr. Suzlon, ursprünglich ein Unternehmen aus der Textilbranche, errichtete im Dezember 1995 die ersten Südwind-Maschinen in Lizenz. Im März 1996 wurde ein Windpark mit insgesamt zehn Anlagen fertiggestellt.

Dann kam der rabenschwarze 13. Mai 1996. Zahlungen aus Indien hatten sich verzögert. Daraufhin drehte die Commerzbank trotz voller Auftragsbücher und in Erwartung der Lizenzgebühren dem Kreuzberger Turbinenhersteller den Geldhahn zu. Die Südwind GmbH musste Konkurs anmelden. Drei Wochen später gab es mit dem Einstieg neuer Gesellschafter einen Neuanfang. Jochen Twele, der noch bis 1997 Geschäftsführer in der nachfolgenden Südwind Energiesysteme GmbH blieb, kann bis heute das Verhalten der Bank nicht verstehen. Das Indiengeschäft entwickelte sich wie von ihm erwartet: Suzlon fertigte in den Neunzigerjahren insgesamt über 300 Windturbinen, jedoch ohne dafür Lizenzgebühren an die Südwind GmbH zahlen zu müssen.

In Deutschland konnte Südwind, das immer von der ideellen Motivation seiner in der Berliner Windszene verwurzelten Gesellschafter getragen wurde, in den Folgejahren unter wechselnden Eigentümern nicht mehr mit der Entwicklung Schritt halten. Von der 1996 auf den Markt gekommenen S46, einer 600/750-kW-Maschine, für die im Juli 1997 in Lichtenau bei Paderborn eine neue Fertigungsstätte eröffnet wurde, sind nur 90 Stück produziert worden. Ende 1998 wurde Südwind von der Balcke-Dürr AG aus Ratingen gekauft und drei Jahre später ist die Südwind-Technologie in der Nordex AG aufgegangen. Unter dem Dach der Konzerne ist nur der Name Südwind geblieben – als Label für die 1,5-Megawatt-Anlagen S70 und S77 der Nordex AG.

Die meisten Protagonisten aus der Anfangszeit im Berliner Westen suchten sich neue Tätigkeitsfelder außerhalb der Konzernstruktur. Peter Bosse konzentriert sich nach seinem Ausscheiden auf die Planung von Windparks mit der WINDPLAN Bosse GmbH und übernimmt technische und sachverständige Aufgaben mit dem Ingenieurbüro Jetstream. Thorsten Spehr entwickelt auch nach seinem Ausscheiden bei Südwind mit seinen Kollegen von der Idaswind Ingenieurgesellschaft mbH aus Bad Doberan eigene Windturbinen der Megawatt-Klasse, vor allem für die alten indischen Partner, die als Suzlon Energy Ltd. mittlerweile zu den weltweiten Top-Ten der Windturbinen-Hersteller gehören.

Jochen Twele leitete von Januar 2000 bis April 2004 das Berliner Büro des Bundesverbandes WindEnergie (BWE). Seit Mai 2004 führt er ein Team für nachhaltige Energieprojekte in der niederländischen Consultingfirma Ecofys Energieberatungs- und Handels GmbH. An der TU Berlin hält er die Vorlesungsreihe zur Windenergie weiter, nachdem sich Robert Gasch im Juli 2001 in den Ruhestand verabschiedet hat.

Wenn der Berliner Professor heute auf die Entwicklung der Windenergie in den letzten 30 Jahren und auf den beruflichen Werdegang seiner zahlreichen Schüler zurückschaut, zitiert Robert Gasch gerne den schwedischen Schriftsteller Vilhelm Moberg und zieht damit einen Vergleich zum Pioniergeist der Amerikaauswanderer im 19. Jahrhundert: „Der ersten Tod, der zweiten Not, der dritten Brot."

Bei mir hat sich schon früh eine Affinität zum Wind herausgebildet, denn ich bin mit Segeln aufgewachsen", sagt Sönke Siegfriedsen. Der hoch aufgeschossene Nordfriese, direkt hinterm Deich groß geworden, hat sich praktisch von klein auf mit dem Wind beschäftigt. Die Faszination des Windes hat den 48-Jährigen bis heute nicht losgelassen.

Den Schritt vom Segelboot zur Windkraftanlage vollzog Siegfriedsen während seines Studiums an der Fachhochschule Lübeck. Im Studiengang Physikalische Technik organisierten Studenten 1977 eine Reise an die dänische Nordseeküste zur Tvind-Schule bei Ulfborg, dem damaligen Mekka der Windkraft-Interessierten. Dort wurde eine Windkraftanlage mit zwei Megawatt Leistung aufgebaut, damals die größte der Welt.

Fasziniert von dieser Technik und den Perspektiven einer ökologischen Stromproduktion kümmerte sich der angehende Ingenieur um ein Praktikum im Bereich der Windenergie. „Ich hab nahezu alle Koryphäen der Windenergieforschung angeschrieben." Von Albert Fritzsche, dem damaligen Leiter der Konstruktionsabteilung der Dornier System GmbH in Friedrichshafen, bekam Sönke Siegfriedsen auf diesem Weg das Angebot, an der Entwicklung von Vertikalachsen-Rotoren

Prototyp im Kaiser-Wilhelm-Koog: Die von aerodyn entwickelte 600-kW-Anlage wird von REpower und der chinesischen Firma Goldwind gebaut

mitzuarbeiten. So wechselte er von der Nordseeküste an den Bodensee.

An der Seite des norwegischen Ingenieurs Arne Vollan lernte Siegfriedsen die Arbeit mit modernsten Rechenprogrammen kennen, mit deren Hilfe die Kräfte an Türmen und Rotorblättern nach der so genannten Finite-Elemente-Methode detailliert berechnet werden konnten – Ende der Siebzigerjahre absolutes ingenieurwissenschaftliches Neuland. Siegfriedsen war fasziniert und das in Friedrichshafen erworbene Know-how sollte sein späteres Berufsleben prägen. Zurück im Norden baute er 1979 im Rahmen seiner Diplomarbeit sein erstes eigenes Windrad – aus alten Autoteilen. Die 0,5-kW-Anlage wurde schließlich auf dem Dach der Fachhochschule in Lübeck errichtet.

Seine nächste Windkraftanlage entwarf Siegfriedsen während seines Zivildienstes, den er von 1979 bis 1981 auf Hof Springe in Geschendorf bei Bad Segeberg leistete. Dieser bereits seit 1956 auf ökologisch-dynamische Bewirtschaftung umgestellte Hof ist das Lebenswerk der Familie von Baldur Springmann, einem der Vordenker der Ökologiebewegung und Gründungsmitglied der Partei „Die Grünen". Er hatte den Hof nicht privatwirtschaftlich, sondern als gemeinnützigen Verein organisiert – der Agrar- und sozialhygienischen Entwicklungsgesellschaft ASE Neuland e.V. lag gleichsam ein genossenschaftlicher Ansatz zu Grunde. Damit war es dem Ökobauern Springmann gelungen, Zivildienstleistende und ABM-Kräfte auf seinem 30 Hektar großen landwirtschaftlichen Betrieb zu beschäftigen.

Um auf Hof Springe für eine ausgeglichene Energiebilanz zu sorgen, ein wesentlicher Baustein des ökologischen Landbaus, wurde in Zusammenarbeit mit der Fachhochschule Lübeck die „Projektgruppe Agrar-Alternativenergien" gebildet. „Wir wollten damit die schon lange geplante Umstellung des Hofes auf Selbstversorgung aus regenerativen Energiequellen in Angriff nehmen", so Springmann. Sönke Siegfriedsen kam als Zivi in diese Gruppe, sein Studienfreund Günther Meyer als ABM-Kraft.

Die beiden Ingenieure erstellten für Hof Springe zunächst ein Energiekonzept, das die vollständige Selbstversorgung des Hofes auf der Basis von Sonne, Wind, Biogas und Holzverbrennung vorsah. Als erstes wollte das Duo eine Windkraftanlage errichten – doch gab es damals weder in Deutschland noch in Dänemark entsprechende Produkte zu kaufen. Da auf Hof Springe aber alle den Erfolg des Tvind-Projektes vor Augen hatten, beschloss die Projektgruppe, selbst eine Anlage zu entwickeln und zu bauen. Mit Friedrich Frank und Vester Kruse wurden weitere Absolventen der Lübecker Fachhochschule als Zivis eingestellt, um diese Idee umzusetzen. Falk Springmann, der jüngste Sohn von Baldur Springmann, der bereits die Bewirtschaftung des Hofes von seinem Vater übernommen hatte, war der Motor des Projektes und brachte selbst ungezählte Stunden ein – die Begeisterung für das Projekt kannte keine Grenzen.

Doch sehr schnell zeigte sich, dass eine Windkraftanlage ein sehr komplexes Gebilde mit vielen Problemen im Detail ist. Für die Auslegung der Rotorblätter konnte Sönke Siegfriedsen auf modernste Computerprogramme zurückgreifen, aber gefertigt wurden sie mit einfachsten Hilfsmitteln und viel Improvisation in der Springmann'schen Scheune. Die Windkraft-Freaks bauten ein so genanntes Urmodell und darauf aufbauend anschließend eine Form zur Herstellung der Flügel. „Wir haben ein Blatt in einem Arbeitsgang hintereinander durchlaminiert, das hat 35 Stunden gedauert", erinnert sich Vester Kruse an die grauenvollen Schichten im Epoxydharz-Dampf, die nur mit Atemschutzmasken und „viel Flensburger Pilsner" zu ertragen waren.

Die Steuerung für die Anlage entwickelte Robert Müller im Rahmen seiner Diplomarbeit an der Fachhochschule Hamburg. Auf der Suche nach einer Möglichkeit, Zivildienst und Diplomarbeit verbinden zu können, stieß der Student der Elektrotechnik auf Hof Springe. Zwar wurde Müller letztlich gar nicht zum Zivildienst einberufen – dennoch blieb er bei dem Projekt. Die gesamte Elektronik der Anlage wurde mehrmals überarbeitet. Es kam immer wieder zu Verzögerungen, da die Zivis sich sowohl bei der Kalkulation der Kosten als auch der Zeit verschätzt hatten. Die Ungeduld auf Hof Springe wuchs.

Erst im Juli 1983, die Zivildienstzeit von Siegfriedsen, Kruse und Frank war längst zu Ende, wurde die Anlage errichtet. Es sollte noch ein knappes Vierteljahr dauern, bis aeolus 15, wie sie die Anlage mit einem Rotordurchmesser von 15 Metern nannten, zum Laufen kam. Doch auf der Einweihungsfeier am 24. September 1983 trieb nicht der Wind den Rotor an, sondern der als Motor geschaltete Generator. Erst nach weiteren fünf Wochen erzeugte die Anlage die ersten Kilowattstunden Windstrom. Der Propeller sollte jedoch nur selten seine Nennleistung von 26 Kilowatt erreichen, ganz zu schweigen von den prognostizierten Jahresenergieerträgen.

Nach diversen kleineren Schäden im Laufe der Jahre 1984 und 1985 kam im August 1986 das endgültige Aus: „Da oben auf dem Mast thronte eine Gondel mit nur zwei Blättern. Das dritte fanden wir unten, einen halben Meter neben einem in der Nähe abgestellten Trecker", erinnert sich Baldur Springmann. Da auch das Hauptlager der Rotorwelle beschädigt war, endete das Windkraft-Experiment auf Hof Springe relativ unerfreulich. Die Springmanns, die nicht nur viel Herzblut, sondern auch viel Zeit und vor allem Geld in dieses Experiment investiert hatten, waren total verärgert.

Vor allem schmerzte sie, dass die Idee einer ausgeglichenen Energiebilanz vorerst auf Eis gelegt werden musste. Doch im Grunde war damals weder den jungen Ingenieuren, die ihren Zivildienst auf dem Hof leisteten, noch Vater und Sohn Springmann klar, welch einen Aufwand die komplette Entwicklung einer Windkraftanlage erfordert. Besonders für die Ökobauern war es eine bittere Erkenntnis, denn die Finanzierung des Windkraftprojektes führte den Hof in eine ernste Existenzkrise.

Sönke Siegfriedsen – wie auch Friedrich Frank, Robert Müller und Vester Kruse – diente Hof Springe dennoch als wichtiges Sprungbrett. „Das war unser Lernobjekt." Durch Hof Springe bekamen sie neben Know-how auch wichtige Kontakte. Während Friedrich Frank nach seiner Zivildienstzeit für den damaligen Vorsitzenden der Deutschen Gesellschaft für Windenergie (DGW) Walter Stephenson eine vierflüglige Anlage baute, arbeitete Siegfriedsen zunächst ein Jahr lang für die DGW an der Bestandsaufnahme der in Deutschland existierenden Windkraftanlagen mit. Aber die „Windmühlen-Archäologie", wie er es zurückblickend bezeichnet, konnte ihn nur wenig befriedigen.

Siegfriedsen hatte bereits klare Vorstellungen von seiner beruflichen Zukunft: ein eigenes Ingenieurbüro für Windenergie. Im Hightech-Unternehmen Dornier hatte er den Umgang mit moderner Rechentechnik und die „hohe Ingenieursschule" kennen gelernt, auf Hof Springe neben den Tücken der praktischen Umsetzung auch die Komplexität der Windkrafttechnologie, in der Siegfriedsen allerdings auch deren besonderen Reiz sieht: „Da sind alle Bereiche der Ingenieurwissenschaft gefordert."

In der Überzeugung, dass der Windkraft die Zukunft gehört, wurde Siegfriedsen damals vor allem von seinem Vater bestärkt, der ihn auch finanziell bei der Firmengründung unterstützte. Gemeinsam mit Friedrich Frank und Robert Müller gründete er 1983, noch bevor die Anlage auf Hof Springe errichtet wurde, ein Ingenieurbüro für die Entwicklung von Windkraftanlagen. Das Trio mietete sich ein Dachgeschoss in dem kleinen zwischen Rendsburg und Eckernförde gelegenen Damendorf. Bei einer Kiste Bier wurde dann der passende Name gefunden: aerodyn.

Unter diesem Namen stellten die drei Ingenieure auch die Anlage auf Hof Springe fertig – bei einem Anfahrtsweg von fast 100 Kilometern allerdings nicht mehr mit der gleichen Intensität wie zu den Zeiten, als sie als Zivis auf dem Hof wohnten. Parallel dazu entwickelte aerodyn mit dem Startkapital, das Sönke Siegfriedsen von seinem Vater erhielt, eine 18-kW-Anlage mit 11,7 Metern Rotordurchmesser, die den Namen aeolus 11 bekam. Bei der Gemeinnützigen Landbauforschungs-GmbH, einem Ökobauernhof in Fuhlenhagen in der Nähe von Mölln, konnten sie die Mühle im Probebetrieb testen. Alles auf eigene Kosten, denn die erste Zeit mussten die drei Jungunternehmer weitgehend ohne Einnahmen über die Runden kommen: Sönke Siegfriedsen lebte von Ersparnissen, Robert Müller finanzierte sich durch Studienjobs, und Friedrich Frank bezog Arbeitslosengeld.

Den ersten bezahlten Auftrag erteilte dem Trio die GKSS Geesthacht GmbH. Die Forschungseinrichtung hatte auf der Nordseeinsel Pellworm die Tests im Rahmen des Messprogramms „Vergleichende Versuche des Betriebsverhaltens kleiner Windkraftanlagen" abgeschlossen, aber noch Mittel vom Bundesforschungsministerium übrig. Bernhard Richter, der beim Germanischen Lloyd in Hamburg für Windkraftanlagen zuständig war und den Sönke Siegfriedsen durch seine Mitarbeit in der Richtlinien-Kommission des Landes Schleswig-Holstein kannte, vermittelte Siegfriedsen an die GKSS. Den aerodyn-Ingenieuren stand damit das Restgeld aus dem GKSS-Programm zur Disposition, um ihre 18-kW-Anlage auf Herz und Nieren zu prüfen.

Der Germanische Lloyd stellte sein Messequipment zur Verfügung und arbeitete zusammen mit aerodyn ein Messprogramm aus, das selbst den Richtlinien der International Energy Agency entsprach. Als auf Pellworm ein passendes Fundament frei wurde, bauten Siegfriedsen & Co. die Mühle in Fuhlenhagen wieder ab, modifizierten sie etwas und errichteten die Anlage im Oktober 1984 auf Pellworm ein zweites Mal. Die ersten Messkampagnen starteten noch im selben Jahr.

Der zweiflüglige aeolus 11 war so konstruiert, dass die Anlage innerhalb einer halben Stunde von einem Luv-Läufer in

Prototyp der Multibrid M5000: Das Konzept für die Multibrid-Technologie ist ein aerodyn-Patent

einen Lee-Läufer umgewandelt werden konnte und so das Messprogramm für beide Varianten gefahren werden konnte. Der Neigungswinkel der Rotorachse war variabel, und durch den Einsatz unterschiedlicher Naben konnte der Winkel zwischen Blatt und Achse geändert werden. Außerdem kamen Rotorblätter aus Holz und aus glasfaserverstärkten Kunststoffen (GfK) mit unterschiedlichen Profilen zum Einsatz. Untersucht wurden neben den Leistungskennlinien der unterschiedlichen Varianten aber vor allem die Materialbelastungen und das regelungstechnische Verhalten der Anlage.

Bis Juli 1985 lief der Messbetrieb auf der windigen Nordseeinsel. Dann ging Robert Müller für ein Jahr nach Hamburg, um all die gewonnenen Daten beim Germanischen Lloyd auszuwerten. „Mit aeolus 11 auf Pellworm wurden mehr verwertbare Daten gesammelt als bei dem mit vielen Millionen Mark geförderten Growian-Versuchen", lobt Bernhard Richter die Arbeit der aerodyn-Ingenieure, deren Daten eine wichtige Grundlage bildeten für die vom Germanischen Lloyd damals erarbeiteten Auslegungsrichtlinien für Windkraftanlagen.

Aerodyn selbst wollte mit dem gewonnenen Fachwissen die Maschinen in Serie fertigen und hatte bereits auf der Hannover Messe 1985 ein Modell präsentiert. Die Ingenieure aus Damendorf entwickelten ihren aeolus weiter zu einer 25-kW-Anlage mit einem Rotordurchmesser von 12,5 Metern. Um in den Genuss von Fördermitteln zu kommen, musste aerodyn 1986 in eine GmbH umgewandelt werden. Friedrich Frank war die damit verbundene Verantwortung eine Nummer zu groß, sodass er ausstieg. Aber auch Sönke Siegfriedsen und Robert Müller wollten für den Ausbau der Firma auf keinen Fall einen Kredit aufnehmen – ein Grundsatz, dem aerodyn seitdem treu geblieben ist.

Eine professionelle Unternehmensberatung machte dem verbliebenen Duo klar, was der Aufbau einer eigenen Produktion bedeuten würde. Nachdem Siefgriedsen bereits die fünf Prototypen der 25-kW-Anlage „aeolus 12", die im Dezember 1987 errichtet wurden, bei der Husumer Schiffswerft (HSW) in Auftrag gegeben hatte, verkaufte er der Werft im Jahr darauf die Lizenz für die Serienfertigung. Die auf 30 Kilowatt Leistung aufgestockte Anlage wurde fortan unter der Bezeichnung HSW 30 in Husum produziert.

Damit habe man sich relativ schnell vom eigenen Anlagenbau verabschiedet und ganz aufs „Engineering" konzentriert, beschreibt Siegfriedsen die bis heute gültige Firmenphilosophie. „Unser Ehrgeiz war, komplette Anlagen zu entwickeln, von der Blattspitze bis zur Oberkante des Fundamentes, inklusive der Elektrotechnik und der Steuerung." Die Idee ließ sich in den Folgejahren erfolgreich umsetzen. Als einziges Entwicklungsbüro, das nicht an einen Hersteller gebunden ist, wurde aerodyn dabei mit den verschiedensten Anlagekonzepten konfrontiert. „Wir haben schon für fast alle Hersteller gearbeitet", sagt Siegfriedsen nicht ohne Stolz.

Insgesamt mehr als 30 Herstellerfirmen haben bis heute vom Know-how der inzwischen nach Rendsburg umgezogenen Ingenieure profitiert. Nicht jedes Projekt war allerdings von Erfolg gekrönt – so konnte sich beispielsweise die von den aerodyn-Ingenieuren anfangs bevorzugte Zweiblatt-Technologie nicht am Markt durchsetzen. Zwischen 1994 und 1996 entwickelten die Schleswig-Holsteiner eine zweiflüglige 1,2-MW-Anlage für die Autoflug Energietechnik GmbH & Co. KG aus Rellingen bei Hamburg.

Bei dieser speziell für Starkwindgebiete ausgelegten Anlage setzte aerodyn bei der Gestaltung des Maschinenhauses erstmals auf ein industrielles Design. Andreas Bartsch, der auch spätere Entwicklungen von aerodyn gestaltete, entwarf die Grundform des Maschinenhauses 1994 im Rahmen seiner Diplomarbeit. Doch trotz modernen Designs hatte der Prototyp der Autoflug A 1200, der im November 1996 vis-à-vis dem Atomkraftwerk Brunsbüttel errichtet wurde, keine Nachfolger: Bei den Kunden fand das Konzept eines Zweiflüglers kaum Akzeptanz.

Rund zehn Jahre nach dem Schritt vom Hersteller zum reinen Ingenieurbüro brachte das Jahr 1997 eine weitere Zäsur für aerodyn. Die gesamte Branche stagnierte, da durch Verfassungsklagen der Stromwirtschaft gegen das Stromeinspeisungsgesetz die Investoren stark verunsichert wurden. Das hatte einige Insolvenzen zur Folge, auch unter den Kunden der Rendsburger Ingenieure. In dieser schwierigen Situation kam im April 1997 auch noch eine folgenschwere Havarie an dem von ihnen entwickelten Prototypen der HSW 600 im Kaiser-Wilhelm-Koog hinzu. Ein HSW-Techniker kam dabei ums Leben und die Anlage wurde völlig zerstört.

In dieser wirtschaftlichen Krise traten interne Spannungen zwischen den beiden Firmengründern und Geschäftsführern Sönke Siegfriedsen und Robert Müller auf. Nach 14 Jahren gemeinsamer Entwicklungszeit trennten sich ihre Wege. Robert Müller, der bei aerodyn vornehmlich für die Steuerungen und den elektrotechnischen Teil der Anlagen verantwortlich war, wechselte zum Lübecker Hersteller DeWind.

Die Krise bot Siegfriedsen aber auch die Chance für einen Neuanfang. Die auftragsarme Zeit war für die Rendsburger Ingenieure durchaus keine Zeit der Untätigkeit gewesen. Sie wussten, dass der Markt nach Anlagen der Leistungsgröße von 1,5 bis 2 Megawatt verlangt, und dass die Eigenentwicklung solcher Maschinen kleinere Firmen finanziell überfordern würde. So hatte aerodyn das Konzept einer „Ideal-Windkraftanlage" entworfen und suchte nun für die Weiterentwicklung dieser Idee solvente Geldgeber.

Siegfriedsen fand diese in Hugo Denker und Klaus-Detlef Wulf, die sich mit dem Kapital ihrer Windpark-Entwicklungsfirma Regenerative Energien Denker & Dr. Wulf KG bereits an dem Turbinenhersteller Jacobs Energie GmbH aus Heide finanziell beteiligt hatten. Im Mai 1997 gründeten Denker & Wulf und aerodyn die pro + pro Energiesysteme GmbH & Co. KG mit dem Ziel, die 1,5-MW-Anlage bis zur Serienreife zu entwickeln und weltweit in Lizenz zu vermarkten.

Die 1,5-Megawatt-Maschine vom Typ MD 70 wurde ein Volltreffer. Was auch an dem guten Zusammenspiel der vier Projektpartner lag: Neben aerodyn, Denker & Wulf und pro + pro war an der MD 70 auch die Jacobs Energie beteiligt, die den im Dezember 1998 im Kaiser-Wilhelm-Koog errichteten Prototypen gefertigt hatte. „Alle haben die Anlage als ihr eigenes Kind angesehen und waren dementsprechend engagiert", nennt Siegfriedsen das Erfolgsgeheimnis. Als Denker und Wulf im Jahr 2001 den Zusammenschluss der von ihnen finanzierten Firmen zur REpower Systems AG planten, war die logische Folge, dass Siegfriedsen bei pro + pro ausstieg.

Für Siegfriedsen kein Grund, sich zurückzulehnen – im Gegenteil. „Wir haben noch viel zu tun", sagt der Entwicklungsingenieur auch ein Vierteljahrhundert nach den ersten Gehversuchen mit der Windkraft voller Energie. Der Visionär aus dem Norden sieht beispielsweise einen enormen Bedarf an „großen Einheiten im Offshore-Bereich". Das aerodyn-Team hat erstmals im April 1998 auf der Hannover Messe der Öffentlichkeit eine 5-MW-Offshore-Anlage mit der Bezeichnung „Multibrid" präsentiert. „Die ersten Gedanken dazu stammen aus dem Frühjahr 1996", erinnert sich Sönke Siegfriedsen.

Bei einem Besuch des Bremer Generatorherstellers Lloyd Dynamowerke hatte er seinerzeit einen 5-MW-Synchrongenerator gesehen, der standardmäßig zur Stromversorgung auf Schiffen eingesetzt wird. Das war genau die Generatorgröße, die Siegfriedsen für Offshore-Anlagen als sinnvoll einschätzt. Dabei kam ihm die Idee, diesen vergleichsweise langsam drehenden Generator mit einem einstufigen Planetengetriebe zu kombinieren – die Grundidee der Multibrid-Technologie. Die schnellen Getriebestufen, die bei herkömmlichen Getriebe-Anlagen große Probleme bereiten, werden damit vermieden. Gleichzeitig ist es durch die einstufige Drehzahlerhöhung möglich, den Generator und damit die gesamte Anlage wesentlich kompakter zu bauen, als das bei getriebelosen Maschinen mit Ringgenerator realisierbar ist.

Die Lizenz zum Bau der 5-MW-Multibrid-Maschine verkaufte er an die Multibrid Entwicklungsgesellschaft mbH, die im Jahr 2000 von der Pfleiderer Wind Energy GmbH gegründet wurde und nach deren Ausstieg aus allen Windkraft-Aktivitäten 2003 von der Prokon Nord Energiesysteme GmbH übernommen wurde. Der Prototyp der Multibrid M5000 dreht sich seit Dezember 2004 in Bremerhaven, sehr zur Zufriedenheit des Ideengebers Siegfriedsen.

Einen weiteren Zukunftsmarkt für die Windenergienutzung sieht der Rendsburger Turbinen-Entwickler neben der Offshore-Technik in Ländern jenseits der industrialisierten Welt. „Wir haben jüngst auch eine 5-kW-Anlage für Inselsysteme entwickelt", verweist Sönke Siegfriedsen auf das breite Spektrum seines Unternehmens. Auch ein windbetriebenes System zur direkten Meerwasserentsalzung, ohne den Umweg über die Stromerzeugung, haben sich die aerodyn-Ingenieure ausgedacht. Und auch bei den bestehenden Windturbinen gebe es noch einiges zu verbessern: „Wir haben noch viel zu lernen, beispielsweise aus der Bahntechnik und aus der Luft- und Raumfahrttechnik." Es ist daher kaum vorstellbar, dass Sönke Siegfriedsens „Denk-Fabrik" diese Herausforderung nicht annehmen wird.

Blau-Gelb-Rot: Die charakteristischen Flügelspitzen der HSW-Maschinen

Blau-Gelb-Rot, das sind nicht die friesischen Landesfarben, sondern in dieser Reihenfolge die Farben Mecklenburgs, eine Hommage der Werftinhaber an ihre alte Heimat." Über das Gesicht von Udo Postmeyer huscht der seltene Anflug eines Lächelns, wenn er den Irrtum über den Ursprung der Werftfarben aufklärt. Postmeyer ist Schiffbauer. Seit ein paar Jahren baut er wieder Schiffe: in Polen, in Korea, jetzt in Schanghai.

In Husum war dieser Zug schon lange abgefahren. Das war Postmeyer schon vor zwanzig Jahren klar, als er noch Betriebsleiter auf der Husumer Schiffswerft (HSW) war. Er sah in der Windenergie eine neue Herausforderung für das durch eine rückgängige Auftragslage im Schiffbau zur Neuorientierung gezwungene Unternehmen. Spätestens seit Sönke Siegfriedsen den Turm für die Hof-Springe-Anlage auf der Werft fertigen ließ, war Postmeyer vom „Windvirus infiziert". Mit starkem Rückenwind aus der Kieler Landespolitik, die sich um die Erhaltung des Werftstandortes Husum sorgte, initiierte Postmeyer bereits Ende 1985 die Entwicklung zweier Anlagen mit einer Leistung von 100 beziehungsweise 200 Kilowatt.

In einem Jahr entwickelten die Konstrukteure der Werft, der Maschinenbauingenieur Hans-Jürgen Peters und der Schiffbauingenieur Uwe Claussen, mit Unterstützung der Fachhochschule Flensburg eine Anlage nach klassischem dänischen Vorbild. Am 28. Januar 1987 ging der Prototyp der 200-kW-Anlage auf dem Werftgelände in Husum in Betrieb. Im Mai 1988 wurde eine zweite, verbesserte Anlage mit einer Leistung von 250 Kilowatt errichtet. Der Werft kam dabei zugute, dass das Bundesforschungsministerium 1986 ein „Sonderdemonstrationsprogramm für Windenergieanlagen bis 250 Kilowatt Nennleistung" aufgelegt hatte, aus dem auch vier Maschinen von HSW gefördert wurden. Im gleichen Jahr konnten dann schon die ersten Anlagen mit den unverkennbar blau-gelb-roten Flügelspitzen verkauft werden.

Die Kunden von HSW waren zunächst vornehmlich öffentliche Unternehmen wie beispielsweise Stadtwerke, die den Großteil des erzeugten Stromes selbst verbrauchten. Für Privatpersonen war die 250-kW-Anlage, die damals die größte verfügbare Serienmaschine in Deutschland war, bei den niedrigen Einspeisevergütungen zunächst noch nicht interessant. Winfried Gerold, der als Sachbearbeiter in der Rechnungsabteilung der Werft schnell von Postmeyers Windbegeisterung angesteckt wurde und sich um den Vertrieb der Anlage kümmerte, hatte jedoch sehr schnell erkannt, dass nur große Stückzahlen die Kosten für die Herstellung reduzieren können.

So ging Gerold „Klinken putzen" und bemühte sich gemeinsam mit Postmeyer und dem HSW-Geschäftsführer Uwe Niemann um die Errichtung eines großen Windparks in Nordfriesland. Vom Kreis bekam das Trio für dieses Projekt eine Fläche direkt hinter der ersten Deichlinie im Friedrich-Wilhelm-Lübke-Koog zugewiesen. Im Dezember 1990 ging die erste Ausbaustufe des Windparkes Nordfriesland mit 35 Maschinen vom Typ HSW 250 in Betrieb. Im folgenden Jahr wurde er auf insgesamt 50 Anlagen mit einer Gesamtleistung von 12,5 Megawatt ausgebaut und war damit Deutschlands größter Windpark. Und noch eine Besonderheit hatte dieses 42-Millionen-Mark-Projekt: Wie auch bei der Finanzierung von Schiffen üblich, wurde für den Windpark erstmals eine Fondsgesellschaft gegründet, ein Modell, das bis heute bei der Finanzierung von Windparks vorherrschend ist.

Doch dieser Windpark sollte den Höhepunkt für die Anlage vom Typ HSW 250 darstellen. Zwar konnten im Rahmen eines Technologietransfers mehrere Turbinen in Indien und in China errichtet werden, doch die Maschinen wurden nicht in Husum, sondern in den jeweiligen Ländern gebaut. In Deutschland aber, wo mit Inkrafttreten des Stromeinspeisungsgesetzes 1991 große Anlagen auch für Privatleute interessant wurden, vertrauten die Kunden eher den ausgereifteren Anlagen der dänischen Hersteller. An deren Verfügbarkeit kam die HSW 250 nicht heran: Wenn im Nordfriesland-Windpark einige der 50 Anlagen standen, frotzelten die Landwirte im Koog, indem sie die Abkürzung HSW umdeuteten in „Hei steid wedder", zu Hochdeutsch „Er steht wieder". Das kratzte schnell am Image der Werft.

Neue Kunden waren nur über größere und zuverlässigere Anlagen zu aquirieren. HSW stellte deshalb den jungen Diplomingenieur Carsten Eusterbarkey ein, der die Entwicklung und Konstruktion einer pitch-geregelten 750-kW-Anlage übernehmen sollte. Eusterbarkey hatte zuvor bei der Firma Köster in Heide an der Seite von Axel Maaßen und Norbert Wippich die in Lizenz von der Deutschen Forschungsanstalt für Luft- und Raumfahrt in Stuttgart erworbene Debra 25 zur Serienreife gebracht. Köster verkaufte diese 165-kW-Anlagen unter der Bezeichnung „Adler 25", zeigte aber keine Aktivitäten für Neuentwicklungen. So sah Eusterbarkey bei HSW eine bessere berufliche Perspektive und wechselte im Oktober 1989 zur Husumer Werft. Als der Prototyp der 750er im Juli 1993 im Kaiser-Wilhelm-Koog in Betrieb ging, konnte er stolz auf seine Konstruktion sein. HSW hatte damit als erstes Unternehmen in Deutschland einen Prototypen dieser Größenordnung im Test.

Die Anlage lief ordentlich, doch so ganz ungetrübt war die Freude darüber nicht. Da es kaum noch Aufträge aus dem Schiffbau gab, stand die Werft schon im Mai 1993 kurz vor dem Konkurs, der nur mit erheblichen Landesbürgschaften abgewendet werden konnte. Dann verabschiedeten sich 1993 mit Postmeyer und Gerold die treibenden Kräfte für den Windsektor von der Werft, um sich in anderen Projekten für die Windkraft zu engagieren. Postmeyer hatte mit seiner Windkraft-Begeisterung nicht immer die volle Unterstützung seiner Kollegen in der Firmenleitung gefunden. Als „Postmeyers Hobby" von den traditionsbewussten Schiffbauern oft belächelt, rückten alle Windkraft-Aktivitäten auf der Prioritätenliste immer sofort nach hinten, sobald ein neuer Schiffbau-Auftrag der Werft Brot im Kerngeschäft brachte. Nach seinem Weggang fehlte der Motor in der Firmenleitung, um die Windenergiesparte voranzubringen.

Eusterbarkey und seine Kollegen haben mit Unterstützung von aerodyn in Rendsburg, wo die Lasten sowie das Rotorblatt, die Nabe und der Turm berechnet wurden, die 750-kW-Anlage mit vielen grundsätzlichen Änderungen zu einer 1-MW-Maschine weiterentwickelt. Die ersten vier Prototypen kaufte die Betreibergemeinschaft Südwestwindpark, eine Gruppe von winderfahrenen Landwirten aus Bosbüll, wenige Kilometer nördlich von Niebüll. Im Dezember 1995 gingen die Turbinen in Betrieb. Johann Heinrich Ingwersen, der Kopf der Betreibergemeinschaft, hat diesen mutigen Schritt nicht bereut. Auch wenn man der HSW 1000 ansieht, dass sie auf einer Werft entstanden ist und nicht im Flugzeugbau, so ist es gerade deren Robustheit, die der Landwirt schätzt. Die Prototypen laufen zur Zufriedenheit ihrer Betreiber nach wie vor zuverlässig.

Die Chance, mit einer der ersten Megawatt-Anlagen am Markt Fuß zu fassen, ließ HSW jedoch ungenutzt. Für die Werftführung lief Windenergie immer nur „nebenbei". So zogen die Mitbewerber schnell mit 1,5-MW-Anlagen nach und die großen Planungsbüros planten an der HSW vorbei. Trotzdem wurden bis heute über hundert Anlagen der Serienversion mit 57 Metern Rotordurchmesser verkauft. Doch auch wenn die HSW 1000/57 ein solides Produkt ist, ließen sich die Defizite aus der Schiffbausparte damit auf Dauer doch nicht ausgleichen. Am 30. November 1999 musste die Werftleitung Konkurs anmelden.

Die Jacobs Energie GmbH aus Heide übernahm daraufhin im Februar 2000 die Windsparte von HSW. Firmenchef Hans-Henning Jacobs verlegte den Firmensitz nach Husum und brachte frischen Wind in die alten Werfthallen. Die ehemalige Husumer Schiffswerft entwickelte sich zum wichtigsten Produktionsstandort der REpower Systems AG, die im April 2001 aus dem Zusammenschluss von Jacobs mit weiteren Firmen hervorgegangen ist. Damit bringt die Windkraftanlagen-Produktion auf dem Husumer Werftgelände endlich den Arbeitsplatzzuwachs, den sich die Stadt Husum so viele Jahre lang von der Werft erhofft hatte.

Antriebstechnik war für uns kein Problem. Da haben wir uns gesagt, den Rest kriegen wir schon hin." Franz Tacke schüttelt den Kopf über die eigene Blauäugigkeit, mit der er vor rund zwanzig Jahren an die Windkrafttechnologie heranging. Wie unbedarft, ja „leichtsinnig" diese Unterschätzung war, das sollte dem 1927 geborenen Maschinenbauer aus Rheine in den folgenden Jahren schnell klar werden.

Dabei war Franz Tacke, als er 1984 begann, sich ernsthaft mit der Windenergie zu beschäftigen, ein gestandener Unternehmer. Er führte den Familienbetrieb F. Tacke KG aus Rheine in dritter Generation. Sein Großvater, ein Müllerssohn, hatte die Firma 1886 gegründet. Der klassische mittelständische Betrieb besaß einen guten Namen unter deutschen Maschinenbauern, besonders auf dem Gebiet der Getriebe- und Kupplungstechnik.

Vor allem wirtschaftliche Gründe bewogen Tacke, in die Windenergie einzusteigen. Anfang der Achtzigerjahre – der Maschinenbau-Branche ging es einmal wieder nicht besonders gut – machte das Schlagwort der „Diversifikation" die Runde in den Führungsetagen deutscher Unternehmen. So auch in Rheine bei der F. Tacke KG, die ebenfalls in der „Konjunkturdelle" hing.

Eine Anzeige in den VDMA-Nachrichten, den Mitteilungen des Verbandes Deutscher Maschinen- und Anlagenbau e.V., weckte 1984 das Interesse von Franz Tacke an der Windenergie. Ein gewisser Dr. Günter Wagner, der auf Sylt lebte und damals schon einige Jahre mit Windkraftanlagen experimentiert hatte, suchte ein Unternehmen für den Bau einer von ihm konstruierten Maschine. Es war die Hoch-Zeit des kalifornischen Windbooms, und Wagner versprach, einen Auftrag von 40 Windrädern mit jeweils 150 Kilowatt Nennleistung für einen amerikanischen Kunden zu vermitteln. „Also habe ich mich mit meinen Leuten zusammengesetzt und wir haben überlegt, ob wir das hinkriegen", erzählt Franz Tacke. Die Meinung unter seinen Ingenieuren war einhellig: „Das können wir."

Im Oktober desselben Jahres machte Franz Tacke Nägel mit Köpfen und unterzeichnete die Verträge für das US-Projekt. „Die Maschinenbauteile waren schnell entwickelt", erinnert sich Tacke. Größere Probleme sollten ihm dagegen der Rotor und die Steuerung machen. Wagners Entwurf sah drei verstagte Rotorblätter vor; das heißt, die einzelnen Flügel waren auf der Rotorachse abgespannt. Tacke ließ die Rotorblätter aus GfK auf einer Bootswerft fertigen. Um den Rotordurchmesser auf damals beachtliche 23 Meter zu vergrößern, waren zwischen dem profilierten Teil der Rotorblätter und der Nabe jeweils 2,5 Meter lange Distanzstücke aus Stahl vorgesehen.

Ein knappes Jahr später, im August 1985, hatte das Tacke-Team den Prototypen fertig und verschickte ihn in Containern in die USA. Im Oktober 1985 wurde die Anlage mit der Bezeichnung „Tacke wind energy converter WR 150" im kalifornischen Tehachapi aufgestellt, wobei das Kürzel WR für „Wagner-Rotor" steht. „Und dann fing das Leiden an", blickt Franz Tacke zurück.

Die Steuerung war so konzipiert, dass die Anlage bei Erreichen der Einschaltgeschwindigkeit von etwa 4,5 Metern pro Sekunde motorisch auf die Nenndrehzahl hochgefahren wurde. Dann schaltete der Motor in den Generatorbetrieb um und die Anlage produzierte Strom. Wenn der Wind abflaute, ging das Windrad vom Netz und den Rotor bremsten Scheibenbremsen mechanisch ab. „Praktisch haben wir einen Bremsenprüfstand gebaut", beschreibt Tacke rückblickend den ersten, nicht ganz gelungenen Versuch als Windmühlenbauer.

So kam, was kommen musste: „Die Maschine hat es nicht lange oben gehalten, die fiel ziemlich schnell wieder runter." Die Bremsbeläge verschlissen so schnell, dass die Bremsen schließlich bei einer kräftigen Bö versagten. Die Turbine geriet in Überdrehzahl und warf einen Flügel ab. Die daraus resultierende Unwucht führte dazu, dass die komplette Gondel abstürzte. Die Monteure packten die Anlagenreste zusammen und brachten sie zur Schadensanalyse nach Rheine zurück – Erfahrungen kosten Lehrgeld.

Das Familienunternehmen hat sich dennoch für den Einstieg in das Windenergiegeschäft entschieden. Den nach Rheine „re-importierten" Prototypen der 150-kW-Maschine verkaufte Tacke im Sommer 1986 nach einer umfangreichen Instandsetzung und Überarbeitung der gesamten Konstruktion und der Regelungssoftware an einen Kunden in Norddeutschland. Die Anlage läuft noch heute in der Nähe von Itzehoe. Parallel dazu verließ eine erste Charge mit 15 weiteren Anlagen gleichen Typs – diesmal ohne die Schwachstellen des ersten Prototypen – die Rheiner Werkhallen erneut in Richtung Kalifornien. Doch als die Maschinen im „Golden State" ankamen, war der Auftraggeber pleite.

Tacke hatte allerdings schon so viel „man power" in dieses Projekt investiert, dass er die Anlagen schließlich trotzdem in den Bergen Südkaliforniens errichtete und dann selbst betrieb. „Bis 1994 liefen die Maschinen durchgehend ohne große Probleme", so Franz Tacke. Besonders stolz ist der Getriebebauspezialist darauf, dass „die Getriebe acht Jahre lang ohne Ölwechsel liefen, da in der ganzen Laufzeit kein Abrieb auftrat". Dann wurden die 15 Anlagen durch vier 600-kW-Maschinen ersetzt, eines der ersten so genannten „Repowering"-Projekte weltweit.

Doch 1986 verließen nicht nur die ersten Windräder die Tacke-Werkhallen, auch die Hälfte der Gesellschafter stieg aus der F. Tacke KG aus. Franz Tacke sah sich gezwungen, das Unternehmen grundlegend umzustrukturieren. Der Kupplungsbau verblieb in der alten F. Tacke KG und produziert nach wie vor Kupplungen und Hydraulikzubehör für den Maschinenbau und die Automobilindustrie. Der Getriebebau und die Abteilung für Bogenzahnkupplungen, ein Patent aus dem Hause Tacke, wurden ausgegliedert. Die beiden Geschäftsbereiche fusionierten Ende 1986 mit der Abteilung für Industrie- und Schiffsgetriebe der Renk AG aus Augsburg, einem Tochterunternehmen des MAN-Konzerns.

Es entstand die Renk-Tacke GmbH, die auch die Windkraft-Aktivitäten fortführte. Das neue Unternehmen war vor allem gegründet worden, um das Know-how beider Firmen auf dem Getriebesektor gemeinsam zu nutzen. Insbesondere Schiffsgetriebe und Spezialgetriebe für Industrieanlagen verkaufte die Firma weltweit. Die Produktion von Windkraftanlagen in Rheine war dagegen ein eher untergeordnetes Geschäftsfeld.

Die erste Aufgabe im Unternehmen, das seinen Sitz in Augsburg hatte und jeweils Fertigungsstätten in Augsburg und Rheine besaß, sah Tacke als Sprecher der Geschäftsleitung darin, die „Standorte zu synchronisieren". Wenn sich die Ingenieure aus den beiden renommierten Getriebebau-Firmen zu den monatlichen Besprechungen trafen, prallten zwei Welten aufeinander. „Anfangs saßen wir getrennt", blickt Tacke auf die ersten Gesprächsrunden zurück. „Als wir nach etwa einem halben Jahr gemischt saßen, da hatte ich das Gefühl, dass wir auf dem richtigen Weg waren."

Tacke ließ zunächst die Finger von teuren Auslandsprojekten und konzentrierte sich auf den Markt vor der Haustür. Mit gutem Grund: In Niedersachsen, Schleswig-Holstein und Nordrhein-Westfalen gab es mittlerweile erste Förderprogramme, die Windmüllern einen erheblichen Teil der Investitionskosten erstatteten, wenn diese im Gegenzug ihr Windrad wissenschaftlich begleiten ließen. So entstand ein Markt für die TW 150, die überarbeitete Version der 150-kW-Anlage, und für eine inzwischen neu entwickelte Anlage mit 45 Kilowatt Nennleistung. Die ersten Kunden von Renk Tacke waren die Stadtwerke in Garding, Rheine, Schönberg, Borkum und in anderen Gemeinden.

Beide Typen wurden in den Folgejahren weiterentwickelt zu Maschinen mit 60 und 250 Kilowatt Nennleistung, von denen die ersten 1990 aufgestellt wurden. Parallel dazu gab es feste Absprachen mit dem Management des MAN-Konzerns, den Bau der 30-kW-Anlagen vom Typ Aeroman nach Rheine zu verlegen. Doch bevor die Anlagenbauer im nördlichen Münsterland überhaupt einen einzigen Aeroman bauen konnten, machte MAN im Sommer 1990 einen Rückzieher. Von der Konzernleitung war keine Unterstützung des Windgeschäftes bei Renk Tacke mehr zu erwarten.

Für Franz Tacke stellte sich in dem Moment die entscheidende Frage: Sollte er den Ausstieg aus der Windenergie akzeptieren oder selbst weitermachen? Tacke wusste, dass sich die politischen Rahmenbedingungen verbessern werden: Nachdem das 100-Megawatt-Förderprogramm des Bundes 1989 angelaufen war, entstand eine verstärkte Nachfrage nach Windkraftanlagen. Und in Bonn liefen die Vorbereitungen für ein Stromeinspeisungsgesetz, das die Vergütung des Windstromes auf eine wirtschaftlichere Basis stellen sollte. Mit dem Instinkt des Unternehmers ahnte er, dass jetzt die Zeit anbrechen könnte, in der das investierte Lehrgeld zurückfließen kann.

„Ich habe damals meine Söhne Markus und Jörg gefragt: ‚Jungs, habt ihr Lust?'" Die Anwort war eindeutig: Ja! So kaufte Franz Tacke die Rechte an den Windkraftanlagen der Renk-Tacke GmbH und gründete im Herbst 1990 die Tacke Windtechnik GmbH (TWT) mit Sitz in Rheine. Der Rat des Seniorchefs war vor allem bei strategischen Entscheidungen gefragt. Das Tagesgeschäft leitete sein Sohn Markus. Der Diplomkaufmann, der vorher für die Firma FAG Kugelfischer in den USA gearbeitet hatte, übernahm die Hauptlast beim Aufbau des neuen Unternehmens.

Sein jüngerer Bruder Jörg hatte seinen Vater bereits in der Renk-Tacke GmbH unterstützt. Der Diplomingenieur hatte mit einer grundlegenden Untersuchung der Windszene die Entscheidungsgrundlage für die Firmengründung erstellt. Er sorgte vor allem dafür, dass die bei Renk-Tacke gewohnten Qualitätsstandards auch bei der TWT eingeführt wurden. Jörg Tacke schuf die Voraussetzungen dafür, dass TWT 1991 als weltweit erster Hersteller von Windkraftanlagen für alle Unternehmensbereiche das Qualitätszertifikat nach ISO 9001 erhielt.

TWT begann mit einem fünfköpfigen Team, das sich auf Entwicklung, Vertrieb und Service konzentrierte und die Fertigung der Anlagen weiterhin bei Renk-Tacke in Auftrag gab. „Ich investierte erst einmal in Geist", erklärt Franz Tacke die Ausrichtung seines neuen Unternehmens. Das Firmenkonzept sah vor, alles Wissen für den Bau der Windkraftanlagen im eigenen Haus anzusiedeln, deren Komponenten bei Spezialfirmen zu kaufen, sowie die Montage und den Service durch eigene Mitarbeiter auszuführen. So entstand in kurzer Zeit ein Team von Spezialisten. Der Vorteil eines solchen Konzeptes, das im Hause Tacke schon mit großem Erfolg bei der Kupplungstechnik praktiziert worden war, lag zum einen in einer großen Flexibilität und zum anderen in einem relativ geringen Kapitalbedarf.

Wichtigstes Vorhaben, und darauf drängte besonders Markus Tacke, war die Entwicklung größerer Anlagen, denn nur mit größeren Maschinen waren „Wirtschaftlichkeitssprünge" zu erreichen. Bereits bei Renk-Tacke hatten die Ingenieure die Entwicklung einer Anlage mit 500 Kilowatt Leistung geplant. Dazu führte das Tacke-Team unter anderem mit dem dänischen Folkecenter zahlreiche Gespräche. Die Dänen entwickelten an ihrer Forschungseinrichtung Windkraftanlagen-Konzepte, die anschließend an Herstellerfirmen verkauft wurden. Darauf aufbauend wollte TWT eine eigene 500-kW-Anlage entwickeln.

Das übernahm Georg Böhmeke, der 1991 als Konstruktionsleiter eingestellt wurde. Böhmeke hatte zu diesem Zeitpunkt schon einige Windkraftanlagen entworfen, unter anderen beim Technologiekonzern Messerschmidt-Bölkow-Blohm (MBB) und beim Rendsburger Entwicklungsbüro aerodyn. Zusammen mit Norbert Partmann, der zunächst als Konstrukteur begann und nach Böhmekes Weggang Ende 1993 die Leitung der Konstruktionsabteilung übernahm, entwickelte er eine sehr kompakte Anlage.

Dem Getriebegehäuse kam dabei eine tragende Funktion zu, da sowohl die Rotornabe als auch der Generator direkt mit dem Getriebe verbunden wurden. Im August 1992 wurde der Prototyp der TW 500 auf dem Hafengelände der Nordseeinsel Borkum errichtet. „Das war die erste 500-kW-Anlage in Deutschland", erinnert sich Franz Tacke nicht ohne Stolz.

Mit dabei war Willi Elsenheimer, der im Juni 1992 als 13. Mitarbeiter bei Tacke eingestellt wurde. Der Servicetechniker kann sich noch gut an seine Anfänge in dem Unternehmen erinnern. „Insgesamt 28 Mal bin ich damals während des Aufbaus und der Erprobungsphase auf Borkum gewesen. Einige von uns waren privat bei den Mitarbeitern der Stadtwerke untergebracht, weil es in der Hochsaison keine Zimmer mehr auf der Insel gab – das war echt spaßig und sehr familiär", erinnert sich der 38-Jährige.

Borkum hat Willi Elsenheimer in bester Erinnerung, nicht nur weil der Prototyp der TW 500 so eine fantastische Verfügbarkeit erreichte. Beim 29. Besuch auf Borkum – einem Betriebsausflug – lernte er seine heutige Frau Martina näher kennen, die im August 1989 eine Ausbildung zur Technischen Zeichnerin bei der Renk-Tacke GmbH begonnen hatte und heute diejenige Mitarbeiterin ist, die am längsten bei dem Unternehmen beziehungsweise seinen zahlreichen Nachfolgern tätig ist.

Doch nicht nur Borkum stand im Sommer 1992 im Mittelpunkt der Tacke-Aktivitäten. Für die Stadtwerke Husum errichtete die TWT ihren ersten großen Windpark. Im Südermarsch-Koog gingen sieben 250-kW-Maschinen direkt vor den Bürofenstern der Husumer Schiffswerft, die selbst acht 250-kW-Anlagen für das Projekt lieferte, ans Netz. Das besondere an diesem Park waren die unterschiedlichen Nabenhöhen, weshalb dieser Park als „bush and tree" bezeichnet wurde – Busch und Baum. Während die HSW-Anlagen 30 Meter hohe Türme hatten, waren die Masten der Tacke-Anlagen 55 Meter hoch – ein Novum für Mühlen dieser Größenordnung.

Der beginnende Aufschwung der Windbranche bestätigte Firmenchef Franz Tacke in seiner Einschätzung, eigene Produktionshallen schaffen zu müssen. Bislang waren die Windkraftanlagen in der Fertigung der Renk-Tacke GmbH montiert worden. Im Herbst 1992 bezog TWT deshalb im niedersächsischen Salzbergen, unweit von Rheine, neue Gebäude. Nun wurde neben eigenen Monteuren ein erfahrener Fertigungsleiter benötigt.

Der Aufbau der neuen Produktion war eine Aufgabe für Ernst Rolfes, Tackes ehemaligen Fertigungsleiter, der damals bereits über 60 war und eigentlich in den Ruhestand gehen wollte. Der Aufstieg Ernst Rolfes im Unternehmen ist beispielhaft für Tackes Personalpolitik: „Wenn ich in meinem Umfeld Leute sehe, die die anstehenden Aufgaben bewältigen können, dann ziehe ich sie denjenigen vor, die von außen kommen, unabhängig von der akademischen Ausbildung." Rolfes hatte 1946 als Lehrling bei der F. Tacke KG begonnen, wurde Monteur, Vorarbeiter, dann Meister. „Der Mann war robust, wenn auch nicht zimperlich mit seinen Leuten. Aber er hatte die Fertigung im Griff, darum brauchte ich mich nicht zu kümmern", schätzte Franz Tacke die Qualitäten des „kernigen Westfalen".

Ein weiteres Beispiel für Tackes Personalpolitik ist Kurt Engbring. Nach der Lehre bei Tacke und vollendetem Maschinenbaustudium kehrte er ins Unternehmen zurück und übernahm verschiedene Aufgaben. Kurt Engbring war neben den beiden Tacke-Söhnen Markus und Jörg der erste Mitarbeiter bei TWT. Er ist noch heute als Prokurist in der Germania Windpark GmbH & Co. KG tätig, dem Projektentwicklungs- und Planungsbüro, das Franz Tacke 1993 gegründet hatte, um selbst Windparks zu erstellen.

Großserie: Von der 1,5-MW-Maschine bauten Tacke, Enron und GE weltweit über 3 200 Stück, davon sieben im Windpark Littdorf in Sachsen

Nach dem Umzug von Nordrhein-Westfalen über die Landesgrenze ins südliche Emsland rollten ab April 1993 neben der 500er auch die ersten 80-kW-Anlagen vom „Band". Diese Neuentwicklung, von der die erste Turbine im Dezember 1992 auf den Markt kam, wies ein deutlich besseres Preis-Leistungs-Verhältnis auf als ihr Vorgänger, die TW 60. Einen ähnlichen Sprung in der Wirtschaftlichkeit beabsichtigte Tacke nun auch mit seiner nächsten Entwicklung. Ein Jahr nach dem Borkum-Abenteuer kam schließlich der „Volltreffer" aus dem Hause Tacke: die TW 600. Die Anlage fuhr nicht nur einen höheren Ertrag ein durch den auf 43 Meter vergrößerten Rotordurchmesser. Die Flügel waren aerodynamisch optimiert und mit einem neuartigen Blitzschutzsystem versehen, außerdem lief die Mühle relativ leise.

Der Prototyp ging im September 1993 bei dem Dithmarscher Windkraft-Pionier Hinrich Kruse im Kaiser-Wilhelm-Koog ans Netz – pünktlich zur Husumer Windmesse – und erzeugte in den ersten sechs Monaten eine Million Kilowattstunden. „Die Anlage lief fantastisch", freute sich Franz Tacke über die gesteigerte Wirtschaftlichkeit der neuen Maschine gegenüber der 500er. „Zehn Prozent mehr Kosten, aber 40 Prozent mehr Ertrag."

Schnell sprachen sich in der damals noch überschaubaren Windkraft-Gemeinde die „Supererträge" der TW 600 von Bürgermeister Kruse herum – mit dem Ergebnis, dass viele Windmüller die Telefondrähte in Salzbergen glühen ließen. Über 230 Anlagen hat Tacke binnen zweier Jahre produziert. „Der Markt hat uns fast verrückt gemacht. Das ging alles viel zu

Offshore-Gigant: Mit der speziell für den Offshore-Einsatz entwickelten GE 3.6 wurden im Mai 2002 erstmals die Dimensionen des Growian übertroffen

schnell. Ich habe immer versucht, bei meinen Jungs auf die Bremse zu treten", resümiert Senior Tacke den Boom seiner Firma Mitte der Neunzigerjahre.

Ohne Erfolg: „Unser größtes Problem: Die Lerngeschwindigkeit der Zulieferer hielt nicht Schritt mit dem, was wir verlangten und was sie uns zugesagt hatten." Obwohl nur renommierte Firmen mit im Boot saßen, gab es Probleme ohne Ende: Wicklungsschlüsse an den Generatoren, die Lager liefen aus, die Flügel bekamen Risse. Das Unternehmen musste dem rasanten Wachstum Tribut sollen.

„Was da hinterherkam, war eine einzige Katastrophe", beschreibt Franz Tacke die damalige Situation mit deutlichen Worten. Der Seniorchef, ausgestattet mit einem besonderen Gespür für Kundenfreundlichkeit, musste plötzlich den Service in den Vordergrund seiner Aktivitäten stellen. „Eines war für mich völlig klar: Die Kunden durfte man nicht im Regen stehen lassen. Aber das kostete uns unheimlich viel Geld. Abgesehen davon, dass der Ruf schnell ruiniert ist, wenn man nicht bereit ist, schnellstmöglich zu helfen."

Diese Fehler wollte Tacke bei der nächstgrößeren Anlagengeneration nicht wiederholen. Der neuen 1,5-MW-Maschine, einem Kind von Markus Tacke und Norbert Partmann, sollten längere Testzeiten zugestanden werden. Im April 1996 wurde der erste Prototyp in Emden errichtet. Der zweite folgte ein Jahr später in Stemwede bei Osnabrück, mit 80 Metern Nabenhöhe war diese Anlage damals die höchste im Binnenland.

Bei der TW 1.5 wich Tacke vom bewährten Stall-Prinzip ab und regelte die Rotordrehzahl mit einem elektrischen Pitch-System, wobei jedes Rotorblatt separat verstellt werden konnte. Der drehzahlvariable Betrieb war möglich, weil Tacke erstmals bei seinen Anlagen einen doppeltgespeisten Asynchron-Generator mit Frequenzumrichter einsetzte. „Die 1.5er kann gesteuert werden wie ein Kraftwerk", beschreibt Franz Tacke die neue Qualität der Stromerzeugung gegenüber der TW 600.

Bereits der Probebetrieb zeigte, dass diese Maschinen wesentlich netzverträglicher waren als die früheren Windkraftanlagen. Der Prototyp war vollgestopft mit Dehnungsmessstreifen, um an jeder Komponente die tatsächlich auftretenden Belastungen ermitteln zu können. Das umfangreiche Messprogramm wertete das Deutsche Windenergie-Institut in Wilhelmshaven aus. So war eine sichere Grundlage für die Entwicklung der Serienmaschinen geschaffen worden.

Zur Serienproduktion dieser Anlage sollte Franz Tacke selbst aber nicht mehr kommen. Neben technischen Problemen und den damit verbundenen Extraausgaben hatte sich Mitte 1996 das politische Umfeld plötzlich verschlechtert. Diskussionen um das Stromeinspeisungsgesetz und um die baurechtliche Privilegierung von Windkraftanlagen im Außenbereich sowie eine heftige Anti-Akzeptanz-Kampagne der Energieversorger sorgten für reichlich Verunsicherung unter den Investoren – all diese Entwicklungen zusammen genommen ließen den Markt einbrechen. Tacke traf das besonders hart.

Die Firma hatte ihre Mitarbeiterzahl von fünf im Jahr 1991 auf 235 im Spitzenjahr 1996 erhöht und den Umsatz im gleichen Zeitraum von 4,5 Millionen auf 180 Millionen Mark gesteigert. Doch gegenüber dem für 1996 geplanten Umsatz von 220 Millionen Mark ergab sich ein Minus von rund 20 Prozent. „Das hat uns völlig überrascht", gibt Franz Tacke heute zu. „Innerbetriebliche Reibungsverluste", wie er es zurückblickend nennt, verhinderten ein rechtzeitiges Gegensteuern. Mit den Zulieferern hatte TWT langfristige Verträge abgeschlossen, die das Geld kosteten, das noch da war.

Tacke geriet in ernsthafte finanzielle Schwierigkeiten und musste sich nach neuen Kapitalgebern umschauen. „Große deutsche Konzerne waren damals an uns interessiert", berichtet Franz Tacke von Gesprächen, die er seinerzeit mit fünf Unternehmen führte. Doch sobald die potenziellen Investoren nach anfänglicher Begeisterung das unsichere politische Umfeld erkannten, zogen sie sich zurück. Das dicke Ende kam schließlich im Juli 1997: Die Tacke Windtechnik GmbH, damals zweitgrößter deutscher Windkraftanlagen-Hersteller, musste einen Insolvenzantrag stellen.

Wenn der Firmengründer heute zurückblickt und daran denkt, wie Konkurse großer deutscher Baukonzerne mit Finanzspritzen vom Staat in dreistelliger Millionenhöhe verzögert wurden, ärgert ihn diese Ungleichbehandlung von Großindustrie und Mittelstand. „Eine Bürgschaft für ein halbes Jahr hätte uns damals gerettet." Dass im Unternehmen Fehler gemacht wurden, ist unstrittig – der Einbruch des Marktes hingegen hatte eindeutig politische Ursachen.

Für Franz Tacke ist es unverständlich, dass die damalige Kohl-Regierung in der Frage des Stromeinspeisungsgesetzes ins Wanken kam. „Ich habe in meinem ganzen Wirtschaftsleben nicht ein Gesetz erlebt, das so einfach war und dabei zugleich so eine fantastische Wirkung hatte wie das Stromeinspeisungsgesetz." Aus seiner Sicht war es politisch äußerst kurzsichtig, daran zu rütteln. Den damals häufig geäußerten Vorwurf, dass dieses Gesetz eine „Gelddruckmaschine" sei, lässt Tacke nicht gelten. „Natürlich konnte man mit Windenergie Geld verdienen. Das war auch erforderlich, denn hier wurde mit großem Engagement und einem enormen Risiko Neuland betreten. Zudem wurde das Geld doch wieder investiert in die Entwicklung neuer Anlagen und den Ausbau der Firmen." Das war eine Selbstverständlichkeit für die meisten mittelständischen Unternehmen, die die Chancen des Stromeinspeisungsgesetzes erkannt hatten und davon profitierten. Für Franz Tacke ist deshalb klar: „Für den Erfolg der Windenergiebranche in Deutschland sind vor allem Leute verantwortlich, die aus dem Mittelstand kommen."

Der Konkurs eines mittelständischen Unternehmens mit 200 Beschäftigten fällt allerdings politisch kaum ins Gewicht; auch Franz Tacke machte diese bittere Erfahrung. „Wir Mittelständler sterben allein." Tacke hatte schon früh erkannt, dass mittelständische Firmen sich gemeinsam positionieren müssen, um in politischen Gremien Gehör für ihre Interessen zu finden. Bereits seine früheren Betriebe hatte er daher in der Fachgemeinschaft Antriebstechnik im Verband Deutscher Maschinen- und Anlagenbau e.V. (VDMA) vertreten, der den Unternehmen eine gemeinsame Plattform bot, um ihre Interessen gegenüber den politischen Entscheidungsträgern zu vertreten.

Franz Tacke hatte gute Erfahrungen mit dieser Verbandsarbeit gemacht. „Es war sehr hilfreich, ein vernünftiges Verhältnis zu den konkurrierenden Firmen aufzubauen, denn es gibt viele gemeinsame Interessen, beispielsweise in der Forschung." Als Anfang der Neunzigerjahre der Windenergie-Boom einsetzte, warb Franz Tacke daher für die Gründung einer Branchenvertretung der Windkraftanlagen-Hersteller im VDMA.

Im Juni 1993 gründeten schließlich zehn Herstellerfirmen in der Vertretung des Landes Niedersachsen in der damaligen Bundeshauptstadt Bonn die Interessengemeinschaft Windkraftanlagen (IGWKA) im Fachbereich Kraftmaschinen des VDMA, der mittlerweile in Fachbereich Power Systems umbenannt wurde. „Die uns damals belächelt haben, müssen uns mittlerweile ernst nehmen", sagt Tacke und verweist darauf, dass die Windenergiefirmen mittlerweile mehr Umsatz machen als die Unternehmen aus dem Bereich der Dampf- und Gasturbinen und mehr Stahl verarbeiten als der gesamte deutsche Schiffbau – und das verleiht ihnen heute ein entsprechendes Gewicht.

Doch der Weg von der Bedeutungslosigkeit zum Wirtschaftszweig im Rampenlicht war beschwerlich. Franz Tacke war daher sehr froh, in Georg Berntsen, dem Geschäftsführer der VDMA-Fachgemeinschaft, einen guten Partner gefunden zu haben. Berntsen leitete den Bereich Kraftmaschinen bis in das Jahr 1999. „Seiner Persönlichkeit und seinem unermüdlichen Engagement" ist es aus Tackes Sicht zuzuschreiben, „dass die Windenergie aus ihrem Schattendasein herausgeführt worden ist".

Besonders wichtig war das gute Zusammenspiel der beiden in der Zeit, als das Stromeinspeisungsgesetz auf der Kippe stand. Georg Berntsen hat dafür gesorgt, dass der VDMA sich klar für die Windenergie positionierte. Die Stimme des VDMA als Lobbyverband der mittelständischen Industriefirmen wurde im politischen Bonn ernst genommen und hat auch dazu beigetragen, dass die Pläne zur Streichung des Stromeinspeisungsgesetzes im September 1997 endgültig vom Tisch kamen. Doch für die Tacke Windtechnik kam diese für die gesamte Branche wesentliche Entscheidung zu spät.

In jener unsicheren Zeit kümmerten sich Franz und Markus Tacke um Investoren, die die insolvente Firma übernehmen und damit die Arbeitsplätze in Salzbergen erhalten sollten. Es gab potenzielle Interessenten aus dem Ausland, aus Indien, Japan, Dänemark und den USA. Markus Tacke gelang es schließlich, das Interesse der Enron Corporation für die Weiterführung der Tacke Windtechnik zu gewinnen. Im

Oktober 1997 übernahm der amerikanische Energie-Multi aus Houston/Texas die Geschäfte in Salzbergen.

„Wir haben erreicht, dass die Arbeitsplätze gesichert und unsere Technologie weitergeführt wurde", sagt Franz Tacke. Nach der „amerikanischen Übernahme" verließen Franz und Markus Tacke jedoch das Unternehmen. Markus Tacke konzentriert sich als Geschäftsführer der Germania Windpark GmbH fortan auf die Planung von Windenergieprojekten in aller Welt. Seniorchef Franz Tacke, der längst das Alter des verdienten Ruhestands erreicht hat, steht seinem Sohn jedoch weiter beratend zur Seite.

Die Geschicke der Tacke Windenergie GmbH, wie sich das Unternehmen nach der Übernahme von Enron nannte, lenkte in den Folgejahren Finn Hansen. Der Däne hatte vorher bereits die dänischen Hersteller Vestas, WindWorld und die amerikanische Windschmiede Zond gemanagt, die ebenfalls zum Enron-Konzern gehörte.

Willi Elsenheimer war mittlerweile vom Serviceexperten zum Fertigungsleiter aufgestiegen und im Oktober 1995 in die Fußstapfen von Ernst Rolfes getreten. Für ihn war der Standort Salzbergen gesichert, als ein Jahr nach der Übernahme die Serienproduktion der 1,5-MW-Anlage begann. Mit dem neuen Flaggschiff erlangte die Firma nach und nach ihre verlorenen Marktanteile wieder zurück. Norbert Partman hatte dafür durch Auswertung der Prototypdaten und der Konstruktion der wettbewerbsfähigen Serienmaschine die Voraussetzungen geschaffen.

Nach dem erfolgreichen Neustart im Herbst 1997 stieg auch die Mitarbeiterzahl in Salzbergen binnen kürzester Zeit wieder stark an. Ende 1999 wurde mit 275 Mitarbeitern der Höchststand von 1996 deutlich übertroffen. Mitte 2000 wurde Tacke Windenergie schließlich in Enron Wind GmbH umbenannt und nachdem Finn Hansen im Sommer 2000 Salzbergen in Richtung USA verlassen hatte, lenkten der leitende Konstrukteur und Chefentwickler Andreas Reuter und der bisherige Chefeinkäufer Herbert Peels das Traditionsunternehmen aus dem Emsland.

Willi Elsenheimer war mittlerweile nicht nur in Salzbergen für den reibungslosen Ablauf der Produktion verantwortlich, sondern hat auch den neuen Werken im spanischen Noblejas bei Madrid und im kalifornischen Tehachapi mit auf die Beine geholfen. Damit hat er nicht unwesentlichen Anteil daran, dass die in Salzbergen entwickelten technologischen Standards auch in die anderen Fertigungsstätten des Unternehmens übertragen wurden, insbesondere was die Produktion der erfolgreichen 1,5-MW-Anlage betraf. Auch der Aufbau der neuen Produktionshallen in Salzbergen, die im März 2002 eingeweiht wurden, fand unter Elsenheimers Regie statt.

Als Ende 2001 der amerikanische Mutterkonzern Enron in einem der spektakulärsten Konkursfälle der amerikanischen Wirtschaftsgeschichte Insolvenz anmelden musste, traf das die Salzbergener Mitarbeiter weit weniger hart als bei der Tacke-Insolvenz vier Jahre zuvor. Enron Wind hatte vier gut ausgebaute Fertigungsstätten: Neben Salzbergen, Noblejas und Tehachapi hatte Enron im Februar 2001 auch noch die Rotorblattproduktion der niederländischen Firma Aerpac in Almelo übernommen.

Anders als 1997 boomte der Windkraftanlagen-Markt zu diesem Zeitpunkt weltweit mit Wachstumsraten von deutlich über 30 Prozent pro Jahr und Enron hatte eine gute Marktposition nicht nur in Deutschland und Spanien, sondern besonders auch in den USA. Da Enron Wind das US-Patent für drehzahlvariable Anlagen hatte, besaß die Firma in den Vereinigten Staaten praktisch eine Monopolstellung für dieses Anlagenkonzept. So fand sich nach der Enron-Pleite schnell ein Käufer. Im Mai 2002 übernahm der amerikanische Mischkonzern General Electric (GE) aus Fairfield im US-Bundesstaat Connecticut die Windsparte von Enron und gliederte das Unternehmen in seinen Geschäftsbereich GE Power Systems ein, der seit 2004 unter dem Namen GE Energy firmiert. Diesmal passierte nur ein geringer Einbruch beim Absatz. Produktion und Vertrieb liefen fast nahtlos weiter.

Das Management von GE machte den Standort des ehemaligen Familienbetriebes in Salzbergen zum neuen „european headquarter". Die bisherigen Geschäftsführer übernahmen dabei bis zu ihrem Ausscheiden aus dem Unternehmen übergeordnete Aufgaben: Herbert Peels koordinierte bis Ende 2004 als Vice-President Europe alle Windenergie-Aktivitäten von GE in Europa, dem Nahen Osten und in Afrika. Andreas Reuter war bis 2003 weltweit für Konstruktion und Entwicklung der Windkraftanlagen von GE verantwortlich, so auch für die derzeit größte Maschine des Konzerns, die GE 3.6.

Der Prototyp der 3,6-MW-Anlage, der im Frühjahr 2002 errichtet wurde und seit September 2002 in Barrax in der spanischen Provinz Castilla La Mancha Strom produziert, trägt schon das neue Logo von GE Wind Energy. Mit dieser Maschine, die einen Rotordurchmesser von 104 Metern und beim Prototyp eine Nabenhöhe von 100 Metern hat, wurden erstmals wieder die Dimensionen des Growian erreicht, der bis dahin größten Windkraftanlage der Welt, die 15 Jahre zuvor so kläglich gescheitert war.

Sieben weitere Maschinen dieses Typs sind im Herbst 2003 zehn Kilometer vor der Küste der irischen Kleinstadt Arklow auf einer Sandbank in der Irischen See errichtet worden und laufen seit Anfang 2004 im Offshore-Testbetrieb. Mit diesem 25-MW-Windpark sowie den sieben 1,5-MW-Maschinen, die seit Dezember 2000 im Windpark Utgrunden vor der Küste der schwedischen Insel Öland in Betrieb sind, hat GE als erster in Deutschland ansässiger Hersteller Offshore-Erfahrungen sammeln können.

Während die GE 3.6 speziell für den Offshore-Einsatz konzipiert ist, zielt die jüngste GE-Entwicklung, die Anlagenserie 2.x, auf den Einsatz unter verschiedenen Standortbedingungen an Land ab. Beide Maschinen bauen auf den Erfahrungen und dem bewährten Grundkonzept der 1,5-MW-Anlage auf, von der mittlerweile mehr als 3 200 Stück gefertigt wurden. Der Prototyp der 2,5-MW-Maschine, die sich seit Mai 2004 auf dem Testfeld des niederländischen Energieforschungszentrums

ECN in Wieringermeer an der Küste des Ijsselmeers dreht, weist jedoch vor allem auf der elektrotechnischen Seite einige neue Features auf. So besitzt die Maschine einen Synchrongenerator mit nachgeschaltetem Vollumrichter, von dem sich die GE-Konstrukteure eine bessere Netzverträglichkeit der Maschine versprechen.

Bei der Entwicklung dieses Prototypen konnten die Salzbergener Konstrukteure erstmals auf das globale Netzwerk firmeneigener Forschungseinrichtungen des Weltkonzerns zurückgreifen. Auch das neue Management der Windsparte von GE, die seit März 2005 von Robert Gleitz geleitet wird, setzt auf Synergieeffekte innerhalb des Konzerns – nicht nur bei der Entwicklung neuer Anlagetypen, sondern auch bei Service und beim weltweiten Vertrieb der Maschinen. Der Franzose, der zuvor die Gasturbinenfertigung von GE in Europa geleitet hat, hofft, dass die Erfahrungen von GE Energy auf anderen Gebieten der Kraftwerkstechnologien auch deren Windkraftbereich weiter beflügeln.

Für 2005 erwartet die Windsparte von GE mit ihren weltweit 1700 Mitarbeitern einen Umsatz von rund zwei Milliarden US-Dollar. Das ist etwa das Vierfache des Wertes zur Übernahme 2002. Einer der wichtigsten Standorte des Unternehmens ist aber immer noch die GE Wind Energy GmbH in Salzbergen, die seit Mai 2005 von Rainer Bröring geleitet wird. Mit dem Diplomwirtschaftsingenieur, der bisher für die Produktion und Logistik in Europa verantwortlich war, steht nun ein Mann an der Spitze, der das Unternehmen bereits seit über fünf Jahren von innen kennt. Das Wissen um die besondere Qualität des Traditionsstandortes ist nicht unerheblich. Denn auch wenn die Firmenstrategie global ausgerichtet ist und im Jahr 2004 nur noch jede sechste Windkraftanlage von GE in Deutschland aufgestellt wurde, zählt Salzbergen mit knapp 700 Beschäftigten doch zu den bedeutendsten Produktionsstandorten für Windkraftanlagen in Deutschland.

Franz und Markus Tacke betrachten die Entwicklung bei GE Wind Energy mit Zufriedenheit. Die beiden Windkraft-Pioniere freuen sich, wie es „nebenan blüht" und stehen nach wie vor in Kontakt mit ihren früheren Kollegen. „Wir sind schon ein bisschen stolz darauf, dass die Technologie, die wir einst entwickelt haben, sich bei Enron und später bei GE durchgesetzt hat", findet Franz Tacke späte Genugtuung.

Der Nestor der Salzbergener Windschmiede sieht sich damit in seiner Philosophie bestätigt, die von seinen beruflichen Wurzeln als Getriebehersteller geprägt ist. Das klassische Grundkonzept einer Windkraftanlage, bei dem zwischen langsam laufendem Rotor und schnell laufendem Generator ein mehrstufiges Getriebe das hohe Drehmoment des Rotors in hohe Drehzahlen wandelt, ist aus seiner Sicht auch bei großen Maschinen die kostengünstigste Form der Umwandlung von Windenergie in Strom. Der Gewichtsvorteil von Getriebe-Anlagen stimmt Franz Tacke optimistisch: „Man wird schon noch einige Erfahrungen sammeln mit Maschinen von zwei oder drei Megawatt Leistung, bevor man Anlagen mit fünf Megawatt in Serie baut – aber am Getriebe scheitert das nicht."

Generationswechsel im Kaiser-Wilhelm-Koog: Enercon E-16 mit 55 Kilowatt Leistung aus dem Jahr 1987 neben der zehn Jahre später errichteten 1,5-MW-Maschine E-66

„Am Anfang steht das Vordenken." Aloys Wobben, dem Gründer und Geschäftsführer des Auricher Windenergieanlagen-Herstellers Enercon nimmt man ab, dass er diesen Grundsatz verinnerlicht hat. Wobben, der wie wohl kaum ein anderer in der Windbranche den visionären Wissenschaftler mit dem pragmatischen und erfolgsorientierten Unternehmer in einer Person vereint, weiß, dass es nicht ausreicht, Visionen nur zu propagieren – man muss sie auch umsetzen. Dabei waren es nicht immer nur die eigenen Vorstellungen, die er verwirklicht hat, wie das Beispiel seines derzeitigen Flaggschiffes zeigt: Im August 2002 errichtete seine Firma in Egeln bei Magdeburg die damals größte und mit 4,5 Megawatt auch leistungsstärkste Windturbine der Welt, die E-112.

Die Zahl 112 hat dabei eine gewisse Symbolik, denn bei einem Durchmesser von 112,84 Metern überstreicht ein Rotor exakt eine Kreisfläche von einem Hektar. Mit seinem Prototypen ist Wobben nicht nur als erster in diese neue Dimension vorgedrungen; er hat damit auch eine Vision des Windenergie-Vordenkers Ulrich Hütter realisiert. Hütter hatte 28 Jahre zuvor bei einem Gespräch im Bonner Bundesministerium für Forschung und Technologie dieses Maß für eine Windkraftanlage von energiepolitisch interessanter Größenordnung postuliert.

Für das Äußern dieser Vision musste Hütter seinerzeit viel Kritik einstecken, war das doch die Grundlage für den Bau des viel zu großen Growians. Zu den Kritikern dieses Prestigeprojektes, vor allem der damit verbundenen Forschungspolitik, gehörte damals auch Aloys Wobben. Von der Machbarkeit der Hütterschen Vision aber war er überzeugt, auch wenn er einen ganz anderen Weg einschlug, um sie zu verwirklichen.

Mit einer Mischung aus Überzeugung und Vision begann der 1952 im emsländischen Werlte geborene Wobben Ende der Siebzigerjahre, mit Windkraftanlagen zu experimentieren – zu einer Zeit, als von einer angemessenen Vergütung für den sauberen Strom noch nicht annähernd die Rede sein konnte. Wobben, damals Assistent am Institut für Elektrische Maschinen, Bahnen und Antriebe an der Universität Braunschweig, beschäftigte sich in der Löwenstadt mit Frequenzumrichtern für die Antriebstechnik.

Seine Wochenenden verbrachte der Elektroingenieur immer wieder in Ostfriesland. „Da war immer Wind." So konstruierte sich Wobben ein Anemometer, das er bei Windstille mit dem Pkw kalibrierte. Das hat er dann auf den Schornstein montiert, eine Zeit lang gemessen und festgestellt: „Im Wind ist Energie drin – viel Energie." Für den Forscher, der am Braunschweiger Institut mit Energieversorgung zu tun hatte, lag es nahe, diese Kraft zu nutzen.

Von der Idee, eine Windkraftanlage zu bauen, konnte Wobben auch den Schiffselektroniker Johann Remmers aus Ihlow begeistern. Gemeinsam errichteten sie 1979 eine Anlage mit 7,5 Kilowatt Leistung hinter dem Remmers'schen Anwesen, die sie nach den ersten Silben ihrer Namen WOREM 1 nannten. Dieses Windrad mit 32 Flügeln und acht Metern Durchmesser war vornehmlich für die Warmwasserbereitung konzipiert. Es hatte allerdings noch einige Tücken, vor allem war es sehr laut.

So starteten die beiden Niedersachsen einen zweiten Versuch, wobei sie sich bei der Konstruktion an den damals sehr zuverlässig laufenden dänischen Anlagen orientierten. Sie setzten serienmäßig hergestellte Rotorblätter mit aerodynamischem Profil ein und legten die Anlage bei einem Rotordurchmesser von zehn Metern für eine Leistung von 22 Kilowatt aus. Die beiden Elektronikspezialisten ersannen ein eigenes mikroprozessorgesteuertes Regelsystem, das die Leistungsabgabe optimieren sollte: Der Strom sollte in erster Linie den Eigenbedarf decken und das Heizsystem unterstützen – nur der Überschussstrom wurde in das Netz eingespeist. Als WOREM 2 Anfang 1983 in Betrieb ging, war sie die erste netzgeführte Anlage in Ostfriesland. Dass das Wobben-Remmer'sche Windrad im Rahmen der Bestandsaufnahme der DGW 1983 vermessen wurde, kam ihm sehr gelegen. So ließ sich WOREM 2 mit anderen Anlagen vergleichen.

In Aloys Wobben reifte die Idee, Windkraftanlagen professionell herzustellen. Die Chance, selbstständiger Unternehmer zu werden, bot sich, als er Gustav Adolf Küchenmeister kennen lernte. Küchenmeister war Inhaber der Getriebebau Nord GmbH aus Bargteheide bei Hamburg und benötigte Frequenzumrichter für die Produkte seines Unternehmens. Die beiden Partner gründeten Mitte 1984 die ENERCON Gesellschaft für Energieanlagen mbH & Co. KG, in der Aloys Wobben gemeinsam mit Gustav Adolf Küchenmeisters Sohn Ulrich die Geschäftsführung übernahm. In der Auricher Raiffeisenstraße 6 mieteten sie eine Halle an. Mit vier Mitarbeitern begann zunächst die Produktion von Wechselrichtern.

Das dabei verdiente Geld bildete Wobbens Startkapital für die Entwicklung von Windenergieanlagen. Fünf Jahre lang hatte er eigene Erfahrungen gesammelt, die Aktivitäten anderer Eigenbauer beobachtet und die Forschung auf dem Gebiet der Windenergie verfolgt. Dem gelernten Elektromaschinenbauer, der an der Fachhochschule Osnabrück Elektrotechnik studiert hatte, schwebten besonders auf seinem Fachgebiet neue Konzepte vor. So experimentierte er schon damals mit einem permanent erregten 10-kW-Generator für eine getriebelose Windturbine. Ulrich Küchenmeister, der pragmatische Kaufmann, hat seinen Partner aber davon überzeugen können, dass der klassische Weg mit Getriebe der bessere Einstieg ist, um das Vertrauen von Kunden zu gewinnen.

Wobben konstruierte folglich nach klassischem dänischen Vorbild zunächst eine stall-geregelte Anlage mit 15 Meter Rotordurchmesser. Die Hauptkomponenten – Getriebe, Generator, Lager und Rotorblätter – kaufte er auf dem Markt ein. Die Steuerung hingegen entwarf er selbst. Darin sah Wobben die beste Chance, ein konkurrenzfähiges Produkt zu entwickeln. Die Vermessung seiner Eigenbauanlage hatte ihm gezeigt, wie wichtig ein optimiertes Zusammenspiel von Rotordrehzahl und Windgeschwindigkeit für die Leistungsausbeute ist. Damit der Rotor möglichst im aerodynamischen Optimum fahren kann, legte er die Maschine für eine variable Drehzahl aus und passte die Stromfrequenz über einen Wechselrichter an die Netzparameter an. Die Rotorblätter waren verstellbar, sodass der Stall-Effekt zur Leistungsbegrenzung aktiv eingeleitet werden konnte.

Mit den Stahlbauarbeiten für die geplante Anlage mit 55 Kilowatt Nennleistung beauftragte der Jungunternehmer eine kleine Schlosserei in Aurich. Mit dem dortigen Betriebsleiter Klaus Peters besprach Aloys Wobben den konstruktiven Aufbau des Windrades und im Mai 1985 stellten sie den Prototypen der E-15 im Garten der Familie Wobben in Aurich auf. „Das war ein gemeinsames Erfolgserlebnis, das uns beide zusammenbrachte", blickt Klaus Peters auf die Anfänge zurück. Wobbens beeindruckende und überzeugende Argumentation für die Machbarkeit der Technik veranlasste ihn schließlich, zu Enercon zu wechseln.

Peters begann zunächst als Monteur. Doch als das Unternehmen wuchs, qualifizierte er sich nebenberuflich weiter zum Maschinenbau- und Elektromeister, später folgte noch ein Betriebswirtschaftsstudium. Peters ist mittlerweile verantwortlich für die Koordination der gesamten Produktionswerke und leitet mehrere Tausend Beschäftigte. „Ich bin hier bloß der Schrauber", übt er sich im Tiefstapeln und lacht dabei. Trotz des rasanten Wachstums hat er den Boden unter den Füßen nicht verloren: „Ich bin sehr dankbar, in jungen Jahren so viel erreicht zu haben." Der 1963 geborene Peters rechnet es Aloys Wobben hoch an, dass dieser ihm früh die Verantwortung für die Produktion übertragen hatte. Peters sieht im „Führen durch Freiheit" den Garant für eine hohe Motivation des Personals, da dieses Prinzip Kreativität freisetzt und persönliche Entfaltung erlaubt. So hieß es schon bei der ersten Anlage, die Enercon verkauft hat, einfach: „Mach es!"

Das war im Sommer 1986 beim Möbelhändler Friedrich Pflüger im benachbarten Norden. Von da an drehte sich hinter dem Möbelhaus der Rotor der 55-kW-Anlage und Pflügers Stromrechnungen reduzierten sich erheblich. Noch im gleichen Monat errichtete Wobben auf eigene Rechnung zwei weitere Maschinen auf Norderney. Den Stadtwerken der Nordseeinsel ließ er die Option, ihm die Anlagen nach einem Jahr abzukaufen, wenn sie die kalkulierten Erträge bringen.

Langsam machte die Nachricht von den Enercon-Anlagen die Runde in Norddeutschland, wo manches Stadtwerk und mancher Regionalversorger gerade über die ersten Tests mit der Windenergie nachdachten. Um diesen Trend zu beschleunigen, warb Wobben um politische Unterstützung. Sein Engagement führte zum Erfolg. Niedersachsen legte 1987 als erstes Bundesland ein Förderprogramm auf Länderebene auf, das den Betreibern von Windkraftanlagen einen Investitionskostenzuschuss gewährte.

Die Stadtwerke Norden gehörten zu den ersten, die diese Förderung in Anspruch nahmen. Sie waren bereits durch Pflügers Anlage auf die Windenergienutzung neugierig geworden. So bestellte auch Wilfried Ehrhardt, damals Chef der Stadtwerke Norden, – per Handschlag – bei der kleinen ostfriesischen Windschmiede fünf Anlagen vom Typ E-16 mit jeweils 55 Kilowatt Nennleistung, wobei die Zahl 16 darauf hinweist, dass der Rotordurchmesser auf 16 Meter erhöht wurde. Die „Norder Windloopers", wie die Stadtwerker ihre Maschinen tauften, wurden im November 1987 errichtet und produzieren noch heute zuverlässig Ökostrom direkt hinter dem Deich in Norddeich. Für Enercon war dieser erste Windpark in Niedersachsen die beste Werbung.

Mittlerweile waren auch die überregionalen Stromversorger auf das Unternehmen aus Aurich aufmerksam geworden. Für den Windpark Westküste orderte die Rendsburger SCHLESWAG AG bei Enercon fünf Anlagen, die sich im Kaiser-Wilhelm-Koog gegenüber dem von MAN gefertigten Aeroman beweisen mussten. Beim Aufbau hat neben Klaus Peters und Aloys Wobben auch der Leiter des Windparks, Gert Nimz, mit angefasst. Mit Nimz fand Aloys Wobben eine sehr partnerschaftliche Ebene, von der beide profitierten. Der Schleswag-Ingenieur bescheinigt dem Auricher Windkraft-Pionier: „Herr Wobben nahm unsere Anforderungen an die Stromqualität sehr ernst."

Mit einem weiteren „Großauftrag" von zehn Anlagen folgten die Überlandwerk Nord-Hannover AG (ÜNH), die mittlerweile zur EWE AG (EWE) aus Oldenburg gehört. Konkurrent am Standort Cappel-Neufeld im Landkreis Cuxhaven war MBB mit seinen einflügligen 30-kW-Anlagen. Aloys Wobben konnte seine 55-kW-Turbinen im Windpark Westküste und in Cappel-Neufeld direkt mit den Maschinen der Großkonzerne MAN und MBB vergleichen. In diesen Windparks bewies er, dass seine Anlagen ein konkurrenzfähiges Produkt darstellen.

Mit Beginn der Produktion der E-16 in Kleinserie zeichnete sich allerdings ab, dass die Halle in der Raiffeisenstraße zu klein für die weitere Unternehmensentwicklung sein würde. Aloys Wobben suchte neue Hallen und erwarb schließlich von der Stadt Aurich ein Grundstück von 6 600 Quadratmetern am Dreekamp. Hier entstand Anfang 1988 ein neues Verwaltungsgebäude und die erste firmeneigne Produktionsstätte. Die neue Fertigungshalle war mit 900 Quadratmetern Grundfläche geräumig genug, um größere Windkraftanlagen zu fertigen.

Das war auch nötig, denn besonders die Energieversorgung Weser-Ems AG – die heutige EWE AG – und die Schleswag trieben die Entwicklung in den späten Achtzigerjahren voran und verlangten größere Maschinen. Beide Unternehmen waren damals Windenergieprojekten gegenüber aufgeschlossen und kooperativ. Der Widerstand gegen die Windenergie formierte sich erst viel später. Damals verhandelte vor allem die EWE mit Enercon über die Entwicklung einer größeren Windkraftanlage.

So begann Wobben, eine Turbine mit 300 Kilowatt Leistung und einem 32-Meter-Rotor zu entwerfen, eng angelehnt an die Vorstellungen des Regionalversorgers. Der Chef der EWE Gerd Reiners kam nach Aurich und kaufte Wobben die Neuentwicklung vom Reißbrett weg. Parallel hatte nämlich der Luft- und Raumfahrtkonzern MBB eine Einblatt-Maschine mit 250 Kilowatt in der Entwicklung. Die Vorgaben waren simpel: Beide Firmen sollten der EWE je eine Anlage liefern und der Bessere sollte dann in der Folge einen Auftrag für zehn weitere Turbinen bekommen.

Bei der E-32 setzten die Ingenieure um Aloys Wobben erstmals Pitch-Regelung ein. Der Prototyp wurde im Dezember 1988 am Klärwerk Manslagt-Pilsum in der Krummhörn aufgestellt. Konkurrent MBB war dagegen in den Startlöchern hängen geblieben und konnte seine Maschine nie zur Marktreife bringen. „Wir haben unsere Anlage hingestellt und sie lief", betont Wobben. Bis sie eines Tages doch stand: Im Vorratstank für die Hydraulikflüssigkeit hatte sich die Farbe aufgelöst und die Leitungen verstopft – nichts ging mehr. Wobben ließ die Maschine reparieren, doch diese „äußerst kritische Situation" bestätigte ihm, wie wichtig Qualitätskontrolle bis in das kleinste Detail ist.

Enercon erhielt dennoch von der EWE im Jahr 1989 den Auftrag für zehn Anlagen im Windpark Krummhörn. Mit drei Megawatt Gesamtleistung war er damals Deutschlands größter Windpark. Insgesamt hatten zu diesem Zeitpunkt alle von Enercon produzierten Anlagen zusammen mehr als zehn Megawatt Leistung erreicht. Das Auricher Unternehmen avancierte damit zum Marktführer in Deutschland – eine Position, die es bis heute nicht mehr abgegeben hat.

Prototyp der Enercon E-112 in Egeln bei Magdeburg: Das Herzstück der E-112 ist der über 200 Tonnen schwere Ringgenerator mit einem Durchmesser von rund zwölf Metern

Als mit dem 100-Megawatt-Programm erstmals Fördermittel des Bundes für die Windenergiebetreiber zur Verfügung standen, entwickelte sich langsam ein Markt für Windkraftanlagen. Die garantierte Mindestvergütung aus dem 1990 verabschiedeten Stromeinspeisungsgesetz tat ein Übriges für die steigende Nachfrage. Die E-32 wurde in Serie gefertigt und war ein gut zu verkaufendes Produkt. Mit dieser Anlage stieg Enercon auch in das Exportgeschäft ein. 1991 lieferten die Ostfriesen je eine Maschine in die Niederlande und auf die spanische Kanaren-Insel Teneriffa.

Parallel zu Stadtwerken und Regionalversorgern interessierten sich auch immer mehr Landwirte und Gemeinden für die Windenergie. Diese Klientel entwickelte sich schließlich zu den Hauptabnehmern der 80-kW-Maschinen vom Typ E-17. Die erste Anlage dieses Modells war im Jahr 1988 in Aurich auf dem Firmengelände am Dreekamp errichtet worden. Sie besaß gegenüber der E-16 nicht nur einen auf 17 Meter vergrößerten Rotordurchmesser, sondern basierte auf einem völlig neuen Konzept, bei dem das Getriebegehäuse zugleich der Maschinenträger war. Das Getriebe war sehr kräftig und trotzdem resümiert Wobben: „Wir haben mit der E-17 einiges an Erkenntnissen gesammelt, besonders, dass man Getriebe nicht dicht bekommt."

Mit steigender Zahl verkaufter Anlagen wuchsen die Erfahrungen des Enercon-Teams, doch gerade die schnell drehenden Teile bereiteten Firmenchef Wobben auch bei der 300-kW-Maschine zunehmend Kopfzerbrechen. „Getriebe, Lager im Generator, Hydraulik – überall gab es Probleme", erinnert sich der Auricher. „Wenn Sie als Ingenieur ein Problem haben und wollen aber 1000 Anlagen bauen, dann können Sie nicht mehr ruhig schlafen." Wobben fasste einen für die Zukunft des Unternehmens entscheidenden Entschluss: „Schluss mit den schnell drehenden Teilen."

Aloys Wobben und seine Techniker entschieden sich 1991, eine Maschine mit einem völlig veränderten Konzept zu entwickeln. Er legte einen Generator aus, dessen Polzahl der relativ langsamen Drehung des Rotors angepasst ist und der somit auf ein Getriebe verzichten kann. Dabei kam Wobben zugute, dass er bereits während seiner Assistenzzeit in Braunschweig große Generatoren berechnet hatte. Wieder hat er für die Entwicklung dieser Anlage wie schon bei der E-32 die EWE als Partnerin gewinnen können, auch wenn die Techniker des Energieversorgers „anfangs sehr skeptisch" waren.

Im März 1992 ging der Prototyp einer getriebelosen 450-kW-Anlage, die einen Rotordurchmesser von 36 Metern hatte, im EWE-Windpark im ostfriesischen Hamswehrum in Betrieb. Die E-36 wurde mehrere Monate lang intensiv getestet. Alle Verbesserungen fanden in dem neuen Prototypen der E-40 mit 40 Metern Rotordurchmesser und 500 Kilowatt Leistung, der ein knappes Jahr später die E-36 ablöste, ihren Niederschlag. Es ist Wobbens Verdienst, das Konzept eines direkt angetriebenen Generators erstmals für Windkraftanlagen dieser Größenordnung umgesetzt zu haben.

Das erforderte Mut und einige Raffinessen. „Ohne ein paar Tricks wäre der Generator viel zu teuer geworden", verrät der Enercon-Chef, der mittlerweile alleiniger geschäftsführender Gesellschafter der Enercon GmbH geworden war. Gustav Adolf und Ulrich Küchenmeister waren im Oktober 1991 bei Enercon ausgestiegen, um sich wieder vornehmlich ihrer Firma Getriebebau Nord zu widmen.

Die Umsetzung zur Serienproduktion vollzog die Führungsriege um Wobben dann mit aller Konsequenz. Als der Prototyp lief, stornierten die Enercon-Verantwortlichen die Materialbestellungen für die alten Anlagetypen und starteten die Umstellung der Fertigung auf die neu entwickelte getriebelose Windturbine der 500-Kilowatt-Klasse. „Das war mit viel Mut zum Neuen verbunden, denn immerhin haben wir eine laufende Produktion gestoppt", erinnert sich Produktionsleiter Peters. Viele Sachverständige hätten damals an der neuen getriebelosen Konstruktion gezweifelt. Und nicht zuletzt hatten Enercons Vertriebsmitarbeiter in jener Zeit ganze Arbeit zu leisten, mussten sie doch ihre Kunden von einer Technologie überzeugen, die sich noch in der Testphase befand.

Da war auch von den Kunden viel Unternehmergeist und vor allem Vertrauen zu der Auricher Windschmiede gefragt. Der erste, der Enercon eine getriebelose Anlage abkaufte, war im Mai 1993 Gerhard Jessen, ein Landwirt aus dem nordfriesischen Niebüll, der bereits Betreiber einer E-32 war. Natürlich lief die Serienfertigung nicht ohne Probleme an, aber Enercon zeigte sehr viel Kulanz bei seinen Pionierkunden. Ende des Jahres 1993 hatte Enercon 36 getriebelose Maschinen ausgeliefert. Die Kinderkrankheiten der E-40 waren weitestgehend überwunden, sie lief mit hoher Verfügbarkeit. Die Nachfrage stieg 1994 sprunghaft an, es setzte ein regelrechter Boom ein. Das setzte Mittel frei für neue Investitionen. Überwiegend für den Export entwickelte Enercon eine getriebelose 230-kW-Anlage, die E-30, die so konstruiert war, dass sie ohne Kran aufzubauen ist und in Containern verschifft werden kann. Für die Produktion dieses Typs wurde ein Werk in Indien errichtet.

In Aurich konzentrierte sich Wobben danach auf die Steigerung der Produktion für die E-40. 70 Millionen Mark sollte Enercon in den nächsten Jahren in neue Gebäude investieren, für jede Hauptkomponente – Rotorblatt, Generator, Maschinenbau – wurde in Aurich eine eigene Fabrik gebaut. Enercon setzte ganz bewusst auf eine große Fertigungstiefe. Klaus Peters nennt dafür plausible Gründe: „Wir wollten zum einen unseren Entwicklungsvorsprung lange im eigenen Haus behalten und zum anderen den Ertrag aus dem Geschäft wieder in die Verbesserung der Anlagen fließen lassen."

Großes Augenmerk hatten die Entwickler auf die Netzverträglichkeit der Maschine gelegt. Die Leistungselektronik hielt die Parameter des abgegebenen Stromes eng in den vom Energieversorger vorgegebenen Grenzen. Mit der Möglichkeit, die Blindleistung zu regeln und Oberschwingungen zu filtern, konnten schwache Netze unterstützt werden. „Damit brachen wir das bei den Stromversorgern weit verbreitete Vorurteil, dass Windenergieanlagen sich nur störend auf das Netz auswirken", nennt Peters ein wesentliches Plus, das die E-40 zur meistverkauften Anlage in Deutschland machen sollte. Mitte 2005 laufen von der Modellreihe – die immer wieder modifiziert worden ist – weltweit über 4 100 Maschinen.

Der Absatz der E-40 sicherte den Aurichern Kontinuität in der Fertigung und das Unternehmen konnte hohe Kapitalrücklagen bilden – ein wichtiger Eckpfeiler der nachhaltigen Firmenstrategie von Enercon. Damit überstand Enercon auch den Markteinbruch im Jahre 1996 unbeschadet, der einige Konkurse unter den Windkraftanlagen-Herstellern zur Folge hatte. Wobben ist im Nachhinein froh, dass er damals niemanden entlassen musste. „Ich war mir sicher: Irgendwann brauche ich die guten Leute ja wieder!" Nach wie vor hält Wobben nichts von Preisdumping, denn aus seiner Sicht zahlt sich der Verkaufspreis seiner Anlagen für die Kunden langfristig aus: „Ich habe immer gesagt: Wir brauchen einen Preis, mit dem wir eine Zukunft haben, mit dem wir Service und Reparaturen langfristig sicherstellen und die Weiterentwicklung und Qualität unserer Produkte finanzieren können."

Die nächste Anlagengeneration konnte Enercon im Dezember 1995 präsentieren, als auf dem Firmengelände in Aurich der Prototyp der E-66 den Probebetrieb aufnahm. Die E-66 war die erste deutsche 1,5-MW-Anlage. Enercon zeigte damit, dass das getriebelose Konzept der E-40 auch bei größeren Maschinen beherrschbar ist. Mit über 100 Metern Gesamthöhe ist die Turbine ein weithin sichtbares Wahrzeichen von Aurich. Dabei besticht diese Anlage auch durch ihre Laufruhe und vor allem durch ihr äußeres Design: Aloys Wobben hatte den britischen Star-Architekten Lord Norman Forster, der auch die Kuppel des Berliner Reichstages entworfen hat, für die Gestaltung der Anlage gewinnen können.

Der Schritt in die Megawatt-Klasse stellte eine neue Herausforderung dar, bei der auch die Produktion in Aurich an ihre Grenzen kam. Es war vorauszusehen, dass die Serienfertigung der 1,5-MW-Anlage enorme Kapazitäten, besonders im Maschinenbau und in der Rotorblattfertigung, benötigen wird. Klaus Peters sieht es daher zurückblickend als „eine glückliche Schicksalsfügung" an, dass Enercon in Magdeburg zum Zuge kam. Dass die Auricher die Hallen des ehemals größten Maschinenbaubetriebes der DDR, des VEB Schwermaschinenbau-Kombinat „Ernst Thälmann" (SKET) in Magdeburg, wiederbeleben konnten, gelang ihnen gemeinsam mit ihrem langjährigen Geschäftspartner Heinz Buse.

Aloys Wobben und Heinz Buse kennen sich bereits seit 1986. Als Buses Firma, die Logaer Maschinenbau GmbH in Leer, den Auftrag bekam, Drehmomentstützen für die E-16 herzustellen, hatte der damals 23-Jährige den Betrieb mit 25 Mitarbeitern gerade von seinem Vater übernommen. Wenig später erhielt er einen zweiten Auftrag von Enercon für die Anfertigung des gesamten Stahlbaus für zehn Anlagen, einschließlich Maschinenträger und Gittermasten.

Die Zusammenarbeit gestaltete sich aus Buses Sicht unkompliziert. „Wir benötigten keine großen Verträge, es war ein schnelles, flexibles, einfaches Machen – gebaut, geliefert, gezahlt, fertig." Die beiden Jungunternehmer merkten, dass sie sich in ihrer Denkweise und im unternehmerischen Gespür sehr ähnlich waren und fanden so schnell einen Draht zueinander. Heinz Buse fertigte in der Folge die Maschinenbaukomponenten für Enercon und seine Firma wuchs parallel zur Auricher Windschmiede.

Als Enercon 1996 für seine Windenergieanlagen größere Nabenhöhen benötigte – bis zu diesem Zeitpunkt wurden die E-17, E-32 und E-40 überwiegend auf Schleuderbetontürmen mit maximal 48 Metern Höhe errichtet – wurde es für Heinz Buse interessant, eine Stahlrohrturm-Produktion aufzubauen. Der Maschinenbau-Unternehmer, der bereits 1992 einen Betrieb in Genthin nordöstlich von Magdeburg von der Treuhandanstalt erworben hatte, war wöchentlich einmal im Raum Magdeburg unterwegs. Hier erhielt er den Hinweis, dass der ehemalige VEB Schwermaschinenbau „Karl Liebknecht" (SKL), ein Betrieb, der überwiegend Großbehälter herstellte, stillgelegt werde.

Ende November 1996 besichtigte Buse die Hallen. „Es passte alles." Für Stahlbau braucht man große Hallen, große Krankapazitäten und ausgebildete Leute – und in Magdeburg fand er all das vor. Nach nur drei Monaten Verhandlung mit der Bundesanstalt für vereinigungsbedingte Sonderaufgaben (BvS), der Nachfolgerin der Treuhandanstalt, kaufte Buse die Hallen. Er fand in Andre Bojen, einem seiner jungen, engagierten Mitarbeiter aus Leer, einen Mann, der bereit war, nach Magdeburg zu ziehen und den Aufbau der Produktion zu übernehmen. Nach und nach wurden über 200 Mitarbeiter eingestellt, und nach wenigen Monaten lief die Fertigung von Stahlrohrtürmen in dem Betrieb, der sich nun SAM Stahlturm- und Apparatebau Magdeburg GmbH nannte.

Wenig später stand die SKET Maschinen und Anlagenbau GmbH (SKET-MAB) zum Verkauf, ein Betrieb, der ideale Voraussetzungen für die Fertigung der E-66 bot. Auf dem

Gelände gab es mehrere große Hallen mit riesigen Kranbahnen. Als Magdeburg noch das Zentrum des Schwermaschinenbaus der DDR war, arbeiteten in diesen Hallen über 13 000 Leute. Nach der ersten gescheiterten Privatisierung waren davon gerade mal 180 Mitarbeiter übrig geblieben.

„Der Betrieb hatte aber immer noch eine Größenordnung, die man sich schon etwas länger durch den Kopf gehen lässt", erinnert sich Heinz Buse. Er rückte jedoch nicht die Risiken in den Vordergrund seiner Abwägungen, sondern sah vor allem die Möglichkeiten, die sich damit eröffneten. „Als Unternehmer schaut man nach vorn, das Herzflattern sollte nur kurz anhalten." Er setzte sich mit Aloys Wobben zusammen und die beiden Ostfriesen entwickelten eine Strategie für die Nutzung des riesigen Areals. Im Januar 1998 haben beide den Betrieb von der BvS gekauft – eine gigantische Investition.

Der langjährige SKET-Mitarbeiter und bereits von der BvS eingesetzte Geschäftsführer Dirk Pollak wurde als Betriebsleiter übernommen und bis 1999 wurde bei SKET-MAB die gesamte Serienproduktion der E-66 aufgebaut. Der komplette Maschinenbau, die Rotorblattproduktion, die Generatorfertigung, die Endmontage und auch der Service sind auf dem Gelände untergebracht.

Auch SAM ist seit 2000 auf das so genannte Südgelände von SKET gezogen. Der Betrieb, der neben der Turmherstellung einen Teil seiner Produktionskapazitäten im allgemeinen Maschinenbau wie Brückenbau und Fertigung von Sonderkonstruktionen hat, ist sowohl von der Größe als auch von der technischen Ausstattung her heute eines der bedeutendsten Schwermaschinenbau-Unternehmen in Deutschland.

Die Aufträge für Enercon nehmen inzwischen einen immer größeren Umfang in der Fertigung bei SAM ein, denn neben Türmen werden auch alle wichtigen Betriebsmittel sowie die Maschinenbauteile in dem Unternehmen hergestellt. Es ist abzusehen, dass SAM eines Tages ausschließlich für Enercon produziert. So hatte es für Heinz Buse Sinn, die Firma Anfang des Jahres 2003 an Enercon zu verkaufen. „Eine klare Verantwortlichkeit ist das Beste für das Unternehmen und seine Mitarbeiter."

Durch ihren Coup mit SKET und SAM haben Wobben und Buse entscheidend zur Wiederbelebung des Schwermaschinenbaus in Magdeburg beigetragen. Heinz Buse verweist darauf, dass die vielen gut ausgebildeten und hoch motivierten Mitarbeiter den wohl größten Standortvorteil in Magdeburg bilden. „So gesehen", resümiert Heinz Buse „war Magdeburg ein Geschenk".

Mit der Beteiligung an der SKET-MAB konnten die Fertigungskapazitäten von Enercon mehr als verdoppelt werden. Bis Mitte 2003 fanden bei SAM, SKET-MAB und auch in den 2001 neu hinzugekommenen Produktionskapazitäten von Enercon in Magdeburg-Rothensee insgesamt über 2 000 Mitarbeiter einen zukunftsträchtigen Arbeitsplatz. Magdeburg avancierte damit zum größten Produktionsstandort der Windbranche in Deutschland.

Die vorrangige Aufgabe für sein mittlerweile über 80 Ingenieure zählendes Entwicklungsteam sieht Wobben in der ständigen Optimierung der Anlagen, denn dem Größenwachstum sind Grenzen gesetzt. „Natürlich bilden Turmhöhe und Rotorfläche die wichtigsten Faktoren für die erzeugten Kilowattstunden, aber entscheidend ist, was man in der Wirtschaftlichkeitsberechnung wiederfindet." Besonders der Transport an Land stößt an Schranken und so gilt ein Optimum für die Größe der Türme oder die Länge der Flügel. Auch für den Einsatz der Krane besteht ein Optimum. „Mit der E-66 haben wir dieses erreicht", wirbt der Enercon-Chefentwickler für das kommerzielle Zugpferd seiner Produktpalette, das mittlerweile zur E-70 mit zwei Megawatt Leistung weiterentwickelt wurde.

„Die E-112 ist das zweite Optimum", verweist Wobben auf sein gegenwärtiges Flaggschiff, das seit August 2002 in Egeln bei Magdeburg erfolgreich im Probebetrieb läuft. Diese 4,5-MW-Anlage ist eine gigantische Herausforderung nicht nur für die Entwicklungsingenieure von Enercon, sondern auch für all ihre Partner in der Zulieferindustrie, besonders die Gießereien. Das Maschinenhaus wiegt 440 Tonnen. Mit einem Durchmesser von zwölf Metern hat es die Dimension eines Einfamilienhauses. Die 52 Meter langen Rotorblätter lassen sich auch nur noch auf wenigen Straßen im Ganzen transportieren. Das sind Größenordnungen, die an Land kaum noch rentabel zu bewältigen sind und für den Einsatz im Meer erst noch beherrscht werden müssen.

Wobben hat es daher nicht eilig, mit seinen Maschinen auf hohe See zu gehen. Er zieht eine küstennahe Erprobung und die Optimierung der Anlagen an Land den Risiken des schnellen Offshore-Einsatzes vor. In den Jahren 2003 und 2004 hat er vier weitere E-112 in Wilhelmshaven und Emden in Betrieb genommen, davon eine „mit nassen Füßen" in der Nähe des Emdener Hafens in die Ems gestellt. Doch Wobben sieht in seiner Riesenturbine kein reines Offshore-Produkt. Viel lieber will er die E-112 auch an Land einsetzen, um die wenigen noch zur Verfügung stehenden Standorte so effektiv wie möglich zu nutzen. Vorerst ist es jedenfalls sein ehrgeiziges Ziel, die Stromerzeugungskosten dieser Maschine, die er probeweise auch schon längere Zeit mit sechs Megawatt Leistung laufen ließ, um 40 Prozent zu senken.

Für Firmenchef Aloys Wobben bildet die E-112 nur einen Schritt auf dem Weg zu einer weltweiten regenerativen Energiewirtschaft. Um dieses ferne Ziel zu erreichen, sind weltweite Netzwerke notwendig. Wobben brachte seine Erfahrungen als einer von zwei deutschen Vertretern in die „G8 renewable energy task force" ein, eine Sonderarbeitsgruppe der G8-Staaten, die sich mit dem weltweiten Ausbau der regenerativen Energien beschäftigte. Insbesondere wurden Möglichkeiten der Energiebereitstellung für die etwa zwei Milliarden Menschen in den ärmeren Ländern, die noch gar keinen Zugang zu Strom haben, untersucht.

Die Arbeitsgruppe kam zu dem Schluss, dass es über einen Zeitraum von etwa 30 Jahren betrachtet auch für die Volkswirtschaften der großen Industrienationen wesentlich billiger ist, den unausweichlichen Anstieg des Energieverbrauchs der

Entwicklungsländer auf der Basis regenerativer Energien zu gestalten, statt auf Grundlage herkömmlicher Energien. Dazu sind in der nächsten Dekade verstärkte Investitionen in Forschung und Entwicklung und entsprechende Pilotprojekte notwendig. Erneuerbare Energien erweisen sich als das Schlüsselelement für eine nachhaltige Entwicklung in der Welt. Sie können einen wesentlichen Beitrag zur Lösung globaler Probleme wie Umweltschutz, Ernährung oder Wasserversorgung leisten. Die Mitglieder der Arbeitsgruppe appellierten in ihrem 2001 erschienenen Abschlussbericht an die Führungskräfte der G-8-Staaten: „Handelt jetzt!"

Aloys Wobben hat vorgemacht, welche Entwicklung durch konsequentes Handeln möglich ist. Unter seiner Führung wurde aus der kleinen ostfriesischen Garagenwerkstatt innerhalb von 20 Jahren ein weltweit operierendes Unternehmen mit mehr als 6 000 Mitarbeitern und mit Fertigungsstätten in Aurich, Magdeburg, Indien, Brasilien, Schweden und der Türkei. Fast jede dritte Windkraftanlage in Deutschland trägt den charakteristischen grünen Streifen am Turmfuß, das Markenzeichen der Enercon-Maschinen. Die Vision der Windenergienutzung in einer energiewirtschaftlich relevanten Dimension ist in Deutschland Wirklichkeit geworden. Heute werden rund sechs Prozent des in Deutschland verbrauchten Stromes aus Windenergie gewonnen, bis 2020 könnten es 20 Prozent sein.

Wobben weiß, dass Windkraftanlagen allein noch keine regenerative Energieversorgung ermöglichen. Für ihn sind sie die Basis, um einmal eine ganze Region wie Ostfriesland aus einem regenerativen Energiemix zu versorgen oder in trockeneren Gebieten der Welt der Trinkwasserknappheit durch Meerwasserentsalzung zu begegnen. Auch die Speicherung des Windstromes wird mit zunehmendem Anteil im Netz eine immer größere Rolle spielen. So arbeiten die Auricher Entwicklungsingenieure an verschiedenen Möglichkeiten der Energiespeicherung.

Der Auricher Firmenchef ist davon überzeugt, dass irgendwann – wenn die fossilen Ressourcen knapper werden – die Energiepreise nur noch steigen werden. Dann, so hofft er, wird sein Unternehmen mit Windenergieanlagen von 300 Kilowatt bis sechs Megawatt und anderen Lösungen zur Erzeugung regenerativer Energien den Bedürfnissen des Weltmarktes entsprechen können. Denn da ist sich Aloys Wobben sicher: „Wir registrieren ein weltweites Aufwachen. Der Markt ist gigantisch."

Nasse Füße: In Emden probte Enercon im Oktober 2004 erstmals den Aufbau einer E-112 im Wasser

Danish Design auf dem deutschen Markt

Dänische Windkraftanlagen-Hersteller gaben dem deutschen Markt besonders in den Achtzigerjahren entscheidende Entwicklungsimpulse. Sie zeigten mit ihren einfachen, aber robusten Konstruktionen, dass Windkraftanlagen durchaus zuverlässig funktionieren können.

Diese technische Philosophie überzeugte nicht nur mutige Investoren südlich der dänischen Grenze, sondern auch diejenigen Techniker und Kaufleute, die für ihre dänischen Partner Vertrieb, Service und Fertigung in Deutschland aufbauten.

Mit seinem Anwachsen zum größten der Welt gab der deutsche Windkraftmarkt die entscheidenden Impulse zur Weiterentwicklung der Anlagen in den größeren Leistungsklassen nach Dänemark zurück.

Links | Prototypen der Megawattklasse auf dem dänischen Testfeld in Tjaereborg bei Esbjerg

Links | Vestas V17 auf dem Firmengelände in Husum: Die erste Maschine, für die Burmeister eine Typenprüfung erwirkte

Rechte Seite | Flügel in Lauchhammer: Wie in Husum begann die Arbeit auf der Baustelle in der Lausitz in einem Container

***Klaus Burmeister** | Typenprüfung*

Klaus Burmeister begann 1985 in einem Container in der Husumer Otto-Hahn-Straße mit dem Aufbau eines Vertriebsbüros der dänischen Firma Vestas A/S. Es war die erste Niederlassung eines ausländischen Windkraftanlagen-Herstellers in Deutschland.

Der Diplomingenieur stellte zunächst einmal prüffähige Unterlagen für die Vestas-Anlagen zusammen und erwirkte von den schleswig-holsteinischen Behörden eine Serien-Typenprüfung. Durch seine Mitarbeit in der Richtlinienkommission des Landes ebnete er auch anderen dänischen Herstellern den Weg, ihre Windkraftanlagen in Deutschland aufzustellen.

Als Technischer Direktor war Klaus Burmeister von 1991 bis 2004 auch für die Produktion von Vestas-Anlagen in Deutschland verantwortlich und leitete in den Jahren 2001 bis 2002 den Aufbau der Rotorblattfabrik im ostdeutschen Lauchhammer. Seitdem die Vestas Deutschland GmbH 2004 zur Zentrale von Vestas Central Europe ausgebaut wurde, leitet Burmeister den Service in Deutschland, Österreich, Benelux und Osteuropa.

Friedrich Preißler-Jebe | *Vertreter für dänische Zuverlässigkeit*

Im April 1989 eröffnete Friedrich Preißler-Jebe in Ostenfeld die deutsche Werksvertretung für Nordtank-Windkraftanlagen. Dabei begann alles eher bescheiden in einem Kellerbüro auf seinem Hof. Von hier aus akquirierte er deutsche Kunden für die Anlagen der Nordtank A/S aus Balle.

Von der Solidität und Zuverlässigkeit der ausgereiften dänischen Konstruktionen konnte Preißler-Jebe zunächst vor allem seine landwirtschaftlichen Berufskollegen überzeugen. Der Erfolg seiner Überzeugungskraft zwang ihn schon bald, seinen landwirtschaftlichen Großbetrieb zu Gunsten des Windgeschäfts aufzugeben. Sein Anwesen wurde Vertriebs- und Servicestützpunkt von Nordtank.

Mit der Fusion von Nordtank und Micon im Jahr 1997 wurde die Ostenfelder Nordtank-Vertretung zur Zentrale der NEG Micon Deutschland GmbH, von der aus Preißler-Jebe zu besten Zeiten 185 Mitarbeiter koordinierte. Mit der Übernahme von NEG Micon durch Vestas im Dezember 2003 wurden Vertrieb und Service für Deutschland bei Vestas in Husum integriert, sodass nicht nur für den Standort Ostenfeld eine Ära endete, sondern auch für Friedrich Preißler-Jebe.

Oben | Friedrich Preißler-Jebe auf seinem Anwesen in Ostenfeld, einst Sitz der deutschen Zentralen von Nordtank und NEG Micon

Linke Seite | Nordtank 300-kW-Anlage NTK 300/31 im Windpark Friedrichsgabekoog

***Dieter Fries** | Die Kunst des Einfachen*

Dieter Fries brachte 1989 die Maschinen des dänischen Herstellers Micon A/S auf den deutschen Markt. Ihn faszinierte an ihnen vor allem die klare, einfache Anlagenkonstruktion. „Um die damals noch unbekannte Windkraftnutzung in Deutschland umzusetzen, brauchte man eine ausgereifte, betriebssichere Technik – und die gab es seinerzeit nur bei dänischen Herstellern."

Der Schiffsbauingenieur entdeckte die Windenergie, als er sich in den Achtzigerjahren als Betriebsratsmitglied der Hamburger Traditionswerft HDW mit alternativer Produktion und Rüstungskonversion beschäftigt hatte. Nach der Schließung der Werft machte sich Fries 1989 mit seinem Ingenieurbüro Fries & Partner selbstständig und übernahm von Hamburg aus den bundesweiten Vertrieb für Micon-Windkraftanlagen.

Die Kunst des Einfachen schätzte Fries auch bei der Zusammenarbeit mit den Dänen. Er konnte viel aus deren Erfahrungen lernen und einen Teil der dänischen Philosophie auch hier zu Lande transportieren. So verstand er sich nicht allein als Verkäufer der Turbinen, sondern zugleich als Standort-, Finanzierungs- und Technikberater.

Ein Jahr nach der Fusion von Micon mit Nordtank beendete Dieter Fries 1998 seine Vertriebstätigkeit. Seitdem kümmert er sich um kleinere Windkraftprojekte, überwiegend im Ausland.

Das Binnenland entdeckt: Micon M530-250/50 kW auf dem Hirtstein im Erzgebirge (links) und Aufbau einer Micon M1500-500/125 kW im Windpark Helpershain am Vogelsberg (oben)

***Erich Grunwaldt** |*
Arbeitsbeschaffungsmaßnahme

Erich Grunewaldt war als Entwicklungshelfer in Afrika erstmals mit Windenergie in Berührung gekommen und stieg 1986 nach seiner Rückkehr mit einer ABM-Stelle bei der Bremer AN Maschinenbau und Umweltschutzanlagen GmbH ein. Diese Arbeitnehmer-Firmenausgründung des ehemaligen Werftzulieferers Voith suchte neue Perspektiven auf dem Gebiet der Umwelttechnik. Grunwaldt begann zunächst, kleine Windkraftanlagen mit acht Kilowatt Leistung zu bauen.

Für den Bau größerer Maschinen fädelte Grunwaldt 1988 die Kooperation mit dem dänischen Windturbinenhersteller Bonus Energy A/S aus Brande ein. Dabei schätzte er vor allem die behutsame Firmenpolitik des Traditionsunternehmens, das bei der Anlagenentwicklung stets in überschaubaren Schritten voranging. Bis 1996 baute AN in Bremen Bonus-Anlagen in Lizenz.

Seit der Aufsplitterung der verschiedenen Unternehmensbereiche im Jahre 1997 firmiert die Windenergieabteilung als AN Windenergie GmbH und konzentriert sich auf Vertrieb und Service der Bonus-Anlagen. Erich Grunwaldt leitete die Geschäfte von AN Windenergie bis 2002 und hat in 16 Jahren aus seiner ABM-Stelle rund 200 Arbeitsplätze entstehen lassen. Danach wechselte er in den Aufsichtsrat und wollte etwas kürzer treten – eigentlich. Im Mai 2003 starb Erich Grunwaldt vor der französischen Mittelmeerküste in Ausübung seiner Passion – des Windsurfens.

Oben und rechte Seite | Die Nase vorn: AN Bonus stellte im Dezember 1998 im DEWI-Testfeld in Wilhelmshaven als erster Hersteller den Prototypen einer 2-MW-Anlage auf. Charakteristisch für die Bonus-Anlagen ist die Nabenverkleidung – die „Bonus-Nase“

Die ersten AN Bonus 600-kW-Anlagen in Deutschland wurden im November 1994 im Windpark Hillgroven errichtet

Norbert Giese auf dem Gelände der ehemaligen Voith-Werke in Bremen, wo AN Windenergie ihren Ursprung hat: „Wenn ich Strom verbrauche, dann bin ich verantwortlich dafür, wo der Strom herkommt."

Norbert Giese | *„Vertrauens"-BONUS*

Norbert Giese ist Gesellschafter und seit 2002 auch Geschäftsführer der AN Windenergie GmbH. Er wurde 1989 als fünfter Mitarbeiter bei AN eingestellt und organisierte über viele Jahre den Vertrieb für die Maschinen ihrer dänischen Partnerfirma Bonus Energy A/S, mit der AN eine vertrauensvolle Zusammenarbeit auf gleicher Augenhöhe pflegte.

Der Hamburger engagierte sich schon seit Schülerzeiten in der Anti-AKW-Bewegung. Konsequenterweise beschäftigte sich der Geograf mit einer Alternative und untersuchte in seiner Diplomarbeit das Windpotenzial in Schleswig-Holstein. Giese und seine Mitarbeiter haben ihr ursprüngliches Ziel, einmal ein Atomkraftwerk durch Windturbinen zu ersetzen, mit einer Gesamtleistung von 1300 Megawatt längst erfüllt: Bis Ende 2004 verkaufte AN in Deutschland über 1300 Maschinen von Bonus. AN Windenergie ist auch seit dem Verkauf von Bonus an die Siemens AG im Spätherbst 2004 für Vertrieb und Service in Deutschland zuständig.

Norbert Giese vertritt die Interessen der Windkraftanlagen-Herstellerfirmen im Verband Deutscher Maschinen- und Anlagenbau e.V. (VDMA). Seit April 2001 ist er Sprecher der Interessengemeinschaft Windenergieanlagen im VDMA und zudem im Vorstand des Fachbereichs Power Systems tätig.

Günter Schmidt | *Abenteuer Nordex*

Günter Schmidt gründete Anfang der Neunzigerjahre in Rinteln an der Weser zusammen mit Werner Napp und Volker König die Nordex Energieanlagen GmbH für den Vertrieb der Windturbinen des dänischen Herstellers Nordex A/S. Damit begann für den Elektroingenieur, der zuvor seine Elektronikfirma verkauft hatte, um ein „ruhigeres und gesünderes Leben" zu führen, eine zweite Ära als Unternehmer.

Die Dynamik bei Nordex nahm Schmidt, der den Großteil des Stammkapitals in die Firma eingebracht hatte, schnell die Ruhe. Mit der Entwicklung eigener Anlagen und dem Aufbau der Produktion in Deutschland wurde es dem Finanzverantwortlichen aber geradezu unheimlich: „Finanziell haben wir uns sehr weit aus dem Fenster gelehnt."

Das Abenteuer Nordex ging gut aus. Seit dem Verkauf seiner Firmenanteile im Jahr 1998 versucht es Günter Schmidt ein zweites Mal mit einem ruhigeren Leben. Als Ein-Mann-GmbH entwirft er Steuerungen für alternative Energiesysteme und entwickelt selbst kleinere Wind- und Solarenergieprojekte.

Linke Seite | Leben mit regenerativer Energie: Günter Schmidt betreibt seit 1987 auf seinem Grundstück in Rinteln eine Lagerwey LW 15/35, eine der ersten Windkraftanlagen der Region

Links und oben | Eine schöne, emotionale Zeit: Die erste Nordex in Deutschland wurde am 13. September 1991 am Klärwerk in Kappeln errichtet – eine N27 mit einer Leistung von 150 Kilowatt

Links | Eine Nummer zu groß: Der Prototyp der 800-kW-Anlage N52 in der ersten Produktionshalle von Nordex im Ostseebad Rerik, die für die rasante Entwicklung schon bald zu eng wurde. Seit 1999 produziert die Nordex AG ihre Turbinen im ehemaligen Dieselmotorenwerk in Rostock

***Werner Napp** | Die Pionier-Gesellschaft*

Werner Napp sah in der Nordex-Gründung die Möglichkeit, seinen Traum von einer „Pionier-Gesellschaft" umzusetzen. Auf der Suche nach gesellschaftlichen Alternativen hatte der studierte Atomphysiker bereits 1986 – ausgelöst durch Tschernobyl – in Düsseldorf ein Büro für Energieberatung eröffnet. Als er sich am dänischen Folkecenter die Grundlagen der Windenergienutzung aneignete, lernte er die dort entwickelten Nordex-Anlagen kennen: „Ich wusste: Das ist was für die Energiewende in Deutschland." Napp kümmerte sich in der Nordex-Crew vornehmlich um die technischen Fragen. Nach dem Entschluss, die Maschinen auch in Deutschland zu fertigen und vor allem eine 800-kW-Anlage zu entwickeln, ging Napp 1992 ins Ostseebad Rerik und baute dort die Produktion von Nordex in Deutschland auf.

Der Bau der 800-kW-Maschine N52 leitete 1995 den Wendepunkt in der Firmenentwicklung ein. Nachdem die Prototypen liefen, verkauften die Firmengründer ihre Anteile. Werner Napp stieg aus dem Windenergiegeschäft aus, dass für ihn eine Dimension mit zu viel persönlichen Zwängen erreicht hatte. Er setzt seine Suche nach alternativen Lebens- und Arbeitsformen auf anderen Gebieten fort – jenseits des manischen Strudels der Windindustrie.

Oben | Windspiel: Der Doppelrotor in Werner Napps Garten ist ein Geschenk von Walter Schönball

Doppeltes Novum: Im Dezember 2000 lieferte SeeBa den ersten Fachwerkmast mit einer Höhe von 117 Metern nach Kirchhundem im Sauerland für eine Vestas V66 – damals die höchste Windkraftanlage der Welt. Das Maschinenhaus wurde dabei nicht mit einem Kran auf den Mast gehoben, sondern mit einem Montagegerüst und Seilwinden

Ewald Seebode und Bernd Klinksieck | *Die Renaissance der Gittermasten*

Ewald Seebode war der erste Mitarbeiter der Nordex Energiesysteme GmbH und später Mitgesellschafter der Nordex Planungs- und Vertriebsgesellschaft mbH. Im Interessenverband Windkraft Binnenland (IWB), wo Seebode Gründungsmitglied ist, lernte er Bernd Klinksieck kennen, der 1993 als Konstrukteur bei Nordex begann.

Die beiden eint vor allem das Faible für Gittermasten – einst das Wahrzeichen der Nordex-Anlagen. Schon im Kreis der IWB-Aktivisten machten sie früh die Erfahrung, welche entscheidende Bedeutung die Nabenhöhe für einen wirtschaftlichen Betrieb von Windturbinen im Binnenland hat. So entwarf Klinksieck bei Nordex unter anderen einen achteckigen 70 Meter hohen Fachwerkturm für die 1-MW-Anlage.

Nach dem Ausstieg bei Nordex gründeten Seebode und Klinksieck Ende 1997 die SeeBa Energiesysteme GmbH in Stemwede. Neben dem kompletten Spektrum von Planung, Bau und Betrieb von Windparks sorgt das Duo Seebode und Klinksieck für eine Renaissance der Gittermasten auch bei Windturbinen der Megawatt-Klasse. SeeBa liefert über 100 Meter hohe Fachwerkmasten für verschiedene Hersteller und plant einen Riesengittermast mit 160 Metern Höhe für eine 2,5-MW-Anlage.

Oben | Gittermast-Connection: Ewald Seebode (li.) und Bernd Klinksieck in einem 77,5-Meter-Mast einer N43/600 kW in Osnabrück

Volker König |
„Jede Kilowattstunde zählt"

Wie die anderen Nordex-Protagonisten auch hat Volker König seine Wurzeln im IWB. Der Lehrer aus Melle-Buer im Osnabrücker Land hatte 1989 auf seinem Privatgrundstück eine eigene Windkraftanlage errichtet – die erste, die aus dem 100-Megawatt-Programm des Bundes gefördert wurde. König hatte jedoch schnell erkannt, dass Energieautarkie nicht der wirkungsvollste Weg zur Energiewende ist.

In dem Vertrieb von Nordex-Windkraftanlagen in Deutschland sah König die Chance, im großen Stil Atomstrom aus dem Netz zu verdrängen. Er gab seinen Lehrerberuf auf und wurde zum euphorischen Antreiber im Nordex-Team, der von Beginn an auf größere Anlagen setzte – immer nach dem Motto: „Jede Kilowattstunde zählt."

Als mit Beginn der Serienproduktion der Megawatt-Anlagen der Babcock-Konzern als Mehrheitsgesellschafter bei Nordex einstieg, blieb Volker König als einziger aus der ersten deutschen Nordex-Generation im Boot. Er hat den Börsengang mit vorbereitet und war nach einem Intermezzo bei Borsig Energy, wo er für strategische Entwicklung regenerativer Energietechnologien verantwortlich zeichnete, bis 2003 Berater des Vertriebsvorstandes von Nordex. Nach seinem endgültigen Ausscheiden aus dem mittlerweile mehr deutschen als dänischen Unternehmen bescheidet sich Volker König heute mit dem Betrieb seiner Windkraftanlagen.

Links oben | Made in Germany: Prototyp der N80 in Grevenbroich

„Wir hatten das Privileg, die aufregendste Zeit der Windkraftentwicklung mitgestalten zu können."

Dierk Jensen

Es begann in einem Container." Wenn Klaus Burmeister, heute Vice President Customer Service bei Vestas Central Europe, an die ersten Tage in Husum zurückdenkt, blinken seine Augen lebendig auf. „Es muss Februar, März 1985 gewesen sein." Er schmunzelt, so als ob ihm plötzlich noch mal klar wird, wie rasant sich alles in nur wenigen Jahren verändert hat. War er doch damals im Container, wo sich das erste Büro der deutschen Niederlassung des dänischen Windturbinenherstellers befand, der einzige Angestellte weit und breit. Mädchen für alles: Vertriebsleiter Deutschland, leitender Techniker, Sekretär und überdies Putzmann. Zwanzig Jahre später ist Vestas mit weit über 900 Mitarbeitern allein am Standort Husum der größte Arbeitgeber in ganz Nordfriesland – was für eine Entwicklung!

Dabei macht Burmeister nicht den Eindruck, als hätte er unter dem sicherlich arbeitsreichen, wenn nicht sogar stressigen Aufschwung gelitten. „Das war damals eine riesige Herausforderung für mich", erinnert sich der Mittfünfziger. Wie er das sagt und dabei zufrieden durch seinen grauen Bart streicht, ist dies nach wie vor so geblieben.

Burmeisters Liaison mit Vestas begann schon 1984 im westjütländischen Lem. Hier hatte die Windsparte des traditionsreichen Stahlbauunternehmens, das ursprünglich vor allem Landmaschinen herstellte, ihre Zentrale. Per Krogsgaard, der damals den Vertrieb bei Vestas leitete, engagierte ihn für die Windenergie, die schon in jenen Jahren in Dänemark ihren ersten Aufschwung erlebte. Die Produktion von Windkraftanlagen lief auf Hochtouren, weil das Exportgeschäft nach Kalifornien boomte. Während des „Kalifornischen Windrausches", den besonders günstige Abschreibungsmodalitäten ausgelöst hatten, installierte die junge Windbranche zwischen 1981 und 1987 rund 15 000 kleine Windturbinen im Westen der USA.

Die Dänen hatten den amerikanischen Bedarf schnell erkannt und schwammen erfolgreich auf der Exportwelle. Die Skandinavier lieferten rund 7 000 Anlagen, die damals eine Leistung von 30 bis 65 Kilowatt hatten. Während im eigenen Land 1985 erst 324 Anlagen aufgestellt wurden, erreichte im selben Jahr das Kalifornien-Geschäft seinen Höhepunkt: 3 000 Anlagen gingen über den großen Teich.

Damit waren die Dänen unangefochtener Export-Spitzenreiter. Das hatte handfeste Gründe. So waren die meisten Anlagen der konkurrierenden Hersteller, vor allem die der Amerikaner, in ihrer Leichtbauweise äußerst störanfällig. Dagegen bewährte sich das robuste und schwere Danish Design – ein Terminus, der unter Kaliforniens Sonne geprägt wurde. Diese nach dänischer Sicherheitsphilosophie entwickelten Maschinen waren dreiflüglige Luv-Läufer, stall-geregelt, mit einer Blattspitzen-Bremse. Die höheren und damals schwer zu definierenden Belastungen eines Stall-Flügels zwangen die Hersteller, großzügig Material einzusetzen. Somit waren die Windmühlen „made in Denmark" einfach zuverlässiger.

Während sich nun Klaus Burmeister im Husumer Container peu à peu einrichtete und im Juli 1986 endlich auch formell die Vestas Deutschland GmbH gegründet wurde, ging der dänischen Muttergesellschaft die Luft aus. Weil in den USA Ende 1985 die steuerlichen Vergünstigungen ausliefen, brach über Nacht der nordamerikanische Markt weg.

Auf so einen Auftragseinbruch war keiner der dänischen Hersteller vorbereitet, weshalb fast alle mittelständischen Windschmieden nach explosionsartigem Wachstum den Gang zum Konkursrichter antreten mussten. So auch Vestas. Entlassungen folgten und am Ende blieben von 1 200 Beschäftigten im gesamten Unternehmensverbund nur noch 250 übrig. Gerade mal 60 Mitarbeiter starteten Ende 1986 mit dem neuen Direktor Johannes Paulsen den Neuanfang als reiner Windkraftanlagen-Hersteller unter dem Namen Vestas Wind Systems A/S.

Der Umbruch in der Mutterfirma bot also nicht gerade die besten Voraussetzungen für Klaus Burmeister, um vom Container aus den deutschen Markt zu erobern. Einen Markt, den es Mitte der Achtzigerjahre eigentlich noch gar nicht gab. Mal abgesehen vom Interesse einiger Landwirte wie Karl-Heinz Hansen aus dem nordfriesischen Cecilienkoog, der bereits im Jahre 1983 die erste Vestas-Anlage südlich der dänischen Grenze aufgestellt hatte.

Hansen gehörte zu den wenigen Ausnahmen, die sich weder von der schlechten, regional unterschiedlichen Vergütung von sechs bis neun Pfennigen pro eingespeister Kilowattstunde noch von der vermeintlichen „Unwirtschaftlichkeit" der Windenergie beirren ließ. „Nicht einmal die Tatsache, dass es damals eigentlich unmöglich war, eine Genehmigung für das Aufstellen von dänischen Windturbinen auf deutschem Territorium zu erhalten, konnte ihn von seinem Vorhaben abbringen", staunt Burmeister heute noch über so viel Entschlossenheit.

Davon brauchte auch der einzige Vestas-Angestellte in Deutschland eine große Portion, um seine erste wichtige Aufgabe bewältigen zu können. Mit Hochdruck versuchte Burmeister genehmigungsfähige Unterlagen zusammenzustellen, um eine Typenprüfung für Deutschland zu erhalten. Denn erst mit einem von deutschen Behörden anerkannten Zertifikat war es überhaupt möglich, Anlagen bundesweit zu verkaufen. Burmeister versuchte sich im Spagat. Einerseits wollten die deutschen Behörden möglichst alles bis ins kleinste Detail nachprüfbar in Zeichnungen und in Berechnungen aufgeführt wissen. Andererseits taten sich die Dänen aber schwer mit Detailinformationen. Zu sehr fürchteten sie einen Abfluss ihres Know-hows ins südliche Nachbarland.

Zudem existierten für Windkraftanlagen keinerlei Normungen und Amtsformulare. Keiner wusste so recht, wie dieses Mittelding zwischen baulicher Anlage und arbeitender Maschine letztlich zu bewerten, zu normieren, baustatisch zu definieren war. Während es für Rohrtürme und Gittermasten Standards gab, war die „Riesengeschichte da oben drauf" für die deutschen Behörden baurechtlich ein nur schwer einzuordnendes Ding. Und ohne Norm geht in Deutschland gar nichts, erst recht nicht, was vom nördlichen Nachbarn kommt. Zumal Mitte der Achtziger die Grundstimmung vieler Mitarbeiter in der schleswig-holsteinischen Verwaltung alles andere als euphorisch gegenüber der Windenergie war.

Im Oktober 1986 erwirkte Burmeister endlich die Typenprüfung für die V17, eine 75-kW-Maschine mit 17 Metern Rotordurchmesser. Vestas war damit der erste ausländische Hersteller, der die Zulassung erhielt, seine Anlagen in ganz Deutschland zu verkaufen. Doch der Verkauf lief nur sehr schleppend an. Gerade mal zwei Anlagen dieses Typs wurden 1987 aufgestellt. Nur wenige Landwirte wagten so eine Investition und die öffentlichen Kunden wie die Stadtwerke und Klärwerke kauften damals eher bei deutschen Firmen, auch wenn deren Anlagen noch lange nicht so ausgereift waren.

Da nutzte es Burmeister zunächst auch nichts, dass Vestas seit 1986 mit der V25 eine 200-kW-Anlage testete, die erste dänische Serienwindanlage mit Pitch-Regelung. Burmeister bekam dafür erst Anfang 1988 die Typenprüfung. Dann hatte er aber das Glück, mit Dr. Horst Sauer, einem Orthopäden aus Herstum in der Hattstedter Marsch, einen Pionierkunden zu finden, der im Februar 1988 die erste Anlage dieses Typs in Deutschland in Betrieb nahm.

Pitch-geregelt: Vestas V25 in der Hattstedter Marsch bei Husum

Die Anlage lief so gut, dass Burmeister froh über diese Referenz war, als ein Jahr später das 100-Megawatt-Programm anlief. Sprunghaft setzte eine Nachfrage ein und Vestas expandierte auch in Husum. Die Geschäftsführung übertrugen die Dänen Volker Friedrichsen, der die Vestas Deutschland GmbH bis 1999 führen sollte. Klaus Burmeister wurde Technischer Leiter und war bald auch für die Produktion von Windturbinen verantwortlich. Denn Vestas verkaufte 1989/90 so viele Anlagen, dass es mit Inkrafttreten des Stromeinspeisungsgesetzes sinnvoll wurde, eine eigene Herstellung in Deutschland aufzubauen. Im Mai 1991 eröffneten die Dänen in Husum ihre erste deutsche Produktionsstätte. Hier wurde die V25 hergestellt und ab September 1993 auch das nachfolgende Erfolgsmodell, die V39 mit 500 Kilowatt Leistung.

Die ersten Anlagen dieses Typs gingen bereits im Juni 1993 im Windpark Reußenköge ans Netz und einer der Betreiber ist wieder einmal Karl-Heinz Hansen. Burmeister weiß, dass es neben der frühen Präsenz seiner Vestas-Außenstelle vor allem Hansens gute Erfahrungen mit dessen erster Turbine waren, die dazu beigetragen haben, dass heute die Windmühlen mit dem Streifen in Indisch-blau das Landschaftsbild in Nordfriesland mitprägen.

Vestas partizipierte ordentlich am deutschen Windkraftboom. Die Bedeutung seines wichtigsten Absatzmarktes veranlasste das Management des Weltmarktführers unter den Windturbinen-Herstellern, bei den größeren Anlagentypen immer auch Prototypen in Deutschland zu testen. So nahm zum Beispiel die erste 2-MW-Anlage im September 1999 in Sörup im Norden Schleswig-Holsteins den Betrieb auf. Ein Großteil der hier zu Lande errichteten Maschinen vom Typ V80, wie die 2-MW-Maschine in der Serienversion heißt, wurde denn auch in Husum gefertigt.

Zur Jahrtausendwende gelang Vestas wieder ein großer Wurf. Im südbrandenburgischen Klettwitz wurde auf der Anschnitthalde eines Braunkohletagebaus Europas damals größter Windpark mit 38 Anlagen vom Typ V66 und einer Gesamtleistung von 62,7 Megawatt errichtet. Und da es auf den Tagebauflächen der Lausitz noch viel Platz für Windkraftanlagen gab, entschied sich Vestas zum Bau einer Rotorblatt-Produktionsstätte in Lauchhammer. Wöchentlich flog Klaus Burmeister von Husum in die Lausitz und koordinierte den Aufbau dieser Fabrik, die im Mai 2002 ihre Produktion aufnahm. Und wie 17 Jahre zuvor startete Klaus Burmeister auch in der Lausitz in einem Container.

Mittlerweile fertigen in Lauchhammer über 400 Mitarbeiter Flügel für Vestas' derzeitig größte Serienmaschine V90. Weitere 100 Beschäftigte produzieren in der 2002 von Vestas

Drehzahlvariabel: Vestas V80 im Windpark Nordgermersleben bei Magdeburg

übernommenen Eisengießerei in Magdeburg Naben und Maschinenträger. In Husum hingegen wurde im März 2004 nach 13 Jahren die Produktion von Windkraftanlagen eingestellt. Denn seit der im Dezember 2003 bekannt gegebenen Fusion mit dem damals zweitgrößten dänischen Hersteller NEG Micon kam es zu einigen Umstrukturierungen bei Vestas.

Durch die Hochzeit der beiden Giganten entstand der mit Abstand weltgrößte Hersteller von Windturbinen mit zirka 9 500 Mitarbeitern rund um den Globus und einem Jahresumsatz von über 2,5 Milliarden Euro 2004. Auch hier zu Lande halten die Dänen als klare Nummer zwei rund 30 Prozent Marktanteil. Die Vestas Deutschland GmbH in Husum wurde daher zur Zentrale von Vestas Central Europe ausgebaut. Von der nordfriesischen Hafenstadt aus werden Service und Vertrieb seitdem nicht nur für Deutschland, sondern auch für Österreich, die Beneluxländer und die meisten Länder Osteuropas koordiniert. In den ehemaligen Produktionshallen entstand ein Logistikzentrum und trotz des Abschieds von der Produktion stieg die Zahl der Mitarbeiter in Husum weiter an.

Klaus Burmeister ist in der neuen Struktur für sämtliche Service-Aktivitäten verantwortlich. Seine Visitenkarte weist ihn – einem Global Player gemäß in Englisch – als Vice President Customer Service aus. Zwanzig Jahre nach dem Bezug des legendären Containers obliegen seiner Obhut nun über 4 500 Windturbinen. Auf seiner Service-Liste finden sich neben Vestas aber auch Maschinen mit so klangvollen Namen wie WindWorld, Micon und Nordtank, die mittlerweile als eigenständige Hersteller von der Bildfläche verschwunden sind. Denn nach zahlreichen Konkursen, Übernahmen und Fusionen ist von den traditionsreichen Marken der dänischen Windindustrie einzig Vestas übrig geblieben.

Fast gleichzeitig zu den händeringenden Anstrengungen im Husumer Container Mitte der Achtzigerjahre, von dem aus Burmeister für Vestas prüffähige Unterlagen für deren Anlagen zusammenstellte, bemühte sich auch Claus Engelbrechtsen aus Breklingfeld unweit der Schlei um eine Typenprüfung. Der technikbegeisterte Busfahrer hatte sich 1985 in Dänemark eine erprobte Nordtank-Anlage mit einer Leistung von 65 Kilowatt gekauft. Seine Begeisterung bekam allerdings einen Dämpfer, als auch er sich eine Einzeltypenprüfung erkämpfen musste. Bevor Engelbrechtsen im Januar 1987 die erste Nordtank-Anlage in Deutschland in Betrieb nehmen konnte, musste er einen irrwitzigen bürokratischen Aufwand auf sich nehmen, der ihn viel Zeit und Geld kostete.

Für Engelbrechtsen war es dabei ein Glück, dass es Aktivistinnen wie Luise Junge gab, die den Verwaltungsleuten gehörig Feuer machte. Die federführende Redakteurin vom Windkraft-Journal bildete als Autorin und aufmerksame Chronistin damals nicht nur das Sprachrohr für alle Windinteressierten, sondern fungierte auch als Vermittlerin, Schlichterin und Ideengeberin für die gesamte Windszene. Sie vermittelte Engelbrechtsen einen der Windkraftnutzung wohl gesonnenen Prüfingenieur. So gelang es, die bürokratischen Barrieren zu überwinden, die den dänischen Einstieg ins deutsche Windzeitalter erschwerten.

Dass Deutschland dem dänischen Windkraft-Vorbild folgen sollte, war das publizistische Anliegen von Luise Junge. Sie war begeistert vom dänischen Weg, die Windenergienutzung in überschaubaren Schritten zu entwickeln, und konnte auch andere davon überzeugen. Sie organisierte Busreisen nach Dänemark, zu denen schleswig-holsteinische Landespolitiker, darunter die späteren Energieminister Günther Jansen und Claus Möller, eingeladen wurden. Die eigenwillige wie engagierte Frau besaß die Gabe, Leute zusammenzubringen, die ohne sie vielleicht nie einander begegnet wären. So war sie es, die in den Achtzigerjahren immer wieder die dänischen Hersteller ins Gespräch brachte. „Operativer Journalismus at it's best", würde man heute dazu sagen.

„Sie konnte mit beiden Seiten gut reden", sagt Friedrich Preißler-Jebe, langjähriger Chef der deutschen Nordtank-Filiale, am flackernden Kamin seines Landhauses in Ostenfeld, einem Dorf auf der nordfriesischen Geest. Der gelernte Landwirt und Hofnachfolger eines großen Ackerbaubetriebes erinnert sich noch gut an die erste Begegnung mit Luise Junge und der dänischen Windkraft: „Eines Tages kam mein Vater Hans-Joachim vorbei und erzählte mir, er habe da eine Frau kennen gelernt, die unbedingt einen dänischen Windkraftanlagen-Hersteller nach Deutschland holen will und die fragt, ob wir uns daran beteiligen wollen."

Es muss viel versprechend geklungen haben, denn schon bald fuhren Friedrich Preißler-Jebe, Vater Hans-Joachim und Bruder Erich nach Dänemark und besichtigten dortige Windparks. Nicht ganz zufällig klopfte Junge bei der Ostenfelder Landwirtsfamilie an, kannte man doch Hans-Joachim Preißler in der seinerzeit noch kleinen alternativen Energieszene.

Der gebürtige Breslauer hatte nach dem Krieg in Ostenfeld eingeheiratet. Neben der Landwirtschaft hatte er sich in der Firma Müll-Ex-West engagiert, die auf ihrer Mülldeponie – bundesweit als eine der ersten überhaupt – entweichendes Deponiegas energetisch nutzte. Mit dem Gas wurde ein Gewächshaus beheizt.

Davon wusste Luise Junge. Sie wusste auch, dass die Familie Preißler-Jebe von der landwirtschaftlichen Herkunft, vom soliden unternehmerischen und strategischen Denken her die „richtigen Kooperationspartner" für eine dänische Windkraftfirma in Deutschland sein könnten.

Ob nun die Einfädlungskünste von Junge oder eher der köstliche Hawai-Toast von Preißler-Jebes Ehefrau Maren letztlich ausschlaggebend waren, im April 1989 einigten sich der Chef von Nordtank A/S Vagn Trend Poulsen und Friedrich Preißler-Jebe. Der Ostenfelder Landwirt nahm die deutsche Werksvertretung von Nordtank in die Hand. Damals konnte noch niemand absehen, welche Dimensionen das Windgeschäft für die Ostenfelder schon sehr bald annehmen würde. Zwar hatte Vestas ein paar Jahre Vorsprung, doch Nordtank kam gerade rechtzeitig, als in Deutschland ein Markt für Windkraftanlagen entstand. Der Zeitpunkt war gut gewählt, wie sich sechs Monate später herausstellen sollte.

Im Oktober 1989 fanden die ersten „Husumer Windenergietage" statt. Diese von der Deutschen Gesellschaft für Windenergie organisierte Fachmesse versammelte die deutsche Windszene und fand auch reges Interesse bei den Firmen aus Dänemark. Hans-Joachim Preißler war maßgeblich an den Vorbereitungen beteiligt. Doch vor allem war es einmal mehr Luise Junges Verdienst, dass der damalige Husumer Bürgermeister Martin Kneer sich hinter die Idee einer Windenergiemesse in der nordfriesischen Kreisstadt stellte.

Als Ausstellungsort wählten sie die Nordseehalle, Husums einziges größeres Gebäude, in dem früher wöchentlich Viehauktionen stattfanden. „Wir haben in der Halle bis in die Nacht gearbeitet, damit es in dem kahlen Raum wenigstens ein bisschen nach Messe aussieht", erzählt Friedrich Preißler-Jebe von Improvisationen bis zur letzten Sekunde. Nordtank konnte direkt gegenüber dem Eingang ein komplettes Maschinenhaus präsentieren. Interessierte Kunden sollten Windkraftanlagen „anfassen" können. Diese Gelegenheit nutzten über 4 000 Besucher der Windmesse, die seitdem im Zweijahresrhythmus veranstaltet wird.

Ihren ersten Kunden musste Familie Preißler-Jebe allerdings nicht akquirieren. Am 24. September 1990 begannen sich die Flügel der ersten von der Ostenfelder Werksvertretung verkauften Nordtank-Anlage zu drehen. Die Windturbine mit einer Leistung von 150 Kilowatt stand auf dem Acker des altbekannten Claus Engelbrechtsen in Breklingfeld, der in der Zwischenzeit schon gute Erfahrung mit seiner ersten 65 Kilowatt starken Maschine gemacht hatte.

Das Ehepaar Preißler-Jebe kommt ins Schwelgen, wenn es auf die aufregenden Anfangsjahre zurückblickt. Das erste Büro richteten die beiden im Keller des Wohnhauses ein und als erste Mitarbeiterin stellten sie Christa Jannusch-Hegener ein. Satte 70 000 Autokilometer legte Preißler-Jebe in seinem ersten Jahr als Handelsreisender in Sachen Windkraft zurück, um Kunden zu gewinnen. „Ich kam immer mit Schlips und Kragen", sagt der hochgewachsene Mann, der nicht dem Image eines Öko-Überzeugungstäters sondern eher dem Typ eines Geschäftsmannes entsprach.

Diese Etikette schadete dem Geschäft keinesfalls, denn Preißler-Jebe koordinierte in den besten Zeiten vom Ostenfelder Anwesen aus ein Team mit 185 Mitarbeitern. Dabei war die Nordtank Windkraftanlagen GmbH, wie die deutsche Vertretung seit 1991 hieß, innerhalb der Nordtank Energy Group ein selbstständiges Familienunternehmen.

Erst mit der Fusion der dänischen Windkraftanlagen-Hersteller Nordtank und Micon zur NEG Micon A/S hatte Friedrich Preißler-Jebe 1997 seine GmbH verkauft. Er führte die Geschäfte jedoch auch in der neuen NEG Micon Deutschland GmbH bis 2003 weiter. Von nun an hatte er allerdings einen wesentlich größeren Kundenstamm und neben den Nordtank-Maschinen auch die von Micon zu betreuen.

Eine Zeit lang liefen besonders die Turbinen der 1,5-MW-Klasse noch parallel im Vertrieb. Die robuste Nordtank-Maschine – im August 1995 die weltweit erste 1,5-MW-Serienanlage, die den Probebetrieb aufnahm – wurde nach der Fusion zwar noch weiterentwickelt zu einer 2-MW-Version mit Active-Stall. Beim Zusammenschluss der Entwicklungsabteilungen setzte sich jedoch schließlich das Anlagenkonzept von Micon durch, vor allem, weil deren Modelle wesentlich leichter waren.

Mit der 2,75-MW-Anlage brachte NEG Micon im April 2002 seine erste pitch-geregelte, drehzahlvariable Maschine auf den Markt und setzte dieses Konzept auch bei der größten Maschine ein. Die NM 110 mit 4,2 Megawatt Leistung, die sich seit Oktober 2003 auf dem Testfeld in Høvsøre im Nordwesten Jütlands dreht, ist gegenwärtig das Flaggschiff der dänischen Windkraftindustrie. NEG Micon brachte es als Brautgeschenk in die Heirat mit Vestas im Dezember 2003 ein.

Wenn Friedrich Preißler-Jebe von der ersten Elefantenhochzeit in der dänischen Windbranche noch profitieren konnte, so erwies sich die zweite große Fusion als Finale seiner Karriere im Dienste der dänischen Turbinenschmieden. Die in Ostenfeld ansässige Zentrale von NEG Micon wurde aufgelöst und der gesamte Bereich After Sales, für den er seit März 2003 ausschließlich zuständig war, nach Husum zu Vestas verlagert.

Damit schloss sich ein Kapitel Windkraftgeschichte in Ostenfeld, denn lediglich ein Schulungszentrum sowie die Servicestation sind noch auf Preißler-Jebes Anwesen verblieben. Er selbst organisiert mit seiner Nordtank Betriebs- und Verwaltungsgesellschaft mbH noch die Betriebsführung für rund dreißig ältere Nordtank-Anlagen. Ansonsten hat sich Friedrich Preißler-Jebe jedoch weitestgehend aus dem Windenergie-Geschäft zurückgezogen.

Mit der Fusion von NEG Micon und Vestas ist der Name Micon ganz von der Bildfläche verschwunden. Das stimmt auch Dieter Fries etwas traurig. Denn der Hamburger, den man selten ohne seine rote Weste mit dem Micon-Logo antraf, war so etwas wie die deutsche Personifizierung dieser Marke. Von 1989 bis 1998 hatte er Micon-Turbinen in Deutschland verkauft und wurde mit seinem kleinen Büro zeitweise zum größten Windkraftanlagen Importeur.

Der Hamburger Schiffbauingenieur kam von der Werft zur Windenergie. Nachdem er sich als Betriebsratsmitglied in den Achtzigerjahren bei der Hamburger Howaldtswerke – Deutsche Werft AG (HDW) mehr oder weniger vergeblich mit „alternativer Produktion und Rüstungskonversion" beschäftigte, machte er sich bei Betriebsschließung im Frühjahr 1989 selbstständig und gründete das Ingenieurbüro Fries. „Es war ein Ein-Mann-Büro", erinnert sich Dieter Fries, „und zwar mit der Zielvorgabe, ein Drittel für Wind, ein Drittel für Wasserkraft und ein Drittel für den Schiffbau zu arbeiten".

Es kam jedoch ganz anders, weil ihm die Arbeit mit der Windenergie von Beginn an keine Zeit mehr für andere Überlegungen ließ. Herrschte doch im Frühjahr 1989 Aufbruchstimmung unter den Windbegeisterten. Während im Mai die Grünen mit ihrem Energiewendekongress in Castrop-Rauxel ein wichtiges Signal für die erneuerbaren Energien setzten, brachte das Bundesforschungsministerium fast gleichzeitig das Programm „100-Megawatt-Wind" auf den Weg. Dieser neue Schub für mehr Windenergie kam Fries ziemlich entgegen, weil schon damals sein größter Ansporn darin lag, „zu zeigen, dass die Nutzung der Windenergie nicht nur in Dänemark, sondern auch in Deutschland möglich war".

Klassisches Danish Design: Micon M1500-600/150 kW im Windpark Sillerup (Kreis Schleswig-Flensburg)

Da fügte es sich, dass der Hamburger Ingenieur auf den Hinweis des Redakteurs einer dänischen Fachzeitschrift im Frühsommer 1989 Kontakt mit Peder Mørup, dem Chef des Windkraftanlagen-Herstellers Micon A/S, aufgenommen hatte. Schon beim ersten Meeting im jütländischen Randers „war der Ton locker". Per Handschlag einigten sich beide schnell. So begann eine Kooperation, die auch ohne schriftlichen Vertrag neun Jahre lang erfolgreich sein sollte.

Während die Dänen für den Einstieg in den wachsenden deutschen Markt einen Mann gewannen, der einen kaufmännisch-industriellen Background mitbrachte, gefiel dem Hamburger das robuste Anlagenkonzept und die Philosophie von Micon, die der technische Direktor John Olsen einmal so charakterisierte: „Teile, die nicht eingebaut werden, halten länger als 20 Jahre – die Kunst ist es, eine einfache Windturbine zu bauen." Fries überzeugte an den Micon-Maschinen vor allem die Drei-Punkt-Lagerung, der selbsttragende Gondelrahmen „mit der klaren Kraftführung und Kraftweiterleitung" und nicht zuletzt auch die relativ langen Testphasen für die Prototypen.

„Ich habe meinen Job als Allrounder definiert", sagt Fries. „Ich war Standort-, Finanzierungs- und Technikberater zugleich." Dabei waren die Anlagen, die wegen fehlender Wirtschaftlichkeit oder Lärmbelastung nicht gebaut wurden, so Fries, diejenigen, die das Geschäft langfristig nach vorne gebracht haben. „Nur wenn ich auf die Einwände eingehe, dann komme ich auch weiter", lautet seine Philosophie, die ein gutes Stück auch von der dänischen Mentalität geprägt ist: „Peder Mørup hat mir damals gesagt: ‚Du sollst nicht dichter als 200 Meter zu einem Nachbarn bauen, mit dem du befreundet bleiben willst – da brauchst du keine Geräuschberechnung.'" Nicht purer Idealismus bestimmte daher seine Entscheidungen, sondern vor allem das Primat des wirtschaftlichen und dabei auch partnerschaftlichen Denkens, das er während seiner langjährigen Tätigkeit bei HDW gelernt hatte.

Dieter Fries spürte für Micon neue Märkte auf, weil er als einer der ersten Verkäufer überhaupt erkannte, dass nicht nur an der Küste, sondern auch im Binnenland großes Interesse an der Windkraft bestand: ob nun in der Eifel, in Ostthüringen oder in Bayern. Fries hatte das gewisse Gespür für Lücken, für neue Partner und Betreiber-Modelle. Damit trieb er den Absatz von Micon in Deutschland stetig voran, sodass die Firma 1995 sogar zum größten Importeur auf dem deutschen Windkraftanlagen-Markt avancierte.

Längst war das Ein-Mann-Büro in Hamburg zu einer zehnköpfigen Mannschaft herangewachsen. Als dann aber 1997 die Fusion zwischen Micon und Nordtank anstand, war der Zeitpunkt für eine Neuorientierung gekommen. Die Neuaufteilung der Vertriebsstruktur unter den Fusionspartnern ging klar zu Lasten seiner Kompetenzen. So warf er ein Jahr später das Handtuch.

Fries wollte seine Selbstständigkeit auf jeden Fall beibehalten. Ihm war die Unabhängigkeit wichtiger als die Karriere im Konzern. Die direkte und familiäre Atmosphäre der Zusammenarbeit, die Fries als Vertreter der dänischen Einfachheit einst so schätzte, war dem Firmenwachstum gewichen. So tangiert es ihn heute nur marginal, dass der dänische Windkraft-Riese Vestas nach der Fusion mit NEG Micon seinen Firmenstammsitz aus Ringkøbing mittlerweile nach Randers verlegt hat und die ehemalige Zentrale von Micon damit zum Nabel der dänischen Windkraftindustrie avancierte.

Dieter Fries, der einst mit seinem zum mobilen Messestand umfunktionierten Wohnmobil von einer Windparkeröffnung zur nächsten tingelte, um für die Windenergie im Allgemeinen und die Micon-Maschinen im Besonderen zu werben, genießt es heute wieder, auf Reisen zu sein. Er arbeitet mit weniger Stress und wieder als Ein-Mann-Büro. Und er kümmert sich nur noch um Projekte, die ihm – wie zum Beispiel im Baltikum – wirklich am Herzen liegen.

Das beabsichtigte auch Erich Grunwaldt, als er sich im August 2002 vom hektischen Alltagsgeschäft trennte und nach 15 Jahren als „erster Arbeiter" bei der AN Windenergie GmbH seinen Geschäftsführerjob aufgab. Er wechselte in den Aufsichtsrat, um sich mit mehr Ruhe strategischen Aufgaben zu widmen und sich selbst mehr freie Zeit zu gönnen. Der Tod machte ihm aber jäh einen Strich durch seine Pläne. Ausgerechnet beim Windsurfen, seiner Leidenschaft, starb er im Mai 2003 im Alter von 58 Jahren vor der französischen Mittelmeerküste.

Wer auf die Vita Grunwaldts blickt, der erkennt, dass dieser Mann sich in seinen Entscheidungen oft von ausgeprägter Intuition leiten ließ. Wie in Mosambik, wo er als Entwicklungshelfer Mechanikwerkstätten aufbauen half. „Da wurde ich plötzlich mit Wasserpumpen konfrontiert, die mit Wind angetrieben wurden. Das hat mich sofort fasziniert", erzählte Grunwaldt von seiner ersten Begegnung mit dem Wind. Damals traf er in der Hauptstadt Maputo Jochen Twele. Der spätere Leiter des Berliner Büros des Bundesverbandes WindEnergie (BWE) arbeitete dort im Auftrag der Interdisziplinären Projektgruppe für angepasste Technologie (IPAT) der TU Berlin an der Entwicklung einer Windpumpe. „Projektmitarbeiter haben mir dann zu Weihnachten einen Katalog mit Windkraftanlagen aus aller Welt geschenkt und den habe ich in aller Ruhe während meiner restlichen Jahre in Afrika studiert", beschrieb Grunwald, wie in ihm die Überlegung reifte, nach seiner Rückkehr nach Deutschland in die Windenergie einzusteigen.

Das war 1986. In Tschernobyl war gerade der Super-GAU eingetreten und Grunwaldt demonstrierte gegen Atomkraft. Überhaupt befand sich der Kieler zu jenem Zeitpunkt, in seinen Enddreißigern, an einem Kreuzweg. Die Beziehung mit seiner Frau ging in die Brüche. Zudem hatte er keine müde Mark in der Tasche und schon gar keine Lust mehr auf die Industrie, in der er vor seinem prägenden Auslandsaufenthalt gearbeitet hatte. „Und da ich nicht zu den Nein-Sagern, sondern eher zu den Ja-Sagern zähle, habe ich mich gefragt, was kann ich machen?" Der Mann hatte nichts zu verlieren und er hatte Visionen im Kopf.

Aber wie die Ideen praktisch umsetzen? Dass so ein „Weltverbesserer" nicht in Konzerne wie MBB oder MAN passte, die damals im staatlichen Auftrag Windkraftanlagen entwickelten, war klar. „Ich habe dann AN Maschinenbau und Umweltschutzanlagen in Bremen gefunden." AN steht für diejenigen ArbeitNehmer des Werftenzulieferers Voith, die nach der Schließung der AG Weser im Jahre 1984 ebenfalls ihre Arbeitsplätze aufgeben sollten. Kurzerhand gründeten sie aber mit der Unterstützung des Bremer Senats eine eigene Firma. Dieser Arbeitnehmerbetrieb plante, Umweltschutzanlagen zu bauen – entgegen der damals verbreiteten Auffassung, die im Übrigen auch von Teilen der Gewerkschaften geteilt wurde, Umweltschutz vernichte Arbeitsplätze. „Daher fand ich bei der Geschäftsführung ein offenes Ohr für die Idee, Windturbinen zu bauen", blickte Grunwaldt zu Lebzeiten gerne an die entscheidende Schnittstelle seines Berufslebens zurück.

Grunwaldt packte die Chance beim Schopf. Über eine ABM-Stelle, „die bestbezahlte von Bremen", stieg er in das neue Abenteuer ein. Im Nachhinein kann das Bremer Arbeitsamt zufrieden mit seiner Entscheidung sein, hat doch die Arbeitsbeschaffungsmaßnahme für Grunwaldt dem Stadtstaat bis heute rund 200 neue Arbeitsplätze beschert.

Grunwaldt und AN begannen zunächst mit der Entwicklung einer kleinen Windkraftanlage, die von Wissenschaftlern der Karlsruher Universität inhaltlich begleitet wurde. Aus dieser Kooperation entstand die „Windflower" mit einer Leistung von acht Kilowatt, die in einem Projekt in der Inneren Mongolei in China realisiert werden sollte. „Trotz unseres Engagements für einen Standort im inneren Asien haben wir die Küste aber nicht aus den Augen verloren. Windenergieanlagen gehören einfach an die Küste", lautete Grunwaldts Grundsatz.

Das ließ sich Mitte der Achtzigerjahre nirgendwo besser beobachten als in Dänemark. Deshalb fuhr Grunwaldt mit geliehenem Auto, „ich hatte ja kein Geld für ein eigenes", zu dänischen Windparks und Windkraftanlagen-Herstellern. Es war 1987, als er das erste Mal in Brande Palle Nørgaard, den Geschäftsführer der Bonus Energy A/S, sprach. Gespräche, Gespräche und noch mal Gespräche folgten, bis endlich im Jahr 1988 die Kooperation mit Bonus „dingfest" wurde.

Damit begann zwischen den Bremern und den Dänen eine lange Phase stabiler Zusammenarbeit. Durch die Partnerschaft mit dem familiengeführten Unternehmen aus Brande konnten die Bremer weitgehend den eigenen Ursprüngen treu bleiben. Trotz enorm gewachsener Umsätze blieb es eine Partnerschaft auf gleicher Augenhöhe, bei der sowohl Bonus

Kontrollierter Strömungsabriss: AN Bonus 2,3 MW/82 mit Combi-Stall, einer Kombination von Pitch- und Stall-Regelung, im Windpark Bornstedt bei Magdeburg

als auch AN eigenständige mittelständische Unternehmen blieben.

So verstand sich das Team von AN, das seit einem Wechsel unter den Gesellschaftern im Jahr 1997 unter dem Namen AN Windenergie GmbH firmiert, nie als reines Verkaufsbüro für die Anlagen der Dänen. Anfang der Neunzigerjahre wurden in Bremen Maschinen von Bonus hergestellt, bis die Hallen zu klein wurden. Aber auch danach war der Know-how-Fluss keine Einbahnstraße. „Wir haben natürlich unsere Anforderungen und Vorstellungen nach Dänemark getragen", analysierte Grunwaldt die unternehmerische Symbiose vor seinem Tod. „Wir haben neue Impulse gegeben, beispielsweise die viel größeren Nabenhöhen." Im Gegenzug favorisierten die Bremer mit ihrem langjährigen „ersten Arbeiter" Grunwaldt immer das „dänische Prinzip eines evolutionären Weges". Bonus vergrößerte seine Maschinen stetig in kleinen Schritten und gestand den Prototypen lange Testzeiten zu.

Diese Strategie weiß auch Grunwaldts alter Weggefährte Norbert Giese zu schätzen, der seit Sommer 2002 im Chefsessel bei AN sitzt. Der in Walsrode geborene Giese stieß im November 1989 zu AN und wurde später Mitgesellschafter. Giese, eine halbe Generation jünger als Grunwaldt, gehörte zu denjenigen, die sich schon Anfang der Achtzigerjahre Gedanken über den Atomausstieg machten. „Daran arbeite ich heute noch", sagt der heutige Chef von AN und fügt hinzu: „Obwohl ich an vielen Brokdorf-Demos teilnahm, gehörte ich aber immer zu der Fraktion, die nicht nur ‚Nein, danke' sondern auch ‚Ja, bitte' im Kopf hatten."

Giese studierte in Hamburg Geografie, Geologie und Völkerkunde und schrieb 1987 seine Diplomarbeit „Potentialanalyse Wind in Schleswig-Holstein im Vergleich zu Dänemark". Mit dem Ergebnis, dass er schon damals für das nördlichste Bundesland zehn Prozent Strom aus der Windenergie für möglich hielt.

Ein Fazit, das zu Zeiten der Tschernobyl-Katastrophe ganz nach dem Geschmack der kleinen Windszene in Deutschland war, die sich noch in den Startlöchern befand. Und so wurde Giese in einschlägigen Kreisen zu vielen Veranstaltungen eingeladen, wo er seine wissenschaftlich fundierten Überlegungen vortrug. Mit seiner wenig euphorischen, kaufmännischen Art kam er bei seinem Publikum an.

Auf einer dieser Veranstaltungen im April 1988 saß auch Erich Grunwaldt unter den Zuhörern. Auch ihn überzeugte die Art, wie der junge Giese Fakten über die Nutzung der Windenergie vermittelte. Auch die Geschäftstüchtigkeit von Giese, dem es sogar gelang, seine Diplomarbeit zu verkaufen, muss ihm imponiert haben. Kurzerhand engagierte Grunwaldt ihn als Vertriebsmann für AN. Er war der fünfte Mitarbeiter und konnte schon nach einem Monat im Dezember 1989 miterleben, wie die erste in Deutschland verkaufte Bonus-Anlage mit einer Leistung von 150 Kilowatt in Harpstedt südöstlich von Bremen in Betrieb ging.

Und auch sonst hatte Giese einen guten Einstieg, startete doch der dänische Partner im selben Jahr die Serienproduktion der 450-kW-Anlage – zu jenem Zeitpunkt die größte in Serie produzierte Windkraftanlage am Markt. Mit einem Preis von 870 000 Mark war das allerdings auch schon eine neue finanzielle Dimension, die man privaten Investoren damals kaum zutraute. In der ersten doppelseitigen Anzeige im Windkraft-Journal wird die Anlage jedenfalls „für den Einsatz an Industriebetrieben und in Windfarmen der Versorgungsunternehmen" angeboten. Doch auch das sollte sich schon bald ändern.

Zunächst tingelte Giese die Küsten ab und suchte den Kontakt zu den Landwirten – damals die wichtigste Kundschaft – aber auch zu Umweltaktivisten. Es lag nahe, dass er seinen alten Mitstreitern im Kampf gegen das Brokdorfer Atomkraftwerk, den Organisatoren der Betreibergemeinschaft „Umschalten Windstrom Wedel GmbH" (UWW), eine 100-kW-Anlage verkaufte. In seiner späteren Verkäuferkarriere hat Giese immer wieder politisch interessante Projekte akquirieren können, zum Beispiel die „Wendolina"-Anlage der Betreibergemeinschaft Wendland Wind, einer Initiative von Atomkraftgegnern im Kreis Lüchow-Dannenberg. Die 600-kW-Anlage mit der großen „Anti-Atomkraft-Sonne" auf der Gondel ging am 8. Mai 1996 in Betrieb, an dem Tag, an dem der Castortransport nach Gorleben nur durch den bis dahin größten

Polizeieinsatz der deutschen Nachkriegsgeschichte erzwungen wurde.

„Wenn ich Strom verbrauche, dann bin ich auch dafür verantwortlich, wo der Strom herkommt", sagt Giese. Das ursprüngliche Ziel, irgendwann mal einen Atomkraftwerksblock durch Windkraftanlagen ersetzen zu können, haben Giese und seine Mitarbeiter, von denen rund 80 Prozent selbst an Windkraftprojekten beteiligt sind, längst übererfüllt.

Das rasante Wachstum seit Ende der Neunzigerjahre hat allerdings auch eine Kehrseite. Das geradezu familiäre Verhältnis zwischen Kunden und Verkäufer blieb bei dieser Entwicklung fast zwangsläufig auf der Strecke. „Früher kannte ich jeden einzelnen Kunden, habe den mit Handschlag begrüßt", blickt Giese auf die Anfänge zurück. Die Aktivitäten haben inzwischen eine Dynamik, wo „zwei Sachen wegdelegiert werden und drei Sachen hinzukommen". Und der betriebliche Drive nimmt nicht ab, seitdem die dänische Bonus im Dezember 2004 an die Siemens AG verkauft worden ist.

Bonus hatte einige größere Projekte erfolgreich abgeschlossen, wie 2003 den Offshore-Windpark Nystedt vor Lolland, mit einer Gesamtleistung von 162,6 Megawatt der größte Windpark Europas. Mit den neuen 2,3-MW-Maschinen und dem 2004 errichteten Prototyp der 3,6-MW-Anlage ist Bonus nun auch auf drehzahlvariablen Betrieb seiner Turbinen umgestiegen. So stand das Unternehmen technologisch und wirtschaftlich gesund da, als Siemens für seinen Geschäftsbereich Power Generation Ausschau nach einer Windkraft-Firma hielt, um Anschluss an diese Technologie zu gewinnen.

Den Zeitpunkt für den Verkauf hatten daher Peter Stubkjaer Sørensen und seine Familie, in deren Besitz sich Bonus seit der Gründung befand, optimal gewählt. Bereits 1980 hatte die Familie in ihrer Firma Danregn A/S, Hersteller von Bewässerungsanlagen, erste Windkraftanlagen mit 30 und 22 Kilowatt Leistung bauen lassen. Ein Jahr später gründete sie eine eigenständige Firma für die Herstellung von Windturbinen, die Danregn Vindkraft A/S, die seit 1982 unter dem Namen Bonus Energy A/S firmiert. Fast 24 Jahre lang durchlebte das Familienunternehmen alle Höhen und Tiefen der dänischen Windkraftindustrie und blieb dabei der einzige unter den größeren dänischen Herstellern, der nie Pleite ging.

Der Verkauf der traditionsreichen dänischen Firma an einen Weltkonzern steht stellvertretend für den Paradigmenwechsel in der Branche. Offenbar nur mit reichlich Kapitalkraft im Hintergrund lassen sich die größer werdenden Projekte und die enormen Herausforderungen im Offshore-Bereich bewältigen.

Siemens Wind Power A/S, wie das neue Unternehmen sich seit dem Besitzerwechsel nennt, hat den Firmensitz in Brande behalten. Auch die Verträge mit der AN Windenergie GmbH hat Siemens übernommen, sodass sich die Bremer weiter wie bisher um Vertrieb und Service in Deutschland kümmern. Die Maschinen werden von nun an weltweit unter dem Namen Siemens verkauft – mit einer Ausnahme: Norbert Giese vertreibt die Anlagen im Mutterland des Siemens Konzerns weiter unter der Traditionsmarke „AN Bonus".

Auf die Zusammenarbeit mit einem Konzern hat Volker König schon vor Jahren gesetzt. Der Binnenländer gehörte mit Werner Napp, Günter Schmidt und Ewald Seebode zu der Combo, die den dänischen Hersteller Nordex A/S nach Deutschland brachte. Und sie haben erfahren müssen, dass der Spagat zwischen finanziellem Rückhalt eines kapitalkräftigen Konzerns und der persönlichen Entscheidungsfreiheit schnell zur Zerreißprobe werden kann.

Das Quartett fand über den Interessenverband Windkraft Binnenland (IWB) in Georgsmarienhütte zusammen. Beim IWB traf Ende der Achtzigerjahre ein Haufen Idealisten zusammen, die allen Unkenrufen zum Trotz überzeugt waren, dass die Nutzung von Windkraft im Binnenland Sinn hat. Und dass dies allemal sinnvoller ist, als das Feld der mit unwägbaren Risiken behafteten Atomenergie zu überlassen.

Dazu gehörte auch der Rheinländer Werner Napp, der dank seines Studiums der Kernreaktortechnik an der Rheinisch-Westfälischen Technischen Hochschule Aachen von 1965 bis 1971 sehr genau das Gefahrenpotenzial der Atommeiler einschätzen konnte. Fachlich wusste Napp, wovon er sprach, wenn er über eine Energieerzeugung „an der Atomkraft vorbei" referierte.

Nachdem er bis in die Achtzigerjahre hinein als Berufsschul- und Kollegschullehrer arbeitete, probte er den Ausstieg aus dem geregelten bürgerlichen Alltag. Er schloss sich der Theatergruppe „Comedia Mundi" in der Provence an, die zur internationalen Kooperative „Longo Mai" gehörte. Er kümmerte sich um Hausbau und technische Dinge innerhalb der dortigen Kommune. „Ich wollte immer so etwas wie eine Pionier-Gesellschaft gründen", erklärt Napp seine Faszination für derlei Experimente. Sie war allerdings nicht von langer Dauer. Schon nach einem Jahr kehrte Napp nach Deutschland zurück. Dort war der Ingenieur und Lehrer dann Mitbegründer eines Internats für drogenabhängige Jugendliche ohne Schulabschluss. Er schob das Projekt zwar erfolgreich an, doch auch hier stieg er nach einem Jahr wieder aus.

Napp beschäftigte sich mit ökologischem Landbau, dachte über Sonnenkollektoren nach und wollte ins französische Burgund auswandern, um dort auf einem Hof Selbstversorger zu werden. „Ja, und dann kam Tschernobyl ..." Werner Napps Fachwissen war plötzlich gefragt. Aber er wollte nicht nur Vorträge vor Bürgerinitiativen halten, sondern endlich mal „was praktisch machen". Und baute auf dem früheren Gelände des Bundes für Umwelt und Naturschutz (BUND) in Düsseldorf eine Windspirale, die den Weg zu einer umweltfreundlicheren Energie symbolisierte, wofür er prompt mit einem Umweltpreis ausgezeichnet wurde.

Danach gründete der Diplomingenieur ein Energieberatungsbüro für Windenergie in Düsseldorf. Es folgten erste Windgutachten und er plante die erste Anlage, eine Lagerwey, am Klärwerk Düsseldorf-Süd. Nach einigen weiteren Gutachten blieben jedoch Folgeaufträge aus. Nachdem er das Buch „Logik der Rettung" von Rudolf Bahro verschlungen hatte, lebte er 1989 für drei Monate bei dem aus der DDR ausge-

Abschied vom Danish Design: Mit der 2,5-MW-Anlage N80 ist auch Nordex zu verstellbaren Rotorblättern übergegangen

bürgerten Autor in Niederstattfeld in der Eifel. Diese Phase war von starken inneren Auseinandersetzungen geprägt.

Zu dieser Zeit hatte Günter Schmidt schon eine Windkraftanlage in Betrieb genommen. Nachdem Schmidt seine Elektronikfirma verkauft hatte, zog er 1987 von Süddeutschland zurück in seinen Heimatort Rinteln. Er wollte sein Leben ruhiger gestalten, gesünder leben. Er restaurierte ein Fachwerkhof mit ökologischen Baustoffen und konzipierte für das Gebäude eine „schadstofffreie Energieversorgung". Dafür kaufte er sich eine Lagerwey-Maschine mit einer Leistung von 35 Kilowatt, die er direkt neben seinem neuen Haus aufstellte. Als eine der ersten Windturbinen in der Region zog sie viele staunende Besucher an. Bis auch Volker König vorbeikam, um sich genauer zu informieren. Für König stand sofort fest: Auch an sein Haus kommt eine Windkraftanlage!

König wohnte abseits von Melle-Buer im Osnabrücker Land. Schon die Anfahrtsbeschreibung zu seinem Grundstück lässt erahnen, dass es ein idealer Fleck ist, um nicht nur von Alternativen zu träumen, sondern auch vieles auszuprobieren: „In ‚Wetter' links abbiegen nach Buer, die Sehlingdorfer Straße hinunter, am ‚Paradies' links halten. Das Haus mit dem blauen Zaun ist es."

Den strich König gerade blau, als er im April 1986 im Radio die Nachricht von Tschernobyl hörte. Ihm wurde klar: Die kleinen, privat-paradiesischen Zustände können schnell dahin sein. Es musste sich etwas ändern. Das Dach mit 60 Quadratmetern selbst montierter Solarkollektoren zeugt noch von den frühen Träumen einer Energieautarkie wie auch die 50-kW-Anlage der Maschinenbaufirma Krogmann, die Familie König im Sommer 1989 hinter ihrem Haus errichtete.

„Wir wollten einfach etwas anderes machen, als Wochenende für Wochenende gegen Atomkraft auf die Straße gehen und mit Tränengas eingenebelt zu werden", sagt Volker König. Er merkte aber bald, dass die Krogmann-Mühle trotz wildester Rechnereien und Kalkulationen niemals wirtschaftlich laufen würde. Denn 180 000 Mark kostete die Anlage und alles in allem standen dieser großen Summe lediglich Einnahmen in Höhe von jährlich 1 800 Mark entgegen. Die Schieflage wurde auch nicht besser, wenn sich die Königs ausmalten, mit dem erzeugten Strom ihr Elektroauto zu speisen. Es rechnete sich einfach nicht.

Doch hatten die Niedersachsen Glück: Das 100-Megawatt-Windprogramm des Bundesforschungsministeriums kam gerade in dem Moment, als alle Planungen abgeschlossen waren, und bescherte den investierenden Idealisten bei Inbetriebnahme ihrer Mühle in Melle als bundesweit erste einen Investitionskostenzuschuss von 90 000 Mark.

Der war auch nötig, bekam doch die Anlage alle erdenklichen Kinderkrankheiten. Zur Kenntnisnahme hämischer Beobachter stand das Windrad mehr still, als dass es sich drehte. „Viele Leute haben sich darüber amüsiert. ‚Naja, so ganz oft habt ihr ja keinen Strom, nicht wahr?'", erinnert sich König an den Spott von damals. „Sie haben uns oft bedauert, wenn die

Anlage wieder stand. Und alle dachten: ‚Ja, jetzt können die Königs wieder nicht fernsehen.' Dabei lief das Ding natürlich mit dem Netz gekoppelt."

Die Rückschläge brachten aber wichtige Erkenntnisse. König erkannte, dass es zum damaligen Zeitpunkt in Deutschland ökonomisch wenig sinnvoll war, auf Energieautarkie zu setzen. Statt dessen galt es, den Netzstrom aus konventionellen Kraftwerken durch Windenergie zu verdrängen. Nach der Devise: „Jede Kilowattstunde zählt."

Dabei lief Königs Enthusiasmus für die Windkraft anfänglich noch neben seinem Lehrerberuf und Dozentendasein an der Osnabrücker Universität her. „Also die Frage, ob Atomkraftwerke in Deutschland gebaut wurden oder nicht, das fanden die an der Uni nicht sonderlich diskutabel", zürnt König noch heute. Er verließ die Universität und übernahm die Leitung einer privaten Schule. Nebenher gab er seine Erfahrungen mit der Nutzung von Wind- und Sonnenenergie als unabhängiger Energieberater weiter und stellte 1989 federführend die erste Marktübersicht für Windkraftanlagen zusammen, die seitdem jährlich vom IWB und später vom BWE herausgegeben wird.

Währenddessen absolvierte Werner Napp im norddänischen Folkecenter für erneuerbare Energien eine technische Grundausbildung in Windenergie. Dabei lernte er eine Anlage aus dem Hause Nordex kennen, die am Folkecenter entwickelt wurde. Der technisch geschulte Napp war sofort begeistert von der Konstruktion. „Ich wusste, dass das was für die Energiewende in Deutschland ist."

Er schlug den anderen IWB-Aktivisten vor, die Nordex-Anlage in Deutschland zu vertreiben. Bei Günter Schmidt fand er sofort Unterstützung. Volker König hingegen wollte für die von ihm angepachteten Standorte Anlagen der Firma Nordtank, die bereits mit 300 Kilowatt Leistung am Markt waren. Er setzte damals schon auf die Größe der Turbinen.

Von Günter Schmidt ließ sich König schließlich doch überreden und er beteiligte sich an dem Versuch, einen Vertrieb für Nordex in Deutschland aufzubauen. Es kam zu ersten Kontakten mit den Brüdern Carsten und Jens Pedersen, die im Familienunternehmen Nordex A/S aus Give in Jütland die Windgeschäfte leiteten. Sie hatten großes Interesse, im deutschen Markt voranzukommen. Doch trat man durch den tragischen Tod ihres schleswig-holsteinischen Vertriebspartners Horst Frees, der die in Dänemark hergestellten Anlagen in Deutschland unter dem Namen seiner Firma Windkraft-Zentrale (WKZ) vertreiben wollte, plötzlich auf der Stelle. Die erste Baugenehmigung lag schon vor, als Frees, einer der ganz frühen Pioniere in der norddeutschen Windkraftszene, an Krebs starb.

Die Binnenländer schlossen die Lücke, die Frees hinterließ. Sie organisierten am 22. November 1990 ein Treffen mit Carsten Pedersen in der Autobahnraststätte Dammer Berge zwischen Bremen und Osnabrück. Carsten Pedersen bot Werner Napp und Günter Schmidt den Vertrieb für Deutschland an. Nur für Schleswig-Holstein nicht, dafür gab es einen anderen Interessenten. Volker König kam „wie immer" eine halbe Stunde zu spät. Als er von dieser Einschränkung hörte, entbrannte sein Ehrgeiz. Keine halben Sachen, „entweder alles oder nichts".

Zum Jahresanfang 1991 nahm die Nordex Energieanlagen GmbH ihre Vertriebsarbeit für ganz Deutschland auf. Napp erwirkte von seinem Düsseldorfer Büro für die Nordex-Maschinen die Typenprüfungen nach deutschem Recht. Danach konnte das Trio das von Horst Frees initiierte Projekt abschließen. So ging am 13. September 1991 auf dem Klärwerksgelände in Kappeln an der Schlei die erste Nordex-Anlage in Deutschland ans Netz, eine N27/150 kW. An diesen Tag denkt Werner Napp gern zurück: „Ich lag mit Günter im Gras und wir schauten zu, wie der Rotor gezogen wurde – es war eine schöne, emotionale Zeit."

Beflügelt von diesem Erfolgserlebnis sind sie „dann rumgezogen wie die Prediger". Im Januar 1992 stieß Ewald Seebode hinzu. Der Elektrotechniker arbeitete seit der Gründung des IWB aktiv im Verband mit. Er hat zusammen mit König die Marktübersicht erstellt. Der Beginn bei Nordex war für ihn ein persönlicher Neuanfang, der viel Energie freisetzte.

Während Werner Napp weiter von Düsseldorf aus operierte, Günter Schmidt von Rinteln aus agierte, waltete Ewald Seebode im Nordex-Büro in Melle im Haus von Volker König. Das Zimmer maß bescheidene vier mal vier Meter und hatte drei Telefone. „Zu der Zeit war Volker noch Lehrer und hat sich mit mir vor Schulbeginn um sieben Uhr morgens abgesprochen und dann ist er abgezischt", erzählt Ewald Seebode von den Aufbruchzeiten. Nach zwei Jahren beruflichen Doppellebens, Pädagoge und Wind-Entrepreneur zugleich, entschied sich auch Volker König für die Windenergie als Fulltimejob. „Ich sah, dass bei der Windenergie ganz andere Ideen, die viel größer sind, angegangen werden konnten."

Sein Mitkämpfer Günter Schmidt schätzte die Situation damals ähnlich ein. Trotzdem war er derjenige im Gesellschaftertrio der Nordex, der als Hauptgeldgeber und nicht zuletzt wegen seiner unternehmerischen Erfahrungen immer wieder die Euphorie zu bremsen versuchte. „Das war alles ziemlicher Stress geworden, auch in finanzieller Hinsicht", bekundet Schmidt, „trotzdem verkauften sich die robusten Nordex-Anlagen ganz gut." Jedoch verlangte der Markt in Deutschland schon bald immer größere Anlagen. Die Mitbewerber hatten längst Mühlen mit 500 Kilowatt Leistung in Planung.

Um den Anschluss nicht ganz zu verlieren, setzte König aufs Ganze. Er wollte gleich einen 800-kW-Typ entwickeln. Die Pedersens zogen da nicht mit. Das Risiko sei zu groß, hieß es bei einem Treffen in Dänemark. Das passte natürlich nicht in das Konzept eines Volker Königs: „Eine kleine nette Firma, die hin und wieder so eine Windmühle baut, konnte natürlich nicht mein Ziel sein. Ich wollte eine 800-kW-Anlage, weil ich fand, dass die an den Markt und in Deutschland haufenweise aufgestellt werden sollte. Und scheiß viel Strom machen."

Auf dem Rückweg im Auto wurde heftigst diskutiert, ob man nicht selber zwei Prototypen fertigen und finanzieren sollte. Trotz der gewaltigen Investitionssumme von etwa fünf Millionen Mark entschieden sich die Nordex-Leute kurzerhand, in Deutschland eine eigene Fertigung aufzubauen. Dafür winkten EU-Fördermittel, die in nur drei Wochen zu beantragen waren. Werner Napp arbeitete Tag und Nacht, um die nötigen Unterlagen zusammenzustellen. Dann fuhr er mit dem Auto nach Brüssel und übergab den Antrag eigenhändig – 30 Minuten vor Einsendeschluss. Mit Erfolg: Nordex bekam den Zuschlag.

Die Wahl des Produktionsstandortes fiel auf Rerik nördlich von Wismar, weil die Landesregierung von Mecklenburg-Vorpommern weitere Fördermittel für eine derartige Industrieansiedlung in ihrem Bundesland gab. Ende 1993 erfolgte die Grundsteinlegung für die neue Produktionshalle und der Firmensitz der Nordex Energieanlagen GmbH wurde in den kleinen Küstenort verlegt, wo auch die 800-kW-Anlage entwickelt wurde.

„Dänisches Know-how und deutschen Maschinenbau zusammenbringen, das war eine gute Mischung", weiß Werner Napp, der nach Rerik zog, um dort die Geschäfte zu führen. Mit Knud Buhl-Nielsen holten sie sich einen erfahrenen dänischen Konstrukteur, der schon an der Entwicklung der 150- und 250-kW-Anlagen von Nordex A/S am Folkecenter beteiligt war. Ihm stellte Napp mit Michael Franke und Christof Paul sowie zwei weiteren Ingenieuren junge Leute zur Seite, die die erste deutsch-dänische Anlage dieser Größenordnung realisierten.

Am 15. Februar 1995 ging in Bentwisch östlich von Rostock der erste Prototyp der Nordex N52 mit 800 kW ans Netz, der zweite folgte im April in Brunsbüttel. Im November des gleichen Jahres stellte die Nordex-Mannschaft mit der weiterentwickelten N54 die erste Serien-Windkraftanlage der 1-MW-Klasse auf. Die Maschinen funktionierten. Doch der Crew um Volker König war klar geworden, dass sich die Serienproduktion solcher Anlagen nicht mehr mit dem Potenzial einer kleinen GmbH meistern ließ.

„Als die ersten 800er standen, war bei uns finanziell Schluss", konstatiert Schmidt. „Ich hatte oft das Gefühl, dass wir immer tiefer in den Wald gehen." Der Aufbau der Produktion war zu kapitalintensiv für die Gründungsgesellschafter. Daher verkauften sie – bevor es zu spät gewesen wäre – ihre Anteile an der Nordex Energieanlagen GmbH an die Brüder Pedersen. Werner Napp stieg aus dem aktiven Geschäft aus und gründete mit ehemaligen Kunden eine Betreibergesellschaft für zwei seiner Megawattanlagen.

Schmidt, Seebode, König und dessen Neffe Reiner Borgmeyer eröffneten im Mai 1995 in Melle die Nordex Planungs- und Vertriebsgesellschaft mbH (Nordex PV) und führten damit die zuvor ausgegliederten Bereiche für Anlagenvertrieb und Projektplanung weiter. Ein Jahr später stieg die Balcke-Dürr GmbH aus Ratingen, eine Tochter der Deutschen Babcock AG, bei Nordex Energieanlagen als Mehrheitsgesellschafter ein. Das brachte neues Kapital. Doch bald mussten Schmidt, König & Co. einsehen, dass sich die Trennung von Produktion und Vertrieb unter dieser Konstellation nicht mehr fortführen ließ. So verkauften sie 1998 schließlich auch Nordex PV an die neuen Eigner. Danach gingen sie getrennte Wege.

Günter Schmidt unterstützte fortan die Entwicklung von Biogasanlagen und entwarf selbst die Steuerungen dafür. Abgesehen vom Betrieb einiger Windkraftanlagen beschränkt er sich auf überschaubare Wind- und Solarenergie-Projekte. Ewald Seebode hingegen setzt nach wie vor auf die Entwicklung größerer Windenergieprojekte. Er gründete mit Bernd Klinksieck, der als Konstrukteur und Projektabwickler bei Nordex gearbeitet hatte, die Firma SeeBa Energiesysteme GmbH.

Neben dem kompletten Spektrum von Planung, Bau und Betrieb von Windparks haben die beiden ihr ganz besonderes Steckenpferd: Das Duo sorgte für die Renaissance der Gittermasten auch für größere Windkraftanlagen. Schon bei Nordex waren die beiden von den Vorzügen der Fachwerkmasten überzeugt gewesen. Sie entwickelten 1996 für die 1-MW-Anlagen einem achteckigen 70-Meter-Mast und im Jahr darauf einen 77,5 Meter hohen Turm für die 600-kW-Anlage N43. Unter dem Logo von SeeBa konstruierten sie sogar einen 117 Meter hohen Fachwerkmast für eine Vestas V66, die im November 2000 in Kirchhundem im Kreis Olpe errichtet wurde – damals die höchste Windkraftanlage der Welt.

Mittlerweile planen die zwei Nabenhöhen von 160 Metern. Auf diesen Riesengittermast will SeeBa eine W90 montieren. Diese 2,5-MW-Maschine wurde in dem früheren Firmensitz von Nordex in Rerik entwickelt. Dort haben ehemalige Nordex-Mitarbeiter, darunter der Konstrukteur Reinhard Grever, mit Unterstützung Ewald Seebodes die Wind-to-Energy GmbH (W2E) gegründet, um Windkraftanlagen nach ihrem Duktus für den Lizenzbau zu entwickeln. Mit seiner Beteiligung bei W2E sichert sich Ewald Seebode auch ein Stück Unabhängigkeit von den großen Playern der Branche.

Nach dem Verkauf von Nordex PV an die Babcock-Tochter blieb einzig Volker König innerhalb des Konzerns. Er betreute den Börsengang von Nordex und wechselte dann zur Borsig Energy GmbH, wo er als einer der Geschäftsführer alle Konzernaktivitäten im Bereich regenerative Energien leitete. Seine Arbeitsschwerpunkte setzte er auf Gasturbinentechnik, Photovoltaik, energetische Holzverwertung und Biogasnutzung. Nachdem der Babcock Konzern Insolvenz anmeldete, kehrte König im Juli 2002 zur Nordex AG zurück, die ihren Firmensitz mittlerweile nach Norderstedt an den Stadtrand von Hamburg verlegt hatte. Dort war er bis zu seinem endgültigen Ausscheiden aus dem deutsch-dänischen Unternehmen im Jahr 2003 als Berater für den Vertriebsvorstand, seinen alten Partner und Freund Carsten Pedersen, tätig.

Es fällt schwer, das 1985 im jütländischen Give gegründete Unternehmen heute noch den dänischen Herstellern zuzuordnen. Lediglich knapp fünf Prozent der Aktien sind noch in den Händen der Firmengründer, der Familie Pedersen. Das börsennotierte Unternehmen wird von Norderstedt aus gemanagt. Die Nordex-Maschinen werden seit 1999 in Rostock hergestellt, die Produktion in Give wurde mittlerweile ganz eingestellt. Nordex hat in Rostock neben der Produktionsstätte im ehemaligen Dieselmotorenwerk seit 2001 auch eine eigene Rotorblattproduktion im ehemaligen Güterverkehrszentrum Rostock aufgebaut. Und auch technisch hat sich Nordex von den dänischen Wurzeln verabschiedet. Mit der Inbetriebnahme des Prototyps der 2,5-MW-Anlage N80 im Februar 2000 auf dem Testfeld in Grevenbroich ging Nordex als letzter großer Hersteller dänischen Ursprungs dazu über, mit Blattverstellung zu arbeiten.

Das ist das Ende der Ära des Danish Designs, das jahrzehntelang die Entwicklung von Windturbinen weit über die Grenzen Dänemarks hinaus geprägt hat. Diese schlichte, robuste wie sichere Anlagenphilosophie wurde mit zunehmender Turbinengröße Stück für Stück aufgeweicht. Die Maschinen wurden komplizierter und technisch anspruchsvoller. Gerade die Erfordernisse des deutschen Marktes forcierten diesen Prozess. Und da die Deutschen zu den wichtigsten Kunden der Dänen zählen, haben sie die Anlagenentwicklung im Mutterland der Windenergie seit Beginn der Neunzigerjahre wesentlich mitbestimmt. Immer öfter werden die Prototypen der dänischen Anlagen in Deutschland errichtet und getestet.

Mit ihrer Offshore-Erfahrung hingegen kamen die Dänen bisher in Deutschland nicht zum Zug. Während Vestas und Bonus in den letzten Jahren in Nord- und Ostsee vor den Küsten Dänemarks, Schwedens und Englands über 200 Anlagen der Zwei-Megawatt-Klasse errichteten, stecken die Offshore-Planungen in Deutschland in der Genehmigungsbürokratie fest. In gewisser Weise wiederholt sich da die Geschichte, wie sie sich zu Beginn der Achtzigerjahre schon an Land ereignete. Auch hier setzen die Dänen auf kleine Schritte. Sie gehen mit den derzeit zur Verfügung stehenden Anlagen aufs Meer, während man in Deutschland auf den ganz großen Sprung setzt. Die Dänen zeigen, wie es geht, während hier zu Lande zu viele Bedenkenträger die Entwicklung von Offshore-Windparks von Jahr zu Jahr verzögern. Damit bestätigt sich bei der Windenergienutzung auf See einmal mehr: Ohne das Vorbild Dänemarks wäre Windkraft in Deutschland heute wahrscheinlich immer noch ein akademisches Spiel.

Seetauglich: Prototypen der Vestas V90 und der Nordex N90 auf dem dänischen Offshore-Testfeld in Frederikshaven/ Nordjütland

Gründerzeit – Dynamik eines neuen Industriezweiges

Mit dem Einsetzen des deutschen Windkraftbooms zu Beginn der Neunzigerjahre sahen viele Fachleute aus verschiedenen Berufszweigen in Windkraftanlagen und der dazu gehörenden Infrastruktur ein spannendes und zukunftsweisendes Betätigungsfeld. Die dynamischen Prozesse von Wachstum, Konzentration und Neuanfang zeigen, dass die Windkraftindustrie, obwohl ihre Pionierzeit vorbei ist, ein weites Feld für neue unternehmerische Aktivitäten bietet.

Links | Hoch hinaus: Die Rotorblätter der REpower 5M, der derzeit größten Windturbine der Welt, sind doppelt so lang wie die Tragflächen eines Jumbo-Jets. Der Aufbau dieses 5-MW-Kraftwerkes im Herbst 2004 war zugleich der erste Praxistest für einen der weltgrößten Mobilkräne, den Liebherr LGD 1850

Rotorblätter aus Holz: Der Prototyp des KANO-Rotors ging im Dezember 1986 in Norderheistedt ans Netz

Manfred Lührs | *Sachverstand und Unabhängigkeit*

Manfred Lührs wurde 1998 bundesweit als einer der ersten unabhängigen Sachverständigen für Windkraftanlagen öffentlich bestellt und vereidigt. Früh hatte er erkannt, dass bei wachsendem Investitionsvolumen und zunehmender Komplexität der Windturbinen unabhängige Gutachter unverzichtbar sind, damit das Kräftegleichgewicht zwischen Herstellern, Versicherern und Betreibern gewahrt bleibt.

Sachverstand hat Manfred Lührs sich in jahrelanger Tätigkeit in verschiedenen Bereichen der Branche erarbeitet. Ab 1984 entwickelte er bei der Firma Kähler in Norderheistedt den KANO-Rotor mit einer Leistung von 30 Kilowatt. Von 1990 bis 1995 baute er die erste Außenstelle der Firma Enercon, das Vertriebsbüro für Schleswig-Holstein, in Marne auf.

Unabhängigkeit erwarb sich Manfred Lührs mit der Gründung seines eigenen Ingenieurbüros 8.2. im Jahr 1995. Neben Anlagenchecks übernimmt er im Team mit anderen Ingenieuren auch Schadensanalysen und Wertgutachten.

Gerd Seels 110-kW-Windturbine in Walzbachtal-Wössingen ist Deutschlands größte Eigenbauanlage überhaupt. Bei ihrer Inbetriebnahme im Herbst 1990 war sie zudem die größte Anlage südlich von Bremen

Gerd Seel | *Alleingang im Binnenland*

Gerd Seel hat im Alleingang, nahezu losgelöst von der übrigen Windszene, eine 110-kW-Eigenbauanlage entwickelt und diese im Oktober 1990 in Walzbachtal-Wössingen bei Karlsruhe in Betrieb genommen. Der gelernte Fernmeldetechniker gründete daraufhin die Firma Seewind, um das Modell in Serie zu produzieren. Seine Kunden fand er überwiegend im süddeutschen Raum und in Österreich.

Später brachte Seel in Zusammenarbeit mit Wind World noch eine 750-kW-Anlage auf den Markt. Als dann aber Ende der Neunzigerjahre die Forderung nach immer größeren Anlagen und Stückzahlen aufkam, wandelte er Seewind zu einem überschaubaren Dienstleistungsunternehmen um. Neben Service und Wartung für die Seewind-Anlagen übernimmt er auch Wegebau und Fundamentarbeiten für andere Hersteller.

Grenzenloses Firmenwachstum war nicht die Sache des kreativen Tüftlers, vielmehr war es die Liebe zum technischen Detail und zu originellen Lösungen. Schon bei seiner Eigenbauanlage hat er mit „gefiederten Blattspitzen" experimentiert, um die Leistung des Rotors zu erhöhen. Im April 2002 fertigte Seel für eine 1,5-MW-Anlage auf dem Müllberg in Karlsruhe ein selbst entwickeltes Spezialfundament, auf dem der Turm auch dann noch senkrecht steht, wenn sich der Berg in ein paar Jahren um etwa drei Meter gesetzt haben wird.

Oben | *Hoch über dem Rheintal: Gerd Seel thront auf der Seewind 52-750-65, die er 1998 auf dem Müllberg in Karlsruhe errichtet hat*

Peter Weißferdt | *Hochspannung*

Der Netztechniker Peter Weißferdt ebnete den Windmüllern den direkten Zugang zur Hochspannungsebene und griff damit ein traditionelles Monopol der Energieversorger an.

Weißferdt entwickelte und verkaufte jahrelang Trafostationen für Windkraftanlagen. Dabei bewegte er sich zwischen Niederspannung und Mittelspannung. Das änderte sich, als er 1996 sein Ingenieurbüro für Elektrische Energieanlagen (IEE) eröffnete. Weißferdts Büro entwickelte Konzepte für betreibereigene Umspannwerke, die wesentlich billiger als die herkömmlichen Lösungen der Energieversorger waren. Im Zuge dessen erstritt er für die Windparkbetreiber auch das Recht, solche Umspannwerke zu errichten und damit ihren Strom direkt ins 110-kV-Netz einzuspeisen.

Der Mann, der bisher über 5 000 Windkraftanlagen ans Netz brachte, hält aber auch patente Insellösungen parat: In Gambia errichtete er ein Wind-Diesel-Hybridsystem, das das Dorf Batukunku mit Strom versorgt – fernab vom Netz.

Uwe Hinz | *„Nichts ist Standard!“*

Der Name Uwe Hinz ist untrennbar mit der Entwicklung des Aeroman zur Serienreife verbunden. Der Maschinenbauingenieur ging 1982 nach dem Studium in die Windenergie-Abteilung von MAN. Als Projektverantwortlicher betreute er den Export von rund 350 Aeroman-Anlagen, die zwischen 1984 und 1986 in Tehachapi in Kalifornien errichtet wurden. Ab 1988 übernahm er die Leitung der Windenergie-Abteilung, bis sich MAN 1992 endgültig aus dem Windgeschäft zurückzog.

Bei MAN hatte Hinz Erfahrungen mit der damals nur wenig erforschten Technologie der Windkraftanlagen sammeln können, sowohl bei kleinen Maschinen wie dem Aeroman, als auch bei der Entwicklung der WKA 60 mit 1,2 Megawatt Leistung. Es gab dabei keine Normen, auf die die Anlagenentwickler zurückgreifen konnten. Die Standards mussten erst entwickelt werden.

Dieses Know-how brachte Hinz 1992 als Gesellschafter in die Jacobs Energie GmbH in Heide ein, die Wartung und Service für die knapp 500 von MAN in aller Welt aufgebauten Windturbinen übernahm. Hinz war bei Jacobs für alle technischen Fragen verantwortlich, so auch für die von ihm mitentwickelten Anlagen mit 500, 600 und 750 Kilowatt Leistung.

Als Jacobs Anfang 2001 mit drei weiteren Windenergiefirmen zur REpower System AG fusionierte, übernahm Hinz die Zuständigkeit für Technologie und Patentwesen.

Oben | Made in Dithmarschen: Zwölf Jacobs 500/41 im Windpark Neufeld

Von Denker mitfinanziert: Die Entwicklung der MD 70. Der Prototyp wurde im Dezember 2000 im Kaiser-Wilhelm-Koog errichtet. Das MD steht für die Leistung der Anlage: 1 500 Kilowatt

Hugo Denker | *„Klein bleiben ging nicht"*

Hugo Denker finanzierte als Filialleiter der Commerzbank Brunsbüttel bis 1995 über 600 Windkraftanlagen. Die ersten waren 1989 zwei Adler 25 für Landwirt Peter Thomsen (li.) aus Barlt in Dithmarschen.

Denker riet nicht nur den Bauern, das Geschäft mit der Windenergie selber zu machen, sondern entdeckte es mit sicherem Gespür auch für sich. Er gründete 1995 das Planungs- und Finanzierungsbüro Denker & Wulf KG und stieg mit seinem Partner Klaus-Detlef Wulf beim Hersteller Jacobs Energie ein. Im folgenden Jahr hob er in Trampe bei Eberswalde mit der Brandenburgischen Wind- und Umwelttechnologien GmbH einen weiteren Herstellerbetrieb aus der Taufe und schließlich gründete er 1997 das Entwicklungsbüro pro + pro Energiesysteme GmbH & Co. KG in Rendsburg.

Der im Kaiser-Wilhelm-Koog aufgewachsene Bauernsohn erkannte, dass man nur durch Firmenwachstum mit der rasanten Marktdynamik Schritt halten kann: „Klein bleiben ging nicht." Er kaufte Ende 2000 die Windenergiesparte der Konkurs gegangenen Husumer Schiffswerft und vereinte Anfang 2001 alle Unternehmen, an denen er beteiligt war, unter dem Dach der mittlerweile börsennotierten REpower Systems AG.

Auf Dauer passte Hugo Denkers Entscheidungsstil jedoch nicht mit dem Umfeld eines börsennotierten Unternehmens zusammen. Zum Ende des Jahres 2003 verließ er REpower. Als Gesellschafter der Vensys Energiesysteme GmbH widmet er sich seither der Markteinführung der getriebelosen Vensys-1,2-MW-Anlage.

Hugo Schippmann | *Kalkuliertes Design*

Hugo Schippmann setzte bei der Markteinführung der DeWind-Turbinen auf modernes Industriedesign. Schon der Prototyp der ersten DeWind-Anlage mit einer Leistung von 500 Kilowatt, der im Juni 1996 in Neustadt in Ostholstein errichtet wurde, fiel durch unkonventionelle Gondelgestaltung auf. Dieser Leitidee blieb der kunstsinnige Kaufmann aus dem Ruhrpott bis zur jüngsten DeWind-Entwicklung treu. Die 2-MW-Anlage D8 besticht durch die dynamische Form des Maschinenhauses, das im Hause Porsche gestaltet wurde.

Schippmann, dessen Windkraftkarriere 1987 beim Eutiner Generatorenhersteller Weier begann, war 1995 Mitbegründer der DeWind GmbH in Lübeck. Er führte die Geschäfte des Unternehmens bis Mitte 2003, verließ DeWind jedoch anderthalb Jahre nach der Übernahme durch den britischen Industriekonzern FKI plc im Herbst 2003. Von seinem neuen Büro in Amsterdam aus koordiniert er seit Frühjahr 2005 die europäischen Vertriebsaktivitäten des indischen Herstellers Suzlon Energy Ltd.

Links | Hugo Schippmann vor der Gondel der D4, die mit dem „Industrieforum Produkt Design Award '97" ausgezeichnet wurde

Oben | Porsche-Design: Der Prototyp der D8 dreht sich seit März 2002 in Siestedt in Sachsen-Anhalt

Robert Müller und Vester Kruse |
Zurück nach Lübeck

Ihre erste Windkraftanlage entwickelten Robert Müller und Vester Kruse zwischen 1981 und 1983 auf Hof Springe bei Lübeck gemeinsam. Danach trennten sich ihre Wege.

Vester Kruse ging 1988 nach Braunschweig zur Schubert Elektrotechnik GmbH und konstruierte dort die Ventis-Anlagen. Robert Müller war 1983 einer der Gründer und Geschäftsführer der aerodyn Energiesysteme GmbH in Damendorf, später in Rendsburg. Bis 1997 arbeitete er in diesem Ingenieurbüro an der Entwicklung verschiedenster Windkraftanlagen mit und betreute vornehmlich die Steuerung und das elektrotechnische System.

Bei DeWind in Lübeck arbeiteten sie dann wieder unter einem Dach. Während Vester Kruse 1995 zu den fünf Gründungsmitgliedern von DeWind gehörte und für die Konstruktion der D4 verantwortlich war, wechselte Robert Müller 1998 zu DeWind und baute dort die Abteilung für Elektrotechnik auf.

Rechte Seite | Vester Kruse (re.) und Robert Müller vor der ersten 600-kW-Anlage von DeWind in Lübeck-Herrenwyk

***Rolf Werner** | Genialität in Beton*

Rolf Werner entwickelte zwanzig Jahre lang bei der Pfleiderer AG im oberpfälzischen Neumarkt Türme für Windkraftanlagen mit Höhen von 18 bis über 100 Metern.

Sehr früh erkannte der Kaufmann und promovierte Werkstofftechniker die Vorteile des Betons für Türme von Windturbinen. Im Schwingungsverhalten, der Korrosionsbeständigkeit und der Dauerfestigkeit sieht der Betonexperte „seinen" Werkstoff gegenüber Stahl deutlich im Plus. Die Entwicklung von Schleuderbetonmasten, die erstmals 1987 an zwei Aeroman-Maschinen zum Einsatz kamen, war die geniale Idee, die Pfleiderer bei Turmhöhen von bis zu 50 Metern die Marktführerschaft sicherte. Für größere Maschinen fertigte Pfleiderer dann vornehmlich Stahltürme, entwickelte jedoch für Anlagengrößen ab 100 Metern Höhe eine Hybridbauweise, bei der auch wieder Beton eingesetzt wird.

Rolf Werner bildete auch die treibende Kraft bei der Gründung der Pfleiderer Wind Energy GmbH im Jahr 2000 und dem Aufbau einer eigenen Produktion von Windkraftanlagen. Im sächsischen Coswig wurden Maschinen mit 600 und 1 500 Kilowatt Leistung gefertigt, die von der österreichischen Firma Windtec entwickelt wurden. Als Lizenznehmer für die Multibrid-Technologie forcierte das Pfleiderer-Team außerdem die Entwicklung dieser 5-MW-Offshore-Maschine. Doch bevor die Pfleiderer-Anlagen auf dem Markt Fuß fassen konnten, fiel die defizitäre Windsparte Ende 2003 einer Konzentration der Konzernaktivitäten zum Opfer. Rolf Werner schied aus dem Unternehmen aus und ist heute als Berater tätig.

Unten | Rolf Werner vor einer Schleuderbank für die Fertigung von Betonmasten für Windkraftanlagen im Pfleiderer Stammwerk Neumarkt in der Oberpfalz

Hybridturm: Der Turm der PWE 1577 in Eismannsberg besteht aus einem 35 Meter hohem Ortbeton-Segment, das nachträglich verspannt wurde, sowie einem 65 Meter hohen Stahlturm

Joachim Fuhrländer | *Windschmiede im Westerwald*

Joachim Fuhrländer bewegt sich abseits von Konventionen. Als der Schmied aus Waigandshain im Westerwald Mitte der Achtzigerjahre die väterliche Dorfschmiede übernahm, galt Windenergie als Spinnerei. Für ihn wurde es eine Passion und bald auch die geschäftliche Basis dafür, dass sich aus dem Familienbetrieb in den letzten 15 Jahren ein mittelständisches Windkraftunternehmen, die Fuhrländer AG, entwickelte. Sie beschäftigt mittlerweile über 150 Menschen.

Als Fuhrländer seine Hersteller-Karriere im Oktober 1991 mit der Lieferung einer modifizierten elektrOmat-Anlage mit 30 Kilowatt Leistung an die Stadtwerke in Köln begann, suchte er seine Kunden nicht an der Küste. Vielmehr passte er seine Produktpalette, die mittlerweile Eigenentwicklungen und in Lizenz gefertigte Maschinen mit Leistungen von 100 bis 2500 Kilowatt umfasst, den speziellen Windverhältnissen im Binnenland an.

Inmitten von Konzentrationsprozessen und Börsenfieber setzt Joachim Fuhrländer auf Mitarbeiterbeteiligung, Kooperation und Know-how-Transfer in die Länder, in die er seine Anlagen exportiert. Damit die Idee, mit der er sich einst der Windenergie verschrieb, nicht konterkariert werde: „Freundliche Energie" für eine friedliche Welt zu liefern.

Oben | Höhenflug mit Bodenhaftung: Der in Waigandshain verwurzelte Joachim Fuhrländer liebt es, im eigenen Hubschrauber in die Luft zu steigen und die Marke „world-wide-westerwald" in die Welt zu tragen

Oben | Fuhrländer-Entwicklung: Prototyp der FL 1000 in Kirburg/Westerwald

Unten | Mit jedem Anlagentyp angebaut: Die Waigandshainer Windschmiede aus der Helikopterperspektive 1999

***Ingo de Buhr** | Volle Kraft voraus*

Ingo de Buhr rüstet sich für den Offshore-Einsatz. Mit seinem Planungsbüro PROKON Nord Energiesysteme GmbH erhielt er im Jahr 2001 die erste Baugenehmigung für einen deutschen Offshore-Windpark. Zwei Jahre später überraschte der Elektroingenieur die Windszene mit der Übernahme der Multibrid Entwicklungsgesellschaft mbH, mit der er sich die Technologie für den Bau einer 5-MW-Offshore-Maschine sicherte.

Der aus Leer stammende Marathonläufer und Hobbysegler gründete nach dem Studium ein Windenergie-Planungsbüro, aus dem 1997 Prokon Nord hervorging. Bei seinen Windkraftprojekten kooperiert er seitdem mit anderen Planern unter dem Dach der ENERTRAG AG, die in Deutschland mittlerweile mehr als 300 Megawatt Windkraftleistung betreibt und im europäischen Ausland immer aktiver wird.

Aus dem daraus erworbenen Wissen sowie den Erfahrungen beim Bau von Altholz-Kraftwerken zieht Ingo de Buhr die Sicherheit, auch im kapitalintensiven Offshore-Geschäft zu bestehen. Um dabei den Großen der Branche Paroli zu bieten, setzt er auf kurze Entscheidungswege und hohe Motivation seines überschaubaren Teams.

Links oben | Offshore-tauglich: Ingo de Buhr im Maschinenhaus der Multibrid

Rechte Seite | Der Prototyp der Multibrid M5000 wird seit Dezember 2004 in Bremerhaven-Weddewarden getestet. Die Maschine ist für den Offshore-Einsatz konzipiert: Steuerung, Umrichter und Trafo sind in gekapselten Containern untergebracht, das kompakte Maschinenhaus lässt sich mit einem Kranhub austauschen

Dierk Jensen

Plötzlich stand da eine Mühle..." Die Verwunderung ist Manfred Lührs noch heute anzumerken. Er hält einen Moment inne, holt sich den Anblick von damals in Erinnerung. Die Miene des studierten Maschinenbauers verrät es: Die kleine, 1985 im Dithmarscher Dorf Norderheistedt errichtete Windturbine hatte ihn sofort „gepackt".

Endlich sah Lührs die technische Umsetzung dessen, was er politisch schon seit den Siebzigerjahren einforderte: Alternativen zur Atomkraft. Tag für Tag beobachtete Lührs gebannt das Geschehen um jenes Windrad, das nur einen Kilometer von seinem damaligen Arbeits- und Wohnort entfernt stand. Bis zu dem Tag, an dem die Rotorblätter nach dem „ersten Sturm" jäh abfielen.

Kurze Zeit danach suchte der Hersteller des abgestürzten Windrades, die Kähler Maschinenbau GmbH, einen Stahlbauingenieur. Eher zufällig schnappte Lührs die Stellenanzeige in der Dithmarscher Landeszeitung auf, bewarb sich und wurde angestellt. Damit erfüllte er sich den lang gehegten Wunsch, im Bereich der erneuerbaren Energien „technisch was zu entwickeln".

Das Faible für Maschinen hatte der 1956 in Diepholz geborene Lührs schon seit Jugendtagen. Bereits mit elf Jahren steuerte er sein erstes Motorrad. Pauken interessierte ihn weniger. Ohne Abitur verließ er die Schule und begann eine Maschinenschlosserlehre in der Lokomotivenfabrik Schöma in Diepholz. Während Lührs nun Lokomotiven zerlegte und in einer Land-WG wohnte, hatte er 1977 das erste Windkraft-Erlebnis. Mit Aktivisten des Biologischen Schutzvereins Hunte, der sich um die Renaturierung des Drebber-Moores kümmerte, baute er eine hölzerne Mühle, die Wasser ins Naturschutzgebiet schöpfte. Ihre Flügel drehen sich bis heute.

Nach der Lehre ging er auf das Fachgymnasium. Anschließend studierte er Maschinenbau in Ulm, wo in „90 Minuten die Bereiche Solar- und Windtechnik abgehandelt waren". Ziemlich ernüchternd für jemanden, der sich mit „Atomkraft? Nein Danke!"-Aufklebern identifizierte.

Nach dem Studium fand der Nonkonformist ein berufliches Zuhause in einem Tagungshaus in Hägen an der Westküste Schleswig-Holsteins, bis er schließlich 1985 bei Kähler einstieg. Seine erste Aufgabe bestand in der Prüfung der Konstruktionsberechnungen der bei dem Sturm zerlegten Anlage. Es war ein KANO-Rotor „System Dr. Wagner", eine 30-kW-Turbine mit vier untereinander abgespannten Flügeln. Lührs kam zum Ergebnis, dass einige technische Daten „haarsträubend falsch waren". Um dies zu klären, suchte er das Gespräch mit dem Konstrukteur der Anlage, dem auf der Insel Sylt lebenden Industriellen Günter Wagner.

Wagner hatte damals durch exotische Konstruktionen für Aufmerksamkeit bis in höchste Regierungskreise gesorgt – und vor allem immer wieder potente Geldgeber für seine Ideen begeistern können. „Von Berechnungsfehlern wollte Wagner nichts wissen", erinnert sich Lührs, der sich daraufhin beim Kieler Wirtschaftsministerium beschwerte, wieso eine technisch derart unausgereifte Mühlenkonstruktion überhaupt unterstützt worden sei.

Mit Erfolg: Für die Neuentwicklung des KANO-Rotors, was für „Kähler-Norderheistedt" steht, erhielt die Firma einen Landeszuschuss in Höhe von 100 000 Mark! Das war für Lührs wie ein Sechser im Lotto. Und innerhalb nur eines Jahres gelang es ihm und einer Technischen Zeichnerin, eine 30-kW-Anlage aus dem Hut zu zaubern. Einen Tag vor Weihnachten 1986 stellten sie den Prototypen in Norderheistedt auf.

Eigentlich hätte er sofort in Produktion gehen können, wäre da nicht die Typenprüfung gewesen, die sich elend in die Länge zog: weitere anderthalb Jahre. „Wenn Enercon in Schleswig-Holstein angesiedelt wäre, dann hätten die damals Pleite gemacht", spottet Lührs über die Kieler Bürokratie, wegen der die Dithmarscher entscheidende Zeit verloren. Damit verstrich die Chance, ihre Anlage im ersten Windpark im Kaiser-Wilhelm-Koog neben denen von Enercon, Frees, Köster und MAN zu testen.

Die Produktion konnte erst 1988 anlaufen. Kähler verkaufte in den Folgejahren 29 ihrer 30-kW-Anlagen. Doch die Entwicklung lief rasant weiter, der „Drive" ging zu immer größeren Maschinen. Lührs fuhr ins dänische Folkecenter für erneuerbare Energien nach Ydby in Nordjütland. Er war begeistert von den dortigen Arbeiten und Plänen, eine Windmühle aus Holzblättern mit einem Durchmesser von 27 Metern und einer Leistung von 270 Kilowatt zu bauen.

Lührs und Preben Maegaard, Chef des Folkecenters, waren sich schnell einig: Kähler sollte so eine Mühle in Serie bauen. Allerdings bremsten die Inhaber die Euphorie. Die Dithmarscher wollten nicht mitmachen, ihnen war das Risiko zu groß, weshalb Lührs am 30. April 1990 enttäuscht seinen Job kündigte.

Er wickelte noch die laufenden Geschäfte ab und die meisten Akten waren schon verpackt, als zwei Tage später plötzlich Aloys Wobben vorbeikam. Lührs erinnert sich noch gut an den Smalltalk mit dem Enercon-Chef. „Ganz nebenbei fragte er mich, ob ich auch in Zukunft nach Norderheistedt zur Arbeit fahren wollte."

Lührs hatte begriffen: Mit der Mitarbeiternummer 50 wurde er Enercon-Vertriebsleiter und baute in Marne die erste Außenstelle von Enercon auf. Der Zeitpunkt hierfür war ideal gewählt, die ersten Förderprogramme liefen und als am 1. Januar 1991 das Stromeinspeisungsgesetz in Kraft trat, brach eine neue Ära für die Windbranche an. Die Nachfrage nach Windturbinen wuchs sprunghaft an. „Der Vertrieb war mit meinem Know-how fast ein Selbstläufer", resümiert Lührs über seine Zeit bei Enercon. „70 Prozent der Kunden waren Landwirte", erinnert sich Lührs, „die interessierten sich für die Technik, denen ging es nicht nur ums Geld, sondern auch darum, neue Wege zu gehen."

Sicher auch ein Grund dafür, weshalb Lührs nicht sofort abblitzte, wenn er den Landwirten das technische Konzept des drehzahlvariablen Betriebs erklärte. Gern blickt er auf solche „Glücksfälle" wie den Windpark im Friedrich-Wilhelm-Lübke-Koog zurück, wo viel gegenseitige Sympathie im Spiel war. Es war der bis dahin größte Auftrag für das Auricher Unternehmen. Ein weiterer Meilenstein in seiner „Verkäufer-Karriere" war der Windpark Ostfehmarn: Mit 44 Anlagen vom Typ E-40 wurde es damals Deutschlands größter Windpark und der wirtschaftliche Durchbruch für die getriebelose 500-kW-Anlage.

Der Verkauf lief auf Hochtouren, alles lief bestens. Bis der Tod seiner Lebensgefährtin das Leben von Lührs auf den Kopf stellte. Um für seine Kinder da zu sein, arbeitete er nur noch halbtags, „das hieß trotzdem acht Stunden", und war nicht mehr stets präsent. Schließlich fasste Lührs den Entschluss, als Vertriebsleiter die Segel zu streichen.

Stattdessen gründete er ein eigenes Ingenieurbüro und wurde als einer der ersten zum öffentlich bestellten Sachverständigen für Windenergie vereidigt. Ein ideales Betätigungsfeld für Lührs, kannte er doch das Geschäft als einer der wenigen von allen Seiten: des Technikers, des Verkäufers, des Betreibers. Nur mit dem „Kürzertreten" klappte es nicht lange, das Entwicklungstempo der Branche riss auch ihn mit. Überall war sein Sachverstand gefragt, die Anfragen türmten sich.

Inzwischen tragen sechs Büros im Franchisesystem seinen Firmennamen 8.2., der für „Technik im Detail" bürgt. Seit 2001 auch in Spanien. Die zeitliche Beanspruchung ist jetzt wieder dieselbe wie früher in der großen Herstellerfirma. Doch seine Unabhängigkeit schätzt Manfred Lührs, sie wurde zum Markenzeichen seiner neuen Profession.

Komplizierte Gründung: Die Seewind 52-750-65 auf dem Müllberg in Karlsruhe bleibt senkrecht trotz Setzung des Bodens

Die Unabhängigkeit hat sich auch Gerd Seel bewahrt, dessen erste eigene Windkraft-Anlage in unmittelbarer Nähe seines Wohnhauses in Walzbachtal-Wössingen bei Karlsruhe steht. Der Windkraftanlagen-Konstrukteur nahm seine Motivation ursprünglich aus der Anti-Atomkraft-Bewegung und wie andere im Binnenland wurde Seel von der Windszene an der Küste lange Zeit als Exot belächelt: einfach weil er seine Anlagen vornehmlich im Binnenland absetzte, die meisten entlang des Rheins.

Der Funkübertragungstechniker war jahrzehntelang in Diensten der Post bundesweit auf Fernsehtürme hinaufgeklettert, um dort Antennen zu montieren. „Immer hoch oben, wo der Wind zu Hause ist." Als Funktechniker hatte er 1984 vom Sendeturm in Stötten das erste Mal den Aufbau einer Windturbine beobachtet. Auf dem Testfeld unweit des Turmes wurde in jenem Sommer die Debra 25, eine in deutsch-brasilianischer Zusammenarbeit entwickelte 100-kW-Anlage, errichtet.

Doch rückte diese alternative Energieumwandlungsform erst mit der Katastrophe von Tschernobyl Ende April 1986 in das nähere Blickfeld des Postbeamten Seel. Als Reaktion auf den Super-GAU trat er der Aktionsgruppe „Eltern und Erzieher gegen die atomare Gefahr" bei. Allerdings war er von deren Sitzungen ziemlich frustriert, weil da „nichts Produktives passierte".

Reden alleine reiche nicht, sagte sich Seel und beschloss: „Ich baue meine eigene Windkraftanlage." Er hatte ein Grundstück geerbt und 60 000 Mark übrig. So fuhr Seel 1987 nach Dänemark, um sich eine Anlage auszusuchen. Auch die 55-kW-Vestas von Karl-Heinz Hansen nahm er kritisch unter die Lupe, die 1983 als eine der ersten Windturbinen in Deutschland im nordfriesischen Cecilienkoog in Betrieb gegangen war. „Was ich dort sah, war deutscher Maschinenbau mit einer dänischen Blechkiste verkleidet", kritisierte Seel und kehrte mit der Erkenntnis nach Karlsruhe zurück: „So eine Anlage will ich lieber selber bauen."

Statt nun einen BMW zu kaufen, steckte er sein Geld und unzählige Arbeitsstunden in die Entwicklung einer eigenen Windturbine. Er besuchte auf der Abendschule Kurse in Maschinenbau, besorgte sich Literatur und begann mit Windmessungen. Über Jahre hinaus sollte das Wort Freizeit für ihn zum Fremdwort werden.

Unverfroren setzte er sich ans Zeichenbrett und entwickelte eine Maschine mit exakt 10,3 Meter langen Flügeln. Nach einem Jahr, im September 1988, begann er mit dem Bau der Rotorblätter. „Es dauerte aber nicht sechs, sieben Wochen, sondern ein ganzes Jahr", erzählt der Eigenbrötler, über den die Lokalpresse damals „Postbeamter plant großtechnisches Projekt" titelte. Fast alles baute er selbst. Den Turm schweißte er aus Röhren zusammen. Getriebe und Generator kaufte er dazu. Am 2. September 1990 war die 110-kW-Anlage schließlich aufgestellt. Aber es folgte der erste große Flop: Vier Wochen Flaute verzögerten den Probebetrieb.

Auch zur Einweihung Ende Oktober stand die Maschine noch still. Doch danach lief sie gut an und erregte lokales Aufsehen. War es doch damals die größte Windturbine südlich von Bremen. „Ich war der Erste in Baden-Württemberg, der beim 100-Megawatt-Programm einen Antrag stellte", erinnert sich Seel. Allerdings erhielt er eine Absage mit der Begründung, dass sein Prototyp kein Serienmodell sei. Noch nicht.

Der Eigenbau des Alleingängers funktionierte überzeugend und so fand er in Karlsruhe Kapitalgeber, die ihn mit 40 Prozent Beteiligung bei der Firmengründung unterstützten. Gerd Seel erinnert sich noch gut an die Namensgebung für die GmbH, die Spätsommer 1991 mit einem Stammkapital von 425 000 Mark an den Start ging. „Nach dem fünften Bier hieß es nicht mehr SeelWind, sondern Seewind."

Sofort war die junge Firma auf der Husumer Windmesse mit eigenem Stand präsent und knüpfte eifrig Kundenkontakte. Das Geschäft lief gut an, problemlos verkaufte Seewind seine Anlagen. Im Frühjahr 1992 erhielten die ersten Mitarbeiter einen Arbeitsvertrag und bis zum Ende des Jahres waren die ersten beiden Serienmodelle fertig. Das Auftragsvolumen wuchs stetig: von 15 Anlagen im Jahre 1993 auf 23 Maschinen 1994. Bis sich 1995 mit nur 17 Aufträgen der Einbruch des 110-kW-Modells abzeichnete. „Als das Förderprogramm des Bundesforschungsministeriums auslief und dann auch noch Stück für Stück die Landesmittel wegfielen, war es endgültig aus."

Fast zwangsläufig musste er die Produktion seiner 110-kW-Anlage in Deutschland einstellen. Die letzten vier Mühlen dieses Typs hat er 1999 in Darlowo an der polnischen Ostseeküste errichtet. Es war der erste Windpark in Polen. Der deutsche Markt forderte größere Maschinen, die Seel aber nicht hatte. Dabei war der Eigenkonstrukteur in der Hochphase durchaus bemüht, einen größeren Bautyp zu entwickeln. Er projektierte eine getriebelose 750-kW-Maschine mit permanent erregtem Ringgenerator. Die Entwicklung des Generators geschah in Zusammenarbeit mit dem Siemens-Konzern. „Aus eigener Kraft hätten wir das nicht geschafft, an den kleinen Mühlen blieb einfach zu wenig übrig", schildert Seel die damalige Situation. „Als sich aber unser Vorhaben herumsprach, gab es eine unheimliche Nachfrage", registrierte der Badenser. „Mal was anderes als Enercon, hieß es allerorten."

Allerdings scheiterte das ambitionierte Projekt. Mit Zorn blickt Seel „auf die Verweigerungshaltung des Bundeslandes Baden-Württemberg" zurück. Denn die Stuttgarter Landesregierung rückte kein Geld heraus. Als dann noch Siemens ausstieg, warf auch Seel entnervt das Handtuch.

Stattdessen suchte er sich neue Partner, brachte seine Ideen beim dänischen Hersteller Wind World A/S in die Entwicklung der 750-kW-Anlage mit ein. Er vertrieb die Anlage unter seinem Namen mit einem deutlich veränderten Maschinenhaus. Im November 1997 ging der Prototyp der 750er Seewind in der Eifel ans Netz. Zwar hatte die Maschine viele Kinderkrankheiten, erzeugte aber trotzdem im ersten Betriebsjahr 1,6 Millionen Kilowattstunden. Nach einer einjährigen Optimierungsphase ging dieses Modell dann in Serie.

Die Pleite bei Wind World und die Übernahme der Nachfolgegesellschaft durch NEG Micon durchkreuzten jedoch Seels Zukunftspläne. Fortan übernahm er mit den verbliebenen Seewind-Mitarbeitern Dienstleistungen für andere Windkraftanlagen-Hersteller. Mit einem kleinen Serviceteam werden Fremdanlagen aufgebaut sowie die mehr als 80 Seewind-Anlagen gewartet. „Da bekommen wir das Geld für jede Stunde bezahlt, statt dem Käufer einer Windkraftanlage monatelang auf den Fersen zu sein", hat sich der Badenser inzwischen von eigenen Entwicklungen verabschiedet. So ist das Unternehmen inzwischen ein kleiner, aber solider Dienstleistungsbetrieb, der auch den Zuwege- und Fundamentbau für die Anlagen verschiedener Hersteller leistet. Das bringt noch Brot für viele Jahre.

Unkonventionelle Lösungen werden von Peter Weißferdt erwartet. Der ausgewiesene Netzwerktechniker sorgt seit Jahrzehnten dafür, dass der erzeugte Windstrom ins Netz gelangt. „Ich wollte immer in die Fußstapfen meines Vaters, eines Elektroingenieurs, treten", verrät Peter Weißferdt seinen schon in Kindheitstagen gehegten Berufswunsch, der durch einen „Trix Stabil Baukasten" noch weiter bestärkt wurde. Nach der Lehre zum Elektroinstallateur bei den Kieler Howaldt-Werken, Bundeswehr und Studium ging es 1967 nach Düsseldorf, wo er in drei Jahren durch fünf Unternehmen, von Lichttechnik über Hochspannungsschaltanlagen, Akkumulatoren, Kunststoffartikel bis hin zu Aufzügen die volle Bandbreite der (Elektro-)Industrie kennen lernte. Querfeldein erwarb er sich eine seltene Kompetenz, die ihm später an der Schnittstelle verschiedener Bereiche zugute kam. So sieht sich der Netzwerkspezialist heute eher als Konstrukteur denn als Elektriker.

1970 ging es zurück ins elterliche Elektrovertriebsgeschäft auf Provisionsbasis. Weil Weißferdt darin keine Zukunft sah, verkaufte er den Betrieb nach sechs Jahren. Er stieg bei der Hochspannungstechnik Peters & Thieding GmbH ein, die damals für den schleswig-holsteinischen Markt Schaltanlagen baute. Der größte Kunde war die Schleswag AG. 1980 errichtete Peters & Thieding in Wentorf bei Hamburg ein Werk und produzierte dort eigene Kompakt-Transformatoren-Stationen, die preiswerter und innovativer waren als alle bis dahin gängigen Trafostationen.

Preiswerte Netzkopplung: Betreibereigenes Umspannwerk in Oppeln/Sachsen

Als sich Mitte der Achtzigerjahre in Schleswig-Holstein die ersten Windflügel drehten und die Windmüller sich anschickten, ihren erzeugten Strom ins Netz einzuspeisen, kontaktierte die Schleswag AG den Transformatoren-Spezialisten Weißferdt. Der Regionalversorger erarbeitete mit seiner Hilfe die erforderlichen Systeme für Windturbinen. So hat Weißferdt die konträre Interessenlage zwischen Netzbetreiber und Anlagenbetreiber von Beginn an mitbekommen. Als unabhängiger Techniker konnte er sich in die Situation der Windmüller hineinversetzen. Später zum Ärger seines früheren Auftraggebers, der sich oft den Argumenten des Fachmannes beugen musste. Schon bald war Weißferdt in der Windszene der Mann mit den schnellen und preiswerten Netzanschlüssen. „Wenn einer ein Problem hatte, dann kam er zu mir", blickt der Netzwerker zurück.

Wenngleich ihn der Wind schon in den Achtzigerjahren beschäftigte, verdiente Weißferdt das Geld bis in die Neunziger im Nahen Osten, wo er Schaltsysteme an Ölmultis verkaufte. „Diese Zeit hat meinen Geschäftssinn geschärft", möchte er diese Phase nicht missen, die nach einer Exportflaute mit dem Verkauf von Peters & Thieding an den ABB-Konzern im Jahre 1993 endete. Zwar wurde er bei ABB Geschäftsführer, doch änderte das wenig daran, dass er in einem Konzern gelandet war, der damals mit erneuerbaren Energien nicht viel am Hut haben wollte. Der Netzwerktechniker entwarf in einem schicken Hamburger Büro für den Konzern Einstiegsszenarien in die Technologien der erneuerbaren Energien und stellte 50 Millionen Mark Jahresumsatz in Aussicht, doch nichts passierte. Genervt von der Ignoranz kündigte er und gründete am 1. Mai 1996 kurzerhand sein eigenes Ingenieurbüro für Elektrische Energieanlagen (IEE) in Kiel.

Saß er bisher zwischen den Stühlen und musste die gegenläufigen Interessen von Windkraftanlagen-Betreibern und Energieversorgern unter einen Hut bringen, so konnte er jetzt „Feuer" geben in Sachen neuer Energien. Ein echter Glücksfall für die Branche. War doch die Nachfrage nach kompetenter Netzplanung analog zur Windszene im Laufe der Neunzigerjahre enorm angewachsen.

Oft wies er auf rechtswidriges Verhalten der Energieversorger hin und lehrte sie das Fürchten. So erstritt er mit Sachverstand für manchen Windmüller den Netzzugang. Technisch-planerische Meilensteine sind die von seinem Kieler Büro konzipierten betreibereigenen Umspannwerke, die schlanker und billiger waren als die der Energieversorger. Peter Weißferdts Lösungen waren technisch sinnvoll, rüttelten aber an einem Monopol. Neben anderen Experten regte er deshalb an, gesetzlich festzuschreiben, dass die Stromeinspeiser eine Option auf eigene Anschlussanlagen haben dürfen. Das gilt auch für die, die ins Netz der Versorger eingebaut und später übereignet werden.

Als Netzwerker erfuhr er oft, dass der Netzzugang längst nicht nur ein technisches Problem ist, sondern ebenso ein politisch-juristisches. Dabei spielt das so unscheinbare Wörtchen „Vorrangigkeit" für die regenerativen Energien eine entscheidende Rolle. „Das ist ein ganz wichtiger Punkt, der in der Windszene und in den Verbänden der regenerativen Energien lange Zeit nicht richtig wahrgenommen wurde", reklamiert Weißferdt. Erst durch seine Aufklärungsarbeit mit den „grünen Vätern und Müttern" des ab April 2000 in Kraft getretenen Erneuerbare-Energien-Gesetzes (EEG) wurde die „Vorrangigkeit" der erneuerbaren im Gegensatz zu konventionellen Energien gesetzlich auch verankert. Darüber hinaus vertrat Peter Weißferdt lange Zeit die Interessen der regenerativen Stromerzeuger in der Bundesclearingstelle, die beim Bundeswirtschaftsministerium eingerichtet wurde, um Konflikte beim Netzzugang im Konsens zu klären.

Peter Weißferdt hat in seiner beruflichen Laufbahn über 5 000 Windturbinen ans Netz gebracht. So viele wie keiner in der Republik. Nachdem er sich jahrelang an der Schnittstelle zwischen Niederspannung und Mittelspannung bewegt hatte, brach er mit seinen 110-kV-Umspannwerken in die Domäne der Energieversorger im Hochspannungsbereich ein. Mit seiner Umspannwerk Betriebs und Service GmbH (UBS) stellt er Betriebsführung und Service für mittlerweile 36 Umspannwerke rund um die Uhr sicher.

Aus dem IEE hingegen hat er sich inzwischen ganz zurückgezogen, weil er „auch mal kürzer treten" wollte. Doch neben seiner Arbeit bei UBS ist der Netzspezialist nach wie vor als Gutachter gefragt und darüber hinaus als Mitgesellschafter und einer der Geschäftsführer des Offshore-Bürgerwindparks Butendiek aktiv. Mit der Planung des Netzanschlusses und der Kabeltrasse dieses Offshore-Windparks in der Nordsee hat sich der alte Haudegen eine äußerst diffizile Aufgabe an Land gezogen, bei der Fachkompetenz und Fingerspitzengefühl zugleich gefordert sind, um innovative Lösungen für alle Beteiligten zu finden.

Solider Standard: REpower MM 82 in Jiedlitz/Sachsen

Uwe Hinz ging es Anfang der Neunzigerjahre ähnlich wie Peter Weißferdt. Der Maschinenbauer sah damals klar das wirtschaftliche Potenzial der Windenergie. Doch bei seinem damaligen Arbeitgeber, der MAN Neue Technologie GmbH, fand er nur noch wenig Rückhalt, war doch der Konzern gerade dabei, sich aus dem Bau von Windkraftanlagen zurückzuziehen. So erwies sich für Hinz, der eigentlich kein Unternehmertyp ist, der Schritt in die Selbstständigkeit eher als glückliche Fügung. Der Techniker konnte damit das weiterführen, was er bereits seit zehn Jahren machte: Windkraftanlagen entwickeln und bauen.

Unmittelbar nachdem er 1982 sein Studium an der Universität München mit der Diplomarbeit „Heizen mit Wind" abgeschlossen hatte, ging Hinz als Entwicklungsingenieur in die Windenergie-Abteilung von MAN. Als erstes übernahm er die Betreuung des Prototypen des Aeroman im Testfeld Schnittlingen in der Schwäbischen Alb. So war er maßgeblich an der Weiterentwicklung dieses Modells beteiligt, von dem weltweit 495 Anlagen aufgestellt wurden. Ab 1988 leitete Hinz die Windenergie-Abteilung und war damit auch für die Entwicklung der WKA 60 verantwortlich, des kleineren Nachfolgers des Growian mit 1,2 Megawatt Leistung.

In technischer Hinsicht war das eine spannende Zeit: „Nichts ist Standard", bringt Hinz es auf den Punkt. Damals waren die Ingenieure gezwungen, alle Hauptkomponenten detailliert in die Tiefe zu entwickeln, da sie nicht auf das Wissen der Zulieferer bauen konnten. „Das Know-how lag ausschließlich bei den Herstellern. Die Zulieferer mussten erst von dem Produkt überzeugt werden." Uwe Hinz bezog daraus einen enormen Erfahrungsschatz.

Als sich MAN dann Anfang der Neunzigerjahre, gerade als das Windgeschäft in die Gänge kam, aus dieser Zukunftsbranche zurückzog, erhielt Hinz von Hans-Henning Jacobs, dem Inhaber des mittelständischen Elektro-Maschinenbau-Unternehmens „Motoren-Jacobs" in Heide, eine interessante Offerte. Jacobs schlug Hinz vor, in dessen 1991 eigens für die Wartungs- und Servicearbeiten der MAN-Windkraftanlagen gegründeten Firma Jacobs Energie GmbH als Teilhaber mit einzusteigen. Hinz schlug nicht aus und wurde 1993 offiziell Gesellschafter bei Jacobs-Energie. Hans-Henning Jacobs hielt es für einen Volltreffer, dass der Anlagenentwickler Hinz 1994 bereit war, von München ins beschauliche Heide zu gehen, um mit ihm das Wagnis einer eigenen Entwicklung zu riskieren. Aber Hinz wusste, dass neue Anlagen dort zu entwickeln sind, wo der Wind weht: „Denn es ist nicht nur Berechnung, sondern auch viel Gefühl dabei."

Zuerst verdiente sich das Team mit Wartung und Service der Aeroman-Anlagen sowie der beiden WKA 60 im Kaiser-Wilhelm-Koog und auf Helgoland seine Brötchen. Gleichzeitig brütete Uwe Hinz an der Entwicklung einer Windturbine mit 500 Kilowatt Leistung. „Uta Jöns, Mitarbeiterin der ersten Stunde, hat mir das Plattdeutsche der Dithmarscher Kunden und Kollegen übersetzt", erzählt Hinz von der Entwicklungs- und Konstruktionsphase des Prototyps. „Das Maschinenhaus wurde im Winter in einer ungeheizten Raiffeisen-Lagerhalle montiert."

Landwirte waren die ersten Kunden. „Wenn man so ein Projekt anpackt, braucht man Geschäftspartner, die mitspielen, die selbst Pioniere sind und Vertrauen haben", zollt Uwe Hinz den Betreibern der ersten Stunde großen Respekt; besonders dem Landwirt Werner Meier in Eddelak-Behmhusen bei Brunsbüttel. Auf dessen Acker wurde am 18. Mai 1994 der Prototyp der 500er von Jacobs aufgestellt.

Das 900 000 Mark teure Projekt stellte einen wichtigen Meilenstein dar, doch wurde auch deutlich, dass die zwei unbedingt mehr Kapital brauchten, um mit dieser Anlage in Serie zu gehen. Sie schauten sich nach neuen Teilhabern um, die sie schließlich in Hugo Denker und Klaus-Detlef Wulf fanden.

Das Duo Denker & Wulf übernahm im September 1995 exakt 76 Prozent der Anteile an der Jacobs Energie GmbH. Für Hugo Denker brachte damit das Jahr 1995 den Wendepunkt in seiner beruflichen Karriere. Trotz lukrativer Aufstiegsangebote quittierte der Filialleiter der Commerzbank Brunsbüttel nach seinem 25. Jubiläum den Dienst bei der Bank und gründete seine eigene Planungs- und Finanzierungsfirma für Windkraftprojekte. Mit der Teilhabe an Jacobs hatte Hugo Denker endgültig die Seite gewechselt: vom Kreditgeber zum kreditnehmenden Unternehmer.

Das war ein mutiger Schritt, doch er bedeutete nicht den viel zitierten „Sprung ins kalte Wasser", dazu war Denker schon zu lange im Geschäft. Als Sohn eines Landwirts im Kaiser-Wilhelm-Koog wuchs Denker mit dem Wind auf. Seinen ersten Kontakt mit dem Windgeschäft hatte Denker allerdings erst, als ihn im Jahr 1989 der Landwirt Peter Thomsen aus Barlt bei Marne in der Commerzbank-Filiale in Brunsbüttel anrief. Hugo Denker, der nach 18 Dienstjahren gerade zum Filialleiter befördert worden war, nahm den Hörer ab. Der Landwirt erzählte ihm sein Anliegen. „Ich wöll twee Windmölln buun."

Thomsen wollte gleich zwei Anlagen vom Typ Adler 25 der Firma Köster aufstellen und fragte, ob die Commerzbank so etwas finanziere. „Mir ließ das keine Ruhe mehr", erinnert sich der wuchtige Hugo Denker noch genau an seine erste Geschäftshandlung in Sachen Wind. Denker zauderte nicht, rechnete prompt die Kreditmodalitäten für eine Investition in Höhe einer Million Mark durch. Sofort fuhr er für ein „Kreditentscheidungsgespräch" auf den Hof von Thomsen, der damals mit 90 Hektar Ackerland und Schweinemast „wirtschaftlich gesund" dastand.

Nach 45 Minuten war man sich handelseinig, erzählt Denker. „Die Eigenkapitaldecke war so, dass ich dem Bauern auch eine Reise zum Mond finanziert hätte." Eine bemerkenswerte Aussage, denn die meisten Banken verhielten sich in jener Phase vor dem Stromeinspeisungsgesetz eher zurückhaltend, wenn es um Finanzierung von Windkraftprojekten ging.

Dass sich nun ausgerechnet die Commerzbank Brunsbüttel, die ihr größtes Geschäft mit dem dortigen Atommeiler und dessen Mitarbeitern machte, als erstes Geldinstitut kreditwillig zeigte, sprach sich in Windeseile herum. Damit hatte Denker eine neue Ära eingeläutet. Ab nun floss Bankengeld in die private Windkraft. Am Anfang noch zögerlich, später sehr bereitwillig. Für Denker war nach dem ersten Deal nichts mehr so wie vorher. Der brave Alltag eines Bankers gehörte der Vergangenheit an. Schon in kürzester Zeit war er der Mann, „der Windkraft finanziert". Er prägte die Faustformel: „Die Investition darf eine Mark pro Kilowattstunde Jahresertrag nicht überschreiten."

Noch im Laufe des Jahres 1989 lernte Denker den Windenergieberater Walter Eggersglüß von der Landwirtschaftskammer Schleswig-Holstein kennen. Mit ihm zusammen rechnete Denker auf unzähligen Informationsveranstaltungen vor, dass sich Windkraft lohnt. „Ich zog mit ihm wie ein Wanderprediger durchs Land." Für den Filialleiter brachen turbulente Zeiten an: Von morgens bis in die Nacht hinein schob er neue Windprojekte an. „Windenergie ist die ideale Ergänzung für die Landwirtschaft", impfte er seiner überwiegend bäuerlichen Zuhörerschaft in den Dorfkrügen ein. „Es fliegen jährlich Millionen Mark über eure Dörfer hinweg." Denker kam damit an. „Ich konnte den Landwirten einfach hinter die Stirn gucken, ich verstand, welche Fragen sie sich im Innern stellten", erklärt er sich seinen Vertrauensvorschuss.

Der geschäftliche Erfolg war beeindruckend: Bis Ende 1990 wuchs das Kreditvolumen der Commerzbank Brunsbüttel auf 50 Millionen Mark an. Und im Jahre 1992 legte Denker ein Strategiepapier vor, in dem ein mittelfristiger Kreditbedarf der Windbranche von einer Milliarde Mark prognostiziert wurde. Eine Dimension, die auch andere Banken wach küsste.

„Aus einer Mark zwei machen, wer will das nicht?", umschreibt Denker die wichtigste Triebkraft der Wirtschaft. So investierte er neben seinem Job selbst in Wind. Schon 1990 ging seine erste Anlage in Betrieb. Eine Ventis 20/100, die pikanterweise von der Vereins- und Westbank finanziert wurde. Nun war Denker selbst Windmüller.

Insgesamt finanzierte Denker über die Commerzbank rund 600 Windturbinen. „Darunter war keine Pleite", sagt er und verweist auf das firmeninterne Ranking aller Commerzbank-Filialen in Deutschland: Die Brunsbütteler kletterten von Platz 486 im Jahre 1989 auf den zweiten Platz im Dezember 1995.

Zu jenem Zeitpunkt war Denker aber schon nicht mehr Gehaltsempfänger der Bank, sondern Teilhaber der von ihm und dem Aachener Radiologen Dr. Klaus-Detlef Wulf gegründeten Regenerative Energien Denker & Dr. Wulf KG, ein Unternehmen, das Windprojekte planen und finanzieren sollte. Die beiden hatten sich über Eggersglüß kennen gelernt. Wulf kannte als Radiologe die Gefahren der Atomenergie genau und investierte in eine Alternative. Denker vermittelte Wulf für seine ersten Windkraftanlagen einen anderthalb Millionen Mark schweren Kredit von der schleswig-holsteinischen Investitionsbank und finanzierte auch Wulfs ersten großen Windpark in Sillerup südwestlich von Flensburg. Danach bot der Arzt dem Banker eine Zusammenarbeit an. Während Wulf drei Millionen Mark Stammkapital einbrachte, steuerte Denker „100 Prozent seiner Arbeitskraft" bei. „Wir wollten etwas bewegen", beschreibt Denker die damalige Motivation.

Dass die beiden „Seiteneinsteiger" damit Ernst machten, zeigten sie mit dem Einstieg bei Jacobs. Schlag auf Schlag ging es weiter. Im Januar 1996 gründeten sie mit drei weiteren Gesellschaftern die bwu, die Brandenburgische Wind- und Umwelttechnologien GmbH, die in Trampe bei Eberswalde begann, die mittlerweile auf 600 Kilowatt Leistung aufgestockte Anlage von Jacobs in Lizenz herzustellen. Seit dem Jahr 2000 produziert sie auch die MD 70, eine Maschine mit einer Nennleistung von 1,5 Megawatt. Diese Turbine, an deren Entwicklung auch Hugo Denker seinen finanziellen Anteil hatte, entstand aus einer Krise heraus.

Im Jahr 1996 sank nämlich zum ersten Mal die installierte Windkraft-Leistung im Vergleich zum Vorjahr. Sowohl die Verfassungsklage der Stromwirtschaft gegen das Stromeinspeisungsgesetz als auch die vom Bundeswirtschaftsministerium angekündigte Novelle dieses so wichtigen Regelwerks verunsicherten die Windbranche. Es kam zu einer Investitionsflaute. Auch dem Rendsburger Entwicklungsbüro aerodyn Energiesysteme GmbH brachen verschiedene Aufträge weg. Die areodyn-Ingenieure nutzten aber die auftragsarme Zeit, um eine 1,5-MW-Anlage ohne einengende Herstellervorgaben optimal nach ihren eigenen Vorstellungen zu entwickeln, sozusagen ihre „Ideal-Windkraftanlage". Sie traten an Denker & Wulf heran, ob diese sich vorstellen könnten, in die Weiterentwicklung bis zur Serienreife einzusteigen. „Wo andere ablehnten, haben wir in einer halben Stunde zugesagt", streicht Denker seine offensive Firmenpolitik heraus. Dabei ist er eigentlich nicht der leichtfüßige Visionär, sondern bleibt bei allem Engagement der kühl rechnende Banker.

Mit Hilfe einer finanziellen Förderung von der Technologiestiftung Schleswig-Holstein gründeten Denker & Wulf gemeinsam mit Sönke Siegfriedsen, dem Geschäftsführer von aerodyn, im Mai 1997 die Firma pro + pro Energiesysteme

GmbH & Co. KG. Ziel war es, die Anlage bis zur Serienreife zu bringen und weltweit in Lizenz zu vermarkten. Ein kleines Team unter der Leitung der ehemaligen aerodyn-Ingenieure Peter Quell und Mathias Schubert konstruierte den Prototypen der MD 70, der bei Jacobs in Heide montiert und im Dezember 1998 im Kaiser-Wilhelm-Koog errichtet wurde.

„Die lief gut. Nach der Testphase konnten wir im Juli 2000 die erste verkaufen“, erzählt Denker. Die Lizenz für diesen Maschinentyp erhielten erst einmal die Hersteller Jacobs, HSW, bwu und Fuhrländer. Später kam noch Südwind als Tochterunternehmen der Nordex AG hinzu.

Bei all den unterschiedlichen Aktivitäten antizipierte der gewiefte Denker die Risiken schnellen Wachsens. „Bloß nicht in den Umsatzdruck hineingeraten“, warnt Denker. Getreu seinem Grundsatz „etwas zu verändern, wenn es einem gut geht“, beauftragte er 1999 die Unternehmensberatung Kienbaum mit einer Betriebsanalyse. En passant ging es auch darum, den eigenen Marktwert herauszufinden. „So geht es nicht weiter, meine Herren!“, war das Resümee. Denker wurde klar: „Klein bleiben ging nicht.“

So übernahm Jacobs im Februar 2000 die Windsparte der Husumer Schiffswerft, die zuvor Konkurs anmeldet hatte. Mit der Verschmelzung beider Unternehmen verlagerte Jacobs seine Produktion von Heide ins 40 Kilometer entfernte Husum. Denker und Wulf machte die eigene Größe etwas bange: Dass noch viel Anschubgeld in den losen Verbund fließen müsse, daran führte aus Sicht des Finanzexperten kein Weg vorbei. Schon im gleichen Herbst kam es zu Fusionsgesprächen mit den Konzernen Pfleiderer und Babcock. „Während wir zu Pfleiderer nicht passten, waren wir uns mit Babcock fast schon einig.“ Der Oberhausener Maschinenbaukonzern sollte 74,9 Prozent übernehmen, während Denker im Gegenzug eine Garantie für eine „uneingeschränkte Bestandsentwicklung“ der bisherigen Produktionsstandorte in Husum und Trampe haben wollte. Aber was heißt schon auf der Ebene großer Konzerne „Garantie“?

Als dann der ehemalige Hamburger Umweltsenator Fritz Vahrenholt, der vorher im Vorstand der Deutschen Shell AG auch für erneuerbare Energien zuständig war, von dritter Seite ins Gespräch gebracht wurde, kam plötzlich alles anders. Die beiden diametralen Charaktere Vahrenholt und Denker fanden einen gemeinsamen Nenner: Jacobs, bwu und pro + pro wurden zur Firma REpower mit Firmenzentrale in Hamburg zusammengeführt und in eine Aktiengesellschaft umgewandelt. Seit Frühjahr 2002 ist die REpower Systems AG an der Börse notiert.

In der Aktiengesellschaft spielen die früheren Protagonisten von Jacobs nun in einer anderen Liga. Auch wenn alle zu spüren bekommen, dass das familiäre Klima schwindet, haben sich zumindest Uwe Hinz, der für Technologie und Patente zuständig ist, und Hans-Henning Jacobs, der noch für einige Jahre das Auslandsgeschäft leitete, innerhalb des Unterneh-

Offshore-Test: Hubschrauberübung an der 5-MW-Maschine REpower 5M im Gewerbegebiet Brunsbüttel-Süd

mens eine gewisse Unabhängigkeit vom hektischer werdenden Tagesgeschäft erhalten können.
Dagegen geschah der Wandel zur AG für Klaus-Detlef Wulf als Aufsichtsratsvorsitzender und für Hugo Denker, der damals im Vorstand die Verantwortung für Produktion, Personal und Inlandsvertrieb übernommen hatte, einschneidender. „Mit derselben Dynamik, mit der ich einst der ‚Knechtschaft' der Bank entkam, bin ich jetzt in die ‚Knechtschaft' des Börsenkapitals geraten", sagte der Dithmarscher mal süffisant über seine Rolle im Vorstand, in dem vor allem über die strategische Ausrichtung des Unternehmens selten eine Meinung herrschte. Die Mehrheit der Vorstände setzte auf die Entwicklung einer 5-MW-Offshore-Maschine. Dieser Entscheidung fügte sich Denker nur ungern, denn er favorisierte, sicher auch aus der Sicht des Windparkplaners, die Entwicklung einer Anlage mit 2,5 bis 3 Megawatt Leistung.

Denker, ausgestattet mit einem seismografischen Gespür für Veränderungen innerhalb der Branche, war es irgendwann leid, bei jeder Entscheidung Rücksicht auf die Meinung der Analysten zu nehmen. Konsequenterweise stieg er zum Ende des Jahres 2003 bei REpower aus. „Das Umfeld eines börsennotierten Unternehmens ließ sich nicht mehr mit der Art in Einklang bringen, die ich für richtig halte, Geschäfte zu machen", begründete er diesen Schritt.

Schon vor seinem Ausscheiden bei REpower hatte Denker bereits privat in den Prototypen der 1,2-MW-Anlage Vensys investiert. Sie wurde von der Vensys Energiesysteme GmbH aus Saarbrücken Ende Mai 2003 in der nordsaarländischen Gemeinde Nonnweiler mit einem Rotordurchmesser von 62 Metern und einer Nabenhöhe von 69 Metern errichtet. Diese getriebelose Anlage mit permanent erregtem Generator ist eine Entwicklung des Teams von Professor Friedrich Klinger von der Saarländischen Hochschule für Technik und Wirtschaft in Saarbrücken. Denker gefiel dieses Anlagenkonzept so sehr, dass er sich nach seinem Ausscheiden bei REpower ganz der Markteinführung der Vensys-Maschine verschrieben hat. Die Lizenz zur Produktion konnte bisher sowohl nach Tschechien als auch nach China verkauft werden. Denker macht aber auch keinen Hehl daraus, dass er seinerzeit diese Maschine gern im Portfolio der REpower AG gesehen hätte.

Unterdessen ging bei Repower die Entwicklung der 5-MW-Anlage auch ohne Hugo Denker weiter. Der Prototyp der REpower 5M wurde im Herbst 2004 vis-à-vis dem Kernkraftwerk Brunsbüttel errichtet. Diese klassische Getriebe-Anlage ist zu diesem Zeitpunkt die größte Windturbine der Welt. Mit einem Durchmesser von 126 Metern überstreicht der Rotor eine Fläche, die zwei Fußballfeldern entspricht. Die REpower-Ingenieure haben damit den Sprung zur Klasse der 5-MW-Kraftwerke technologisch gemeistert. Ob das mit rund 500 Mitarbeitern relativ kleine Unternehmen in der Lage sein wird, sich langfristig am Weltmarkt gegen eine wesentlich finanzkräftigere Konkurrenz zu behaupten, ist offen. Ungeachtet dessen wissen Denkers ehemalige Mitarbeiter, was sie ihm zu verdanken haben. Sie tauften die 5M auf den Namen „Hugo".

Obwohl die Mentalitäten nicht unterschiedlicher sein können, gibt es dennoch eine starke Parallele zwischen Hugo Denker und Hugo Schippmann, Mitbegründer und langjähriger Chef der DeWind GmbH. Beiden ist gemeinsam, dass sie ernsthafte Probleme bekommen, wenn sie ihre unternehmerischen Entscheidungen nicht mehr alleine fällen können respektive dürfen. Schippmann nennt das die „Gratwanderung zwischen Fremd- und Eigensteuerung" in einer sich überdurchschnittlich dynamisch entwickelnden Branche.

Schippmann kam erst über Umwege „auf den Wind". Im Münsterländer Senden 1956 geboren, wuchs Schippmann mit vier Brüdern in Bochum auf. Früh politisiert hat er die ganze „Politschose" der Siebzigerjahre, als lange Haare und Marx noch hoch im Kurs standen, selber durchlitten.

Nach einer Lehre zum Industriekaufmann legte er das Wirtschaftsabitur ab und studierte Wirtschaftswissenschaften. Doch brach er das Studium ab, arbeitete fortan in einer Hattinger Maschinenfabrik. Nach vier Jahren drängte es ihn nach Veränderung. „Ich wollte raus aus dem Pott." So wechselte er 1987 zum Elektromotorenwerk Weier im ostholsteinischen Eutin, das damals Generatoren für HSW und Enercon herstellte. „Bei Weier herrschte eine Begeisterung, die ich aus den Betrieben, in denen ich vorher arbeitete, überhaupt nicht kannte", sagt er über seine erste Begegnung mit der Windszene. „Mit den Leuten konnte ich was anfangen", erzählt er. „Da gab es eine Atmosphäre des Entdeckens und des Aufbruchs, die zog mich an."

Endlich konnte Schippmann das Kaufmännische, das betriebswirtschaftliche Wissen, in den Dienst eines für ihn auch politisch interessanten Produktes stellen. Die Arbeit in der Windenergie heißt für ihn daher nach wie vor auch Umbau von Wirtschaft und Gesellschaft. „Das macht Spaß."

Hochmotiviert kniete sich Schippmann bei Weier in die neue Materie hinein. Dabei gelang es ihm schon nach relativ kurzer Zeit, den bis dahin größten Auftrag für die Eutiner Firma hereinzuholen und zwar in Höhe von 1,1 Millionen Mark. Dafür sollten Generatoren für die HSW-Anlagen geliefert werden, die für den Windpark Nordfriesland im Friedrich-Wilhelm-Lübke-Koog bestellt waren. „Ein fettes Brot", kommentiert Schippmann.

Weier stellte für Schippmann nur eine berufliche Zwischenstation dar. Im Januar 1994 stieß er als Vertriebsleiter zur Braunschweiger Firma Ventis Energietechnik GmbH, die damals eine zweiflüglige 100-kW-Anlage mit 20 Metern Rotordurchmesser auf dem Markt anbot und den Prototyp einer ebenfalls zweiflügligen 500-kW-Anlage auf dem Testfeld des Deutschen Windenergie-Instituts in Wilhelmshaven errichtet hatte.

Doch zum Verkauf einer Serienanlage sollte es nicht mehr kommen. In der Mutterfirma von Ventis, der Schubert Elektrotechnik GmbH, kriselte es, weil infolge von Umstrukturierungen im VW-Konzern Großaufträge ausblieben. Als auf Grund technischer Mängel bei der 100-kW-Anlage große Schadensforderungen auf den Windkraftanlagen-Hersteller zukamen, sah Schippmann angesichts der vertrackten Situation keine Perspektive mehr. Er verließ das Unternehmen im April 1995.

Und nicht nur er: Zwei Monate später folgten ihm dann Konstruktionsleiter Vester Kruse, der kaufmännische Leiter Matthias Krebs, Dietrich Mayer, der das Auslandsgeschäft leitete, und Produktionsleiter Rüdiger Kortenkamp. Auch sie hatten erhebliche Differenzen mit der Geschäftsführung. Für Ventis bedeutete der Weggang dieser Köpfe das Aus im Windgeschäft.

Dagegen konnten Schippmann & Co. von nun an selbst entscheiden. Das Quintett gründete am 1. August 1995 in Lübeck die DeWind GmbH. Der Firmenname war aus der Not geboren, weil der ursprüngliche Name Deutsche Windtechnik aus kartellrechtlichen Gründen nicht erlaubt wurde.

Die Gesellschafter stellten drei Mitarbeiter ein und starteten mit einer Million Mark Startkapital die Entwicklung einer 500-kW-Turbine. Sie mussten sich sowohl technisch als auch kaufmännisch einiges einfallen lassen, um am boomenden Markt einen Platz zwischen den bereits etablierten Firmen zu finden. Die DeWind-Ingenieure wagten sich schrittweise an den drehzahlvariablen Betrieb und die Umrichtertechnik heran. „Zwar ist die drehzahlvariable Konstruktion aufwändiger und teurer, doch langfristig einfach die bessere", ist sich Schippmann sicher.

Die erste DeWind-Maschine mit 500 Kilowatt Leistung wurde am 6. Juni 1996 in Neustadt an der Ostsee aufgestellt. Die Anlage fiel durch ihr ungewohntes Design auf. „In den Markt kommen über das Design", lautete der kaufmännische Leitgedanke Schippmanns, an dem er bis zuletzt festhielt. Im November 1996 folgte ein baugleicher Prototyp in Meschede im Sauerland und im März des folgenden Jahres wurde eine verbesserte und auf 600 Kilowatt vergrößerte Anlage in Lübeck-Herrenwyk errichtet und damit die Nullserie gestartet.

Produziert wurden die Anlagen von der Krupp-Fördertechnik, die im Lübecker Hafengebiet große Hallen und geschulte Arbeiter hatte. Diese Kooperation hatte das Kieler Wirtschaftsministerium eingefädelt und war auch der Grund, warum sich DeWind in Lübeck angesiedelt hat. DeWind lieferte die „Software" für die „Hardware" der Ex-Kranbauer von Krupp, die dann wieder unter dem ursprünglichen Namen ihres Traditionsunternehmens Lübecker Maschinenbau Gesellschaft (LMG) produzierten.

„Wir haben unser Wachstum über die Aufnahme neuer Gesellschafter finanziert", erläutert Schippmann die Entfaltung des Unternehmens. „Im Jahr 1998 haben wir dann Know-how dazu gekauft und den Markt vorsichtig beobachtet", beurteilt er das Jahr, in dem die Weichen für die 1-MW-Anlage gestellt wurden. Im Januar 1999 wurde der Prototyp im Eifel-Dorf Scheid errichtet. So bewegte sich DeWind immer im Windschatten der Marktführer.

Finanziert wurde dieser Werdegang mit Wagniskapital der bmp AG, einer Venture Capital Gesellschaft aus Berlin. Auf Vermittlung von bmp fand DeWind auch einen potenten Partner für die Entwicklung der 2-MW-Anlage. Im Frühjahr 2000 stieg die MVV Energie AG, die aus den ehemaligen Mannheimer Verkehrs- und Versorgungsbetrieben hervorging, bei DeWind ein. Die Kapitalanteile der bisherigen Gesellschafter wurden in Aktien umgewandelt und DeWind eine Aktiengesellschaft. Mit dem neuen Geld konnten neue Ingenieure eingestellt werden.

Nun war es möglich, vom reinen Zusammenbau von zugekauften Komponenten abzurücken. Man begann schrittweise, wichtige Hauptkomponenten selber zu entwickeln und so die Fertigungstiefe zu erhöhen. Für die Entwicklung einer eigenen Steuerung kam Robert Müller vom Ingenieurbüro aerodyn zu DeWind, der seit zwei Jahrzehnten Steuerungs- und Betriebsführungssysteme für Windturbinen konzipiert. Auch die Rotorblätter des Prototypen der 2-MW-Anlage D8, die im März 2002 in Siestedt in Sachsen-Anhalt ans Netz ging, wurden erstmals unter Mithilfe eines niederländischen Partners in Eigenregie gefertigt.

Zu Jahresbeginn 2002 zählte DeWind knapp 200 Mitarbeiter, die mit Entwicklung, Service, Vertrieb und Koordination der Produktion beschäftigt waren. Die Produktion wurde jedoch mit verschiedenen Partnern realisiert, neben LMG in Lübeck wurde für die Fertigung vorübergehend auch die Neptun TechnoProducts GmbH (NTPG) in Rostock gewonnen.

Im Mai 2002 fand Schippmann dann den lang ersehnten „strategischen Partner". Der britische Firmenverbund FKI plc übernahm den gesamten Aktienbestand von DeWind. „Für uns kam es einer Kulturrevolution gleich", sagt Schippmann über die Zusammenarbeit mit den Briten, die über viel Kapital und große Erfahrung in der Industrieproduktion verfügen. „Ich konnte wieder schlafen", gab sich Schippmann erleichtert. „Endlich kamen wir weg von einer Situation, in der wir auf der ständigen Suche nach neuen Geldgebern für unsere Entwicklungsprojekte waren."

Damit musste Schippmann allerdings auch seine Entscheidungskompetenzen teilen. Fortan überwogen im Unternehmen die angelsächsischen Akzente – nicht nur in der Sprache. Die Produktion wurde komplett ins mittelenglische Loughborough verlagert, DeWinds Kernmannschaft blieb in Lübeck. Befriedigend war das für Schippmann nicht, er musste feststellen, dass er nicht mehr in diese Struktur passte, und verließ das Unternehmen Ende 2003.

Doch letztlich blieb auch das Engagement von FKI nur von kurzer Dauer. Schon Ende 2004 beschloss das Unternehmen, sich wieder von der Windsparte zu trennen. Mit dem Verkauf der Firmenanteile an das britisch-indische Joint Venture EU Energy Schriram Ltd. ist die Zukunft der Lübecker Windschmiede wieder offen. Hugo Schippmann betrachtet diese Entwicklung aus der Ferne. Seit dem Frühjahr 2005 koordiniert er die europäischen Vertriebsaktivitäten des indischen Herstellers Suzlon Energy Ltd. von seinem neuen Büro in Amsterdam aus. Das gibt ihm genügend Abstand – zeitlich, räumlich und emotional.

Diesen Abstand hat heute auch Rolf Werner. Von München aus ist der Turmbau- und Betonspezialist als Berater für seine ehemaligen Kunden tätig. Zwanzig Jahre lang entwickelte Werner bei der Pfleiderer AG im oberpfälzischen Neumarkt Türme für Windkraftanlagen aus Stahl, Beton oder in Hybridbauweise aus beidem mit Höhen von 18 bis über 100 Metern. Als der Windkraftanlagen-Markt nach der Jahrtausendwende eine Größenordnung erreichte, die auch innerhalb des Konzerns als lukrativ erachtet wurde, stieß Werner mit dem Vorschlag, bei Pfleiderer selbst Windkraftanlagen herzustellen, zunächst auf große Resonanz. Persönlich hielt er es jedoch für mehr als bloß ein „neues Geschäftsfeld", das er seinem Arbeitgeber eröffnete. Es sollte der Höhepunkt seiner langen Karriere bei Pfleiderer werden. Es setzte jedoch ihren Schlusspunkt.

Die Windenergie war dem promovierten Werkstoffexperten und Kaufmann Rolf Werner schon vor seiner Zeit bei Pfleiderer wichtig. In den Siebzigerjahren arbeitete er bei MAN und wusste daher gut Bescheid über die Aktivitäten rund um den Growian und Aeroman. Als Werner im Jahre 1984 zu Pfleiderer wechselte, einer Konzerngruppe, die unter anderem Dämmstoffe, aber auch Betonmasten für Bahnanlagen, Straßenbeleuchtung und Überlandleitungen fertigte, übernahm er das internationale Anlagengeschäft. So ging der Windboom in Kalifornien nicht an ihm vorbei. Windkraft würde auf den Markt kommen, wusste der Stratege instinktiv. Und zwar nicht nur in Amerika oder den Entwicklungsländern, sondern auch in Deutschland.

„Ich war überzeugt davon, dass es für uns sinnvoll ist, für die Windkraftbranche die Masten zu fertigen." So war es Werner, der bei Pfleiderer Consulting seit 1989 zuständig für die Entwicklung neuer Produkte war, der seinerzeit die Idee für das neue Produkt „Windmast" aufgriff und firmenintern puschte. Diese Entscheidung hatte ein beeindruckendes Zwischenergebnis vorzuweisen: Bis zum Ende des Jahre 2001 lieferte Pfleiderer bundesweit mehr als 4 000 Türme für Windkraftanlagen.

Angefangen hat die Story 1985 mit der Lieferung von 60 Stahlmasten nach Kalifornien für die Aeroman-Maschinen von MAN. Die Schwingungseigenschaften der Stahlmasten bereiteten den Ingenieuren aber einiges Kopfzerbrechen. Dagegen schwört Werner auf die Eigenschaften des Betons, die er genau kennt. Er ließ einen 30-kW-Aeroman auf dem Werksgelände von Pfleiderer in Neumarkt in der Oberpfalz auf einen Schleuderbetonmast montieren und testete die Anlage im Betrieb ein Jahr lang. Anschließend wurde die Windanlage durch eine Unwuchtmaschine ersetzt, die den Mast acht Millionen mal so in Schwingung versetzte, wie ihn sonst nur Sturmböen auslenken können. Zu guter Letzt band das Werner-Team ein Stahlseil an den Mastkopf und zog es mit einem Lastkraftwagen, um die rechnerische Bruchsicherheit in der Praxis zu überprüfen.

Das Ergebnis überraschte nicht nur Rolf Werner. Auch die firmeninternen Zweifler wurden von der Tauglichkeit des Betonmastes überzeugt. „Leider haben wir 1985 über dieses Wissen noch nicht verfügt, sonst hätten wir vielleicht eine Betonmastfabrik allein für kalifornische Windturbinen liefern können", bedauerte Werner 1987 nach Abschluss der Tests.

Pfleiderer lieferte 1987 zwei Betontürme für Windenergie-Anlagen an die Küste und bewies unter rauen Bedingungen deren Praxistauglichkeit. Als dann in Deutschland die Nachfrage nach Windgeneratoren stieg, und damit auch nach höheren Nabenhöhen, besaß Pfleiderer das richtige Produkt zur richtigen Zeit. Gerade die Kostenminimierung des Turms bildete für die Windkraftanlagen-Hersteller um 1990 einen ausschlaggebenden Faktor, um wirtschaftlich zu arbeiten.

Die Enercon GmbH war der erste Kunde, für den Pfleiderer in Großserie herstellte. Das Konzept war von Anfang an, die Türme schlank und lang zu gestalten, um so die Windlast in den Masten zu minimieren. Schon für das Modell E-33, das normal eine Nabenhöhe von 34 Metern aufwies, hat Pfleiderer richtungsweisend einen Turm mit 48 Metern Höhe konstruiert, der 1991 neben dem Gelände der Hannover Messe errichtet wurde. Um diesen Turm zu fertigen, hat der Konzern im Frühjahr 1991 in Neumarkt die größte Schleuderbetonanlage der Welt in Betrieb genommen; eine weitere folgte später in ihrer Dependance in Coswig bei Dresden. Auch für die erfolgreichste Windkraftanlage am deutschen Markt, die E-40 von Enercon, baute Pfleiderer den überwiegenden Teil der Türme und partizipierte damit am deutschen Windenergieboom.

Werner schwärmt von der „Weichheit" seiner Betontürme, bei denen mit der Unwucht des Propellers die erste Biegeeigenfrequenz des Turmes durchfahren wird. „Das ist die so genannte Softbauweise." Bei Nabenhöhen von 65 Metern kamen die herkömmlichen Schleuderbetonmasten bezüglich ihres Schwingungsverhaltens aber an ihre Grenzen und konnten wirtschaftlich mit Stahltürmen nicht mehr konkurrieren. Pfleiderer kaufte daher die Betriebsstätte des Chemieanlagenbaus in Leipzig (CAL), eines der größten Stahl- und Behälterbau-

Turmbau in Leipzig: Im ehemaligen Chemieanlagenbau Leipzig werden seit 1995 Stahltürme für Windkraftanlagen gefertigt – zunächst von der Pfleiderer AG, seit 2003 von der Schaaf Industrie AG

betriebe der ehemaligen DDR, und konnte so seit 1995 auch Stahltürme am Markt anbieten.

Das bedeutet aber nicht das Ende für den Einsatz von Beton bei Türmen von Windturbinen. Dessen Möglichkeiten sieht Werner noch lange nicht ausgereizt. „Richtig modern sind hydraulische Dämpfer", erklärt er und fügt hinzu: „Wir sind die einzige Firma in der Welt, die eine Zulassung für hochfesten Beton im Spannbeton hat, daran haben wir zwei Jahre gearbeitet." Dabei sei die Entwicklung noch längst nicht am Ende, man könne noch „eine Festigkeitsstufe höher erreichen, bei der wir 20 bis 30 Prozent des Gewichts einsparen können."

Aber: „Es wird kompliziert", warnt Werner vor Aktionismus. Mehrere Varianten sind bei großen Windmasten möglich. Ob Türme auf drei Füßen gebaut werden oder in Segmenten oder in Hybridbauweise – unten Beton und oben Stahl – wie auch immer, der Windmarkt wird immer raffiniertere Lösungen fordern. Und er wird sich aus der Sicht von Werner „aus Deutschland hinausbewegen". In Ländern wie Indien, Mexiko oder Brasilien ist Beton die ideale Alternative zum Stahl. Mit Beton besteht überall auf der Welt die Möglichkeit, vor Ort zu produzieren. „Überall gibt es Sand, Kies, Zement."

Die Zeichen stehen also auf Expansion. Und wenn man sich erst einmal einen Markt erschlossen hat, da liege es nahe, gleich eine ganze Windturbine anzubieten. So fand Werner in der Firma Windtec Anlagenerrichtungs- und Consulting GmbH aus Kärnten einen Partner, der das Know-how dafür lieferte. Der Geschäftsführer der Windtec Gerald Hehenberger hatte bereits 1988 die weltweit erste 500-kW-Anlage entwickelt. Die Floda 500 stellte eine sehr moderne Maschine dar, drehzahlvariabel und pitch-reguliert. Auf Hehenbergers Erfahrungen basieren die Anlagenentwicklungen der Windtec. Zwei Prototypen mit 600 bzw. 1 500 Kilowatt Leistung wurden in Österreich gebaut, doch ihnen fehlte bisher der Zugang zum Markt und das nötige Kapital. Beides konnte Pfleiderer ihnen bieten.

Im Herbst 2000 gab der Aufsichtsrat von Pfleiderer grünes Licht für eine eigene Windturbinenproduktion. Werner übernahm die Geschäftsführung der neu gegründeten Pfleiderer Wind Energy GmbH. In ihrem Coswiger Werk rüstete sie die Halle, in der einst die Schleuderbeton-Türme hergestellt wurden, um und startete im August 2001 die Produktion.

Zunächst wurden einige einzelne 600-kW-Maschinen verkauft. Im Januar 2003 errichtete das Pfleiderer-Team in Eismannsberg in der Oberpfalz seine erste 1,5-MW-Anlage in Deutschland. Erstmals konnte Werner an dieser Turbine vom Typ PWE 1577-100 einen Hybridturm einsetzen. Dieser besteht aus einem 35 Meter hohen Ortbetonsegment, das nachträglich mit frei liegenden Spanngliedern verspannt wird, und einem darauf montierten Stahlrohrturm von 65 Metern Höhe. Im Sommer 2003 entstand dann auch ein erster Windpark mit 14 Pfleiderer-Anlagen der 600-Kilowatt-Klasse.

„Mir fehlen Standorte", klagte Werner jedoch schon damals, da er für den Aufbau des Exportgeschäfts heimische Referenzen vorweisen musste. Denn bei allen Überlegungen hatte Werner immer den internationalen Markt im Visier. Müsse er auch, denn „in Deutschland ist der Kuchen weitestgehend verteilt". Insgesamt hatte sich Werner den Markteinstieg durchaus leichter vorgestellt. Alles zog sich länger hin als geplant. Als ein neuer Vorstand bei der Pfleiderer AG im Jahr 2003 den Rückzug in Kernaktivitäten einleitete, war die defizitäre Windsparte einer der ersten Unternehmensbereiche, von denen Pfleiderer sich trennte.

Werner hatte mehr vorgehabt. Mit dem Erwerb der Lizenz zum Bau der Multibrid-Anlage von der Rendsburger aerodyn Energiesysteme GmbH wollte er Pfleiderer für den Offshore-Markt rüsten, worin Werner die größten Chancen für das Unternehmen sah. „Dabei wäre der Background eines Konzerns ein nicht unbedeutender Vorteil gewesen", sagte Werner mit einem wissenden Lächeln.

Für Rolf Werner bedeutete Pfleiderers Rückzug aus den Windenergieaktivitäten das traurige Ende seiner Industriekarriere. Das war bitter, denn für ihn geht die Faszination für diese relativ neue Technik weit über rein wirtschaftliches Kalkül hinaus. Sein ingenieurtechnischer Sachverstand ist bei Kollegen weiterhin geschätzt, denn er hat schließlich 20 Jahre lang die Entwicklung der Windenergie von Anlagengrößen zwischen 20 Kilowatt und 5 Megawatt mitgestaltet, nicht nur auf dem Gebiet des Turmbaus.

Fast genauso lange wie Werner ist Joachim Fuhrländer im Geschäft. Er hat Ende Januar 2004 alle Patente, Lizenzen, Markenrechte und vor allem die Kunden von Pfleiderers Onshore-Anlagen erworben. Er spricht von „einem meiner besten Entschlüsse" und seine Augen blinzeln dabei diebisch-freundlich zwischen Bart und Löwenmähne. Bei der Fuhrländer-Pfleiderer GmbH & Co. KG hat der hünenhafte Chef der Fuhrländer AG aus Waigandshain mit einem Firmenanteil von 90 Prozent zugleich die unternehmerische Führung übernommen. Dieser Deal zielte aber beileibe nicht nur auf Service und Wartung der Pfleiderer-Maschinen, er beschert dem Westerwälder vielmehr eine willkommene Erweiterung seines eigenen Produktportfolios, vor allem in Hinblick auf das Auslandsgeschäft. Und damit wird er in Waigandshain wohl bald wieder anbauen müssen.

Wenn Fuhrländer, der seit 2001 im Besitz eines Pilotenscheins ist, mit seinem Firmenhelikopter abhebt und aus der Luft auf sein Betriebsgelände herabsieht, gleicht es einem großen Patchwork. Mit jedem Anlagentyp wurde eine weitere Halle an die ehemalige Dorfschmiede angebaut. Der Begriff „Windschmiede" passt daher wohl zu keinem Windkraftanlagen-Hersteller besser als zu dem Unternehmen aus dem Westerwald.

Wie sein Vater Theo Fuhrländer erlernte Joachim das Schmiedehandwerk und legte 1985 die Schmiedemeisterprüfung ab. Es lag nahe, dass er als ältester Sohn die väterliche Dorfschmiede übernehmen würde. Dass daraus aber innerhalb von 20 Jahren eine Aktiengesellschaft mit über 150 Mitarbeitern wurde, ist ihm selbst ein bisschen unheimlich.

Dabei hatte der begeisterte Harley-Davidson-Fahrer eigentlich nie das Lebensziel, Unternehmer zu sein. Der 1959 Geborene kennt Wichtigeres im Leben. Die „Grenzerfahrungen mit Sterbenden" während des Zivildienstes in einem Herborner Altenheim haben Joachim Fuhrländer früh nachdenklich gestimmt. „Da habe ich erfahren, was im Leben eigentlich wichtig ist." Die Siebziger mit der Flower-Power-Philosophie sowie die Friedens- und Umweltbewegung haben ihn stark beeinflusst. Daher schätzte Fuhrländer die Ideen stets mehr als den schnöden Mammon. „Nur zu arbeiten und Geld zu verdienen, ist mir zu wenig."

Zur Windkraft kam Fuhrländer Anfang der Achtzigerjahre über Horst Frees, der damals im schleswig-holsteinischen Brodersby kleine Windräder baute. Für diese Vielflügler, die als Windpumpen oder für die Inselstromerzeugung eingesetzt wurden, fertigte Fuhrländer Bauteile. Die beiden verband eine kollegiale Freundschaft. „Der Frees sprühte vor Begeisterung, der hat mich mit dem ‚Windvirus' infiziert", erzählt Fuhrländer, der daraufhin mit Windmessungen im Raum Westerwald begann.

Als Frees 1990 an Krebs starb, übernahm Fuhrländer Wartung und Service von dessen Windturbinen mit der Bezeichnung ElektrOmat. Damit zog sich der Westerwälder viele Probleme an Land. Bereut hat er diesen Schritt jedoch nicht, denn er markierte für die Theo Fuhrländer GmbH, wie der Betrieb damals hieß, praktisch den Einstieg als Windkraftanlagen-Hersteller.

Joachim Fuhrländer war derjenige, der die technische Dokumentation von Frees rettete. Beim Aufräumen in dessen Büro in Brodersby fiel ihm ein Auftrag der Gas-, Elektrizitäts- und Wasserwerke Köln AG in die Hände. Er führte ihn dann aus. Dabei musste der Westerwälder erkennen, dass mit den Angaben von Frees die Anlage nicht zuverlässig laufen konnte.

Daraufhin modifizierte er die Frees-Konstruktion so lange weiter, bis 1991 die erste 30-kW-Windmühle mit dem Namen Fuhrländer die Windschmiede Waigandshain verließ. „Ich hatte schon fünf verkauft, bevor das Modell überhaupt fertig konstruiert war", erinnert sich Fuhrländer an eine Zeit, als aus der Schmiede plötzlich ein Windkraft-Unternehmen wurde, das in der stark küstenorientierten Windszene seither für binnenländischen Wind sorgt.

Und diese Winde haben bekanntlich ihre Tücken. Sie sind wesentlich böiger als an der Küste, wechseln häufiger die Richtung. Da die Winde aber im Durchschnitt schwächer wehen, sind größere Rotoren notwendig, um die Kapazität der Generatoren optimal auszunutzen. Als Schmied setzte Fuhrländer auf Robustheit seiner Anlage. So entwickelte er eine eigene 100-kW-Turbine, die besonders den Anforderungen des Binnenlandes angepasst war.

Die erste Maschine stellte er 1993 hinter der alten Schmiede auf. Nach der 100er folgte im Jahr darauf das 250er Modell. Schritt für Schritt ging es weiter: Im April 1997 errichtete Fuhrländer im hessischen Driedorf zwei Prototypen einer 800-kW-Mühle. Nur ein Jahr später überraschte Fuhrländer dann mit der 1000-kW-Anlage die Konkurrenten. All diese Typen waren Eigenentwicklungen des Hauses Fuhrländer, in dem es mehr und mehr auch zu einer Arbeitsteilung kam. Während Joachim überwiegend die kaufmännischen Arbeiten erledigte, übernahm sein jüngerer Bruder Jürgen den produktionstechnischen Teil.

Land-Art: 1999 errichtete Fuhrländer nordöstlich von Berlin eine FL 1000 als „Sonnenblume von Willmersdorf"

Die Entwicklung der nächstgrößeren Anlagengeneration war für den kleinen Betrieb in dieser kurzen Abfolge dann aber nicht mehr zu bewältigen. So fertigt Fuhrländer seit 2000 die von pro + pro entwickelte 1,5-MW-Anlage in Lizenz unter der Bezeichnung FL MD 70/77. Dass dieses Firmenwachstum neue Wege zur Kapitalbeschaffung erzwang, spürte auch Joachim Fuhrländer. Das bewog ihn dazu, seine Firma zur Jahrtausendwende in eine Aktiengesellschaft umzuwandeln. Das Gros der Anteile halten jedoch seine Familie und die Mitarbeiter. Damit bleibt die Entscheidungsfreiheit gewahrt und der Gewinn bleibt da, wo er erarbeitet wird. An die Börse zieht es ihn jedenfalls nicht.

In der von Konzentration geprägten Branche halten manche es für ein Wunder, dass es die Marke Fuhrländer überhaupt noch gibt, denn deren Marktanteil in Deutschland bewegt sich seit Jahren im unteren einstelligen Bereich. „Und dabei schreiben wir immer noch schwarze Zahlen", spottet Joachim Fuhrländer und lässt wissen, dass er die Wachstumsspirale nicht um jeden Preis mitmachen wird.

Stattdessen setzt er auf Kooperation. Bei der Entwicklung der 2,5-MW-Anlage zum Beispiel mit der Wind-to-Energy GmbH (W2E) aus Rerik. Dieses von ehemaligen Nordex-Mitarbeitern gegründete Ingenieurbüro hat eine drehzahlvariable, pitch-gesteuerte Maschine entwickelt, die es je nach Windklasse in Modifikationen von 2,3 bis 2,7 Megawatt Leistung mit Rotordurchmessern von 96, 90 oder 86 Metern anbietet. Eine Maschine mit 2,5 Megawatt Leistung, für die ein 90-Meter-Rotor vorgesehen ist, steht bereits seit Mitte 2005 fertig montiert in Waigandshain. Denn Joachim Fuhrländer, der die Anlage einmal in Serie herstellen will und sich obendrein das exklusive Lizenz-Vergaberecht gesichert hat, wartet noch auf grünes Licht für die Aufstellung des Prototypen. Dieser soll auf einem 160 Meter hohen Gittermast der SeeBa Energiesysteme GmbH aus Stemwede, der dritten Kooperationspartnerin bei diesem Projekt, errichtet werden. Es wäre die weltweit höchste Windturbine.

Dabei setzt Fuhrländer für sein Unternehmen längst nicht nur auf Größe. „Die kleineren Modelle haben von Standort zu Standort ihre jeweilige Berechtigung", sagt Fuhrländer, der die Zukunft nicht nur im deutschen Binnenland, sondern vor allem im Ausland sieht. Unter dem Motto „world-wide-westerwald" schielt er insbesondere auf Länder wie Brasilien, Tschechien, Portugal und Japan. „Wir haben da schöne, kleine Projekte laufen."

Auch wenn Joachim Fuhrländer mittlerweile immer öfter weit jenseits des Westerwaldes agiert, so bildet Waigandshain nach wie vor den Lebensmittelpunkt des dreifachen Familienvaters. Ein Aufkleber an der Hallentür mit der Weissagung der Cree-Indianer erinnert ihn immer noch daran, wozu er den täglichen Stress auf sich nimmt. Von seiner Wohnung aus kann er vier seiner Windturbinen beobachten. Und er gesteht: „Ich werde heute noch bei Sturm wach und lausche, ob die Anlagen in Ordnung sind."

Während die Westerwälder sich inzwischen um die kleineren Pfleiderer-Anlagen kümmern, übernahm die PROKON Nord Energiesysteme GmbH vom Oberpfälzer Konzern alle Rechte an der Multibrid-Technologie inklusive des schon sehr weit entwickelten Prototypen der 5-MW-Anlage. Ein Deal, der innerhalb der Windbranche für reichlich Gesprächsstoff sorgte. Nicht zuletzt deshalb, weil viele Branchenkenner bezweifeln, dass die Mannschaft um Geschäftsführer Ingo de Buhr tatsächlich in der Lage ist, diese anspruchsvolle Aufgabe meistern zu können. Ingo de Buhr selber, ganz Ostfriese, hält sich aus dieser Gerüchteküche raus, zumal die Öffentlichkeit nicht wirklich sein Terrain ist. Gerne betont er, dass er nicht auf gute Haltungsnoten in der Öffentlichkeit angewiesen sei. Er zeigt stattdessen Sinn für strategische Entscheidungen und unternehmerischen Mut, was manche Neider sogar sagen lässt, er habe Zockerqualitäten.

De Buhr, der „schon immer was mit regenerativen Energien machen wollte", begegnete der Windkraft zum ersten Mal, als er 1993 bei Enercon ein Industriepraktikum absolvierte. Nach dem Abschluss des Studiums der Elektrotechnik gründete er das Planungsbüro PROKON Energiesysteme GmbH in Schleswig-Holstein, von dem er sich aber 1997 trennte und seither unter dem Namen Prokon Nord firmiert. Mit der neuen Firma ging er im gleichen Jahr eine Kooperation mit der Uckerwerk Energietechnik GmbH ein, aus der später die ENERTRAG AG entstand. Unter deren Dach betreibt de Buhr Windkraftanlagen mit einer installierten Gesamtleistung von mehr als 300 Megawatt, wobei das Engagement im europäischen Ausland in den vergangenen Jahren kräftig ausgeweitet worden ist.

Da sich Ende der Neunzigerjahre in Norddeutschland abzeichnete, dass die Standorte an Land knapp werden, hat sich de Buhr frühzeitig auch mit Offshore-Windparks beschäftigt. Nach mehr als zwei Jahren Planungszeit erhielt der von seinem Büro konzipierte Windpark Borkum-West vom zuständigen Bundesamt für Seeschifffahrt und Hydrographie (BSH) im November 2001 die erste Baugenehmigung innerhalb der deutschen Küstengewässer. Darüber hinaus ist er mit seiner Prokon Nord seit einigen Jahren sowohl in England als auch in Frankreich im Offshore-Bereich aktiv.

Sein vorläufig größter Coup auf dem Windmarkt ist Ende 2003 schließlich die Übernahme der Multibrid Entwicklungsgesellschaft mbH, mit der sich de Buhr nun auch in die Riege der Windkraftanlagen-Hersteller einreiht. Die Motivation für diesen Schritt erklärt sich vor allem aus seiner Begeisterung für die Multibrid-Idee: „Der grundsätzliche Vorteil dieser Technologie für den Offshore-Einsatz ist, dass sie bei niedrigem Gondelgewicht einen hohen Sicherheitsstandard gewährt." Innerhalb nur eines Jahres schaffte es das in Bremerhaven neu formierte Team, den 5-MW-Prototypen zum Laufen zu bringen, der im Wesentlichen auf Patenten von aerodyn basiert. Die Ende 2004 im Bremerhavener Gewerbegebiet Weddewarden-Ost errichtete Anlage ist mit einem Gondelgewicht von 310 Tonnen die leichteste unter den 5-MW-Kraftwerken.

„Über 200 Messstellen liefern uns wertvolle Daten für die spätere Serienanlage", freut sich de Buhr und stellt fest: „Die kalkulierte Leistung erbringt die Anlage schon jetzt." Auch Martin Lehnhoff, der das Entwicklungsteam seit Frühjahr 2005 als Geschäftsführer leitet, stellt dieser Test vor eine neue Herausforderung. Endlich kann der Ingenieur, der zuvor schon bei aerodyn für die Entwicklung der Multibrid-Technologie verantwortlich war, das technische Potenzial dieser Anlage in die Serientauglichkeit überführen. Ab 2006 sollen weitere drei Prototypen in unmittelbarer Nähe des Firmensitzes den Entwicklern den Beweis über die wahre Leistungsfähigkeit dieser Technologie geben.

Wann und wo die ersten Exemplare ins Meer gestellt werden sollen, weiß Ingo de Buhr indes schon heute. „Nach derzeitigem Stand sollen die ersten Multibrid M5000 in der zweiten Jahreshälfte 2007 am Standort Borkum-West errichtet werden." Mit dieser Aussage verrät de Buhr den eigentlichen Grund für den Einstieg des Planungsbüros Prokon Nord ins Herstellergeschäft. Fehlte ihnen doch für das eigene Offshore-Projekt ein Hersteller, der die passenden 5-MW-Anlagen liefert. Enercon hatte abgelehnt, REpower war damals selbst noch nicht so weit und Vestas hatte in dieser Größenordnung nichts anzubieten. „Dann müssen wir das also selber machen", wird sich Ingo de Buhr wohl gesagt haben, als sich bei den Verhandlungen mit Pfleiderer abzeichnete, dass die Oberpfälzer aus dem Windgeschäft aussteigen wollen.

Damit hat sich der Elektrotechnikingenieur mal wieder eine schwierige Aufgabe aufgesackt. Aber das passt zum Kettenraucher und aktiven Marathonläufer. Die Herausforderung kann offenbar nicht groß genug sein, um sie dann ausdauernd, zäh und ständig unter Strom stehend zu bewältigen. Dabei nimmt er sich immer wieder die Freiheit, neue Wege einzuschlagen. So entschied sich der 1966 in Leer geborene Vater von drei Kindern, sich mit seinem Planungsbüro auch außerhalb der Windkraft zu engagieren: nämlich im Bereich der Altholz-Kraftwerke. Mit Erfolg, denn Prokon Nord hat als Generalunternehmer in Papenburg eine 20 Megawatt liefernde Anlage mit einem Investitionsvolumen von 50 Millionen Euro entwickelt und fertig gestellt. Diese läuft bislang mit sehr guten Ergebnissen. Weitere Kraftwerke sollen folgen – in Hamburg, Emlichheim und in den Niederlanden. „Wir müssen den Umbau eines ganzen Energieversorgungssystems unterstützen – unabhängig von politischen Ansichten – ganz einfach vor dem Hintergrund immer schneller schwindender Ressourcen", sagt de Buhr zu seiner Arbeit im Biomassesektor.

Dort hat er vor allem die Erfahrungen gesammelt, dass Qualität und Zuverlässigkeit die beste Werbung sind. Die wird er auch gebrauchen können, wenn für ihn die Offshore-Epoche der Windkraft tatsächlich beginnt. Ihm ist bewusst, dass sich die Multibrid-Maschinen in ihrer Wirtschaftlichkeit gegenüber den Anlagen anderer Hersteller behaupten müssen, will man damit langfristig Erfolg haben. Um das Risiko für den ersten Gang aufs Meer zu mindern, hat Ingo de Buhr im Sommer 2005 das Pilotprojekt in Borkum-West an die neu gegründete „Stiftung der deutschen Wirtschaft für die verbesserte Nutzung und Erforschung der Windenergie auf See" veräußert. Damit kann dort bis 2007 ein Offshore-Testfeld entstehen, wo die Multibrid M5000 ihre Seetauglichkeit neben den Offshore-Maschinen von REpower und Enercon beweisen kann.

Dann hofft der ostfriesische Windzampano, dass die Multibrid auch bei dem Windpark vor der normannischen Küste zum Zuge kommt. De Buhr weiß von der unternehmerischen Dimensionen solcher Projekte und hält noch alle Optionen in der Hand. Er kann es allein versuchen, sich einen strategischen Partner auswählen oder die Entwicklung vor der Serienherstellung veräußern und sich wieder auf das planerische Kerngeschäft konzentrieren. Alles ist möglich.

Die Pionierzeit ist für das Windenergie-Business lange vorbei. In den letzten 30 Jahren ist es zu einem Industriezweig herangewachsen, der mittlerweile auch für die Global Player auf dem Energiesektor – wie General Electric oder Siemens – interessant geworden ist. Doch trotz eines harten Verdrängungswettbewerbs im Windenergiesektor sieht Ingo de Buhr für sich eine Zukunft jenseits der Nischen: „Ein wichtiger Vorteil für uns Mittelständler besteht darin, dass wir schnelle Entscheidungen treffen können." Noch mehr als diesen Vorzug hebt er aber die unternehmerische Unabhängigkeit hervor, die er zumindest für Kernbereiche seiner Tätigkeit in jedem Fall bewahren will: „Die Unabhängigkeit motiviert mich und auch meine Mitarbeiter enorm."

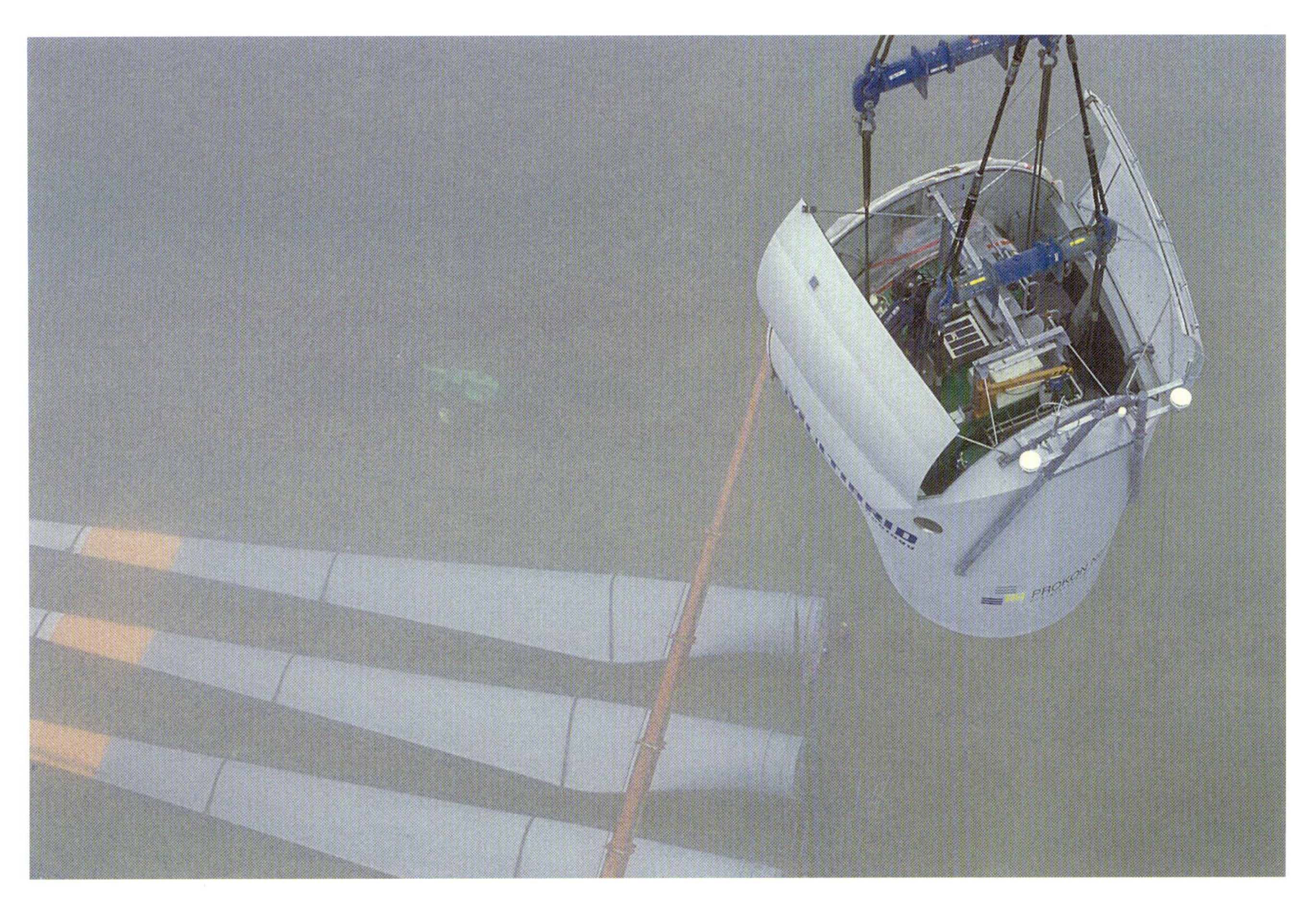

Die Nebel lichten sich: 5-MW-Kraftwerke wie die Multibrid M5000 werden für den Offshore-Einsatz fit gemacht

Zivilcourage gegen das Strommonopol

Teil 2

DAVID GEGEN GOLIATH – TURBULENZEN IM BINNENLAND

Mit einer 20-Kilowatt-Anlage im Versorgungsbereich des Stromriesen RWE setzte Dietrich Koch im Jahre 1982 ein bahnbrechendes Signal. In kurzer Zeit wurde die Anlage im Binnenland das Mekka der Windkraft-Gemeinde.

Im Raum Osnabrück entstand mit der Interessengemeinschaft Windpark Nordwestdeutsches Binnenland eine Zelle von Windkraft-Enthusiasten, deren politischer Wille gepaart mit Idealismus und langfristigem wirtschaftlichen Kalkül die stärksten Argumente pro Windkraft hervorbrachte. Mit Sachverstand und Emotionalität setzten sie sich für klare juristische Rahmenbedingungen und eine angemessene Vergütung des Windstroms ein. Damit ebneten sie vor allem auf politischer Ebene den Weg für die Nutzung der Windenergie – auch im Binnenland.

Links | Das erste private „Windkraftwerk" Deutschlands auf dem Schafberg in Mettingen

Dietrich Koch |
Die politische Dimension

Der Realschullehrer Dietrich Koch stellte am 16. September 1982 im westfälischen Mettingen die erste privat betriebene, netzgekoppelte Windturbine in Deutschland auf. Auch wenn es vorher bereits einige netzgekoppelte Prototypen gab, so hat sich doch damit erstmals ein Betreiber offen gegen die Monopolstellung der Stromkonzerne gestellt. Viel schwerer als die erzeugte Strommenge wog dabei die politische Dimension, die von Kochs engagiertem Handeln ausging. Koch sah in der privaten Windstromerzeugung das Instrument, in der Umweltschutzdebatte „von den allgemeinen Floskeln zum Handeln zu kommen".

Der Betrieb seiner Lagerwey LW 10/20 blieb bei weitem nicht Kochs Privatsache, er war stets mit Öffentlichkeitsarbeit für die Idee der Windenergienutzung verknüpft. Im Juni 1985 zählte Koch zu den Initiatoren der Interessengemeinschaft Windpark Nordwestdeutsches Binnenland, dem späteren Interessenverband Windkraft Binnenland (IWB), dessen Vorsitzender er von 1985 bis 1991 war.

Der Wind-Visionär, der für seinen unermüdlichen Einsatz als erster deutscher Windmüller das Bundesverdienstkreuz verliehen bekam, setzt sich heute verstärkt für die Nutzung der Sonnenenergie ein, betreibt eine Photovoltaikanlage und nimmt regelmäßig mit seinem Solar-Trabbi an der Tour de Sol teil.

„Windenergie war das Instrument, um in der Umweltschutzdebatte von allgemeinen Floskeln zum Handeln zu kommen.“

Heinrich Bartelt | *„... weg vom Bastlerimage“*

Heinrich Bartelt gehört zu den erfahrensten und engagiertesten Windkraft-Lobbyisten in Deutschland und neben Koch auch zu den Gründern des IWB. Die Vereinsgründer wollten weg vom Bastlerimage, das den Windkraftanlagen jener Zeit noch anhaftete, hin zu einer seriösen Energiealternative. Erklärtes Ziel des Vereins war es, faire rechtliche Rahmenbedingungen für die Errichtung von Windkraftanlagen zu erstreiten. Heinrich Bartelt war von Seiten des IWB entscheidend an der Vorarbeit zum Stromeinspeisegesetz beteiligt.

Als Bartelt im Dezember 1988 selber Windmüller wurde, hatte er seinen Pädagogenjob bereits aufgegeben und war Geschäftsführer der Windstromanlagen Beratungs- und Handelsgesellschaft mbH (WISTRA) in Ibbenbüren. Die von mehreren IWB-Aktivisten gegründete Wistra untersuchte in einer gleichnamigen Studie das Betriebsverhalten von Windkraftanlagen unter den spezifischen Verhältnissen im Binnenland.

Neben der Arbeit bei Wistra, die den Vertrieb von Lagerwey-Windkraftanlagen in Deutschland übernommen hatte, blieb Bartelt verbandspolitisch weiter aktiv. Er gehörte 1991 zu den Gründern des Bundesverbandes Erneuerbare Energie. 1994 initiierte er die Gründung des Firmenbeirats im IWB, dessen Sprecher er wurde. Nachdem der IWB mit der Deutschen Gesellschaft für Windenergie zum Bundesverband WindEnergie (BWE) fusionierte, war Bartelt von 1996 bis 2003 Hauptgeschäftsführer des BWE in Osnabrück. Er zählte zu den Gründern der World Windenergie Association (WWEA) und ist deren Schatzmeister.

Seit Anfang 2004 setzt Heinrich Bartelt als Geschäftsführer der GeneralWind GmbH wieder eigene Windenergieprojekte um.

David gegen Goliath – Lagerwey-Windkraftanlage vor dem RWE-Kohlekraftwerk Ibbenbühren

Monika Richter und Heiner Menzel | *Gunst für Ideen*

Der hannoversche Elektronik-Einzelhändler Heiner Menzel (re.) hat sich durch die Finanzierung von interessanten Projekten für die Energiewende eingesetzt. Der in der Umweltbewegung aktive 68er hatte eine größere Summe geerbt und es lag nahe, dieses Geld für neue Energieideen einzusetzen. Dabei sieht sich der ruhige und auch in seinem Lebensstil bescheidene Kaufmann nicht als Mäzen im klassischen Sinne: „Es war unerwartet für mich, so viel Geld zu bekommen, ohne etwas dafür getan zu haben." Für Menzel, der zu den Gründungsmitgliedern des IWB gehörte, bedeutete der sinnvolle Einsatz seines Erbes und die Zusammenarbeit mit den älteren Aktivisten im Verein, die sich für die schonende Nutzung und den Erhalt der Natur stark gemacht hatten, zugleich eine persönliche Aussöhnung mit der Vatergeneration.

Der Firma Krogmann aus Lohne-Kroge gewährte Heiner Menzel im Jahre 1986 ein zinsloses Darlehen und ermöglichte damit die Entwicklung einer Binnenland-Windkraftanlage.

Seine gemietete Dachwohnung in Hannover-List wurde zum Experimentierfeld für die innerstädtische Nutzung regenerativer Energien: Eine 300-W-Photovoltaikanlage und ein 50-W-Windrad erzeugen Strom, Solarkollektoren erhitzen das Brauchwasser. Im Keller des Hauses tuckert ein mit Erdgas betriebener Fordmotor, dessen Abwärme die acht Wohnungen des Hauses beheizt. Ein angekoppelter 12-kW-Generator versorgt alle Haushalte und speist den Überschussstrom ins Netz. Dieses bundesweit erste in einem Privathaus installierte kleine Blockheizkraftwerk hat die hannoversche Energiewerkstatt GmbH, in der Heiner Menzel dann auch Mitgesellschafter wurde, hergestellt.

Als kapitalgebender Gesellschafter hat er auch die Gründung der Bremer AN Maschinenbau, des Vorläufers der heutigen AN Windenergie, unterstützt. Im Jahr 1993 war Menzel Mitbegründer des hannoverschen Planungsbüros „Windwärts", das zur EXPO 2000 drei Kunstprojekte in Verbindung mit Windkraftanlagen realisierte.

Monika Richter (li.) ist bei „Windwärts" seit 1995 für die Öffentlichkeitsarbeit verantwortlich. Sie weiß aus der Betreuung der Kunstprojekte, dass besondere Ideen zu ihrer Verwirklichung häufig eine besondere Gunst benötigen.

Willi Meiners | *Binnenlandtauglich*

Der Maschinenbauingenieur Willi Meiners, der als Konstrukteur bei der Maschinenbaufirma Krogmann, einem Hersteller von Torfabbaumaschinen im niedersächsischen Lohne-Kroge, angestellt war, konstruierte 1986 eine Windturbine speziell für das Binnenland. Die Anregung dazu kam aus dem IWB, in dem Meiners aus privatem Interesse mitarbeitete. Mehrere Mitglieder des Vereins erklärten die Absicht, diese Anlage zu kaufen und Heiner Menzel stellte für die Entwicklung ein zinsloses Darlehen bereit. Damit konnte Meiners auch seinen Arbeitgeber von der Idee überzeugen.

In das Anlagenkonzept flossen alle im IWB diskutierten Innovationen ein. Die Turbine war drehzahlvariabel, mit Stromrichter, und besaß eine hydraulische Blattverstellung. Der Prototyp, der am Buß- und Bettag im November 1986 auf dem Krogmann-Firmengelände mit einer Feier in Betrieb genommen wurde, hatte eine Leistung von 30 Kilowatt. Die Anlage wurde weiterentwickelt und ging 1988 typengeprüft in Serie. Mit 15 Metern Rotordurchmesser bei einer Leistung von 50 Kilowatt sowie einer Nabenhöhe von 30 Metern hatten die IWB-Aktivisten damit ihre Binnenland-Windkraftanlage.

Willi Meiners gründete 1992 zusammen mit seinem IWB-Mitstreiter Bernd Klinksieck und einigen anderen die Genossenschaft Neue Energien Wiehengebirge (NEW). In dieser Firma entwickelten sie eine kleine, für möglichst viele Privatleute erschwingliche „Volkswindanlage". Aber nicht nur diese 20-kW-Turbine wurde vom Windkraftboom der Neunzigerjahre überholt. Mit dem Trend zu größeren Anlagen und der Errichtung von Windparks starb auch eine der ursprünglichen Ideen des IWB: der aus vielen kleinen Einzelanlagen bestehende Windpark Nordwestdeutsches Binnenland.

Willi Meiners wechselte im Herbst 1993 zur wind strom frisia GmbH nach Minden, und entwickelte dort Anlagen mit Leistungen zwischen 500 und 850 Kilowatt. Seit Januar 2002 arbeitet er bei der SeeBa Energiesysteme GmbH in Stemwede wieder zusammen mit Bernd Klinksieck unter anderem an der Konstruktion besonders hoher Gittermasten – speziell für den Einsatz im Binnenland.

Oben | Willi Meiners in der Nabe der 850-kW-Maschine: Die von ihm entwickelte Frisia F 56 hat er für SeeBa komplett überarbeitet, sodass sie als SB 56 eine Renaissance erlebt

Bert Niermann | *Mehr Gesprächskultur*

Als Bert Niermann 1991 den IWB-Vorsitz übernahm, bemühte er sich in der Verbandsarbeit um eine neue Gesprächskultur. Und die beginnt für ihn mit dem Zuhören. Auf der Grundlage des dialogischen Denkens bevorzugt er in Auseinandersetzungen einen Kompromiss, der keine Gewinner und Verlierer kennt, sondern die Annäherung unterschiedlicher Standpunkte sucht.

Dabei wurde seine Bereitschaft zum Dialog gerade bei seiner eigenen Windkraftanlage arg strapaziert. Bereits vor Inbetriebnahme seiner 50-kW-Anlage begann sein Ärger mit dem RWE, das von ihm für den Bau einer Trafostation astronomische einhunderttausend Mark forderte, die maximale Einspeiseleistung aber auf 20 Kilowatt begrenzte. Auch mit der Anlage selber, einem Fabrikat der Firma Krogmann, hatte er von der Inbetriebnahme Ende 1988 bis zur Demontage elf Jahre später dauernd Pannen ertragen müssen. Und zu allem Überdruss gab es am Ende noch einen Rechtsstreit mit dem Finanzamt, das Niermanns Mühle nicht als Wirtschaftsgut, sondern als „Liebhaberei" einstufte.

Und dennoch: Niermann, der den Verein bis 1995 führte, bleibt der ausgleichende Moderator, der zwischen Streitpunkt und Person klar trennt. „Sachlich scharf, deutlich und hart in der Sache ringen, aber persönlich akzeptabel und respektabel miteinander umgehen."

Heinrich Früchte | *Der energiebewusste Bauer*

Dem Landwirt Heinrich Früchte war der schonende Umgang mit Energie auf seinem Hof in Tecklenburg-Leeden immer eine Herzensangelegenheit. Zusammen mit seinem Sohn ersann er viele fantasievolle Energiesparlösungen. Indem sie die Stallwärme für den Wohnbereich nutzten, reduzierten sie den Heizölverbrauch. Die Melkmaschine trieben sie mit einem Wasserrad an und mit der durch die Kühlung der Milch erzeugten Abwärme deckten sie den Warmwasserbedarf für Duschen, Baden und Spülen. Allen Unkenrufen der örtlichen Automechaniker zum Trotz bewies Heinrich Früchte, dass man einen ganz normalen Diesel-Citroën auch mit Rapsöl fahren kann.

Lange kämpften Vater und Sohn Früchte auch für eine Windkraftanlage. Als sie endlich eine Maschine genehmigt bekamen, mussten sie allerdings feststellen, wie wichtig gerade an weniger guten Binnenstandorten die Nabenhöhe der Anlage ist. Ihre erste Windturbine erbrachte so schlechte Erträge, dass die Früchtes sie nach einem Jahr gegen ein Modell mit wesentlich höherem Mast austauschten.

Für das facettenreiche Energieengagement wurde Heinrich Früchte im Jahre 1992 vom Kreis Steinfurt mit dem Umweltpreis „Der energiebewusste Bürger" ausgezeichnet.

Norbert Allnoch und Julius Werner |
Spannende Brückenfunktion für entspanntes Klima

Der habilitierte Physiogeograf und Geophysiker Julius Werner (re.) befasste sich am Fachbereich Geowissenschaften der Westfälischen Wilhelms-Universität Münster seit der Ölpreiskrise von 1973 mit der Klimatologie der regenerativen Energien.

Als Werner und sein Assistent Norbert Allnoch (li.) 1982 die Anlage von Dietrich Koch besichtigten, erweiterte das Duo seine Forschungen um ein neues Gebiet: das energetische Potenzial der Windenergie. Im Rahmen des vom Düsseldorfer Wirtschaftsministerium finanzierten Wistra-Projektes erforschten die beiden von 1988 bis 1992 die Windverhältnisse und das Zusammenspiel von Wind und Energieertrag unter den speziellen Bedingungen im Binnenland.

Mit seiner sachlichen und ideologiefreien Bewertung der Windenergienutzung übernahm das Wissenschaftlerduo bei der Auseinandersetzung der IWB-Pioniere mit den Behörden und Stromkonzernen eine wichtige Brückenfunktion.

Während sich Julius Werner in den Neunzigerjahren bis zu seiner Emeritierung im Sommer 2002 wieder verstärkt der Grundlagenforschung zuwendete, speziell den Potenzialen von Solarenergie und nachwachsenden Energierohstoffen, verlagerte Norbert Allnoch seinen Forschungsschwerpunkt auf die industriewirtschaftlichen Aspekte der regenerativen Energien. Seit 1996 leitet er das von ihm gegründete Internationale Wirtschaftsforum Regenerative Energien (IWR). Zentrale Zielsetzung des IWR ist die Bewusstseinsbildung für ein neues Branchenbild „Regenerative Energiewirtschaft".

Anton Drillers Beitrag zur Energiewende: Die vier Nordex-Anlagen haben in den ersten zehn Betriebsjahren rund 12,3 Millionen Kilowattstunden sauberen Strom erzeugt

Anton Driller | *Der erste private Binnenland-Windpark*

Anton Driller, Inhaber eines Maschinenbaubetriebes in Altenbeken bei Paderborn, hat als erster Privatinvestor den unternehmerischen Mut bewiesen, im Binnenland einen Windpark zu errichten.

Der patente Praktiker, der den Konstrukteursberuf von der Pike auf erlernte, hatte schon 1978 eine Brümmer-Windkraftanlage errichtet, um damit seine Werkhalle zu beheizen. Seitdem hat der Wind den Maschinen- und Fahrzeugbauer nicht mehr losgelassen. Für den örtlichen Energieversorger PESAG übernahm Driller ab April 1989 Windmessungen auf dem Rühefeld, einer Anhöhe oberhalb der Stadt. Driller interpretierte dabei die Messdaten wesentlich positiver als der Stromversorger.

Im November 1991 stellte Driller einen Bauantrag für vier Windkraftanlagen vom Typ Nordex N27 mit jeweils 150 Kilowatt Leistung. Am 15. Mai 1992 ging das Quartett in Betrieb und zeigte bereits nach dem ersten Betriebsjahr, dass sich auch im Binnenland rein gewerblich genutzte Windturbinen rentieren können.

Für den Bau weiterer Windkraftanlagen gründete Driller die Buker Windkraft GmbH, an der sich 50 Gesellschafter aus Paderborn und Umgebung beteiligt haben. Anton Drillers Initiative eröffnete die Nutzung der Windenergie auf der Paderborner Hochfläche, einem der ergiebigsten Binnenland-Windgebiete Deutschlands.

Oben | Anton Driller verbesserte das Azimutgetriebe der Tacke TW 600, denn im Binnenland, wo der Wind sehr böig ist, wird dieses Getriebe wesentlich mehr beansprucht als an der Küste

Andrea Horbelt

„Fünfzigtausend Mark verlangten sie von mir für eine Netzverstärkung, um mir dann ihren teuren Strom zu verkaufen." Wenn das Thema auf die Rheinisch-Westfälischen Elektrizitätswerke AG (RWE) kommt, redet sich der sonst so ruhige Dietrich Koch in Rage. „Monopolmissbrauch", „Stromdiktatur" und „Filz" sind Worte, die immer wieder fallen, wenn er über die Netzanschlusspraktiken des RWE spricht. Und er spricht aus eigener Erfahrung.

Dietrich Koch kam 1975 nach Mettingen, rund 30 Kilometer westlich von Osnabrück. Er zog mit seiner Familie in ein Haus am Ortsrand, mit Kohleöfen und genau zwei Steckdosen. Doch als er das zuständige RWE bat, das Stromnetz zu seinem Haus zu verstärken, um einen Nachtspeicherofen installieren zu können, erhielt er die niederschmetternde Antwort: „An einer Netzverstärkung müssen sie sich mit rund 50 000 Mark selbst beteiligen." Die Unverfrorenheit dieser Forderung bringt Koch heute noch auf die Palme.

Für den Realschullehrer war sie letztlich der entscheidende Anstoß für seinen Schritt zu einer autarken Energieversorgung. Seit der Ölpreiskrise Anfang der Siebzigerjahre beschäftigte sich Koch mit alternativen Energiequellen und Ressourcenschutz. Doch konkret wurde es erst, als Koch erkannte, was tatsächlich möglich ist.

Während eines Familienurlaubs im Westen Dänemarks im Sommer 1977 kamen die Kochs am Tvind Internationale Skolecenter in Ulfborg vorbei. In diesem pädagogischen Reformprojekt lernen junge Menschen aus verschiedenen Ländern an praktischen Beispielen und werden für globale Probleme wie Armut und Umweltzerstörung sensibilisiert.

Genau deshalb stand in den Jahren 1976 bis 1978 der Bau einer Windturbine auf dem Lehrplan. An der Tvindkraft-Anlage arbeiteten Lehrer, Schüler, zahlreiche Helfer und einige Ingenieure mit viel Enthusiasmus und wenig Geld. Das Ergebnis war eine Windmühle mit einem Rotordurchmesser von 54 Metern und einer theoretischen Leistung von zwei Megawatt – und das 1978, knapp 20 Jahre, bevor die ersten professionellen Hersteller ihre Megawatt-Anlagen zur Serienreife brachten.

Koch nennt sie deshalb liebevoll „die Mutter aller Windkraftanlagen". Für die Ökologiebewegung in Dänemark war sie die Antwort auf die endlose Debatte über das Für und Wider von Atomkraftwerken nach der ersten Ölpreiskrise Anfang der Siebzigerjahre. In ihrem rot-weißen Outfit, den dänischen Landesfarben, dreht sich die Tvindkraft-Anlage nach wie vor mit gedrosselter Leistung von 900 Kilowatt, versorgt die Schule, einschließlich Internat, mit Strom und Wärme und gibt den Überschuss ans Netz ab. Diese Windturbine ist zu einem Symbol geworden für den Impuls, der von Dänemark ausging und den kleinen Staat zum Mutterland der modernen Windenergienutzung machte – frei von Atomstrom.

Neben diesem symbolträchtigen Riesenpropeller hatten die Tvind-Schüler damals auch ein kleines Windrad entwickelt: Mit einer Leistung von 18 Kilowatt und einem achtkantigen Mast, der ebenso wie die Rotorblätter aus Holz gebaut war, entsprach sie genau dem, was sich Dietrich Koch für seine autarke Energieversorgung vorgestellt hatte. Er wäre gerne mit den Dänen ins Geschäft gekommen und hätte sich den Traum von einer eigenen Turbine erfüllen lassen – wenn da nicht die 800 Kilometer zwischen Jütland und Mettingen gewesen wären. Über eine solche Distanz könnten sie nicht für eine optimale Betreuung der Anlage sorgen, bedauerten die Dänen.

Nun hatte Dietrich Koch jedoch Feuer gefangen. Und was beim nördlichen Nachbarn nichts wurde, sollte im Westen klappen: In der kleinen niederländischen Ortschaft Kootwijkerbroek bei Barneveld lebte ein junger Student, der Ende der Siebzigerjahre an der Entwicklung einer eigenen Windkraftanlage arbeitete. Von einem Tankwart in Ibbenbüren hörte Koch von der Geschichte. Er setzte sich ins Auto und fuhr die zwei Stunden zum holländischen Nachbarn. Schon von der Autobahn erblickte der Lehrer das Windrad mit dem Schriftzug „Lagerwey" auf der Gondel. „Ich nahm sofort die nächste Abfahrt und sah mir die Mühle aus der Nähe an", erzählt Dietrich Koch. Was er dann bestaunen konnte, war das Ergebnis der Diplomarbeit eines gewissen Henk Lagerweys. Der junge Holländer hatte an der Universität Eindhoven Elektrotechnik studiert und seine Abschlussarbeit über eine Windturbine mit Wechselrichter und variabler Drehzahl geschrieben – und sein Ergebnis postwendend in die Praxis umgesetzt.

Ganz begeistert von dem, was er da sah, suchte Dietrich Koch das Gespräch mit Lagerwey, der auf einem kleinen Bauernhof zusammen mit seinem Schwiegervater und seinem Schwager Windräder in Handarbeit fertigte. Der Deutsche erklärte dem Holländer seine Wünsche und der Holländer dem Deutschen das Prinzip seiner Anlage: In der Nabe verhinderte eine fliehkraftgeregelte, mechanische Blattwinkelverstellung die Überdrehzahlen des Rotors bei Sturm. „Das war ein ganz raffiniertes System, das der junge Holländer da entwickelt hatte", bescheinigt Koch, „solide und einfach gebaut." Mit der Bestätigung über den Kauf einer 20-kW-Anlage in der Tasche und einem sehr guten Gefühl im Bauch fuhr er nach Hause zurück.

Doch es sollte noch eine Geduldsprobe für den engagierten Windfreund werden. Über ein Jahr lang ließen sich die unterschiedlichsten Behörden Zeit mit der Bearbeitung von Kochs Bauantrag. Auf dem Bauamt machten sie ihm wenig Hoffnung auf Erfolg. Einer, der mit Wind Strom machen will, war in den Augen der Beamten ein Verrückter. „Ohne den ‚Taschenspielertrick' wäre es sicher nichts geworden mit meiner Anlage", vermutet Koch – und erklärt, wovon er spricht:

Als Anfang der Achtzigerjahre das nukleare Wettrüsten zwischen den Großmächten in vollem Gange war, wuchs auch in Deutschland die Angst vor einem Atomkrieg. Allerdings gab es nicht genügend Bunker, um die Bevölkerung vor der gefürchteten Neutronenbombe zu schützen. Deshalb hatte die Bundesregierung beschlossen, den Bau privater Schutzbunker grundsätzlich zu genehmigen. Also stellte Dietrich Koch den Antrag zum Bau eines Bunkers, auf den er zum Zwecke der Stromerzeugung ein Windrad installieren wollte. Denn Neutronenbomben zerstören „nur" Leben, keine Maschinen. Kochs Antrag klang in den Ohren der zuständigen Behörde plausibel und der Mettinger bekam seine Baugenehmigung – für Windturbine und Schutzraum.

Es war dem schlitzohrigen Lehrer schon im Vorfeld klar, dass sich in den felsigen Untergrund auf seinem Grundstück nie und nimmer ein Bunker bauen ließe. „Offiziell habe ich das natürlich erst mit Beginn der Baumaßnahmen gemerkt", sagt Koch und lächelt viel sagend. Da war die Windkraftanlage aber schon bestellt und die Genehmigung in trockenen Tüchern.

Für den 16. September 1982 hatte Dietrich Koch den Aufbau seiner Anlage organisiert. Es war eigentlich kein weiter Weg vom niederländischen Barneveld nach Mettingen. Doch die Route führte über eine Staatsgrenze und durch zwei deutsche Bundesländer: Niedersachsen und Nordrhein-Westfalen. Dass es sich dabei um drei verschiedene bürokratische Systeme handelt, hatte Koch unterschätzt.

Als der Transporter aus Barneveld morgens um sechs Uhr den Grenzübergang Gildehaus bei Bad Bentheim erreichte, stellten die Grenzbeamten fest, dass der Turm 50 Zentimeter weiter über das Fahrerhaus hinausragte, als es die bundesdeutschen Vorschriften zuließen. „Für diesen Transport brauchen sie einen Geleitschutz!", erklärten die Grenzbeamten dem bis zu diesem Zeitpunkt noch sehr euphorischen Lehrer und ergänzten gleich: „Aber wir haben in drei Stunden Feierabend, da müssen sie schon auf die Kollegen warten."

Mit den niedersächsischen Grenzbeamten konnte er sich schließlich noch einigen, doch aus dem Regierungspräsidium in Münster kam die niederschmetternde Antwort: Jeder Antrag werde in der Reihenfolge des Eingangs bearbeitet; in circa drei Wochen könne Dietrich Koch mit einem Bescheid rechnen. Doch der Kran war für 14 Uhr bestellt und kostete pro Tag 1000 Mark.

Mit den Beamten war nicht zu reden. In seiner Verzweiflung rief Koch beim Regionalfernsehen des Westdeutschen Rundfunks in Münster an und berichtete, was sich vor Ort abspielte. Von dort kam der Hoffnungsschimmer: „Machen Sie sich mal keine Sorgen – das regeln wir schon", versicherte der zuständige Redakteur Uwe Gehrken vom anderen Ende der Leitung.

Inzwischen hatte ein Zöllner das Frachtbuch zerrissen. Koch glaubte nicht mehr an Zufälle. „Als ob da jemand nach dem Motto ‚Wehret den Anfängen' blockieren würde." Wieder verging eine Stunde. Es war bereits zwölf Uhr, als das Fernsehteam eintraf und die Vorgänge aktuell im Regionalprogramm übertrug. Plötzlich war der halbe Meter zu viel kein Problem mehr, der Transport verlief ohne weitere Zwischenfälle. Und der WDR und mit ihm viele Zuschauer waren live dabei, als die Anlage am Nachmittag auf dem 150 Meter hohen Schafberg aufgebaut wurde und am Abend des gleichen Tages als erste private Windkraftanlage in Deutschland ans Netz ging. Dieser historischen Dimension wurde sich Koch allerdings erst später bewusst.

Ohne es zu wollen und trotz massiver Behinderung beim Netzanschluss ging der RWE-Konzern als erster Energieversorger mit einem privat erzeugten Anteil Windstrom im Netz in die Geschichte ein. Und der Lehrer Dietrich Koch erreichte eine Popularität, mit der er weder gerechnet, geschweige denn darauf gehofft hatte. Seine Anlage entwickelte sich schnell zum Mekka all jener, die sich für Energiealternativen begeisterten. „Am Anfang kamen hier ganze Busse mit interessierten Menschen von nah und fern an", erinnert sich der erste private Windstromerzeuger. „Ich war bekannt wie ein bunter Hund", gibt er zu.

Doch Dietrich Koch hat sich mit seiner neuen Lagerwey-Anlage nicht nur Freunde gemacht. Die Nachbarn streikten allmählich auf Grund des großen Trubels im kleinen Ort Mettingen. „Das Monstrum auf dem Schafsberg" betitelten die „Westfälischen Nachrichten" ihren Bericht über das ungewohnte Bauwerk in der Landschaft. Der Stromversorger RWE war in seinen Glaubensgrundsätzen erschüttert, als die Fachingenieure feststellen mussten, dass die Anlage, von der im Vorfeld prophezeit wurde, sie würde weniger als eine Kilowattstunde am Tag erzeugen, tatsächlich funktionierte. „Im ersten Betriebsjahr hat meine kleine Anlage mehr Strom produziert als das mit mehr als 100 Millionen Mark geförderte Drei-Megawatt-Windprojekt Growian", erzählt Koch gerne. „Und das ohne eine einzige Mark an finanzieller Unterstützung!" Growian ging allerdings auch erst im Jahr darauf ans Netz.

Bei der Vergütung des ins RWE-Netz eingespeisten Stroms bekam Koch die Macht des Monopolisten wieder voll zu spüren: „1982 bekam ich zwei Pfennige für die Kilowattstunde Nachtstrom. Einkaufen musste ich ihn hingegen für 28 Pfennige. Physikalisch ist das das Gleiche! Ich hatte Wut im Bauch", ereifert sich Koch noch heute über diese Ungerechtigkeit. „Ich habe den Strom verprasst, alle Elektrogeräte im Haus angeschaltet, den Swimmingpool beheizt, ein Gewächshaus gebaut, alles nur, um dem RWE meinen Strom nicht verkaufen zu müssen. Ich wollte nicht, dass die mit meiner Mühle ihren Atomstrom finanzieren."

Der sonst so ruhige und eher zurückhaltende Mettinger nimmt kein Blatt vor den Mund, wenn er von dem Essener Energiemulti spricht. „Das war ein Kampf von David gegen Goliath", beschreibt der Windpionier die Situation von damals. Diesen Kampf steht einer allein auf Dauer nicht durch. Doch Koch fand Gleichgesinnte.

Entwicklung vom IWB initiiert: Krogmann 15/50 in Melle-Buer

Einer der ersten, der sich von Kochs Engagement begeistern ließ, war Heinrich Bartelt aus Georgsmarienhütte im Süden Osnabrücks. Seit seinem Studium der Jugend- und Erwachsenenbildung war er ebenfalls sehr angetan von der Idee der Tvind-Mühle. „Wir hatten das Poster von der Anlage während der ganzen Studienzeit in einem von mir organisierten freien Jugendhaus hängen", unterstreicht er seine Begeisterung für das dänische Projekt. Gemeinsam mit den Jugendlichen hat er dort 1979 einen ersten Dreiflügler mit 3,6 Metern Rotordurchmesser gebaut.

Koch und Bartelt begegneten einander Anfang der Achtzigerjahre im Deutschen Wind-Energie-Verein (DWEV), der 1982 zur Deutschen Gesellschaft für Windenergie (DGW) umbenannt wurde. Es war die Zeit, als Koch seine Anlage aufstellte. Bartelt erinnert sich: „Der Dietrich war alle paar Wochen im Radio." Er habe eine ungeheuer engagierte Öffentlichkeitsarbeit betrieben, für die Windkraft und letztlich auch für die DGW.

Es waren vor allem Ingenieure, Wissenschaftler und Bastler, die sich in der Gesellschaft zusammengefunden hatten. „Da wurde zu viel über technische Details gestritten, die politische Arbeit kam meiner Meinung nach zu kurz", resümiert Bartelt die damaligen Aktivitäten. Er wurde im Laufe der Monate immer unzufriedener mit der Vereinsarbeit.

Als auf der Jahreshauptversammlung am 16. März 1985 bekannt wurde, dass sich der damalige DGW-Geschäftsführer aus Projektgeldern einen hohen Lohn ausgezahlt hatte, ohne Kassenwart und Vorstand zu unterrichten, kam es zum Knall im Verband. Für Koch, Bartelt und viele weitere Mitglieder gab dies den Auslöser, den Verein zu verlassen.

Es kam zu einer Neuorientierung. „Wir wollten weg vom Bastlerimage der DGW", sagt Bartelt. „Die Windkraft hatte nur eine Chance mit industriell gefertigten Anlagen und vor allem mit besseren politischen Rahmenbedingungen." Als ihre wichtigste Aufgabe sahen die „Aussteiger" den Kampf um demokratische Spielregeln bei der Stromerzeugung an – weg von dem seit 1935 geltenden Energiewirtschaftsgesetz, das den Energiekonzernen eine Monopolstellung einräumte. In der DGW-Verbandszeitschrift Windkraft-Journal formulierten sie das 1987 so: „Stromversorgung sollte nicht eine Stromdiktatur sein, sondern den Erfordernissen des demokratischen Rechtsstaates Rechnung tragen, das heißt es muss zunächst das seit 1935 geltende Energiewirtschaftsgesetz ‚entnazifiziert' werden."

Koch und Bartelt gründeten vor diesem Hintergrund den „Arbeitskreis Windenergie in Westfalen". Diese Lobbygruppe wollte nicht nur über die Machenschaften der Stromkonzerne aufklären, sondern vor allem beweisen, dass Windkraft nicht nur an der Küste funktioniert, sondern auch im Binnenland rentabel sein kann.

Im Juni 1985 taten sie sich mit einer ähnlichen Initiative aus Niedersachsen zusammen und gründeten die „Interessengemeinschaft Windpark Nordwestdeutsches Binnenland", kurz und zungenfreundlicher IWB. „Von unserer Seite waren das etwa 30 bis 40 Windkraft-Interessierte, meist Leute, die selbst eine Anlage errichten wollten", erinnert sich Dietrich Koch.

Zunächst definierten die Mitglieder das „W" in ihrem Namenszug. Ein Windpark sollte vor allem drei Kriterien erfüllen: Landschaftsverträglichkeit, dezentrale Einspeisung und Einbindung in kommunale Energieversorgungskonzepte. Und er sollte nicht aus einer Konzentration von vielen Anlagen auf einem kleinen Gebiet bestehen.

Bilder aus Kalifornien, wo Mitte der Achtzigerjahre die ersten Windfarmen mit Hunderten kleiner Anlagen auf engstem Raum entstanden waren, wirkten auf die IWBler eher abschreckend. „Ihr" Park sollte aus vielen Einzelanlagen oder kleinen Anlagengruppen bestehen, die sich über das gesamte nordwestdeutsche Binnenland erstrecken. Interessenten gab es viele, doch es fehlte die geeignete Windturbine für die besonderen Bedingungen im Binnenland.

Als die Vereinsmitglieder darüber diskutierten, bot Heiner Menzel an, einen Prototypen – zumindest teilweise – zu finanzieren. Menzel besaß ein gut gehendes Elektronikgeschäft in Hannover und hatte eine größere Summe geerbt. „Es kam unerwartet für mich, so viel Geld zu bekommen, ohne etwas dafür getan zu haben", erinnert sich der ruhige und bescheidene Kaufmann. Mit einem zinslosen Darlehen von 60 000 Mark brachte er die Konstruktion einer eigenen Turbine auf die Beine.

Mit dieser Summe im Rücken konnte Willi Meiners seinen Arbeitgeber überzeugen, in den Bau von Windkraftanlagen einzusteigen. Meiners war als Konstrukteur bei der Firma H. J. Krogmann Maschinen- und Mühlenbau beschäftigt, einem Hersteller von Torfabbaumaschinen im niedersächsischen Lohne-Kroge im Norden Osnabrücks. Schon 1980 hatte der Maschinenbauingenieur Meiners eine kleine Anlage selbst gebaut. Mit der Überweisung von Menzels Darlehen an Firmenchef Viktor Krogmann im Mai 1986 wurde er von seinen anderen Aufgaben freigestellt und begann mit der Konstruktion und dem Bau einer Windturbine.

Nach nur sechs Monaten war der Prototyp fertig. Am Buß- und Bettag 1986 war Richtfest auf dem Krogmann'schen Firmengelände. Die zahlreich erschienenen IWB-Mitglieder bestaunten die 30-kW-Anlage mit einem Rotordurchmesser von 10,4 Metern. Willi Meiners ging zurück an seinen Schreibtisch und konnte von dort aus zusehen, wie seine Anlage lief – und leider auch all zu oft stand. Die Steuerung bereitete Probleme, die Mechanik funktionierte aber einwandfrei.

Schon bald durfte Willi Meiners weitere Windkraftanlagen bauen. Denn das Bundesforschungsministerium bezuschusste in einem Demonstrationsprogramm die ersten fünf Anlagen der Nullserie einiger Turbinenhersteller. Unter ihnen befand sich auch die Firma Krogmann aus Lohne. Meiners baute seine Entwicklung zu einer Anlage mit 50 Kilowatt Leistung aus. Dabei erhöhte sich der Rotordurchmesser auf 12,8 Meter, die Nabenhöhe sogar auf 30 Meter – sie war damit zehn Meter höher als vergleichbare Windräder zur damaligen Zeit. Und gerade die Nabenhöhe ist im Binnenland von entscheidender Bedeutung. Heinrich Bartelt versprach, zehn Käufer für die neuen Krogmann-Anlagen zu finden, sich selbst eingeschlossen. Doch im RWE-Versorgungsgebiet drehte sich erst einmal gar nichts.

In den fünf Jahren nach der Inbetriebnahme von Dietrich Kochs Anlage wurden genau zwei weitere Windturbinen genehmigt. Es fehlte an eindeutigen gesetzlichen Regelungen. „In den Vorschriften Mitte der Achtzigerjahre biss sich die Katze in den Schwanz", sagt Heinrich Bartelt und erklärt, was er meint: Windräder wurden nur genehmigt, wenn sie einem landwirtschaftlichen Betrieb eindeutig zuzuordnen waren. Sie mussten aber in einigen westfälischen Landkreisen mindestens 200 Meter Abstand vom Hof haben – und konnten damit nicht mehr eindeutig zugeordnet werden.

Erschwerend kam die Blockadehaltung der Behörden hinzu. Für Koch ein weiteres Indiz für die Allmacht des RWE-Konzerns im Kohleland Nordrhein-Westfalen. „Unsere Gemeindedirektoren rechneten damit, irgendwann einen lukrativen Job im Aufsichtsrat oder einem der Beiräte der RWE zu bekommen", wettert Koch selbst noch zwei Jahrzehnte später. „In vorauseilendem Gehorsam hätten die alles gemacht, was das RWE von ihnen verlangt."

Drei Jahre lang liefen die Verhandlungen der IWB-Mitstreiter mit dem RWE über einen vereinfachten Netzzugang und faire Vergütung. Es kamen stets hochrangige Persönlichkeiten zu den Gesprächsterminen und gaben den Windfreunden das Gefühl, ernst genommen zu werden. „Bis wir dann nach zwei Jahren festgestellt haben, dass wir von denen voll verarscht wurden", sagt Bartelt und kann heute darüber lachen.

Und Dietrich Koch erinnert sich an eine Situation, als Heinrich Bartelt dem RWE-Generalbevollmächtigten Gerd Rittstieg einen Hefter unter die Nase hielt mit den Worten „Herr Rittstieg, hier ein Beispiel für ihre Monopolmissbräuche: Für den Anschluss einer Windmühle an ihr Netz verlangten sie über 100 000 Mark – und das für ein paar Handgriffe!"

Die Fronten waren verhärtet. Rittstieg brachte auf einer Aussprache über die Höhe der Einspeisevergütung in Ibbenbüren im März 1988 das Fass zum Überlaufen, als er die Windenergie als „Faule-Äppel-Strom" bezeichnete, den man nun wirklich nicht bräuchte. Diese Herablassung verärgerte selbst den sonst so moderaten Professor Julius Werner, der in dem Streit zwischen den Windmüllern und dem RWE eine wichtige Mittlerrolle einnahm.

Der habilitierte Physiogeograf und Geophysiker, damals Dekan des Fachbereichs Geowissenschaften der Westfälischen Wilhelms-Universität Münster, befasste sich seit der ersten Ölpreiskrise 1973 mit der Klimatologie der regenerativen Energiequellen, „die damals noch alternative Energien hießen", betont Werner. Dass er seit Anfang der Achtzigerjahre auch das energetische Potenzial der Windenergie erforschte, ging einmal mehr auf Dietrich Kochs Kappe. Aus der Zeitung hatte der Professor vom Aufbau der ersten netzgekoppelten Windkraftanlage erfahren. Kurz entschlossen fuhr er zusammen mit seinem Assistenten Norbert Allnoch nach Mettingen.

Wie so vielen zuvor erklärte Koch auch dem Wissenschaftler-Duo aus Münster die Funktionsweise seiner Anlage. „Dieser Besuch wirkte als Initialzündung", sagt Werner, auch Allnoch beschreibt ihn als ein „Schlüsselerlebnis". Für die beiden Forscher änderte sich mit dieser Visite im Jahre 1982 sehr viel. „Wir wussten damals so gut wie gar nichts über die Windenergie", erläutert Allnoch. Die beiden Münsteraner sollten in den folgenden Jahren einiges tun, um diese Wissenslücke zu schließen.

Den Windmüllern hingegen war Julius Werner deshalb so wichtig, weil sie mit ihm einen Befürworter ihrer Sache erhielten, der sowohl von den Behörden als auch von den Stromkonzernen als Gesprächspartner ernst genommen wurde. Und der Professor kannte die Problematik. „Ein Netzanbindungsantrag war damals etwa genauso schwer zu realisieren wie ein Ausreiseantrag aus der DDR", beschreibt er die damalige Situation. Andererseits seien die Erwartungen der Windgemeinde oft sehr naiv gewesen. Über die Problematik der Netzanbindung hätten die wenigsten Betreiber ernsthaft nachgedacht. „Sie hatten oft sehr fundamentalistische Erwartungen an die Möglichkeiten der Stromversorger", bringt es Werner auf den Punkt.

Um die Fronten aufzuweichen und Verständnis für unterschiedliche Positionen zu schaffen, organisierte er beispielsweise die Tagung zur „Windkraftnutzung in den Netzen öffentlicher Energieversorger". „Diese Brückenfunktion war sehr spannend", erinnert sich der Professor heute. „Wir haben Lockerungsübungen mit allen Gruppen gemacht."

Auch um baurechtliche Hemmnisse aus dem Weg zu räumen, war das wissenschaftlich fundierte und von jeder Ideologie freie Urteil von Professor Werner immer wieder gefragt. So auch am 14. Oktober 1987 bei einer Aussprache mit Nordrhein-Westfalens Minister für Stadtentwicklung, Wohnen und Verkehr Christoph Zöpel im Düsseldorfer Landtagsgebäude. Zehn IWB-Mitglieder, die zum Teil seit Jahren um eine Genehmigung ihrer Windturbinen kämpften, beklagten sich bei dem Minister über die Behinderungstaktik der ihm unterstehenden Baubehörden.

Bereits 1983 hatte das Bundesverwaltungsgericht entschieden, dass volleinspeisende Windkraftanlagen den Anlagen der öffentlichen Stromversorgung baurechtlich gleichgesetzt werden. Damit wurde auch Windkraftanlagen nach § 35 des Bundesbaugesetzbuches die Privilegierung zuerkannt. Demnach war es grundsätzlich möglich, Anlagen im Außenbereich zu errichten, sofern öffentliche Belange nicht dagegen sprachen. Gerade für diesen Passus existierten aber keine klaren Regelungen. Den Begriff „volleinspeisende Windkraftanlagen" legten viele Bauämter restriktiv aus und versagten privaten Antragstellern, die den Strom zum Teil selbst nutzen wollten, die Genehmigung.

Bei dem Zusammentreffen in Düsseldorf unterstrich der als Sachverständiger geladene Professor Werner, dass diese behördlichen Hindernisse unangemessen seien. Bauminister Zöpel nahm die Lösungsvorschläge der betroffenen Windmüller entgegen und versprach schnelle Hilfe. Bereits fünf Tage später ging ein Eilbrief an die Baubehörden, in dem der Minister erste Regelungen erließ, mit denen die wesentlichsten Hürden bei der Genehmigung von Windturbinen abgebaut werden konnten.

Es sollten zwar noch anderthalb Jahre vergehen, bis mit dem so genannten „Zöpel-Erlass" vom 13. März 1989 die Privilegierung aller Windkraftanlagen in Nordrhein-Westfalen klar geregelt war. Aber mit Zöpels schnellem Rundschreiben kam der Stein sofort ins Rollen. „Es gab eine regelrechte Welle der Errichtung von kleinen Anlagen bis 80 Kilowatt", freut sich Dietrich Koch noch im Nachhinein über diesen politischen Durchbruch.

Zu den betroffenen Antragstellern gehörte damals unter anderen der spätere IWB-Vorsitzende Wilfried Stapperfenne. Der impulsive und beherzte Finanzbeamte aus Minden ließ sich von Zöpel per Handschlag versichern, dass er für seine Lagerwey-Anlage eine Baugenehmigung bekomme, und begann sofort mit dem Bau – ohne den schriftlichen Bescheid abzuwarten. Im Dezember 1987 stand die Anlage. Doch das zuständige Bauamt verlangte bald darauf ein Bußgeld für dieses voreilige Handeln.

Auch Heinrich Bartelt konnte gemeinsam mit seinem Bruder Josef endlich eine eigene Anlage errichten. Ihr Antrag auf den Bau eines Windrades mit einer Nabenhöhe von 30 Metern und einem Abstand von weniger als 100 Metern zum Hof der Familie Bartelt erschien ihm fast schon vermessen. Die Reaktion des zuständigen Bauamtsleiters in Osnabrück war um so überraschender: Windkraft sei doch eine tolle Sache, die Mindestabstandsregelung Quatsch und die Höhe kein Problem, erklärte der Amtsmann dem verblüfft dreinschauenden Windmüller in spe.

Seit 1985 hatte Bartelt für die Genehmigung seiner Anlage gekämpft. Seit drei Jahren verhandelte er mit dem RWE über eine Einspeisemöglichkeit. Mit der Baugenehmigung in der Tasche hatte Bartelt es satt, den Strommonopolisten zu hofieren. Im Dezember 1988 wurde die Krogmann-Anlage aufgestellt. Doch kurz bevor der Betreiber die kleine Mühle an den hauseigenen Stromzähler anschließen konnte, der sich in Zukunft häufiger rückwärts als vorwärts drehen sollte, kam unerwarteter Besuch. Woher auch immer die Männer des RWE von den Vorgängen erfahren haben mochten – plötzlich standen sie auf dem Bartelt'schen Hof.

„Unsere Mutter wusste, was zu tun war", erinnert sich Sohn Heinrich. Sie habe schon immer gut mit Männern und Handwerkern umzugehen gewusst und lud die Herren vom RWE kurzerhand zu Schnaps und Keksen in die Küche. Dort wurde noch mal heiß diskutiert. „Einfach den Zähler rückwärts laufen lassen, das geht aber nicht, das wäre ja praktisch eine 1:1-Vergütung des Stromes", ereiferte sich einer der RWE-Vertreter. „Die einzig faire Lösung", konterte Heinrich Bartelt und leerte sein Glas.

Zwei Stunden und einige Gläser des Hochprozentigen später hatte sich die Aufregung gelegt. Und als die RWE-Delegation das Grundstück verließ, drehten sich die Flügel der Krogmann-Maschine bereits. Endlich waren die Bartelts selbst Windmüller.

Zu diesem Zeitpunkt hatte Heinrich Bartelt seine pädagogische Tätigkeit längst an den Nagel gehängt und in der Windkraft eine neue Profession gefunden. Schon bei der IWB-Gründung Mitte der Achtzigerjahre waren sich die Windfreunde sicher, dass in der Windkraftnutzung ein hohes wirtschaftliches Potenzial liege – besonders für kleine und mittelständische Unternehmen.

Nachdem die IWB-Aktivisten mittlerweile einige Hindernisse aus dem Weg geräumt hatten, galt es nun, eine Förderung dieser neuen Technologie auf den Weg zu bringen. Bereits Ende 1986 war eine Abordnung des Vereins in die Landeshauptstadt Düsseldorf gereist, um im Wirtschaftsministerium um finanzielle Unterstützung zu bitten. Eine Förderung der Windenergie im Kohleland Nordrhein-Westfalen – das könne man nicht machen, erinnert sich Bartelt an die spontane Antwort vom zuständigen Sachbearbeiter. Über eine einmalige Zahlung wollte er aber wohl mit sich reden lassen. Eine gute Million Mark stellte das Ministerium für Wirtschaft, Mittelstand und Technologie dann in Aussicht, um mit einem praxisorientierten Forschungsvorhaben die Windkraftpotenziale in Nordrhein-Westfalen untersuchen zu lassen.

Nur zwei Wochen nach Zöpels Zusage, die Genehmigungsprozedur für Windturbinen zu erleichtern, schickte der IWB einen Projektantrag an das Wirtschaftsministerium. Die Bedingung aus Düsseldorf lautete, dass sich eine Firma darum kümmern sollte. Als im Frühjahr 1988 grünes Licht für die

Projektgelder kam, gründeten die Bartelt-Brüder mit fünf weiteren IWB-Mitgliedern die Firma „Wistra" – Windstromanlagen Beratungs- und Handelsgesellschaft mbH. Heinrich Bartelt wurde zunächst einziger Mitarbeiter und gleichzeitig Leiter des Forschungsprojektes. „Vom Pädagogen zum Firmengründer", beschreibt er seinen Werdegang.

Die Wistra hatte die Federführung des Projektes inne und so lag der Name auf der Hand: „Wistra-Projekt". Mit den Geldern aus Düsseldorf erhielten zehn Windturbinen, die in Nordrhein-Westfalen aufgestellt und innerhalb von vier Jahren im praktischen Betrieb auf Herz und Nieren getestet werden sollten, einen Zuschuss von 50 Prozent. Bei der Ausschreibung nach einem passenden Hersteller setzte sich letztlich wieder einmal der Holländer Henk Lagerwey durch, der im direkten Vergleich zu seinen Konkurrenten das beste Angebot abgab. In der Firma Wistra fand Lagerwey schließlich seine deutsche Generalvertretung.

Die wissenschaftliche Betreuung des Projektes sollten die Universitäten Münster und Dortmund übernehmen. In Münster erforschten Professor Werner und Norbert Allnoch die meteorologischen Aspekte der Windkraftnutzung, während die Wissenschaftler der Uni Dortmund die Speichermöglichkeiten von Windstrom untersuchen sollten. Vier Jahre lang analysierten die Wissenschaftler das vertikale Windprofil, die Windverhältnisse und das Zusammenspiel von Wind und Energieertrag speziell unter den Besonderheiten komplexer Geländestrukturen im Binnenland. Kurz nach dem Start in Nordrhein-Westfalen liefen auch in Niedersachsen auf Initiative des Herstellers RENK Tacke GmbH aus Rheine und in Hessen über das Institut für Solare Energieversorgungstechnik (ISET) ähnliche Projekte zur Erforschung der energetischen Nutzung des Windes an.

Die wissenschaftlichen Ergebnisse der Studie bildeten die Grundlage für Ertragsprognosen bei Windrädern. Drei weitere Neuerungen haben, so Professor Werner im Rückblick, auf unterschiedlichen Ebenen die Entwicklung der Windkraftnutzung ein gutes Stück vorangebracht: Auf politischer Ebene war es gelungen, den „Zöpel-Erlass" durchzusetzen. Die Firma Ammonit hatte – auf technischer Ebene – einen Datenlogger entwickelt, ein Gerät zur statistischen Erfassung der Winddaten, das heute Standard bei allen Windmessungen ist. Und schließlich gelang es auf wissenschaftlicher Ebene einen Windindex zu entwerfen, mit dem die Bewertung der Windstromerträge, bezogen auf den Durchschnitt der vergangenen 25 Jahre, möglich wurde – ein wichtiges Instrumentarium, um zu berechnen, ob und wie einzelne Windprojekte wirtschaftlich laufen.

Als 1992 die Auswertung des Wistra-Projektes – ein etwa 200 Seiten umfassendes Werk mit vielen neuen Erkenntnissen über den Wind als Energiequelle der Zukunft – erschien, war der Stein Windenergie längst ins Rollen geraten. Dietrich Koch nahm das zum Anlass, auch wieder verstärkt an sich und seine Familie zu denken. „In den Achtzigerjahren saßen auf unserer Wohnzimmercouch in manchen Wochen häufiger Leute vom IWB als Mitglieder meiner Familie", erklärt der Lehrer seinen folgenden Rückzug aus der Szene. Wobei er mit dem nächsten Satz stolz ergänzt: „Auf diesem Sofa entstanden auch die ersten Ideen für das Stromeinspeisungsgesetz, das 1991 in Kraft trat."

Unzählige Abende verbrachte er beim Schreiben der Windkraft-Nachrichten für den Verband, die später von Erich Haye in Rhade bei Bremen gedruckt wurden. Der gelernte Journalist Haye war Herausgeber der Zeitschrift „Anders Leben". Gemeinsam mit den IWB-Aktivisten Helmut Häuser, Heinrich Bartelt, Ewald Seebode und Volker König entwickelten Koch und Haye die Idee für eine eigene Verbandszeitschrift des Interessenverbandes Windkraft Binnenland, wie sich der IWB seit 1988 nannte. Im März 1991 erschien die erste Ausgabe der Zeitschrift „Neue Energie". Erich Haye fungierte nicht nur als Autor des Heftes, sondern gleichzeitig auch als Layouter und Drucker.

Immer größer wurden die Kreise, die der Journalist ziehen musste, um als Chronist die Entwicklung der Windbranche bundesweit zu verfolgen. Bis kurz vor seinem Tod am 6. Juni 1995, als er im Alter von 70 Jahren verstarb, hatte sich Haye für die Verbreitung der Windidee eingesetzt.

Dietrich Koch hatte die Verbandsarbeit bereits einige Jahre vor Hayes Tod beendet. Der zeitliche Druck auf den Vereinsvorsitzenden und Herausgeber einer Verbandszeitschrift wurde immer größer. Bis ihn seine Frau Ute eines Tages vor die Entscheidung stellte: die Windenergie oder wir. Der Familienvater entschied sich für Letztere und zog sich – weitgehend – aus dem Geschehen zurück. Im IWB entstand mit seinem Rücktritt eine große Lücke. Ende 1991 übernahm Bert Niermann den Vereinsvorsitz, Wilfried Stapperfenne wurde sein Stellvertreter.

Die Windszene war zu Beginn der Neunzigerjahre in Schwung gekommen. Überall im Land standen einzelne Windräder, ganz im Sinne der Idee vom „Windpark Nordwestdeutsches Binnenland". Mit dem Stromeinspeisungsgesetz und dem von 100 auf 250 MW erhöhten Förderprogramm des Bundes waren wichtige Eckpfeiler für die Windstromvergütung gesetzt. Alle potenziellen Windmüller konnten somit erstmalig wirtschaftlich kalkulieren, was sie vom Abenteuer Windkraft finanziell zu erwarten hatten. An der Küste entstanden so die ersten Windparks und es war nur eine Frage der Zeit, dass auch im Binnenland Investoren den Mut fassten, mehrere Anlagen an einem Standort zu errichten. Der erste, der diesen Schritt wagte, war Anton Driller aus Altenbeken bei Paderborn.

Der Karosserie- und Fahrzeugbauer gehört ebenfalls zu den Männern der ersten Stunde. Schon vor Dietrich Koch hatte er neben seiner Werkstatt ein Windrad stehen – allerdings nicht netzgekoppelt und allein zur Versorgung seiner Produktionshalle mit Wärme gedacht. Den Ausschlag für Drillers Interesse an der Windkraft gab die Urgewalt selbst. Anfang der Siebzigerjahre florierte sein Geschäft mit Ersatzteilen für Landmaschinen und andere Fahrzeuge und er musste in eine größere Halle umziehen. Nachdem der Rohbau stand, fehlte noch die Isolierung am Dach. In einer Wochenendaktion mit Unterstützung von Freunden und Bekannten war die Arbeit schnell getan. Doch als Driller am Montag darauf sein Tagwerk beginnen wollte, lag die gesamte Dachfläche in einem Umkreis von knapp 100 Metern um die Halle verstreut auf dem Boden. „Da habe ich zum ersten Mal gemerkt, dass der Wind Unmögliches vollbringen kann", erinnert sich der damals sicherlich nicht begeisterte Driller. „Das ist mir nie mehr aus dem Kopf gegangen – und da habe ich mir irgendwann gedacht: ‚Machst du mal was mit Wind!'"

Driller rief in Bad Karlshafen im Weserbergland beim Elektromeister Hermann Brümmer an, einem seiner Kunden. Brümmer fertigte damals als einziger Hersteller in der Gegend kleine Windräder, vornehmlich für die Inselversorgung. „Herr Driller, Sie melden sich genau richtig. Ich habe da Probleme mit meinen Flügeln." Und so kamen der Anlagenhersteller Brümmer und der Fahrzeugbauer Driller ins Geschäft. Driller verringerte mit ein paar gezielten Schweißnähten die Spannungen in den Flügeln. Brümmer gab dafür Infos und Zeichnungen zum Bau eines Windrades weiter. Im Herbst 1978 drehte sich die von Driller erbaute Brümmer-Anlage mit einer Nennleistung von 22 Kilowatt neben der neuen Werkshalle in Paderborn und lieferte Energie für die Heizung in der Werkstatt.

Elf Jahre später, als in Nordrhein-Westfalen etliche Anlagen zur Stromerzeugung erfolgreich liefen, interessierte sich plötzlich der ortsansässige Stromversorger PESAG, die Paderborner Elektrizitäts- und Straßenbahn AG, für die Driller'sche Windturbine. Eigentlich hatte die PESAG mit dieser neuen Form der Energiegewinnung nichts am Hut, aber, so vermutet Driller: „Die sahen ihre Felle wegschwimmen."

Unter der Gesprächsführung ihres Prokuristen Josef Grote erschien eine Delegation des Energieversorgers, um Fragen zu stellen: Wie viel Wind denn wehen würde und ob sich so eine Anlage überhaupt rechne. Sie baten Driller, an seinem Windrad messen zu dürfen. „Ich zeige euch mal, wo hier in der Gegend der Wind weht", entgegnete der Windradbetreiber und stieg mit den Herren zum Rühefeld, etwa zwei Kilometer Luftlinie vom Driller'schen Anwesen entfernt. „Da oben ging an dem Tag richtig die Post ab", erinnert sich der Fahrzeugbauer.

Eine Woche später stellte Driller dort einen Windmessmast für die PESAG auf – unentgeltlich. Zwei Jahre lang stieg er jeden Sonntag auf das Plateau und las die Daten aus dem Messgerät. Das Ergebnis sprach für sich: In einer Höhe von zehn Metern wehte der Wind mit einer Geschwindigkeit von durchschnittlich rund fünf Metern pro Sekunde. Der Stromversorger errichtete parallel zu den Windmessungen zwei Anlagen – „nur um zu beweisen, dass es nichts bringt", unterstellt Driller der PESAG.

Was den Altenbekener wiederum reizte, ihnen zu zeigen, dass es eben doch funktioniert. Das Rühefeld ließ ihm keine Ruhe. Mit dem Wissen, welcher Wind auf dem Hügel bläst, fuhr Anton Driller im Herbst 1991 zur Windmesse nach Husum, die in jenem Jahr zum zweiten Mal stattfand. „Beim Nordex-Stand sind mir fast die Augen rausgefallen", erinnert er sich. Der Konstrukteur war begeistert von der klaren Anordnung des Triebstranges. Gleich am ersten Morgen entschied er sich zum Kauf einer 150-kW-Anlage von dem dänischen Hersteller. Am Abend rechnete der Ostwestfale die ganze Sache noch mal durch, schlief eine Nacht darüber und bestellte am nächsten Tag noch drei dazu.

Und so kam der spontane Unternehmer mit einem Vertrag über vier Windräder im Gepäck nach Altenbeken zurück – ohne einen gesicherten Platz, wo er sie aufstellen könnte. Aber wie heißt es so schön: Das Glück ist mit den Tüchtigen. Und so konnte Driller die beiden Besitzer des Grundstücks auf dem Plateau schnell von seiner Idee begeistern. Für einen Pachtpreis von monatlich 2,50 Mark pro Quadratmeter überließen sie ihm ihren Teil vom Rühefeld für 35 Jahre. Kurz nachdem Driller dann seinen Bauantrag abgegeben hatte, bekam er Besuch vom PESAG-Mann Grote. Der wollte ihn von seinem Vorhaben abbringen: „Wir wollen sie nur warnen, Herr Driller. Wir haben Erfahrungen mit unseren beiden Anlagen. Sie ruinieren Ihren Betrieb."

Von diesen vermeintlich gut gemeinten Worten ließ sich Anton Driller nicht mehr von seinem Vorhaben abbringen. Und so standen ein halbes Jahr später vier Nordex N27 auf dem Rühenfeld in Altenbeken/Buke. Am 29. Mai 1992 konnte Anton Driller mit einem großen Fest den ersten privat betriebenen Windpark im Binnenland offiziell in Betrieb nehmen.

Und die Anlagen liefen gut. „Das waren ausgereifte Konstruktionen", erinnert sich Driller an den reibungslosen Start: „Aufstellen, anschalten, laufen lassen". So trug er sich schon bald mit dem Gedanken, zwei weitere Anlagen aufzustellen. Die Faszination Windkraft hatte ihn gepackt. Viel Zeit verbrachte Driller bei den Anlagen. Er erkundete die Strömungsverhältnisse hinter den Rotoren auf unkonventionelle Weise mit Hilfe der Nachbarskinder. Driller spendierte 3 000 Luftballons, die die Kids auf sein Kommando vor den Anlagen steigen ließen. Driller beobachtete die Ablenkung im Lee der Rotoren, um den optimalen Abstand für weitere Windturbinen abzuschätzen.

Doch es war nicht nur Freude, was ihm sein neues Hobby Windkraft brachte. Die PESAG machte weiterhin Schwierigkeiten, mit jeder neuen Anlage wurde der bürokratische Aufwand größer. Und genau den wollte er sich eigentlich nicht mehr antun. Diese Einstellung änderte sich mit einem Telefonat. In der Paderborner Kreiszeitung hatte Driller einen sehr kritischen Artikel von Johannes Lackmann über die Machenschaften bei der PESAG gelesen. Lackmann, seit 1999 Präsident des Bundesverbandes Erneuerbare Energie (BEE), war damals Ratsherr der Grünen im Paderborner Stadtrat. Er habe ihm mit seinen Worten aus der Seele gesprochen, beteuerte Driller während des langen Telefongesprächs. Es endete damit, dass sowohl Driller als auch Lackmann die Bereitschaft signalisierten, 100 000 Mark für den Bau der beiden angedachten Windräder zu zahlen. Der lebenserfahrene Techniker und der junge Politiker ergänzten sich gut und bildeten ein produktives Gespann.

Aber es sollte kein Zwei-Mann-Unternehmen werden, sondern ein Gemeinschaftsprojekt. Und so entstand die Buker Windkraft GmbH mit 50 Gesellschaftern aus Paderborn und Umgebung. Mittlerweile gehen sechs Windräder auf das Konto dieser Gesellschaft. „Jetzt ist aber auch das Ende der Fahnenstange erreicht", versichert der mittlerweile 72-jährige Anton Driller. Sein Windpark gab den Auftakt für den Ausbau der Windenergie auf der Paderborner Hochfläche, die zu den windigsten Gegenden im deutschen Binnenland zählt.

Ende 2004 drehen sich in Nordrhein-Westfalen insgesamt 2 277 Windturbinen mit einer Gesamtleistung von 2 053 Megawatt. Damit rangiert das Binnenland heute hinter den Küstenländern Niedersachsen und Schleswig-Holstein sowie Brandenburg an vierter Stelle beim Ausbau der Windkraft in Deutschland. Selbst der RWE-Konzern betreibt mittlerweile Windparks und kann am eigenen Zähler ablesen, dass es sich eben doch rechnet. Auch in dieser Geschichte hat Goliath David nicht besiegen können, er muss ihn respektieren.

Begonnen hatte die Entwicklung mit Dietrich Koch, der vor 23 Jahren als erster Privatmann in Deutschland Windstrom in das öffentliche Netz einspeiste. Für sein Engagement im Dienst der Windkraft erhielt er 1997 als erster Windmüller das Bundesverdienstkreuz.

Seine 20-kW-Anlage lief bis zum Jahr 1999 einwandfrei. Dann hat Dietrich Koch sie abbauen lassen. Er hat sie dem geplanten Windkraftmuseum in Stemwede im Kreis Minden-Lübbecke an der westfälischen Mühlenstraße zur Verfügung gestellt. Dort soll die Pioniermühle wieder errichtet werden. Dazu benötigen der Museumsverein und Koch wiederum eine Baugenehmigung – der Kampf gegen die Bürokratie beginnt von vorn.

Windpark Meerhof: Mit 48,8 Megawatt Leistung der größte Windpark in Nordrhein-Westfalen

Kilowatt am Watt

Wo der Wind am heftigsten weht, waren es Bauern, Bürgermeister und Busfahrer, die als erste Windkraftanlagen betrieben. Sie erkannten früh das Potenzial der Rotoren, die heute vielerorts das Landschaftsbild hinter den Deichen prägen.

Das Engagement dieser Betreiber hat für die deutschen Küstenregionen neben der Landwirtschaft und dem Tourismus eine neue wirtschaftliche Perspektive erschlossen: Stromerzeugung aus Wind.

Links | Neue Ostfriesische Landschaft bei Dornumer Siel

Karl-Heinz Hansen | *„Kuddel-Wind"*

Karl-Heinz Hansen, Nordfriese mit großem Herz und noch viel größeren Händen, machte sich als erster Bauer an der Nordseeküste den Wind zum Partner. Er fuhr 1982 nach Lem in die Zentrale des dänischen Herstellers Vestas und kaufte, wie früher die Ochsenhändler, per Handschlag eine 55-kW-Anlage. Bezahlt hat er die Mühle mit dem Erbe seiner Schwiegermutter aus Basel, die als engagierte Atomkraft-Gegnerin das Geld mit dem Wunsch versah, es unbedingt in Projekte erneuerbarer Energien zu investieren. Nach einem mit Behördengängen angefüllten Jahr konnten Karl-Heinz Hansen und seine Frau Cornelia am 29. Oktober 1983 die V15 neben ihrem Hof im Cecilienkoog errichten und den ersten Windstrom beziehen.

Hansens Windrad ist der sich drehende Beweis dafür, dass Windkraftanlagen an der Küste sehr viel Strom produzieren, lange zuverlässig arbeiten können, viele Stürme überstehen und eine Investition in die Zukunft sind, die sich schon in der Gegenwart rentiert. Hansen hat vielen Bauern vorgelebt, wie man eine zweite Ernte einfahren kann. Er selbst hat später noch zwei weitere Windturbinen aufgestellt, aber darauf verzichtet, sich weiter im Windgeschäft zu engagieren, um das zu bleiben, was er immer war: Bauer im Cecilienkoog mit kritischem Blick auf das zittrige Weltgeschehen. Seine erste Mühle ist heute ein unscheinbares Pflänzchen im Wald der Rotoren, aber sie machte Karl-Heinz Hansen an der ganzen Westküste bekannt – als „Kuddel-Wind".

Links | Menschen mit Boden unter den Füßen und viel Wind um die Ohren: Cornelia und Karl-Heinz Hansen

Heiner Ehlers und Manfred Wollin | *Aero-Männer*

Heiner Ehlers (Abb. oben) und Manfred Wollin (rechte Seite) sind zwei von insgesamt 20 Betreibern, die einen Aeroman der Münchner Firma MAN im Rahmen eines Pilotprojektes des BMFT zum „Einsatz kleiner Windkonverter" kaufen konnten.

Angeregt von der ersten Vestas-Anlage im benachbarten Cecilienkoog wollte auch Heiner Ehlers seinen Hof mit Windkraft versorgen. Der Landwirt aus dem Sönke-Nissen-Koog, entschied sich aber für die zweiflüglige 20-kW-Anlage aus deutscher Produktion, da diese wegen der Förderung preislich nicht zu unterbieten war. Mit Inbetriebnahme seines Aeroman am 7. Dezember 1985 erreichte seine Landwirtschaft eine höhere Qualitätsstufe. „Wir wollten auf ökologische Weise Strom produzieren – aber ohne wirtschaftliche Verluste."

Manfred Wollin aus Westermarkelsdorf auf Fehmarn war der erste, der einen Aeroman ans Netz brachte. Seine Freude war groß, als am 1. April 1984 der Stromzähler zu rotieren begann. Dabei war es beileibe kein Aprilscherz, dass Wollin, als die MAN-Ingenieure ihn das erste Mal besuchten, nicht nur einen der windreichsten Standorte, sondern sogar schon eine Blanko-Baugenehmigung für eine Windkraftanlage vorzuweisen hatte. Diese hatte sich der quirlige Maschinenbauer förmlich „ernervt", weil er ursprünglich vor hatte, selbst eine Anlage zu bauen. Für den ersten Windmüller auf der Ostseeinsel erwies sich die Liaison mit MAN als ein Glück. An seiner Anlage testeten die MAN-Techniker die jeweils neuesten Versionen des Aeroman, zuletzt eine 55-kW-Anlage mit 14,5 Metern Rotordurchmesser, die bis heute zuverlässig läuft. Wollin unterstützte die Experten dabei tatkräftig und eignete sich das Spezialwissen an, das ihm später helfen sollte, die vielen Pannen mit den vier HSW-Anlagen, die er im Sommer 1990 errichtet hatte, zu überstehen. Trotz der nervenaufreibenden Reparatureinsätze hat er sich seine Begeisterung für die Windkrafttechnik nicht nehmen lassen. Manfred Wollin erfreut sich nach fast zwanzig Betriebsjahren immer noch am Lauf seiner Aeroman-Anlage, der er nach Fehmarner Tradition den Namen seiner Frau gegeben hatte. Die „Flinke Marianne" hat ihn nicht enttäuscht.

Rechte Seite | Rotiert seit 17 Jahren: Nordtank NTK 65 in Breklingfeld

Unten | Pflege, die sich auszahlt: Die Wartung für seine erste Anlage macht Engelbrechtsen selbst

Claus Engelbrechtsen | *„Second-hand"-Nordtank*

Der Busfahrer und Nebenerwerbslandwirt Claus Engelbrechtsen aus Breklingfeld in Angeln errichtete im Januar 1987 die erste Nordtank-Anlage in Deutschland. Durch sein Hobby, das Segelfliegen, kannte er die Kräfte des Windes bestens und wollte zunächst selbst ein Windrad bauen.

Als er in einer Annonce im Windkraft-Journal das Angebot über eine gebrauchte 65-kW-Mühle las, fuhr er im Mai 1985 kurzerhand nach Dänemark und erwarb diese Anlage vom Adjutanten der dänischen Königin. Im Alleingang überwand Engelbrechtsen die deutsche Bürokratie und konnte nach 18 nervenzermürbenden Monaten mit einer Typenprüfung in der Tasche die von Nordtank inzwischen generalüberholte Windmühle hinter seinem Bauernhof aufstellen.

Später folgten drei weitere Mühlen, sodass heute ein Quartett von Nordtank-Anlagen in Breklingfeld für Windstrom sorgt und Engelbrechtsen einen weiteren Nebenerwerb als Windmüller beschert.

Friedrich Pflüger | *Erster Enercon-Kunde*

Der Möbelhändler Friedrich Pflüger aus dem ostfriesischen Norden war der erste Kunde des Auricher Windkraftanlagen-Herstellers Enercon. Schon seit Anfang der Achtzigerjahre trug er sich mit dem Gedanken, selbst ein Windrad zu bauen, um damit die hohen Stromkosten seines Möbelhauses zu senken.

Auf einer Ausstellung lernte er Aloys Wobben kennen, der in jener Zeit in Aurich den Prototypen seiner 55-kW-Turbine zusammenschraubte. Pflüger gewann Vertrauen zu Wobben und dessen Plänen, eine richtige Windkraftfirma aufzubauen. Er entschied sich, ihm eine Anlage für 120 000 Mark abzukaufen.

Am 1. August 1986 nahm Friedrich Pflüger die Enercon E-15 in Betrieb. Sie produziert seitdem zwischen 70 000 und 90 000 Kilowattstunden pro Jahr. Zusammen mit dem Einsatz von Energiesparlampen konnte Pflüger auf diese Weise den Strombezug für sein Unternehmen auf ein Drittel reduzieren.

Heute profitieren viele private Betreiber von der Windenergie im Kaiser-Wilhelm-Koog – vorn Kruses TW 600

Hinrich Kruse |
Windgemeinde Kaiser-Wilhelm-Koog

Hinrich Kruse sorgte mit Weitsicht dafür, dass der Kaiser-Wilhelm-Koog in den Achtzigerjahren das Zentrum der Windenergie in Deutschland wurde. Der Bürgermeister ahnte die wirtschaftlichen Chancen für seine Gemeinde und stellte 1980 seinen Acker als Stellfläche für die 3-MW-Versuchsanlage Growian und zwei jeweils 170 Meter hohe Windmessmasten zur Verfügung. Durch die damals größte Windkraftanlage erlangte der Koog an der Elbmündung weltweit Bekanntheit.

Trotz vielfacher Kritik am kurzlebigen Growian-Experiment war Kruse offen für Nachfolgeprojekte. Im „Windenergiepark Westküste", dem ersten modernen Windpark in Deutschland, sammelte die Schleswag seit 1987 eigene Betriebserfahrungen mit kleinen Maschinen verschiedener Hersteller. Zwei Jahre später wurde auf dem Growian-Gelände ein Windtestfeld eingerichtet.

„Langfristig bringt aber die private Nutzung der Windenergie den meisten Gewinn für die Gemeinde und hat obendrein die höhere Akzeptanz", sagt Kruse, der auch in dieser Hinsicht einer der Vorreiter im Kaiser-Wilhelm-Koog war. Neben dem Betrieb einer eigenen Anlage, dem Prototyp der Tacke TW 600, gehörte Kruse seit Beginn der Neunzigerjahre zu den ersten, die sich für das Modell eines Bürgerwindparks stark machten.

Oben | Es begann mit Großprojekten: Hinrich Kruse vor dem Maschinenhaus der WKA 60, das zur EXPO 2000 auf das Fundament des Growian gestellt wurde

Gerhard Jessen |
Gemeinsam sind wir stark

Der Landwirt Gerhard Jessen hatte mehrere Jahre um die Genehmigung seiner ersten Windkraftanlagen kämpfen müssen, bevor er im November 1990 eine Vestas V25 und eine Enercon E-32 unmittelbar neben seinem Ulmenhof bei Niebüll in Betrieb nehmen konnte. Für seine dritte Turbine, die erste von Enercon verkaufte getriebelose E-40, die er am 18. Mai 1993 ans Netz brachte, hatte er noch höhere bürokratische Hürden zu überwinden.

Das bewog Gerhard Jessen, sich mit anderen Betreibern zusammenzuschließen und am 7. Februar 1991 in Husum den Interessenverband Windkraft Westküste (IWW) zu gründen, um gemeinsam gegen den Baugenehmigungsstopp der Landkreise vorzugehen. Im IWW, der sich als Sprachrohr für die speziellen Interessen der Windkraftanlagen-Betreiber an der schleswig-holsteinischen Nordseeküste verstand, leitete er die Regionalgruppe Nordfriesland. Heute vertritt Gerhard Jessen die Interessen der Windmüller im Bundesverband WindEnergie als Vorsitzender des Betreiberbeirates.

Jess und Julius Heinrich Jessen |
Risiken und Nebenwirkungen

Mit den Risiken beim Betrieb einer Windkraftanlage sah sich Jess Jessen (li.) erstmals konfrontiert, als sein Vater Julius Heinrich Jessen (re.) im Dezember 1987 einen von vier Prototypen der zweiflügligen 30-kW-Windkraftanlage der Firma Aerodyn auf dem Osterhof in der Nähe von Niebüll aufstellte. Der ehrgeizige Hofnachfolger betrachtete das damalige Windinvestment seines Vaters zunächst skeptisch, änderte aber seine Ansicht, als er sah, dass die Stromeinspeisung funktionierte. Als zu Beginn der Neunzigerjahre der Generationswechsel auf dem Osterhof anstand, fielen wichtige strategische Entscheidungen: Die Schweinemast wurde aufgegeben und der Betrieb auf ökologischen Landbau umgestellt. Als 1991 das Stromeinspeisungsgesetz kam, setzten Jess und Julius Heinrich Jessen aber vor allem auf Windernte im großen Stil: 14 Windkraftanlagen mit einer Gesamtinvestition von 14 Millionen Mark. Dabei bekamen sie auch die Nebenwirkungen ihres unternehmerischen Engagements zu spüren: Bei der Eröffnung hagelte es erstmals Proteste von Windkraftgegnern, die sich an der Beeinträchtigung des Landschaftsbildes durch den Windpark störten.

Jess Jessen, der früh das Potenzial der Windkraft erkannte, wurde auch für die wirtschaftlichen Risiken im Langzeitbetrieb sensibel. Beides untersuchte er in seiner Diplomarbeit und kam zu dem Schluss: Langfristig rechnet sich Windkraft, wenn auch nicht so, wie man kurzfristig gehofft hatte.

Peter Looft: „In Dithmarschen wird heute mehr Geld mit Windkraft als im Tourismus oder in der Landwirtschaft umgesetzt."

Die Essener Firma Ruhrtal-Elektrizitätsgesellschaft Harting GmbH & Co. errichtete nur diesen einen Prototypen mit 65 Kilowatt Leistung. Die robuste Anlage läuft seit 1986

Peter Looft | *Vom Bauer zum Planer*

Dem Landwirt Peter Looft aus Norderwöhrden-Överwisch bei Heide lieferte Tschernobyl den Anlass, sich eine Windkraftanlage auf den Hof zu stellen. Als ihm im Mai 1986 empfohlen wurde, seine Kühe wegen der Strahlenbelastung nicht mehr auf die Weide zu lassen, und er mitbekam, dass Mitarbeiter der Schleswag angewiesen wurden, bei Regen nicht im Freien zu arbeiten, stellte er einen Bauantrag.

Schnell wurde er sich mit der Essener Firma Ruhrtal einig, die für den Prototyp ihrer 65-kW-Anlage einen Küstenstandort suchte. Bereits am 9. November 1986 lief diese Windmühle und sie erzeugte im ersten Betriebsjahr 110 000 Kilowattstunden sauberen Strom. Die guten Erträge bestärkten Looft, 1990 eine weitere Windkraftanlage, eine Vestas V25 mit 200 Kilowatt Leistung, zu errichten.

Der Dithmarscher, der zu den Gründern des Interessenverbandes Windkraft Westküste gehörte, erkannte schnell, dass er mit der Planung von Windkraftanlagen mehr erwirtschaften kann als mit seiner Landwirtschaft. Zusammen mit seinen Partnern bei der Energy-Consult Projektgesellschaft mbH in Husum hat er bis dato Windkraftanlagen mit einer Gesamtleistung von über 100 Megawatt ans Netz gebracht. Seinen Hof hat Peter Looft mittlerweile verpachtet.

***Theodor Heinrich Steensen** |*
Wind auf der „Haben"-Seite

Theodor Heinrich Steensen aus dem nordfriesischen Risum-Lindholm sah als Steuerfachgehilfe beim Landwirtschaftlichen Buchführungsverband viel früher als die meisten seiner Profession in der Windkraft langfristig ein ertragreiches Betätigungsfeld für die nordfriesischen Landwirte. Er lieferte seiner Klientel Wirtschaftlichkeitsprognosen und legte den Landwirten nahe, „mit den Windmühlen das Geld zu verdienen, nicht mit der Pacht".

Aber nicht ausschließlich Landwirte mit ihren Ländereien, sondern alle Mitglieder einer Landgemeinde sollten nach der Vorstellung von Steensen an Windprojekten beteiligt werden. Damit die Windturbinen in Nordfriesland möglichst vielen Leuten in der Region gehören, warb er für gemeinschaftlich betriebene Windkraftanlagen und initiierte mehrere Bürgerwindparks.

Theodor Heinrich Steensen gehört zur neunköpfigen Gesellschafter-Crew des Offshore-Bürgerwindparks Butendiek, die das gemeinschaftliche Betreibermodell vom Land auf das Meer hinaustragen will.

Walter Eggersglüß | *Die Übersicht*

Als Walter Eggersglüß im April 1982 seine Beraterstelle in der Landwirtschaftskammer Schleswig-Holstein antrat, da war der diplomierte Maschinenbauer mit bäuerlichem Hintergrund der richtige Mann zum richtigen Zeitpunkt am richtigen Platz. Mit der Errichtung der ersten Anlagen begann Eggersglüß, sich die Kompetenz in der Beurteilung des Ertragspotenzials anzueignen, die mit der Zahl der Windkraftanlagen bis heute stetig gewachsen ist.

In den Achtzigerjahren waren es zunächst überwiegend Landwirte, die einzelne Anlagen errichteten, und für sie war der Energieberater damals die einzige Anlaufstelle. „Der große Aufbruch" kam ab 1989, die ersten Windparks wurden geplant und Eggersglüß lieferte bis heute rund 600 Windgutachten. Eggersglüß hat in seiner Beraterzeit von über zwanzig Jahren einen einmaligen Datenpool erarbeitet. Seit 1988 veröffentlicht er jährlich die Praxisergebnisse, in denen das Gros der Windkraftanlagen in Schleswig-Holstein erfasst sind. Diese Statistik ermöglicht den Betreibern einen Vergleich ihrer Erträge mit anderen Standorten und anderen Anlagen gleichen Typs.

Walter Eggersglüß war in seinem Urteil nie Euphoriker und vor allem ohne eigene wirtschaftliche Interessen. Der nüchterne Rechner begriff sich immer als Berater, nicht als Entscheider. Damit bewahrte er sich die neutrale Position, aus der er wie wohl kein anderer die Übersicht über das hat, was der Wind in Schleswig-Holstein leistet.

Baldur Springmann | *Lehrgeld für eine ausgeglichene Energiebilanz*

Baldur Springmann, Pionier auf dem Gebiet der biologisch-dynamischen Landwirtschaft, Vorreiter der Ökologiebewegung und Gründungsmitglied der Partei „Die Grünen", stellte zusammen mit seinem Sohn Falk Springmann 1979 mehrere Zivildienstleistende und ABM-Kräfte auf Hof Springe ein, um den landwirtschaftlichen Betrieb auf energetische Selbstversorgung umzustellen und eine Windkraftanlage zu entwickeln.

Den Ökobauern auf Hof Springe bescherte der im September 1983 in Betrieb genommene Prototyp „aeolus 15" aber ein finanzielles Desaster. Sie zahlten viel Lehrgeld für die unausgereifte, mit vielen Kinderkrankheiten behaftete Anlage, die 1986 abgebaut werden musste. Der Idealismus der Springmanns bekam einen argen Dämpfer, aber an ihrer Grundidee hielten sie fest.

Im August 1990 errichteten sie eine dann schon erprobte 80-kW-Serienanlage der Firma Enercon, mit der sie ihrem Ziel einer ausgeglichenen Energiebilanz für den Ökohof dann doch sehr entgegenkamen. Darin erblickte der im Oktober 2003 verstorbene „grüne" Vordenker Baldur Springmann den Schritt, den er sich schon bei der Einweihung der ersten Anlage erhofft hatte: „ein Schritt in jene Zukunft, in jenes ganz neue, ganz andere, ganz junge Zeitalter, das man sicher einmal Sonnenzeit nennen wird".

Oben | Ein mutiger, aber missglückter Versuch: „aeolus 15" auf Hof Springe (Foto: Sönke Siegfriedsen)

Dierk Jensen

Sie dreht sich unermüdlich seit 1983. Stolz, wacker, ja fast trotzig steht die kleine Windturbine auf dem landwirtschaftlichen Hof der Familie Hansen im nordfriesischen Cecilienkoog. Schon von weitem fällt die Vestas V15, eine der Pionieranlagen der modernen Windmüllerei schlechthin, im flachen Land hinter den Deichen ins Auge. Einfach weil sie im Gegensatz zu den anderen Anlagen der neueren Generationen so klein ist. Und wer sich dem technischen Denkmal längst vergangener Pioniertage nähert, der verspürt einen Hauch von Ursprung an diesem Ort, der zum späteren bundesweiten Siegeszug der Windenergie vieles beitrug.

Die Schwalben zwitschern aufgeregt unter dem Dachvorsprung des Wohnhauses. „Es geht heute doch bloß noch ums Geschäft", urteilt Karl-Heinz „Kuddel" Hansen etwas barsch. „Bei uns war das ganz anders." Seine Augen blitzen lebendig auf, sein vom Wetter gegerbtes Gesicht blickt skeptisch drein. Fast entschuldigend fügt er hinzu: „Trotzdem sind wir immer noch begeistert von der Windenergie." Und wenn der Nordfriese, obwohl er die Story schon so oft erzählt hat, zurückblickt und erzählt, wie er zu seiner Mühle kam, dann funkeln seine Augen vor Begeisterung.

Letztlich ist es der Liebe einer Schweizerin zu verdanken, dass die neuere deutsche Windenergie ausgerechnet im Cecilienkoog einen gewaltigen Satz nach vorne machte. Denn ohne Hansens Ehefrau Cornelia, Baslerin aus intellektuellem Hause, stünde die V15 nicht da, wo sie heute steht. „War das ein Glück, dass ich meine Frau hier im Sommer kennen gelernt habe", schalkt Hansen in nordfriesischer Manier. „Hätte sie damals im rauen Winter hier ihren Urlaub verbracht, wäre sie bestimmt nicht dageblieben."

Die Schweizerin blieb aber bei ihrem Bauern im schroffherben Nordfriesland. „Ich habe doch einen Mann mit einem warmen Herz, da geht's", fügt Cornelia hinzu. Dabei setzte sich die Tochter eines Professors über alle Bedenken innerhalb der Familie hinweg. Auch über die ihrer Mutter Hedwig Überwasser, die über die neue Heimat ihrer Tochter im Cecilienkoog alles andere als glücklich war. „Sie fand den ewigen Wind hier richtig ätzend."

Wenn nun aber schon so viel Wind, dann müsse man ihn gefälligst auch nutzen, forderte die engagierte Atomkraftgegnerin Überwasser. Also drängelte Frau Mama ihren Schwiegersohn und ihre Tochter immer wieder, „endlich mal was zu machen, ein Windrad auf dem Dach oder so". Der Schweizerin war es ernst damit. Sie legte testamentarisch fest, dass ihr Erbe in Höhe einer fünfstelligen Summe nur für alternative Energien zu verwenden sei.

Gar nicht mal so schlecht die Idee, muss sich der erdverbundene Kuddel damals im Stillen gesagt haben. Zumal, wenn sie bezahlt wird... Zudem gehörte er zu den wenigen Landwirten, denen das „Wachsen oder Weichen" in der Landwirtschaft damals schon zuwider war. Hansen war offen für neue Wege, für neue Ideen. Er erkannte die „Grenzen des Wachstums" schon in den Siebzigerjahren und beobachtete als Landwirt aus wertkonservativer Perspektive die Weltenläufe sehr kritisch.

Schließlich nahm das Windprojekt ab 1980 konkrete Formen an. Schwiegermama und Schwiegersohn fuhren gemeinsam zur Nordseeinsel Pellworm, wo die Geesthachter Forschungseinrichtung GKSS ein kleines Windtestfeld betrieb. „Das kam mir aber alles sehr komisch vor", erinnert sich Karl-Heinz Hansen an die fragilen Mühlen, die dort installiert waren; tatsächlich stürzten einige dieser Modelle jäh wie ein Ikarus ab.

„‚Also, so was will ich nicht bauen', sagte ich zu meiner Schwiegermutter", erinnert sich Hansen zwei Dekaden später an die ersten Begegnungen mit der deutschen Windkraft. Dagegen waren die Dänen zu jenem Zeitpunkt weiter. „Lichtjahre voraus." Hansen war jetzt zunehmend begeistert von der Windidee, der Idee, Haus und Hof mit eigener Energie zu versorgen.

Er hörte von der Firma Vestas und fuhr geradewegs zu deren Produktionsstandort nach Lem im Westen Jütlands. Dem Nordfriesen imponierte sofort die Robustheit der Mühle mit einer Leistung von 55 Kilowatt. Zudem verstand er sich auf Anhieb mit dem damaligen Verkaufsleiter Per Krogsgaard. Der redete nicht um den heißen Brei herum, der sagte direkt und offen, was er dachte. „Es machte Spaß, mit ihm zusammen zu sein", kramt „Kuddel" Hansen in Erinnerungen, als seine Frau Cornelia mit einem Krug Holunderblütensaft aus der Haustür kommt. Sie setzt sich zu ihm auf die Bank. Dabei umarmt der Landwirt sie sanft mit seinen kräftigen Armen. Beide lachen sich wie frisch Verliebte an. „Wir haben dann die Vestas Ende 1982 gekauft. Das Geld habe ich den Dänen bar gegeben", erzählt Karl-Heinz Hansen von einem Deal, der noch per Handschlag besiegelt wurde.

Quittiert hat Krogsgaard die Summe formlos auf der Rückseite eines Briefumschlages, den „Kuddel" Hansen gern zeigt. Obendrein hat er einen Kornanhänger mitbekommen, der noch auf dem Gelände von Vestas stand – ursprünglich ein Landmaschinenhersteller.

Die Mühle wurde geliefert, musste aber dann ein Jahr lang bäuchlings im Maschinenschuppen der Hansens liegen. Zwangsweise, weil noch keine Baugenehmigung vorlag. „Es wusste keiner Bescheid", sagt „Kuddel" über den zähen Kampf mit der deutschen Bürokratie. Überdies rückten die Dänen nur ungern mit technischen Details raus: Sie wollten den Deutschen nicht zu viel verraten. Schließlich bekam die 18 Meter hohe Anlage eine Einzeltypenprüfung. Satte 30 000 Mark mussten die mutigen Vorreiter dafür hinblättern. Hansen schüttelt den Kopf. „Da kamen immer wieder neue Leute auf den Hof und fragten dies und das, und als das Ding nachher stand, hat sich kein Mensch mehr drum gekümmert, ob die Anlage jetzt mit sechs, sieben oder nur fünf Bolzen befestigt war."

Die Kosten waren zwischenzeitlich bedenklich angewachsen: 95 000 Mark für die Mühle, 26 500 Mark für Fundament und Bodengutachten, dann die Typenprüfung und zu guter Letzt der Anschluss ans Netz des Regionalversorgers SCHLESWAG AG, der mit weiteren 8 000 Mark zu Buche schlug. Alles in allem kamen 160 000 Mark zusammen. „Viel Holz" für den Hansen-Hof, der mit seinen eher bescheidenen 27 Hektar Eigenland nicht grenzenlos belastbar war.

Zu allem Überdruss zog sich die unsägliche Bauzulassung in die Länge. Als dann das zuständige Bauamt im Oktober 1983, ein Jahr nach dem Kauf der Mühle, mitteilte, dass in Kürze die Baugenehmigung eintreffe, waren die Hansens mit der Geduld endgültig am Ende. Kurzerhand errichteten sie ihre Anlage, ohne den schriftlichen Eingang des behördlichen Bescheides abzuwarten, und nahmen sie im kleinen Kreis von Freunden am 29. Oktober 1983 in Betrieb. Als dann im Dezember die schriftliche Baugenehmigung zugestellt wurde, hatte ihre Vestas schon die ersten Kilowattstunden produziert.

Nun konnten „Kuddel" und Cornelia auch offiziell zur Einweihung einladen. Da war dann die ganze Prominenz präsent. Genüsslich blättert „Kuddel" in seiner dicken Windakte und zieht die Gästeliste hervor. „Alle waren sie da, das Fernsehen, die Herren Vorstände, Mitarbeiter von der Schleswag, Politiker, und wer weiß nicht noch alles", studiert er das schon leicht vergilbte Dokument aus der Frühzeit der Windepoche. Nicht ohne Genugtuung. Auch die skeptischen Nachbarn aus dem Koog kamen. „Die haben alle gedacht: ‚Der Kuddel spinnt, der wird seinen Hof noch ruinieren.'"

Nicht alle dachten das. Es gab Ausnahmen. So ging von „Kuddels" Mühle das Signal aus, dass die Windkraftnutzung technisch funktioniert. Und sich rechnet. Der laufende Stromzähler an der Anlage der Hansens lieferte ein starkes Argument, zumal Strom ein ernst zu nehmender Kostenfaktor auf den landwirtschaftlichen Höfen ist. Einer der ersten, der sich davon freimütig überzeugen ließ, war Heiner Ehlers, Landwirt aus dem benachbarten Sönke-Nissen-Koog.

Dass Ehlers so offen der Windkraft gegenüberstand, hatte seine Gründe. Dessen Großvater hatte schon eine Köster-Mühle auf dem Hof stehen gehabt, ein 24-Flügel-Windrad, mit dem er eine Schrotmühle antrieb. Außerdem hatte Ehlers vor der Hofübernahme seinen Blick weit über den nächsten Deich gerichtet. Denn nach dem Landwirtschaftsstudium in Kiel und Hohenheim und einem Zusatzstudium am Seminar für Landwirtschaftliche Entwicklung war er in Madagaskar und Kamerun als Entwicklungshelfer tätig gewesen. Eine Lebensphase, die ihn nachhaltig prägte, wenngleich er nie den verpachteten Hof in der Marsch aus den Augen verlor.

Trotz längerer Abwesenheit blieb er tief verwurzelt mit der eigenen Scholle. „Da wollte ich Bauer werden", wusste Ehlers. Im Jahre 1980 kehrte er dann mit seiner Frau, die er bei einer Unterschriftensammlung zur Rettung des Nordfriesischen Instituts, einer regionalen kulturellen Einrichtung zum Erhalt und zur Pflege der friesischen Sprache und Kultur in Bredstedt, kennen gelernt hatte, zurück auf den geerbten Hof im Sönke-Nissen-Koog. Dort hielt das Ehepaar einige Sauen und baute Getreide an.

„Zwar hatte die Energiepreiskrise mich wie viele andere auch schon länger beschäftigt, aber als dann die Mühle bei ‚Kuddel' stand, wollte ich plötzlich selbst was machen", erzählt Ehlers und zieht bedächtig an seiner Pfeife. Oft traf er sich mit seinem Berufskollegen aus dem Koog nebenan, oft wurde über Windkraft diskutiert. „Kuddel hat mich angesteckt." Was dazu führte, dass der Agraringenieur auch in die Windkraft investierte – statt in Schweineställe, Traktoren oder Landkauf.

Ehlers wollte mit seinem Betrieb nicht um jeden Preis wachsen, vielmehr ging es ihm darum, die Qualität seiner Produkte zu erhöhen und auch die Qualität der Produktion. Eine Windturbine passte gut in dieses Konzept. „Das Windrad sollte kein Luxus sein. Wir wollten auf ökologische Weise Strom produzieren, aber letztlich ohne wirtschaftliche Verluste."

Ehlers entschied sich aber nicht für eine Vestas, sondern holte sich 1985 einen zweiflügeligen Aeroman aus dem Hause MAN auf das Gelände direkt am Hof. Damit gehörte Ehlers zu den bundesweit 20 Betreibern, die diese 20-kW-Anlage im Rahmen eines Pilotprojektes des Bundesministeriums für Forschung und Technologie (BMFT) zum „Einsatz kleiner Windkonverter" kaufen konnten.

Mit diesem Programm sollten die Machbarkeit des Netzparallelbetriebes kleiner Windpropeller nachgewiesen sowie genehmigungstechnische Belange untersucht werden. Bonn übernahm 50 Prozent der Anlagekosten. So konnte MAN seinen Aeroman für 50 000 Mark verkaufen, ein Preis, mit dem die Dänen nicht konkurrieren konnten.

Der studierte Landwirt Ehlers sollte sich erst später, als mit dem Stromeinspeisungsgesetz rentablere Bedingungen für größere Windturbinen geschaffen waren, für eine dänische Anlage entscheiden. Im Dezember 1991 stellte er neben dem Aeroman eine Micon mit einer Leistung von 250 Kilowatt auf. Eine halbherzige Entscheidung, wie Ehlers mit einer Dekade Abstand befindet. „Ich hätte eigentlich drei Mühlen aufstellen können, doch habe ich das Risiko damals nicht auf mich nehmen wollen", bedauert er aus heutiger Perspektive ein wenig. Aber nachher sei man ja immer schlauer.

Dagegen ist Manfred Wollin gleich von Anfang an in die Vollen gegangen. Was den Pionier aus Westermarkelsdorf auf Fehmarn fast Kopf und Kragen gekostet hätte. Wollin, gebürtiger Berliner, Jahrgang 1940, kam über Umwege zur Windkraft. Nach einer Lehre zum Maschinenschlosser in Düsseldorf begann er in Aachen, Maschinenbau zu studieren. Das Studium schloss er dann später, im Jahre 1962, in Kiel ab. „Da wir damals noch kein Bafög bekamen, habe ich nebenher, morgens zwischen vier und sechs Uhr, Gemüse auf dem Großmarkt geschoben."

Dabei scheint er auch für andere Dinge noch ein Auge offen gehabt zu haben, denn während seiner Studienzeit lernte er seine spätere Frau Marianne kennen. Und da sie von der Ostseeinsel Fehmarn stammt, lag für beide nichts näher, als sich auf der Insel niederzulassen. Sie zogen nach Westermarkelsdorf im äußersten Nordwesten Fehmarns, dem windigsten Ort an der gesamten deutschen Ostseeküste. So kam Manfred Wollin dem Wind zumindest schon mal geografisch sehr nahe, zumal er als Maschinist auf der Fähre „Theodor Heuss", die zwischen Puttgarden und Lolland verkehrt, beschäftigt war.

„Erste konkrete Gedanken zur Windenergie habe ich mir 1980 gemacht", erinnert sich Wollin. Er wollte das kleine Hotel, dass die Familie seiner Frau betrieb, selbst mit Strom versorgen. Und wenn sich so ein agiler, aktiver, ja fast ruheloser Typ wie Wollin konkrete Gedanken macht, dann liegt die praktische Umsetzung nicht fern.

Der Maschinenbauer stellte 1980 einen ausrangierten Baukran als Mast auf das Privatgrundstück. Darauf wollte er eine selbstentwickelte Turbine montieren, so sein wagemutiges Vorhaben. „Ein bisschen Fundament und dann ging es los", erzählt Wollin. Derweil bekamen die Beamten im Bauamt Burg Sorgenfalten und wollten mit der Baugenehmigung für eine Windkraftanlage nicht rausrücken.

Monate gingen dahin, Wollin ist immer wieder auf dem Amt erschienen und hat genervt, bis es 1982 endlich zu einer Ortsbesichtigung mit Vertretern des Landesbauamtes kam. Sie begutachteten die in der Garage liegenden Bauteile für die Turbine und staunten über den Masttorso, der ja schon auf dem Grundstück stand. Wollin erntete ungläubiges Kopfschütteln.

„Denen erging es so, wie es den Betrachtern der ersten Eisenbahnschienen von Nürnberg nach Fürth ergangen sein muss. Die haben das zwar gesehen, aber nicht für möglich gehalten, dass sich da was bewegen kann." Und weil alle ganz benommen vom enthusiastischen Gerede Wollins waren, haben sie ihn „einfach machen lassen". Und ihm blanko eine Baugenehmigung für eine Windturbine erteilt. Schriftlich, auf der Stelle. „Dies war die Pforte für die Windenergie, ohne dass es einer in dem Moment bemerkt hatte", wundert sich Wollin noch heute über diese kuriose Begebenheit.

Während er nun an seiner Eigenbauanlage bastelte, erfuhr er aus der Presse von dem Aeroman-Projekt des BMFT. Wie Ehlers beteiligte sich Manfred Wollin an der Ausschreibung. Daraufhin kam „eine Delegation aus Bonn" zu ihm auf die Ostseeinsel. Dieser Gruppe gehörte auch Dietmar Knünz an, der verantwortliche Projektleiter des Aeroman in der Entwicklungsabteilung von MAN. Wollin kam mit ihm ins Gespräch. „Als ich ihm erzählte, dass ich bereits blanko eine Baugenehmigung in der Tasche habe, da ist der Knünz schier aus dem Häuschen gewesen."

Das Einzige, was allen fehlte, hatte Wollin schon in petto! Er kam mit MAN ins Geschäft und ließ dafür seine Eigenbaupläne fallen. So wurde er, ohne dass er es damals wusste, zum ersten privaten Kunden eines deutschen Windkraftanlagen-Herstellers.

Sein Aeroman ging am 1. April 1984 in Betrieb und erzeugte die ersten Kilowattstunden elektrischer Energie an einem der besten Windstandorte in Schleswig-Holstein. Und da es auf Fehmarn alte Tradition ist, allen Windmühlen einen Frauennamen zu geben, wurde – nach 42 historischen Mühlen – der Aeroman auf den Namen „Flinke Marianne" getauft.

Die 20-kW-Anlage deckte zum einen den Strombedarf des schwiegerelterlichen Hotelbetriebes. Den Rest, ungefähr die Hälfte des erzeugten Stroms, speiste Wollin ins Netz der Schleswag ein und bekam am ersten Tag 9,2 Pfennige für die Kilowattstunde. Diesen Moment wird er „nie vergessen": Der Zähler drehte sich, trotz dass die meisten den Pionier für verrückt erklärt hatten.

Die MAN-Techniker wurden Stammgäste im Hotel der Wollins, denn der Standort war prädestiniert, um die Anlage unter rauen Küstenbedingungen auf Herz und Nieren zu erproben. Und Wollins Garage wurde zur Versuchswerkstatt umgewandelt, er selbst avancierte zum ehrenamtlichen Service-Techniker. So vertiefte Manfred Wollin sich in das Einmaleins der Windkraftanlagen-Technik. Mit der Folge, dass technische Veränderungen am Aeroman zuerst am Modell bei Wollin erprobt wurden. Auch die Weiterentwicklung dieses Typs, eine 55-kW-Version mit 14,5 Metern Rotordurchmesser, erhielt Wollin. Sie dreht sich noch heute zu seiner Zufriedenheit.

Nachdem sich nun die Flügel seiner „Flinken Marianne" drehten und der Stromzähler lief, hatte ihn das Windfieber vollends gepackt. Jetzt wollte Wollin mehr. Vier Anlagen auf einen Streich und zwar größere. Nach vier Jahren, zum Jahreswechsel 1988/1989, suchte er Land für einen nach damaligen Maßstäben sehr gewagten Wurf. „Die Bauern wollten von meinen Anliegen aber nichts wissen", kann sich Wollin noch an die ablehnenden Reaktionen erinnern.

Schließlich erhielt er dann doch eine Fläche und entschied sich für ein 250-kW-Quartett, das er bei der Husumer Schiffswerft (HSW) orderte. Ein Fehlgriff, wie sich herausstellen sollte. Oft, fast zu oft passierten technische Pannen, standen die Mühlen still. Es dauerte immer lange, bis jemand von der Werft angerückt kam. „Ständig war ich selber oben, weil wieder dies oder jenes nicht funktionierte", berichtet Wollin von schweren Jahren, an denen er beinahe an der Windkraft verzweifelt wäre.

Wollin erinnert sich an die ersten Herbststürme. Die Mühlen liefen mit Überlast, „der Trafo ist gehüpft". Im September entstand ein Flügelbruch, dann ein Getriebeschaden. Im Oktober brannten alle vier Generatoren nacheinander durch. Die Reparaturen verzögerten sich um mehrere Wochen. Das führte fast zum Konkurs. Bei einer privaten Investitionssumme von satten 2,5 Millionen Mark nervte die Bank jeden Augenblick, drückte ihm die Pistole auf die Brust.

Erst mit der Unterstützung der Kieler Landesregierung bekam die HSW das Problem in den Griff. Mit einer dänischen Steuerung liefen die Mühlen dann wieder. Trotzdem gab es immer wieder Pannen. Zum Glück war Wollin ein patenter

Maschinenbauer und legte in der Not oft selber Hand an. „Gott, wie oft ist er mitten in der Nacht in die Gondeln hochgeklettert, weil wieder eine still stand", weiß Ehefrau Marianne zu erzählen. Weshalb sich der gewiefte Techniker und Selfmademan gerade für die HSW-Modelle entschieden hat, erklärt Wollin mit der damaligen Grundstimmung. „Alle rieten mir, ich solle deutsche Mühlen nehmen." Und dennoch: Trotz großen Pechs mit den Husumer Maschinen war der Tausendsassa nicht klein zu kriegen. Wollin ist nach wie vor begeistert von der Windkraft, auch wenn es Zeiten gab, in denen er, wie er selber sagt, „mit den Mühlen verheiratet war".

Claus Engelbrechtsen hatte ein glücklicheres Händchen. Der Nebenerwerbslandwirt aus Breklingfeld nahe der Schlei erwarb im Juni 1985 „second hand" eine Nordtank-Anlage mit einer Leistung von 65 Kilowatt. Die Mühle hatte sich schon zwei Jahre auf dem Grundstück von Mogens Christensen, dem „Adjutanten der dänischen Königin", gedreht. Vom Verkaufsangebot erfuhr der Landwirtssohn, der seinen Betrieb Anfang der Siebzigerjahre verpachtete und fortan seinen Lebensunterhalt als Busfahrer verdiente, im Windkraft-Journal, dem damals wichtigsten Mitteilungsforum der illustren, aber noch kleinen Windszene.

Im Stillen hatte Engelbrechtsen schon seit langem die vage Idee gehegt, auf seinem abgelegenen Hof eine Windturbine aufzustellen. So interessierte er sich bereits in den Siebzigerjahren für eine kleine Windmühle der Firma Brümmer aus dem Weserbergland. Als er sie bei einem Bekannten in Augenschein nehmen wollte, lagen die Flügel gebrochen auf dem Hof. „Das tat weh."

Auch einen Wagner-Rotor guckte sich Engelbrechtsen an, aber die Technik überzeugte ihn nicht. Dann beabsichtigte er, selbst eine Anlage zu bauen, kaufte sich einen Gittermast von der Schleswag. Jedoch erkannte der Windkraft-Fan bald, dass eine Eigenbauanlage ein sehr zeitintensives Hobby ist. Als er nun die Annonce im Windkraft-Journal las, war das für den passionierten Segelflieger sofort „sein Ding".

Spontan fuhr er mit einem Freund in die Nähe von Kopenhagen, um sich die dänische Mühle anzuschauen. „Ich sah das Geschütz schon von weitem, das war ja nach damaligen Verhältnissen ein Riesenbauwerk", erzählt er heute noch begeistert von der ersten Begegnung mit seiner Nordtank. „Da stand diese halbe Saturn-Rakete, das hat mich einfach schwer beeindruckt", sagt Engelbrechtsen, der schon auf der Rückfahrt den Entschluss fasste: „Die will ich haben."

Wieder fuhr er nach Dänemark, diesmal zum Firmensitz von Nordtank ins ostjütländische Balle. Vagn Trend Poulsen, der Geschäftsführer, sicherte ihm zu, dass die Anlage von Nordtank überholt wird. Im Juni 1985 kaufte Engelbrechtsen die Anlage für 65 000 Mark. Allerdings sollten noch anderthalb Jahre vergehen, bis wirklich die erste Nordtank in Deutschland ans Netz ging: im Januar 1987.

Engelbrechtsen durchlitt dasselbe, was die Hansens zu diesem Zeitpunkt schon überstanden hatten: Da auch für die Nordtank-Maschine eine Bau- und Typengenehmigung fehlte, brauchte es gute Nerven und noch mehr Zeit, um die Probleme zu überwinden. So fehlte für eine „ordnungsgemäße Errichtung" fast alles, was deutsche Ämter so brauchen: Typenprüfung, Statik-Berechnungen usw. usw.

All das musste sich Engelbrechtsen selber mühsam erfragen, um eine Einzelgenehmigung – wie bei Karl-Heinz Hansen für seine Vestas – zu erkämpfen. Nur ungern erinnert er sich deshalb an die langen Flure deutscher Bauämter zurück, wo sein Begehren oft ungläubiges Staunen verursachte. „Ein Bauingenieur konnte das Fundament nachrechnen, ein Maschinenbauer den Stahlturm und ein Flugzeugbauer die Flügel. Aber keiner konnte alles berechnen", fasst Engelbrechtsen die Situation zusammen. Gab es doch damals keine Institution im Land, die eine Typenprüfung für Windkraftanlagen liefern konnte.

Auf Vermittlung von Luise Junge, der Herausgeberin des Windkraft-Journals fand er dann doch einen Spezialisten, der Berechnungen lieferte, die auch von deutschen Ämtern anerkannt wurden. Wenigstens einen positiven Nebenaspekt hatte die zögerliche Genehmigungsprozedur: Mittlerweile betrachtete Nordtank die Anlage als eine wichtige Referenz für den deutschen Markt. Das Unternehmen aus Balle hatte auf eigene Kosten viele Komponenten durch neue ersetzt und den Turm frisch verzinken lassen. So lieferte Nordtank die Anlage praktisch im fabrikneuen Zustand an Engelbrechtsen aus.

Das Durchhalten im Kampf mit der Bürokratie hat sich inzwischen längst gelohnt. Die altgediente Nordtank hat dem Einzelkämpfer aus Breklingfeld bis heute sehr treue Dienste geleistet. Fast ohne eine einzige technische Panne erzeugt sie – längst abgeschrieben – seit dem ersten Tag beständig Strom. Zusammen mit den später aufgebauten Anlagen (zwei 150- und eine 300-kW-Anlage vom gleichen Hersteller) beschert die Windkraft der Familie Engelbrechtsen ein passables Zusatzeinkommen.

Die erste vom Auricher Hersteller Enercon GmbH verkaufte Anlage trumpft mit vergleichbarer Zuverlässigkeit auf. Die E-15, eine Anlage mit 55 Kilowatt Leistung auf einem 22 Meter hohen Gittermast sowie einem Rotordurchmesser von 15 Metern, wurde ein paar Monate vor Engelbrechtsens Mühle am 1. August 1986 im ostfriesischen Norden von Enercon-Firmenchef Aloys Wobben und Bauherr Friedrich Pflüger in Betrieb genommen. „In nur sieben Tagen wurden bereits ungefähr 2 000 Kilowattstunden in Energie umgewandelt", schrieb ein Lokalredakteur voller Erstaunen über die 120 000 Mark teure Anlage von Enercon. „Von der Wartungsplattform bietet sich ein schöner Ausblick auf die Nordsee und dass durch die Anlage Energie umgewandelt wird, spürt man schon am warmen Gehäuse des Getriebes", schwang die verwunderte Neugier des Schreibenden mit.

Wie bei allen Pionieranlagen jener Zeit ging nur derjenige Strom, der über den Eigenbedarf von Pflügers Möbelhaus hinaus produziert wurde, ins Netz. Dabei lag der Einspeisepreis tagsüber bei 7,6 Pfennigen und in der Nacht bei 5,5 Pfennigen. Die Anlage rechnete sich für den „emsigen Möbelhändler" Pflüger in erster Linie über die Reduzierung seines Strombezuges. Durch die Umstellung auf Energiesparlampen durch die Windanlage konnte er die gepfefferte Stromrechnung seines von Tausend Leuchten illuminierten Möbelgeschäfts auf ein Drittel senken.

Pflüger hatte sich schon seit der Energiepreiskrise nach Möglichkeiten regenerativer Energien umgehört. Ursprünglich trug er sich mit Plänen, selbst eine Windturbine zu bauen. Doch bei einer Windenergie-Ausstellung in Aurich im Jahre 1985 lernte er den Elektroingenieur Aloys Wobben kennen, der in seinem kleinen Betrieb in der Raiffeisenstraße in Aurich Wechselrichter herstellte und gerade dabei war, sich ein weiteres Geschäftsfeld zu erschließen. Wobben zeigte Pflüger den Prototypen der E-15, den er wenig später auf seinem Grundstück in Walle bei Aurich aufstellen sollte. Die Enercon-Turbine überzeugte Pflüger. Die war so solide gebaut wie die dänischen Anlagen. Neu war aber, dass sie mit einem elektronischen Frequenzwandler versehen war und so in der Rotordrehzahl variabel war. Das hatte den Vorteil, dass das Windrad schon bei vergleichsweise geringen Drehzahlen anfing, Strom zu produzieren.

Und da Aurich nicht weit von Norden entfernt liegt, verabschiedete sich Pflüger von seinen Eigenbauplänen und entschied sich, Wobbens Anlage zu kaufen. Doch sollte noch mehr als ein Jahr ins platte Ostfriesenland gehen, bis die Skepsis des Bauamtes überwunden wurde und die E-15 auf dem Innenhof des Möbelhauses errichtet werden konnte.

Sofort avancierte sie zu einer „Pilgerstätte" für die Windinteressierten in der Region und für Wobbens junge Windschmiede zu einem hervorragenden Referenzobjekt. Zwar hatte Wobben schon vorher kräftig akquiriert, doch kein Argument ist schlagkräftiger als das Urteil eines zufriedenen Kunden. So fragten Pflüger beispielsweise Mitarbeiter der Stadtwerke auf Norderney nach seinen Erfahrungen mit der neuen Technik aus. Mit dem Ergebnis, dass sich ein paar Monate später zwei Anlagen gleichen Typs auf der Nordseeinsel drehten. Auch die Stadtwerke Norden erkundigten sich neugierig, „ob die Technik in Ordnung ist und wie hoch die Erträge sind". Wochen später bestellte der Kommunalversorger selbst fünf weiterentwickelte E-16 bei Aloys Wobben.

Während nun in Ostfriesland der entscheidende Impuls zur Windstrom-Erzeugung von der zielstrebigen Firmenstrategie Aloys Wobbens ausging und im Norden Schleswig-Holsteins die Dänen die ersten Zeichen mit „Kilowatt am Watt" setzten, war in Dithmarschen der GROWIAN, die GROße-WIndenergieANlage, verantwortlich dafür, dass Windkraft zum öffentlichen Thema wurde.

Als es nun bei Wobben & Co. langsam anfing zu brummen, da hatte Hinrich Kruse, der unbeugsame Windbotschafter aus dem Kaiser-Wilhelm-Koog, die erste Sturm-und-Drang-Periode in Sachen Windenergie schon hinter sich. Als damaliger Bürgermeister war Kruse an entscheidender Stelle daran beteiligt, dass der Growian zu Beginn der Achtzigerjahre überhaupt erst einmal Boden unter den Füßen gewann.

Denn die Stimmung gegenüber dem Experiment Windenergie war unweit des heiß umkämpften Atomkraftwerks Brokdorf alles andere als windfreundlich. Während in vielen Köpfen kommunaler Entscheidungsträger eine ablehnende Haltung gegenüber allem, was „Anti-Atomkraft" in sich barg, herrschte, behielt Bauernsohn Hinrich Kruse stets einen weitsichtigen, kühlen Kopf.

Als eines Tages am Ende der Siebzigerjahre „Scouts" von der Hamburgischen Electricitäts-Werke AG (HEW) auf ihrer Suche nach einem Standort für den Growian durch den Kaiser-Wilhelm-Koog fuhren, stellte sich der parteilose Kommunalpolitiker den HEW-Leuten forsch in den Weg. Viel schneller als andere erkannte er, welche Chancen sich seiner 400-Seelen-Gemeinde durch das ambitionierte Forschungsvorhaben boten.

Trotz starken Gegenwinds hinter den Dithmarscher Deichen konnte Kruse letztlich Widersacher und Skeptiker vom Growian überzeugen. Nach langen Diskussionen stimmte die Mehrheit der Gemeindevertretung am Ende für das Projekt und Kruse durfte sechs Hektar eigenes Weizen- und Kohlland zur Verfügung stellen. „Wer den Prater sah, war in Wien, wer den Eifelturm bestieg, konnte es nur in Paris. Wer aber die größte Windenergieanlage der Welt gesehen hat, muss im Kaiser-Wilhelm-Koog gewesen sein", war denn auch sein optimistisches Grußwort zum feierlichen Spatenstich, den der damalige Parlamentarische Staatssekretär im Bundesforschungsministerium Erwin Stahl im März 1982 in den schweren Marschboden stach.

Der Growian war gigantisch: 102,1 Meter Nabenhöhe, 100,4 Meter Rotordurchmesser. Die Anlage, flankiert von zwei 175 Meter hohen Windmessmasten, war ein beeindruckender Koloss. Allerdings alles andere als eine Erfolgsstory. Eine technische Panne folgte der nächsten. Und schon nach relativ kurzer Zeit zeigte sich, dass weniger mehr gewesen wäre. Statt die Forschungsgelder in einem einzigen großen Projekt zu konzentrieren, hätten wahrscheinlich mehrere kleinere Anlagen wertvollere Ergebnisse gebracht. Und vor allem für größere Akzeptanz gesorgt.

So wurde Growian nach nur 420 Betriebsstunden wieder in seine Einzelteile zerlegt. Die Skeptiker sahen sich bestätigt, vor allem die, die Windenergienutzung generell ablehnten. Hinrich Kruse erntete noch mehr Tadel als vorher. Doch hielt der Bürgermeister der herben Kritik stand. „Wo die Wand stärker ist als der Kopf, da ist der Intellekt gefragt", wusste Kruse schon damals. Er hatte mit dieser Haltung all jene auf seiner Seite, deren Missbilligung sich gegen die gigantische Dimension des Growian richtete und die stattdessen eine Entwicklung von Windturbinen in technisch beherrschbaren Schritten, analog der dänischen Entwicklung, favorisierten.

Er ließ sich nicht beirren, setzte trotz des windigen Waterloos – „Und das auf dem Feld des Bürgermeisters!" –

weiter auf die Windenergie, mit der er schon von Kindheit an vertraut war. Denn auf dem elterlichen Hof war bis in die Vierzigerjahre ein Köster-Windrad mit fünf Kilowatt Leistung in Betrieb, in ähnlicher Bauart wie das bei der Familie Ehlers in Nordfriesland. Sein Vater schickte ihn beizeiten schon mal zur Wartung aufs Dach des Wirtschaftsgebäudes, wo das lamellenartige Windrad montiert war und Strom unter anderem für die Schrotmühle lieferte. Nachdem 1941 die Höfe im Kaiser-Wilhelm-Koog an das Stromnetz angeschlossen wurden, verschwanden die Köster-Anlagen aus dem Landschaftsbild.

Kruse wusste also nicht erst seit Growian, welches gewaltige, unerschlossene Potenzial im Wind an der Nordseeküste steckt. Aber seit Growian weiß er, dass man sich dieses Potenzial nur in überschaubaren Schritten erschließen kann. Dafür stritt, diskutierte und warb er unermüdlich. Und so gelang es dem Visionär mit dem feinen Gespür für das Machbare, dass im Kaiser-Wilhelm-Koog weiter in Windenergie investiert und dazu geforscht wurde.

1987 ging neben dem Growian der Windpark Westküste an das Netz, der erste nach der Ölpreiskrise errichtete Windpark Deutschlands. Zwei Jahre später folgte die Ansiedlung der Windtest Kaiser-Wilhelm-Koog-GmbH. So wurden seitdem auf dem Land von Kruse viele Prototypen von Windturbinen aufgestellt. Als Untersuchungsobjekte im Dauerbetrieb lieferten sie wichtige Messdaten für spätere Weiterentwicklungen. Der Kaiser-Wilhelm-Koog entwickelte sich so zum „bestvermessenen Windstandort der Welt".

Später wurde Kruse selber Windanlagenbetreiber, befürwortete die Parole „Jedem Hof seine Mühle" und opponierte gegen die von der Politik stur verfolgte Windpark-Konzeption. Auch entkräftete er mit einer Vogel-Langzeitzählung auf dem Windtestfeld im Kaiser-Wilhelm-Koog – in Zusammenarbeit mit dem Naturschutzverein Jordsand – den Vorwurf, dass die drehenden Flügel zum Vogelsterben führen würden.

Wer von Hinrich Kruses Wohnzimmer auf die Marsch hinausschaut, der sieht das, worauf der Windpionier am meisten stolz ist: Es ist der Bürgerwindpark der Gemeinde, den Kruse ins Leben rief, um auch Kleininvestoren die Chance zu geben, sich im Windgeschäft zu engagieren. 54 Gemeindemitglieder sind daran beteiligt. Vom Wohnzimmer ist auch seine eigene Anlage zu sehen: der Prototyp der Tacke TW 600, die seit September 1993 am Netz ist und die er ein Jahr später nach erfolgreichem Probebetrieb der Windschmiede aus Salzbergen abkaufte.

Voll von Anekdoten resümiert Kruse sein unbeugsames Engagement für die Windkraft: „Ich habe mir das Leben manchmal schwerer gemacht, als es vielleicht nötig war, aber ich würde alles noch einmal so machen."

Obwohl sich der Dithmarscher inzwischen von allen Ämtern verabschiedet hat, ist er beim Thema „Windenergie in der Nordsee" noch voll dabei. „Ich bin absolut dafür", sagt Kruse über Offshore-Windparks in der Deutschen Bucht. Und geht die Sache so an, wie er es immer tat. „Ich erkläre den Leuten, wieso sich das wirtschaftlich rechnet", sagt er. „Doch ich erzähle den Leuten auch, welche Probleme auf sie zukommen können.

Auf Probleme, die auf die Windmüller im Langzeitbetrieb zukommen, verweist auch Jess Jessen gerne. Der Windbauer der zweiten Generation vom Osterhof bei Niebüll gibt als Ergebnis seiner 1998 abgeschlossenen Diplomarbeit über „Wirtschaftlichkeit und Risiken von Windkraftanlagen der Megawatt-Klasse" zu bedenken, dass noch einmal Kosten in Höhe „der Hälfte der Investitionskosten über die Lebensdauer der Anlage anfallen werden". Er ist sehr skeptisch, ob alle Betreiber sich dieser Dimension bewusst sind und dafür ausreichend Rücklagen bilden.

Skeptisch war Jess Jessen auch damals schon, als sein Vater, der Landwirt Julius Heinrich Jessen, sich das erste Mal entschloss, eine Windturbine zu kaufen. Als kurz vor Weihnachten 1987 eine zweiflüglige Aerodyn-Maschine mit einer Leistung von 25 Kilowatt vom gleichnamigen Rendsburger Ingenieurbüro in der Nähe ihres Hofes aufgestellt wurde, sah der heutige Betriebsinhaber schon sein Erbe in Gefahr. „Wir haben mit der Aerodyn nichts verdient", sagt Jess Jessen über das erste Windrad in dem landwirtschaftlichen Betrieb.

Ganz ohne Nutzen war die Anlage allerdings auch nicht: Zeigte sie doch, dass Strom herauskommen kann. „Wir haben vor der Umstellung auf den ökologischen Landbau in den Neunzigerjahren eine Schweinemast gehabt, die 90 000 Kilowattstunden im Jahr verbrauchte. Mit der Aerodyn konnten wir ungefähr die Hälfte des Strombedarfs abdecken", erinnert sich der 1966 geborene Landwirt.

Als dann das 100-Megawatt-Programm der Bundesregierung aufgelegt wurde, wagte der unternehmerisch denkende Vater Julius Heinrich einen weiteren Schritt. Er entschied sich, zwei Vestas mit jeweils 200 Kilowatt Leistung zu kaufen. „Der Blick ins nahe Dänemark zeigte, dass die liefen", erläutert Jess die damalige Herstellerwahl.

Im Übrigen hatte der Cousin von Julius Heinrich, der Ackerbauer Gerhard Jessen vom benachbarten Ulmenhof schon 1988 beim Kieler Landwirtschaftsministerium einen Antrag gestellt, den Bau einer 200er Vestas zu bezuschussen. Doch wurde der Antrag abgelehnt, weil Jessen beabsichtigte, mehr als 50 Prozent der erzeugten Energie ins Netz zu speisen. Nicht förderungsfähig, winkte das Ministerium kurzsichtig ab. Mit dem nur einige Monate später aufgelegten 100-Megawatt-Programm veränderten sich die Vorzeichen fundamental. So erwies sich für viele, die bis dahin in den Startlöchern ausharrten, 1989 als „das Jahr, wo es erst so richtig losging".

Die beiden Vestas von Jess und Julius Heinrich Jessen wurden auf betriebsfremden und hinzugekauften Flächen errichtet, eine im 500 Meter vom Hof entfernten Gotteskoog, die andere in der Gemeinde Emmelsbüll-Horsbüll. Der Grund dafür lag darin, dass die Netzanschlüsse für diese Standorte in Abstimmung mit dem regionalen Stromversorger Schleswag billiger ausfielen als auf hofeigenen Ländereien. Aus diesem vermeintlichen Nachteil haben die Jessens aber eine wichtige Erkenntnis gezogen. „Wir stellten fest, dass die Anlage, die 12 bis 15 Kilometer näher an der Nordsee lag, rund 20 Prozent mehr Windertrag brachte."

Als nun die Vestas-Anlagen relativ gute Ergebnisse abwarfen und ab 1991 mit dem Stromeinspeisungsgesetz vernünftigere Rahmenbedingungen gegeben waren, holten die Jessens zum ganz großen Wurf aus. Ein Windpark in Megawatt-Dimensionen sollte her. Dafür haben die Jessens, allen voran der auf den Geschmack gekommene Junior, gerechnet und gerechnet. Sind doch Investitionen in die Energieerzeugung eine ganz andere ökonomische Materie als die Landwirtschaft.

Mit einer Mischung aus Naivität und Euphorie sind die Jessens an die Planung ihrer insgesamt 14 Windturbinen herangegangen. Ein 14-Millionen-Projekt, bei dem die anthroposophische GLS-Bank in Bochum ein partiarisches Darlehen, einen Kredit mit Haftungscharakter, in Höhe von zehn Prozent der Gesamtinvestitionssumme beisteuerte. Hinzu kam noch ein nicht unerheblicher Eigenkapitalanteil, der Rest war Fremdkapital, für das der ganze Hof als Bürgschaft herhalten musste.

Bei der Einweihung des Windparks sahen sich nicht nur die Jessens, sondern die gesamte, stetig wachsende Windszene zum ersten Mal mit Protesten aus der Bevölkerung konfrontiert. Die Anlagen würden das Landschaftsbild verschandeln, hieß es vielerorts. Auch CDU-Landrat Olaf Bastian kritisierte die Windkraft öffentlich, sie würde dem Tourismus schaden.

Die Jessens haben wesentlich schneller erkannt, welch wirtschaftliches Potenzial in der Windkraftnutzung steckt, als das für die Entscheidungsträger in den Behörden nachvollziehbar war. „Es lagen viele Steine im Weg", nennt Jess Jessen die Hindernisse, die er und seine Familie für ihren Osterhof-Windpark haben wegräumen müssen. Trotzdem scheint ihr Mega-Abenteuer gut zu gehen, der Hof existiert weiterhin und die Stromabrechnungen von heute geben Aussicht auf ein gutes Ende.

Auf diesem Weg hatten die Jessens, wie auch die meisten anderen Landwirte an der Nordseeküste, Hilfe von zwei sehr engagierten Beratern in Anspruch genommen. Zum einen war es Walter Eggersglüß von der Landwirtschaftskammer, der für die Jessens das Windgutachten erstellte. Zum anderen war es Theodor Heinrich Steensen, der als Steuerfachgehilfe beim Landwirtschaftlichen Buchführungsverband in die Windgeschichte hineinwuchs und die Wirtschaftlichkeitsberechnung für die Jessens machte.

Im Zuge sinkender Einnahmen in der Landwirtschaft war der Bauernsohn Steensen allein schon aus beruflichen Gründen immer dann hellwach, wenn es um die „Schaffung neuer Einkommen" für die Landwirtschaft ging. Als sich dann Ende der Achtzigerjahre Stück für Stück abzeichnete, dass die Windenergie mit politisch-finanzieller Unterstützung aus Kiel und Bonn eine solche zusätzliche Einnahmequelle sein könnte, gehörte Steensen zu den ersten, die für dieses neue Betätigungsfeld innerhalb der Landwirtschaft intensiv warben.

Und er setzte als einer der ersten im Norden auf das Modell Bürgerwindpark, ein Beteiligungs- und Finanzierungskonstrukt, bei dem viele Bürger vor Ort ein Windprojekt realisieren. Die Idee hierzu entsprang nun nicht aus frühsozialistischer Lust am Teilen, sondern aus raumpolitischen Entscheidungen. Nachdem mehr und mehr Einzelanlagen das Landschaftsbild veränderten, drängten die betroffenen Gemeinden vermehrt auf konzentrierte Windparks in dafür vorgesehenen Gebieten. „Damit wollte man Ordnung und Planbarkeit in die Windkraft hineinbringen", analysiert Steensen.

Diese auf kommunaler Ebene ausgewiesenen Flächen für Windenergie bildeten die Basis für den Gemeinschaftsgedanken, so viele Bürger wie möglich an der Stromproduktion aus Wind zu beteiligen. „Dieser Gedanke hat sich dann verselbstständigt", weiß Steensen, der mit sehr viel Herzblut an der Planung von Bürgerwindparks in Nordfriesland beteiligt war.

Inzwischen gibt es hier über 20 solcher von Bürgern gemanagten Parks, die im Bereich nördlich der Eider die großen Planungsbüros „von auswärts" nicht zum Zuge kommen ließen. Wenn anderswo die Bauern in erster Linie durch Verpachtung ihrer Ackerflächen an der Windkraft verdienen, so hält Steensen die in Nordfriesland gängige Alternative für dem sozialen Frieden dienlicher: „Wir wollen mit den Windmühlen unser Geld verdienen, nicht mit den Standorten."

Wo genau mit Wind etwas zu verdienen ist, weiß keiner besser als Walter Eggersglüß. Der gelernte Landwirt und diplomierte Maschinenbauer trat am 1. April 1982 seinen Dienst bei der schleswig-holsteinischen Landwirtschaftskammer an, um die Demonstrations- und Pilotvorhaben im Bereich erneuerbarer Energien zu betreuen. Anfänglich ging es nur um Energieeinsparungsmaßnahmen auf den Höfen.

Dagegen war die Windenergie damals noch der kleinste Aktenstapel auf dem Schreibtisch von Eggersglüß. Es gab einige Anträge für den Einsatz von Windpumpen und ein paar Windprojekte, wie die von Zivildienstleistenden konstruierte Eigenbauanlage auf dem Hof des Grünen-Urgesteins Baldur Springmann in Geschendorf.

Doch Eggersglüß war der richtige Mann zum richtigen Zeitpunkt, denn er kannte aus eigener Herkunft die bäuerliche Mentalität und verstand obendrein sehr viel von Technik. Richtig spannend wurde sein Job, als einige Wochen später Karl-Heinz Hansen als erster Beratungskunde in Sachen Windenergie von ihm Tipps und Ratschläge erfragte.

Und da sich der Fachmann von der Kammer in Sachen Windenergie erst mal selber schlau machen musste, organisierte er eine gemeinsame Informationsfahrt nach Dänemark. Sie besuchten die Fertigungsstätten von Windmatic, Nordtank und Vestas. „Per Krogsgaard hat uns Schleswig-Holsteiner begeistert, als er uns durch das Werk von Vestas führte. Die Dänen waren damals einfach ein Stück weiter." Angesichts heutiger Windturbinen schmunzelt Eggersglüß über die Diskussionen auf der Rückfahrt. „Ist eine Anlage mit 55 Kilowatt Leistung nicht viel zu groß?"

Wie sehr sich die Dimensionen seitdem verschoben haben, kann wohl kaum einer besser nachfühlen als Walter Eggersglüß, der die gesamte Windkraft-Entwicklung an der

Küste bis heute beratend begleitet hat. Wenn er auf die Anfänge zurückblickt, beschreibt er sie als die Zeit der Einzelanlagen. Für einen wirtschaftlichen Betrieb war es damals wichtig, möglichst viel Strom selbst zu verbrauchen.

Aus seiner Sicht brachte das Jahr 1989 den „großen Aufbruch". Eggersglüß erinnert sich noch gut an eine Informationsveranstaltung am 19. Februar 1989. Interessenten konnten sich an diesem Tag die Anlagen von Karl-Heinz Hansen und Heiner Ehlers sowie die drei HSW-Anlagen der Stadtwerke Bredstedt ansehen. Am Abend kamen dann über 200 Windkraft-Interessierte in Breklum zusammen, wo Heinz Klinger von der Investitionsbank Schleswig-Holstein über das bevorstehende 100-Megawatt-Programm des BMFT informierte, das drei Wochen später offiziell bekannt gegeben wurde. Mit dem demnach auf jede Kilowattstunde gezahlten Zuschuss von acht Pfennigen wurde die Einspeisung des Stromes in das Netz rentabel. Von da an lohnte sich der Betrieb größerer Anlagen mit Leistungen von 150 bis 250 Kilowatt, wie sie dänische Hersteller, die Husumer Schiffswerft (HSW) und die Firma Köster in Heide anboten. Und damit begann auch die Planung von Windparks.

Das 100-Megawatt-Programm löste eine regelrechte Antragslawine an den windreichen Küsten aus. Für Walter Eggersglüß bedeutete dies, dass er fortan ausschließlich Windkraftprojekte betreute. Dabei war der Energieberater immer derjenige, der mit besonnenem Kalkül manchem Projekt die Euphorie aus den Segeln nahm, um es nicht in einem finanziellen Desaster enden zu lassen. „Kein krampfhaftes Gekämpfe um Vorhaben", war einer seiner Grundsätze.

Er bemaß seine Windgutachten, wovon er mittlerweile rund 600 im nördlichsten Bundesland erstellt hat, allesamt so streng, dass sogar Banker mittlerweile urteilen: „Wenn der Eggersglüß das ausgerechnet hat, dann brauchen wir keine zehn Prozent mehr aufzuschlagen." Diese vorsichtige Linie hat er durchgehalten und sich damit sehr viel Respekt erarbeitet.

Zudem verfügt Eggersglüß über einen einmaligen Datenpool. Seine Praxisergebnisse sind inzwischen so etwas wie der Kleine Katechismus der Windbranche in Schleswig-Holstein. Das kann in der Kontinuität nur einer leisten, der seine Rolle mag. „Ich bin Berater und kein Entscheider", sagt Eggersglüß, der noch an keinem Tag bereut hat, bei der Landwirtschaftskammer diesen „Job des Abwägens" auszuüben.

Und auf keinen Fall hat er bereut, dass er 1982 beim Land einen Förderzuschuss von 70 000 Mark für die Anlage der Hansens erkämpft hat. Denn zum einen hat Cornelia Hansen für die Kammer in den ersten zwei Betriebsjahren täglich zehn Werte abgelesen und somit die Betriebsdaten der Anlage erfasst. Damit lieferte sie mehr Erkenntnisse, als so manches Messprogramm mit Anlagen, die nicht richtig funktionierten. Zum anderen ging eine ungeheure Signalwirkung von der Hansen-Anlage aus.

Denn Windturbinen produzieren mittlerweile mehr als ein Drittel des Stromes in Schleswig-Holstein und haben sich damit zu einem nicht mehr wegzudenkenden Wirtschaftsfaktor entwickelt. „Dieses Geld war wirklich sinnvoll eingesetzt", resümiert Eggersglüß, brachte es doch nicht nur eine Mühle zum Laufen, sondern eine ganze Branche.

Und wie gesagt, die V15 läuft und läuft. „Wir haben außer Kleinigkeiten bis heute nichts Großes auswechseln müssen", sagt Karl-Heinz Hansen über seine gute alte Dame Vestas. Wenn auch seine ursprüngliche Idee, sich unabhängig vom Stromnetz zu versorgen, „wir haben die Waschmaschine angeworfen, wenn Wind war", längst ad acta liegt, so gehören doch Windturbinen zum normalen Geschäftsinventar vieler Landwirte in den nordfriesischen Högen, wie der Kornspeicher, der Stall oder das Fremdenzimmer.

Auch bei Hansens sind zur 55-kW-Anlage später noch zwei weitere Vestas mit 225 und 500 Kilowatt Leistung hinzugekommen. Doch bei aller Stromerzeugung sind die Hansens – inklusive des Schweizer Intellektuelleninputs – im Herzen Bauern geblieben, fest verwachsen mit einer Welt, die der rastlosen Moderne noch mit gesundem Skeptizismus die Stirn bietet.

Repowering im Windpark Reußenköge: In den ersten Windparks an der Küste werden die Altanlagen bereits durch moderne Turbinen ersetzt

Energie „wende" – Windkraft im Osten Deutschlands

Auch in der DDR experimentierten einige Techniker mit Windenergie, staatlicherseits bestand jedoch wenig Interesse daran. Erst kurz vor der Wende gingen an der Ostseeküste zwei Windkraftanlagen ans Netz.

In der turbulenten gesellschaftlichen Umbruchsituation nach 1989 bekam die Nutzung regenerativer Energiequellen ihre Chance. Viele windbegeisterte Techniker, Ingenieure und Umweltaktivisten fanden ein neues Feld beruflicher Selbstständigkeit.

Links | Am 3. Oktober 1989 wurde in Wustrow die erste industriell hergestellte Windkraftanlage auf dem Gebiet der DDR in Betrieb genommen: eine Vestas V25 mit 200 Kilowatt Leistung. Als Landmarke an der Zufahrt zur Halbinsel Darß harmoniert sie nun mit der Figurengruppe „Miteinander" und dem „Tor" im angrenzenden Skulpturenpark der Kunstscheune Wustrow

Otto Jörn vor dem Maschinenhaus der Versuchsanlage in Rostock-Dierkow: „So schön das mit der Wende für uns alle war, ich hätte die Anlage gern zur Serienreife gebracht."

Otto Jörn | *Windkraft-Versuche in der DDR*

Otto Jörn bearbeitete seit 1988 das Forschungsthema „Nutzung von Windenergie zur Erzeugung von Elektroenergie in der DDR" und war damit der hiesige staatliche Experte für Windkraftanlagen. Der Elektroingenieur im Energiekombinat Rostock koordinierte die Entwicklung einer 55-kW-Versuchsanlage. Mit viel Improvisationsvermögen schaffte sein Team die Komponenten herbei und errichtete die mit Hubschrauberblättern bestückte Anlage im Frühjahr 1989 auf der Dierkower Höhe mitten im Stadtgebiet von Rostock. Ab Mai 1989 speiste diese Anlage als erste im Lande Strom in das Netz der Energieversorgung.

Um weitere Erfahrungen zu sammeln, betreute Jörn auch die Planung der vom Holzhandel Rostock aus Dänemark importierten Vestas V25, die am 3. Oktober 1989 in Wustrow auf dem Darß ans Netz ging.

Mit den gesellschaftlichen Umbrüchen und der Wiedervereinigung hatte sich die angedachte Produktion einer DDR-eigenen Serien-Windkraftaanlage erübrigt. Nachdem Otto Jörn 1990 mit 67 Jahren in den Ruhestand gegangen war, setzte er sich aber nicht zur Ruhe, sondern wirkte an der Planung von Windparks in Mecklenburg-Vorpommern mit.

Gerd Albrecht Otto | *Vision von der Aerogie*

Gerd Albrecht Otto, der als Ingenieur für Sicherungstechnik im Lausitzer Braunkohlerevier mit den gewaltigen Umweltzerstörungen konfrontiert wurde, kritisierte diesen Raubbau und formulierte mögliche Alternativen in zahlreichen Eingaben an das DDR-Ministerium für Kohle und Energie. Otto forderte eine schadstofffreie Energieversorgung und hat unabhängig von den staatlichen Forschungsinstitutionen Berechnungen angestellt, wie die DDR komplett aus Windstrom versorgt werden könnte.

Dazu entwarf der Konstrukteur Pläne für Großwindanlagen, schlug einen Offshore-Windpark bei Stralsund vor und entwickelte zahlreiche technische Detaillösungen. Bereits in den Achtzigerjahren erkannte Otto die Vorteile der getriebelosen Technik bei Windkraftanlagen größerer Leistung und ließ sich entsprechende Lösungen in den Jahren 1986 bis 1988 patentieren. Seine Visionen hat er nach der Wende in seinem Buch „Aerogie – Windenergienutzung: die schadstofffreie Energieversorgung oder die ökologische Physik der Energiebereitstellung" zusammengefasst.

Der Mitbegründer der Gesellschaft für Windenergienutzung der DDR hat nach 1990 selbst einige Windprojekte in Brandenburg geplant, andere mit initiiert. Bis heute kämpft Otto um die Anerkennung seiner Patente, ist nach wie vor erfinderisch tätig und immer noch voller visionärer Ungeduld: „Alle Energiewünsche des Menschen können aus Windenergie realisiert werden, weil deren Potenzial hundertfach größer ist als alle anthropogene Energiebereitstellung auf der Erde zusammen genommen."

WEK
50 MWh
EVU
Canon

Dietmar Wüstenberg, Ulrich Arndt und Joachim Schwabe | *Windconsult*

Joachim Schwabe, Ulrich Arndt und Dietmar Wüstenberg (v.r.n.l.) gründeten zusammen mit Eberhard Voß 1990 unter dem Namen „Windconsult" das erste unabhängige Ingenieurbüro für Windenergie in der DDR.

Im Forschungszentrum für Mechanisierung und Energieanwendung in der Landwirtschaft in Rostock-Sievershagen hatten sie seit 1985 in verschiedenen Forschungsprojekten die Möglichkeiten für den Einsatz von Windrädern als Pumpen sowie zur Stromerzeugung in Inselnetzen und für Heizzwecke untersucht. Dabei erstellten sie auch einen Windatlas für die Nordbezirke der DDR.

Nach der Wende gründeten sie am Institut die interdisziplinäre Arbeitsgruppe „Windconsult" und organisierten im April 1990 eine Fachtagung, die für die westdeutsche Windszene die erste Möglichkeit bot, sich in der DDR zu präsentieren.

Die vier Wissenschaftler knüpften viele Kontakte und erhielten erste Aufträge, sodass sie daraufhin ihre Arbeitsgruppe aus dem Institut ausgliederten und eine eigene Firma aufbauten. Diesen mutigen Schritt hat Joachim Schwabe bis heute nicht bereut: „Selbstständig und unabhängig bleiben, das war uns wichtiger als die lukrativen Angebote zur Übernahme unserer Forschungsgruppe."

Karl Hartung | *Der erste ostdeutsche Windmüller*

Karl Hartung nahm in Großgräfendorf bei Merseburg am 8. Juni 1990 die erste Windkraftanlage in der DDR nach der Wende in Betrieb.

Seit 1982 arbeitete der Elektriker an Plänen für eine Eigenbauanlage zur Beheizung seines Hauses. Im September 1989 reichte er alle erforderlichen Unterlagen für die Baugenehmigung ein. Er hatte Glück mit dem gesellschaftlichen Umbruch, denn so bekam er nicht nur die Zustimmung von der Energieversorgung, der Gemeinde und vom Kreis, sondern auch die von der Polizei, der Zivilverteidigung, der Nationalen Volksarmee und von der Sowjetarmee. Der Bauantrag wurde noch während der Genehmigungsphase auf eine Enercon E-17 mit einer Leistung von 80 Kilowatt geändert. Enercon stellte die Anlage auf eigene Rechnung ohne Inanspruchnahme von Fördermitteln auf. Noch vor der Währungsunion brachte Karl Hartung die Anlage ans Netz und bezieht den Strom für die Beheizung seines Wohnhauses.

Karl Hartung hat seit 1990 seinen Beruf in der Windenergie gefunden. Er arbeitete im Vertrieb für Ventis, GET, HSW und seit 2000 als freier Planer und Projektentwickler.

Karl Hartungs Motivation zum Bau einer Windkraftanlage: „Die Energie, die der Wind aus dem Haus rausholt, kann er auch wieder reinstecken."

Götz-Ulrich Coblenz baute sich einen Sonnenkollektor auf das Dach des Pfarrhauses, der aus einem schwarz angestrichenen Plattenheizkörper unter einer Glasplatte besteht: kostenlose Warmwasserbereitung für den ganzen Sommer

Götz-Ulrich Coblenz |

Kirchenglocken mit Windstrom geläutet

Götz-Ulrich Coblenz war einer der ersten, der einen Bauantrag für eine Windkraftanlage in der windigsten Gegend Ostdeutschlands stellte. Im August 1992 errichtete der Pfarrer von Altenkirchen auf Rügen unweit des Pfarrhofs eine 45-kW-Südwindanlage und ließ fortan die Kirchenglocken mit Windstrom läuten.

Der gebürtige Sachse war Anfang der Achtzigerjahre von Dresden in den Norden gezogen, um seinen Kindern die schlechte Luft im Elbtal zu ersparen. Neben dem Wissen um die Ursachen hielt der Pfarrer Umweltschutz und den sparsamen Umgang mit Energie schon weit vor 1989 für brennende Themen.

Nach der Wende setzte Coblenz auf Windenergie und errichtete neben der Südwindanlage noch weitere auf Wittow, dem nördlichsten Teil Rügens. „Durch alle auf Wittow stehenden Anlagen werden jährlich mehr als 20 000 Tonnen Kohlendioxid vermieden. Würde man diese Menge in Briketts umrechnen und auf LKWs verladen, so ergäbe das einen Konvoi von Altenkirchen bis in die Inselhauptstadt Bergen", rechnet Coblenz vor.

Dem mittlerweile im thüringischen Kahla tätigen Pfarrer war es immer wichtig, neben seinem Beruf noch etwas anderes zu machen: „Vor der Wende habe ich Fischzucht betrieben, heute bringt mir die Beschäftigung mit Windkraft einen Ausgleich und neue Ideen."

Die N1245/30m ist eine von nur zwei 45-kW-Anlagen der Berliner Firma Südwind

Jörg Kuntzsch | *Potenzial im Binnenland*

Gleich nach der Wende gründete Jörg Kuntzsch sein eigenes Ingenieurbüro und begann, das Windpotenzial im Erzgebirge zu erschließen. Gemeinsam mit Wolfgang Daniels brachte er das Windmessprogramm Sachsen auf den Weg und errichtete den ersten Binnenland-Windpark Ostdeutschlands auf dem Hirtstein bei Satzung. Von Anfang an liefen bei Jörg Kuntzsch ingenieurwissenschaftliche Basisarbeit und praktische Erfahrungen beim Betrieb von Windkraftanlagen zusammen.

Der Ingenieur war auch maßgeblich an der Erarbeitung der Windpotenzialstudie in Brandenburg beteiligt und untersuchte 1994 in einer Studie die Möglichkeiten, auf den Braunkohlehalden der Lausitz Windkraftanlagen aufzustellen. Dabei baute er ein komplexes Messnetz in Sachsen, Brandenburg und später auch in Thüringen auf. Er nahm windklimatologische Langzeitmessungen vor, die eine fundierte Datenbasis für seine Windgutachten liefern und ihn in die Lage versetzen, regionale Windindizes zu ermitteln.

Parallel dazu errichtete er in Brandenburg, Sachsen und Thüringen mehrere Windparks. In der von ihm 1997 gegründeten BOREAS-Gruppe sind über 50 Mitarbeiter für Planung, Betriebsführung und Service angestellt.

Oben | Trotz Eisansatzes an Flügeln und Anemometern: Die Stromerträge des Windfeldes Hirtstein erfüllten alle Erwartungen

Ulrich Lenz | *Aufbau Ost(wind)*

Der Kaufmann Ulrich Lenz aus Regensburg, der seit deren Gründung Mitglied der Partei „Die Grünen" ist, begann sein Umweltengagement in der Protestbewegung gegen die atomare Wiederaufbereitungsanlage in Wackersdorf. Seit 1989 machte er erste Erfahrungen bei der Planung von Windkraftanlagen in Niederbayern.

Nach der Maueröffnung gründete der in Lichtenstein bei Zwickau geborene Lenz zusammen mit seinem Parteifreund Wolfgang Daniels die Sachsenkraft GmbH, um Wind- und Wasserkraftprojekte in seiner alten Heimat zu akquirieren. Ulrich Lenz organisierte die Finanzierung der ersten sächsischen Windparks auf dem Hirtstein und in Jöhstadt.

Im April 1994 gründete Lenz die Ostwind Verwaltungsgesellschaft mbH, die mit den Windparks in Bockelwitz und Marbach zwei der größten in Sachsen errichtet hat. Gemeinsam mit seiner Frau Gisela Wendling-Lenz baute er die Ostwind-Gruppe zu einem europaweit tätigen Unternehmen mit heute über 50 Mitarbeitern aus: „Wir waren in der glücklichen Situation, bei der Geburtsstunde eines Industriezweiges dabei gewesen zu sein."

Linke Seite | In der sächsischen Gemeinde Bockelwitz errichtete Ulrich Lenz neben Windparks mit einer Leistung von 25,5 Megawatt auch das technische Kompetenzzentrum von Ostwind

Windpark Jöhstadt: 1994 der größte Windpark in den deutschen Mittelgebirgen

Günter Baumann |
Kommunale Zukunftsinvestition

Günter Baumann hat sich als Bürgermeister von Jöhstadt für einen Windpark eingesetzt und dafür gesorgt, dass sich die Kommune mit 51 Prozent an der Investition beteiligt. Mit dem 1994 errichteten Windpark nahm die Erzgebirgsstadt, die direkt mit Rauchgasschäden konfrontiert war, ihre Verantwortung für Umweltschutz und Gesundheit der Bürger wahr. Durch Baumanns Engagement wurde zeitig eine Fläche in Jöhstadt als Windvorranggebiet des Kreises Annaberg ausgewiesen, sodass mit der Konzentration der Anlagen die Beeinträchtigung des Landschaftsbildes als vertretbar gilt. Auch wenn er zunächst auf Widerstand bei den Genehmigungsbehörden in Kreis und Land stieß, hat er mit dem Windpark Jöhstadt ein frühes Beispiel für den geordneten Ausbau der Windkraft geschaffen.

Die Ergebnisse bestätigen Günter Baumann, der 1998 als direkt gewählter Abgeordneter für die CDU in den Bundestag einzog: In der Stadt entstanden Arbeitsplätze in einer Servicestation, der Windpark wird von der Bevölkerung akzeptiert und er hat positive Auswirkungen auf den Tourismus und die Finanzen Jöhstadts.

Jörg Müller und Uwe Moldenhauer |
Strom erzeugen

Der Kraftwerksbauer Jörg Müller (li.) erhielt 1991 den Zuschlag für die Leitung der Windpotenzialstudie Brandenburg. Der Physiker Uwe Moldenhauer (re.) von der Grünen Liga untersuchte dabei die Aspekte des Umweltschutzes. Gemeinsam erkundeten sie per Fahrrad Hunderte potenzielle Windstandorte.

Nach Abschluss der Studie gab Jörg Müller seinen Job bei der Kraftwerksanlagenbau AG auf und gründete 1993 gemeinsam mit Jörg Kuntzsch die Uckerwind Ingenieurgesellschaft mbH. Sie errichteten im gleichen Jahr ihre ersten drei Windkraftanlagen in der Uckermark und begannen damit die Erschließung des windreichsten Gebietes in Brandenburg.

Jörg Müller, der seit 1995 in der Uckermark lebt, gründete 1997 mit neuen Partnern die ENERTRAG AG. Über hundert Mitarbeiter europaweit, unter ihnen seit 2000 auch Uwe Moldenhauer, gewährleisten heute den Betrieb von über 270 Windkraftanlagen, welche zusammen jährlich mehr als 800 Millionen Kilowattstunden erzeugen.

Für die Anbindung weiterer Windkraftanlagen hat Enertrag im Februar 2003 das erste 110-kV-Kabelnetz für erneuerbare Energien und das dazugehörige 250-Megawatt-Umspannwerk Bertikow in Betrieb genommen. Damit ist es möglich, eine Strommenge in der Dimension eines mittelgroßen Kraftwerksblockes direkt in das 220-kV-Netz der Vattenfall Europe AG einzuspeisen. Jörg Müller wird so seinem Credo als Kraftwerksingenieur wieder in der gewohnten Größenordnung gerecht: „Über allen Aktivitäten stand immer: Strom erzeugen."

Ralf Köpke

Der warme Wind frischt böig auf an diesem Frühlingsabend des 22. April 1999. Dunkle Wolken ziehen hinter der Rostocker Stadtsilhouette auf. Von der Dierkower Höhe am Nordostrand der Hansestadt lassen sie die Nikolai- und die Petrikirche wie Theaterkulissen erscheinen. Otto Jörn hat keinen Blick für dieses Schauspiel. „Unglaublich, hier liegen noch immer Teile unserer Anlage." Die Augen des pensionierten Ingenieurs leuchten. Leicht verbeult, doch fast vollständig steht da ein Gondelhaus am Turmfuß – lediglich mit ein paar Rostflecken und Graffitis verziert. Erinnerungen werden wach.

Zehn Jahre zuvor, am 30. März 1989, ging in Wurfweite der HO-Gaststätte „Dierkower Höhe" eine der ersten Windturbinen der DDR in Betrieb. Historiker mögen sich darüber streiten, ob die Dierkower Versuchsanlage sich wirklich mit dem Zusatz „Nr. 1" schmücken darf. Die 55-kW-Maschine war jedoch im Gegensatz zu ihren wenigen Vorgängerinnen in dem Arbeiter- und Bauern-Staat ganz bewusst für die Stromerzeugung und Netzeinspeisung ausgelegt gewesen.

Auf einem schlanken, abgespannten Turm hatte ein von Otto Jörn koordiniertes Team in 25 Metern Höhe ein dickes Gondelhaus montiert. Optisch glich es dem Bauch von Willi, dem Freund der Biene Maja, wohl auch wegen der unverhältnismäßig schlanken Rotorblätter. „Da wir an Kunststoff nicht herankamen, nutzten wir zwei Hubschrauberblätter mit 10,65 Metern Länge als Flügel", erzählt Jörn mit einem nachsichtigen Lächeln. Der gelernte Elektriker, Jahrgang 1923, per Fernstudium in den Fünfzigerjahren zum Elektroingenieur weitergebildet, weiß, dass diese Lösung „aerodynamisch eine Katastrophe" bedeutete. Denn der Mecklenburger war so etwas wie der staatliche Windkraftbeauftragte. Sein offizieller Titel: verantwortlicher Bearbeiter für das Forschungs- und Entwicklungsthema „Nutzung von Windenergie zur Erzeugung von Elektroenergie in der DDR".

Zunächst kannte Otto Jörn Windkraft nur theoretisch. In Rostock und Umgebung galt der Elektroingenieur als Fachmann für rationelle Energieanwendung speziell für die landwirtschaftlichen Tierproduktionsbetriebe. Bei dieser Arbeit hatte er auch einmal Solarkollektoren bauen lassen. „Wir hätten gerne mehr erneuerbare Energien eingesetzt, aber uns fehlte das Geld", blickt Otto Jörn zurück. Das Thema interessierte ihn aber so sehr, dass er privat Bücher über Solar- und Windkraft las. Darüber referierte der „leidenschaftliche Energieanwender" einmal auf einem Vortragsabend der Kammer der Technik, den das Energiekombinat Rostock veranstaltete. Dessen Generaldirektor Günther Reischmann sollte sich später bei der Suche nach einem Windexperten an Ottos Vortrag erinnern.

So neu war die Idee, die Kräfte des Windes zur Stromerzeugung zu nutzen, in dem zweiten deutschen Staat nicht. Direkt nach dem Ende des Zweiten Weltkriegs hatten mehrere Ingenieure der Rostocker Industriewerke, der späteren Dieselmotorenwerke Rostock, ein Papier mit dem Titel „Die Ausnutzung der Windkraft als volkswirtschaftliche Aufgabe" verfasst. Tenor der sieben Seiten: Windturbinen könnten mithelfen, die kritische Energieversorgung in der Nachkriegszeit zu entspannen.

Die Sowjetische Militäradministration (SMAD) machte sich diese Überlegungen zunutze. Auf ihren Befehl entstand im Juli 1946 das „Technische Büro für Windkraftwerke". Rund 45 Ingenieure und Techniker in Rostock-Warnemünde standen vor der Aufgabe, der Sowjetunion Erfahrungen aus dem Flugzeugbau als Reparationsleistung zu vermitteln. Außerdem, so der SMAD-Ukas, sollten sie nicht nur prüfen, inwieweit Windkraftanlagen zur Energieversorgung eingesetzt werden könnten, sondern solche Maschinen auch bauen.

Noch im gleichen Jahr ging wirklich eine kleine Mini-Mühle mit 15 Kilowatt Leistung in Betrieb. Der Strom trieb ein kleines Pumpwerk an und sorgte für eine kurzzeitige Beleuchtung der Uferpromenade. In dem „Technischen Büro" wurde Improvisieren groß geschrieben. Der Motor aus einem ausgeschlachteten Panzer diente als Generator für das Windkraftwerk, als Steuerung wurden umgebaute Regler eines Autos eingesetzt. An eine Serienproduktion oder einen Regelbetrieb war nicht zu denken. Da die Ingenieure für den Wiederaufbau anderer Betriebe gebraucht und die Anlage im Frühjahr 1947 bereits wieder abgebaut wurde, endete das erste Kapitel zur Windkraftnutzung auf ostdeutschem Boden genauso schnell, wie es begonnen hatte.

Bis Anfang der Achtzigerjahre fanden hin und wieder an der einen oder anderen Universität theoretische Untersuchungen zur Windenergie statt, auch gab es einige wenige Selbstbauer, das war's. Die Nutzung der Windkraft wurde in der DDR erst 1982 wieder aktuell: „Damals legte das Ministerium für Wissenschaft und Technik die Entwicklung, den Bau und den Betrieb einer Windkraftanlage als Staatsplanthema auf", erinnert sich Carl-Günter Schulz, der dieses Forschungsvorhaben seinerzeit bearbeitete. Ausschlaggebend für diese Aktivität war eine UNO-Konferenz zu Fragen der erneuerbaren Energien aus dem Jahre 1979. Warum dieser Plan plötzlich oberste Priorität erhielt, darüber kann der 1940 geborene Wissenschaftler auch im Nachhinein nur spekulieren: „Wahrscheinlich wollte die DDR-Führung der Welt zeigen, dass auch sie Windturbinen bauen konnte."

Der Physiker Schulz, der zwischen 1966 und 1968 an der Inbetriebnahme des ersten Kreislaufes im Kernkraftwerk Rheinsberg mitgearbeitet hatte, leitete zum damaligen Zeitpunkt das Zentralinstitut für Elektronenphysik an der Akademie der Wissenschaften der DDR. Dieses Institut forschte auch an der Herstellung von Solarzellen aus amorphem Silizium, sodass Schulz das Thema regenerative Energien nicht fremd war.

Als Mann der Tat ging Schulz, der selbst kein Team für das Windkraftprojekt zur Verfügung hatte, auf mehrere Partner zu. Mit viel Mühen und Überredungskünsten schaffte er es, dass mehrere Betriebe für den Bau der Anlage gemeinsam an einem Strang zogen: So baute beispielsweise der VEB Turbowerke Meißen den Verstellmechanismus für die Anlage, die Gondel kam aus dem Betriebsteil Barth des Meliorationskombinates Rostock, der VEB Finsterwalder Maschinen-, Aggregate- und Generatorenwerk (FIMAG) lieferte den Synchrongenerator. Schließlich entstanden im VEB Ratiomittelbau Pflanzenproduktion Sangerhausen in einem so genannten Wickelverfahren die drei jeweils fünf Meter langen Flügel. Den Turm für die Windmühle mit einer Nabenhöhe von rund 23 Metern lieferte die Nationale Volksarmee.

Schulz, dessen Visitenkarte in jenen Tagen den Titel „Themenleiter der Windenergie-Konverter-Versuchsanlage" trug, konnte Planerfüllung nach Ostberlin melden. Im Frühherbst 1983 begann im Örtchen Kloster auf der Insel Hiddensee der Aufbau eines Lee-Läufers. Die Leistung der kleinen Windmühle betrug 20 Kilowatt, die über vier Heizpatronen in das Heiznetz des dort neu gebauten Laborgebäudes der Akademie der Wissenschaften der DDR eingespeist wurden.

Und die Anlage lief wirklich ab Oktober 1983, zwar mehr schlecht als recht, aber sie lief. So bereitete das Auswuchten des Rotors große Probleme, eine Bremsung führte schnell zur Zerstörung der Flügelhalterung. „Ich hatte mich stets wieder gewundert, dass sich die Maschine überhaupt drehte", erzählt Schulz rund 20 Jahre später noch immer voller Begeisterung. „Wir mussten uns jeden Tag neue Fragen stellen. Wir hatten viel mehr Fragen als Antworten."

An diese Tage auf Hiddensee denkt der Physiker auch aus einem anderen Grund gerne zurück: „Es war eine wunderschöne Zeit, die schönste Aufgabe, die ich je hatte. Das lag auch am Enthusiasmus der Mitarbeiter, die an Wochenenden und im Urlaub die Anlage mit aufgebaut hatten." Unbeachtet von der breiten Öffentlichkeit stand auf dem Ostsee-Eiland eine Turbine „made in GDR".

Die geplante Weiterentwicklung scheiterte an dem mangelnden Interesse in den Industriebetrieben und an Bedenken der staatlichen Energieversorger, die damals den Netzzugang nicht gestatteten. Da auch das Institut für Energetik in Leipzig, das die Wirtschaftlichkeitsberechnungen für die Versuchsanlage betreute, der Windkraft keine Chance bei der Stromerzeugung gegenüber der Braunkohle einräumte, erklärte das Wissenschaftsministerium das Staatsplanthema im April 1984 für beendet.

Auch die Akademie der Wissenschaften betrachtete damit das Thema Windkraft als erledigt. Zwar wurde in Kooperation mit der Sowjetunion Mitte der Achtzigerjahre noch eine Windkraftanlage auf Hiddensee aufgestellt, aber das war nur ein halbherziges Unterfangen. Bei diesem zweiflügligen Schnellläufer mit sechs Metern Rotordurchmesser und einer Leistung von vier Kilowatt, der innerhalb eines RGW-Programms (Rat für gegenseitige Wirtschaftshilfe, er bildete das Pendant des Ostblocks zur Europäischen Wirtschaftsgemeinschaft EWG) getestet werden sollte, traten bald Probleme mit der Regelung auf, sodass ein Import nicht in Frage kam. Diese Versuchsanlage wurde schnell wieder abgebaut, ebenso die Schulz-Maschine, die noch vor dem Mauerfall von Hiddensee verschwand.

Von diesen Anlagen wusste Otto Jörn überhaupt nichts, als ihn an einem Oktobernachmittag 1987 sein Generaldirektor Günther Reischmann zu sich rufen ließ: „Du musst morgen nach Berlin, um halb drei hast du einen Termin bei Sandlass." Hans Sandlass, damals stellvertretender Ressortchef im Ministerium für Kohle und Energie, suchte Rat in Sachen Windenergie und hatte sowohl Otto Jörn als auch Carl-Günter Schulz zu einem Gespräch in das Ministerium geladen.

Nur mit einem Bleistift und Block in seiner Aktentasche steht Jörn einen Tag später im Vorraum des Ministerzimmers, rund 200 Meter entfernt vom Fernsehturm auf dem Alexanderplatz. Ein Assistent von Hans Sandlass drückt ihm eine Mappe in die Hand. „Bitte überprüfen Sie den Neuerervorschlag!"

Ein Neuerervorschlag war nichts anderes als ein Verbesserungsvorschlag, den jeder DDR-Bürger in seinem Betrieb oder seiner Dienststelle unterbreiten konnte. War er als Eingabe eingereicht, bestand Antwortgarantie. Innerhalb von vier Wochen mussten die angeschriebenen Stellen dann darauf reagiert haben, das galt ebenso für das Zentralkomitee der SED und alle Ministerien.

Die Eingabe, die Otto Jörn beurteilen soll, kommt von Gerd Otto. Sein Vorschlag klang revolutionär: Der gesamte Strombedarf Berlins sollte mit Windstrom gedeckt werden. In bester Tradition von Hermann Honnef aus den Dreißigerjahren schweben ihm gigantische Windturbinen mit einer Leistung von 30 Megawatt und mehr vor. 175 Meter hoch sollen diese Riesenpropeller werden, mit den Rotorblättern sogar eine Gesamthöhe von 300 Meter erreichen. Seit 1985 hatte Gerd Otto seine Ideen in zahlreichen Patentschriften veröffentlicht. Immer wieder wandte er sich mit Eingaben an das Ministerium für Kohle und Energie und forderte die Realisierung seiner Ideen für die Energieversorgung der DDR.

Gerd Otto, Jahrgang 1928, ist ein Visionär. Jahrelang hat er im eigenen Kämmerlein in seinem Haus in Berlin-Bohnsdorf berechnet, wie Braunkohle und Kernkraft abgelöst werden können. Dass er sich überhaupt die Zeit für die Berechnungen nehmen konnte, verdankte er seinem „persönlichen Systemausstieg". 1986 verabschiedete er sich aus dem bürgerlichen Berufsleben und wurde Imker, für DDR-Usancen ein Unding. Bis dahin hatte er jahrzehntelang als Ingenieur im VEB Signale und Sicherheitstechnik sein Auskommen verdient. Der Betrieb rüstete auch die Lokomotiven und Waggons aus, die in den Braunkohle-Abbaugebieten in der Niederlausitz eingesetzt wurden. „Wer diese Umweltzerstörungen gesehen hat, wusste, dass dieser Weg über kurz oder lang in die Irre führen musste."

Ottos Weg zur Windkraft ist weder zufällig noch ungewollt. Wie so viele Windpioniere hat er die Kräfte des Windes im Segelflugzeug kennen gelernt. Diese Leidenschaft blieb erhalten. Noch im vorletzten Kriegsjahr begann Otto, an der Ingenieurhochschule Ilmenau Flugzeugbau zu studieren – ein Vorhaben, das er nach Ende des Zweiten Weltkrieges nicht fortsetzen konnte. Ohne Berufsausbildung arbeitete er zunächst als Konstrukteur, mit einem späteren Fernstudium landete er schließlich im Bereich Sicherheitstechnik.

Intellektuell zu wenig für den Mann mit dem schlohweißen Haar. Die Idee, dass allein die Energieressource Wind geeignet ist, „alle Energiewünsche auf der Erde technisch und ökonomisch im Übermaß zu erfüllen", lässt ihn nicht mehr los. Er spricht nicht mehr von Windkraft, sondern von Aerogie, einem Kunstwort, das aus Aerodynamik und Windenergie zusammengesetzt ist, von der Wissenschaft der Luftströmungsenergie. Seine Ideen und Berechnungen fasst er in seinem Buch „Aerogie – Windenergienutzung: die schadstofffreie Energieversorgung oder die ökologische Physik der Energiebereitstellung" zusammen, das er Ende 1989 im Selbstverlag herausgibt.

Otto postulierte, dass „eine Windenergie-Kilowattstunde drei Kilowattstunden aus fossilen Energieträgern erspart". In einer Skizze stellte er einen Größenvergleich eines von ihm vorgeschlagenen Windenergiekonverters mit dem Berliner Fernsehturm und mit der jährlich substituierten Kohlemenge dar: „Die Kohlemenge ist so gewaltig, dass bei 20-jähriger Betriebszeit die Windenergieanlage und der Fernsehturm gemeinsam von der Kohlenpyramide umhüllt sein würden." Otto stellte auch Entwurfsskizzen für Anlagen zwischen 30 und 50 Megawatt Leistung vor. Solche Megamaschinen will Otto nicht nur an Land, sondern auch auf See aufstellen. Eine unzweideutige Skizze in seinem Buch zeigt einen riesigen Offshore-Park vor Stralsund.

Damit nicht genug. Die Windenergie stellte für Otto nur einen Teil eines ganzheitlichen ökologischen Energieversorgungssystems dar, der Windstrom sollte gezielt für die Wasserstofferzeugung eingesetzt werden. In seinem Buch heißt es dazu: „Bestandteil dieses Windenergiewandlers ist natürlich auch die Speicherung der umgesetzten Windenergie durch Realisierung hocheffektiver Technologien, die sich zur Zeit noch in der Entwicklungsphase befinden, aber auf der Grundlage physikalischer Erkenntnis aufbauen, die umweltbelastungsfrei ist – der Wasserelektrolyse." Zur Speicherung des Wasserstoffs schlug Otto Kugelspeicher im Turmfuß der Windkraftanlagen vor.

Auch bei dem Entwurf einer Windkraftanlage ging Otto weit ins Detail. Der Mann aus Berlin stellte die Kosten von Anlagen mit und ohne Getriebe gegenüber und kam zu dem Ergebnis, dass bei einer Größenordnung ab etwa 200 bis 500 Kilowatt getriebelose Anlagen wesentlich kostengünstiger sind. So konzipierte er an seinem Schreibtisch eine Windturbine, die auf jegliches Getriebe verzichtet – genau nach jenem Prinzip, mit dem die ostfriesische Windschmiede Enercon 1992 den Anlagenmarkt revolutionieren sollte. Für seine getriebelose Anlage erhielt Otto in den Jahren 1988 und 1989 auch entsprechende Patente des DDR-Amtes für Erfindungs- und Patentwesen. In einen kommerziellen Erfolg hatte Otto seine Erfindung nicht ummünzen können. Dazu fehlten ihm Kapital, die unternehmerische Basis und die richtigen Partner. Er hatte seine Rechte später an ein Konsortium aus der Schweiz abgetreten – ohne dass er davon bislang finanziell profitieren konnte. Der Erfolg der getriebelosen Technik bescherte Otto eine späte Bestätigung mit einem bitteren Beigeschmack.

Es blieb nicht die einzige Enttäuschung für den Konstrukteur, der sich aber dadurch nicht davon abbringen ließ, weiter für die Nutzung der Windkraft zu streiten. Besonders in Brandenburg konnte Otto in der Wendezeit viele Impulse geben und mit Unterstützung seiner Lebensgefährtin Asta Jachimowski einige Windturbinen errichten. Und auch seine erfinderische Tätigkeit hat Otto nicht aufgegeben. Seine neueste Vision ist ein getriebeloser Einblatt-Rotor, bei dem der Generator so konzipiert ist, dass ein gesondertes Gegengewicht nicht mehr benötigt wird. Eine spezielle im Turm integrierte Montageeinrichtung für Masthöhen ab 150 Meter hat sich Otto ebenfalls patentieren lassen.

Freunde von Gerd Otto nehmen gern das Zitat auf, mit dem sein Lateinlehrer den heute 76-jährigen Windkraft-Vordenker einst charakterisiert hat: „Der Otto hat viel Wind im Kopp und das meiste ist Sturm." Dass Otto sich diesen „Sturm", diese kreative Ungeduld, bis ins hohe Alter bewahrt hat, verlangt Respekt. Andererseits bietet sie Kritikern eine leichte Angriffsfläche, denn Otto hatte seine Ideen meist formuliert, weit bevor sie reif für eine technische Umsetzung waren. Dass heute in Deutschland etwa das Doppelte des Stromverbrauchs von ganz Berlin durch Windkraftanlagen erzeugt wird, zeigt, dass Otto mit seiner 1987 an das Energieministerium gerichteten Eingabe etwas durchaus Mögliches gefordert hatte.

An jenem Herbstnachmittag im Jahr 1987 verwirft die von Sandlass geladene Runde Ottos „Neuerervorschlag". Carl-Günther Schulz ist auf diese „Fantastereien" nicht gut zu sprechen, da sie ihm viel Zeit raubten. „Wenn wir nicht in der Lage waren, eine 100-kW-Anlage zu bauen, dann sind solche Anlagen, wie Gerd Otto sie vorschlug, erst recht nicht zu machen." Auch Otto Jörn erinnert sich: „Das, was wir von Otto an Berechnungen vorgelegt bekommen hatten, schien uns technisch undurchführbar zu sein." Ein Growian-Experiment blieb der DDR damit erspart. Immerhin fuhr Otto Jörn mit dem Auftrag zurück an die Ostseeküste, für den Bau einer kleinen DDR-eigenen Windmühle zu sorgen.

Jörn machte sich an die Arbeit und hatte dabei Glück, dass er in Rostock schnell Kontakt zu Joachim Pätz bekam. Der Maschinenbauingenieur, beschäftigt im dortigen Dieselmotorenwerk, arbeitete schon mehr als drei Jahre in seiner Freizeit an einer kleinen Windturbine. Jörn nutzte dessen Erfahrungen, besonders für die statischen Berechnungen und die mechanische Auslegung. Kollegen aus dem Energiekombinat kümmerten sich um die Netzeinspeisung und die Steuerung. Otto Jörn koordinierte die Arbeiten und machte sich auf die Suche nach den Komponenten: „Die Anlage war in keinem Plan vorgesehen, also konnten wir nicht mal eben so ein Getriebe oder einen Generator bekommen."

Dabei wurden in der DDR durchaus Komponenten produziert, die Qualität hatten. Unter dem Markenzeichen „VEM", was für Vereinigung Volkseigener Betriebe des Elektromaschinenbaus steht, wurden Synchron- und Asynchrongeneratoren hergestellt, die auch in den Export gingen. Viele niederländische und dänische Windturbinenhersteller nutzten damals Technik „made in GDR". So laufen auch in der ersten in Deutschland aufgestellten Vestas-Anlage von Karl-Heinz Hansen zwei VEM-Generatoren seit 1983 störungsfrei.

Genau darin aber lag das Problem. Gute DDR-Industrieprodukte wurden exportiert, um den chronischen Devisenmangel des Staates zu lindern. Bei VEM in Wernigerode blitzte Jörn deshalb ab, als er einen Generator für sein Projekt besorgen wollte: „Die gingen alle in den Export und wenn sie einen mehr produzierten, dann exportierten sie auch einen mehr." So rief Jörn im Berliner Energieministerium an, um auf Anordnung von oberster Ebene einen Generator zu bekommen – ein Paradebeispiel für zentralistische Wirtschaft.

Es war noch einige List nötig, bevor nach und nach alle Teile an der Ostsee eintrafen. Otto Jörn erzählt: „Für den Turm brauchten wir beispielsweise 16 Tonnen Stahl, sprich: Wir mussten irgendwoher 16 Tonnen Schrott organisieren. Unter der Hand bekamen wir den Turm geliefert, strichen ihn mit roter Mennige an und erklärten die Eisenteile so offiziell zu Schrott."

Mit viel Ausdauer schafften es Jörn und sein Team, dass die Pilotanlage Ende Mai 1989 wirklich die ersten Kilowattstunden in das Rostocker Stromnetz einspeiste. „Die Begeisterung war groß", erzählt der Windkraft-Beauftragte, „wir konnten ja kaum auf Erfahrungen anderer zurückgreifen, wir haben das Fahrrad praktisch das zweite Mal erfunden."

Ausländische Fachzeitschriften gab es kaum in der DDR. So ließ die DDR-Führung nur zwei Exemplare des Windkraft-Journals über die Grenze. Ein Heft hatte das Institut für Energetik (IfE) in Leipzig abonniert, das andere die Staatsbibliothek in Ostberlin. Allerdings gab es bei dem Magazin einen VD-Vorbehalt, d. h. als Vertrauliche Dienstsache war das Windkraft-Journal nicht jedem Leser frei zugänglich. „Wenn ich das Heft lesen wollte, musste ich nach Berlin fahren und eine VD-Bescheinigung mitnehmen", beschreibt Otto Jörn seine Arbeitsbedingungen. Per Intervention im Energieministerium schaffte er es, dass die IfE-Wissenschaftler ihr Exemplar spätestens acht Tage nach Erhalt nach Rostock weiterschicken mussten.

Einen wirklichen Vergleich mit dem Stand der Technik bekam Otto Jörns Team mit der Aufstellung der ersten modernen, industriell hergestellten Windturbine auf DDR-Boden. Am 3. Oktober 1989 ging in Wustrow auf der Halbinsel Darß eine Vestas V25 mit 200 Kilowatt Leistung in Betrieb. Den Kauf der dänischen Anlage hatte Jürgen Beel, der Direktor des VEB Holzhandel Rostock, initiiert. Und zwar brauchte das Unternehmen den Strom, um das vor allem aus der Sowjetunion importierte Holz zu trocknen.

Windräder „made in GDR" kamen vor allem in der Landwirtschaft als Be- und Entwässerungspumpen zum Einsatz

„Normalerweise war es in der DDR verboten, mit Strom zu heizen", erzählt Otto Jörn die Vorgeschichte, wie es zur ersten richtig „großen" Windturbine zu DDR-Zeiten kam. „Da der Holzhandel über Devisen verfügte, schlug Jürgen Beel vor, eine Windkraftanlage zu kaufen und den erzeugten Windstrom in Rostock zu verheizen." Otto Jörn übernahm die Planungen und fuhr im Auftrag des Energiekombinates zur damaligen Vestas-Zentrale nach Lem. Eine Woche lang blieb der Ingenieur in Dänemark, nutzte die Zeit, um sich über Produktion und Maschinen zu informieren. Dann wurde eine Maschine bestellt.

Eine Bemerkung kann sich der Windturbinen-Entwickler nicht verkneifen: „Als die Vestas-Anlage auf dem Darß stand, haben wir sie uns in einer ruhigen Minute mal gründlich angeschaut. Unsere Techniker meinten damals unisono: ‚Das könnten wir auch.'" Den Beweis dieser Aussage musste das Team um Otto Jörn schuldig bleiben. Es gab längst Überlegungen, in die Serienproduktion einzusteigen, doch diese Pläne wurden von der politischen Entwicklung überrollt. „Es hätte eine DDR-eigene Windturbine gegeben, wenn nicht die Wende gekommen wäre", ist Jörn noch heute überzeugt. Im Oktober 1989 brachen aber nicht nur die Hubschrauberblätter an der Dierkower Versuchsanlage, sondern auch das gesamte politische System der DDR zusammen.

Eine spannende Zeit begann. Plötzlich standen alle Missstände in der DDR ohne Zensur offen zur Diskussion, so auch die alten Formen der Energiewirtschaft. In der Zeit der Runden Tische wurde im ganzen Land Basisdemokratie geübt, auf unzähligen Foren nach neuen Lösungen gesucht – so auch für die Energieversorgung. Die kleine Windgemeinde der DDR hatte für den 10. November 1989 ein Treffen in Neustadt am Rennsteig organisiert, um über die Zukunft der alternativen Energieerzeugung zu diskutieren.

Die Initiatoren, allen voran Gerd Otto, hielten das Bibel- und Erholungsheim der evangelischen Kirche für einen angemessenen Ort, denn es wurde seit Anfang 1989 mit Windstrom von einer 20-kW-Brümmer-Anlage beheizt. Der damalige Heimleiter Peter Leyh hatte den Kauf dieser Anlage initiiert, um seitens der Kirche ein Zeichen zu setzen, mit alternativer Energienutzung etwas für den Erhalt der Umwelt zu tun. Finanziert wurde die Anlage mit einer sehr großzügigen Spende des Vereins Jugendarbeit Entschiedenes Christentum aus Kassel und Geldern von der Partnergemeinde im badenwürttembergischen Pfedelbach. Als die Windenthusiasten am Abend des 9. November anreisten, blieb Windenergie nur ein marginales Thema. Am selben Abend wurde in Berlin die Mauer geöffnet.

Unter den zahlreichen Teilnehmern fand neben Gerd Otto, Otto Jörn, Joachim Pätz und Carl-Günther Schulz auch der stellvertretende Energieminister Hans Sandlass den Weg in das Bibelheim am Rennsteig. Als wichtigstes Ergebnis beschlossen sie die Gründung eines Windenergie-Verbandes. Zur Gründung der Gesellschaft für Windenergienutzung der DDR kam es dann ein knappes halbes Jahr später. Ein eigenständiger Weg hatte sich mit der Wiedervereinigung allerdings erledigt.

Bei dem Treffen in Neustadt war auch Karl Hartung mit von der Partie. Der Elektriker aus dem sachsen-anhaltinischen Großgräfendorf bei Bad Lauchstädt im Kreis Merseburg hatte sich in den Kopf gesetzt, eine Windturbine zu bauen, um sein Haus und den Swimmingpool zu beheizen. Eine 100-kW-Anlage mit 24 Metern Rotordurchmesser schwebte ihm vor.

Als theoretische Grundlage für die Auslegung der Rotorblätter diente ihm die Originalausgabe eines Fachbuches von Albert Betz, dem Begründer der Strömungstheorie am Windmühlenflügel, aus den Zwanzigerjahren. Doch als er die Lasten am Flügel von Experten an der Universität Merseburg prüfen ließ, rieten die ihm ab. Die Herstellung von Rotorblättern dieser Größe würde er technologisch nicht beherrschen.

Doch Hartung ließ sich von seinem Vorhaben so leicht nicht abbringen. Über seinen damaligen Arbeitgeber, die Buna-Werke in Schkopau bei Halle, hatte er Kontakt zu Otto Jörn geknüpft, den er im Sommer 1989 öfters in Rostock besucht hatte. Der erzählte ihm in Neustadt vom Schicksal der Dier-

Die erste Windturbine Brandenburgs: Die im November 1991 in Rapshagen/Priegnitz errichtete Enercon E-33 wurde als Demonstrationsprojekt zu 100 Prozent gefördert

kower Versuchsanlage. Aber auch darin sah Hartung keinen Grund, von seinen Plänen zu lassen.

Als Hartung am Sonntag, dem 12. November, mit vielen neuen Anregungen von dem Windmeeting am Rennsteig wieder nach Großgräfendorf zurückkehrte, vermisste er seine Frau und Kinder. Sie trafen erst Stunden später ein, da sie das erste Wochenende nach der Maueröffnung für einen Ausflug in den Westen genutzt hatten. „Durch die Windenergie habe ich glatt die Wende verpasst", erinnert sich Hartung schmunzelnd. Doch von nun an sollten sich die Ereignisse überschlagen.

Bereits im September hatte Hartung begonnen, die Genehmigungen für die von ihm geplante Eigenbauanlage einzuholen. Neben einem positiven Windgutachten des Meteorologischen Dienstes mit Sitz in Potsdam hatte auch das zuständige Energiekombinat in Halle seine Zustimmung gegeben. Nach jenen Oktoberereignissen konnten nun die Nationale Volksarmee, die Zivilverteidigung, die Hauptverwaltung für zivile Luftfahrt und die Polizei in Hartungs ungewöhnlichem Ansinnen keine staatsgefährdende Aktivität mehr erkennen. Der Kommandant der bei Großgräfendorf stationierten Sowjettruppen, der Hartungs Antrag mit der kurzen, handschriftlichen Notiz „nje wosrashaju – 17.11.89", zu Deutsch: „widerspreche nicht", bewilligte, ließ sich gar vom Windvirus anstecken. Seine Soldaten sollten Hartung beim Bau der Anlage mehrmals mit schwerer russischer Technik unterstützen.

Es dauerte dann noch bis zum 8. Juni 1990, bis sich wirklich die erste Windkraftturbine nach der Maueröffnung auf DDR-Gebiet drehte. Von der offiziellen Baugenehmigung bis zur Inbetriebnahme vergingen nur 48 Tage. Dass die Soldaten der Roten Armee mit einem zwei Meter breiten Löffelbagger bei der Kabelverlegung halfen, gehört ebenso zu den Schmankerln wie die Geschichte, die dazu führte, dass Hartung schließlich doch darauf verzichtete, selbst eine Windkraftanlage zu bauen und stattdessen seinen Bauantrag auf eine 80-kW-Anlage der Firma Enercon änderte. Auch die Ostfriesen verdanken es der deutsch-deutschen Umbruchsituation, dass sie in Großgräfendorf zum Zuge kamen.

Und das kam so: Hartungs Pfarrer hatte ihm von seinem ersten Besuch im Westen eine Illustrierte mitgebracht, in der ein Bericht über die Firma Messerschmidt-Bölkow-Blohm (MBB) und ihre Aktivitäten im Windkraftbereich stand. Einen Tag nach der Zeitschriftenlektüre fuhr Karl Hartung zu Firmenchef Ludwig Bölkow nach München, der ihn überredete in Sachsen-Anhalt den Landesverband der Deutschen Gesellschaft für Sonnenenergie (DGS) aufzubauen. Gleichzeitig gab Bölkow ihm den Tipp, sich in Sachen Windkraft an Rainer Kottkamp, im niedersächsischen Wirtschaftsministerium für die Windkraft-Förderung zuständig, zu wenden.

Kottkamp erkannte schnell die Chance für seine „jungen" Firmen wie Enercon, in Ostdeutschland präsent zu sein. Im März 1990 reiste der Ministerialbeamte zusammen mit Enercon-Chef Aloys Wobben nach Großgräfendorf. Es gab weit und breit kein Hotel, erinnert sich Karl Hartung. „Da es in unserer Wohnstube etwas eng war, schliefen Herr Kottkamp vor dem Fenster und Herr Wobben im Schlafsack unter dem Tisch." In dieser Runde verabschiedete sich Hartung von seinen Eigenbauplänen. Sie wurden sich damals schnell einig, dass Enercon die Anlage lieferte und vor allem selbst finanzierte, während Hartung für das Fundament und die Netzanbindung verantwortlich war.

Was sich einfacher anhört, als es in Wirklichkeit war. Um Absprachen mit der Auricher Firmenzentrale treffen zu können, trampte Hartung, der damals weder Auto noch Telefon besaß, von April bis Juni 1990 wöchentlich zweimal in den rund 120 Kilometer entfernten Oberharz, lief dann zu Fuß über die Grenze und führte vom nächsten Postamt alle Telefonate mit den Ingenieuren in Ostfriesland.

Bei diesen Gesprächen vergaßen die Enercon-Ingenieure wohl, zu erwähnen, dass sie ein Trafohäuschen mit Fundament nach Sachsen-Anhalt liefern wollten. Als der Konvoi in Großgräfendorf eintraf, staunte Karl Hartung nicht schlecht. Schließlich hatte er schon ein Fundament für den Trafo gießen lassen: zwei mal drei Meter groß und einen Meter tief. Und wieder halfen die Sowjetsoldaten, in dem sie mit Bagger und Kipper den Betonklotz entfernten und ihn auf irgendeinem Übungsplatz entsorgten.

Als die Anlage einen knappen Monat vor der Währungsunion ans Netz ging, hatte Karl Hartung längst sein neues Tätigkeitsfeld in der Windenergie gefunden. Zunächst verkaufte er die Zweiflügler des Braunschweiger Anlagenhersteller Ventis, unter anderem auch die jeweils ersten Windkraftanlagen auf Rügen und in Sachsen. Wie mit Ventis hatte Hartung aber auch Pech mit seinen späteren Arbeitgebern, der Gesellschaft für Energietechnik mbH (GET) sowie der Husumer Schiffswerft. Alle drei Firmen gingen – aus unterschiedlichen Gründen – Konkurs. Dabei hat Karl Hartung einiges Lehrgeld bezahlt, bevor er im Frühjahr 2000 den Schritt zum selbstständigen Planer für Windkraftprojekte wagte. Er beklagt sich nicht. „Meine früheren Kollegen sind zum Großteil arbeitslos. Ich kann mich vor Arbeit kaum retten."

Dass Enercon im Frühjahr 1990 seine erste Anlage in Ostdeutschland auf eigene Rechnung aufstellte, zeigt, dass die (west-)deutschen Windschmieden die damals noch existente DDR sofort als neues Absatzgebiet erkannten. Diese Entwicklung unterstrich auch der von der Forschungsgruppe WIND-consult organisierte „Informationstag Windenergie" am 18. April 1990 in Rostock. „Das war die erste Veranstaltung überhaupt, bei der alle damals bekannten deutschen und dänischen Hersteller in der DDR auftraten", erinnert sich Joachim Schwabe an die erste Begegnung mit der westdeutschen Windszene. Der Besucherandrang sei so groß gewesen, dass man die Veranstaltung aus dem Institutsgebäude in den Festsaal der Bezirksparteischule verlegt habe.

Der Diplomingenieur arbeitete zu Wende-Zeiten als wissenschaftlicher Mitarbeiter im Forschungszentrum für Mechanisierung und Energieanwendung in der Landwirtschaft mit Sitz in Rostock-Sievershagen, das der Akademie der Landwirtschaftswissenschaften (AdL) zugeordnet war.

Im Gegensatz zur Energiewirtschaft bestand in der DDR-Landwirtschaft schon seit Anfang der Achtzigerjahre ein verstärktes Interesse an der Windkraftnutzung. Die Windenergie sollte helfen, Treibstoffe für Pumpensysteme einzusparen. So gab es knapp ein Dutzend Pilotanlagen, in denen die Windkraft zum Antrieb von Schöpfwerkspumpen genutzt wurde. Auf der Rostocker Windconsult-Tagung kamen Mitarbeiter des VEB Meliorationskombinat Neubrandenburg zu dem Schluss, dass „Windschöpfwerke eine weitere Möglichkeit zur praktischen Nutzung der Windenergie sind. Die Vielzahl der vorhandenen Schöpfwerke – im Bezirk Neubrandenburg alleine existieren über 200 Stück – kann eine Gewähr für eine künftige Kleinserie geben."

Daneben stellte die AdL Untersuchungen an, inwieweit sich Windturbinen für die Beheizung von Gewächshäusern eigneten. In diesem Rahmen wurden zwei Versuchsanlagen betrieben, die eine mit zwei Kilowatt Leistung in Rostock-Sievershagen, die zweite mit zehn Kilowatt in Dresden-Kaditz, letztere gekoppelt mit einer Wärmepumpe. An dieser Anlage forschte auch Joachim Schwabe, der seit 1987 an einem Windatlas für die Nordbezirke der DDR arbeitete. „Wir hatten damals vom Risø National Laboratory, dem staatlichen dänischen Forschungsinstitut für Windenergie, das WAsP [Wind Atlas Analysis and Application Programme – ein Rechenprogramm zur Windpotenzialanalyse, d.A.] gekauft, um in Zusammenarbeit mit dem Meteorologischen Dienst der DDR windreiche Standorte und das Windpotenzial zu ermitteln."

Mit der Wende-Zeit wehte plötzlich ein anderer Wind am Institut. „Es wurden laufend Konzepte gestrickt, wie man solche Einrichtungen wie die unsrige in die Haushaltsforschung rettet", beschreibt Schwabe die damals nicht untypische Situation an DDR-Forschungseinrichtungen. „Uns war klar, dass es unser Institut nicht mehr lange geben würde respektive nicht mehr mit der gleichen Belegschaftsstärke."

Mit den ersten Rostocker Windenergie-Tagen hat Windconsult die Flucht nach vorn angetreten. Für die damals noch unter dem Dach des Instituts wirkende interdisziplinäre Arbeitsgruppe folgte eine Einladung zum ersten deutsch-deutschen Wissenschaftlertreffen zum Thema Windenergie an die Universität Oldenburg. Und es kamen die ersten Aufträge. So entschlossen sich Schwabe und seine Kollegen Dietmar Wüstenberg, Ulrich Arndt und Eberhard Voß im November 1990, die WIND-consult GbR zu gründen (1992 umbenannt in WIND-consult Ingenieurgesellschaft für umweltschonende Energiewandlung GmbH) – sozusagen ein Management-buy-out-Projekt des AdL-Instituts. „Es gab damals lukrative Angebote zur Übernahme unserer kleinen Forschungsgruppe", erinnert sich Schwabe. „Wichtig war uns vieren aber, dass wir bei unserer Ingenieurtätigkeit im Windenergiebereich selbstständig und unabhängig bleiben konnten."

Der erste Großauftrag war die Betreuung des 250-MW-Programms für die neuen Länder. Als erster kam Dr. Jörg Seils, Mitarbeiter des damaligen Regionalversorgers Hanseatische Energieversorgung AG (mittlerweile aufgegangen in der e.dis Energie Nord AG) in den Genuss dieser Zuwendungen. Seils errichtete im November 1991 in Borg bei Ribnitz-Damgarten eine Lagerwey LW 15/75.

Ihre Windmessungen weiteten die Existenzgründer von Windconsult auf ganz Mecklenburg-Vorpommern und auch auf Sachsen-Anhalt aus, wo sie gemeinsam mit der dortigen Energieagentur die landesweite Windpotenzialstudie erarbeiteten. Damit schufen sie die Voraussetzungen für all die Projekte, die in den nächsten Jahren folgen sollten.

Genau diese Basisarbeit übernahmen Anfang der Neunzigerjahre in Sachsen Jörg Kuntzsch und Wolfgang Daniels. Im letzten Frühling der DDR führte Jörg Kuntzsch ein Doppelleben. Acht Stunden am Tag kümmerte er sich um die Abwicklung seines Betriebes, des Wissenschaftlich Technischen Zentrums für Landtechnik, in seiner Freizeit arbeitete er in einer Energiearbeitsgruppe mit. Für den schon vor der Wende in einer kirchlichen Umweltgruppe aktiven Diplomingenieur stand fest, dass sein neues Tätigkeitsfeld „irgendetwas mit Umwelttechnik oder erneuerbaren Energien" zu tun haben würde.

Mitte Mai 1990 hatte er sein Aha-Erlebnis gehabt. Auf Einladung der „Aida", der Aktionäre im Dienste des Atomausstiegs, fuhr er in die Dresdner Partnerstadt Hamburg und lernte dort Dieter Fries kennen, damals Repräsentant des dänischen Mühlenbauers Micon. Es war der Beginn einer Freundschaft, in der Jörg Kuntzsch das Einmaleins der Windkraft lernte.

Zehn Tage vor der Deutschen Einheit erhielt der gebürtige Sachse seine Gewerbezulassung und bezog mit zwei Gleichgesinnten ein kleines, dunkles Büro in der Dresdner Neustadt. Sie nannten die Bürogemeinschaft Energieidee Dresden und begannen mit Beratung auf den Gebieten Windkraft, Solarenergie und rationelle Energieanwendung. Neben einem Telefon teilten sie sich einen alten Commodore-64-Rechner mit einem Schwarz-weiß-Fernseher aus sowjetischer Produktion als Bildschirm. Kuntzschs Startkapital betrug 800 Mark – sein monatliches Arbeitslosengeld.

Kuntzsch schrieb 20 Gemeinden im Erzgebirge an und bot ihnen seine Energieberatung an, die ihnen ein spezielles Förderprogramm bezahlte. Damit bekam er erste bescheidene Einnahmen und auch Kontakte zu den Bürgermeistern. Die dabei wichtigste Frage war immer wieder die nach den tatsächlichen Windverhältnissen. So kam Kuntzsch an seiner ersten großen Investition nicht mehr vorbei. Im November 1990 fuhr er mit seinem Trabbi nach Risø in das Dänische Windenergie-Forschungszentrum. Dort ließ er sich von Niels Mortensen, einem der WAsP-Entwickler, die Feinheiten dieses Programms zur Windpotenzialanalyse erklären.

Nach ein paar Tagen Bedenkzeit kaufte der Dresdner die Lizenz für das Programm, was immerhin 3 600 Mark kostete. „Das war damals eine verdammt harte Entscheidung", erinnert sich Kuntzsch schmunzelnd. Zumal er bald an die Grenzen von WAsP gelangte: „Das Programm an sich war gut, aber in ganz Sachsen gab es damals nur drei Wetterstationen, die brauchbare Daten für Windhäufigkeiten und -geschwindigkeiten lieferten." Die Datenbasis musste erweitert werden.

Das sollte mit Hilfe von Wolfgang Daniels passieren, auf den Jörg Kuntzsch über eine Zeitungsanzeige aufmerksam wurde. Kuntzsch schrieb den ehemaligen Bundestagsabgeordneten der Grünen an und sie vereinbarten ein Treffen. Daniels war maßgeblich am Zustandekommen des Stromeinspeisungsgesetzes beteiligt gewesen. Nachdem die Grünen bei der ersten gesamtdeutschen Bundestagswahl am 2. Dezember 1990 an der Fünf-Prozent-Hürde gescheitert waren, stieg Daniels aus der Politik aus. Die Liebe verschlug ihn nach Dresden. Vor seinem Umzug in die Elbmetropole hatte ihm Anton Zeller vom Bundesverband Deutscher Wasserkraftwerke, den er bei den Verhandlungen zum Einspeisegesetz kennen gelernt hatte, einen Tipp gegeben. „Schau dich mal in Sachsen nach Wasserkraftwerken um. Davon gab es dort vor dem Zweiten Weltkrieg über 600 Stück, von denen sich sicherlich einige reaktivieren lassen." Mit seiner neuen Firma Sachsenkraft kümmerte sich Daniels jedoch mehr um Wind- als um Wasserkraftwerke im neu gegründeten Freistaat.

Zu seinem ersten Besuch in Jörg Kuntzschs Hinterhofbüro im Juli 1991 brachte Daniels Heinrich Bartelt mit, den er aus dem Interessenverband Windkraft Binnenland und von der Lobbyarbeit zum Stromeinspeisungsgesetz kannte. Bartelt berichtete von der Wistra-Studie, in der er zusammen mit der Universität Münster das Windpotenzial in Nordrhein-Westfalen untersucht hatte. Kuntzsch und Daniels war nach diesem Abend klar, dass sie auch so ein Programm auf die Beine stellen mussten, wenn die Windkraft in Sachsen seriös vorangebracht werden sollte.

Sie bündelten ihre Potenziale. Daniels hatte die Kontakte zur Politik und Kuntzsch das WAsP-Programm, ein Büro und vor allem, so erinnert sich Daniels, noch eine wichtige Kleinigkeit: „Der Mann besaß ein Telefon, was damals im Osten Gold wert war."

Ihre ersten Förderanträge für ein Windmessprogramm lehnten sowohl das Bundesforschungsministerium als auch die Brüsseler EU-Bürokratie ab. Daniels erhielt aber Ende des Jahres 1991 einen Wink aus dem sächsischen Umweltministerium. „Wir haben noch solche Gelder, die bis Jahresende raus müssen", hieß es. Am 22. Dezember um 22.30 Uhr wurde der Vertrag im Ministerium unterzeichnet, erinnert sich Daniels. „Damals haben die noch richtig lange gearbeitet in den Ministerien."

Sachsenweit errichtete das Duo Daniels & Kuntzsch 16 Windmessstationen. Als erstes funktionierten die beiden noch im Dezember 1991 den Gitterturm der ehemaligen Stasi-Funkstelle auf dem Hirtstein, einem Höhenzug nahe der tschechischen Grenze, zu einer Windmessstation um. Das hatte ganz pragmatische Gründe, denn hier, nahe der Gemeinde Satzung, wollten sie auch ihre ersten Windturbinen aufstellen. Wie stark der Wind über den wegen Rauchgasschäden kahlen Erzgebirgskamm pfeift, erfuhren sie dabei buchstäblich am eigenen Leib. Und auch eine unangenehme Begleiterscheinung lernten sie kennen: Eisansatz an den Anemometern sollte ein Problem werden in der Höhe von 888 Metern.

Die im November 1991 in Borg bei Ribnitz-Damgarten errichtete Lagerwey LW 15/75 kW bekam als erste Anlage in Ostdeutschland den Zuschuss aus dem 250-Megawatt-Programm des BMFT

Die Idee, auf dem Hirtstein-Plateau aktiv zu werden, hatten Daniels' Partner Ulrich und Philipp Lenz. Die Lenz-Brüder kannte Daniels aus Regensburg, wo sie neben dem Engagement für die Partei „Die Grünen" auch gemeinsam in Gruppen gegen den Bau der atomaren Wiederaufbereitungsanlage in Wackersdorf aktiv waren. Ulrich Lenz, bis dahin selbstständiger Handelsvertreter für Verbandsstoffe, folgte Daniels als Kompagnon der Sachsenkraft gen Osten in seine alte Heimat. Lenz stammt aus Lichtenstein bei Zwickau. Und so begann seine Aktivität in Ostsachsen. Bei der Energieversorgung in Chemnitz baten Mitarbeiter ihn um Rat in Sachen Windkraft. Sie hätten da gerade einen Einspeiseantrag einer Betreibergemeinschaft aus Satzung zu bearbeiten, die eine 80-kW-Anlage der Firma Lagerwey auf dem Hirtstein errichten wolle. Dort regte sich aber Widerstand gegen die Windanlage, denn nach Meinung einiger Dorfbewohner lohnte es nicht, für die kleine Mühle den schönen Hirtstein zu verschandeln. Dann müsse man eben einen Windpark bauen, damit es sich lohne, meinte Lenz.

Sein im Umgang mit Argumenten versierter Partner Daniels fuhr in das kleine Dorf auf dem Erzgebirgskamm. Die Betreibergemeinschaft hatte bereits Vorarbeit für die Akzeptanz bei Gemeinde und beim Kreis geleistet, jetzt forcierten sie das Projekt gemeinsam und es gelang ihnen tatsächlich, den Widerstand aufzuweichen.

Lenz übernahm die Finanzierung. Bei der Sparkasse Chemnitz leistete ein Kollege aus Regensburg Aufbauhilfe, der Lenz als langjährigen, guten Kunden schätzte. Er akzeptierte die Fördermittel als Einsatz, so dass sie die Finanzierung praktisch ohne Eigenkapital zustande brachten.

Daniels, der als Politiker mit dem Superlativ vertraut war, konnte in seiner Rede zur feierlichen Einweihung des Windparks auf dem Hirtstein am 15. Juli 1992 reichlich davon Gebrauch machen: erster Windpark in Sachsen, höchstgelegener

Windpark Deutschlands, kürzeste Genehmigungszeit. Vom Bauantrag bis zur Errichtung der zwei Vestas V27, zwei Micon M530 sowie der Lagerwey LW 18/80 der Betreibergemeinschaft war damals wirklich nur ein halbes Jahr vergangen. „Die Bauämter und Genehmigungsbehörden", so Ulrich Lenz, „waren damals noch offen für Innovationen". Die Aufbruchstimmung in der Nachwendezeit machte die Planung um ein Vielfaches unkomplizierter als zum Beispiel in der gefestigten Bürokratie Bayerns.

„Vom Hirtstein ging ein ‚Wahnsinns'-Signal aus", erinnert sich Lenz. „Hirtstein hat uns damals als Entree für weitere Vorhaben geholfen, da die Leute erkannten, dass wir nicht nur Spinnereien im Kopf hatten." Gemeinsam mit der Stadt Jöhstadt und ihrem windbegeisterten Bürgermeister Günter Baumann verwirklichten Kuntzsch, Daniels und die Lenz-Brüder noch einen weiteren Windpark und brachten 1994 das sächsische Windmessprogramm zum Abschluss. Insgesamt sind 530 Standorte untersucht worden. Jörg Kuntzsch resümiert: „Wir haben mit unserer Arbeit sicherlich die Standortsuche massiv losgetreten, da unsere Arbeit zeigte, dass das sächsische Hügelland teilweise bessere Windwerte aufwies als die Höhenrücken im Erzgebirge."

Die Initiatoren vom Hirtstein nutzten ihren „Informationsvorsprung" (Lenz) über lohnenswerte Standorte fortan auf getrennten Wegen. Daniels plant mit seiner Sachsenkraft neben Windparks nun auch Wasserkraftprojekte. Nach wie vor ist er mit seinem politischen Engagement im Bundesverband WindEnergie einer der wichtigsten Windlobbyisten im Freistaat.

Ulrich Lenz gründete im April 1994 zusammen mit dem Freiberger Dozenten Klaus-Dieter Lietzmann und dem Ingenieur Ulrich Gumpert die Ostwind GmbH und begann mit der Planung weiterer Windparks in Sachsen. Ein Quantensprung stand Lenz bevor, als 1995 ein Anruf aus dem Hause Tacke ihm vier schlafarme Wochen bereitete: „Wollen Sie Utgast kaufen?!" Mit der Entscheidung zum Erwerb von Europas damals größtem Windpark im ostfriesischen Utgast ging Lenz den Schritt zu einem der großen Planungs- und Betriebsbüros der Branche. Mit seiner Frau Gisela Wendling-Lenz baute er die Ostwind-Gruppe zu einem grünen Vorzeigeunternehmen aus. „Wir waren in der glücklichen Situation, bei der Geburtsstunde eines Industriezweiges mit dabei gewesen zu sein."

Jörg Kuntzsch, der Ingenieur im Quartett, dehnte seine Aktivitäten zunächst nach Brandenburg aus. Er bot Windgutachten und Windmessungen für die Windpotenzialstudie Brandenburg an. Bei den Auftragsgesprächen im Potsdamer Umweltministerium lernte er seine künftigen Mitstreiter Jörg Müller und Uwe Moldenhauer kennen. Letzterer war einer der Gründer und Vorsitzender der Gesellschaft für Windenergienutzung der DDR. Als Vertreter der Grünen Liga war er insbesondere für alle Aspekte des Umweltschutzes verantwortlich. Die Federführung über das Projekt bekam Jörg Müller von der Kraftwerksanlagenbau AG in Berlin.

Müller hatte in den Achtzigerjahren in Moskau Kernenergie und Kraftwerksbau studiert. Zu seiner persönlichen Energiewende sagt er: „Ohne den Reaktorunfall im Kernkraftwerk Tschernobyl wäre im Sommer 1986 dort unser Praktikum gewesen. Ich habe mich anschließend sieben Jahre lang mit Reaktorsicherheit beschäftigt, um zu verstehen, wie gefährlich das kleinste Restrisiko ist. Als Energetiker wurde mir klar, dass Kernenergie nicht nur gefährlich, sondern angesichts des riesigen Potenzials erneuerbarer Energien schlicht überflüssig ist."

Sein Betrieb suchte nach der Wende neue Geschäftsfelder und erhielt den Zuschlag für die Windpotenzialstudie. Moldenhauer und Müller besaßen beide weder Auto noch Führerschein und erkundeten daher hunderte Standorte in der märkischen „Streusandbüchse" mit dem Fahrrad. „Wir konnten sechs Pfennige je Kilometer abrechnen", erinnert sich Uwe Moldenhauer an das abenteuerliche Unterfangen.

Bei ihrer Arbeit konnten sie sich auf das Wohlwollen der Landesregierung stützen. Vom damaligen Umweltminister Matthias Platzeck sind die Worte überliefert: „Lasst in Brandenburg 1 000 Windmühlen blühen." Damit bot Brandenburg günstige Voraussetzungen für Existenzgründer. Jörg Müller und Jörg Kuntzsch gründeten gemeinsam die Uckerwind Ingenieurgesellschaft mbH und gingen an die Nutzung des selbst eruierten Potenzials. Sie bauten 1993 drei 250-kW-Anlagen bei Prenzlau auf, es folgte eine erste harte Auseinandersetzung mit dem zuständigen Regionalversorger. Die Energieversorgung Müritz-Oderhaff AG (EMO) mit Sitz in Neubrandenburg ließ sie nach dem Aufbau ein dreiviertel Jahr unter fadenscheinigsten Begründungen auf den Netzanschluss warten. Als dann noch der Blitz in eine Anlage einschlug, hatte die junge Firma gleich alle Prüfungen auf einmal zu bestehen.

Die EMO, die Ende der Neunzigerjahre in der e.dis Energie Nord AG aufgegangen ist, war wohl der Regionalversorger in Ostdeutschland, mit dem die Windmüller den meisten Verdruss hatten. „Bei der EMO war man ständig am Jammern, dass dieses oder jenes nicht möglich sei, obwohl es dann doch ging." Das bewog Jörg Müller dazu, seine zugelaufene Katze „Emo" zu nennen: „Die sah so räudig und heruntergekommen aus, dass wir sie immer mit den Worten ‚unser armes Emo' getröstet haben." Die Katze erholte sich schnell, aber es sollte noch Jahre dauern, bis sich ein normales Verhältnis zum Neubrandenburger Energieversorger entwickelte.

Mit den drei 250-kW-Anlagen von Micon, die sie in den nächsten Jahren um einige Dutzend weiterer Anlagen ergänzten, schufen Kuntzsch und Müller den Anfang für das bis heute ergiebigste Windgebiet Ostdeutschlands. Seit 1997 gehen sie allerdings getrennte Wege mit jeweils neuen Partnern. Jörg Kuntzsch gründete mit Wolfgang Kropp die BOREAS-Gruppe in Dresden. Jörg Müller steht heute zusammen mit Tilo Troike und Ingo de Buhr für die ENERTRAG AG, die ihren Sitz im Gut Dauerthal hat – mitten im Windfeld Uckermark.

Den wirtschaftlichen Aufschwung der Windkraft in den Neunzigerjahren nutzten die Planer und Betreiber der ersten Stunde in den neuen Bundesländern genauso wie ihre Kollegen im Westen der Republik. Schließlich war das Stromeinspeisungsgesetz eines der ersten, das nach der Wiedervereinigung in Kraft trat. Mittlerweile haben sich in jedem der fünf nicht mehr ganz so neuen Bundesländer auch zahlreiche Hersteller- bzw. Zulieferfirmen der Windbranche angesiedelt. Die Niederlassungen von Enercon in Magdeburg, Vestas in Lauchhammer, Repower in Trampe oder Nordex in Rostock zählen jeweils zu den bedeutendsten Arbeitgebern in der Region. Letzteres freut Otto Jörn besonders. Der nunmehr 82-jährige Ingenieur, der nach wie vor regen Anteil am Windgeschehen, vornehmlich in Mecklenburg-Vorpommern, nimmt, hatte seinerzeit das Dieselmotorenwerk Rostock für die Serienproduktion einer DDR-Windkraftanlage vorgeschlagen. Dass in jenen Hallen, wo vor mehr als 16 Jahren die Dierkower Versuchsanlage zusammengeschraubt wurde, heute über 100 Mitarbeiter der Nordex AG große Windkraftanlagen in Serie bauen, macht Otto Jörn daher ein klein wenig stolz. Manchmal braucht die Erfüllung eines Traums erst einschneidende Veränderungen und halt auch etwas Zeit.

Eines der ergiebigsten Windgebiete Ostdeutschlands: Windfeld Uckermark bei Prenzlau

Kleine Schritte für eine grosse Vision

Überall in Deutschland haben Kommunen, Umweltaktivisten und Bürgergemeinschaften in unzähligen kleinen Schritten die Energiewende von unten auf den Weg gebracht.

Die Protagonisten aus Norden, Wewelsfleth oder Friedrich-Wilhelm-Lübke-Koog stehen stellvertretend für diejenigen, die viel Zeit, persönliche Energie und eigenes Geld investiert haben, um die Idee von einer schadstofffreien, dezentralen Energieversorgung aus regenerativen Quellen zu verwirklichen.

Mit fantasievollen Windkraftprojekten wurden Zeichen gesetzt, die viele Menschen für eines der wichtigsten Themen der Gegenwart und Zukunft sensibilisieren: eine umweltfreundliche und ungefährliche Stromerzeugung.

Links | Der erste Windpark Niedersachsens: „Nörder Windloopers"

Wilfried Ehrhardt und Wolfgang Detmers | *Regenerativ, sparsam und versorgungssicher – Stadtwerke Norden*

Sparsame Energieumsetzung, hoher Anteil an Eigenversorgung und Nutzung vieler regenerativer Quellen – das sind die wesentlichen Eckpunkte des innovativen Energiekonzeptes der Stadtwerke Norden, an dem Geschäftsführer Wilfried Ehrhardt (re.) und Abteilungsleiter Wolfgang Detmers seit Beginn der Achtzigerjahre gearbeitet haben.

Die Umsetzung dieses Energiekonzeptes begann 1983 mit dem Aufbau des ersten Blockheizkraftwerkes im Wellenbad Norddeich. Mit der Errichtung der „Nörder Windloopers", die am 14. November 1987 im Nordener Stadtteil Norddeich ans Netz gingen, konnten Erhardt und Detmers die Windenergie ökonomisch sinnvoll in dieses Konzept integrieren.

Die fünf Anlagen vom Typ Enercon E-16 mit einer Gesamtleistung von 275 Kilowatt produzieren jährlich eine Strommenge von rund 700 000 Kilowattstunden, genug für 230 Haushalte. Mit dem Bau von weiteren Windkraftanlagen und Blockheizkraftwerken ist die ostfriesische Kommune auf dem besten Weg, ihre Energieversorgung vollständig selbst abzudecken – überwiegend aus erneuerbaren Quellen.

Helmut Häuser |
Kassandra-Rufe in Brokdorf

Jahrelang lief Helmut Häuser gegen den Bau des Atomkraftwerkes (AKW) Brokdorf Sturm. Er warnte vor den Gefahren der Atomkraft: „Das radioaktive Inventar von Brokdorf entspricht dem Fallout von 1 000 Hiroshima-Bomben – es ist doch Irrsinn, so etwas überhaupt zu planen." Vergebens. Direkt vor Häusers Wochenendhaus an der Elbe wurde 1986 das vierte Atomkraftwerk an der Unterelbe ans Netz gebracht – ein halbes Jahr nach dem Super-GAU von Tschernobyl.

Als Antwort gründete der Elektroingenieur 1987 mit Rosemarie Rübsamen und weiteren Gleichgesinnten den Verein „Umschalten e.V.". Dieser setzt sich für die Popularisierung von Stromeinsparung und privater Stromerzeugung durch regenerative Energien ein und initiierte den Bau der ersten Gemeinschafts-Windkraftanlage in Deutschland. Am 1. November 1989 ging die 75-kW-Anlage der Firma Lagerwey in Wewelsfleth in Sichtweite des AKW Brokdorf ans Netz – als Symbol für alternative Stromerzeugung, die nicht auf Kosten künftiger Generationen geht.

Rosemarie Rübsamen | *Umschalten*

Die Physikerin Rosemarie Rübsamen engagierte sich schon lange vor der Tschernobyl-Katastrophe als Anti-Atomkraft-Aktivistin in der Gruppe „Naturwissenschaftler gegen Atomenergie" und arbeitete als Energiereferentin in der Grün-Alternativen Liste in Hamburg.

Als der ukrainische Reaktor zerbarst, begann ein Umdenken vom Dagegen zum Dafür. Es reichte ihr nicht mehr, nur vehement gegen Atomkraft zu protestieren. Als Gründungsmitglied und erste Vorsitzende des Vereins „Umschalten e.V." setzte sie sich fortan für Energiealternativen ein.

Mit den Erfahrungen, die sie bei der Planung der Gemeinschaftsanlagen von „Umschalten" gesammelt hatte, machte sie sich selbstständig und gründete in Halstenbek bei Hamburg ihr „Planungsbüro für Windenergie". Seither plant Rosemarie Rübsamen in eigener Regie vor allem Projekte, die neben dem ökologischen auch einen sozialen Ansatz verfolgen, sowie Frauenprojekte. Die Wissenschaftlerin, die auch eigene Windparkfonds platziert, bleibt damit der Idee der Bürgerbeteiligung treu, „um die Wende in der Energiepolitik von unten voran zu bringen".

Links | Im Windpark Lübow stehen die Frauennamen der Windmühlen für verschiedene Generationen:

„Rosa" ist die Urgroßmutter und das Vorbild von Rosemarie Rübsamen, denn auch sie war selbstständige Unternehmerin.

„Lotte" Bösch, die älteste Bewohnerin von Lübow, hat sich sehr für die Windkraftanlagen begeistert, während des Aufbaus Kuchen für das Montageteam gebacken und zur Einweihung ein eigenes Gedicht verlesen.

„Heidrun" ist eine Angestellte im Wirtschaftsministerium Mecklenburg-Vorpommerns, die sich stark für die Förderung der erneuerbaren Energien engagiert hat.

„Sophie", die Enkelin von Brigitte Schmidt, verkörpert die jüngste Generation, die das Solarzeitalter verwirklichen wird.

***Brigitte Schmidt und Franz Kießlich** | Kunst und Ökologie im Windpark Lübow*

Brigitte Schmidt setzt sich als Mitbegründerin der Eurosolar-Regionalgruppe und der Solarinitiative Mecklenburg-Vorpommern (SIMV) für die Förderung und Popularisierung von erneuerbaren Energien in dem sonnenreichen Bundesland ein. Die promovierte Elektroingenieurin, die von 1973 bis 1993 an der Technischen Hochschule Wismar im Bereich Elektromaschinenbau lehrte, führt seit 1993 ein eigenes Ingenieurbüro für regenerative Energien.

Die Verbindung von Ökologie und Kunst im Windpark Lübow, den sie gemeinsam mit Rosemarie Rübsamen geplant hatte, wurde 1996 mit dem Europäischen Solarpreis gewürdigt.

Franz Kießlich, der Vater von Brigitte Schmidt und ehemaliger Lehrer für Kunsterziehung, malte den „Lebensbaum". Auch die anderen Kunstmotive, „Mecklenburger Landschaft", „Schöpfung" und „Erhalt der Meere", haben ökologische Kreisläufe zum Thema.

Lothar Schulze-Damitz und Roger Lutgen |
Dialog zwischen Technik und Kunst

Roger Lutgen (re.) besuchte 1983 in seiner Heimat Luxemburg ein Seminar für Eigenbauanlagen und war fortan von der Möglichkeit begeistert, aus Wind Strom zu erzeugen. Er lernte Lothar Schulze-Damitz kennen und entschloss sich 1991, nach Hannover zu ziehen, um gemeinsame Windkraftprojekte zu realisieren. Zusammen mit drei anderen Gesellschaftern gründeten sie 1993 das Planungsbüro „Windwärts".

Inspiriert von Salvador Dalis Gemälde „Die Versuchung des Heiligen Antonius" kam Lutgen auf die Idee, Windenergie und Kunst in Verbindung zu bringen. Da sich die niedersächsische Landeshauptstadt auf die Ausrichtung der EXPO 2000 vorbereitete, lag es für Lutgen und Schulze-Damitz nahe, mittels Windenergieanlagen Kunstwerke zu schaffen, die als Symbole für das Motto der Weltausstellung „Mensch – Natur – Technik" stehen.

„Windwärts" organisierte den Wettbewerb „Kunst und Windenergie zur Weltausstellung" mit dem Ziel, „einen kreativen Dialog zwischen den Positionen der Kunst und denen der technischen Zivilisation über das Verhältnis des Menschen zu seinen eigenen Errungenschaften und damit auch zu sich selbst zu fördern." Nach siebenjährigem geduldigem Einsatz konnten Schulze-Damitz, Lutgen und ihre Kollegen von „Windwärts" gemeinsam mit den Künstlern und zahlreichen Partnern drei der ausgewählten Entwürfe zur EXPO 2000 realisieren. Als skulpturale Landmarken begrüßen die Windkraft-Kunst-Objekte seitdem die Besucher von Hannover und sind zugleich auch Orte der Begegnung und Kommunikation und nicht zuletzt auch „Kristallisationspunkte in den gesellschaftlichen Auseinandersetzungen über die zukünftige Energieversorgung."

Zauberstab: Der französische Künstler Patrick Raynaud brachte die Ästhetik der Windkraftanlagen in Sehnde-Müllingen mit der Welt der Kindheit in Verbindung: In Abhängigkeit von der Windstärke leuchten farbige Punkte am Turm der Turbine – wie „bunte Smarties"

Miteinander: In den vergangenen Jahren ist das Wissen über den Einfluss von Windkraftanlagen auf die Vogelwelt gewachsen. Ornithologische Gutachten gehören heute zum Standardprogramm der Planung von Windparks, um kritische Standorte von vornherein auszuschließen

Susanne Ihde |
Naturschutz mit Windenergie

Inspiriert vom afrikanischen Sprichwort, dass viele Menschen, die an vielen Orten viele kleine Dinge tun, die Welt verändern können, errichtete Susanne Ihde Mitte der Neunzigerjahre auf dem ehemals militärisch genutzten Hollandskopf unweit der ostwestfälischen Ortschaft Borgholzhausen zwei Windkraftanlagen. Ihde hatte das Militärgelände auf dem Kamm des Teutoburger Waldes vom Bundesvermögensamt erworben und bemühte sich um die Renaturierung des tristen Areals. Ihr Windkrafttandem inmitten neuen Grüns gibt ein gutes Beispiel dafür, wie man Windenergienutzung und Naturschutz in Einklang bringen kann.

Die Biologin, die ein Jahr lang in einem tansanischen Nationalpark gearbeitet und 1991 über Wilderei unter afrikanischen Elefanten diplomiert hatte, engagiert sich seit 1995 im BWE. Von 1997 bis 2005 gehörte Susanne Ihde dem Bundesvorstand an. Mit der Herausgabe des Bandes „Vogelschutz und Windenergie“ trug sie entscheidend zur Versachlichung des emotionsgeladenen Konflikts zwischen Ornithologen und Windmüllern bei.

Joachim Keuerleber und Josef Heigl | *Windkraft in Bayern*

Dass Windkraftnutzung auch in Bayern sinnvoll ist, dafür stehen der Oberfranke Joachim Keuerleber (Abb. linke Seite) und der Niederbayer Josef Heigl (Abb. unten).

Keuerleber hatte als Elektriker bei der Energieversorgung Oberfranken 1986 von dem Projekt einer Windenergieanlage vom Typ Pegasus 150 erfahren, die in Presseck im Frankenwald errichtet werden sollte. Er unterstützte die Planungsarbeiten mit Rat und Tat. Begeistert von der Idee der Windkraftnutzung half der damals 21-Jährige im Sommer 1989 beim Aufbau der 150-kW-Anlage. Dieser Prototyp, eine Konstruktion von Conrad Petry, dem Inhaber der Firma Petry Windkonverterbau aus Hagenheim in der Nähe von Landsberg am Lech, hatte allerdings eine äußerst kurze Lebenszeit. Er wurde 1991 wegen eines Blitzschadens demontiert und durch eine dänische 200-kW-Turbine ersetzt.

Joachim Keuerleber hatte damit aber sein Tätigkeitsfeld gefunden. Als Gründungsmitglied des IWB Bayern, dem heutigen BWE-Landesverband, machte er sich in Oberfranken als Regionalverbands-Vorsitzender für die Nutzung der Windenergie stark. Er führte Windmessungen durch und errichtete mit seiner Familie im Juni 1994 selbst eine Enercon E-40. Überzeugt von dieser Anlagentechnik wechselte der Industriemeister für Elektrotechnik 1995 zur Enercon GmbH und organisiert von Oberkotzau im Landkreis Hof aus den Vertrieb in Süddeutschland.

Der Krankenpfleger Josef Heigl aus Steinachern im Bayerischen Wald kämpfte vier Jahre lang gegen bürokratische Hürden, um in Sengenbühl bei Furth im Wald 1993 eine 100-kW-Windkraftanlage von Ventis errichten zu können. Heigl kritisierte nach dem ersten Betriebsjahr den vom Bayerischen Wirtschaftsministerium herausgegebenen Windatlas, der niedrigere Windgeschwindigkeiten angab als tatsächlich vorhanden waren.

Als langjähriger Vorsitzender des BWE-Landesverbandes setzte er sein volles Pfund für die Nutzung der windhöffigen Standorte im an sich windschwachen Bayern ein und kämpft für eine größere Akzeptanz gegenüber den Rotoren. Josef Heigl, der neben seiner Verbandsarbeit als Windkraftplaner tätig ist, weiß, dass mit den heute möglichen größeren Nabenhöhen auch im Freistaat mehr Windenergie geerntet werden kann.

Wolfgang Paulsen | *Neue Horizonte*

Wolfgang Paulsen aus dem nordfriesischen Geestdorf Bohmstedt hat großen Anteil daran, dass der Beteiligungsgedanke im Sinne eines Bürgerwindparks auch im deutschen Offshore-Bereich nicht verloren geht. Als Mitinitiator und Geschäftsführer der OSB Offshore-Bürgerwindpark Butendiek GmbH & Co KG hat er es zusammen mit den Mitgesellschaftern geschafft, mehr als 8000 Kommanditisten für das 240-MW-Projekt vor der Küste Sylts zu gewinnen.

In dezentraler, regenerativer Energie sieht der Agraringenieur neben den Nachhaltigkeitsaspekten einen gesellschaftlichen Gegenentwurf zu den allgegenwärtigen Konzentrationsprozessen. Paulsen weiß als Sohn eines Landwirts um die strukturellen Probleme des ländlichen Raumes und erkannte die Vorteile der Windenergie als Einnahmequelle für die ganze Region. So fungiert er seit 1995 als Geschäftsführer für die beiden Bürgerwindparks Bohmstedt und Drelsdorf.

Vor seinem hauptberuflichen Einstieg ins Windgeschäft im Jahre 2001, arbeitete Paulsen als selbstständiger Berater im Bereich der ländlichen Regionalentwicklung. Dabei ging es thematisch oftmals um eine harmonischere Koexistenz von Landwirtschaft, Gewerbe und Naturschutz. Aus diesen Erfahrungen heraus ist es Wolfgang Paulsen wichtig, dass sich die Verfechter von Windenergie und Naturschutz auch auf dem Meer nicht entzweien, sondern gemeinsam neue Horizonte erschließen, um regionale Wirtschaftsentwicklung und globalen Klimaschutz konsequent in Einklang zu bringen.

Hans-Detlef Feddersen |
Bürgerbeteiligung

Hans-Detlef Feddersen begreift die Energiegewinnung aus Wind als dreifache Chance: für seinen eigenen Hof, für die Gemeinde und für die ganze Region. Als 1990 praktisch vor seiner Stalltür im Friedrich-Wilhelm-Lübke-Koog der damals größte Windpark Europas errichtet wurde, allerdings ohne Beteiligung der Einwohner, ahnte er, welches wirtschaftliche Potenzial die Kraft des Windes birgt. Er stellte einen Bauantrag für eine eigene Anlage.

Zusammen mit zwei Freunden entwickelte er dann die Idee weiter: Sie planten einen eigenen Windpark, für und mit den Bewohnern des Kooges. Die selbstbewussten Landwirte überzeugten 44 Nachbarn von der Idee des Bürgerwindparks, der eine Investitionssumme von 16 Millionen Mark abverlangte. Im Dezember 1992 ging der Bürgerwindpark Friedrich-Wilhelm-Lübke-Koog mit einer Gesamtleistung von 4,2 Megawatt in Betrieb. Dieses beispielhafte Modell war wirtschaftlich solide und fand hohe Akzeptanz bei den Bewohnern, sodass der Windpark mehrmals ausgebaut und mittlerweile auch modernisiert wurde: Seit dem Repowering der ersten Anlagengeneration im Jahr 2004 hat der Park eine Gesamtleistung von 39,4 Megawatt und erzeugt jährlich etwa 110 Millionen Kilowattstunden Strom.

Der sportliche Feddersen eröffnet Besuchern des Koogs beim „Windmill-Climbing“ einen weiten Blick über die Deiche hin zur Nordsee, wo er auch neue Perspektiven für die Windenergienutzung sieht. Seine langjährigen Erfahrungen als Geschäftsführer des Bürgerwindparks brachte er bei der Gründung des Projekts Butendiek, des einzigen in Deutschland geplanten und seit 2002 auch genehmigten Offshore-Bürgerwindparks, ein. Hans-Detlef Feddersen und mit ihm Tausende Bürger aus der gesamten Region hoffen, künftig auch auf dem Meer die Energie aus dem Wind zu ernten.

Andrea Horbelt

Manche Besucher hinterlassen nachhaltige Spuren. Solch ein Besucher tauchte im Spätsommer 1986 bei Wilfried Ehrhardt und Johann Krey, den damaligen Geschäftsführern der Stadtwerke Norden, und Wolfgang Detmers, bei dem Kommunalversorger seinerzeit als Abteilungsleiter zuständig für die Stromversorgung, auf. Er stellte sich als Aloys Wobben aus Aurich vor. Dort, so erzählte er den Nordern, würde er seit gut zwei Jahren Windturbinen in einem Vier-Mann-Unternehmen namens Enercon entwickeln und bauen.

Zwei seiner Windmühlen hatte er bis dato aufstellen können. Zwei weitere waren für das Klärwerk auf der Insel Norderney in Planung. Wobben war überzeugt von seinem Produkt und versuchte nun, die Zuständigen der Stadtwerke Norden dafür zu gewinnen. Sein Vorschlag war sehr konkret: Fünf Enercon E-16 mit einer Leistung von jeweils 55 Kilowatt wollte er in den Seewind bei Norden stellen.

„Wir waren am Anfang nicht besonders begeistert von dem Plan des Herrn Wobben", gesteht Wolfgang Detmers. Zum einen klang die Zahl 55 in Bezug auf die Kilowattklasse in den Ohren der Stadtwerker lächerlich, da waren sie ganz andere Größen gewohnt. Zum anderen – und das war der entscheidende Punkt – hatten sie keinerlei Erfahrung mit Windkraft. Das wichtigste für die Stadtwerke war und ist die Versorgungssicherheit. Und ob das mit den Windturbinen tatsächlich funktioniert, ob es wirtschaftlich, ungefährlich und verlässlich ist – darüber konnten Ehrhardt, Krey und Detmers nur spekulieren. Oder sich informieren.

Das Trio setzte sich ins Auto und fuhr zunächst in die Niederlande, dann nach Dänemark, wo Mitte der Achtzigerjahre schon eine Menge Windräder standen. Die drei erinnern sich noch lebhaft, wie es war, zum ersten Mal am Fuße einer Windturbine zu stehen: „Als wir das Rauschen hörten und sich die Flügel über unseren Köpfen drehten – das war schon toll", blickt Detmers ihre Reisen zurück.

Sie fuhren auch nach Aurich zu Aloys Wobben, besichtigten dessen Werkstatt und den Prototypen der 55-kW-Anlage im Garten des Hauses. Und schließlich schauten sie in ihrer Heimatstadt beim Möbelhändler Friedrich Pflüger vorbei, einem der besten Stadtwerke-Kunden. In dessen Garten produzierte seit dem 1. August 1986 die erste von Enercon verkaufte Anlage Strom. Auf ein Drittel hatte Pflüger den Stromeinkauf für sein Unternehmen durch das Windrad reduzieren können – eine Zahl, die Detmers nachprüfen konnte und die überzeugte.

Die Stadtwerker begannen zu rechnen: Die erzeugte Kilowattstunde musste mit 15 Pfennigen angesetzt werden, dem Preis des ersparten Stromeinkaufs. Das war nicht die Welt. Aber sie konnten die Windturbinen mit der Stromerzeugung aus den beiden Blockheizkraftwerken koppeln und so ständig einen höheren Eigenanteil an Strom produzieren. Dadurch ließ sich die Bezugsleistung der Stadtwerke beim übergeordneten Stromversorger Energie-Weser-Ems AG (EWE) deutlich reduzieren. Da dafür kein Leistungspreis mehr fällig war, brachte das eine pauschale Ersparnis von 220 Mark pro Kilowatt im Jahr.

Damit wurde die Sache schon interessanter und passte vor allem hervorragend in das Energiekonzept der Stadtwerke. Dieses Konzept hatten die Norder 1980 unter dem Eindruck der vorangegangenen Ölpreiskrisen entwickelt. Es sah den schrittweisen Aufbau einer eigenen, Ressourcen schonenden Versorgungsstruktur vor und basierte im Wesentlichen auf drei Punkten: dem sparsamen Energieeinsatz, der Nutzung vieler regenerativer Quellen und das möglichst in eigener Hand. Die Windräder bildeten deshalb einen interessanten Baustein für dieses Konzept.

Aloys Wobben bekam den Auftrag, per Handschlag. Der Enercon-Chef knüpfte auch die Beziehung zum damaligen niedersächsischen Wirtschaftsminister Walter Hirche, dessen Ministerium gerade ein Breitenförderprogramm für erneuerbare Energien vorbereitete. Der FDP-Politiker schaute auf Betreiben von Wobben in Norden vorbei, ließ sich von der Windkraft begeistern und sicherte den Stadtwerken zu, dass das Land die Hälfte der Investitionskosten übernehme. Damit konnte es endlich losgehen.

Der ausgewählte Standort am Fledderweg, am Rande des Ortsteils Norddeich, liegt gut einen halben Kilometer hinter dem Deich. Eine Baugenehmigung für die Anlagen zu bekommen war kein Problem, denn als Stromversorger waren die Stadtwerke privilegiert, eigene Kraftwerke zu bauen. Jedoch keine Häuschen. Aber genau das wollten Wolfgang Detmers und Wilfried Ehrhardt: ein Infohäuschen neben dem Park. Es sollten alle, die Interesse haben, nach Norden kommen, um zu erleben, wovon die Stadtwerker mittlerweile überzeugt waren: Strom aus Windkraft funktioniert!

Am 14. November 1987 war es schließlich so weit. Mit der Netzschaltung des ersten niedersächsischen Windparks machte sich Wolfgang Detmers sein schönstes Geburtstagsgeschenk. Auf der offiziellen Einweihungsfeier im Dezember bekamen die fünf Mühlen ihren Namen: „Nörder Windloopers". Und natürlich ein Infohäuschen. Die Stadtwerker hatten ihren Willen durchgesetzt.

Und dass sie damit Recht hatten, beweisen die Besucherzahlen: „Mehr als Dreißigtausend waren schon hier, um sich über den ersten Windpark in Niedersachsen zu informieren", versichert Detmers. Es seien zum Teil regelrechte Völkerwanderungen, ergänzt Ehrhardt. Und darum gehe es ja letztlich: um die Akzeptanz in der Bevölkerung, um eine gewisse Vorbildfunktion, die die Stadt Norden erfüllt. Als Touristenort erreicht sie viele Menschen. „Und wir haben stets eine sehr gute Resonanz unserer Gäste auf den Windpark gehabt", kann Wolfgang Detmers bezeugen.

1989 und 1991 haben die Stadtwerke einen weiteren Windpark mit zehn Anlagen und einer Leistung von insgesamt 3 150 Kilowatt am Marschweg errichtet. Selbstverständlich kauften die Norder auch diese Maschinen der 300-kW-Klasse vom Nachbarn in Aurich. 1990 war Norden die deutsche Stadt mit dem höchsten Anteil an regenerativer Energie im Versorgungsnetz. Das innovative Konzept der Stadtwerke Norden fand in Fachkreisen viel Anerkennung und wurde immer weiter ausgebaut. In 14 Blockheizkraftwerken, zwei 4,8-MW-Holzhackschnitzel-Heizwerken und den beiden Windparks erzeugt die kleine Ostfriesen-Kommune Energie für einen Großteil ihres Wärme- und Strombedarfs selbst und nutzt dabei überwiegend erneuerbare Quellen.

Da den Stadtwerken in Norden für weitere Windturbinen keine Flächen zur Verfügung stehen, hatte sich die Geschäftsführung früh für ein „Repowering" entschieden. Auf Deutsch: Die zehn Anlagen am Marschweg wurden 2003 durch fünf leistungsstärkere 1,8-MW-Anlagen ersetzt. Das sind insgesamt neun Megawatt oder das 33fache der installierten Leistung des ersten Windparks am Fledderweg. Da private Betreibergesellschaften unmittelbar neben dem Stadtwerke-Windpark am Marschweg weitere neun 1,8-MW-Maschinen errichtet haben, wird in Norden eine Windstrommenge erzeugt, die dem Bezug vom Vorlieferanten entspricht.

Der kleine Windpark am Fledderweg wird nicht ersetzt, denn für größere Maschinen liegt der Standort zu dicht an der nächsten Bebauung. Mittlerweile ist der Park ein „Fossil" und die Anlagen wirken wie Zwerge im Vergleich zu den Megawatt-Turbinen. Nach 17 Jahren Betriebszeit haben sich die „Windloopers" längst amortisiert, spielen bei jeder Rotorumdrehung Geld in die Stadtkasse und sind mittlerweile zu einem Wahrzeichen Nordens geworden. Und nicht zuletzt sind sie der funktionierende Beweis dafür, dass große Visionen oft kleine Anfänge haben. Die fünf Anlagen werden so lange gepflegt, wie es wirtschaftlich vertretbar ist. Mit fast väterlichem Klang in der Stimme sagt der langjährige Stadtwerke-Chef Ehrhardt: „Das ist meine Märklin-Eisenbahn."

Der Startschuss für die Windenergienutzung in Norden fiel in einem denkwürdigen Jahr: 1986, dem Jahr, in dem es am 26. April zum Super-GAU in Tschernobyl kam. Block vier des Atomkraftwerkes in der früheren Sowjetunion explodierte. Tage später sickerten die ersten Informationen nach Westeuropa durch. Und die Unsicherheit in der Bevölkerung war groß: Was war geschehen? Ist es riskant, vor die Tür zu gehen? Was dürfen wir noch essen? Welche Folgeschäden haben wir zu erwarten? Und was war das für ein Regen, der Tage später vom Himmel fiel?

Bis zu dem Tag hatte kaum einer damit gerechnet, dass der Super-GAU tatsächlich passieren könnte. Und die, die damit rechneten, haben ihre Angst zu unterdrücken versucht oder im Protest gegen den Bau weiterer Atommeiler kompensiert. In Hamburg reagierten die Menschen besonders sensibel auf die Nachricht. Der 50 Kilometer westlich der Hansestadt gelegene Atomreaktor Brokdorf stand trotz massiven Widerstandes kurz vor der Fertigstellung. Die Ohnmacht gegen die Atom-Lobby saß tief. Mit Tschernobyl war für viele Atomkraftgegner der Punkt erreicht, an dem sie feststellten, dass Protest allein nichts ändert. Alternativen mussten her.

Unter ihnen waren zwei Hanseaten, die schon lange vor der Katastrophe gegen Kernenergie gewesen waren, demonstriert, gewarnt und appelliert hatten. Die Katastrophe war für sie der Wendepunkt vom Dagegen-Sein hin zum Dafür-Sein – für die Energiewende, für den Einsatz ungefährlicher, unerschöpflicher und sauberer Energiequellen. Es waren der Elektroingenieur Helmut Häuser und die Physikerin Rosemarie Rübsamen.

Helmut Häuser kam 1957 aus dem altmärkischen Salzwedel in die Elbestadt. Er studierte Elektrotechnik und landete schließlich 1970 bei dem Flugzeughersteller Messerschmidt-Bölkow-Blohm (MBB). Elf Jahre hielt er es dort aus, in einer gut bezahlten Stellung als Abteilungsleiter. „Dann wurde der Leidensdruck zu groß", erklärt Häuser. Denn in seiner Freizeit wurde der Elektroingenieur mehr und mehr zum Umweltschützer. Und es passte bald nicht mehr zusammen: 40 Stunden in der Woche Flugzeuge zu konstruieren, die die Luft verpesten, und in den anderen 40 Stunden dafür zu sorgen, dass eine lebenswerte Umwelt erhalten bleibt. 1981 hing er seinen Job an den Nagel – fünf Jahre, nachdem auf dem Brokdorfer Baugrund die ersten Bagger angerollt waren.

Damals, im Herbst 1976, fiel quasi der Startschuss für die Hamburger Anti-AKW-Bewegung. Hunderttausende demonstrierten vor den Absperrzäunen rund um den geplanten Nuklearmeiler. Für Häuser war besonders bitter, dass der Atomreaktor direkt vor seinem Wochenendhäuschen am Elbufer stehen würde. Überhaupt war anfangs die Landschaftszerstörung für die meisten AKW-Gegner der maßgebliche Stein des Anstoßes. „Über die Folgen eines möglichen Unfalls wusste man Anfang der Siebzigerjahre einfach zu wenig", erklärt Helmut Häuser.

Im Gegenteil: Die Euphorie war groß. Die neue Technologie galt als Lösung der Energieprobleme der Zukunft; Strom sollte gewissermaßen zum Nulltarif zur Verfügung stehen. „Wer gegen Atomkraft war, war nicht ganz richtig im Kopf", fasst Häuser die Zustände in Deutschland zur damaligen Zeit zusammen. Vor allem nach den Ölpreiskrisen in den Siebzigerjahren erlebte die Nukleartechnik einen Boom. Die damalige sozial-liberale Bundesregierung stellte Ausbaupläne vor, die Atomkraftwerke mit einer Gesamtkapazität von 50 000 Megawatt vorsahen.

Nach und nach wurde dem Elektrotechniker aber immer schmerzlicher klar, was für eine Zeitbombe ihm da vor die Nase gesetzt wurde. Vier Reaktoren stehen im Umkreis von Hamburg, mit einer elektrischen Gesamtleistung von 4 041 Megawatt. „Allein Brokdorf hat ein radioaktives Inventar, das dem Fallout von 1 000 Hiroshima-Bomben entspricht. Wird nur ein Prozent der dort gespeicherten Radioaktivität freigesetzt,

Für die Umwelt: Das Bürgerwindrad von „Umschalten“ vor dem Atomkraftwerk Brokdorf ist mehr als nur ein Symbol für die Energiewende

würde das eine Katastrophe unvorstellbaren Ausmaßes bewirken“, sagt Häuser und ergänzt: „Es ist doch Irrsinn, so etwas überhaupt zu planen.“

Je mehr er sich mit der Atomtechnik beschäftigte, desto größer wurde seine Angst. Doch „ich wollte mich nicht schon wieder verdrücken“. Verdrückt hatte er sich aus der DDR. Diesmal wollte er sich wehren. Und er wehrte sich. Zunächst in der Bürgerinitiative „Brokdorf Prozessgruppe“. Er schrieb Einwendungen und Petitionen und hielt Vorträge über die Gefährlichkeit der Atomkraft. Die wenigsten wollten es hören. Helmut Häuser zitierte aus Christa Wolfs Roman „Kassandra“: „Alles was sie wissen müssen, wird sich vor ihren Augen abspielen, und sie werden nichts sehen.“ Bis zu jenem Tag im April 1986, als tatsächlich das eintrat, wovor Häuser und seine Mitkämpfer immer gewarnt hatten.

Von da an reichte es dem Elektroingenieur nicht mehr, nur dagegen zu sein, ohne Alternative. Um diese ging es von nun an im Leben Helmut Häusers. Er wollte die Atomkraft überflüssig machen, wollte ein Energiekonzept, das die Stromversorgung der Bevölkerung ohne den Einsatz gespaltener Atome sicherstellen konnte. Er schrieb an die Grün-Alternative Liste (GAL) und schlug die Finanzierung einer konkreten Aktion für den Ausbau der erneuerbaren Energien vor.

Der Brief landete bei Rosemarie Rübsamen, die in diesen Tagen alle Hände voll zu tun hatte. Aus ganz Hamburg kamen Anrufe bei der Energiereferentin der Grünen an, in denen verunsicherte Bürger wissen wollten, wie sie sich denn nun zu verhalten hätten. „Ihr seid doch die Einzigen, denen man noch trauen kann“, war der Grundtenor am anderen Ende der Leitung. Als sie in dieser Situation den Vorschlag von Helmut Häuser las, war sie spontan begeistert. Und so kam es, dass sich Helmut Häuser und Rosemarie Rübsamen zusammensetzten und gemeinsam die Idee zum Verein „Umschalten“ entwickelten.

Rosemarie Rübsamens Biografie zeigte damals deutliche Parallelen zu der ihres Mitstreiters Häuser. Die gebürtige Oberfränkin kam nach dem Studium der Physik an der Universität Erlangen 1973 in die Hansestadt. Eigentlich wollte sie über Elementarteilchen promovieren. Bis 1976 blieb sie dabei – dann wurden andere Dinge so wichtig, dass sie den Doktor an den Nagel hängte: Brokdorf kam ihr dazwischen.

Direkt vor ihrer Nase demonstrierten Tausende gegen das geplante Atomkraftwerk und die studierte Physikerin machte sich zum ersten Mal ernsthaft Gedanken über diese Form der Stromerzeugung. „An der Uni Erlangen wurde die Atomenergie gepriesen“, erinnert sich Rübsamen. „Da kam man gar nicht auf die Idee, dass daran auch ein Haken sein könnte.“ Diese Idee kam ihr, als Wissenschaftler in Amerika geheime Untersuchungen über die Auswirkungen der Atombomben-Abwürfe in Hiroshima und Nagasaki veröffentlichten und viele von ihnen daraufhin ihren Job verloren. Die erstellten Statistiken über Krankheiten, Missgeburten und Sterberaten in den Abwurfgebieten widerlegten eindeutig die verbreitete Meinung über die Ungefährlichkeit radioaktiver Strahlung.

Nachdem Rosemarie Rübsamen diese Veröffentlichungen gelesen hatte, stand für sie eines fest: Diese Form der Energiegewinnung muss beendet werden! Gemeinsam mit der Gruppe „Naturwissenschaftler gegen Atomenergie“ wurde sie aktiv, schrieb Klagebegründungen und Fachartikel und erstellte Prognosen über die Folgen eines Unfalls im Atomkraftwerk. Mit ihren Erkenntnissen versuchte die Gruppe, die Menschen vor Ort über die Gefahren der Atomenergie zu informieren. Doch sie machte ähnliche Erfahrungen wie Helmut Häuser: Kaum einer wollte es hören. Die Ohnmacht, nichts ausrichten zu können und nur wenige zu erreichen, zermürbte den Widerstand.

Erst nach dem Tschernobyl-Desaster verschwand die Ignoranz gegenüber der nicht sichtbaren Gefahr. Erst nach dem Super-GAU waren die Menschen begierig zu erfahren, was radioaktive Strahlung ist und welche Gefahren sich dahinter verbergen. „Endlich hörten die Leute mal zu“, erinnert sich Rübsamen. Sie reaktivierte die zum damaligen Zeitpunkt so gut wie eingeschlafene Gruppe der Naturwissenschaftler, die bis zur Sommerpause des Jahres 1986 an die 70 Vorträge in und um Hamburg hielten. Parallel dazu gingen die Arbeiten am AKW Brokdorf weiter und noch im selben Jahr wurde das Kraftwerk fertig gestellt. „Eine reine Provokation“, ereifert sich Rosemarie Rübsamen noch heute angesichts der Geschehnisse von damals.

In diesen Tumult hinein kam jener Brief von Helmut Häuser, der schließlich den Anstoß gab für einen Verein, dessen Name „Umschalten e.V.“ Programm ist. „Wir haben lange über den Namen nachgedacht“, erinnert sich Häuser. Er sollte ausdrücken, was die Vereinsmitglieder wollten: umschalten nämlich, den Hebel umlegen, neue (Energie-) Quellen erschließen. Sie wollten kleine Schritte gehen für die Verwirklichung einer großen Vision: die Atomkraft durch regenerativen Strom aus dem öffentlichen Netz zu verdrängen. Mit diesem Ziel gründeten Rosemarie Rübsamen, Helmut

Häuser und fünf weitere „Energiewender" am 7. Januar 1987 den Verein.

Die sieben Vereinsmitglieder wählten Rübsamen zur ersten Vorsitzenden, Häuser war zuständig für die Projektierungen. Das erste Projekt des neuen Vereins sollte eine Windturbine sein. Nach einem Standort für das erste Windrad von „Umschalten" brauchte der frisch gebackene Projektleiter nicht lange zu suchen. Aus der Brokdorf-Prozessgruppe kannte Häuser den Landwirt Albert Reimers aus Großwisch bei Wewelsfleth. „Wir sind die 80. Generation nach Christus", sagt Reimers. „Für die nächsten 800 Generationen muss man die Stoffe verstecken, die in dem Atomkraftwerk produziert werden." Seit 1973 ist der mittlerweile über 68-Jährige im Widerstand gegen dieses kurzsichtige und verantwortungslose Treiben. Für ihn war es eine Selbstverständlichkeit, seinen Acker in der Nähe des AKW für dieses Alternativprojekt zur Verfügung zu stellen. Jetzt fehlte dem Verein nur noch eine „Kleinigkeit": Geld. Viel Geld. Mindestens 300 000 Mark für eine Windturbine.

Es waren Hunderttausende, die in Brokdorf gegen das Atomkraftwerk demonstriert hatten, die den Ausstieg wollten, doch nur wenige der alten Kämpfer hatten Geld übrig für so eine Investition. So waren es vor allem Kirchengruppen, die ihre Ersparnisse in den Verein „Umschalten" steckten. Über 100 Geldgeber fanden sich im Laufe von zwei Jahren und brachten über eine Million Mark zusammen. Es ist der Vorteil dieses Finanzierungsmodells, dass viele Überzeugungstäter mit einer relativ geringen Beteiligung ihren Strom selbst auf umweltschonende Weise produzieren können. Häuser musste jedoch schnell auch die Kehrseite erkennen: „Gemeinschaftsanlagen bedeuten einen enormen Verwaltungsaufwand."

Sie mussten sich neu strukturieren, denn, so findet Häuser: „Ein Verein ist keine gute Grundlage für ein Millionenprojekt." So gründete der Verein „Umschalten" im März 1989 die Betreibergesellschaft „Umschalten Windstrom Wedel GmbH & Co KG", kurz UWW. Am 1. November des gleichen Jahres ging die erste Gemeinschaftsanlage in Deutschland ans Netz, eine 75-kW-Anlage der Firma Lagerwey. Sie steht in Wewelsfleth in Sichtweite des AKW Brokdorf – als Symbol für eine umweltfreundliche und ungefährliche Form der Stromerzeugung.

Innerhalb des folgenden Jahres errichtete „Umschalten" die Anlagen zwei und drei. Hinzu kamen später ein Blockheizkraftwerk und ein Wasserkraftwerk. Kurz nach der Gesellschaftsgründung trennten sich Verein und Betreibergesellschaft und damit auch die Wege von Helmut Häuser und Rosemarie Rübsamen. Für Häuser eine logische Konsequenz: „Eine Elefantenherde, die zu groß wird, teilt sich irgendwann auch." Und überhaupt sei er nicht für so große Geschichten.

Helmut Häuser ist sein eigener Herr geblieben. In der Ingenieur-Werkstatt Energietechnik (IWET), berät und begutachtet er zusammen mit drei anderen selbstständigen Kollegen zahlreiche Windprojekte in ganz Deutschland. Seit 1988 gibt er das Heft „Monatsinfo" heraus. In dieser „Information von Betreibern für Betreiber" sind die Betriebsdaten verschiedener Anlagen in ganz Deutschland auf Grundlage der Betreiber-Datenbasis aufgearbeitet und statistisch ausgewertet. Besonders privaten Windmüllern bietet dieser Austausch eine gute Kontrolle bei der Bewertung der Betriebsergebnisse ihrer Anlagen.

Rosemarie Rübsamen sieht die Trennung von Vereinsarbeit und Betrieb von Windturbinen unter einem anderen Aspekt. „Mit der Gesellschaftsgründung haben wir den Sprung gemacht vom Ideellen zum Kommerziellen", resümiert die Engagierte mit einem lachenden und einem weinenden Auge. Denn einerseits ging es ihr primär darum, Windräder aufzustellen und eine Wende in der Energiepolitik voran zu bringen; andererseits erkennt sie, dass die Pioniere fast immer auf der Strecke bleiben, wenn das große Geld Einzug hält.

Wenn Rosemarie Rübsamen an die Vereinszeit zurückdenkt, dann reflektiert sie auch über das Pionierwesen und speziell über die Rolle der Frauen in der Pionierarbeit. „Frauen sind sehr oft Pioniere, man findet sie aber selten auf höheren Posten", bemängelt Rübsamen. Und sie hat auch eine Theorie, warum das so ist: Pioniere hätten in der Regel kein Interesse an Posten und Pfründen. Ihnen ginge es um die Sache an sich. Sie würden gern einen unberührten Acker bearbeiten, ohne eigene Territorialansprüche. Daneben gäbe es die „Machthungrigen", die erst hinter dem Busch warten und sich dann auf das Feld begeben und sagen: Das hier ist jetzt mein Gebiet. Derartige Machtspielchen sind Frauen und Pionieren gleichermaßen fremd.

Rosemarie Rübsamen hat ihren Platz in der von Männern dominierten Windszene gefunden. Nach einigen persönlichen Enttäuschungen begann sie, selbst Windkraftanlagen zu planen und zu projektieren. „Planungsbüro für Windenergie" heißt ihr Unternehmen in Halstenbek bei Hamburg. Ihr liegen vor allem Projekte am Herzen, die neben dem ökologischen auch einen sozialen Ansatz verfolgen, und natürlich Frauenprojekte. In Lübow bei Wismar errichtete sie 1995 gemeinsam mit der Mecklenburger Elektrotechnikerin Brigitte Schmidt und der Schweizer Anlageberaterin Thea Hefti einen Windpark als Öko-Kunstwerk mit bemalten Türmen. Für diese Verbindung von Ökologie und Kunst im Windpark Lübow erhielt das Trio 1996 den Europäischen Solarpreis.

Ungefähr zu der Zeit, als in Hamburg die erste UWW-Anlage ans Netz ging und in Norden mit dem Bau des zweiten Windparks begonnen wurde, erschien auch im nordfriesischen Friedrich-Wilhelm-Lübke-Koog ein unbekannter Besucher mit einem merkwürdigen Anliegen. Der Chef der Husumer Schiffswerft (HSW) Uwe Niemann suchte das Gespräch mit den Gemeindevertretern. Er wollte allerdings keine Schiffe verkaufen, sondern 50 Windturbinen mit einer Gesamtleistung von 12,5 Megawatt an den Außendeich des nördlichsten Koogs Deutschlands stellen. Die Finanzierung würde über ein im Schiffbau erprobtes Modell erfolgen, das für die Windkraft ein Novum darstellte: eine Fondsgesellschaft wollte den Windpark mit 250-kW-Anlagen von HSW finanzieren. Den Koogern sollte dabei eine Beteiligung an dem Projekt vor allen anderen angeboten werden.

Die knapp 200 Einwohner waren zumeist skeptisch. Der Fonds war so aufgelegt, dass sich die Investition in erster Linie für Anleger mit hohem Einkommen über die steuerliche Verlustzuweisung rechnet. Für einfache Landwirte war dieses Modell nicht sehr interessant. Und dann war da noch die Skepsis gegenüber den Windturbinen. Große Stückzahlen wurden noch nicht hergestellt. Keiner wusste, wie zuverlässig die dreiflügeligen Maschinen seien, welche Auswirkungen die Anlagen haben könnten, wie laut sie seien, ob sie optisch stören würden. Trotz dieser Zweifel stimmten die Gemeindevertreter mit acht zu einer Stimme für den Bau von 50 Windrädern auf dem Friedrich-Wilhelm-Lübke-Koog. „Wenn nicht wir etwas für die Umwelt tun, wer dann?" So einfach klang die Begründung.

So einfach war die Entscheidung, die der Startschuss für einen Sommer voller Bagger, Kräne und Lastwagen sein sollte. Täglich sahen die Nordfriesen die Bauarbeiten vor ihrer Haustür: wie die Türme kamen und aufgestellt wurden, wie ein Kran die Gondel auf den Turm zog und schließlich mutige Monteure die Rotorblätter in windiger Höhe anschraubten. Im Dezember 1990 drehten sich die ersten Flügel im Wind und erzeugten sauberen Strom. Es war abzusehen, dass sie bald auch Geld einbringen würden. Geld, das weitgehend in den Süden floss, zu den Fondszeichnern aus Bayern und Baden-Württemberg.

Das Entstehen der Windparks im Friedhelm-Wilhelm-Lübke-Koog ließ einigen Einwohnern keine Ruhe. „Vielleicht ist das ja auch was für uns", fasste Hans-Detlef Feddersen das in Worte, was vielen im Kopf herumschwirrte, spätestens als sie den fertigen Windpark vor Augen hatten. Als typischer Nordfriese redete der Landwirt nicht lange, sondern handelte – zumal in jenen Tagen der Bundestag das Stromeinspeisungsgesetz beschlossen hatte, das erstmals die Vergütung für Windstrom festlegte.

Feddersen, seine Freunde Reimer Hargens und Armin Szeimies sowie ein weiterer Kooger hatten bereits Ende 1990 Bauanträge für eigene Windturbinen gestellt. Am 6. Januar 1991 bündelten sie erstmals ihre gemeinsamen Interessen und unterbreiteten der Gemeindevertretung den Vorschlag, die Sache größer zu stricken. Sie waren sich bewusst, dass es Auswirkungen auf den ganzen Koog haben würde. Am 15. Januar 1991 wurde eine Bürgerversammlung einberufen, um den Koogern den Vorschlag zu unterbreiten, einen eigenen Windpark zu bauen. Einen Windpark der Bürger, einen Bürgerwindpark.

Zwölf Gemeindemitglieder kamen zu der Versammlung. Gemeinsam überlegten sie, wie und wo mit dem Bau von Windrädern begonnen werden könnte. Die zweite Deichlinie, die den Koog nach Osten abgrenzt, schien passend. Da gab es nur ein Problem: Der potenzielle Baugrund entlang des Deiches gehörte 19 verschiedenen Landwirten. Und Hans-Detlef Feddersen weiß aus Erfahrung: „Wenn du drei Bauern unter einen Hut bringen willst, musst du zwei erschlagen."

Doch Reimer Hagens sagte dazu erstmals die Worte, die er im Laufe des Planungsverfahrens noch öfter von sich geben sollte: „Geit nich, gifft dat nich." Zu Hochdeutsch: „Geht nicht, gibt's nicht." Am nächsten Tag setzten Hans-Detlef Feddersen und Reimer Hargens ein Schreiben an alle Gemeindemitglieder auf, in dem sie über das Vorhaben informierten und zur Gründung einer „Interessengemeinschaft für den Bau von Windkraftanlagen" einluden. Am 23. Januar war es so weit und es kamen schon 23 Einwohner.

Immer noch waren einige der 19 Grundstückseigentümer zu überzeugen, ihr Land für den Bau eines Windparks herzugeben. Und die stellten nur eine Bedingung: Der Park muss Eigentum der Bewohner des Friedrich-Wilhelm-Lübke-Koog werden. Dieses Versprechen konnten die Mannen um Hans-Detlef Feddersen problemlos geben. Gerade mal zwei Monate danach, am 25. März 1991, gründeten 33 Gesellschafter die Bürgerwindpark Lübke-Koog GmbH. 3 000 Mark war der Einsatz. „Eine Kapitalanlage, die auch hätte zum Teufel gehen können", gibt Feddersen zu bedenken. Denn Anfang der Neunziger war noch keine Rede davon, dass die Beteiligung an einem Windpark eine durchaus interessante Geldanlage sein könnte.

Doch je näher der Baubeginn rückte, desto mehr Kooger wollten sich beteiligen. Bis die Gesellschafter mit Bekanntgabe des Förderbescheids aus dem Bundesforschungsministeriums am 13. September 1991 einen Strich zogen – da waren es 44.

Nach der Standortfrage stand als nächstes die Wahl einer geeigneten Windturbine auf dem Programm. Der Platz war knapp und die Stromerzeugung sollte möglichst ergiebig ausfallen. 300 Kilowatt war die unterste Grenze. Nur wenige Hersteller konnten Anfang der Neunzigerjahre Jahre Windräder in dieser Klasse anbieten. Das erleichterte den Koogern die Entscheidung. Es kamen schließlich nur noch zwei Anlagentypen in Frage: die Enercon E-33 mit 300 Kilowatt und die AN Bonus mit 450 Kilowatt Leistung.

Die Männer aus dem Lübke-Koog hatten keinerlei Erfahrungen mit der Windenergie, als sie sich Angebote über 22 Maschinen einholten. Als die Delegation mit ihrer ganzen Unwissenheit in Bremen bei AN Windenergie aufkreuzte, reagierte der zuständige Vertriebsleiter Norbert Giese deshalb auch sehr ungläubig. Er konnte sich nicht vorstellen, dass diese jungen Männer tatsächlich solch eine Millionen-Investition tätigen würden – und hat sich bitter getäuscht. „Es war einer meiner schwärzesten Tage", resümiert Giese rückblickend. „Ich habe die einfach nicht für voll genommen."

Auch bei Enercon staunte man nicht schlecht, als die Anfrage einging. Nicht nur der Inhalt war erstaunlich, auch die Form: Auf einem karierten Blatt Papier, herausgerissen aus einem einfachen Schulheft, fragte die Crew um Hans-Detlef Feddersen nach einem Angebot für 22 Windräder à 300 Kilowatt. Sie wusste nicht, dass es der bis dahin größte Auftrag für das Auricher Unternehmen sein sollte. Der damalige Vertriebsleiter für Schleswig-Holstein Manfred Lührs nahm sie ernst. Er lud die Kooger zu einer Betriebsbesichtigung nach Aurich ein und brachte sie mit Gustav Adolf Küchenmeister, dem damaligen zweiten Gesellschafter neben Aloys Wobben, zusammen. Letztlich waren es neben dem Vertrauen in die Person Küchenmeisters auch die guten Erfahrungen ihres Nachbarn Gerhard Jessen mit seiner E-32, die den Ausschlag für die Firma Enercon gaben.

Rund 16 Millionen Mark sollte der Spaß kosten. „Das sprengte alles, was bisher gewesen ist", erinnert sich Feddersen. Es wurde ein großer Mix aus den verschiedensten Töpfen: Die ersten sieben Anlagen förderte das Land Schleswig-Holstein zu knapp einem Viertel, die nächsten sieben bekamen die Zuschüsse aus dem 250-MW-Programm des Bundesforschungsministeriums, dann gab es noch einen Bankkredit der regionalen Raiffeisenbank und schließlich 2,3 Millionen aus dem Eigenkapital der Kooger. Hans-Detlef Feddersen erinnert sich noch sehr gut an den ersten Besuch bei der Raiffeisenbank. „Wir wussten gar nicht, was wir anziehen sollen, um als seriöser Kunde eines 16-Millionen-Mark-Projektes ernst genommen zu werden."

Im Herbst 1992 begann die Pfahlgründung für die ersten 14 Windräder entlang der zweiten Deichlinie auf dem Friedrich-Wilhelm-Lübke-Koog. Am 10. Dezember des Jahres war die offizielle Einweihung des Bürgerwindparks – und diesmal blieb das Geld, das diese Mühlen brachten, im Koog. Zur Einweihung schenkte Manfred Lührs den Koogern die Anfrage nach den Windrädern auf dem karierten Blatt aus dem Schulheft in einem Rahmen.

Es war nicht der erste Bürgerwindpark in Deutschland. Der wurde drei Monate vorher im nicht allzu fernen Bredstedt eingeweiht. Aber Lübke-Koog war das bis dahin größte Windprojekt in Bürgerhand. Noch bevor die 14 Maschinen vom Typ E-33 liefen, änderten die Initiatoren den Auftrag für die restlichen acht Anlagen. Denn Enercon hatte mittlerweile getriebelose 500-kW-Maschinen unter der Bezeichnung E-40 im Probebetrieb, und genau diese Maschinen wollten die Kooger für ihren Park haben.

Bis zum Jahr 1999 folgten weitere 18 Anlagen – alle vom Auricher Hersteller Enercon. Das Beispiel Lübke-Koog hat Schule gemacht. Die Idee der Bürgerbeteiligung hat sich durchgesetzt. Mit Ausnahme des HSW-Windparks an der ersten Deichlinie werden fast alle Anlagen in Nordfriesland von einheimischen Bürgern oder Kommunen betrieben. Das hat sehr zur allgemeinen Akzeptanz der Windkraft beigetragen, die in dieser Region neben Landwirtschaft und Tourismus das dritte Wirtschaftsstandbein ist. „Mittlerweile beziehen die Bauern ein nicht zu verachtendes Zusatzeinkommen dank der Windkraft", sagt Hans-Detlef Feddersen und ergänzt nachdenklicher: „Wer weiß, ob ohne die Anlagen alle hier geblieben wären."

Feddersen bezeichnet sich selbst als „primär Landwirt". Doch die Windkraft frisst immer mehr Zeit. Die Anlagen der ersten Ausbaustufen haben sich längst amortisiert. Im Sommer 2004 wurden sie durch 16 Vestas V80 ersetzt mit jeweils zwei Megawatt Leistung. Die Gesamtleistung des Parks hat sich durch dieses Repowering mehr als verdoppelt, während die Gesamtzahl der Anlagen auf 24 verringert werden konnte.

Seit ein paar Jahren brütet Feddersen zusammen mit acht anderen Nordfriesen an einem noch größeren Vorhaben: dem bundesweit ersten Offshore-Bürgerwindpark Butendiek, was auf Hochdeutsch „Vorm Deich" heißt. 80 Windturbinen à drei Megawatt Leistung wollen sie mehr als 35 Kilometer vor Sylt in die Nordsee stellen. Butendiek soll nach dem gleichen Modell finanziert werden, wie es sich seit den ersten Bürgerwindparks bewährt hat. Die Baugenehmigung haben sie bereits seit Ende 2002. Doch die Rahmenbedingungen sind ungleich schwieriger, das Investitionsvolumen gewaltiger und es sind noch mehr Institutionen im Planungsverfahren beteiligt als bei Windparks an Land. Doch Hans-Detlef Feddersen gibt sich zuversichtlich: „Karten auf den Tisch und das Visier hoch", so lautet seine Devise – nicht nur im Falle Butendiek. Denn eines hat auch er aus der Windparkplanung gelernt: „Geit nich, gifft dat nich."

Für die Bürger: Windpark im Friedrich-Wilhelm-Lübke-Koog

Aufwachen nach Tschernobyl – Energiealternativen jetzt!

Tschernobyl erschütterte den Glauben an eine friedliche Nutzung der Kernenergie. Während der gesellschaftliche Protest gegen die Atompolitik zunahm, wuchs auch die politische Bereitschaft, Energiealternativen marktorientiert zu fördern.

Die Investitionsförderprogramme der Bundesländer, das 100/250-MW-Programm des Bundesforschungsministeriums, sowie das Stromeinspeisungsgesetz waren die entscheidenden Förderinstrumente, die der Windenergie in kürzester Zeit zum wirtschaftlichen Durchbruch verhalfen. Deutschland wurde dadurch innerhalb von nur zehn Jahren weltweit zum „Windland" Nummer eins.

Links | Sauberer Strom statt strahlende Hypothek: Windkraftanlage vor dem Atomkraftwerk Unterweser

Rainer Kottkamp | *„Die drei tragenden Säulen der Förderpolitik waren die Investitionszuschüsse aus den Förderprogrammen der Länder, das 100-Megawatt-Programm des Bundesforschungsministeriums von 1989 und last but not least das Stromeinspeisungsgesetz von 1991 – das gab der Windkraft-Entwicklung den entscheidenden Schub."*

***Walter Hirche** | Technologieförderung in Niedersachsen*

Als niedersächsischer Minister für Wirtschaft, Technologie und Verkehr legte Walter Hirche am 26. Februar 1987 das Förderprogramm zur forcierten Anwendung und Nutzung neuer und erneuerbarer Energieträger (FANE) auf. Niedersachsen war damit das erste Bundesland mit einem Breitenförderprogramm für Windkraft, das u. a. Investitionszuschüsse für kommunale und private Betreiber von Windkraftanlagen vorsah. Rainer Kottkamp (Abb. linke Seite) war als Energiereferent im Wirtschaftsministerium für die Umsetzung von FANE verantwortlich. Das weitsichtige Förderprogramm war ein wichtiger Anschub für die Entwicklung der Windkraft zu einer Spitzentechnologie.

Walter Hirche krönte sein Windkraft-Engagement in Niedersachsen mit der Eröffnung des Deutschen Windenergie-Instituts (DEWI) in Wilhelmshaven im Januar 1990. Nach dem Regierungswechsel in Hannover ging der FDP-Politiker nach Potsdam und übernahm das brandenburgische Ministerium für Wirtschaft, Technologie und Verkehr. Dort schob er entsprechend dem niedersächsischen Modell ähnlich wirksame Förderprogramme für die Windenergie an.

Durch technische Innovationen erreichten Windkraftanlagen innerhalb weniger Jahre eine Effizienz, mit der sich ihr Betrieb seit Mitte der Neunzigerjahre auch ohne zusätzliche Mittel aus den Ländern rechnet. Hirche, der 1998 energiepolitischer Sprecher der FDP-Fraktion im Deutschen Bundestag wurde, plädiert daher für eine stetige Degression der finanziellen Förderungen, um die Effizienz der Anlagentechnik weiter zu forcieren.

Als Walter Hirche im März 2003 wieder das Wirtschaftsministerium in Niedersachsen übernimmt, ist die Windkraft ein bedeutender Wirtschaftsfaktor zwischen Nordsee und Harz und liegt das Land an der Spitze, sowohl in der installierten Windkraft-Leistung als auch – als Heimat der beiden größten deutschen Hersteller – in der Technologie.

Oben | Walter Hirche auf der Hannover-Messe: „Ziel unserer Förderung war die Technologie-Entwicklung."

Günther Jansen |
Vision für den Atomausstieg

Günther Jansen trat 1988 das Amt des Ministers für Arbeit und Soziales, Jugend, Gesundheit und Energie des Landes Schleswig-Holstein mit dem erklärten politischen Ziel an, den Atomausstieg einzuleiten und gleichzeitig die Weichen für eine alternative Energieversorgung zu stellen.

In den Siebzigerjahren hatte der linke SPD-Politiker gegen den Bau des Brokdorfer Atomkraftwerks demonstriert. Seit er 1975 zum SPD-Landesvorsitzenden gewählt wurde, setzte er eine harte innerparteiliche Debatte zur Atompolitik in Gang. Sie führte dazu, dass die schleswig-holsteinische SPD schon 1979 in ihrem Parteiprogramm den Ausstieg aus der Atomenergie festschrieb.

Eine seiner ersten Amtshandlungen in Kiel war die parlamentarische Vorlage einer Investitionsförderung für Betreiber von Windkraftanlagen, die bis Ende 1992 einen Investitionsschub von 325 Millionen Mark auslöste.

Unter Jansens Ägide wurde 1992 ein Energiekonzept verabschiedet, in dem dargelegt wurde, wie der Kohlendioxid-Ausstoß wesentlich gemindert werden kann – ohne auf die Nutzung der Atomenergie zurückzugreifen. Jansens Vision vom Atomausstieg bekam damit ein klares politisches Programm, das den Handlungsrahmen für eine umwelt- und ressourcenschonende Energieerzeugung im nördlichsten Bundesland absteckt.

Wertschöpfung in Schleswig-Holstein: 1990/91 stellte die Husumer Schiffswerft 50 Maschinen mit einer Gesamtleistung von 12,5 Megawatt im Windpark Nordfriesland auf – damals Deutschlands größter Windpark

Claus Möller | *Akzeptanz für die Rotoren*

Claus Möller übernahm 1993 die Nachfolge von Günther Jansen im umstrukturierten Ressort für Finanzen und Energie, nachdem er fünf Jahre als Staatssekretär in diesem Ministerium gearbeitet hatte. Im Ministeramt war er für die Umsetzung des Energiekonzepts verantwortlich, das unter anderem vorsah, bis zum Jahr 2010 ein Viertel des Strombedarfs in Schleswig-Holstein aus Windkraftwerken zu erzeugen.

Seine vornehmliche energiepolitische Aufgabe sah Möller darin, den boomartigen Ausbau der Windenergie so zu lenken, dass er eine größtmögliche Akzeptanz in der einheimischen Bevölkerung findet. Als erklärter Förderer der Windenergie sah sich Möller dabei immer als Moderator zwischen den Interessen der Betreiber von Windkraftanlagen und den Belangen der Anwohner, Naturschützer und Energieversorger.

„Wir ernteten 1992 von den Stromkonzernen nur ein müdes Lächeln für unser ehrgeiziges Energiekonzept", erinnert sich Möller zurückblickend. Als er im März 2003 sein Ministeramt beendete, erzeugten rund 2 500 Windkraftanlagen bereits mehr als 28 Prozent des zwischen Nord- und Ostseeküste verbrauchten Stroms.

Klaus Rave | *Windstärke 12*

Klaus Rave war unter den Ministern Jansen und Möller von 1988 bis 1995 in Schleswig-Holstein Leiter der Abteilung Energiewirtschaft. Nach seiner Arbeit im Ministerium wurde Rave einer der Geschäftsführer der schleswig-holsteinischen Investitionsbank, die sich in vielfältiger Weise an der Finanzierung im Bereich der Windenergie beteiligt.

Klaus Rave vertritt die Fördergesellschaft Windenergie (FGW), für die er ehrenamtlich tätig ist, im Präsidium der European Windenergy Association (EWEA), deren Präsident er zwischen 1999 und 2001 war. Dabei kann er seine in Schleswig-Holstein gewonnenen Erfahrungen bei der Förderung der Windenergie auf europäischer Ebene einbringen.

Laut der gemeinsam von EWEA und Greenpeace im Mai 2002 veröffentlichten Studie „Windstärke 12" können bis 2020 weltweit zwölf Prozent des erzeugten Stroms aus Windkraft abgedeckt werden. Für Klaus Rave ist dieses Szenario durchaus realistisch – politischer Wille vorausgesetzt. Dann kann es weltweit einen ähnlichen Windkraft-Boom geben wie seinerzeit in Schleswig-Holstein.

Dietrich Austermann | *Wende in der Forschungsförderung*

Dietrich Austermann (Abb. unten) gehörte von 1982 bis 2005 dem Deutschen Bundestag an und setzte sich als dezidierter Befürworter der Windenergie in den Achtzigerjahren für eine Wende in der Windenergie-Förderung ein. Der CDU-Politiker aus Itzehoe machte sich vor allem für den Windenergiepark Westküste stark und sorgte dafür, dass dieser erste Windpark nach der Ölpreiskise 1987 in seinem Wahlkreis errichtet wurde.

Das Forschungsministerium, das bis dahin fast ausschließlich auf die Entwicklung großer Windkraftanlagen gesetzt hatte, unterstützte mit der „Förderung eines Windparks im Rahmen des Energieforschungsprogramms", so der Name des Projektes, erstmals den Betrieb marktreifer Windkraftanlagen.

Dietrich Austermann bildete in den Neunzigerjahren innerhalb der CDU-Fraktion die treibende Kraft für die Beibehaltung des Stromeinspeisungsgesetzes. Seit Mai 2005 ist er Wirtschaftsminister in Schleswig-Holstein.

Peter-Harry Carstensen und Erich Maaß | *Das 100-Megawatt-Programm*

Der heutige schleswig-holsteinische Ministerpräsident Peter-Harry Carstensen (li.) und sein Parteifreund Erich Maaß sind die politischen Väter des 100-Megawatt-Programms, das im März 1989 verabschiedet wurde. Als Abgeordnete von Wahlkreisen an der Küste erkannten die CDU-Politiker früh das wirtschaftliche Potenzial der Windkraft. Sie sahen aber auch, dass Windturbinen nur über Serienproduktion in hohen Stückzahlen zur Wirtschaftlichkeit gelangen können.

Die beiden Parlamentarier, die im Forschungsausschuss des Bundestages saßen, initiierten mit diesem Programm ein mehrjähriges Großexperiment, bei dem Windkraftanlagen verschiedener Typen und an verschiedenen Standorten in einer energiewirtschaftlich relevanten Größenordnung – bis zu einer Gesamtleistung von 100 Megawatt – erprobt wurden. Das Betriebsverhalten der Anlagen wurde im begleitenden wissenschaftlichen Mess- und Evaluierungsprogramm (WMEP) systematisch ausgewertet.

Der Zuschuss von acht Pfennigen auf die erzeugte Kilowattstunde wirkte auf die Betreiber als finanzieller Anreiz, der zum einen die Effektivität der Windkraftanlagen direkt förderte und zum anderen eine Nachfrage nach Windkraftanlagen auslöste. Damit kam das Förderinstrument einem Markteinführungsprogramm gleich. Es löste eine Antragsflut aus, sodass nach der Deutschen Einheit der Umfang des Programms auf insgesamt 250 Megawatt ausgedehnt wurde.

Der Erfolg des 100/250-Megawatt-Programms zeigte, dass die gesicherte Vergütung der erzeugten Kilowattstunde das beste Mittel ist, um die vorhandenen Potenziale zur Erzeugung umweltfreundlicher Energie auszuschöpfen.

Manfred Lüttke | *Durch alle Instanzen*

Der Unternehmer Manfred Lüttke aus Rheinstetten bei Karlsruhe hat einige Kleinwasserkraftwerke in Süddeutschland reaktiviert. In den Achtzigerjahren wehrte er sich auf gerichtlichem Wege gegen die Benachteiligung kleiner Stromerzeuger durch die Energieversorger.

Lüttke kämpfte in mehreren Prozessen für eine angemessene Vergütung von Strom aus Kleinwasserkraftwerken und machte die Erfahrung, dass Klagen gegen die Stromwirtschaft meist durch alle Instanzen bis zum Bundesgerichtshof gehen. Das führte ihn zu der Einsicht, dass faire Vergütung erneuerbarer Energien nur über den gesetzlichen Weg zu regeln ist.

Über den Bundesverband Deutscher Wasserkraftwerke e.V. (BDW) wirkte er an der Ausarbeitung des Stromeinspeisungsgesetzes mit. Heute vertritt Manfred Lüttke die Interessen der Wasserkraftwerksbetreiber im Vorstand des Bundesverbandes Erneuerbare Energie e.V. (BEE).

Ivo Dane | *Das Grundrecht auf Windstromerzeugung*

Der Rechtsanwalt Ivo Dane aus Völlenerfehn bei Papenburg gehörte 1974 zu den Gründungsmitgliedern des Vereins für Windenergieforschung und -anwendung (VWFA), dem Vorläufer des heutigen Bundesverbandes Windenergie. In zahlreichen Prozessen ebnete er juristisch den Weg für das „Grundrecht eines Bürgers, eine Windkraftanlage zu installieren und seinen Strom angemessen vergütet zu bekommen".

Bereits 1983 brachte Dane ein Verfahren vor das Bundesverwaltungsgericht, in dem entschieden wurde, dass volleinspeisende Windkraftanlagen den Anlagen öffentlicher Stromversorger juristisch gleichzusetzen sind und damit ihre Errichtung im Außenbereich nach § 35 BauGB privilegiert ist.

Im Auftrag der Deutschen Gesellschaft für Windenergie arbeitete Dane 1981 und 1983 Vorlagen für Gesetzentwürfe aus, die eine feste, kostendeckende Einspeisevergütung für erneuerbare Energien vorsahen, damals aber abgelehnt wurden.

Diese Erfahrung brachte er für die Windkraftverbände auch in die Vorlage zum Stromeinspeisungsgesetz von 1991 ein. Die Umsetzung seiner früheren Ideen im Erneuerbare-Energien-Gesetz von 2000 erlebte er nicht mehr. Ivo Dane verstarb am 14. Dezember 1999 im Alter von 75 Jahren.

Matthias Engelsberger und Wolfgang Daniels | *Schwarz-grüner Coup – das Stromeinspeisungsgesetz*

Der Wasserkraftwerker und CSU-Politiker Matthias Engelsberger und der Grüne Wolfgang Daniels, Physiker und langjähriger Aktivist gegen die geplante Wiederaufbereitungsanlage Wackersdorf, ebneten im Sommer 1990 mit einer einzigartigen interfraktionellen Kooperation den Weg für das Stromeinspeisungsgesetz. Die beiden Bundestagsabgeordneten aus Bayern sorgten als energiepolitische Sprecher ihrer Parteien dafür, dass das Gesetz alle parlamentarischen Hürden passierte.

Mit Inkrafttreten des Gesetzes am 1. Januar 1991 wurden die Energieversorger erstmals verpflichtet, Strom aus regenerativen Energien mit einem festgelegten Mindestpreis zu vergüten. Während für Kleinwasserkraftwerke 65 bis 75 Prozent des bundesweiten Durchschnittsstrompreises festgeschrieben wurden, setzte man für Windstrom eine Vergütung von 90 Prozent an – das entsprach in etwa 17 Pfennigen pro Kilowattstunde.

Mit diesem epochalen Coup für die Entwicklung der regenerativen Energien verabschiedeten sich beide Parlamentarier aus dem Bundestag. Matthias Engelsberger war noch bis 2002 Präsident des Bundesverbandes Deutscher Wasserkraftwerke und ist heute Ehrenpräsident des Bundesverbandes Erneuerbare Energie. Wolfgang Daniels zog 1991 nach Dresden und gründete mit der Sachsenkraft GmbH ein Ingenieurbüro für die Planung von Wind- und Wasserkraftwerken.

Oben | Matthias Engelsberger im Wasserkraftwerk Zollhauswehr in Ainring an der Salzach

Rechts | Es werde Strom: Wolfgang Daniels im heute reaktivierten Wasserkraftwerk in Lohmen in Sachsen

Jürgen Trittin | *Weichenstellung*

Als erster grüner Bundesumweltminister der deutschen Geschichte hat Jürgen Trittin maßgeblichen Anteil daran, dass die rot-grüne Bundesregierung seit 1998 erkennbare politische Weichen für eine Energiewende gestellt hat.

Höhepunkt seiner ersten Amtsperiode war die Einleitung des Atomausstiegs. Auch wenn der dabei von der Bundesregierung mit der Stromwirtschaft ausgehandelte Kompromiss einigen Reaktoren Laufzeiten von bis zu 32 Jahren zugesteht, ist der von der Mehrheit der Bevölkerung befürwortete Atomausstieg eine strategische Vorgabe für die ökologische Modernisierung der Energiewirtschaft.

Neben Energieeffizienz und Energieeinsparung setzt Trittin für den Ersatz der atomaren Kraftwerksleistung vor allem auf den Ausbau der erneuerbaren Energien. Indem er zu Beginn seiner zweiten Amtsperiode die Zuständigkeit für die Öko-Energien aus dem Wirtschaftsressort in sein Ministerium holte, sorgte Jürgen Trittin für unbürokratischere und effektivere Fördermodalitäten. Die verbesserten energiepolitischen Rahmenbedingungen lösten einen Investitionsschub in der Branche der regenerativen Energien aus, in der bislang über 130 000 zukunftsfähige Arbeitsplätze entstanden sind. Das zeigt, dass konsequente Umweltpolitik zugleich wirkungsvolle Wirtschaftsförderung ist.

Hermann Scheer |
Strategie für eine solare Zukunft

Hermann Scheer ist einer der Vordenker des solaren Zeitalters. Der promovierte Wirtschafts- und Sozialwissenschaftler und ehemalige Leutnant der Bundeswehr hat den kriegerischen Tanz um die globalen Ressourcen und das damit verbundene ökonomische, klimatische und soziale Desaster analysiert. Seit Jahren entwickelt er einen immer konkreteren Gegenentwurf für eine nachhaltige Ökonomie, die sich nicht nur von vermeintlichen „Marktgesetzen" emanzipieren muss, sondern auch von der atomar-fossilen Energieversorgung. Daher ist für ihn die Energiebereitstellung auf der Basis regenerativer Quellen ein elementarer Aspekt einer zukünftigen solaren Weltwirtschaft.

Scheer ist jedoch nicht nur Visionär, sondern auch Pragmatiker. Seine Analyse und Vision ist Entscheidungsbasis für konkrete politische Arbeit als Abgeordneter des Deutschen Bundestages. Der Sozialdemokrat war maßgeblich an der Ausarbeitung des Gesetzes für den Vorrang Erneuerbarer Energien, kurz Erneuerbare-Energien-Gesetz (EEG), beteiligt. Dieses im Jahr 2000 verabschiedete Regelwerk novelliert das Stromeinspeisungsgesetz von 1991 und reagiert auf die geänderten Bedingungen nach der Öffnung der europäischen Strommärkte. Es schreibt die Vergütung für regenerativ erzeugten Strom unabhängig vom Durchschnittspreis fest und gewährt ihm vorrangigen Zugang zum Netz.

Scheer sieht im EEG einen pragmatischen Schritt auf dem Weg zur Verwirklichung seiner Vision. Der Gründer und Präsident der Europäischen Solarenergievereinigung EUROSOLAR e.V. wirbt in flammenden Plädoyers in der eigenen Partei, im Parlament und in der Öffentlichkeit für diese ökonomische und ökologische Alternative zu den derzeitigen selbstzerstörerischen Wirtschafts- und Lebensformen. Hermann Scheer erhielt für sein Engagement für eine nachhaltige Weltwirtschaft 1999 den Alternativen Nobelpreis.

Ralf Köpke

Dicht, rappeldicht ist an diesem Freitagnachmittag der Luftraum zwischen Frankfurt und Düsseldorf. „Ja mei, Herr Kollege, Sie auch hier?" Matthias Engelsberger, alter Fahrensmann der CSU-Bundesfraktion, geht auf Wolfgang Daniels zu. Auch den Grünen zieht es nach der Parlamentswoche im Frühsommer 1989 in die bayrische Heimat, den einen in Richtung Traunstein, den anderen nach Regensburg. Termine, Freunde und Familie warten. Dass die Lufthansa-Maschine nach München-Riem mit zwei Stunden verspätet angekündigt ist, registrieren beide Politiker mit Verdruss. Um die Wartezeit zu überbrücken, zieht das Duo ins Flughafen-Restaurant.

Rückblickend sagt der gebürtige Niederrheiner Daniels, sei an diesem Tag auf dem Köln-Bonner Flughafen das Stromeinspeisungsgesetz strategisch vorbereitet worden. Der Schwarze und der Grüne kennen sich, beide sitzen im Forschungsausschuss. „Von unserer Partei hat Engelsberger nie viel gehalten, da wir beide aber studierte Ingenieure waren, gab es so etwas wie eine gemeinsame Ebene", sagt Daniels schmunzelnd über den CSU-Mann.

Gemeinsamer Nenner beider ist auch die Energiepolitik. Daniels ist nach seinem Physikstudium in Regensburg hängen geblieben. Die oberpfälzische Universitätsstadt entwickelte sich in den frühen Achtzigerjahren zu einem der Widerstandszentren gegen die atomare Wiederaufbereitungsanlage im nahen Wackersdorf im Landkreis Schwandorf. „Ich weiß nicht, wie oft ich damals an unseren Proteständen von den Leuten gefragt worden bin, was wir denn für eine Energie wollen, wenn nicht Atom, Kohle und Öl", lässt Daniels ein Stück bundesdeutscher Energiegeschichte Revue passieren. „Die Antwort war klar: Wind, Solar, Biomasse und Wasser – und zwar so viel wie möglich."

Vor allem von den ökologischen Vorteilen der Wasserkraft muss Matthias Engelsberger niemand überzeugen. Das Bundestagshandbuch weist den Elektrotechniker, der den Wahlkreis Traunstein zwischen 1969 und 1990 in Bonn vertritt, als Betriebsinhaber aus. Die Firma Joh. Engelsberger Energieversorgungsunternehmen betreibt seit Jahrzehnten einige kleinere Wasserkraftwerke in Oberbayern, Matthias Engelsberger ist zudem seit 1978 Präsident des Bundesverbandes Deutscher Wasserkraftwerke e.V. – ein Wasserwerker sozusagen von Geburt an. Umso mehr ärgert ihn die Blockadehaltung der Vereinigung Deutscher Elektrizitätswerke (VDEW), den Mühlenbesitzern die eingespeiste Kilowattstunde mit lediglich zweieinhalb bis vier Pfennigen zu vergüten. „Wir saßen in den Achtzigerjahren wiederholt mit VDEW-Leuten in Frankfurt und Bonn zusammen, da gab es kaum Bewegung", erinnert sich der CSU-Mann.

Selbst als die Stromversorger zum Jahreswechsel 1986/87 den Einspeisepreis nach der so genannten Verbändevereinbarung auf sechs bis neun Pfennige pro Kilowattstunde anhoben, seien nur die wenigsten privaten Betreiber damit wirtschaftlich über die Runden gekommen.

Apropos Verbändevereinbarung: Die erste Regelung dieser Art stammte aus dem Jahr 1979. In diesem Agreement zwischen der , dem Bundesverband der Deutschen Industrie (BDI) und dem Verband der Industriellen Energie- und Kraftwirtschaft hatte sich die Energiewirtschaft erstmals bereit erklärt, fremd erzeugten Strom in ihre Netze aufzunehmen. Ein absolutes Novum: Bis dahin waren industrielle Stromerzeuger oder auch Wasserkraftwerker auf Gedeih und Verderb dem für sie zuständigen Stromversorger ausgeliefert gewesen. Das noch aus der Hitler-Zeit stammende Energiewirtschaftsgesetz – offizieller Titel: Gesetz zur Förderung der Energiewirtschaft vom 13. Dezember 1935 – begründete ihre Monopol- und Machtstellung, ein Gesetz, das übrigens erst 1998 im Zuge der von der Europäischen Kommission forcierten Liberalisierung der Energiemärkte geändert wurde.

Ihre Machtstellung ließ die Stromwirtschaft auch die Vertreter der Wasserkraft immer wieder spüren. „Die VDEW hat sich einfach nicht bewegt", erzählt Engelsberger mit gehobener Stimme. Wann ihm der Geduldsfaden riss, weiß der Oberbayer noch genau. „Als ich bei einem dieser Treffen sagte, wir würden die höhere Vergütung dann gesetzlich durchsetzen, hat mich der damalige VDEW-Hauptgeschäftsführer Joachim Grawe angelacht und gemeint, das sei ein Ding der Unmöglichkeit."

Genau um die Frage, wie dieses Gesetz organisatorisch eingestielt werden kann, geht es bei dem „Zwei-Stunden-Gespräch" zwischen Engelsberger und dem Grünen Daniels auf dem Flughafen Köln-Bonn. Beide wissen um die einflussreichen Kohle- und Atomlobby innerhalb der Unionsfraktion. „Mein Vorschlag lautete deshalb, einen interfraktionellen Antrag ins Parlament einzubringen", erinnert sich Wolfgang Daniels.

Und Engelsberger beginnt, Unterschriften quer durch alle Fraktionen zu sammeln. Seinen Antrag mit dem Arbeitstitel „Förderung des Aufkommens von elektrischem Strom aus Wasserkraft, Wind- und Solarenergie oder anderer regenerativer, unerschöpflicher Energie" unterstützen rund 70 Parlamentarier, darunter 50 aus den Reihen der CDU/CSU. Engelsberger: „Mich kannten die meisten unserer Leute, die wohl gedacht haben: ‚Wenn das vom Matthias kommt, wird's schon stimmen.'"

Das Papier mit seinen fünf Artikeln sieht vor, die Energieversorger zu verpflichten, Ökostrom zu den gleichen Bedingungen wie konventionellen Strom ins Netz zu nehmen. Und nicht nur das – jeder Betreiber soll eine Vergütung erhalten, die den Kosten entspricht, „wie diese bei der Verstromung deutscher Steinkohle in rauchgasgereinigten Kraftwerken unter

Berücksichtigung aller Kostenfaktoren durch die Einspeisung vermeidbar sind".

Zu den Unterzeichnern zählt damals auch Erich Maaß. Zusammen mit seinem Kollegen Peter-Harry Carstensen ist der gebürtige Wiener der politische Vater des 100-Megawatt-Programms für den Windkraft-Ausbau. Beide Abgeordnete von der Küste, der eine aus Wilhelmshaven, der andere aus dem nordfriesischen Nordstrand, hatten die Entwicklung in Dänemark vor Augen: Die Windkraft sollte für die damals schon kränkelnde Landwirtschaft zu einem zweiten wirtschaftlichen Standbein werden. Bereits 1983 hatte das Duo von Forschungsminister Heinz Riesenhuber ein Sonderprogramm gefordert, das die Entwicklung von kleinen Windturbinen vorantreiben und ihnen in einer Größenordnung von insgesamt 400 bis 500 Megawatt den Markteinstieg erleichtern sollte – was in etwa der Leistung eines kleineren Kohlekraftwerkes entspricht. Bis dahin hatte das Riesenhuber-Ministerium Gelder fast ausschließlich für die Entwicklung von Großanlagen locker gemacht.

Doch erst als nach der Reaktorkatastrophe von Tschernobyl im April 1986 Energiepolitik wieder in den Mittelpunkt der Öffentlichkeit rückt, wird die Diskussion über Energiealternativen auch in Bonn politisch „salonfähig". Mit Wiener Charme und friesischer Beharrlichkeit schaffen es die zwei, die damals im Forschungsausschuss sitzen, Riesenhuber auf ihre Seite zu ziehen. Dem Mann mit der Fliege schwebt allerdings ein behutsameres Programm mit einem Umfang von bis zu 100 Megawatt vor, das nach dem Gang durch die parlamentarischen Instanzen am 10. März 1989 in Kraft tritt. Neu errichtete Windkraftanlagen bekommen auf jede erzeugte Kilowattstunde eine Zusatzvergütung von acht Pfennigen, Kleinanlagen einen Investitionskostenzuschuss. Die Förderung wird gekoppelt an die Teilnahme am wissenschaftlichen Mess- und Evaluierungsprogramm (WMEP). Über das WMEP werden die Betriebsdaten der Anlagen gesammelt, am Institut für Solare Energieversorgungstechnik in Kassel ausgewertet und die Ergebnisse den Herstellern und Betreibern zur Verfügung gestellt.

Dank der großen Nachfrage und der deutsch-deutschen Wiedervereinigung muss die Bundesregierung das Programm 1991 auf ein Gesamtvolumen von 250 Megawatt aufstocken. Die Zusatzvergütung wird dabei von acht auf sechs Pfennige je Kilowattstunde gesenkt.

Den beiden schwarzen Windfans wird immer wieder vorgeworfen, ein verstecktes Subventionsprogramm losgetreten zu haben. „Wir haben in der Tat eine versteckte Markteinführung gemacht. Dazu stehe ich nach wie vor, nachdem ich sehe, welche Entwicklung wir ermöglicht haben", bekennt Erich Maaß heute. Und: „Wenn ich mir aber überlege, wie wir die Kernenergie, deren Nutzung ich weiterhin befürworte, subventioniert haben, und wenn ich sehe, wie wir die Kohle mit Milliarden unterstützt haben und unterstützen, war es der richtige und kluge Weg, die Windkraft voranzubringen."

Rückblickend lässt sich heute sagen: Mit ihrem Insistieren auf diese Fördergelder, von denen insgesamt über 1 500 Turbinen profitierten, haben die beiden CDU-Abgeordneten den richtigen Riecher bewiesen. Neben den Investitionsförderprogrammen der Länder Niedersachsen, Schleswig-Holstein und Nordrhein-Westfalen und dem damals noch nicht beschlossenen Stromeinspeisungsgesetz hat das 100/250-MW-Programm über den Umweg einer Betreiberförderung den deutschen Herstellern den Markt geöffnet. Damit wurden die finanziellen Impulse gegeben, die für eine kontinuierliche Weiterentwicklung der Maschinen notwendig waren.

In der ZEIT erinnert sich Maaß später an Reaktionen auf seine Initiativen: „Sie können sich kaum vorstellen, was das für zwei junge Abgeordnete bedeutete. Kollegen von SPD und den Grünen zwinkerten uns viel sagend zu, weil sie einen Einbruch ihrer Anti-Atomenergie-Haltung in die Union erreicht zu haben glaubten. Einige Kollegen meiner Fraktion hielten uns für – gelinde gesagt – unseriös. Andere wieder verdächtigten uns, nur neue Subventionstatbestände zu schaffen."

Diesen Vorwurf lehnt Maaß ab, denn für ihn braucht jede neue Technologie eine Entwicklungsförderung. Mit dem Programm wurde die Forschung auf dem Gebiet der Windenergienutzung forciert, und vor allem, weil es einen Zuschlag auf die erzeugte Kilowattstunde gab, die Effektivität der Anlagen gefördert.

Das Stromeinspeisungsgesetz soll nun noch einen Schritt weiter gehen und gesicherte Einspeisevergütungen für alle Formen regenerativer Energie schaffen. Die Unterschriftenaktion von Matthias Engelsberger sei, so Maaß, zur rechten Zeit gekommen: „Sonst wäre es damals nicht zum Einspeisegesetz gekommen."

Initiator Engelsberger muss zuallererst einen Dämpfer einstecken, sein interfraktioneller Antrag stößt der Fraktionsgeschäftsführung sauer auf. Wolfgang Daniels zu den Hintergründen: „Hildegard Hamm-Brücher von der FDP hatte damals eine Parlamentsreform gefordert, mit der die Rechte des einzelnen Abgeordneten gestärkt werden sollten. Und in einem solchem Antrag à la Engelsberger sah die Union einen Zerfall ihrer Fraktionsdisziplin."

Der Grüne erlebt die Gemütslage der Christdemokraten sozusagen live mit – in den Räumen des damaligen Parlamentarischen Geschäftsführers der Union Friedrich Bohl, dem späteren Kanzleramtsminister. „Bei einem Gespräch mit Engelsberger und mir schlug er uns damals einen Deal vor, den wir nicht ablehnen konnten: Verzicht auf den interfraktionellen Antrag, dafür bringt die CDU/CSU den Gesetzentwurf ins Parlament ein." Verbunden damit ist auch, dass der Antrag alle zuständigen Arbeitskreise der Christdemokraten und Parlamentsausschüsse durchlaufen muss. Die Konsequenz dieser Verzögerung, so unkt DER SPIEGEL zur Jahreswende 1989/90: „Vor der Bundestagswahl [am 2. Dezember 1990] läuft nichts mehr, die Atom- und Kohlelobby erhält erneut Aufschub."

Das Hamburger Nachrichtenmagazin hat nicht mit der Hartnäckigkeit von Matthias Engelsberger gerechnet. Für ihn ist 1990 nach 21 Jahren und sechs Legislaturperioden sein letztes Parlamentsjahr. Große politische Debatten oder Anträge sind in dieser Zeit nicht mit seinem Namen verbunden gewesen. Engelsberger weiß genau: „Das Einspeisegesetz würde mein größter politischer Erfolg werden."

Deshalb kämpft der Oberbayer verbissen. Lässt sich nicht aufhalten von der FDP, die im Forschungsausschuss den Antrag um mehrere Monate verzögert. Auch der federführende Wirtschaftsausschuss will erst nicht mitspielen. Der Kompromiss mit dem Energiesprecher der Liberalen Karl-Hans Laermann sieht vor, dass der Ökostromstatt statt einer 1:1-Vergütung je nach Energieart zwischen 75 bis 90 Prozent des durchschnittlichen Strompreises erhält. Von der ursprünglich geplanten Aufnahme der Kraft-Wärme-Kopplung ins Gesetz müssen sich Daniels und Engelsberger dabei ebenfalls verabschieden.

Auch das damals vom FDP-Mann Martin Bangemann geführte Wirtschaftsministerium schaltet sich immer wieder in die Beratungen um den Gesetzentwurf ein. An eine dieser Sitzungen, und zwar an die vom 20. März 1990, erinnerte sich Ivo Dane. Der Rechtsanwalt und Volkswirt aus Völlernerfehn bei Papenburg, gehörte zu den Uralt-Lobbyisten für den Windkraftausbau in Deutschland. Von Beginn an mischte er bei dem 1974 initiierten Verein für Windenergieforschung und -anwendung (VWFA) mit, der sich 1982 in Deutsche Gesellschaft für Windenergie (DGW) umbenannte. Von 1977 bis 1981 war Dane Vorsitzender des Vereins und kämpfte in zahlreichen Prozessen für „das Grundrecht eines Bürgers, eine Windkraftanlage installieren zu können und den Strom angemessen vergütet zu bekommen". Mitte der Achtzigerjahre verließ Ivo Florenz Otto Dane, so sein vollständiger Name, aus Unzufriedenheit den Windverband und gründete seinen eigenen Verein, Windrad e.V.

Auch ihm hatte schon Anfang der Achtzigerjahre eine Art Abnahmeregelung für Windstrom vorgeschwebt. Zu den Kernpunkten seines Entwurfs zählte nicht nur, dass die Netzbetreiber komplett die Anschlusskosten für die Windturbinen bezahlen sollten, sondern auch ein fester Vergütungssatz in Höhe von 70 Prozent des jeweils vor Ort gültigen Strompreisniveaus – ein Ansatz, der erst mit dem im Jahr 2000 beschlossenen Erneuerbare-Energien-Gesetz, dem Einspeisegesetz in zweiter Generation, umgesetzt wird. Dessen parlamentarische Verabschiedung am 25. Februar 2000 erlebt Dane allerdings nicht mehr, knapp zwei Monate zuvor, am 14. Dezember 1999, starb er im Alter von 75 Jahren.

Seine Vorstellungen von einem Einspeisegesetz hatte der „kämpferische, oft verbissene, ideologische, aber visionäre" Jurist, so beschreiben ihn Zeitgenossen, gleich zweimal an die Bundesregierung nach Bonn geschickt. Das erste Mal 1981 noch zu Zeiten von Kanzler Helmut Schmidt, zwei Jahre später das zweite Mal, als im Bundeskanzleramt bereits die neue christlich-liberale Regierung unter Helmut Kohl den Kurs vorgab. Belanglose Schreiben treffen beide Male als Reaktion im Emsland ein.

Umso begeisterter ist Dane von dem Engelsberger-Vorstoß. Widerstand von der Stromwirtschaft, der VDEW, hat der parteipolitisch aktive Sozialdemokrat erwartet. Mit billiger Polemik, wie an diesem 20. März hat er aber nicht gerechnet: „Da meinte einer aus der VDEW-Delegation doch zu uns, was wir denn mit unserer Windkraft wollten, dass sei nur alles Faule-Äpfel-Strom." Der engagierte Vorkämpfer für die Windkraft explodiert. Er rechnet den verdutzten Stromlobbyisten vor, wie umweltschädlich ihr „Drecksstrom" ist und verweist auf das riesige Potenzial der Windkraft zu Land und zu Wasser.

Der Auftritt hat Eindruck gemacht. Am nächsten Tag beschwert sich der zuständige Ministerialbeamte Martin Cronenberg, der im Wirtschaftsministerium die Arbeiten für den Gesetzentwurf zum Stromeinspeisungsgesetz koordiniert, im Büro des Abgeordneten Wolfgang Daniels: „Der alte Herr von der Küste hat es unseren Herren ganz schön gegeben, so etwas hat es noch nie gegeben." Daniels Kommentar fällt knapp aus: „Die haben es auch nötig gehabt."

Es bleibt nicht bei diesem Gespräch. Auch Engelsberger und Daniels sind weiter aktiv. Beide schaffen es mit Versprechungen, Lockungen und ständigem Bitten, dass die Empfehlungen des Wirtschaftsausschusses noch in der letzten Sitzungswoche vor der Sommerpause am 20. Juni 1990 vom Parlament beraten werden. Auch das Wirtschaftsministerium legt am 15. August einen Gesetzentwurf vor, der die Auflage enthält, dass die Stromversorger den Ökostrom abnehmen müssen: „Den Tag weiß ich heute noch so genau, da ich tags zuvor Geburtstag hatte", erinnert sich Dane, der gerne bessere Vergütungssätze in den Entwurf geschrieben hätte.

Unterstützung erhält das ungleiche schwarz-grüne Duo nicht nur vom damaligen DGW-Vorsitzenden Uwe Thomas Carstensen, sondern vor allem von den Wasserwerkern und dem Interessenverband Windkraft Binnenland (IWB). Anton Zeller, Engelsbergers Schwiegersohn, für die Wasserseite und IWB-Mann Heinrich Bartelt betreiben damals gemeinsam Lobbyarbeit. „Wir haben so oft mit den wichtigen Abgeordneten aller Fraktionen telefoniert, dass wir uns auch eine Standleitung nach Bonn hätten legen können." Bartelt, von April 1997 bis Ende 2003 Hauptgeschäftsführer des Bundesverbandes WindEnergie, hatte Ende der Achtzigerjahre bewusst die Kooperation mit den Betreibern der Wasserkraftwerke gesucht. „Die Windseite war damals noch unbedeutend, mit Leuten wie Anton Zeller oder Manfred Lüttke, der zahlreiche Klagen gegen die Stromwirtschaft führte, hatten wir starke Partner gefunden." Dieses damals geschmiedete Bündnis, so Bartelt, habe sich auch in den Folgejahren ausgezahlt.

Auch in den Spätsommerwochen müssen Zeller und Bartelt permanent zum Telefon greifen. Zwar hatten die Regierungsfraktionen von Union und Liberalen am 7. September endlich ihren Entwurf für das Stromeinspeisungsgesetz vorgelegt, damit ist aber längst noch nicht das Plazet der Abgeordneten sicher.

Deshalb gerät Matthias Engelsberger noch zweimal heftig ins Schwitzen. Eine Woche vor der geplanten dritten Lesung im Bundestag, am 5. Oktober, hat die Union ihre entscheidende Fraktionssitzung terminiert. „Als ich um 13 Uhr die Tagesordnung lass, bekam ich einen Schock, da der Gesetzentwurf nicht vermerkt war", schildert der CSU-Mann den Beginn dramatischer Stunden. Auf seine Intervention hin ordnet Friedrich

Bohl, der Parlamentarische Geschäftsführer, bis 15 Uhr den Neudruck der Tagesordnung an – ohne die die Unions-Abgeordneten nicht über den Antrag hätten abstimmen können.

Die Sitzung spitzt sich zu, im Mittelpunkt steht das Wiedervereinigungsgesetz. Konservative Abgeordnete, darunter auch Vertriebenen-Funktionäre, werfen Kanzler Kohl massiv vor, Deutschland zu verraten. Das Gesetz sieht nämlich die Anerkennung der Oder-Neiße-Linie als Ostgrenze des wiedervereinigten Deutschlands vor, was gleichbedeutend mit dem Abschied von früheren deutschen Gebieten in Polen ist – ein Affront für den nationalistischen Flügel innerhalb der Union.

Die andauernden Wortgefechte werden heftiger und wütender – bis Kohl mit hochrotem Kopf aus dem Sitzungssaal stürmt. Nicht nur deshalb fürchtet Engelsberger um seinen Gesetzentwurf, längst ist der Abend angebrochen. „Irgendwann hat auch noch der Ignaz Kiechle, der Bundeslandwirtschaftsminister, ellenlange Betrachtungen zur EU-Agrarpolitik gemacht." Der spätere Postminister Wolfgang Boetsch, der damals die Sitzungsleitung übernommen hatte, will kurz vor Mitternacht zur Glocke greifen. Engelsberger sieht die Handbewegung und stürmt auf den Parteifreund zu. „Wolfgang, das kannst du nicht machen, was ist mit meinem Gesetzentwurf." Mit fränkischer Gelassenheit schaut Boetsch Engelsberger an. „Matthias, das Papier ist doch ein Schmarren. Aber weil du's bist, lass ich noch abstimmen."

Ähnliches Glück haben Engelsberger und seine Unterstützer eine Woche später im Bundestag. Der Plenarsaal hat sich an diesem Freitagnachmittag, dem 5. Oktober sichtbar geleert. „Wäre damals ein Antrag auf Beschlussfähigkeit vor Abstimmung zum Stromeinspeisungsgesetz gestellt worden, wäre es wohl zu einer Vertagung gekommen", erinnert sich Wolfgang Daniels. Auch CDU-Mann Maaß sagt im Rückblick viel sagend: „Das Gesetz hing wirklich am seidenen Faden."

Eine Woche später stimmt der Bundesrat dem Stromeinspeisungsgesetz zu – dank intensiver Vorarbeit von Hermann Scheer. Der Sozialdemokrat hatte sich schon früh um die Zustimmung der Länderkammer, in der im Herbst 1990 die SPD-regierten Bundesländer die Mehrheit hatten, gekümmert: „Wir haben im Bundestag bewusst darauf verzichtet, von Rot-Grün einen eigenen Entwurf für das Einspeisegesetz zu stellen, denn der wäre prompt von der Union abgelehnt worden."

Um diese Ablehnung im Bundesrat zu vermeiden, gewinnt Scheer Reimut Jochimsen, den damaligen Wirtschaftsminister Nordrhein-Westfalens, als Fürsprecher. „Als damaliger Vorsitzender der Wirtschaftsminister-Konferenz hatte sein Votum eine Signalwirkung auf einige SPD-Länder, die nicht geschlossen hinter dem Gesetz standen." Für dieses Vorpreschen muss Scheer Kritik aus der eigenen Fraktion einstecken, insbesondere vom rechten Flügel. „Vor allem Fritz Gautier warf mir damals vor, die SPD frühzeitig und einseitig auf einen Kurs festgelegt zu haben, über den kein Konsens bestand."

Der promovierte Biochemiker Gautier ist nicht irgendwer. Seit 1989 verdiente er neben den Abgeordnetendiäten sein Geld auch als Beigeordneter und stellvertretender Hauptgeschäftsführer beim Verband kommunaler Unternehmen in Köln, der Stadtwerke-Lobby. Später wird der gebürtige Ostfriese Vorstandschef der Kölner Gas-, Elektrizitäts- und Wasserwerke (GEW) AG, dem potenten Stadtwerk in der Domstadt, bevor er 1999 in den – finanziell noch lukrativeren – Vorstand der Ruhrgas AG nach Essen wechselte.

Der Schornstein raucht nicht mehr: Mit jeder Kilowattstunde Windstrom wird eine Kohlendioxid-Emmission von 970 Gramm vermieden

Mit dem Ja des Bundesrates schafft das Einspeisegesetz den engen Zeitplan: Noch fehlen die Unterschrift des Bundespräsidenten und die Veröffentlichung im Bundesgesetzblatt, bevor es am 1. Januar 1991 in Kraft treten kann.

Dass dieses gesetzestechnische Procedere klappt, daran haben Matthias Engelsberger und Wolfgang Daniels keinen Zweifel. Am Abend des 5. Oktober 1990 treffen sie wieder, welch Zufall der Geschichte, auf dem Köln-Bonner Flughafen zusammen. Als einzige Passagiere besteigen sie eine Tupolew, die die Bundesluftwaffe sozusagen von Erich Honecker geerbt hatte. „Der riesige Kerosinverbrauch dieses Fliegers war mir an diesem Tag völlig egal, Hauptsache, wir hatten das Gesetz gepackt."

Als das Gesetz mit Jahresbeginn 1991 in Kraft tritt, sind beide Politiker keine Bundestagsabgeordneten mehr. Engelsberger genießt den Ruhestand in seiner oberbayrischen Heimat. Da die Grünen bei der ersten Wahl nach der deutsch-deutschen Wiedervereinigung an der Fünf-Prozent-Hürde scheitern, beginnt Daniels, sich nach einer neuen Tätigkeit umzusehen. Er verlegt seinen Wohnsitz nach Dresden, gründet die Sachsenkraft GmbH und arbeitet als Planer und Betreiber von Wind- und Wasserkraftanlagen praktisch an der Umsetzung der bis dahin politisch geforderten Energiewende.

Eine Prognose aus allen Sitzungen und Verhandlungen ist den beiden „Polit-Rentnern" bis heute im Ohr geblieben. Mit dem Stromeinspeisungsgesetz werde keine einzige grüne Kilowattstunde mehr produziert, sagte VDEW-Geschäftsführer Grawe voraus. Der Mann hat sich geirrt, und wie.

Durch das Stromeinspeisungsgesetz, das die Energieversorger verpflichtet, jedem Windmüller eine Vergütung von damals rund 17 Pfennigen pro erzeugter Kilowattstunde zu zahlen, erlebt die Windenergienutzung einen ungeahnten Aufschwung. Allerdings, ein Selbstläufer wird der Windkraftausbau auch in den kommenden Jahren nicht – trotz des Einspeisegesetzes. Unverzichtbar bleibt der persönliche Einsatz vieler engagierter Windfreunde, angefangen von Landwirten, Energiewende-Initiativen bis hin zu überzeugten Politikern wie Hermann Scheer. Der Sozialdemokrat avanciert in den Neunzigerjahren zum wichtigsten parlamentarischen Verfechter für die Ökoenergien. Ein Thema, das ihm nicht in die Wiege gelegt worden ist. Als der gebürtige Hesse 1980 zum ersten Mal in den Bundestag einzog, stürzt sich Scheer auf die Außenpolitik, gewinnt schnell innerfraktionelles Profil als Abrüstungsexperte.

Öffnung der Stromnetze: Die Monopolstellung der Energieversorger ließ sich nur auf gesetzlichem Weg aufbrechen

Die Abrüstung ist für ihn nicht nur ein politisches Muss zur Sicherung des Weltfriedens, sondern zugleich auch die Brücke zu Förderung der erneuerbaren Energien. Seine Erkenntnis: „Die Rüstungsindustrie ist ein Staatsmarkt. Um diese industriellen Kapazitäten nicht vor die Hunde gehen zu lassen, ist die Schaffung eines alternativen Staatsmarktes notwendig." Die Lösung liegt für ihn in den Alternativenergien, die von der freien Wirtschaft bis dahin vernachlässigt worden sind. Und nicht nur das – regenerative Energiequellen können mittel- und langfristig einen stärkeren Beitrag zum Erhalt des Weltfriedens leisten als die Rüstungskontrolle. „Die verstärkte Nutzung von Sonne, Wind und Biomasse ist ein enormer Beitrag zur Friedenssicherung. Denn bei den begrenzten Vorräten fossiler Energien, werden wir künftig Kriege um Öl erleben."

Einen Vorgeschmack gibt die amerikanische Operation „Desert Storm" Anfang der Neunzigerjahre: Nachdem Truppen des irakischen Diktators Saddam Hussein das benachbarte Kuwait überfallen haben, stellen die Amerikaner eine internationale Truppe zusammen und befreien das Öl-Emirat. „Statt eine schnelle Eingreiftruppe aufzustellen, deren Ziel laut NATO-Dokumentationen auch die Absicherung der Rohstoffquellen ist, sollte lieber die Solarenergie gefördert werden", fordert Scheer.

Mit der europäischen Solarenergie-Vereinigung Eurosolar gründet er 1988 ein internationales Netzwerk für die Förderung der Ökoenergien. Auch national setzt der gewiefte Taktiker alle Hebel in Bewegung, um sämtliche Kräfte für die Energiealternativen zu bündeln. Nicht zuletzt der Kampf um das Stromeinspeisungsgesetz hat gezeigt, dass die Interessenvertreter der verschiedenen regenerativen Energien mit einer gemeinsamen Lobbyarbeit die Durchsetzung ihrer Ziele wirkungsvoller angehen können. Mit dem Bundesverband Erneuerbare Energie gibt es seit 1991 eine gemeinsame Plattform für die Einzelverbände der Wind-, Wasser- und Solar-Kraftwerksbetreiber. Als Vorsitzender des Parlamentarischen Beirats kann Hermann Scheer auch außerparlamentarisch energiepolitische Initiativen anschieben.

Das ist auch notwendig. Zunehmend ärgert sich die Elektrizitätswirtschaft über die Dynamik, die das Einspeisegesetz beim Windkraft-Ausbau auslöst. Technisch haben die damaligen Energiemanager von PreussenElektra, RWE, VEW & Co. eine so schnelle Weiterentwicklung der Windtechnik nach dem Growian-Desaster in den Achtzigern nicht für möglich gehalten. Schon Mitte der Neunzigerjahre haben Turbinen mit 500 Kilowatt Nennleistung den Markt erobert, wenige Jahre zuvor waren noch 100-kW-Anlagen Standard.

Auch rächt es sich für die VDEW-Kreise, dass sie das Einspeisegesetz bei den parlamentarischen Beratungen nie so richtig ernst genommen haben. Viel zu sehr waren die Führungsetagen der Stromkonzerne nach der deutsch-deutschen Wende damit beschäftigt, ihre Claims in den fünf neuen Bundesländern abzustecken.

Deshalb verabschieden sich die Stromversorger von ihrer Nadelstichpolitik. Mit Verfassungsklagen gehen vor allem die PreussenElektra und ihr Tochterunternehmen Schleswag AG in Schleswig-Holstein gegen das Einspeisegesetz vor, viele Windmüller erhalten ihre Vergütungen nur unter Vorbehalt. Obwohl das Bundesverfassungsgericht im Oktober 1996 die Verfassungsmäßigkeit des Stromeinspeisungsgesetzes bestätigt, ist eine Verunsicherung in der Windszene unverkennbar. Die

Konsequenz: Der Windkraft-Ausbau knickt ein, 1996 liegt die installierte Leistung unter der des Vorjahres.

Die Verunsicherung hält auch 1997 an. In der christlich-liberalen Regierungskoalition verstärken sich die Stimmen, das Stromeinspeisungsgesetz entscheidend zu ändern, allen voran der damalige Bundeswirtschaftsminister Günter Rexroth. Der FDP-Politiker startet neue Vorstöße zur Novellierung des Gesetzes, die einer Abschaffung der Einspeiseregelung gleichkommen würden. Verschiedene Szenarien werden im Laufe des Jahres 1997 diskutiert, von einer Begrenzung der Aufnahme von Windstrom bis hin zu einer generellen Absenkung der Vergütung.

Die Entwicklung spitzt sich im Laufe des Sommers 1997 weiter zu, als Gunnar Uldall, der wirtschaftspolitische Sprecher der CDU/CSU-Fraktion im Bonner Bundestag seinen „Kompromissvorschlag" macht. Uldall erweist sich als Hardliner, dem die Vergütung für erneuerbare Energie ein Dorn im Auge ist. Sein abgestuftes „Volllaststundenmodell" sieht eine zeitliche Begrenzung der Windstromvergütung vor. Nach Erreichen einer definierten Volllaststundenzahl soll der erzeugte Strom nur noch nach den vermiedenen Kosten vergütet werden.

Dieser Vorschlag findet selbst bei einigen Parlamentariern aus den Regierungsfraktionen wenig Gegenliebe. Allen voran stellt sich Dietrich Austermann als erster Abgeordneter aus der CDU/CSU-Fraktion gegen die Position des eigenen Lagers. Der Abgeordnete aus dem Landkreis Itzehoe und dezidierter Befürworter des Windkraft-Ausbaus kennt das Potenzial der Windenergiebranche und weiß, dass Uldalls Vorstoß das Ende der Erfolgsstory Windenergie bedeuten würde. In ihm finden die Windkraft-Lobbyisten einen Unterstützer, mit dessen Hilfe es gelingt, weitere Parlamentarier aus den Koalitionsparteien umzustimmen.

Doch trotz einer zunehmenden Versachlichung der Diskussion im Sommer lassen es die liberalisierungswütigen Wirtschaftsexperten aus der Regierungskoalition noch einmal auf eine Kraftprobe ankommen. Am 8. September gibt es eine Sachverständigen-Anhörung vor dem Wirtschaftsausschuss des Bundestages, auf der die geladenen Experten dem Uldall-Vorschlag mehrheitlich eine klare Absage erteilen, ihn für klimapolitisch geradezu kontraproduktiv halten. Doch trotz dieses klaren Votums gegen seinen Vorschlag hält Uldall an seinen Plänen fest, das Volllaststundenmodell in die Gesetzesvorlage einzubringen.

Nachdem monatelang hinter den Kulissen für den Erhalt der Einspeiseregelung gekämpft wurde, gehen die Verbände der erneuerbaren Energien in die Offensive und starten eine Kampagne für die „Aktion Rückenwind". Die Organisatoren, zu denen neben dem BWE auch Eurosolar, der Solarenergie-Förderverein Aachen, einige Wasserkraft-Vereine, aber auch die IG Metall zählen, rufen die gesamte Branche zu einer Demonstration in die Bundeshauptstadt.

Am 23. September 1997 erlebt das sonst eher beschauliche Bonn eine seiner beeindruckendsten Kundgebungen. Aus ganz Deutschland sind die Teilnehmer angereist, um zu zeigen, welche Wirtschaftskraft hinter der Nutzung der Windenergie steht und wie viele Arbeitsplätze durch die konservativen Hardliner um Uldall und Rexroth in Gefahr gebracht werden. Die Hersteller- und Zulieferfirmen haben Gondeln, Rotorblätter und Türme von Windkraftanlagen auf Schwertransportern nach Bonn gebracht, um ganz physisch das energiewirtschaftliche Gewicht der Branche zu demonstrieren. Ein mehrere Kilometer langer Korso von Service-Fahrzeugen der Wind- und Solarfirmen wälzt sich hupend durch die Bonner Innenstadt. Über 5 000 Demonstranten versammeln sich vor der Tribüne an der Kunsthalle und fordern den weiteren Ausbau der regenerativen Energien.

Dass es bei dieser Veranstaltung nicht mehr um die Interessen einer kleinen Nischen-Gruppe geht, sondern um ein Thema, das von gesamtgesellschaftlicher Bedeutung ist, zeigt die breite Allianz der Unterstützer, die vom Deutschen Bauernverband über die verschiedensten Umweltverbände bis hin zu Kirchengruppen reicht. Auch Abgeordnete aus allen im Bundestag vertretenen Parteien beziehen am Rednerpult klare Position pro Stromeinspeisungsgesetz. Als Michaele Hustedt, die energiepolitische Sprecherin von Bündnis 90/Die Grünen als letzte von zwei Dutzend Rednern verkündet, dass Rexroth seine Pläne, den Einspeisepreis zu kürzen, aufgegeben hat, wissen die jubelnden Demonstranten nicht, wie knapp der Ausgang dieser Entscheidung war. Bei der Abstimmung in einer vorangegangenen internen Sitzung des Energiearbeitskreises der CDU/CSU/FDP gab es eine Pattsituation, sodass der Uldall-Antrag zur Änderung des Gesetzes zurückgezogen wurde und nicht zur Abstimmung vor das Parlament kam.

Der Erhalt der Einspeisevergütung ist ein wichtiger Erfolg für die Befürworter der erneuerbaren Energien. Ganz ungetrübt ist die Freude über das Erreichte dann aber doch nicht, denn das so wichtige Regelwerk ist nur mit einem Kompromiss zu retten. Die Vergütungssätze bleiben im Wesentlichen bestehen, aber die Gesetzesänderung sieht eine Härtefallklausel vor: den so genannten Doppelte-Fünf-Prozent-Deckel. Diese Regelung verpflichtet regionale Energieversorger nur noch dazu, Windstrom bis zu einem Anteil von maximal fünf Prozent in ihrem Versorgungsgebiet zu vergüten, danach ist der vorgelagerte Netzbetreiber an der Reihe, bis auch bei ihm das Fünf-Prozent-Kontingent erreicht ist. Damit ist besonders in den Küstenländern ein Ende des Windkraft-Ausbaus abzusehen.

Und nicht nur diese Gefahr hemmt viele Investoren, ihr Geld in die Windenergie zu investieren. Als die neue Fassung des Stromeinspeisungsgesetzes Ende April 1998 in Kraft tritt, wird auch erstmals das seit 1935 bestehende Energiewirtschaftsgesetz grundlegend geändert und auf Druck der Europäischen Union den Richtlinien für die Liberalisierung des EU-Strom-Binnenmarktes angepasst. Die damit eingeleitete Liberalisierung der Strommärkte wird nicht nur für Industrie- und Privatkunden mit sinkenden Preisen spürbar, auch die Windmüller müssen mit fallenden Einspeisepreisen vorlieb nehmen. Denn die Vergütungen nach dem Stromeinspeisungsgesetz sind an die Durchschnittserlöse der Stromwirtschaft gekoppelt, d.h. je weniger Geld die Energieversorger einnehmen, desto weniger Geld landet auch in den Kassen der Windkraft-Betreiber. Viele angedachte Anlagen und Windparks rechnen sich so nicht mehr.

Diese verfahrene Situation löst erst die neue rot-grüne Bundestagsmehrheit nach der Wahl im Herbst 1998 mit dem Gesetz für den Vorrang erneuerbarer Energien, kurz Erneuerbare-Energien-Gesetz (EEG), das das Stromeinspeisungsgesetz ablöst. Wieder ist es hinter den Kulissen Hermann Scheer, der die Fäden für das EEG spinnt. Die Gesetzesvorlage wird nicht von einem Ministerium, sondern von Abgeordneten und ihren Mitarbeitern konzipiert und auch formuliert. Das ist ein Novum. Zusammen mit den Grünen-Politikern Michaele Hustedt und Hans-Josef Fell setzt Scheer durch, dass nicht nur der Doppelte-Fünf-Prozent-Deckel fällt. Die Windstrom-Vergütungen werden vom allgemeinen Strompreisniveau gelöst. Jede Anlage erhält nun über 20 Jahre einen festen, für Investoren gut kalkulierbaren Einspeisepreis, der zunächst fünf Jahre lang auf 17,8 Pfennige pro Kilowattstunde festgelegt ist. Wie lange dieser Betrag darüber hinaus weiter gezahlt wird, bevor er auf 12,1 Pfennige abgesenkt wird, ist für jeden Standort nach einem eigens entwickelten Referenzertragsmodell geregelt. Damit wird eine Differenzierung zwischen Standorten an der Küste und im Binnenland erreicht.

Das Gesetz, das zum 1. April 2000 in Kraft tritt, verfehlt seine Wirkung nicht. Es löst nicht nur in der Solarbranche einen enormen Investitionsschub aus, auch die Windbranche erlebt im gleichen Jahr mit einer neu installierten Leistung von 1 665 Megawatt einen noch nie erlebten Aufbaurekord, der im Folgejahr mit selbst von Windexperten kaum für möglich gehaltenen 2 659 Megawatt wieder übertroffen wird. Und im Jahr 2002 wird diese Rekordmarke mit 3 247 Megawatt erneut getoppt.

Einen weiteren „push" erhält der Windkraftausbau, als Bundesumweltminister Jürgen Trittin nach der Bundestagswahl Ende September 2002 die Zuständigkeit für erneuerbare Energien in sein Ministerium holt. Der Grüne hat es immerhin in seiner ersten Amtsperiode geschafft, dass sich die Bundesregierung zusammen mit der Atomwirtschaft im Sommer 2001 auf einen Kompromiss beim Atomausstieg verständigt. Danach ist für die bundesweiten Nuklearmeiler spätestens nach 32 Jahren Laufzeit Schluss – sprich: Der Stellenwert der Ökoenergien für die künftige Energieversorgung steigt.

Auch rechtlich ist an dem Ausbau von Wind-, Solar-, Wasser- und Bioenergie nicht mehr zu rütteln. Die Stromwirtschaft erlebt ihr Waterloo Mitte März 2001, als der Europäische Gerichtshof in Luxemburg das alte Stromeinspeisungsgesetz und damit auch die EEG-Nachfolgeregelung als verfassungskonform mit den europäischen Rahmenrichtlinien erklärt.

Ohnehin hat sich das EEG, das von Umweltverbänden als das weltweit fortschrittlichste Förderinstrument für die umweltfreundlichen Energien bezeichnet wird, zu einem immer beliebteren Exportartikel entwickelt. Neben China, Irland, Tschechien und Spanien orientiert sich auch das atomfreundliche Frankreich für seinen Windkraftausbau an dem deutschen Regelwerk.

Mit dem Erfolg wächst in den Reihen der etablierten Stromerzeuger und ihrer politischen Unterstützer aber auch der Widerstand gegen diese Einspeiseregelung. In den nächsten 20 Jahren steht in Deutschland die Erneuerung einer Kraftwerksleistung von rund 40 000 Megawatt an. Über den Stellenwert, den die erneuerbaren Energien dabei einnehmen sollen, kommt es im Vorfeld der planmäßigen Novellierung des EEG erneut zu heftigen politischen Debatten.

Kritik an der angeblichen Überförderung besonders von Windstrom kommt dabei nicht nur von der Opposition im Bundestag, bei der allen voran Bayerns Regierungschef Edmund Stoiber stattdessen den Ausstieg aus dem Atom-Ausstieg fordert. Im Regierungslager ist es vor allem der aus Nordrhein-Westfalen stammende Bundeswirtschaftsminister Wolfgang Clement, der sich an der rasch wachsenden Zahl von Windrotoren stört. Der SPD-Politiker aus dem Kohleland Nummer eins favorisiert den Bau neuer Kohlekraftwerke, ungeachtet der damit verbundenen Konsequenzen für das Klima. Es kommt zu harten Auseinandersetzungen zwischen Umwelt- und Wirtschaftsministerium, bei denen sich zeigt, wie wichtig es war, dass Trittin die Zuständigkeit für die Ökoenergien in sein Ressort geholt hat.

Am Ende kommt bei der im August 2004 in Kraft getretenen EEG-Novelle ein Kompromiss zustande, mit dem die meisten Erzeuger regenerativer Energien ganz gut leben können. Die Windenergiebranche als Vorreiterin der umweltfreundlichen Stromerzeugung muss jedoch einige Einschnitte hinnehmen. Windstrom aus neu errichteten Anlagen wird demnach mindestens fünf Jahre lang mit 8,7 Cent pro Kilowattstunde vergütet, in Abhängigkeit vom Standort auch länger. Danach wird eine Basisvergütung von 5,5 Cent pro Kilowattstunde gezahlt. Besonders die Kürzung der Basisvergütung um 0,5 Prozent soll nach dem Willen der rot-grünen Bundestagsmehrheit einer potenziellen Überförderung windstarker Küstenstandorte entgegenwirken. Es ist außerdem vorgesehen, diese Mindestvergütungen jährlich um zwei Prozent abzusenken, was den Innovationsdruck auf Hersteller und Planer weiter erhöht.

Für viele Projekte im Binnenland gibt es mit dieser Novelle eine neue bürokratische Hürde. Die Planer an windschwachen Standorten müssen künftig gegenüber dem Netzbetreiber nachweisen, dass ihre Anlagen mehr als 60 Prozent des Ertrages von einem gesetzlich definierten Referenzstandort erbringen, sonst sind sie gänzlich von der Förderung ausgeschlossen.

Verbesserungen bringt die Neuregelung hingegen für Repowering- und Offshore-Projekte. Die Frist, in der Windparks auf dem Meer fertig errichtet sein müssen, um in den Genuss der EEG-Vergütung zu kommen, wurde von 2006 auf Ende 2010 verlängert. Mindestens zwölf Jahre lang, in Abhängigkeit von der Entfernung zur Küste und der Wassertiefe auch länger erhalten die Betreiber von Offshore-Windparks für jede auf dem Meer erzeugte Kilowattstunde 9,1 Cent. Wenn es mit diesem Rahmen gelingt, Windenergie-Projekte vor den deutschen Küsten wirtschaftlich zu betreiben, kann die Windkraft-Nutzung im Land des „Windkraft-Weltmeisters“ in eine neue Phase treten.

Unter der Regie des Umweltministeriums hatte die Bundesregierung bereits Anfang 2002 ein Strategiepapier zur künftigen Windenergienutzung in Nord- und Ostsee vorgelegt. Diese Pläne sehen bis zum Jahr 2010 ein Offshore-Potenzial von 2 000 bis 3 000 Megawatt vor, bis 2030 halten die Strategen in Trittins Ministerium sogar 20 000 bis 25 000 Megawatt auf See für möglich. Damit ließen sich dann rechnerisch 15 Prozent des heutigen Strombedarfs decken. Hinzu kämen dann noch weitere zehn Prozent von Onshore-Maschinen, womit die Windkraft ein Viertel des bundesdeutschen Strombedarfs decken würde.

Eine Vision, an die Matthias Engelsberger und Wolfgang Daniels, als sie das Stromeinspeisungsgesetz schmiedeten, nicht im Traum gedacht haben dürften. Selbst Mitte 2005, als sich bundesweit 16 826 Windturbinen mit einer Leistung von über 17 000 Megawatt drehen, die in einem „normalen“ Windjahr über sechs Prozent des deutschen Netto-Stromverbrauchs erzeugen, scheint diese Aussicht noch sehr gigantisch zu sein.

Ist das Glas nun halb leer oder halb voll? So beeindruckend diese Zahlen für Hermann Scheer als Realpolitiker auch sind, dem Visionär Scheer geht die Entwicklung zu langsam voran. „Das Tempo der Einführung erneuerbarer Energien reicht vorn und hinten nicht aus, um der Zukunftsfalle zu entgehen.“ Er sieht einen ähnlichen wirtschaftlichen Durchbruch, wie ihn die Windenergie erlebt hat, auch für die Nutzung von Sonnenenergie und Biomasse als unerlässlich an. „Die Aufgabe der ökologischen Moderne ist es, die Einführung der solaren Weltwirtschaft zu forcieren.“

Aus Sicht des SPD-Politikers ist es ein großer Fehler, dass die Diskussion um die künftige Energieversorgung immer noch weitgehend an die konventionelle Energiewirtschaft delegiert wird. Die Kritik der Energiekonzerne am Ausbau der Ökoenergien sei dogmatisch auf Marktgesetze gegründet, die ungleiche Voraussetzungen für herkömmliche und alternative Energieträger unter den historisch gewachsenen Marktbedingungen genauso vernachlässigt, wie unterschiedliche geografische Bedingungen. In seinem Buch „Die Solare Weltwirtschaft“ hat er die Mythen der Energiekonzerne entzaubert und entlarvt deren „Wirtschaftlichkeitslüge“ bei der Bewertung der atomaren und fossilen Energieträger.

Hermann Scheer, der für seine Visionen und sein Engagement für eine nachhaltige Energiezukunft 1999 mit dem Alternativen Nobelpreis ausgezeichnet wurde, sieht die Auseinandersetzung um die Einführung erneuerbarer Energien erst dann zu deren Gunsten entschieden, wenn auch gesetzlich verankert ist, was für ihn logisch ist: „Naturgesetze gehen vor Marktgesetze.“

Wachsender Anteil am Energiemix: Windturbinen vor Kernkraftwerk, Gasturbinenkraftwerk und Kohlelager am Standort Brunsbüttel

Lobby für eine demokratische Energiewirtschaft

Die Energiewende braucht eine Lobby. Verbandsarbeit ist nicht nur ein wichtiges Instrument, um Politik und Öffentlichkeit für die Vorteile der erneuerbaren Energien zu gewinnen, sie ist Basisdemokratie. Die Ablösung atomar-fossiler Technologien durch die von sich aus dezentralen regenerativen Energieträger bietet die Perspektive, eine nachhaltige und zugleich demokratische Energiewirtschaft aufzubauen.

Links | Das Erreichen der Klimaschutzziele benötigt das Engagement vieler Menschen. Im Windpark Lichtenau, einem der größten deutschen Binnenland-Windparks, sind verschiedene Beteiligungsmodelle – Einzelbetreiber, Bürgerwindpark, überregionale Fondsgesellschaft – vereint

Dirk Jesaitis | *Die Macht der Verbraucher*

Der Bankkaufmann Dirk Jesaitis aus Eckernförde gehörte 1997 zu den Mitbegründern des Planerbeirates im Bundesverband WindEnergie. Ein Jahr später übernahm er den Vorsitz in diesem Gremium. Der Planerbeirat wurde geschaffen, um Qualität und Fairness bei der Projektierung von Windparks zu sichern und höhere Akzeptanz in der Öffentlichkeit zu erreichen.

Auch bei der Finanzierung von Windkraftprojekten sucht Jesaitis neue Qualitäten. Mit der Gründung einer Betreiber-Aktiengesellschaft, der wind7AG, hat er ein Finanzierungskonzept erarbeitet, das es auch kleinen Planungsbüros erlaubt, große Projekte zu finanzieren. Mit dieser ebenso für Kleinanleger interessanten Beteiligung an Windkraftprojekten eröffnet sich vielen Bürgern die Möglichkeit, sich direkt für die Energiewende einzusetzen.

Eine weitere Chance, mehr Menschen für die Nutzung regenerativer Energien zu erreichen, sieht Jesaitis im Ökostromhandel. Als Mitbegründer und Aufsichtsratsvorsitzender der Naturstrom AG, des ersten Anbieters, der ausschließlich Strom aus erneuerbaren Quellen verkauft, setzt er auf die Macht der Stromkunden. Die Öffnung der Strommärkte bietet dem Verbraucher erstmals die freie Wahl des Stromproduzenten. Damit kann jeder mitentscheiden, auf welche Weise der von ihm verbrauchte Strom erzeugt wird.

Andreas Eichler |
Nachhaltige Industriepolitik

Diplomingenieur Andreas Eichler, der seit 1997 dem Firmenbeirat des Bundesverbandes WindEnergie (BWE) vorsteht, sieht in der Verbandsarbeit in allererster Linie die Möglichkeit, neue Wege in der Industriepolitik mitzugestalten. Seit seinem Studium der Luft- und Raumfahrttechnik an der TU Berlin engagiert sich Eichler verbandspolitisch für die Nutzung der Windenergie. Als er im April 1996 bei der Vestas Deutschland GmbH als Vertriebsmitarbeiter anfing, hatte er vor allem die Aufgabe, die Öffentlichkeits- und Lobbyarbeit aufzubauen sowie den eigenen Betrieb im Firmenbeirat zu vertreten.

Die Inhalte, die im BWE-Firmenbeirat diskutiert werden, sind selten technischer Natur. Vielmehr geht es darum, die spezifischen Interessen der produzierenden Firmen in die politischen Gremien hineinzutragen. Als wichtigste Zielstellung sieht Eichler die langfristige Sicherung innovativer Arbeitsplätze in der Windkraftindustrie. Damit wird sowohl die wirtschaftliche Kaufkraft in den Regionen als auch die gesamte Volkswirtschaft gestärkt.

Vor allem ist es nötig, durch langfristige politische Rahmenbedingungen mehr Stetigkeit in das Wachstum des jungen Industriezweiges zu bringen. Andreas Eichler mahnt daher Hersteller und Betreiber an, auch in Zukunft gemeinsam gegenüber der Politik aufzutreten.

Unten | Neue Energielandschaft in Klettwitz: Die Diskussion über Nachhaltigkeit und volkswirtschaftlichen Wert der Windenergie kann nur im Kontext mit den Einflüssen der konventionellen Energieträger auf Gesellschaft und Umwelt geführt werden

Hermann Albers |
Vielfalt sichert Innovation

Hermann Albers, Landwirt im nordfriesischen Simonsberg, sieht in der Windenergienutzung ein wirksames Mittel, um nachhaltige, regionale Wirtschaftskreisläufe in Gang zu setzen. Das lokale Handeln forciert entsprechend der Agenda 21 die Lösung globaler Probleme. Die Landwirte hält er für wesentliche Vorreiter bei der Nutzung erneuerbarer Energiequellen.

Albers gehörte 1991 zu den Gründern der Interessengemeinschaft Windpark Westküste und arbeitete im Vorstand der Deutschen Gesellschaft für Windenergie mit. Seit der Vereinigung der Windkraftverbände im Jahr 1996 ist er Vorstandsmitglied im Bundesverband WindEnergie und im Bundesverband Erneuerbare Energie.

Die wichtigste Aufgabe beider Verbände sieht Albers darin, mit dem weiteren Ausbau der erneuerbaren Energien der Wirtschaftskonzentration entgegenzuwirken. Denn aus der Sicht von Hermann Albers sichert Vielfalt sowohl bei Betreibern und Herstellern als auch bei den Produktionsstandorten den gesunden Wettbewerb und damit langfristig die Innovationsfähigkeit der Branche.

Johannes Lackmann | *Transparenz und Demokratie in der Stromerzeugung*

Für Johannes Lackmann, den Präsidenten des Bundesverbandes für Erneuerbare Energie e.V. (BEE), hat es oberste Priorität, dass mit dem Ausbau der regenerativen Energien zugleich transparente und demokratische Strukturen in der Energieversorgung geschaffen werden. Eine dezentrale, regional verankerte Energieversorgung mit breiter Bürgerbeteiligung ist aus seiner Sicht der beste Garant für eine Kontrolle über die Umweltverträglichkeit der Stromerzeugung.

Johannes Lackmann kam über die Planung von Bürgerwindparks auf der Paderborner Hochfläche zur Verbandsarbeit und arbeitet seit der Gründung des Bundesverbandes WindEnergie im geschäftsführenden Vorstand. Als Parteimitglied der Grünen sieht er nach wie vor umweltpolitische Zielsetzungen im Mittelpunkt der Verbandsarbeit. Seit April 1999 setzt sich Lackmann als Präsident des BEE dafür ein, dass die anderen regenerativen Energieträger wie Solarenergie oder Biomassenutzung ein ähnlich dynamisches Wachstum erleben wie die Windkrafttechnologie.

Der Elektroingenieur verspricht sich von der Ablösung der nuklear-fossilen Technologie durch erneuerbare Energien nicht nur die Lösung ökologischer und sozialer Probleme, sondern auch eine neue friedenstiftende Qualität der Stromerzeugung. Der weitere Ausbau der regenerativen Energien macht sowohl Kriege um fossile Ressourcen als auch das Gefahrenpotenzial der Atomkraftnutzung überflüssig. Mit dem historischen Wissen, dass jedes politische System nur begrenzt stabil ist, sieht Johannes Lackmann einen weiteren Vorteil: „Die Technologien zur Bereitstellung erneuerbarer Energien lassen sich nicht missbrauchen."

„Wir müssen die Windenergie nicht nur als Technologie voranbringen, sondern zugleich offene, dezentrale und damit demokratische Strukturen in der Energiewirtschaft schaffen.“

Jan Oelker und Nicole Paul

Die Ablösung des atomar-fossilen Zeitalters kommt auf jeden Fall auf uns zu", da ist sich Hermann Albers ganz sicher. Die Frage, ob es beim weiteren Ausbau der regenerativen Energien gelingen wird, die breite, seit Jahren im Windsektor zu beobachtende Bürgerbeteiligung zu erhalten und demokratische Strukturen in der Energiewirtschaft aufzubauen, vermag der Landwirt aus Simonsberg bei Husum allerdings nicht mit der gleichen Gewissheit zu bejahen. Denn seit ein paar Jahren registriert er einen Generationenwechsel in der Windkraftszene.

Die Pioniere der Siebziger- und Achtzigerjahre, die überwiegend Einzelanlagen errichteten, waren sehr oft ökologisch motiviert. „Dann kam meine Generation und hat in den Neunzigerjahren die geordnete Planung von Windparks vorangetrieben", resümiert Albers, der wie viele Privatpersonen und mittelständische Unternehmen in Windkraftanlagen vor allem eine direkte, regionale Wirtschaftsinvestition sieht. „Jetzt kommen Offshore-Parks und große Windparks im Ausland. Das ist eine ganz andere Dimension. Die Branche wird immer mehr von großen Konzernen und Kapitalgesellschaften geprägt – und damit unpersönlicher."

Für Albers stellten sich die Fragen, inwiefern diese Entwicklung zwangsläufig sein soll, ob und wie sie sich gestalten lässt. Denn er sieht in der Etablierung der erneuerbaren Energien wesentlich weiter reichende Perspektiven als die Einführung schadstoffarmer Technologien.

Als Albers 1989 einen Bauantrag für eine 200-kW-Anlage stellt, steht die moderne Windkraftnutzung gerade am Anfang. „Es war die Chance, etwas Neues zu machen, das ich für zukunftsträchtig halte, das aber trotzdem keinen Bruch mit der Landwirtschaft darstellt." Albers hat den Hof mit 100 Hektar Ackerland und Schweinemast in der Nähe von Husum 1981 von seinem Vater geerbt. Da ist er gerade 20 Jahre alt und die Berufsentscheidung für ihn zunächst gefallen: 100 Hektar sind eine überlebensfähige Größe und Albers, der an Haus und Hof hängt, sieht seine Zukunft als Landwirt.

Die Perspektiven für diesen Berufsstand sind jedoch schon damals, Anfang der Achtzigerjahre, nicht gerade rosig. Vor dem Hintergrund von Überproduktion und EU-Subventionspolitik zeichnet sich ab, dass das Einkommen im Laufe der Jahre eher sinken als steigen würde. Albers kommen Zweifel, ob die Landwirtschaft für ihn allein und auf Dauer finanziell ausreichend und befriedigend sein könnte. Ein zweites Standbein muss her. Bei der Suche danach kommt ihm sein Naturell entgegen: Er ist jung, flexibel und offen für Neues. Mit Interesse verfolgt er die seit Mitte der Achtzigerjahre einsetzende Verbreitung von Windkraftanlagen in Nordfriesland und sieht auch die Entwicklung beim nördlichen Nachbarn Dänemark, der in den Achtzigerjahren die Vorreiterrolle in der Windkrafttechnologie einnimmt.

Mit der Verabschiedung des 100-Megawatt-Förderprogramms des Bundes im Jahr 1989 wird Windenergie für Albers auch wirtschaftlich interessant und er ist überzeugt, dass sie für den modernen Bauern an der Küste zur zweiten Einkommensquelle werden kann. „Ich hätte mir nicht vorstellen können, in eine Großstadt zu ziehen und ganz etwas Neues anzufangen. Die Identität, die räumliche Nähe zu meiner Herkunft, die Flächenressourcen – all das bleibt bestehen." Es passt einfach und so geht es vielen Landwirten.

Aber sein Bauantrag liegt lange bei den Behörden. Als der Bundestag Ende 1990 das Stromeinspeisungsgesetz verabschiedet, reagieren die Landkreise an der Küste auf die einsetzende Antragsflut mit einem vorläufigen Baugenehmigungsstopp. Um einem „Wildwuchs der Anlagen" entgegenzutreten, werden Flächennutzungs- und Bebauungspläne erarbeitet und schließlich Eignungsgebiete für Windturbinen ausgewiesen. Das Genehmigungsverfahren wird umfangreicher und in der Zwischenzeit kommen größere und effektivere Anlagen auf den Markt.

Das alles veranlasst Albers, seine Planung diverse Male zu erweitern und zu modifizieren, bis er 1993 letztlich neun Enercon-Anlagen vom Typ E-40 mit je 500 Kilowatt Leistung bauen kann. Das ist eine gewaltige Investition für einen einzelnen Landwirt, mit der Albers ein nicht unerhebliches Risiko eingeht, zumal die getriebelosen Anlagen damals eine völlig neue Technologie darstellen. Nach „anfänglichen Kinderkrankheiten" laufen seine Anlagen nach wie vor gut und er erzielt aus ihrem Betrieb inzwischen mehr Einkünfte als aus der Landwirtschaft.

Der Betrieb von Windkraftanlagen und die Landwirtschaft bilden für Albers eine gute Allianz und damit es so bleibt, engagiert er sich verstärkt in der Deutschen Gesellschaft für Windenergie (DGW), dem traditionsreichsten Windenergie-Verband, der seine Klientel besonders unter den Windmüllern in den Küstengebieten hat. Schon als der Baugenehmigungsstopp der Landkreise Albers' Planungen unmittelbar tangiert, hat er sich mit anderen Landwirten zusammengeschlossen. Am 7. Februar 1991 haben sie in Husum den Interessenverband Windkraft Westküste (IWW) als Regionalverband der DGW gegründet. Der IWW versteht sich als Sprachrohr für die speziellen Interessen der Windkraftanlagen-Betreiber an der schleswig-holsteinischen Nordseeküste und entwickelt sich in der Folge zu einer Art Keimzelle des besonders in Nordfriesland stark verbreiteten Bürgerwindpark-Gedankens.

Über den IWW wird Albers schon nach kurzer Zeit in den Vorstand der DGW gewählt. Er muss aber bald feststellen, dass die Chemie zwischen ihm und Uwe Thomas Carstensen, dem ersten Vorsitzenden des Vereins, nicht stimmt. Als junger Landwirt mit basisdemokratischer Gesinnung ist es für Albers sehr schwer, neue Ideen in den Vorstand einzubringen. So zieht Albers für sich die Konsequenz und beendet 1995 seine Arbeit im DGW-Vorstand. Doch bei aller Kritik am Arbeitsstil innerhalb der DGW weiß Hermann Albers um die Verdienste des Vereinsvorsitzenden: „Carstensen zählt zweifelsfrei zu den erfahrensten Windkraft-Lobbyisten."

Carstensen hat den Vorsitz der DGW bereits Mitte der Achtzigerjahre übernommen, kurz nachdem 1985 eine große Zahl von Mitgliedern ausgetreten war, um mit dem Interessenverband Windkraft Binnenland (IWB) einen eigenen Verband zu gründen. Er ist wesentlich am Aufbau einer neuen, professionellen Vereinsstruktur beteiligt und führt die DGW bis Ende der Achtzigerjahre aus der Krise. Mit der Ausrichtung der ersten Husumer Windenergietage im Oktober 1989, der ersten speziellen Fachmesse für Windenergie, meldet sich die DGW wieder als starker Verband zurück.

Für Carstensen, der vorher als Energieberater für Industrieunternehmen und Kommunen arbeitete, hat die Frage der Wirtschaftlichkeit der Windenergie immer die zentrale Bedeutung. Er erkennt früh, dass man mit der Errichtung von Einzelanlagen nur schwer eine Windstromproduktion in einer energiewirtschaftlichen Größenordnung aufbauen kann. Folglich gründet er 1989 für die Planung und den Betrieb von Windparks die Winkra-Energie GmbH, eines der ersten Planungsbüros für Windkraftprojekte in Deutschland.

Aber auch in seiner weiteren Verbandsarbeit setzt Carstensen auf das Primat wirtschaftlicher Aspekte. Diese Linie verfolgt er auch 1990 bei den Verhandlungen zum Stromeinspeisungsgesetz, wo er die Interessen der DGW-Mitglieder vertritt. Und auch dem Bundesverband Erneuerbare Energie (BEE), den Carstensen von der Gründung 1991 bis 1999 als Präsident leitet, verleiht er sein Profil. Im Vorstand dieses Dachverbandes der erneuerbaren Energien, dem rund 25 Fachverbände angeschlossen sind, arbeiten Uwe Thomas Carstensen und Hermann Albers wieder gemeinsam für die politische Absicherung der erneuerbaren Energien.

Mit dem Abstand von ein paar Jahren macht Albers vor allem „Temperamentsunterschiede" dafür verantwortlich, dass er seinerzeit dem Vorstand der DGW den Rücken kehrt und sich, parallel zu seiner Mitgliedschaft in der DGW, dem IWB anschließt. In diesem, damals mitgliederstärksten Windkraftverband findet Albers ein Forum, das eher seinem Naturell entspricht. Doch bei allen Unterschieden zwischen den Vereinen stellt Albers fest, dass die gemeinsamen Ziele überwiegen. Mehr und mehr engagiert er sich für eine Annäherung beider Verbände.

Wie notwendig die Einigkeit der Branche ist, wird der gesamten Windszene klar, als sie sich 1996 einer harten Anti-Akzeptanzkampagne seitens der Stromwirtschaft ausgesetzt sieht. Vor dem Bundesverfassungsgericht stehen einige Klagen zur Verfassungskonformität des Stromeinspeisungsgesetzes an. Es herrscht große Verunsicherung unter den Betreibern und Investoren, ob und in welcher Höhe die gesetzlich geregelte Vergütung des Windstroms erhalten bleibt. Damit drängt die Vereinigung der beiden großen Windenergieverbände. Schließlich stimmen deren Mitglieder auf einer gemeinsamen Versammlung am 12. Oktober 1996 für die Fusion von IWB und DGW zum Bundesverband WindEnergie e.V. (BWE). Mit dieser bundesweit einheitlichen Branchenvertretung kann nun eine gemeinsame Politik für die Betreiber von Windkraftanlagen im Binnenland und an der Küste gestaltet werden.

Von Anfang an arbeitet Albers im geschäftsführenden Vorstand des BWE zusammen mit Johannes Lackmannn und dem Vorsitzenden Hans-Peter Ahmels. Dieses Triumvirat soll die Verbandspolitik in den nächsten Jahren wesentlich prägen. Albers ist sehr froh darüber, dass es gelungen ist, demokratische Strukturen in dem größten Verband für erneuerbare Energien aufzubauen, der mittlerweile über 17 000 Mitglieder zählt.

Als zentrale politische Aufgabe des BWE sieht Hermann Albers den Erhalt der Einspeiseregelung in einer Form, die den weiteren Ausbau der regenerativen Energien langfristig sichert. Nicht minder wichtig ist ihm allerdings die Verbreitung des Bürgerwindpark-Gedankens, die Erhaltung der Vielschichtigkeit innerhalb der Branche und der Anlegerschutz. Rund 50 Prozent der Mitglieder im BWE sind Kommanditisten von Windparks. Die andere Hälfte besteht aus Herstellern, Dienstleistungsfirmen wie zum Beispiel Planungsbüros und aus Privatpersonen. Zwar ist nach der anfänglich vergleichsweise abenteuerlichen Pionierzeit aus der Windenergie ein „ernsthaftes Business" geworden, aber beim BWE hat man die eigenen Wurzeln nicht vergessen. Albers stellt sich daher die Frage, ob es gelingen wird, die nach wie vor mittelständisch geprägte Branche in dieser Form zu erhalten. Und was bleibt übrig für die Betreiber aus der frühen Zeit – Landwirte und kleine Anleger – bei immer größeren Investitionsvolumen für immer größere Windparks?

Albers sieht in der zunehmenden Konzentration der Wirtschaft für den Einzelnen in der Gesellschaft nicht unbedingt einen Gewinn. „Für die Weltgemeinschaft insgesamt wirkt sie sich eher negativ aus." Als Bewohner einer strukturschwachen Region wie Nordfriesland, die bis vor kurzem außer Landwirtschaft und Tourismus kaum Einnahmequellen hatte, weiß Albers, wovon er spricht. Die Konzentration der Industrie in den großen Hafenstädten führt dazu, dass der Landkreis von Bevölkerungsabwanderung und Arbeitslosigkeit gleichermaßen gebeutelt ist. Um diese Tendenz zu stoppen, wird es überlebenswichtig, neue regionale Wirtschaftsquellen zu erschließen. Die Region Husum hat sich zu einem der Zentren der Windenergiebranche entwickelt. Nicht zuletzt auch durch die im Zwei-Jahres-Rhythmus stattfindende Windmesse und die vor Ort angesiedelten Firmen kommt an der nordfriesischen Küste wirklich niemand mehr an der Windenergie vorbei.

Bei der Windkraftnutzung an Land sieht Herrmann Albers auch in Zukunft gute Chancen für eine breite Bürgerbeteiligung, vor allem durch das Repowering. Der Ersatz alter Anlagen durch leistungsstärkere neue Maschinen kann seiner Meinung nach bei entsprechender Anpassung der Vorrangflächen zu einer Verdopplung der installierten Windenergieleistung in Schleswig-Holstein führen. Bei erfolgreichem Ausbau kann

Neue Ufer: Auch bei den Offshore-Planungen in Deutschland sind mittelständische Unternehmen die Vorreiter, wie die ENOVA Energieanlagen GmbH aus Bunderhee, die 2004 die erste Nearshore-Maschine bei Emden errichtet hat

spätestens 2011 die Hälfte der im nördlichsten Bundesland verbrauchten Elektrizität aus Windenergie gewonnen werden. Von dieser Entwicklung können natürlich auch die Bürgerwindparks profitieren.

Albers ist aber Realist genug, einzuräumen, dass besonders im Offshore-Bereich die Gefahr droht, dass große Energiekonzerne das Feld besetzen. „2 000 bis 3 000 Megawatt offshore sind eine ganz andere Dimension als zehn Megawatt an Land. Das sind Kraftwerkskapazitäten, die müssen in das Stromnetz und das Lastmanagement integriert werden", meint Albers, der nicht glaubt, dass es ganz ohne Beteiligung der Netzbetreiber und deren Kompetenz geht.

Und schon gewinnt der Optimist und Gestalter in ihm wieder die Oberhand und erläutert ein Konzept, wie man im Offshore-Bereich alle relevanten Gruppen unter einen Hut bringen kann: die Netzbetreiber, die Planer und die Bevölkerung der Küstenländer, vor denen die Parks gebaut werden. „Dezentral wird in Zukunft, bezogen auf offshore, nicht mehr heißen, dass die Wertschöpfung in jedem einzelnen Dorf stattfinden sollte. Aber der Sitz einer Gesellschaft, die einen Offshore-Windpark vor Schleswig-Holstein baut, sollte auch in unserem Bundesland ansässig sein." Darum sollten die Netzbetreiber nach Albers Vorstellung in den jeweiligen Ländern Gesellschaften gründen, damit die Steuereinnahmen dem Küstenland zugute kommen und nicht dem Land, in dem die Konzernzentrale des Netzbetreibers ihren Sitz hat. Planer und Bürger müssen zu gleichen Teilen an den Gesellschaften beteiligt werden. „Sonst bleibt im schlimmsten Fall für die Bürger und Küstenländer gar nichts übrig", meint Albers. Projekte wie „Butendiek" blieben dann ein Einzelfall.

Butendiek ist der erste Versuch, den Bürgerwindpark-Gedanken auch auf hoher See zu etablieren. Zusammen mit acht weiteren erfahrenen Windmüllern aus Schleswig-Holstein gründet Albers im November 2000 die OSB Offshore-Bürgerwindpark Butendiek GmbH & Co. KG, um einen Bürgerwindpark mit 80 Anlagen mit je drei Megawatt Leistung zu planen. Bis Ende 2001 sind dieser Gesellschaft über 8 000 Bürger beigetreten und ein Jahr später bekommen sie für den 30 Kilometer westlich von Sylt geplanten Park die Baugenehmigung vom Bundesamt für Seeschifffahrt und Hydrographie (BSH) erteilt.

In Bürgerwindpark-Projekten wie Butendiek spielen steuerliche Abschreibungsmöglichkeiten keine Rolle. Die Anteilsgröße ist so gewählt, dass sie für den Normalbürger erschwinglich ist. Das ist nicht nur wichtig für die Akzeptanz, sondern auch für den sozialen Frieden. Albers sieht in dem Projekt eine gute Möglichkeit, möglichst viele Bürger an der Energiewende zu beteiligen, wie es von der Agenda 21 gefordert wird, jenem 1992 auf der UNO-Konferenz für Umwelt und Entwicklung verabschiedeten Aktionsprogramm für eine umweltverträgliche, nachhaltige und ressourcenschonende Entwicklung im 21. Jahrhundert.

„Wenn wir nicht haushalten mit unseren Ressourcen, droht uns der Kollaps." Das muss Albers am eigenen Leib erfahren. Der Tanz auf vielen Hochzeiten fordert seinen Tribut. Im Jahr 2002 wird Albers von einem Magen-Tumor aus der Bahn geworfen. „Ich hab die Vorzeichen einfach ignoriert." Dann hat er viel Zeit zum Nachdenken darüber, dass man nicht nur die Natur, sondern auch sich selbst nur begrenzt ausbeuten kann, dass schonender Umgang mit Energien auch die persönlichen Kräfte mit einschließt. „Wir dürfen nicht über unsere Verhältnisse leben." Albers ist klar geworden, dass auch er seine Ressourcen besser einteilen muss.

Seine Lektion hält er aber für eine, die die Gesellschaft und die Weltgemeinschaft ebenso angeht. Allzu oft sind es die Katastrophen, die privaten wie die globalen, die Menschen dazu bewegen, neue Wege einzuschlagen. Nach Tschernobyl sind es einige wenige Pioniere, die beginnen, ihren Strom selbst zu erzeugen. Dann macht dieses Beispiel Schule und plötzlich merkt man, dass es auch anders geht. „Die ländliche Bevölkerung hat über die Erfahrung Windkraft begonnen, deutlich umzudenken." Denn aus Albers' Sicht bot die Windenergie die Chance, den ökologischen Gedanken in sehr strukturkonservativen Gebieten zu etablieren. „Die Bauern gehören heute zu den Vorreitern beim Aufbau einer regenerativen, kleinteiligen Energiewirtschaft."

Für Albers verkörpern die vielen Windkraftanlagen, die heute die Küstenlandschaft prägen, Zeichen der Energiewende von unten. Und auch in Zukunft sieht er als Landwirt noch großes Potenzial zum Beispiel für den Betrieb von Biogasanlagen oder den Anbau von Energiepflanzen. Das Stromeinspeisungsgesetz hat auf dem Energiesektor einen völlig neuen Markt mit kleinen und mittelständischen Playern geschaffen, die das Monopol der Energie-Multis aufgeweicht haben und durch lokales Handeln die Lösung globaler Probleme forciert haben. „Diese Entwicklung sollte nicht aufs Spiel gesetzt werden", mahnt Hermann Albers und unterstreicht noch einmal die Zielsetzung seiner Arbeit im Verband. „Es ist eine Aufgabe der Politik, diese Vielfalt zu erhalten."

Hermann Albers hat in Hans-Peter Ahmels, dem Präsidenten des BWE, einen Kollegen gefunden, mit dem er nicht nur die landwirtschaftliche Herkunft gemeinsam hat. Auch Ahmels geht es beim Betrieb seiner Windkraftanlagen um mehr als nur um Stromerzeugung zur Sicherung des eigenen Lebensunterhalts.

Der Landwirt aus Hooksiel im friesischen Wangerland hat an der Christian-Albrechts-Universität in Kiel Agrarwissenschaft studiert und auf dem Gebiet der Landtechnik promoviert. Danach übernimmt er den heimatlichen Hof „Oldeborg". Allerdings ist es für ihn „äußerst unbefriedigend", dass der gesamte Betrieb von Agrarsubventionen aus Brüssel abhängig ist, inklusive der damit verbundenen Bürokratie.

Ursprünglich wurden die Prämien nach dem Zweiten Weltkrieg eingeführt, um die Lebensmittelerzeugung im damals unterversorgten Europa anzukurbeln. Als es dann zu einer Überproduktion und dem damit verbundenen Preisverfall kam, wurden Quoten eingeführt. Praktisch herrscht damit im Agrarsektor Planwirtschaft. Seinen eigenen wirtschaftlichen Handlungsspielraum als Landwirt sieht Ahmels dadurch stark eingegrenzt. Um seine ökonomische Unabhängigkeit zurückzugewinnen, sind aus seiner Sicht Entbürokratisierung und Abbau der Subventionen in der Landwirtschaft unvermeidlich. Die Frage ist, wie dieser Prozess abläuft.

In der verstärkten Industrialisierung der Landwirtschaft sieht Ahmels keine Lösung, sondern vielmehr die Gefahr, dass die Lebensqualität im ländlichen Raum damit deutlich sinken und sich die Landflucht verstärken wird. Schon aus sozialen und ökologischen Gründen favorisiert er kleinteilige und überschaubare Betriebsgrößen. „Die Qualität landwirtschaftlicher Produktion lässt sich damit deutlich erhöhen."

Doch Ahmels weiß, dass kleine Betriebe den Prozess des Subventionsabbaus nur überleben können, wenn damit parallel strukturelle Veränderungen verbunden sind. Die Subventionierung der Landwirtschaft ist immer auch ein Geldtransfer in ländliche Räume. In Österreich ist beispielhaft zu sehen, dass damit der Boden für einen funktionierenden Tourismus bereitet wird. Die Erholungsräume an den Küsten profitieren ebenfalls von ländlicher Kultur und gepflegten Landschaften. Auch die Leistungen der Landwirte für den Umweltschutz sprechen für überschaubare Betriebsgrößen. Für Ahmels liegt die Alternative in der Schaffung regionaler Wirtschaftskreisläufe.

Mit Vertretern des Bauernverbandes hat er mehrfach in Brüssel um Unterstützung für die wirtschaftliche Entwicklung ländlicher Räume geworben, jedoch erfolglos. Diese Ideen stehen gegen die Interessen mächtiger Industrieverbände, die um ihre Exportmärkte besorgt sind. Vielfach werden diese Exporte mit Agrareinfuhren bezahlt. Bei seinen Gesprächen in Brüssel hat Ahmels feststellen müssen, dass sowohl in der Industrie als auch in der Welthandelsorganisation (WTO) eine ganz andere Denkweise vorherrscht. „Die haben wenig Interesse an regionaler Kaufkraftentwicklung. Vielmehr stört in einem Industrieland die Landwirtschaft eigentlich nur noch, weil sie Kaufkraft bindet und Importe behindert."

Neoliberaler Subventionsabbau unter dem Schlagwort Globalisierung wird daher kaum die Interessen der kleinen Landwirtschaftsbetriebe und der regionalen Entwicklung berücksichtigen, da ist sich Ahmels sicher. „Ziel der Agrarindustrie ist es letztlich, landwirtschaftliche Produkte, vor allem Lebensmittel, in Zukunft dort zu produzieren, wo es am billigsten ist. Und das ist dort, wo die sozialen und ökologischen Standards am niedrigsten sind." Ihm ist klar geworden, dass auf dem Weg „von oben" mittelfristig keine Lösung der Probleme zu erwarten ist.

Wirtschaftliche Unabhängigkeit von öffentlichen Zuschüssen verspricht sich Ahmels schon eher von der Einführung neuer Produkte. Eine Alternative zur konventionellen Landwirtschaft sieht er in der regenerativen Energie- und Stoffnutzung. Er experimentiert mit Nutzhanf und startet einen Feldversuch mit dem Anbau von Elefantengras, einer schnell wachsenden Energiepflanze. Er muss in beiden Fällen feststellen, wie schwer es ist, ein neues Produkt auf einem etablierten Markt zu installieren: „Der Kapitalbedarf am Anfang ist enorm. Zudem haben die Anbieter konventioneller Produkte natürlich einen großen Vorsprung an Know-how."

Der Betrieb von Windkraftanlagen, mit denen er seit Anfang der Neunzigerjahre umweltfreundliche Energie erntet, passt ebenfalls in diese Strategie. Doch auch dabei bekommt Ahmels die enge Abhängigkeit von Entscheidungen zu spüren, die nicht seine eigenen sind, sondern fernab in Bonn, Berlin oder Brüssel gefällt werden. „Ich sehe deutliche Parallelen zwischen Landwirtschaft und Energiewirtschaft, denn in beiden Fällen haben wir es nicht mit freien Märkten zu tun."

Als privater Windmüller bekommt Ahmels zu spüren, welche Macht bei den Energiekonzernen konzentriert ist. So reift in ihm die Erkenntnis, dass genauso in der Energiepolitik ein hohes politisches Engagement notwendig ist, um langfristig eine gesunde ökonomische Basis für eine ökologische und sozial gerechte Produktion zu schaffen. Von Anfang an ist der Betrieb seiner beiden Turbinen daher an die Mitarbeit im IWB gekoppelt.

Ahmels sieht die latente Gefahr, dass große Energieunternehmen versuchen, den weiteren Ausbau der privaten Windstromerzeugung zu stoppen und stattdessen die Kontrolle über die Windenergieproduktion und damit auch die volle Kontrolle über den Strommarkt wieder zurückzugewinnen. Auch darin sieht er Parallelen zur Agrarpolitik. „Ich kann mir vorstellen, dass es auch in der Energiewirtschaft Ziel der großen Konzerne ist, letztlich Energie dort zu erzeugen, wo die Umweltstandards am geringsten sind. Die Ansätze dafür gibt es."

Dem politisch entgegenzuwirken, sieht Hans-Peter Ahmels als seine wichtigste Aufgabe an, als er 1996 nach dem plötzlichen Tod des damaligen IWB-Vorsitzenden Wilfried Stapperfenne dessen Platz an der Spitze des Verbandes übernimmt. Innerhalb eines Jahres führt Ahmels den Verein zum Zusammenschluss mit der DGW und wird auch im BWE zum Vorsitzenden gewählt.

Seine erste Bewährungsprobe an der Spitze des neuen Verbandes hat er in den turbulenten Monaten nach der Vereinigung zu bestehen. Es sollte sich zeigen, wie notwendig dieser Schritt war, um das Stromeinspeisungsgesetz zu erhalten. Dieses für den weiteren Ausbau der regenerativen Energien so wichtige Regelwerk ist zu jenem Zeitpunkt akut gefährdet.

Die Energieversorger wollen das Gesetz, das zum Motor für die Energiewende in Deutschland wurde, wieder abschaffen. Ihnen schweben stattdessen Regelungen vor, die entweder die Vergütung von erneuerbaren Energien zeitlich begrenzen, das so genannte Volllaststundenmodell, oder eine Quotenregelung, die den Anteil regenerativer Energie am Strommix mengenmäßig festschreibt.

Davon hält Ahmels nichts, der als Landwirt weiß, welch unsinnige Auswüchse eine Quote hat. „Den Nutzen hätten nur die großen Stromerzeuger, deren politischer Einfluss groß genug ist, die Höhe der Quote einzugrenzen." Den Energieversorgern liegt wenig an der Einführung neuer Energieumwandlungstechnologien, solange sie Strom aus ihrem zum großen Teil abgeschriebenen Kraftwerkspark mit maximalem Gewinn verkaufen können. Unter ihrer Kontrolle, das liegt nahe, würde die Dynamik des Ausbaus erneuerbarer Energien gestoppt werden.

Dass sich im ganzen Land Menschen verschiedenster Berufe dafür einsetzen, umweltfreundliche Energietechnologien zu entwickeln, am Energiemarkt zu etablieren und in ihrer Effizienz zu steigern, ist dem Stromeinspeisungsgesetz zu verdanken. Es gibt wohl kaum ein so klares Regelwerk, mit dem eine vergleichbare Wirkung erzielt wurde, ohne die öffentlichen Haushalte zu belasten. Bei den Vergütungen der erneuerbaren Energien handelt es sich nicht um Subventionen, denn sie werden nicht aus öffentlichen Kassen gezahlt. Die Kosten für die umweltfreundliche Stromerzeugung zahlen die Verbraucher. Damit entspricht diese Gesetzgebung dem Verursacherprinzip.

Im Sommer 1997 haben die Verbände der erneuerbaren Energien viel Überzeugungsarbeit zu leisten, um den politischen Entscheidungsträgern die Vorteile des Stromeinspeisungsgesetzes darzustellen. Deutschland ist in den Neunzigerjahren zum Technologiespitzenreiter bei den erneuerbaren Energien avanciert. Es wurden innovative, zukunftsfähige Arbeitsplätze geschaffen und last but not least Kohlendioxid-Emissionen in einer volkswirtschaftlich relevanten Größenordnung eingespart.

Im September 1997 startet die „Aktion Rückenwind". Dabei werden alle politischen Kräfte, die sich für die regenerativen Energien einsetzen, zu einer Demonstration mit über 5 000 Teilnehmern in der damaligen Bundeshauptstadt Bonn mobilisiert. In allen Bundestagsfraktionen finden sie Unterstützer, so dass das Stromeinspeisungsgesetz nach hartem Ringen schließlich erhalten bleibt.

Die Erhaltung der Einspeisevergütung konnte als wichtiger Erfolg der Befürworter der erneuerbaren Energien gelten. Das Jahr 1997 wurde aber noch aus einem anderen Grund für die gesamte Branche zum Meilenstein: Ungeachtet der politischen Querelen überholte Deutschland 1997 mit insgesamt 5 193 Windkraftanlagen und einer installierten Gesamtleistung von 2 082 Megawatt die USA und setzte sich seitdem an die Spitze beim weltweiten Ausbau der Windenergie.

Die neue Fassung des Stromeinspeisungsgesetzes tritt Ende April 1998 in Kraft. Gleichzeitig wird auch auf Druck der Europäischen Union das seit 1935 bestehende Energiewirtschaftsgesetz erstmals grundlegend geändert und den Richtlinien für die Liberalisierung des EU-Strom-Binnenmarktes angepasst. Damit sind die Energie-Multis zur Trennung von Energieproduktion, Energienetz und Verteilerstruktur verpflichtet. Vor allem fallen die Gebietsmonopole der Stromversorger weg. Sie sehen sich damit erstmals innerhalb ihrer bis dahin gesicherten Einzugsgebiete einem Wettbewerbsdruck ausgesetzt.

Die eingeleitete Liberalisierung der Strommärkte führt in den nächsten Jahren zu einer Absenkung der durchschnittlichen Strompreise. Der verstärkte Wettbewerb wirkt sich allerdings zunächst zum Nachteil kleinerer Versorgungsunternehmen aus, während die Position der großen Energieversorger dadurch gestärkt wird. Diese können es sich leisten, teilweise mit Dumpingpreisen zu operieren, was zwangsläufig zu einer Marktbereinigung führt. Ab dem Jahr 2001 ziehen die Strompreise wieder an.

„Alle Preiserhöhungen nach Einsetzen der Liberalisierung wurden in der öffentlichen Meinung den erneuerbaren Energien und deren geregelter Vergütung angelastet", sagt Hans-Peter Ahmels. Er befürchtet, dass diese demagogische Argumentation dazu führt, dass sich die öffentliche Meinung gegen die erneuerbaren Energien richtet. „Das Kostenargument beherrscht leider zurzeit die öffentliche Diskussion." Viel zu wenig wird seiner Meinung nach über die ökologische und soziale Qualität der Stromerzeugung aus regenerativen Quellen diskutiert. Hier sieht er wieder deutliche Parallelen zu den Entwicklungstendenzen in der Landwirtschaft. Die Fragen der externen Kosten, der Arbeitsplatzeffekte und des Umweltschutzes würden in der öffentlichen Debatte heute fast völlig vernachlässigt.

„Von wirklicher Liberalisierung mit gleichen und fairen Wettbewerbsbedingungen für alle Akteure sind wir noch weit entfernt", weiß Ahmels, denn nach wie vor bestehen zum Beispiel die Netzmonopole. Nach der Öffnung des Strommarktes dauert es über sechs Jahre, bis Mitte 2004 eine Regulierungsbehörde ähnlich wie auf dem Telekommunikationsmarkt eingerichtet wird, die allen Wettbewerbern gleiche Zugangsbedingungen zum Netz garantieren soll. Daher verteidigt er die gegenwärtige Gesetzgebung. „Solange die Liberalisierung nur eine fiktive Angelegenheit ist, brauchen wir eine gesetzliche Regelung für die Vergütung erneuerbarer Energien."

Manchmal kommen Hans-Peter Ahmels bei der Konfrontation mit der scheinbaren Allmacht der Energieversorger schon Zweifel, ob das Ziel nicht zu hoch angesetzt ist, mit dem Aufbau der regenerativen Energien zugleich auch dezentrale Strukturen in der Energiewirtschaft zu etablieren. Doch er ist sich sicher: „Nur bei einer offenen Diskussion wird es gelingen, im Energiesektor einen wirklich freien und fairen Markt aufzubauen."

Vor allem aus Gewissensgründen bewältigt Hans-Peter Ahmels bis heute das tägliche Arbeitspensum als Präsident des BWE. „Wenn man ein Problem erkannt hat, kann man nur immer wieder versuchen, die Dinge zu verändern, gegenzusteuern und die Angelegenheit öffentlich zu machen", weiß er um die Begrenztheit seines Einflusses auf den Lauf der Welt. „Aber man kann nicht alles tatenlos hinnehmen." Für ihn ist schon viel erreicht, wenn sich mehr und mehr Menschen dem Thema Energiegewinnung öffnen. „Es kann heute schon niemand mehr sagen, er habe nicht gewusst, dass uns dabei auch andere Wege offen stehen." Ahmels vertraut dabei in die Basisdemokratie und appelliert an die Eigenverantwortung jedes einzelnen Bürgers. „Jede Windkraftanlage, jedes Solardach, jede Biogasanlage ist ein Schritt in Richtung demokratischer Energiewende."

Schattenwirtschaft: Der gleichberechtigte Zugang zum Stromnetz ist auch acht Jahre nach der Liberalisierung der Strommärkte kein Selbstläufer

Die Öffnung der Strommärkte bietet außerdem völlig neue Perspektiven, bei denen Dirk Jesaitis auf die Macht des Verbrauchers setzt. Der aus Dithmarschen stammende Bankkaufmann sieht eine breitenwirksame Möglichkeit für die Bürgerbeteiligung an der Energiewende im Aufbau des Ökostromhandels. Mit der Liberalisierung ist es erstmals in der Geschichte der Bundesrepublik möglich, dass der Endkunde seinen Stromerzeuger auswählen und damit auch selbst die Entscheidung treffen kann, auf welchem Weg der Strom erzeugt wird, den er verbraucht.

Als Antwort auf die Liberalisierung des deutschen Strommarktes gründen im April 1998 verschiedene Aktivisten ökologischer Verbände, unter anderem vom BWE, die Naturstrom AG, den ersten unabhängigen Stromhändler, der ausschließlich Strom aus erneuerbaren Energien anbietet. Unter den Gründungsmitgliedern ist auch Jesaitis, der den Vorsitz im Aufsichtsrat übernimmt.

Das Modell der Naturstrom AG sieht vor, dass der Endkunde freiwillig einen Mehrpreis von acht Pfennigen pro Kilowattstunde für seinen Strom zahlt und mit diesem Geld neue Anlagen zur Erzeugung regenerativer Energien errichtet werden. Nach einem festgelegten Schlüssel wird der Strom aus Windkraft, Wasserkraft, Sonnenenergie oder Biomasse erzeugt, um einen regenerativen Energiemix zu sichern. Die Stromerzeuger, bei denen Naturstrom einkauft, erhalten zusätzlich zur gesetzlich geregelten Vergütung für ihren Strom einen Obolus aus dem Pool der Naturstrom AG. Damit fördert die Gesellschaft die Errichtung von zusätzlichen Anlagen, die unter den gegenwärtigen Bedingungen sonst nicht wirtschaftlich betrieben werden könnten und beschleunigt den Ausbau der regenerativen Energien.

Allerdings ist die Etablierung eines Ökostrommarktes ein sehr langwieriger Prozess. Die alten Stromunternehmen nutzen die ungleichen Wettbewerbsvoraussetzungen und ihre nach wie vor vorhandene Macht, um ihren bisherigen Kunden einen Wechsel des Stromanbieters zu erschweren. So ist bei den Kapitalgebern ein langer Atem gefragt, denn es bildet sich nur langsam ein Kundenstamm, der eine überlebensfähige Größe darstellt. „Der Ökostrom muss vor allem von der Öko-Steuer befreit werden", fordert Dirk Jesaitis. „Dann können wir ihn zum gleichen Preis anbieten wie die konventionellen Erzeuger."

Jesaitis, der in Eckernförde ein Planungsbüro für Windkraftprojekte führt, erfährt die Initialzündung für seine Beschäftigung mit der Windenergie durch seinen Vater. „Er hat mich mit der Faszination für diese Anlagen angesteckt." Ernst Jesaitis, ein Maschinenbauingenieur, errichtet 1991 zwei Micon 250-kW-Anlagen in Sichtweite seines Hauses in Schülp nördlich von Wesselburen. Sohn Dirk ist dabei für den kaufmännischen Teil der Planung zuständig. Doch das Windmüller-Dasein blieb nicht lange Hobby. Als zahlreiche Landwirte aus der Nachbarschaft neugierig werden, kann Dirk Jesaitis seine gewonnenen Erfahrungen nutzen und ihnen Beratung und Projektierung anbieten. Das ist der Beginn des Planungsbüros, das heute unter dem Namen 4WIND GmbH firmiert.

Dass in diesem neuen und daher risikoreichen Geschäftsfeld, das zumal sehr abhängig ist von den politischen Rahmenbedingungen, zusätzliche Sicherheiten nötig sind, ist Dirk Jesaitis früh klar. So entwickelt er bei der Finanzierung von Windkraftprojekten neue Modelle, um das kaufmännische Risiko beim Betrieb der Anlagen zu minimieren. Da er, bevor er sich mit Windenergie beschäftigt, als Anlageberater im

Investmentfondsbereich tätig war, kommt er auf die Idee, eine Betreiber-Aktiengesellschaft zu gründen, die wind7AG.

Bei der Erläuterung seines Konzeptes gerät er ins Schwärmen. „Investmentfonds sind ein geniales Konstrukt: Viele Leute legen Geld in einen Topf, der dann professionell verwaltet wird. Unsere wind7AG ist im Prinzip nichts anderes. Mit dem Aktienkapital kaufen wir Windparks ein, betreiben sie und verkaufen den dort erzeugten Strom." Normalerweise werden Windparks meist von einzelnen Kommanditgesellschaften betrieben. Im Gegensatz dazu bietet die Aktiengesellschaft viele Vorteile. Das Risiko ist breiter gestreut, da sie viele Windparks mit verschiedenen Anlagen an unterschiedlichen Standorten betreibt. Der Verwaltungsaufwand ist geringer, weil nicht für jeden Windpark eine einzelne Bilanz und eine separate Gesellschafterversammlung pro Jahr abgehalten werden muss, sondern eine einzige Hauptversammlung der Aktionäre und eine gemeinsame Bilanz für alle Windparks genügt.

Dass der direkte und regionale Bezug zum „eigenen Kraftwerk", der beim Bürgerwindpark-Gedanken wichtig ist, bei einer Aktienbeteiligung an quer über Europa verteilten Windmühlen verloren geht, nimmt Jesaitis in Kauf. Er hofft, dass sich durch dieses Modell mehr politisch und ökologisch engagierte Anleger in den Städten direkt an der Energiewende beteiligen. Mit einer Geldanlage von rund 5 000 Euro kann eine vierköpfige Familie obendrein dafür sorgen, dass der gesamte privat verbrauchte Strom ihres Haushalts durch eine Windkraftanlage erzeugt wird.

Die wind7AG bildet aus Jesaitis Sicht eine neue Qualität in der Finanzierung und im Betrieb von Windkraftprojekten. „Bei immer größerem Projektvolumen schien uns dieser Schritt nur zeitgemäß, um in Zukunft auch Großwindparks im Ausland realisieren zu können." Er weiß, dass es mit zunehmender Projektgröße immer schwieriger wird, diese regional zu vermarkten. Im Mai 2002 bekommt Jesaitis für seine ideenreiche und nachhaltige Unternehmensführung als Vorstand der wind7AG den Innovationspreis der Arbeitsgemeinschaft der Selbstständigen in der SPD.

Um Qualitätssicherung, vor allem bei der Planung und Projektierung von Windparks, geht es Jesaitis auch, als mit der Neustrukturierung des BWE im März 1997 der Planerbeirat ins Leben gerufen wird. Jesaitis, der von Anfang an im Vorstand mitarbeitet, sieht darin nicht nur eine Interessenvertretung für die zahlreichen, oftmals isoliert arbeitenden Projektentwickler. Vielmehr wird mit dem Planerbeirat ein Gremium geschaffen, das gewisse Standards und Berufsregeln für die Planung von Windparks erarbeitet und damit für eine höhere Akzeptanz der Windenergie sorgen möchte.

Mit diesen Berufsregeln, die sozusagen ein Windparkplaner-Ethos darstellen, wird von Seiten des BWE versucht, „schwarzen Schafen" der Branche zu begegnen. „Es wurde viel Schaden mit überzogenen Pachtzahlungen und überhöhten Renditeversprechen angerichtet", weiß Jesaitis um die Folgen des Konkurrenzdrucks, der unter den Planungsbüros herrscht, seit die lukrativen Flächen für den Bau von Windkraftanlagen knapper werden. So sieht Jesaitis die eigentliche Aufgabe des Planerbeirats, dessen Vorsitzender er seit 1998 ist, auch darin, darauf zu achten, dass die Berufsregeln eingehalten werden.

Zu diesen Abmachungen, die für alle Beiratsmitglieder verpflichtend sind, zählen zum Beispiel angemessene und seriöse Pachtverträge, das Prinzip vorrangig regionaler Vermarktung und die Herstellerunabhängigkeit. Letztere ist besonders dann wichtig, wenn die Planer im Auftrag von Kunden projektieren, wie bei den überregionalen Fondsgesellschaften. Denn die Finanzierung von Windkraftprojekten verschiebt sich mehr und mehr auf den Kapitalmarkt.

Die dabei zu beobachtenden Konzentrationsprozesse bei den Projektentwicklern entsprechen den allgemeinen Marktgesetzen des Kapitals. Daneben sieht Jesaitis aber durchaus auch für kleine Planungsbüros Zukunftschancen: „Deren Vorteil liegt vor allem im schnellen, flexiblen und damit sehr effektiven Arbeiten." Große Projekte wird man dabei nicht mehr vollständig selbst abwickeln können. Vielmehr konzentriert man sich auf die Koordination der Planung und sucht sich projektbezogen Kooperationspartner, möglichst aus der Region, wo das Projekt umgesetzt wird. Und auch in dieser Hinsicht bietet die Liberalisierung der Strommärkte neue Möglichkeiten. Das bei der Errichtung von mittlerweile über 16 000 Windkraftanlagen erworbene Know-how können die deutschen Planungsfirmen jetzt europaweit anbieten. Das lässt Dirk Jesaitis optimistisch in die Zukunft blicken. „Die effektiven und gut organisierten Büros werden wirtschaftlich überleben – unabhängig von ihrer Größe."

Für Andreas Eichler, Firmensprecher von Vestas Central Europe, ist ein Wandel in der Käuferstruktur längst spürbar: „Diese Entwicklung ist ganz einfach dem wachsenden Projektvolumen geschuldet." In der Husumer Dependance des dänischen Weltmarktführers werden kaum noch Einzelkunden vorstellig. Die großen Windparks werden schon heute überwiegend von überregional tätigen Fondsgesellschaften finanziert. Mit wachsender Projektgröße und besonders seit die Offshore-Windkraftnutzung in Deutschland in der konkreten Planungsphase ist, interessieren sich immer mehr große Industrieunternehmen und zunehmend auch die Energieversorger für den Betrieb von Windkraftanlagen.

Eichler möchte da nicht trennen. „Als Vertreter eines Herstellers fühle ich mich allen Kunden verpflichtet." Doch er ist sich sehr wohl bewusst, dass die Erfolgsgeschichte der Windenergie eindeutig der Dynamik kleiner und mittelständischer Unternehmen sowie dem persönlichen Engagement vieler privater Windmüller zuzuschreiben ist. Bei allen Wandlungen, die die Windenergiebranche erlebt hat, war es aus Eichlers Sicht stets von Vorteil, wenn die Akteure auch bei unterschiedlichen Einzelinteressen gegenüber der Politik geschlossen auftraten und ihr einendes Ziel nicht aus den Augen verloren haben: die ökologisch und volkswirtschaftlich notwendige Nutzung regenerativer Energien ständig weiter zu erschließen.

Der in Husum aufgewachsene Eichler hat bereits während seines Studiums der Luft- und Raumfahrttechnik an der Technischen Universität Berlin erste Erfahrungen in der Verbandsarbeit sammeln können. In den Vorlesungen und als studentischer Mitarbeiter bei Professor Robert Gasch, dem Nestor der Berliner Windenergieszene, wird er in die Grundlagen der Windenergietechnik eingeweiht. Andreas Eichler tritt der DGW bei und gründet mit einigen Mitstreitern den Landesverband Berlin-Brandenburg, den er von 1993 bis 1996 leitet.

Die Mitarbeiter und Studenten des Instituts für Luft- und Raumfahrttechnik organisieren im Rahmen der Umwelttechnologie-Messe UTECH 1995 in Berlin einen Fachkongress über die „Zukunft der Windenergienutzung bis in das Jahr 2005". Mit zahlreichen Referenten aus der Umwelt- und Energiepolitik wird diese Veranstaltung ein voller Erfolg, denn sie bildet ein wichtiges Forum für Techniker, Politiker und Verbandsaktivisten, so auch für Eichler. „Dort bekam ich die ersten direkten Kontakte zu Politikern."

Als er nach dem Studium in seine Heimatstadt Husum zurückkehrt und im April 1996 bei der Vestas Deutschland GmbH als Vertriebsmitarbeiter beginnt, sollen sich diese Verbindungen als mindestens ebenso wichtig erweisen wie sein technisches Wissen als Diplomingenieur. Denn zu Eichlers neuen Aufgaben im Vertrieb gehört es auch, sich verstärkt um Öffentlichkeits- und politische Lobbyarbeit zu kümmern.

„Wenn der Kunde zufrieden ist, geht es auch der Firma gut", zitiert Eichler einen Grundsatz seines damaligen Chefs Volker Friedrichsen, der zwischen 1989 und 1999 die Geschäfte von Vestas in Husum führt. Das heißt umgekehrt auch, dass die Hersteller ebenso am Erhalt des Stromeinspeisungsgesetzes interessiert sind wie die Betreiber. Friedrichsen ist daher sehr angetan von Eichlers verbandspolitischen Erfahrungen, denn alle größeren Firmen suchen damals nach Lobbyisten. Gerade die Hersteller merken es gravierend, wie sensibel der Windkraftanlagen-Markt auf jede politische Verunsicherung reagiert.

So beginnt Eichlers Tätigkeit bei Vestas sehr turbulent. Er macht sich innerhalb der DGW für die Vereinigung der Windenergieverbände stark und nimmt in den nächsten Monaten zahlreiche Termine bei politischen Vertretern wahr, um über die Wichtigkeit des Erhalts der Windstromvergütung auch für die Produzenten von Windkraftanlagen zu informieren. Im Januar 1997 übernimmt Eichler den Vorsitz im Firmenbeirat des BWE von Heinrich Bartelt, der dieses Gremium seit der Gründung 1994 geleitet hat und im vereinten Verband für die Funktion des Hauptgeschäftsführers vorgesehen ist.

Der Firmenbeirat fungiert als Schnittstelle zwischen dem produzierenden Gewerbe im Bereich der Windenergie und den politisch-institutionellen Entscheidungsträgern. Die Aufgaben des Beirates sieht Eichler vor allem darin, Strategien zu entwickeln für die nachhaltige Sicherung innovativer Arbeitsplätze in der Windkraftindustrie. Dazu sind vor allem allgemeine Fragen der politischen Rahmenbedingungen zu klären, Exportstrategien zu entwickeln und Messeauftritte zu koordinieren. „Da geht es nicht um Anlagentechnik und Leistungskurven, sondern um Industriepolitik."

Exportstrategie: Ein stabiler Heimatmarkt ist das beste Schaufenster für den Export von Windturbinen, wie diesen REpower MM 82 im Windpark Ribamar in Portugal

Den BWE will Eichler nicht zur Vertretung der Betreiber reduziert wissen, sondern sieht darin vielmehr die zentrale Plattform für die gesamte Branche. Er plädiert vor allem für ein einiges Auftreten von Herstellern, Zulieferern, Planern und Betreibern, um die gemeinsamen Interessen gegenüber der Politik zu vertreten. „Denn wenn es der Firma gut gehen soll, dann muss es der gesamten Branche gut gehen", sagt er in Anlehnung an das eingangs zitierte Motto seines früheren Firmenchefs.

Wie gut es der Branche gehen kann, zeigt sich mit Inkrafttreten des Erneuerbare-Energien-Gesetzes (EEG) im April des Jahres 2000. Dieses Gesetz novelliert das alte Stromeinspeisungsgesetz und entkoppelt die Vergütungssätze von den Durchschnittsstrompreisen. Feste Vergütungssätze für Strom aus Sonne, Wind, Wasser, Erdwärme und Biomasse schaffen seitdem Planungssicherheit für die Investoren unabhängig von den Schwankungen auf dem liberalisierten Strommarkt.

Ein Jahr später bestätigt auch der Europäische Gerichtshof, dass es sich bei dieser Regelung nicht um eine unzulässige staatliche Beihilfe oder Subvention handele. Mit dem Ziel, die sowohl von der deutschen Bundesregierung als auch der Europäischen Kommission angestrebten Klimaschutzziele zu erreichen, räumt dieses Gesetz den regenerativen Energien Vorrang beim Netzzugang ein, unabhängig davon, wer sie erzeugt. Und es regelt, dass die Mehrausgaben für die erhöhte Qualität der Stromerzeugung nicht mehr zu Lasten einzelner Netzbetreiber gehen, sondern von den Endverbrauchern getragen werden. Dieses einfache und klare Regelwerk ist ein Musterbeispiel dafür, wie die Gesetzgebung die Lösung gesamtgesellschaftlich wichtiger Zielstellungen wie den Klimaschutz fördern kann, ohne die öffentlichen Haushalte zu belasten.

Dieses Gesetz verfehlt aber auch wirtschaftlich seine Wirkung nicht. Es setzt ein regelrechter Boom besonders in der

Wind- und Photovoltaikbranche ein. Der Anteil der Windenergie an der Gesamtstromerzeugung steigt von zwei Prozent Ende 1999 auf rund sechs Prozent Ende 2004. Mit diesem Wachstum haben die wenigsten gerechnet. Die Firmen, sowohl Planer als auch Hersteller, expandieren und qualifizierte Fachkräfte werden knapp auf dem Arbeitsmarkt. Doch so sehr sich Eichler über die Steigerungsraten der vergangenen Jahre freut, weiß er auch, dass es kein grenzenloses Wachstum geben kann. „Wir müssen mehr Stetigkeit in die Entwicklung bringen." Ein gewisser Sättigungsgrad tut seiner Meinung nach der Branche insgesamt eher gut. „Das Schwierige daran, ein Unternehmen gut zu leiten, ist doch eine gute Balance zwischen Auftragszukunft und Mitarbeiterzahl zu finden."

Allerdings hat Eichler den Eindruck, dass seit Inkrafttreten des EEG das kämpferische Wir-Gefühl in der Windszene nachgelassen hat. „Das kann gefährlich sein", meint er und mahnt, nicht nachzulassen im Kampf für den Erhalt günstiger Einspeisevergütungen. „Es ist ein großer Vorteil, dass diese nicht mehr juristisch in Frage stehen, aber wir wissen alle, dass Gesetze auch verändert werden können." Bei der jüngsten Novellierung des EEG, die im August 2004 in Kraft trat, kam die Branche noch einmal mit einem blauen Auge davon. Die Vergütungssätze wurden leicht abgesenkt, Binnenlandstandorte die weniger als 60 Prozent eines gesetzlich festgelegten Referenzertrages versprechen, sind ganz von dieser Förderung ausgeschlossen.

Dass solch eine Gesetzesänderung weit schwerwiegender sein kann, das hat Eichlers Unternehmen in Dänemark erfahren müssen, wo der Binnenmarkt faktisch zusammenbrach, als zum Jahrtausendwechsel die bewährte Mindestpreisregelung der Liberalisierung geopfert wurde. Mit dem neuen Energiegesetz setzt die dänische Regierung auf den Handel mit „grünen Zertifikaten", der allerdings bis dato nicht aus den Startlöchern gekommen ist. So beschränkt sich der Windkraftausbau in Dänemark heute auf einige wenige Großprojekte, vornehmlich offshore, die von Energieversorgern realisiert werden. Die private und genossenschaftliche Windkraftnutzung im Mutterland der Windenergie ist praktisch auf den Betrieb der Altanlagen eingefroren.

Andreas Eichler betrachtet das als einen Grund mehr, sich dafür einzusetzen, dass der deutschen Windenergiebranche ein ähnlicher Einbruch erspart bleibt und sie auch in Zukunft eine gesunde Zunahme erfahren kann. Sein Schlüsselerlebnis war der Erfolg der „Aktion Rückenwind" im Jahr 1997, der gezeigt hat, wie wichtig ein geschlossenes Handeln aller Akteure gegenüber den politischen Gremien ist. Dieses Erlebnis prägt Andreas Eichlers Arbeit bis heute: „Es gab nie wieder solche Einigkeit in der Branche wie damals zur ‚Aktion Rückenwind'", erinnert er an die turbulenten Auseinandersetzungen um den Erhalt günstiger Einspeisemodalitäten und mahnt: „Wir sollten alles dran setzen, diese Einigkeit zurückzuerlangen."

Strukturwandel: Der Aufbau des Windparks Klettwitz im Lausitzer Braunkohlerevier bildete die Initialzündung zur Ansiedlung einer Rotorblatt-Fabrik von Vertas in Lauchhammer mit über 400 Arbeitsplätzen

Auch Johannes Lackmann erkennt in der Nutzung der Windenergie neben den ökologischen Vorteilen vor allem eine politische Dimension. Der Elektroingenieur aus Paderborn nimmt die Windenergie als eine praktische Möglichkeit wahr, sein Interesse an der Technik und sein politisches Engagement in Einklang zu bringen. Diese Motivation leitet ihn bereits, als er den Studiengang der Elektrotechnik wählt. „Ich bin überzeugt, dass die Auswirkungen von vorherrschenden technischen Systemen gesellschaftlich sehr bedeutsam sind."

Vor allem in der Atomenergie und dem breiten Widerstand gegen ihre Nutzung sieht Lackmann diese These bestätigt. Bereits in den Siebzigerjahren ist er bei den großen Anti-AKW-Demonstrationen in Brokdorf und Kalkar dabei. „Die Nutzung der Atomenergie erfordert sehr merkwürdige gesellschaftliche Strukturen, mit Überwachung und extrem hohen Sicherheitskontrollen", ist eines der Argumente Lackmanns gegen die wenige Jahre zuvor noch als große Zukunftsvision gepriesene Technologie. So kommt er zu der Überzeugung: „Eine solche Technik kann nicht vernünftig demokratisch kontrolliert werden."

Aber er gehört auch zu denen, die sich konstruktiv nach Alternativen umschauen und bastelt als Student Sonnenkollektoren und Windkraftanlagen aus alten Autoteilen zusammen. Nach dem Studium gründet Lackmann eine eigene kleine Elektronikfirma, die Lackmann Phymetric GmbH, die Messgeräte für die Computerindustrie herstellt. Parallel dazu engagiert sich Johannes Lackmann in der Paderborner Kommunalpolitik und wird Fraktionsvorsitzender der Grünen im Stadtrat. Sein Schwerpunkt ist die Energiepolitik.

Als Stadtrat blickt Lackmann hinter die Kulissen und bekommt den Einfluss zu spüren, den das regionale Versorgungsunternehmen, die Paderborner Elektrizitäts- und Straßenbahn AG (PESAG), auf die Kommunalpolitik nimmt. Lackmann analysiert den Tarifdschungel verschiedener Regionalversorger, vergleicht die Preise und weist nach, dass die Pesag ihr Monopol dazu nutzt, um von den Kommunen und privaten Kunden überteuerte Strompreise zu kassieren. Den Grünen-Politiker stört dabei vor allem, dass die Gewinne aus dem Stromgeschäft privatisiert werden, während die Verluste aus dem öffentlichen Nahverkehr sozialisiert werden, in dem sie vollständig aus öffentlichen Mitteln bezahlt werden.

Lackmann gibt das Ergebnis seiner Untersuchungen im Juli 1992 an die Presse. Daraufhin kommt er mit dem Maschinenbauer Anton Driller zusammen, der als Betreiber des ersten Windparks in Nordrhein-Westfalen bereits ähnliche Erfahrungen mit dem örtlichen Elektrizitätsmonopol gemacht hat. Lackmanns Kompetenz im politischen und administrativen Bereich ergänzt sich gut mit Drillers praktischen Erfahrungen. Von da an arbeiten beide zusammen.

Das ist Johannes Lackmanns Einstieg in die Windparkplanung. Durch seinen Einfluss werden die folgenden Projekte als Bürgerwindparks konzipiert. Er sieht eine breite Beteiligung von Bürgern vor, die vorzugsweise in der Region zu Hause sind. Lackmann ist überzeugter Anhänger dieses Konzeptes. „Das Modell ist zwar arbeitsaufwändiger, aber letztlich lohnt es sich, vor allem wegen der hohen Akzeptanz." Die beiden gründen die Buker Windkraft GmbH und können nach zwei Jahren Planungsarbeit zusammen mit 50 Kommanditisten, darunter auch örtliche Umweltgruppen, die ersten beiden Anlagen vom Typ Tacke TW 600 errichten. In den folgenden Jahren kommen noch vier weitere Maschinen dazu, darunter die erste von Enercon verkaufte E-66 im Dezember 1996.

Auf Grund des Erfolges initiiert Lackmann eine weitere Bürgerwindpark-Gesellschaft, die Asselner Windkraft GmbH & Co. KG, und beginnt mit der Planung eines zweiten, weit größeren Projektes auf der Paderborner Hochfläche zwischen Lichtenau und Asseln. Die vorgesehene ertragreiche Fläche ist schon seit Jahren als Vorranggebiet für die Windenergienutzung ausgewiesen, auf Grund eines notwendigen sehr teuren Netzanschlusses aber nicht für Einzelpersonen realisierbar. Gemeinsam mit dem örtlichen Mitinitiator Günter Benik gelingt es, sich mit dem Hannoveraner Planungsbüro Winkra zu einigen, das ebenfalls in diesem Vorranggebiet einen Windpark errichten will. Sie erarbeiten einen Vorhabens- und Erschließungsplan für das gesamte Gebiet und integrieren auch die Landwirte, die eigene Anlagen errichten wollen, in die Planungen. „Das war eine wichtige Erfahrung für die Leute: Die haben gemerkt, dass manche Dinge miteinander einfach besser gehen."

Sie gewinnen die Gemeinde als Partner, vor allem, weil sie das Projekt überwiegend mit Firmen aus der Region realisieren. Als dieser Park 1998 schließlich mit 62 Anlagen und insgesamt 36 Megawatt Leistung in Betrieb geht, hat Lichtenau nicht nur den damals größten Binnenland-Windpark Deutschlands vorzuweisen, sondern auch über 20 neue Arbeitsplätze. Neben der Ansiedlung der Betreibergesellschaften in der Gemeinde wird auch eine neue Produktionsstätte für Südwind-Anlagen in Lichtenau eröffnet sowie eine Servicestation für die Enercon-Anlagen.

Das war jedoch nur der Anfang. Für Günter Benik, der mit Lackmann die Geschäfte der Asselner Windkraft GmbH führt, bildet das bei der Parkplanung erworbene Know-how die Grundlage für die Gründung mehrerer Firmen, die heute unter dem Dach der Energieteam AG in Lichtenau vereinigt sind. Mit über 50 Mitarbeitern bietet er das komplette Spektrum für die Errichtung von Windparks selbst an. Gemeinsam mit der Stadt Lichtenau hat er das Technologiezentrum für Zukunftsenergien aufgebaut, das die Perspektive für weitere Arbeitsplätze in der Stadt bietet.

Johannes Lackmann muss in den turbulenten Jahren der Planung an diesem großen Bürgerwindpark mehrmals selbst erfahren, dass die größte Gefahr für die Realisierung des Projekts von politischen Verunsicherungen ausgeht. Für ihn ist das der wichtigste Grund, sich stärker der Verbandsarbeit zu widmen. Schon während der Planung der Buker Windkraft gründet Lackmann mit einigen Mitstreitern einen Regionalverband des IWB, um eine Plattform für die Öffentlichkeitsarbeit zu haben. Seit der Vereinigung der Verbände arbeitet er im Vorstand des BWE. Der politisch erfahrene und streitbare Lackmann findet in der Verbandsarbeit ein Metier, das wie geschaffen ist für ihn, als Bindeglied zwischen der konkreten Tätigkeit in der Branche und seinem politischen Engagement für die Energiewende zu wirken.

Lackmann begreift den Verband, der sich das Ziel gesetzt hat, die Windenergienutzung zu erschließen und zu fördern, von seiner Entstehung her als Teil der Umweltbewegung. Nach einer sehr offenen und breiten Entwicklung tummeln sich hier inzwischen immer mehr Akteure mit einem rein wirtschaftlichen Hintergrund. Wenn mit den erneuerbaren Energien erhebliche Marktanteile erreicht werden sollen, erachtet er es für notwendig, dass der BWE sich zu einem Wirtschaftsverband entwickelt. „Aber umweltpolitische Zielsetzungen sollten in unserem Verband immer zentral bleiben."

Aus Sicht des grünen Politikers soll das nicht heißen, dass große Industriekonzerne außen vor bleiben, aber den Entwicklungsprozess sollten sie nicht dominieren. „Wenn Offshore-Planer große, gegebenenfalls auch ausländische Energieversorger zur Finanzierung mit ins Boot nehmen, ist das kein Problem, solange sie sich selbst nicht ins Abseits drängen lassen." Da es hier zu Lande genügend mittelständische Firmen gibt, die Anträge für Offshore-Windparks gestellt haben, hält Lackmann die Legislative für gefordert.

Nachhaltige Energiepolitik muss aus seiner Sicht immer auch Strukturpolitik sein. Innovation scheitert in vielen Ländern daran, dass nicht die Politik die Richtlinien der Energiewirtschaft bestimmt, sondern dass die hohe Machtkonzentration der Energiekonzerne der Politik das Handeln diktiert. Gerade die seit 1998 im Zuge der Liberalisierung auf dem europäischen Strommarkt ablaufenden Konzentrationsprozesse und die Diskussion um den Atomausstieg zeigen, wie schwer sich die großen Player der Energiewirtschaft in demokratische Strukturen einbetten lassen.

Dabei negiert das Hohelied auf die Liberalisierung und die Selbstregelung des Marktes die schwer zuzuordnenden externen Kosten der klassischen Stromerzeugungsmethoden genauso wie die völlig ungleichen Ausgangspositionen für erneuerbare und konventionelle Energieträger. „Dass wir in Deutschland in der Energieversorgung eine Oligopolstruktur haben, ist historisch bedingt und von einer Laisser-faire-Haltung der Politik nach der Elektrifizierung verschuldet, die leider bis in die heutige Zeit reicht."

Für Lackmann hat es daher oberste Priorität, mit dem Ausbau der regenerativen Energien zugleich offene und überschaubare Strukturen in der Energieversorgung aufzubauen. Eine dezentrale, regional verankerte Energieversorgung mit breiter Bürgerbeteiligung ist aus seiner Sicht der beste Garant für eine Kontrolle über die Umweltverträglichkeit der Stromerzeugung: „Nur demokratische Strukturen schaffen die dazu erforderliche Transparenz."

Die traditionellen Energieversorger, die alle Kompetenz in Sachen Energiewirtschaft gern für sich beanspruchen, haben die Technologieentwicklung zur Nutzung regenerativer Energien schlichtweg verpasst. „Die haben nicht mit der dynamischen Entwicklung der erneuerbaren Energien gerechnet", nennt Johannes Lackmann einen der Gründe dafür, dass die gesetzlichen Rahmenbedingungen immer wieder den Angriffen aus den Reihen der klassischen Stromlobby ausgesetzt sind.

Nachdem die Energieversorger vergeblich versucht haben, die Entwicklung, die durch das Stromeinspeisungsgesetz einsetzte, durch Verfassungs- und Wettbewerbsklagen wieder in den Griff zu bekommen, brachten sie nunmehr Quotenregelungen und Zertifikationsmodelle als Ersatz für die Einspeiseregelung ins Gespräch. Diese Modelle würden wegen der besonderen bürokratischen Hürden und der hohen Finanzierungsrisiken mittelständische Unternehmen praktisch vom Markt ausschließen und damit die Dominanz großer Energieunternehmen sichern.

Die fortlaufenden Kampagnen der Stromkonzerne offenbaren jedoch, dass es ihnen nicht um technische oder klimapolitische Fragen geht, sondern um Marktanteile, also letztlich um die Macht. Sie wollen die Weichen für die Erneuerung ihres Kraftwerksparks stellen. Die plumpe Propaganda, mit der sie dabei gegen die angebliche Subventionierung der erneuerbaren Energien zu Felde ziehen, ist an Demagogie nicht mehr zu überbieten. Ende 2003 hat der Bundestag allein für die deutsche Steinkohle Haushaltsmittel in Höhe von 3,5 Milliarden Euro jährlich bewilligt. Das sind fast 44 Euro pro Bundesbürger, die jährlich in die Kassen der Kohleunternehmen gezahlt werden. Dabei handelt es sich um echte Subventionen für eine Technologie des 19. Jahrhunderts.

Dagegen nehmen sich die immer wieder für die Strompreiserhöhungen verantwortlich zitierten Mehrbelastungen wegen der erneuerbaren Energien geradezu lächerlich aus. Mit diesem Zuschuss von gegenwärtig rund zwölf Euro auf der jährlichen Stromrechnung bezahlt der Durchschnittshaushalt nicht nur eine bessere Qualität der Stromerzeugung, die das Klima schützt, sondern auch die Entwicklung der Energieerzeugungstechnologien des 21. Jahrhunderts.

„Deutschland ist erneuerbar!" – so das Motto des Aktionstages für die erneuerbaren Energien in Berlin im November 2003. Von dieser Überzeugung lässt sich auch Lackmann in seinem Handeln leiten. Schon bis heute wurden auf dem Sektor der erneuerbaren Energien über 130 000 zukunftsfähige Arbeitsplätze geschaffen, zumeist in ehemals sehr strukturschwachen Regionen. Die Windkrafttechnologie schaffte in den letzten zehn Jahren eine Kostensenkung von 60 Prozent. Es gibt also viele gute Gründe, diesen Weg fortzusetzen. Grundsätzlich ist Lackmann optimistisch, dass das gelingen wird. „Die Situation ist allerdings offen – eine Erfolgsgarantie gibt es nicht."

Johannes Lackmann, der seit April 1999 auch Präsident des Bundesverbandes Erneuerbare Energie ist, hält weiter reichende politische Instrumente für unerlässlich, um für die anderen regenerativen Energieträger wie Solarenergie oder Biomassenutzung ein ähnlich dynamisches Wachstum einzuleiten, wie es die Windkrafttechnologie erlebt hat. Die Entwicklung der Windenergiebranche zeigt, dass Wirtschaftswachstum auch losgelöst vom gesteigerten Verbrauch atomar-fossiler Ressourcen stattfinden kann. Die Ablösung der konventionellen Stromerzeugung durch regenerative Energien bietet dabei nicht nur Chancen für mehr soziale Gerechtigkeit durch breite Bürgerbeteiligung und Schaffung von Arbeitsplätzen. Militärische Konflikte wie Kriege um Öl sind zudem bei erneuerbaren Energien überflüssig, weil deren Potenzial weit höher ist als der Weltenergiebedarf.

Nach der 1998 veröffentlichten LTI-Studie („Long Term Integration of Renewable Energy Sources into the European Energy System"), an der unter anderen das Mannheimer Zentrum für Europäische Wirtschaftsforschung und das Wuppertal-Institut mitgewirkt haben, können unter gleichzeitiger Ausschöpfung der Effizienzpotenziale bis 2050 in Europa etwa 95 Prozent der Energie, und zwar sowohl Strom und Wärme als auch der Energieträger für den Verkehr, aus erneuerbaren Quellen bereitgestellt werden. Das hält Lackmann für eine durchaus realistische Zukunftsoption. Die Dynamik, mit der diese Vision umgesetzt werden kann, hängt aus seiner Sicht aber weniger von der Entwicklung der Technologien ab als vielmehr vom politischen Willen. „Nicht fehlende technische Lösungen sind das eigentliche Problem bei der Durchsetzung der Energiewende, sondern eindeutig die energiepolitische Inkonsequenz."

Die Windenergienutzung wurde durch viele ökologisch motivierte Aktivisten, engagierte Unternehmer und umweltbewusste Investoren auf den Weg „von unten" zur Wirtschaftlichkeit gebracht. Sie entwickelten eine Stromerzeugungstechnologie, für deren Folgen sie selbst Verantwortung übernehmen können. Innerhalb von dreißig Jahren ist aus den oftmals belächelten Aktivitäten der ersten Pioniere ein ernst zu nehmender Industriezweig geworden.

Für Lackmann ist dabei besonders erfreulich, dass dies bei weitem nicht nur eine nationale Entwicklung ist. Bei Betrachtung der zunehmenden Globalität der ökonomischen Prozesse ist er optimistisch, dass das Thema Windkraft und erneuerbare Energien insgesamt in immer mehr Ländern engagierte Unterstützer findet. Deutschland hat auf diesem Gebiet eine Vorreiterrolle inne und Johannes Lackmann hofft, dass mit dem Export der Technologie zugleich auch der Gedanke der dezentralen und transparenten Energieversorgung verbreitet wird.

Utopie oder Vision? Für eine vollständige regenerative Energieversorgung brauchen die anderen erneuerbaren Energiequellen ein ähnlich dynamisches Wachstum wie die Windenergie

Zeittafel von Jan Oelker

1888

Politik | Forschung

1920 | *Der Physiker Albert Betz weist das physikalisch mögliche Maximum der Windenergie-Ausbeute von 59,3 Prozent nach, das „Betzsche Gesetz". Er fasst seine Forschungen 1925 in dem Buch „Windenergie und ihre Ausnutzung durch Windmühlen" zusammen, in dem er auch eine Theorie für die aerodynamische Formgebung der Rotoren von Windanlagen formuliert.*

6. Februar 1932 | *Hermann Honnef stellt in einem Vortrag an der TH Berlin-Charlottenburg ein Projekt von 60 Höhen-Windkraftwerken vor. Jedes Windkraftwerk sollte 430 Meter hoch sein und jeweils drei gegenläufige Windturbinen tragen, mit jeweils 160 Metern Rotordurchmesser und 20 MW Leistung.* (Abb. 1)

13. Oktober 1939 | *Die Reichsarbeitsgemeinschaft Windkraft (RAW) wird gebildet.*

Firmen

1922 | *In den USA verkaufen die Brüder Jacobs mehr als 10 000 Windlader in verschiedenen Ausführungen zwischen 1,8 und 3 kW.*

1926 | *Die Abeking & Rasmussen Schiffs- und Yachtwerft in Lemwerder bei Bremen fertigt erste Rotorblätter für kleine Windkraftanlagen.*

1941 bis 1943 | *Die Firma F. L. Smidth errichtet in Dänemark verschiedene „Aeromotor". Das sind Zweiblatt-Rotoren mit 17 bzw. 50 kW Leistung sowie ein Dreiblatt-Rotor mit 70 kW bei 24 Metern Rotordurchmesser.*

1

Windparks | Betreiber

1923 | *In Högel bei Schleswig wird ein Adler-Windrad, hergestellt von der Köster Maschinenfabrik in Heide, mit 12 Metern Rotordurchmesser und 25 Metern Nabenhöhe errichtet. Dieses Windrad versorgt, gepuffert mit einer Batterie und gekoppelt mit einem Dieselaggregat, 45 Haushalte mit Licht und 15 mit Kraftstrom zum Antrieb von Motoren. Erst 1940 wird die Gemeinde ans Netz angeschlossen.* (Abb. 2)

1924 | *Die Nordseeinsel Amrum wird bis 1939 durch ein Windelektrizitätswerk in Nebel versorgt. Das Windrad wurde von der Firma Köster in Heide hergestellt (10 m Rotor-Ø, 12,2 kW, 18 m NH).*

1940 bis 1945 | *Die Firma Ventimotor wird in Weimar gegründet und betreibt ein Testfeld mit fünf Windkraftanlagen, u. a. eine dänische 50-kW-Anlage und eine 5-kW-Anlage, die im Netzparallelbetrieb Strom einspeist. 1942 verfasst der Versuchsleiter Ulrich Hütter seine Dissertation „Beitrag zur Schaffung von Gestaltungsgrundlagen für Windkraftwerke".*

1946

Politik | Forschung

15. Dezember 1949 | *Gründungsversammlung der Studiengesellschaft Windkraft (StGW) in Stuttgart*

1. Januar 1955 | *Die Windkraft Entwicklungsgemeinschaft (WEG) wird für die Umsetzung des Projektes W-34 gegründet. Diesem Verein gehörten sieben öffentliche Stromversorgungsunternehmen und fünf Firmen der Elektromaschinenindustrie und des Strömungsmaschinenbaus an.*

Firmen

1946 | *In Rostock-Warnemünde wird das Technische Büro für Windkraftwerke gegründet, um zu prüfen, ob Windanlagen zur Energieversorgung eingesetzt werden können, eine 15-kW-Anlage wird in Betrieb genommen.*

Windparks | Betreiber

1949 | *Die Firma Nordwind aus Porta Westfalica errichtet eine Windkraftanlage auf der Insel Neuwerk (15 m Rotor-Ø, 18 kW, 20 m NH).*

1950 | *Beginn der Nullserie der Allgaier WE 10 (11,28 m Rotor-Ø, 7,2 kW). Die Allgaier-Anlagen sind die ersten in Großserie gebauten schnell läufigen Windkraftanlagen.*

1950 bis 1953 | *Die Maschinenfabrik Winkelsträter aus Wuppertal fertigt den 3-m-Einblatt-Rotor von Bauer in Lizenz und verkauft zwischen 1950 und 1953 über 60 Maschinen im In- und Ausland.*

16. November 1953 | *Der erste Windpark in Deutschland wird offiziell in Betrieb genommen: acht Allgaier WE 10/DS 7,8 im Nenndorfer Hammrich bei Papenburg im Emsland. Diese Anlagen arbeiten allerdings nicht im Netzparallelbetrieb, sondern erzeugen Strom, mit dem Entwässerungspumpen angetrieben werden. Die Anlagen sind bis 1963 in Betrieb.*

10. September 1900 | *Gustav Conz aus Eimsbüttel bei Hamburg rüstet eine Windturbine der Firma C. F. Neumann aus Wittekiel bei Kappeln mit einem 30-PS-Dynamo aus und erzeugt damit, wahrscheinlich als erster in Deutschland, Strom.*

1925 | *Die Firma Grohmann & Paulsen aus Rendsburg baut eine schnell laufende 10-kW-Anlage mit aerodynamisch geformten Flügeln.*

Herbst 1930 | *Kurt Bielau erprobt in Sachsen eine mit aerodynamischen Flügeln umgerüstete Windmühle.*

Sommer 1937 | *Der Ingenieur Wilhelm Teubert baut eine 5-kW-Anlage in Düsseldorf, die erstmals mit drehbaren Flügeln zur Regelung ausgestattet ist.*

16. Dezember 1940 | *Eine 8-kW-Anlage mit 15 Metern Rotordurchmesser nach Plänen von Teubert wird von der Gutehoffnungshütte in Fernewald in der Nähe des Hauptwerkes Sterkrade bei Oberhausen errichtet.*

1941 bis 1945 | *Hermann Honnef, der in den Dreißigerjahren einige Pläne für Großwindkraftwerke mit mehreren Hundert Metern Höhe vorstellte, testet auf einem Versuchswindfeld in Bötzow-Velten bei Berlin fünf Anlagen mit Leistungen zwischen 500 W und 17 kW.*

1941 bis 1945 | *Die Firma Porsche errichtet während des Krieges eine 8-kW-Anlage mit 7,6 Metern Rotordurchmesser in Hohenheim.*

1946 | *Ulrich Hütter entwickelt bei der Firma Schempp-Hirth in Göppingen einen Einblatt-Rotor mit 600 W Leistung.*

1947 | *Hütter baut eine Windkraftanlage für den Hühnerfarmbesitzer Karl Rösch in Ohmden bei Kirchheim/Teck (3 m Rotor-Ø).*

1948 | *Bau der ersten Allgaier-Versuchsanlage auf dem Prüffeld in Uhingen nach Plänen von Ulrich Hütter (Dreiblatt-Rotor, 8 m Rotor-Ø, 1,3 kW).*

1949 | *Der Flugzeugkonstrukteur Richard Bauer nimmt den Testbetrieb von Einblatt-Anlagen mit drei bzw. 8,6 Metern Rotordurchmesser (8,6 m Rotor-Ø, 3 kW) auf.*

28. Mai 1952 | *Eine Allgaier 8,8-kW-Anlage wird auf dem Allgaier-Testfeld in Uhingen erstmals ans Netz geschaltet.*

Technik | Anlagen-Entwicklung

1888 | *Charles Brush aus Cleveland am Eriesee in den USA baut einen so genannten „Windmotor" (18 m NH und 17 m Rotor-Ø), der mit einem Dynamo von 12 kW Leistung Gleichstrom produziert.*

1891 | *Poul La Cour aus Askov/Dänemark entwickelt eine Experimental-Windkraftanlage mit einem vierflügligen Jalousie-Rotor, der einen Gleichstromgenerator antreibt. Der Strom wird zur Wasserstoffspaltung eingesetzt, um die Energie zu speichern. Noch vor 1908 stellt die Firma Lykkegard eine 30-kW-Anlage (18 m Rotor-Ø) nach La Cours Vorbild industriell her.*

1919 | *Hans Larsens Maschinenfabrik in Frederiksund/Dänemark baut erste „Agricco-Windmotoren" nach einer Konstruktion von Poul Vinding und R. J. Jensen (bis 11 m Rotor-Ø, bis 19 kW). Diese Anlagen haben erstmals aerodynamisch geformte Flügel und werden daher „Propeller-Mühlen" genannt. Vinding und Jensen erproben 1922 erstmals den Netzparallelbetrieb.*

1931 | *In der UdSSR wird eine 100-kW-Anlage mit der Bezeichnung WIME D-30 entwickelt (30 m Rotor-Ø, 100 kW, 25 m NH) und in Balaklava auf der Halbinsel Krim errichtet. Die Anlage läuft bis 1942.*

19. Oktober 1941 | *Die Smith-Putnam-Anlage mit 1,25 MW Leistung geht auf dem Grandpa's Knob in den Green Mountains in Vermont, USA, ans Netz (Zweiblatt-Rotor, 53,3 m Rotor-Ø, 1,25 MW, 35,6 m NH). Diese vom Ingenieur Palmer Cosselett Putnam entwickelte und in der Turbinenbaufirma S. Morgan Smith Company in York, Pennsylvania/USA, gefertigte Maschine ist die erste Groß-Windkraftanlage der Welt mit mehr als 1 MW Leistung. Die Anlage läuft bis zum April 1945.*

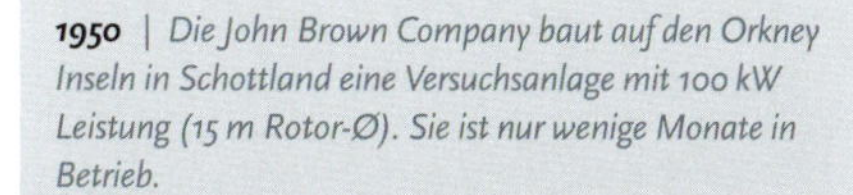

1950 | *Die John Brown Company baut auf den Orkney Inseln in Schottland eine Versuchsanlage mit 100 kW Leistung (15 m Rotor-Ø). Sie ist nur wenige Monate in Betrieb.*

1951 | *Die Andreau-Enfield-Windkraftanlage wird in St. Albans in Herfordshire/UK errichtet (Zweiblatt-Rotor, 24,4 m Rotor-Ø, 100 kW). Die Maschine, die von der Enfield Cable Company nach Plänen des französischen Ingenieurs Andreau errichtet wurde, läuft bis 1956. Diese Anlage läuft mit pneumatischer Kraftübertragung. Durch Fliehkräfte wird Luft aus dem Turmfuß in die Flügelspitzen gesaugt, wo sie austritt, die Strömung treibt eine Luftturbine an.*

1 *Reichswindkraftturm nach Honnef*
2 *Adler der Köster Maschinenfabrik*
3 *Allgaier WEC 10*

	Politik | Forschung	Firmen	Windparks | Betreiber
1956	**1. Oktober 1964** | *Die StGW beschließt ihre Auflösung.* **August 1968** | *Der Abbau der W-34 im Testfeld Stötten bedeutet das vorläufige Ende der Forschung auf dem Gebiet der Windenergie.*	 1	**1956** | *Das Testfeld Stötten wird eingerichtet und es beginnen Versuche an einer erstmals mit GfK-Blättern ausgerüsteten Allgaier-Anlage.*
1972	**März 1972** | *„Die Grenzen des Wachstums – Bericht des Club of Rome zur Lage der Menschheit" erscheint.* **1972** | *In den USA wird eine Energiekrise wahrgenommen. Die National Science Foundation (NSF) und die NASA organisieren ein „Solar Energy Panal" zur Abschätzung des Potenzials solarer Energieträger, u. a. auch der Windenergie.*		
1973	**17. Oktober 1973 und 28. November 1973** | *Die arabischen Erdölförderstaaten beschließen, die Produktion von Rohöl zu kürzen, und verhängen Liefersperren gegen die Verbraucherländer. Damit kommt es zu einer Ölpreiskrise. Ab dem 1. Januar 1974 leiten die Förderländer eine neue Preispolitik ein. Der Rohölpreis steigt in Deutschland von 76 DM/t im September 1973 auf 230 DM/t im März 1974.* **1973** | *NASA und die National Science Foundation (NSF) der USA erarbeiten das US Federal Wind Energy Programme, ein Fünfjahresprogramm zur Entwicklung von Groß-Windkraftanlagen.*		
1974	**Juli 1974** | *Gründung des Vereins für Windenergie-Forschung und -anwendung (VWFA), des frühesten Vorläufers des heutigen Bundesverbandes WindEnergie, im Hotel Sandkrug in Eckernförde. Der VWFA wird 1979 umbenannt in Deutscher Windenergieverein und 1982 in Deutsche Gesellschaft für Windenergie e.V.* **1974** | *Die Bundesregierung verabschiedet das „Rahmenprogramm Energieforschung (1974 bis 1977)" und schafft damit die Voraussetzung für gezielte Forschungsförderung auch im nicht nuklearen Bereich.* **1974 bis 1976** | *Erarbeitung der BMFT Programmstudie „Energiequellen für morgen?" zu Nutzungsmöglichkeiten regenerativer Energien. Den Teil III, „Nutzung der Windenergie", erarbeitet die DFVLR.*		
1975	**17. Oktober 1975** | *Gründung der Deutschen Gesellschaft für Solarenergie e.V. (DGS)* **1975** | *In Schweden wird das National Swedish Board for Energy Source Development gegründet, das innerhalb eines Zehnjahresprogramms Forschungen zur Windenergienutzung betreibt und zwei Versuchsanlagen errichtet.*		

***Juli 1956** | Auf dem Testfeld Stötten errichtet die Firma Bölkow Entwicklungen KG eine Einblatt-Rotor-Versuchsanlage Wimo W12 (12 m Rotor-Ø) nach Plänen von Richard Bauer. Die Maschine läuft nur im Versuchsbetrieb, kann erstmals am 27. Juli 1957 ans Netz geschaltet werden. Kurz darauf enden die Versuche.*

***August 1957** | Die W-34 wird im Testfeld Stötten errichtet und am 4. September 1957 in Betrieb genommen (Zweiblatt-Rotor, 34 m Rotor-Ø, 100 kW, 24,2 m NH).*

***ca. 1966** | Der Elektromeister Hermann Brümmer aus Bad Karlshafen beginnt mit dem Bau kleiner Windkraftanlagen für den Inselbetrieb.*

***1973** | Walter Schönball errichtet in Tinnum auf Sylt eine erste Anlage vom Typ NOAH mit einem gegenläufigen Doppelrotor und einem Ringgenerator mit einer Leistung von 70 kW (11 m Rotor-Ø).*

Technik | Anlagen-Entwicklung

***26. Juli 1957** | Die 200-kW-Anlage des dänischen Windpioniers Johannes Juul wird in Gedser/Dänemark feierlich eingeweiht (Dreiblatt-Rotor, 24 m Rotor-Ø, 200 kW, 25 m NH). Die Anlage läuft bis 1966 und wird danach nicht abgerissen. Für Versuchszwecke wird sie 1977 wieder in Betrieb genommen.* (Abb. 1)

***1958** | In Frankreich wird die Best-Romani-Anlage, eine dreiflüglige Versuchsanlage mit 800 kW Leistung (Dreiblatt-Rotor, 30,1 m Rotor-Ø, 800 kW, 40 m NH) in Nogent le Roi bei Paris aufgestellt. Die Anlage läuft bis 1963.*

***1962** | Louis Vadot baut in St. Remy des Landes an der französischen Kanalküste zwei Versuchsanlagen: eine mit 132 kW bei 21,1 Metern Rotor-Ø und eine 1-MW-Anlage mit 35 Metern Rotor-Ø (Dreiblatt-Rotor, 35 m NH). Die Anlagen laufen nur bis 1964 bzw. 1966.*

***4. September 1975** | Inbetriebnahme der Windkraftanlage MOD-0 der Westinghouse Electric Corporation in Plum Brook in Ohio/USA (zweiflügliger Lee-Läufer, 38 m Rotor-Ø, 100 kW, 30 m NH, pitch-geregelt). Vier weitere leicht modifizierte Anlagen vom Typ MOD-0A mit 125 oder 200 kW werden 1979 und 1980 in Clayton/New Mexico, Culebra Island/Puerto Rico, Rhode Island und Hawai errichtet.* (Abb. 2)

1 *Aufbau der Juul-Anlage in Gedser*
2 *Aufbau der MOD-0 in Plum Brook in Ohio*

	Politik | Forschung	Firmen	Windparks | Betreiber
1976	***Januar 1976*** | *Die erste Ausgabe der DGS-Verbandszeitschrift erscheint. 1979 spaltete sich davon die Zeitschrift Sonnenenergie und Wärmepumpe ab, die heutige Sonne, Wind & Wärme.* ***März 1976*** | *In den Niederlanden startet ein nationales Forschungsprogramm für Windenergie (NOW-1).* ***11. Juni 1976*** | *Die Expertenrunde von Vertretern aus Wissenschaft, Politik und Wirtschaft im Kernforschungszentrum Jülich zum Bau einer Prototypen-Windenergieanlage entscheidet über den Bau des Growian. Die Ausschreibung des Projektes folgt im August 1976.*	***1976*** | *Gründung der Firma Windpumpen-Zentrale durch Horst Frees in Eckernförde. Die Firma wird später in Windkraft-Zentrale umbenannt.* ***1976*** | *Chris van der Pol gründet in Rhenen/NL die Firma Polenko B.V. und beginnt mit der Entwicklung kleiner Windturbinen.*	
1977	***1977*** | *Die Windkraftanlage von Johannes Juul in Gedser/DK wird für Forschungszwecke wieder in Betrieb genommen.*		
1978	***1978*** | *Das Risø National Laboratory in Dänemark nimmt seine Arbeit auf. Diese ursprünglich als nationales Kernforschungszentrum gegründete Institution ist das erste Forschungsinstitut für Windenergie.*		***1978*** | *Probebetrieb der Meerwasserentsalzungsanlage auf der Hallig Süderoog mit einer Allgaier-Anlage im Rahmen eines Forschungsprojektes des GKSS-Forschungszentrums Geesthacht. Im Juli 1982 wird der Versuchsbetrieb mit einem Aeroman 11/11 weitergeführt.*
1979	***1979*** | *In einer Verbändevereinbarung zwischen VDEW, BDI und Verband der industriellen Energie- und Kraftwirtschaft erklären sich die Vertreter der Energiewirtschaft erstmals bereit, fremd erzeugten Strom in ihre Netze aufzunehmen.* ***1979*** | *Erste Weltklimakonferenz in Genf*		***7. Dezember 1979*** | *Das Testfeld Stötten/Schnittlingen wird von der DFVLR wieder offiziell in Betrieb genommen. Bereits im Oktober wurde eine an der DFVLR speziell für den Einsatz in Entwicklungsländern entwickelte zweiflüglige 10-kW-Maschine MODA 10 errichtet.* ***1979*** | *Die DFVLR errichtet eine Allgaier-Anlage auf Fernando de Noronha, einer Inselgruppe im Atlantik, 300 Kilometer vor der Ostspitze Brasiliens. Damit wird Strom für ein Kühlhaus erzeugt. Es ist der Beginn eines deutsch-brasilianischen Forschungsvorhabens.*
1980	***12./13. Januar 1980*** | *Gründungskongress der Partei „Die Grünen" in Karlsruhe*	***8. Januar 1980*** | *Die Energieversorger HEW, Schleswag und RWE gründen die Große Windenergieanlage Bau-und Betriebsgesellschaft mbH in Hamburg.* ***1980*** | *Jim Dehlsen gründet in Tehachapi in Kalifornien/USA die Zond Energy Systems Inc.*	***10. Mai 1980*** | *In Helsinge in Nordseeland/DK geht die erste Serienwindanlage von Vestas in Betrieb: eine HVK 10-30 (10 m Rotor-Ø, 30 kW). Betreiber sind Kirsten und Knud Hansen.* ***27. Juni 1980*** | *Offizielle Inbetriebnahme des Windkraftanlagen-Versuchsfeldes der GKSS auf der Nordseeinsel Pellworm im Rahmen des BMFT-Programms „Vergleichende Versuche des Betriebsverhaltens kleiner Windkraftanlagen". Die ersten Anlagen wurden bereits im Herbst 1979 errichtet, der Testbetrieb endet am 13. Dezember 1984.*

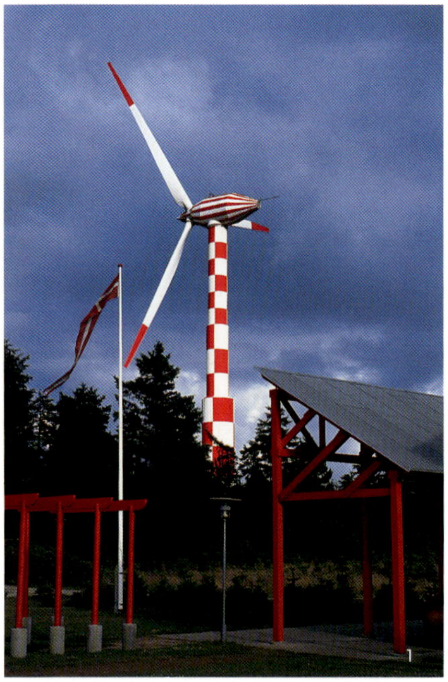

1976 | *Die BÖWE Maschinenfabrik GmbH aus Augsburg errichtet einen Einblatt-Windmotor W 103 nach den Plänen Richard Bauers (3 m Rotor-Ø, 0,4 kW).*

1977 | *Eine 15-kW-Anlage von Brümmer, eine BW 150 mit 15 Metern Rotordurchmesser, geht in Hasselhof bei Bad Karlshafen ans Netz. Die Anlage wurde im Rahmen eines 1975 vergebenen BMFT-Forschungsprojektes entwickelt und ist die einzige netzgekoppelte Anlage von Brümmer.*

1978 | *Die Firma BÖWE errichtet einen ersten Einblattrotor W 112 (12 m Rotor-Ø, 10 kW, 12,3 m NH).*

1978 | *Die Dornier System GmbH aus Friedrichshafen stellt den ersten von ihr entwickelten Darrieus-Rotor mit einer Leistung von 4 kW auf dem Schauinsland bei Freiburg auf.*

Frühjahr 1979 | *Die MAN Neue Technologien GmbH fertigt die ersten Prototypen des Aeroman, einer kleinen Windkraftanlage mit 10 kW Leistung (Zweiblatt-Rotor, 12 m Rotor-Ø). Der erste wird im Frühjahr auf dem Lkw-Testgelände von MAN in München-Karlsfeld aufgestellt, der zweite kommt auf das Testfeld nach Schnittlingen. Weitere Maschinen werden nach Neuseeland und Australien exportiert.*

Technik | Anlagen-Entwicklung

1976 | *Christian Riisager aus Skaerbaek errichtet eine 22-kW-Anlage nach dem Vorbild der Gedser-Anlage von Johannes Juul (Dreiblatt-Rotor, 10 m Rotor-Ø, 12 m NH). Diese Anlagen wurden nach Riisagers Bankrott von der Firma Windmatic verkauft.*

1976 | *Der niederländische Flugzeughersteller Fokker errichtet in Schiphol/NL einen Darrieus-Rotor mit 5,3 Metern Rotordurchmesser. Das Projekt wird von der Firma Stork und dem holländischen Energieinstitut ECN (Energieonderzoek Centrum Nederland) geleitet.*

Dezember 1977 | *Die Errichtung der Tvindkraft-Anlage an der Tvind-Schule bei Ulfborg/DK wird abgeschlossen (54 m Rotor-Ø, 2 MW Leistung, 53 m Turmhöhe) und Beginn des Probebetriebes. Die volle Stromproduktion wird ab 1978 erreicht.* (Abb. 1)

1977 | *Vestas errichtet in Lem einen 12-kW-Darrieus-Rotor, der 18 Monate lang getestet wird (7,3 m Rotor-Ø).*

1978 | *LM Glasfiber A/S aus Lunderskov beginnt mit der Fertigung von Rotorblättern für Windkraftanlagen. Die Serienproduktion startet 1980 mit dem Rotorblatt LM 7,5 für die 55-kW-Turbinen.*

Mai 1979 | *In Broone in North Carolina/USA errichtet General Electric die Großanlage MOD-1 (Zweiblatt-Rotor, 61 m Rotor-Ø, 2 MW, 43 m NH, Lee-Läufer). Sie ist zu diesem Zeitpunkt die größte Windkraftanlage der Welt. Die Anlage lief bis 1980.*

September 1979 | *Die stall-geregelte Anlage Nibe A geht bei Nibe im Norden von Jütland/DK in Betrieb. Eine baugleiche, aber pitch-geregelte Anlage Nibe B folgt im August 1980. Die Nibe-Zwillinge sollten einen direkten Vergleich von Stall- und Pitch-Regelung bringen (40 m Rotor-Ø, jeweils 630 kW, 45 m NH).*

Ende 1979 | *In Dänemark errichten die Firmen Windmatic und Kuriant die ersten Anlagen mit 10 bis 22 kW.*

1979 | *Vestas kauft die Konstruktion einer 30-kW-Windkraftanlage von Karl Erik Jørgensen und baut diese Maschine. Daraus wird auch ein Prototyp einer 55-kW-Anlage entwickelt und errichtet.*

1979 | *Henk Lagerwey errichtet in Kootwijkerbroek bei Berneveld/NL seine erste Windkraftanlage mit 10 kW Leistung.*

Frühjahr 1980 | *Die Firma Danregn A/S, aus der ein Jahr später die Firma Bonus Energy A/S hervorgeht, errichtet eine erste Windkraftanlage mit einer Leistung von 30 kW auf Langeland/DK (10,7 m Rotor-Ø, 30 kW, 18 m NH). Diese Anlage läuft bis Sommer 2002. Weitere Anlagen dieses Typs sowie 22-kW-Anlagen (10 m Rotor-Ø, 22 kW, 18 m NH) werden noch im selben Jahr errichtet.*

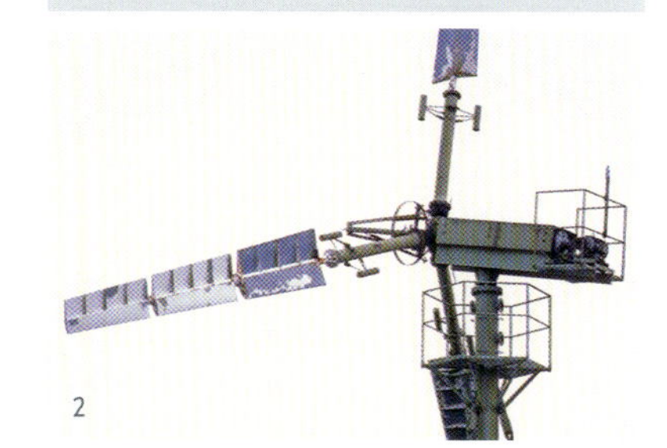

2

3

4

5

1 *„Tvind-Mølle" bei Ulfborg /DK*
2 *Brümmer BW 150*
3 *Kuriant 18 kW*
4 *Windmatic 22 kW*
5 *Aeroman 12/20*

Politik | Forschung

Firmen

Windparks | Betreiber

1. September 1980 | Das holländische Energieinstitut ECN eröffnet in Petten/NL ein Testfeld für kleine Windkraftanlagen.

1

März 1981 | Die erste Ausgabe des Windkraft-Journals erscheint als offizielles Mitteilungsblatt des Deutschen Windenergie Vereins e.V. (DWEV) und des Vereins für Windenergie e.V. Hannover (VWE). Herausgegeben wird es vom Verlag Natürliche Energien, die Redaktion hat Luise Junge.

1981 | Henk Bouma gründet die Firma Bouma Windenergie B.V. in Heerhugowaard in der Provinz Noord-Holland/NL und beginnt mit der Entwicklung kleiner Windkraftanlagen.

1981 | In den Tehachapi-Bergen und auf dem Altamont Pass in Kalifornien entstehen die ersten Windparks mit Maschinen der Firmen US Windpower. Es ist der Beginn des kalifornischen Windenergiebooms.

1982

21. Juni 1982 | Das BMFT erteilt der DGW einen Forschungsauftrag „Bestandsaufnahme und Erfahrungsauswertung in der Bundesrepublik bestehender Windkraftanlagen". Dieses Forschungsprojekt läuft zwei Jahre, der Abschlussbericht erscheint am 30. Juni 1984.

1982 | Der US Surpreme Court stellt die Rechtmäßigkeit des Public Utility Regulatory Police Acts fest, der den Versorgungsunternehmen vorschrieb, Elektrizität aus regenerativen Quellen von unabhängigen Stromproduzenten zu festgelegten Preisen zu vergüten. Mit dem zusätzlich seit 1978 bestehenden Energy Tax Act, der Investoren 25 Prozent Steuerabschreibung gewährte, und der seit 1978 in Kalifornien zusätzlich bestehenden Möglichkeit, weitere 25 Prozent abzuschreiben, führte das in der ersten Hälfte der Achtzigerjahre besonders in Kalifornien zu einer schlagartigen Nachfrage nach Windkraftanlagen, dem kalifornischen Windboom.

1982 | Die Windkraft-Zentrale in Brodersby bei Kappeln bekommt eine Typenprüfung für ihre elektrOmat-12-kW-Anlage. Damit baut sie als einzige Firma in Deutschland eine typengeprüfte Windkraftanlage in Serie.

Juni 1982 | Der Windpark Kyathos nimmt seinen Betrieb auf. Die fünf Aeroman-20-kW-Anlagen auf der griechischen Insel Kyathos bilden den ersten Windpark Europas, der nach der Ölpreiskrise errichtet wurde. Dieser wird 1985 mit einer Photovoltaik-Anlage gekoppelt.

16. September 1982 | Die Lagerwey LW 10/20 von Dietrich Koch in Mettingen wird aufgebaut und geht am selben Tag ans Netz. Sie ist die erste privat betriebene Windkraftanlage in Deutschland, die Strom ins öffentliche Netz einspeist.

15. Oktober 1982 | Auf dem Gestüt Gröhnwohldhof im Kreis Stormann wird die erste Windkraftanlage vom Typ Kuriant in Deutschland errichtet (11 m Rotor-Ø, 18,5 kW, 18 m NH). Zwei weitere gingen am 17. Juni 1983 in Betrieb. Das waren die ersten netzgekoppelten Windkraftanlagen, die in Schleswig-Holstein in Betrieb gingen.

Ende 1982 | Gründung der Südwind GbR in Berlin. Ab April 1988 firmiert das Unternehmen als Südwind GmbH.

Technik | Anlagen-Entwicklung

Dezember 1980 | *Errichtung der ersten Großanlage MOD-2 auf den Goodnoe Hills bei Goldendale im Staate Washington/USA (91,4 m Rotor-Ø, 2,5 MW, 58 m NH). Diese Anlage wurde von der Firma Boeing im Auftrag der NASA entwickelt. Bis Mai 1981 werden zwei weitere Maschinen dieses Typs errichtet, sodass sie die erste Windfarm der USA bilden. Die Anlagen werden im September 1987 stillgelegt.*

1980 | *Die dänische Stahl- und Behälterbaufirma Nordtank A/S aus Balle errichtet die ersten Windkraftanlagen mit Leistungen zwischen 10 und 30 kW, die erste auf dem Werksgelände in Balle.*

April 1981 | *Aufbau einer 20-kW-Darrieus-Anlage von Dornier auf dem Militärflugplatz „Comodoro Rivadavia" in Patagonien in Argentinien im Rahmen eines seit 1978 laufenden „deutsch-argentinischen FuE-Vorhabens zur Nutzung der Windenergie, Entwicklung und Erprobung eines 20-kW-Vertikalrotors". Die Mess- und Testphase läuft von 1982 bis 1985.*

Oktober 1981 | *Fertigstellung der WEC-52 der Voith GmbH aus Heidenheim auf dem Testfeld in Stötten (Zweiblattrotor, 52 m Rotor-Ø, 265 kW, 30 m NH). Sie ist damals die größte Windkraftanlage in Deutschland.* (Abb. 1)

Dezember 1981 | *Die Windkraft-Zentrale errichtet die ersten beiden selbst produzierten elektrOmat-12-kW-Anlagen auf dem Hof von Horst Frees in Brodersby bei Kappeln (6,3 m Rotor-Ø, 12 kW, 14 m NH).*

Dezember 1981 | *Eine von Mitarbeitern und Absolventen des Instituts für Luft- und Raumfahrt der TU Berlin entwickelte Windkraftanlage THG 5 für die Stromerzeugung im Inselbetrieb wird in Castellina Marittima in der Toskana errichtet (3,4 m Rotor-Ø, 5 kW, 12 m NH).*

29. Juni 1981 | *Auf dem Testfeld der ECN in Petten/NL nimmt ein Firmenkonsortium unter Federführung des Maschinenbauunternehmens Stork den Prototypen einer pitch-geregelten 300-kW-Anlage in Betrieb (Zweiblatt-Rotor, 25 m Rotor-Ø, 300 kW). Einen völlig überarbeiteten zweiten Prototypen unter der Bezeichnung Newecs 25 HAT errichtet Stork 1983 für den Energieversorger PZEM in der holländischen Provinz Zeeland.*

1981 | *Lagerwey errichtet in Cornwerd, Friesland/NL, den Prototypen der dreiflügligen LW 10/20 (10,6 m Rotor-Ø, 20 kW).*

1981 | *Vestas startet die Serienproduktion der 55-kW-Anlage V15 (15 m Rotor-Ø, 55 kW, 22 m NH).*

1981 | *Danregn gründet die Danregn Vindkraft A/S und entwickelt eine 55-kW-Anlage (15 m Rotor-Ø, 18 bis 24 m NH). Ab 1982 werden diese Anlagen unter dem Namen der Tochterfirma Bonus Energy A/S hergestellt.*

1981 | *Die WTS-4 wird in Medicine Bowin Wyoming/USA von der Firma Hamilton-Standard errichtet (78 m Rotor-Ø, 4 MW, 80 m NH). Mit 4 MW Leistung ist sie die leistungsstärkste Windkraftanlage der Welt. Sie ist bis 1994 in Betrieb und wird im Jahr 2002 abgerissen. Die WTS-4 wurde in Kooperation mit Schweden entwickelt, wo 1982 die Schwesteranlage WTS-3 errichtet wird.*

Frühjahr 1982 | *Vor Sylt wird der Wagner-Rotor getestet, ein auf ein Schiff montierter, schräg angestellter Rotor mit rechtwinklig angeordneten Rotorblättern.*

Herbst 1982 | *Aufbau des Monopteros 400 von MBB in Bremerhaven-Weddewarden (48 m Rotor-Ø, 370 kW). Die öffentliche Einweihung findet nach umfangreichem Testbetrieb am 12. Januar 1984 statt. Die Anlage läuft bis 1988.*

1982 | *Im Rahmen eines BMFT-Forschungsprojektes wird in Manzarenas in Spanien ein Aufwind-Experimentalkraftwerk errichtet (Turmhöhe 200 m, Turm-Ø 10 m, Ø der Kollektorfläche 250 m, 50 kW).*

Januar 1982 | *Die niederländische Firma Polenko errichtet in Kamerik/NL eine erste 15-kW-Windkraftanlage (9,6 m Rotor-Ø, 15 kW). Im Juli folgt in Neeltje Jans in der Provinz Zeeland eine erste Maschine mit 60 kW Leistung (16 m Rotor-Ø, 60 kW).*

1982 | *In Maglap bei Malmö in Südschweden wird eine Großanlage vom Typ WTS-3 errichtet (78,2 m Rotor-Ø, 3 MW, 80 m NH). Die Anlage wurde 1993 abgerissen.*

1982 | *Nordtank errichtet seine erste 55-kW-Anlage.*

1982 | *Die holländische Firma Polymarin B.V. baut nach Plänen von Fokker einen 100-kW-Darrieus-Rotor mit 15 Metern Durchmesser für den Gemeente Energiebedrieff Amsterdam.*

1982 | *Am San-Gorgonio-Pass in Kalifornien/USA wird eine dreiflüglige Bendix-Windkraftanlage mit hydraulischer Leistungsübertragung errichtet, die bis 1985 betrieben wird (51 m Rotor-Ø, 1,3 MW, 33 m NH).*

2

3

4

5

6

1 *Voith WEC-52 in Schnittlingen*
2 *Vestas V15*
3 *THG 5 in Berlin*
4 *Bonus 55 kW*
5 *Lagerwey LW 10/20*
6 *Nordtank 55 kW*

1983

Politik | Forschung

***18. Februar 1983** | Das Bundesverwaltungsgericht entscheidet in einem Grundsatzurteil, dass Windenergieanlagen im Außenbereich den privilegierten Anlagen zur öffentlichen Stromversorgung rechtlich gleichzustellen sind (nach § 35 BauGB). Damit wird ein Urteil des Oberverwaltungsgerichtes Münster aus dem Jahr 1982 aufgehoben, in dem es hieß, dass Windkraftanlagen in der Bauleitplanung als solche erwähnt sein müssen.*

***1983** | Gründung des dänischen Folkecenter für erneuerbare Energien in Ydby in Jütland/DK*

***1983** | Gründung der European Wind Energy Association (EWEA)*

Firmen

***1983** | Gründung des Ingenieurbüros aerodyn in Damendorf. Ab 1986 firmiert es als aerodyn Energiesysteme GmbH.*

***1983** | Gründung der Firma Micon A/S in Randers/DK durch den ehemaligen Nordtank-Mitarbeiter Peder Mørup und seinen Bruder Ehrling. Beginn der Produktion von 55-kW-Anlagen*

2

Windparks | Betreiber

***29. Oktober 1983** | Im Cecilienkoog geht die Vestas V15-55/11 kW von Karl-Heinz und Cornelia Hansen ans Netz. Sie ist die erste privat betriebene, netzgekoppelte Windkraftanlage an der Westküste Schleswig-Holsteins.*

***1983** | Auf der Insel Fanø vor der Westküste Jütlands wird die erste Windfarm in Dänemark errichtet, mit zunächst sechs Vestas V15 (15 m Rotor-Ø, 55 kW, 22 m NH), und einer Gesamtleistung von 330 kW. Der Park wird 1986 auf insgesamt 13 Anlagen erweitert.*

1984

Politik | Forschung

***September 1984** | Schleswig-Holstein verabschiedet als erstes Bundesland verbindliche „Richtlinien für die Auslegung, Aufstellung und das Betreiben von Windkraftanlagen der Landesregierung Schleswig-Holstein“.*

***22. bis 24. Oktober 1984** | Erste Europäische Windenergiekonferenz (EWEC) in Hamburg*

1

Firmen

***1984** | Gründung der ENERCON Gesellschaft für Energieanlagen mbH & Co. KG in Aurich*

***1984** | Die AN Maschinenbau und Umweltschutzanlagen GmbH wird von den Arbeitnehmern des Werftzulieferers Voith nach dessen Schließung gegründet.*

Windparks | Betreiber

***1. April 1984** | Der Aeroman von Manfred Wollin in Westermarkelsdorf/Fehmarn geht in Betrieb. Mit dieser Anlage startet das BMFT-Programm „Einsatz kleiner Windkonverter in der Bundesrepublik Deutschland“.*

***1984** | MAN errichtet die ersten 75 Aeroman-Anlagen im Windpark Tehachapi in Kalifornien/USA. Insgesamt exportiert MAN zwischen 1984 und 1986 etwa 350 Maschinen nach Amerika. (Abb. 1)*

***1984 bis 1988** | MAN bekommt von der Kreditanstalt für Wiederaufbau den Zuschlag für das BMFT-Projekt „Windkraftanlagen in Entwicklungsländern“ und errichtet weltweit etwa 50 Windkraftanlagen in kleineren Windparks.*

1985

Politik | Forschung

***4. Juni 1985** | Gründung der „Interessengemeinschaft Windpark Nordwestdeutsches Binnenland“, aus der später der Interessenverband Windpark Binnenland (IWB) hervorgeht. Er ist der Zusammenschluss zweier Initiativen aus den Bundesländern Nordrhein-Westfalen und Niedersachsen mit insgesamt rund 200 Mitgliedern. Dem war eine Vereinskrise innerhalb der DGW vorangegangen, in deren Folge mehrere Mitglieder aus der DGW ausgetreten waren, die sich nun im IWB neu organisieren.*

***27. Oktober 1985** | Gründung der Stiftung Windenergie Nordfriesland mit dem Ziel, einen Windpark mit 200 bis 300 Anlagen zu bauen und Hersteller im Kreis anzusiedeln. Träger ist der Kreis Nordfriesland.*

***4. November 1985** | Vertreter aus Forschung, Politik, Industrie und von Energieversorgern gründen im Hotel Maritim in Kiel die „Fördergesellschaft Windenergie e. V.“ (FGW) mit dem Ziel, Wege für eine kommerzielle Nutzung der Windenergie aufzuzeigen.*

Firmen

***August 1985** | Gründung der Firma Danish Wind Power Production in Middelfart auf der Insel Fyn/DK*

***1985** | Gründung der Firma Nordex A/S in Give in Dänemark durch die Brüder Carsten und Jens Pedersen*

***1985** | Fünf ehemalige Micon-Mitarbeiter, unter ihnen Ehrling Mørup, gründen die Firma Wincon Wind Energy ApS in Ulstrup.*

***1985** | Die Firma Wind World wird in Aalborg in Dänemark von Lars Olsen gegründet und stellt Generatoren her.*

***1985** | Die Firma Danwin A/S wird in Helsingør/DK gegründet und beginnt mit der Produktion der Danwin 19 (19 m Rotor-Ø).*

Windparks | Betreiber

***4. März 1985** | In Ebeltoft in Dänemark geht der erste Semi-Offshore-Windpark der Welt in Betrieb. Die 16 Nordtank-Anlagen (16 m Rotor-Ø, 55 kW, 22 m NH) stehen nicht im Wasser, sondern sind auf einer aufgeschütteten Mole errichtet. Die feierliche Eröffnung findet am 28. Juni 1985 statt. In Ebeltoft errichtet Nordtank 1985 auch den Prototypen der 100-kW-Anlage. Der Windpark wird 2003 durch vier größere Anlagen ersetzt.*

***1985** | In Oddesund Syd/DK wird der mit 1,235 MW Leistung größte Windpark Europas in Betrieb genommen. Die 13 Bonus-95-kW-Anlagen (19,4 m Rotor-Ø, 95 kW, 24 m NH) werden 1986 durch zwölf weitere Anlagen des gleichen Typs ergänzt, sodass die Gesamtleistung des Windparks 2,375 MW beträgt.*

Anfang 1983 | *In Ihlow bei Aurich errichten Aloys Wobben und Johann Remmers die erste netzgeführte Windkraftanlage in Ostfriesland: WOREM 2 (10 m Rotor-Ø, 22 kW, 18 m NH).*

Februar 1983 | *Der Aufbau des Growian im Kaiser-Wilhelm-Koog ist abgeschlossen (100,4 m Rotor-Ø, 3 MW, 102,1 m NH). Er ist die größte Windkraftanlage der Welt. Sie läuft bis 1987 im Versuchsbetrieb und wird 1988 abgerissen.* (ABB. 2)

24. September 1983 | *Aeolus AE15 wird am Hof von Baldur Springmann eingeweiht (15 m Rotor-Ø, 26 kW, 18 m NH). Die Anlage wird nach einem Rotorblattbruch im August 1986 abgerissen.*

Oktober 1983 | *Inbetriebnahme der 20-kW-„Windenergiekonverter-Versuchsanlage" der Akademie der Wissenschaften der DDR in Kloster auf der Insel Hiddensee (10 m Rotor-Ø, 20 kW, 23 m NH)*

TECHNIK | ANLAGEN-ENTWICKLUNG

Januar 1983 | *Die niederländische Firma Bouma errichtet in Heerhugowaard in der Provinz Noord-Holland/NL eine erste Maschine vom Typ Bouma 15 kW (11 m Rotor-Ø, 15 kW). Im März 1983 folgt in Goedereerde eine erste 55-kW-Maschine (16 m Rotor-Ø, 55 kW, 24 m NH).*

September 1983 | *Die britische Wind Energy Group, nimmt auf der schottischen Insel Orkney Island den Prototypen einer 250-kW-Anlage mit 20 Metern Rotordurchmesser in Betrieb.*

Oktober 1983 | *Die James Howden & Company Ltd. aus Glasgow nimmt auf dem Burgar Hill auf der schottischen Insel Orkney Island den Prototypen der 300-kW-Anlage HWP-300/22 in Betrieb (22 m Rotor-Ø, 300 kW, 22 m NH). Zehn modifizierte Anlagen (HWP-330/31) dieses Typs werden ein Jahr später auf dem Altamont-Pass in Kalifornien/USA errichtet.*

1983 | *„aeolus I", eine 2-MW-Anlage mit der exakten Bezeichnung WTS 75, wird in Näsudden auf der Insel Gotland/Schweden errichtet (75 m Rotor-Ø, 2 MW, 76 m NH,). Die in Zusammenarbeit zwischen der schwedischen Turbinenbaufirma KaMeWa und der deutschen Flugzeugbau-Firma ERNO entwickelte Versuchsanlage war bis 1990 in Betrieb.*

April 1984 | *Auf der Hannover Messe wird der BERWIAN vorgestellt, eine Windkraftanlagen-Entwicklung von der TU Berlin, die mit einem Windkonzentrator arbeitet.*

Juli 1984 | *Aufbau der Debra 25 in Stötten, ab Oktober Netzparallelbetrieb, einem deutsch-brasilianischen Gemeinschaftsprojekt (25 m Rotor-Ø, 100 kW)*

Oktober 1984 | *Errichtung des aeolus 11 der Firma aerodyn auf dem Testfeld der GKSS auf Pellworm (11,7 m Rotor-Ø, 18 kW, 10 m NH). Vom 18. Dezember 1984 bis zum 15. Juni 1985 wurde in Zusammenarbeit von aerodyn und dem Germanischen Lloyd ein umfangreiches Versuchsprogramm an dieser Anlage abgearbeitet.*

Ende 1984 | *Der Prototyp der WEG-25 (25 m Rotor-Ø, 300 kW, 25 m NH) des britischen Firmenzusammenschlusses Wind Energy Group geht in Ilfracombe, Grafschaft Devon/UK, in Betrieb. Die feierliche Inbetriebnahme findet am 14. März 1985 statt. Die Anlage ist die Weiterentwicklung einer seit 1983 auf Orkney Island getesteten 250-kW-Anlage.*

1984 | *Vestas startet die Serienproduktion der V17 (17 m Rotor-Ø, 75 kW, 22 m NH).*

1984 | *Micon startet die Serienproduktion einer 100-kW-Anlage.*

1. Mai 1985 | *Die erste Enercon E-15 (15 m Rotor-Ø, 55 kW) wird im Garten von Aloys Wobben in Aurich-Walle errichtet und in Betrieb genommen. Sie ist eine der ersten modernen Anlagen, die drehzahlvariabel ist.*

3. Oktober 1985 | *Die Windkraft-Zentrale aus Brodersby erhält vom Bauamt Kiel die Typenzulassung für die elektrOmat-20-kW-Anlage „Profi" und nimmt die erste Maschine dieses Typs in Ladelund in Betrieb. Betreiber ist der Gastwirt Antoni Carlsen. Eine weitere Maschine wird am 20. Dezember 1985 in Klein Waabs errichtet.*

Oktober 1985 | *Die F. Tacke KG aus Rheine stellt den Prototypen einer 150-kW-Anlage in Tehachapi in Kalifornien/USA auf (23,2 m Rotor-Ø, 150 kW, 24 m NH).*

Dezember 1985 | *Die Firma MBB errichtet den Prototypen des einflügligen Monopteros 15 mit 20 kW Leistung im Werk Hoyenkamp bei Delmenhorst (12,5 m Rotor-Ø, 20 kW, 15 m NH).*

Januar 1985 | *Die niederländische Firma Lagerwey Windturbine B.V. errichtet den Prototypen einer zweiflügligen 50-kW-Anlage in Zeewolde in der Provinz Flevoland (13,6 m Rotor-Ø, 50 kW). Er ist der Vorläufer der 75-kW-Anlage LW 15/75 (15,6 m Rotor-Ø, 75 kW).*

April 1985 | *Europas größter Darrieus-Rotor (2 Blätter, 17 m Rotor-Ø, 160 kW, 27 m Höhe) wird in Flaby im Kanton Jura/Schweiz in Betrieb genommen. Hersteller des Prototypen ist die Alpha Real AG.*

11. Dezember 1985 | *Das holländische Maschinenbauunternehmen Stork FDO nimmt die Versuchsanlage NEWECS 45 HAT bei Medemblick/NL in Betrieb (Zweiblatt-Rotor, 45 m Rotor-Ø, 1 MW, 60 m NH). Die Anlage war bis 1995 in Betrieb.*

1985 | *Vestas errichtet in Lem den Prototypen einer V23, seine erste pitch-geregelte Windkraftanlage mit 180 kW Leistung und 23 Metern Rotordurchmesser. Ein weiterer Prototyp mit 25 Metern Rotordurchmesser wird Anfang 1986 in Risø errichtet. Daraus wird die V25 mit einer Leistung von 200 kW entwickelt, die erste dänische Serien-Windkraftanlage mit Pitch-Regelung. Die Serienproduktion beginnt 1988.*

3

4

5

6

7

8

1 *Aeroman-Anlagen im Windpark Tehachapi*
2 *Aufbau des Growian im Kaiser-Wilhelm-Koog*
3 *Micon M300-55kW*
4 *Vestas V17*
5 *Debra 25*
6 *Enercon E-15*
7 *Lagerwey 15/75*
8 *Vestas V25*

	Politik | Forschung	Firmen	Windparks | Betreiber
1986	**26. April 1986** | Reaktorunfall im Kernkraftwerk Tschernobyl **14. Oktober 1986** | Inbetriebnahme des AKW Brokdorf **1986** | Das BMFT legt ein „Sonderdemonstrationsprogramm für Windenergieanlagen bis 250 kW Nennleistung" auf, mit dem bis 1988 insgesamt 48 Maschinen von 13 Herstellern, darunter Köster, aerodyn, Enercon, Südwind, Windkraft-Zentrale, Krogmann, Tacke und HSW, gefördert wurden. **1986** | Die steuerlichen Vorteile in den USA bei regenerativen Energiequellen fallen weg. Der US-Markt bricht daraufhin ein, was zahlreiche Firmenpleiten bei den am US-Windboom partizipierenden Herstellern, besonders in Dänemark, nach sich zieht.	**1. Juli 1986** | Die Vestas Deutschland GmbH wird gegründet. **3. Oktober 1986** | Die dänische Firma Vestas muss Insolvenz anmelden. Ende 1986 wird nach dem Verkauf einiger Firmensparten eine neue Firma gegründet, die sich ausschließlich mit der Herstellung von Windturbinen beschäftigt, die Vestas Wind Systems A/S. **Oktober 1986** | Die Firma Vestas erhält als erster ausländischer Hersteller eine Typenzulassung für Deutschland. Bis dahin wurden nur Einzelgenehmigungen erteilt. **1986** | Die Jahnel-Kestermann Getriebewerke Bochum GmbH beginnen mit der Fertigung von Getrieben für Windkraftanlagen.	**Sommer 1986** | Tacke stellt die erste 150-kW-Anlage in Deutschland in Westerland auf Sylt auf, eine TW 150 (20,5 m Rotor-Ø, 150 kW, 24 m NH). In Tehachapi in Kalifornien/USA errichtet Tacke einen Windpark mit 15 Maschinen des Typs TW 150. **1. August 1986** | Als erster Kunde der Firma Enercon nimmt Friedrich Pflüger in Norden eine E-15 In Betrieb (15 m Rotor-Ø, 55 kW, 22 m NH).
1987	**Januar 1987** | Gründung des Vereins Umschalten e.V. in Hamburg **26. Februar 1987** | Niedersachsen legt als erstes Bundesland ein Breitenförderprogramm für erneuerbare Energien auf: „Förderprogramm zur forcierten Anwendung und Nutzung neuer und erneuerbarer Energieträger – FANE" des Niedersächsischen Ministers für Wirtschaft, Technologie und Verkehr.	**1987** | Die Firma Wind World A/S entseht aus dem Zusammenschluss des Generatorherstellers Wind World und des Turmproduzenten Grenen Maskinfabrik A/S. **1987** | Konkurs und Neugründung der dänischen Firma Nordtank	**13. Januar 1987** | Inbetriebnahme der ersten Nordtank-Anlage in Deutschland, einer NTK 65 kW, durch Claus Engelbrechtsen in Brecklingfeld bei Schleswig. Er hatte sie bereits 1985 vom Adjudanten der Königin Margarete von Dänemark erworben. **März 1987** | Die erste Vestas V17/75 kW in Deutschland wird in Bassum aufgestellt. **24. August 1987** | Der Windpark Westküste geht im Kaiser-Wilhelm-Koog in Betrieb. Dieser im BMFT-Vorhaben „Förderung eines Windparks im Rahmen des Energieforschungsprogramms" geförderte Windpark ist der erste nach der Ölpreiskrise in Deutschland. Er besteht aus 30 Anlagen von MAN, Enercon und der Windkraft-Zentrale mit einer installierten Gesamtleistung von 1 MW. **September 1987** | Die erste Ausbaustufe der Windfarm „Ijsselmij" mit 25 HMZ-300-kW-Anlagen geht in der Nähe von Urk in der niederländischen Provinz Flevoland in Betrieb. Sie ist mit einer Gesamtleistung von 7,5 MW der größte Windpark Europas. In der zweiten Ausbaustufe folgen 1992 noch einmal 25 Anlagen des gleichen Typs. **14. November 1987** | Inbetriebnahme des Windparks „Norder Windloopers" der Stadtwerke Norden (fünf E16, 275 kW). Er ist der erste Windpark in Niedersachsen.

1

13. September 1986 | *Heinrich Dove errichtet in Barenburg-Munterburg bei Sulingen eine 70-kW-Eigenbauanlage (20 m Rotor-Ø, 70 kW, 22 m NH). Sie ist damals die größte privat gefertigte Anlage in Deutschland.*

19. November 1986 | *Inbetriebnahme der ersten Krogmann-Windkraftanlage (10,4 m Rotor-Ø, 30 kW, 25 m NH) auf dem Firmengelände von Krogmann in Kroge bei Lohne*

November 1986 | *Südwind errichtet seine erste netzgekoppelte Anlage, die N715 am Marschenhof bei Wremen (7 m Rotor-Ø, 15 kW, 18 m NH).*

November 1986 | *Die Firma Ruhrtal errichtet den Prototypen einer Anlage mit zunächst 50 kW Leistung, die ein Jahr später auf 65 kW erhöht wird, in Norderwöhrden-Öwerwisch bei Heide (15,2 m Rotor-Ø, 65 kW, 18 m NH). Es bleibt bei diesem Prototypen.*

23. Dezember 1986 | *Die Firma Kähler aus Norderheistedt errichtet den Prototypen des 30-kW-KANO-Rotors (12 m Rotor-Ø, 30 kW).*

Technik | Anlagen-Entwicklung

21. April 1986 | *Lagerwey errichtet in Maasvlakte bei Rotterdam eine Multiturbine mit sechs Lagerwey LW 15/75 und einer Gesamtleistung von 450 kW. Der Betrieb von sechs Rotoren an einem Mast erwies sich jedoch als problematisch. Nach mehreren Havarien wurden zwei Maschinenköpfe entfernt. Seit dem 10. April 1989 läuft die Multiturbine mit vier Rotoren.*

August 1986 | *Micon errichtet den Prototypen der Serie M 450/M 530, der ersten modular konstruierten Windkraftanlage, deren Leistung standortoptimiert zwischen 150 kW und 400 kW variiert werden kann.*

1986 | *Nordtank entwickelt die 150-kW-Anlage NTK 150/25 (25 m Rotor-Ø, 150 kW).*

28. Januar 1987 | *Die Husumer Schiffswerft errichtet auf dem Werftgelände in Husum den Prototypen der HSW 200 (25 m Rotor-Ø, 200 kW, 28 m NH). Diese von der Werft nach dem Vorbild dänischer Anlagen konzipierte Maschine wird weiterentwickelt zur HSW 250, von der die erste Anlage im Mai 1988 ebenfalls auf dem Werftgelände in Betrieb geht.*

16. Juli 1987 | *Die erste 45-kW-Anlage der Renk Tacke GmbH, eine TW 45, wird in Kleve am Niederrhein aufgestellt (12,5 m Rotor-Ø, 45 kW, 24 m NH).*

Dezember 1987 | *Die erste 25-kW-Anlage von aerodyn wird am Osterhof bei Niebüll errichtet (12,5 m Rotor-Ø, 25 kW, 14,5 m NH). Diese Anlage wird in einer weiterentwickelten 30-kW-Version in Lizenz von HSW produziert.*

1987 | *Die Dornier-System GmbH errichtet auf dem Höchsten am Bodensee einen Darrieus-Rotor vom Typ DZ 12 (12 m Rotor-Ø, 20 kW, 22 m Gesamthöhe).*

Januar 1987 | *Einweihung eines Windparks mit fünf Großanlagen des dänischen Herstellers Danish Wind Technology (DWT) auf der Insel Masnedø südlich von Seeland (jeweils 40 m Rotor-Ø, 750 kW, 45 m NH). Baubeginn war bereits im März 1985.*

Februar 1987 | *Bonus errichtet den Prototypen der 450-kW-Anlage. Im Oktober 1988 bekommt diese Anlage die dänische Typenprüfung.*

Juni 1987 | *Die neu gegründete Firma Wind World A/S aus Skagen/DK errichtet in Nyborg/DK den Prototypen ihrer ersten Anlage W-1960 (19,6 m Rotor-Ø, 90 kW).*

Juli 1987 | *In Cap Chat am St. Lorenz Golf in Kanada wird der weltgrößte Darrieus-Rotor in Betrieb genommen (64 m Rotor-Ø, 4 MW, 96 m Höhe). Den von der Shawinigan Engineering Company Ltd. aus Montreal entwickelten EOLE-C betreibt der Energieversorger Hydro Quebec bis 1993.*

Juli 1987 | *In Kahuku Village im Norden der Insel Oahu/Hawaii wird die mit 3,2 MW leistungsstärkste Windkraftanlage der Welt, die MOD-5B, errichtet (97,5 m Rotor-Ø, 3,2 MW, 61 m NH). Die Anlage war bis 1996 in Betrieb und wurde 1998 abgerissen.* (Abb. 1)

Juni 1987 | *Die Nordex A/S aus Give/DK errichtet den Prototypen der N27 (26 m Rotor-Ø, 225 kW, 29 m NH).*

2. Dezember 1987 | *Wind World errichtet den Prototypen der 150-kW-Anlage W 2320-150 kW (23,2 m Rotor-Ø, 150 kW, 30 m NH).*

1987 | *Die Firma Westinghouse errichtet auf Hawaii mehrere Anlagen vom Typ WWG 600 (43 m Rotor-Ø, 600 kW).*

1987 | *Auf den Orkney-Inseln wird die Großanlage LS-1 der schottischen Firma Howden Group plc in Betrieb genommen (60 m Rotor-Ø, 3 MW, 45 m NH). Diese Anlage wurde im November 2000 gesprengt.*

1987 | *Die niederländische Firma Holec errichtet im Windpark Sexbierum in der Provinz Friesland 18 Prototypen der 300-kW-Anlage (30 m Rotor-Ø, 300 kW, 35 m NH).*

2

3

1 *MOD-5B auf Oahu/Hawaii*
2 *Tacke TW 150*
3 *Micon M530-250 kW*
4 *HSW 250*
5 *Bonus 450 kW*
6 *Renk Tacke TW45*
7 *Nordex N27*

4

5

6

7

Politik | Forschung

Firmen

Windparks | Betreiber

1988

Politik | Forschung

11. Februar 1988 | *Gründung des Instituts für Solare Energieversorgungstechnik (ISET) in Kassel*

26. Mai 1988 | *Das nordrhein-westfälische Ministerium für Wissenschaft, Mittelstand und Technologie (MWMT) bewilligt das Wistra-Projekt zur Untersuchung der Windverhältnisse und des Betriebsverhaltens von Windkraftanlagen im Binnenland. Dieses Programm läuft bis 1992.*

22. August 1988 | *Gründung der Europäischen Vereinigung für Erneuerbare Energien, Eurosolar e.V.*

1988 | *Nordrhein-Westfalen legt erstmals das Förderprogramm „Rationelle Energieverwendung und Nutzung unerschöpflicher Energiequellen" (REN) auf.*

Firmen

1988 | *Konkurs der dänischen Hersteller Windmatic, Tellus, Vindsyssel und Wincon*

1988 | *Die AN Maschinenbau und Umweltschutzanlagen GmbH aus Bremen schließt einen Kooperationsvertrag mit dem dänischen Hersteller Bonus A/S. AN übernimmt den Verkauf und Service in Deutschland und produziert die Anlagen auch in Lizenz.*

Windparks | Betreiber

26. Februar 1988 | *Die erste Vestas V25-200 kW in Deutschland wird in der Hattstädter Marsch errichtet. Betreiber ist Horst Sauer. Vestas hat erst Anfang des Jahres 1988 die Typenprüfung für die V25 bekommen.*

8. August 1988 | *Inbetriebnahme des Windparks Cuxhaven der ÜNH AG in Nordholz/Cappel-Neufeld (zehn E-16 à 55 kW). Am 15. Juni 1989 werden noch 15 Monopteros Einblattrotoren von MBB mit je 30 kW in der Windfarm aufgebaut. Die Monopteros werden im Sommer 1992 abgerissen.*

1989

Politik | Forschung

1. Januar 1989 | *Das Programm zur Förderung der erneuerbaren Energien des Landes Schleswig Holstein tritt in Kraft. Damit werden Investitionszulagen von bis zu 30 Prozent für Windkraftanlagen gezahlt.*

10. März 1989 | *Der Bundesminister für Forschung und Technologie gibt das Förderprogramm 100-MW-Wind bekannt, ein mehrjähriges Großexperiment, um Windenergie in einer energiewirtschaftlichen Größenordnung zu erproben.*

13. März 1989 | *Veröffentlichung des „Erlasses zur baurechtlichen Behandlung von Windkraftanlagen" durch den Minister für Stadtentwicklung Wohnen und Verkehr in Nordrhein-Westfalen, Christoph Zöpel („Zöpel-Erlass"). Damit besteht auch in Nordrhein-Westfalen baurechtliche Gleichstellung von Windkraftanlagen mit den nach § 35 BauGB privilegierten Anlagen der öffentlichen Stromversorgung.*

14. März 1989 | *Der Rat der Europäischen Gemeinschaft entscheidet über das „spezifische Programm für Forschung und Entwicklung im Bereich der Energie – nichtnukleare Energien und rationelle Energieanwendung 1989 bis 1992". Ziel des Programms mit dem Namen JOULE (Joint Opportunities for Unconventional or Longterm Energy supply) ist die Entwicklung von Energietechnologien.*

15. Juni 1989 | *Gründung des Forums für Zukunftsenergien e.V. (FZE) in Bonn*

13. September 1989 | *Gründung der Windtest Kaiser-Wilhelm-Koog GmbH durch den Germanischen Lloyd*

13. bis 15. Oktober 1989 | *Die ersten Husumer Windenergietage, die erste reine Windenergiemesse in Deutschland mit einem begleitenden dreitägigen Fachkongress, werden in Husum unter Federführung der DGW veranstaltet.*

10. November 1989 | *Treffen von Betreibern und Interessenten für Windkraftanlagen in der DDR in Neustadt am Rennsteig*

Firmen

1

April 1989 | *Die deutsche Werksvertretung für Nordtank Windkraftanlagen nimmt in Ostenfeld ihre Arbeit auf. Im April 1991 wird daraus die Nordtank Windkraftanlagen GmbH.*

Frühjahr 1989 | *Das Ingenieurbüro Fries in Hamburg wird gegründet und übernimmt im Sommer die Vertretung für Micon-Windkraftanlagen in Deutschland.*

15. Juni 1989 | *Gründung der Hanseatischen AG Elektrizitätswerk- und Umwelttechnik (HAG) mit Sitz in Hamburg*

1989 | *Die Ventis Energietechnik GmbH wird in Braunschweig gegründet.*

1989 | *Gründung der Winkra Energie GmbH in Hannover. Sie ist das erste Planungsbüro für Windkraftanlagen.*

Windparks | Betreiber

17. August 1989 | *Die erste Anlage, die einen Investitionskostenzuschuss aus dem 100-MW-Programm erhält, geht in Melle/Buer ans Netz: eine Krogmann 15/50. Die erste Maschine, die den Zuschuss von acht Pfennigen auf die erzeugte Kilowattstunde bekommt, ist die im Oktober 1989 in Betrieb genommene V25 von Karl Detlef auf Fehmarn.*

3. Oktober 1989 | *In Wustrow auf dem Darß geht eine Vestas V25 als erste Windkraftanlage in der DDR ans Netz, die serienmäßig und industriell hergestellt wurde.* (Abb. 1)

1. November 1989 | *Die erste Gemeinschafts-Windkraftanlage in Deutschland geht in Wewelsfleet in Sichtweite des AKW Brokdorf ans Netz. Es ist eine Lagerwey LW 15/75 der Betreibergemeinschaft UWW.*

Dezember 1989 | *Aufbau der ersten AN Bonus 150/30 kW in Deutschland, in Harpstedt. Betreiber ist der Berufsschullehrer Cord Remke.*

Dezember 1989 | *Errichtung des Windparks Krummhörn der EWE mit zehn Enercon E-32. Mit insgesamt drei MW installierter Leistung ist er der größte Windpark Deutschlands.*

Ende 1989 *sind 293 Windkraftanlagen mit einer Leistung von insgesamt 27 Megawatt an das deutsche Stromnetz gekoppelt.*

__18. März 1988__ | In Großenmeer im Landkreis Wesermarsch geht die erste Anlage von Krogmann mit einer Leistung von 50 kW in Betrieb (12,8 m Rotor-Ø, 50 kW, 30 m NH). Betreiber ist Jürgen Menke.

__April 1988__ | Die erste Adler 25 (25 m Rotor-Ø, 165 kW, 22 m NH) der Firma Köster aus Heide geht in Osterwittbekfeld in Betrieb. Diese Anlage basiert auf der Konstruktion der Debra 25 der DLR in Stuttgart.

__Dezember 1988__ | Inbetriebnahme der Enercon E-32 in Manslagt Pilsum (32 m Rotor-Ø, 300 kW, 33 m NH). Dieser Prototyp der 300-kW-Anlage wurde von der Energieversorgung Weser Ems AG betrieben.

__1988__ | Enercon errichtet die erste Anlage vom Typ E-17 (17 m Rotor-Ø, 80 kW) auf dem neuen Firmengelände Am Dreekamp in Aurich.

__Januar 1989__ | Die Windkraft-Zentrale nimmt den Prototypen einer 90-kW-Anlage in Stenderup in Betrieb (18,6 m Rotor-Ø, 90 kW, 24 m NH). Bei dieser Maschine handelt es sich um eine Entwicklung der dänischen Firma advanced wind power products A/S. Die Anlage wird vom Wasserbeschaffungsverband Ostangeln betrieben und versorgt das Wasserwerk Stenderup mit Strom.

__30. März 1989__ | Aufbau und Inbetriebnahme der 55-kW-Versuchsanlage in Rostock-Dierkow (23 m Rotor-Ø, 55 kW, 25 m NH). Sie ist die erste netzgekoppelte Anlage in der DDR.

__18. Juli 1989__ | Errichtung der ersten Südwind-30-kW-Anlage N1230/30 (12,5 m Rotor-Ø, 30 kW, 30 m NH) in Rhauderfehn-Burlage in Ostfriesland

__Sommer 1989__ | Der einzige Prototyp der 150-kW-Anlage Pegasus 150 (20 m Rotor-Ø, 150 kW, 30 m NH) der Firma Petry Windconverterbau wird in Presseck im Frankenwald errichtet. Er ist die erste privat betriebene netzeinspeisende Windkraftanlage in Bayern. Sie wurde 1991 wegen Blitzschaden wieder abgebaut.

__2. November 1989__ | Inbetriebnahme von drei einflügligen Monopterus 50 von MBB (56 m Rotor-Ø, je 640 kW, 60 m NH) und offizielle Eröffnung des Jade-Windparks in Wilhelmshaven

__Dezember 1989__ | Die Heidelberg-Motor GmbH aus Starnberg testet einen 20-kW-H-Rotor 20/56 im Testfeld Kaiser-Wilhelm-Koog (56 qm Rotorfläche, 20 kW). Nach dem Ende des Testbetriebes im September 1990 wird die Maschine in die Antarktis verschifft und im Januar 1991 an der deutschen Forschungsstation „Georg von Neumeyer" wieder in Betrieb genommen.

Technik | Anlagen-Entwicklung

__Februar 1988__ | Die österreichische Firma Villas Wind Technology GmbH aus Villach errichtet in Palm Springs in Kalifornien/USA den Prototypen der Floda 500 (36 m Rotor-Ø, 500 kW, 42 m NH). Diese pitch-geregelte, drehzahlvariable Turbine ist die erste 500-kW-Anlage, die für die Serienproduktion vorgesehen ist.

__1. März 1988__ | Bonus errichtet den Prototypen seiner 150-kW-Anlage. Es ist eine Weiterentwicklung der 95-kW-Anlage. Die Serienproduktion startet im Herbst 1988.

__23. März 1988__ | Die ELSAM 2000 geht in Tjaerburg bei Esbjerg ans Netz (61 m Rotor-Ø, 2 MW, 60 m NH). Mit ELSAM hat erstmalig ein europäisches Stromversorgungsunternehmen aus eigenem Antrieb eine Windkraftanlage entwickelt und gebaut. Die Anlage produziert zwölf Jahre lang Strom und wird im August 2001 gesprengt.

__1988__ | Nordtank bringt eine 300-kW-Anlage auf den Markt, die NTK 300/31 (31 m Rotor-Ø, 300 kW, 31 m NH).

__1988__ | Die schottische Firma Howden errichtet eine Anlage vom Typ Howden HWP-750 in Kalifornien/USA (45 m Rotor-Ø, 750 kW).

__April 1989__ | Der niederländische Hersteller Newinco B.V. aus Rhenen errichtet in der Nähe von Rotterdam den Prototypen einer 500-kW-Maschine mit Rotorblättern aus Metall (Zweiblattrotor, 35 m Rotor-Ø, 500 kW, 39 m NH). Bis zum 21. November 1989 folgen neun weitere Anlagen. Es sind die Vorläufer der Nedwind 40-500 kW.

__Juni 1989__ | Bonus beginnt die Serienproduktion der 450-kW-Anlage (35 m Rotor-Ø).

__Juli 1989__ | Vestas errichtet in Lem den Prototypen der 500-kW-Anlage V39 (39 m Rotor-Ø, 500 kW). Die Serienproduktion startet 1991.

__September 1989__ | In Cabo Vilano in Nordspanien wird die in deutsch-spanischer Kooperation entwickelte AWEC-60 errichtet (60 m Rotor-Ø, 1,2 MW, 46 m NH). Sie ist die Schwesteranlage der WKA-60.

__1989__ | Die schottische Firma Howden errichtet in Richborough die HWP-55 (55 m Rotor-Ø, 1 MW).

2

3

4

5

1 Vestas V25 in Wustrow/Darß
2 Bonus 150 kW
3 ELSAM 2000
4 Enercon E-32
5 Nordtank NTK 300/31
6 Vestas V39
7 Monopteros 50

6

7

1990

Politik | Forschung

1. Januar 1990 | *Die neue Bundestarifordnung Elektrizität tritt in Kraft. Für in das öffentliche Netz eingespeiste Elektrizität aus erneuerbaren Energien und Kraft-Wärme-Kopplung sind demnach Mindestvergütungen in Höhe der bei dem Energieversorger auch langfristig eingesparten Kosten anzuerkennen.*

23. Januar 1990 | *Das Land Niedersachsen gründet als alleiniger Gesellschafter das Deutsche Windenergie-Institut (DEWI) in Wilhelmshaven.*

18. April 1990 | *Der von Windconsult organisierte „Rostocker Windenergietag" ist die erste internationale Tagung für Windenergie nach der Wende in der DDR.*

21. April 1990 | *Gründungsveranstaltung der „Gesellschaft für Windenergienutzung" in Ost-Berlin*

1. November 1990 | *Die Pilot-Nummer der „Windenergie aktuell" erscheint. Diese Zeitung wurde vom DGW-Vorsitzenden Uwe Thomas Carstensen gegründet und löst das Windkraft-Journal als offizielle Zeitschrift der DGW ab. Am 1. Januar 1998 ging daraus die Zeitschrift „Erneuerbare Energien" hervor.*

Firmen

Herbst 1990 | *Die Tacke Windtechnik GmbH wird gegründet.*

1990 | *Das Ingenieurbüro wind strom frisia GmbH wird von Reiner Bökmann gegründet und übernimmt den Vertrieb für die Anlagen des dänischen Herstellers Wind World A/S aus Skagen.*

1990 | *Die NedWind B.V. mit Sitz in Rhenen/NL entsteht aus der Fusion der niederländischen Hersteller Bouma und Newinco.*

Windparks | Betreiber

Mai 1990 | *Im badischen Hausen in der Gemeinde Hüfingen geht eine Bürger-Windkraftanlage in Betrieb. Sie ist eine am dänischen Folkecenter entwickelte DANmark 22 (22 m Rotor-Ø, 95 kW, 30 m NH), die von der Firma Reymo gefertigt wird.*

Juni 1990 | *Karl Hartung errichtet in Großgräfendorf bei Merseburg eine Enercon E-17, die erste nach der Wende in der DDR errichtete Windkraftanlage.*

24. September 1990 | *Die erste Nordtank NTK 150 in Deutschland geht ans Netz (24,6 m Rotor-Ø, 150 kW, 32,7 m NH). Betreiber ist Claus Engelbrechtsen aus Breklingfeld.*

September 1990 | *Wind World errichtet die erste Offshore-Anlage der Welt im Nogersund vor der schwedischen Ostküste, eine W-2500/220 kW.*

6. November 1990 | *In Osterbruch im Landkreis Cuxhaven geht die erste Micon-Anlage in Deutschland ans Netz. Betreiber der M530-175 kW ist Johannes Mangels. Eine Woche später folgt die zweite: Udo Szage nimmt eine M530-250 kW im Desmercierekoog im Kreis Nordfriesland in Betrieb.*

29. November 1990 | *In Grebenhain/Hartmannshain im Vogelbergkreis geht die erste Windkraftanlage Hessens ans Netz, eine HSW 250. Sie ist die erste Anlage im Testfeld Windpark Vogelsberg, das von der Osthessischen Versorgungs AG (OVAG) und dem Land Hessen gemeinsam betrieben wird. Noch im gleichen Jahr gehen eine Enercon E-17 und eine AN Bonus 150 kW ans Netz. Damit ist dieses Testfeld der erste Windpark überhaupt im Binnenland. Der Testbetrieb erfolgt durch das ISET.* (Abb. 1)

31. Dezember 1990 | *Im Friedrich-Wilhelm-Lübke-Koog bei Niebüll werden 35 HSW 250 in Betrieb genommen, 15 weitere Anlagen folgen 1991. Mit insgesamt 50 Anlagen und einer Gesamtleistung von 12,5 MW ist er der größte Windpark in Deutschland.*

Dezember 1990 | *AN Bonus nimmt die erste 450-kW-Anlage in Wremen bei Bremerhaven in Betrieb. Sie ist die größte Serien-Windkraftanlage, die bis dahin in Deutschland errichtet wurde.*

1990 | *Europas größter Windpark geht im Norden Jütlands/DK in Betrieb: der Windpark Nørrekjær Yder Enge besteht aus 42 Nordtank NTK 300 (28 m Rotor-Ø, 300 kW, 31 m NH) und hat eine installierte Gesamtleistung von 12,6 MW.*

Im Jahr 1990 *gehen in Deutschland 255 neue Windkraftanlagen mit insgesamt 41 Megawatt ans Netz. Damit hat sich die Zahl der installierten Anlagen mehr als verdoppelt, denn insgesamt drehen sich Ende des Jahres 548 Turbinen mit einer Gesamtleistung von 68 Megawatt.*

1

1991

Politik | Forschung

1. Januar 1991 | *Das Stromeinspeisungsgesetz tritt in Kraft. Es legt gesetzlich die Vergütungshöhe für Strom aus erneuerbaren Energien fest, für Windstrom 90 Prozent des Durchschnittsstrompreises – damals rund 17 Pfennige.*

7. Februar 1991 | *Gründung des Interessenverbandes Windkraft Westküste (IWW) in Husum*

Windparks | Betreiber

Februar 1991 | *Die FPL Energy aus Florida errichtet in Kalifornien den Windpark Sky River mit 342 Vestas V27. Mit einer installierten Gesamtleistung von 76,95 MW ist er damals der weltgrößte Windpark.*

5. Mai 1991 | *Die erste Wind World W 2700/150 in Deutschland geht in Horstedtfeld in Schleswig-Holstein ans Netz (27 m Rotor-Ø, 150 kW, 30 m NH). Betreiber ist Jens Johann Carstensen.*

Februar 1990 | *Auf Helgoland geht eine bei MAN entwickelte WKA 60 in Betrieb (60 m Rotor-Ø, 1,2 MW, 50 m NH). Sie ist in Verbindung mit zwei Blockheizkraftwerken und einer Wärmepumpe Teil des Versorgungskonzepts. Der Überschussstrom wird zur Meerwasserentsalzung genutzt. Eine baugleiche Anlage mit 60 Metern Nabenhöhe wird 1992 im Kaiser-Wilhelm-Koog errichtet.*

Frühjahr 1990 | *In Braunschweig-Veltenhof wird der Prototyp der Ventis 20-100 errichtet (20 m Rotor-Ø, 100 kW).*

Juni 1990 | *Tacke errichtet die erste TW 60 in Vreden (16,9 m Rotor-Ø, 60 kW, 30 m NH).*

1. September 1990 | *Die Dornier-System GmbH errichtet einen Zweiblatt-Darrieus-Rotor mit 55 kW Leistung (15 m Rotor-Ø, 55 kW, 25 m Gesamthöhe) auf dem Testfeld der Energieversorgung Schwaben (EVS) in Heroldstatt auf der Schwäbischen Alb.*

19. Oktober 1990 | *Gerd Seel beginnt mit dem Testbetrieb seiner 110-kW-Anlage in Walzbachtal-Wössingen (19,2 m Rotor-Ø, 110 kW, 24 m NH). Sie ist die größte Anlage Süddeutschlands und die größte Eigenbauanlage in der Bundesrepublik.*

Dezember 1990 | *Die Tacke Windtechnik GmbH errichtet die erste TW 250 in Garbek, Kreis Segeberg (24 m Rotor-Ø, 250 kW, 30 m NH).*

Technik | Anlagen-Entwicklung

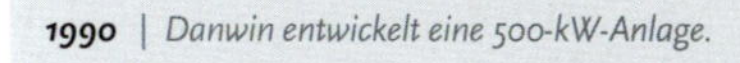

1990 | *Danwin entwickelt eine 500-kW-Anlage.*

1990 | *Die niederländische Firma Holec errichtet in Urk in der niederländischen Provinz Flevoland den Prototypen einer 550-kW-Maschine mit Rotorblättern aus Stahl (35 m Rotor-Ø, 550 kW).*

2

3

4

5

1 Windpark Vogelsberg
2 Ventis 20-100
3 Tacke TW 60
4 Seewind 110 kW
5 Tacke TW 250

Politik | Forschung

1. März 1991 | *Es treten neue Förderrichtlinien für das 100-MW-Programm in Kraft. Es wird auf 250 MW aufgestockt. Die Zusatzvergütung wird jedoch von 8 auf 6 Pf/kWh gesenkt.*

März 1991 | *Die erste Ausgabe der Zeitschrift Neue Energien erscheint. Sie wird vom IWB herausgegeben.*

25. Mai 1991 | *Gründung des Interessenverbandes Windkraft Schleswig-Holstein/Hamburg (IWSH) in der Kongresshalle Husum*

14. Dezember 1991 | *Der Bundesverband Erneuerbare Energie (BEE) wird auf der Wachenburg in Weinheim an der Bergstraße gegründet.*

Firmen

28. März 1991 | *Die Nordex Energieanlagen GmbH wird in Rinteln gegründet.*

10. Mai 1991 | *Vestas Deutschland GmbH nimmt in Husum die Produktion von Windkraftanlagen auf.*

1991 | *Gründung der Jacobs Energie GmbH in Heide, die den Service für Aeroman-Anlagen und WKA 60 von MAN übernimmt*

Windparks | Betreiber

1. Juni 1991 | *Die erste Windkraftanlage im Stadtgebiet von Hamburg, eine Südwind 30 kW, geht in Hamburg-Neuenfelde ans Netz.*

9. August 1991 | *Der erste Offshore-Windpark der Welt geht ans Netz. Die elf Bonus-450-kW-Anlagen (35 m Rotor-Ø, 450 kW, 37,5 m NH) wurden in einer Entfernung von 1,5 bis 3 Kilometern vor der Küste nördlich von Vindeby/DK auf Lolland errichtet.*

1. September 1991 | *Die erste Windkraftanlage in Rheinland-Pfalz, eine Enercon E-17, geht in Westernohe ans Netz.*

13. September 1991 | *Die erste Nordex in Deutschland, eine N27-150 kW, geht am Klärwerk Kappeln ans Netz.*

September 1991 | *Die erste Nordtank-300-kW-Anlage NTK 300/31 in Deutschland geht im Kronprinzenkoog ans Netz (31 m Rotor-Ø, 300 kW, 31 m NH).*

November 1991 | *In Rapshagen bei Pritzwalk wird die erste Windkraftanlage in Brandenburg eingeweiht, eine Enercon E-33/280 kW, die der Verein Energie Dezent betreibt. Das Brandenburger Ministerium für Umwelt, Naturschutz und Raumordnung fördert diese Anlage als Demonstrationsvorhaben mit beispielhaftem Charakter zu 100 Prozent.*

12. Dezember 1991 | *Im Stadtgebiet von Bremen wird die erste Windkraftanlage errichtet, eine AN Bonus 150 kW.*

Dezember 1991 | *In Schwarbe auf der Insel Rügen wird der erste Windpark in Ostdeutschland errichtet mit vier Maschinen vom Typ Enercon E-32/300 kW. Im Januar 1992 folgen weitere drei Anlagen gleichen Typs.*

1991 | *In den Orten Velling Maersk und Tendpipe in der Nähe von Lem/DK wird ein Windpark mit insgesamt 100 Vestas-Anlagen mit 75 bis 225 kW Leistung komplettiert. Mit insgesamt 12,61 MW ist er der größte Windpark Europas.* (Abb. 1)

1

1991 *wurden 258 neue Windkraftanlagen mit insgesamt 42 Megawatt Leistung errichtet. Damit stehen in Deutschland 806 Rotoren mit einer installierten Gesamtleistung von 110 Megawatt.*

1992

Politik | Forschung

Juni 1992 | *Weltkonferenz der UNO für Umwelt und Entwicklung in Rio de Janeiro. Mit der Agenda 21 wird ein globaler Masterplan für nachhaltiges Wirtschaften im Interesse von Ressourcenschutz und Energieeffizienz aufgestellt. Dieser Aktionsplan für das 21. Jahrhundert sieht die Integration von Umweltaspekten in allen anderen Politikbereichen vor. Die Klimarahmenkonvention wird beschlossen, ein erster internationaler Vertrag, der die Unterzeichnerstaaten zu klimaschonenden Maßnahmen verpflichtet. Diese Konvention tritt 1994 in Kraft und bildet die Grundlage für das Kyoto-Protokoll von 1997.*

Windparks | Betreiber

20. März 1992 | *In Sohland am Rotstein in der Oberlausitz geht die erste Windkraftanlage in Sachsen in Betrieb, eine Ventis 20-100. Betreiber sind Sarina und Jürgen Scholz.*

15. Mai 1992 | *In Altenbeken-Buke bei Paderborn nimmt Anton Driller den ersten privaten Windpark im Binnenland mit vier Nordex N27/150 kW in Betrieb.*

20. Mai 1992 | *Die erste Windkraftanlage in Berlin, eine Südwind N1230/30 m, wird auf der Mülldeponie Wannsee errichtet.*

15. Juli 1992 | *Einweihung des ersten Windparks in Sachsen, Windfeld Hirtstein (890 m über NN) bei Satzung im Erzgebirge. Er ist der erste Binnenlandwindpark in Ostdeutschland.*

11. September 1992 | *Bei Bredstedt wird der erste Bürgerwindpark in Deutschland eingeweiht mit vier Enercon E-33.*

August 1991 | *Die Heidelberg Motor GmbH aus Starnberg nimmt den ersten H-Rotor 300 auf dem Testfeld Kaiser-Wilhelm-Koog in Betrieb (672 qm Rotorfläche, 300 kW, 50 m NH).*

Oktober 1991 | *Fuhrländer errichtet seine erste Windkraftanlage, eine 30-kW-Maschine für die Stadtwerke in Köln.*

Oktober 1991 | *Die Firma Wind Technik Nord errichtet ihre ersten Anlagen vom Typ WTN 200/26 (26 m Rotor-Ø, 200 kW, 30 m NH) im Uelvesbüller Koog (NF). Betreiber ist Walter Hagge.*

24. März 1992 | *Enercon nimmt in Hamswehrum den Prototypen seiner ersten getriebelosen Maschine E-36 in Betrieb (36 m Rotor-Ø, 450 kW).*

August 1992 | *Die Tacke Windtechnik GmbH errichtet im Schutzhafen der Nordseeinsel Borkum den Prototypen der TW 500 (36 m Rotor-Ø, 500 kW, 40 m NH). Er ist die erste 500-kW-Serienmaschine in Deutschland.*

Technik | Anlagen-Entwicklung

1. Juli 1991 | *HMZ WindMaster nimmt in Halsteren in der Provinz Noord-Brabant/NL den Prototypen einer zweiflügligen 750-kW-Anlage (40,1 m Rotor-Ø, 40 m NH), sowie sechs Prototypen einer 500-kW-Anlage (Zweiblattrotor, 32,9 m Ø, 40 m NH) in Betrieb.*

1991 | *Nordtank bringt eine 450-kW-Anlage auf den Markt (37 m Rotor-Ø, 450 kW). Diese Anlage wird 1992 weiterentwickelt zur 500-kW-Anlage NTK 500/37 (37 m Rotor-Ø, 500 kW).*

April 1992 | *In Alta Nurra auf der Insel Sardinien errichtet die Firma West aus Taranto/Italien die italienische Versuchsanlage Gamma-60 (Zweiblatt-Rotor mit 60 m Rotor-Ø, 2 MW, 66 m NH). Die Inbetriebnahme erfolgt im Juni 1992. Das Messprogramm im Rahmen von WEGA-II läuft bis 1996.*

2

3

1 Windpark Velling Mærsk/DK
2 HMZ WindMaster 750 kW
3 Nordtank NTK 500/37
4 Enercon E-36
5 WindWorld W 3700-500 kW

4

5

Politik | Forschung

Firmen

Windparks | Betreiber

21. September 1992 | *Einweihung des Windparks der Stadtwerke Husum. Bei diesem Windpark wird ein „bush and tree"-Konzept getestet, bei dem Anlagen mit unterschiedlicher Nabenhöhe eingesetzt werden: acht HSW 250 kW mit 28 Metern Nabenhöhe und sieben TW 250 kW mit 55 Metern Nabenhöhe.*

10. Dezember 1992 | *Einweihung des Bürgerwindparks Friedrich-Wilhelm-Lübke-Koog mit 14 Enercon E-33*

12. Dezember 1992 | *In Söllmitz bei Gera geht die erste Windkraftanlage Thüringens ans Netz, eine Micon M570-200/40 kW. Betreiber sind Anneliese und Dietrich Mehr.*

1992 | *Das DEWI eröffnet bei Wilhelmshaven ein Windtestfeld mit zwei Anlagen der Firmen Südwind und HSW mit jeweils 30 kW Leistung.*

1992 | *Die zweite Ausbaustufe der Windfarm Ijsselmij geht in Betrieb. Mit insgesamt 50 Maschinen vom Typ HMZ Windmaster 300 kW und einer Gesamtleistung von 15 MW ist sie Europas größter Windpark.*

1992 *wurden bundesweit 405 neue Windkraftanlagen mit insgesamt 74 Megawatt errichtet. Die installierte Leistung aller 1 211 Windkraftanlagen beträgt damit 183 Megawatt.*

1993

Politik | Forschung

22. Juni 1993 | *Gründungsversammlung der Interessengemeinschaft Windkraftanlagen im VDMA (IGWKA) durch Vertreter von zehn Windkraftanlagen-Herstellern in der Vertretung des Landes Niedersachsen beim Bund in Bonn*

Firmen

April 1993 | *Die Tacke Windtechnik GmbH eröffnet eine neue Produktionsstätte in Salzbergen-Holsterfeld und beginnt mit der Serienproduktion der TW 80 und der TW 500.*

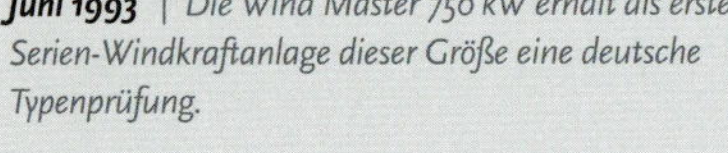

Juni 1993 | *Die Wind Master 750 kW erhält als erste Serien-Windkraftanlage dieser Größe eine deutsche Typenprüfung.*

Ende 1993 | *Grundsteinlegung der Nordex-Produktionshalle und Verlegung des Firmensitzes der Nordex Energieanlagen GmbH in das Ostseebad Rerik*

1993 | *Die KGW Schweriner Maschinenbau GmbH, die ehemaligen Klement-Gottwald-Werke, beginnt mit der Fertigung von Stahlrohrtürmen für Windkraftanlagen.*

1993 | *Die Nordwind Energieanlagen Bau- und Betriebs GmbH wird in Neubrandenburg gegründet.*

Windparks | Betreiber

Januar 1993 | *Die ersten Nordtank 500-kW-Anlagen in Deutschland gehen im Breklumer Koog ans Netz (37 m Rotor-Ø, 500 kW, 35 m NH).*

Januar 1993 | *In Wales geht der größte Windpark Europas, die Penhyddlan and Llidiartywaun Windfarm mit 103 Mitshubishi-300-kW-Anlagen MWT 250 und einer Gesamtleistung von 30,9 MW in Betrieb.*

18. März 1993 | *Micon errichtet im Windpark Küstrow die ersten M750-400/100 kW in Deutschland.*

18. Mai 93 | *Enercon verkauft seine erste E-40 an Gerhard Jessen, der sie am Ulmenhof bei Niebüll in Betrieb nimmt.* (Abb. 1)

Ende Juni 1993 | *Ventis errichtet den größten Windpark Afrikas in Hurghada am Roten Meer in Ägypten mit zehn Ventis 20-100 kW.*

Juli 1993 | *Einweihung des Windparks Reußenköge, des zweitgrößten Windparks in Deutschland mit 16 Micon M750-400 kW, einer Enercon E-40-500 kW und elf Vestas V39-500 kW – den ersten Maschinen dieses Typs in Deutschland.*

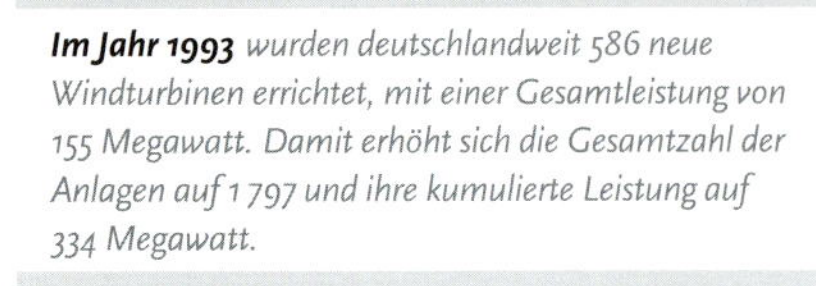

Im Jahr 1993 *wurden deutschlandweit 586 neue Windturbinen errichtet, mit einer Gesamtleistung von 155 Megawatt. Damit erhöht sich die Gesamtzahl der Anlagen auf 1 797 und ihre kumulierte Leistung auf 334 Megawatt.*

Technik | Anlagen-Entwicklung

September 1992 | *Die erste TW 80 wird in Halle/Westfalen errichtet (21 m Rotor-Ø, 80 kW, 40 m NH).*

26. Oktober 1992 | *Inbetriebnahme der WKA 60 im Kaiser-Wilhelm-Koog (60 m Rotor-Ø, 1,2 MW, 60 m NH)*

Oktober 1992 | *Wind World errichtet den Prototypen der W-3700 (37 m Rotor-Ø, 500 kW, 41,5 m NH) in Tjaereby auf Lolland/DK.*

8. Februar 1993 | *Die Anlagen und Energieversorgungstechnik GmbH nimmt den Prototypen der AEV 36/500 im Kaiser-Wilhelm-Koog in Betrieb.*

18. Februar 1993 | *Enercon nimmt den Prototypen der getriebelosen 500-kW-Anlage E-40 in Hamswehrum in der Gemeinde Krummhörn in Ostfriesland in Betrieb. Damit wird die E-36 ersetzt.*

1. April 1993 | *Fuhrländer nimmt seine erste Eigenentwicklung, die 100-kW-Anlage FL 100, in Rennerod/Westerwald in Betrieb.*

April 1993 | *Die Hanseatische AG errichtet die erste Euroturbine ET 550/41 (41 m Rotor-Ø, 550 kW).*

18. Juli 1993 | *HSW nimmt den Prototypen der 750-kW-Anlage im Kaiser-Wilhelm-Koog in Betrieb (46 m Rotor-Ø, 750 kW, 55 m NH).*

August 1993 | *Südwind errichtet in Wallmow in der Uckermark den Prototypen der 270-kW-Anlage N3127/40 m (31 m Rotor-Ø, 270 kW, 40 m NH).*

23. September 1993 | *Der Prototyp der TW 600 wird im Kaiser-Wilhelm-Koog in Betrieb genommen, Betreiber ist Hinrich Kruse (43 m Rotor-Ø, 600 kW, 50 m NH).*

September 1993 | *Micon nimmt den Prototypen der 600-kW-Anlage M1100-600/150 kW mit 37 m Rotordurchmesser im Kaiser-Wilhelm-Koog in Betrieb. Betreiber sind Thede Dörschner, Fritz Laabs und Hugo Denker. Die Anlage wird im Februar 1994 umgerüstet zu einer M1500-600/150 kW (43,2 m Rotor-Ø).*

Herbst 1993 | *Inbetriebnahme des Aeolus II von MBB im Jade-Windpark Wilhelmshaven (Zweiblatt-Rotor, 80 m Rotor-Ø, 3 MW, 92 m NH). Mit 3 MW Leistung ist er die leistungsstärkste Windkraftanlage in Deutschland. Eine zweite Anlage dieses Typs wird in Näsudden auf der Insel Gotland/S errichtet.*

Oktober 1993 | *Inbetriebnahme des Prototypen der BONUS 600 kW/41 in Thy-Dybe/DK (41 m Rotor-Ø, 600 kW)*

1 Enercon E-40 in Niebüll
2 Micon M1500-600 kW
3 Südwind N3127/40 m
4 Tacke TW 600
5 Bonus 600 kW/41
6 Euroturbine ET 550/41
7 HSW 750

2

3

4

5

6

7

Politik | Forschung

Firmen

Windparks | Betreiber

1994

16. Juni 1994 | *In einem Urteil des Bundesverwaltungsgerichtes wird die Privilegierung von Windkraftanlagen im Außenbereich gestrichen. Dadurch kommt es praktisch zu einem Genehmigungsstopp für Einzelanlagen.*

7. September 1994 | *Tacke feiert die Einweihung des 2 000 Quadratmeter großen Erweiterungsgebäudes in Salzbergen und stellt die 300-kW-Anlage vor.*

1994 | *Gamesa Eolica S.A. mit Sitz in Pamplona wird als Joint Venture von dem spanischen Konzern Gamesa und dem dänischen Windkrafthersteller Vestas gegründet. Das Unternehmen verkauft Vestas-Anlagen auf dem spanischen Markt und stellt sie später selbst her. Am 1. Dezember 2001 verkauft Vestas seine Anteile, damit wird Gamesa Eolica ein eigenständiger Hersteller auf dem internationalen Windenergiemarkt.*

19. April 1994 | *Die erste Windkraftanlage im Saarland geht in Freisen-Trautzberg ans Netz, eine Vestas V27-225 kW.*

8. Juli 1994 | *Einweihung des Windparks Ostfehmarn in den Gemeinden Presen und Klingenberg. Die 34 Maschinen vom Typ Enercon E-40 sind mit 17 MW Nennleistung Deutschlands größter Windpark. 1995 folgen weitere zehn Anlagen.*

November 1994 | *Die ersten AN Bonus 600 kW in Deutschland werden in Hillgroven errichtet.*

22. Dezember 1994 | *Als erste NedWind-Anlage in Deutschland geht in Zobes/Vogtland eine NedWind 40 ans Netz (40 m Rotor-Ø, 500 kW).*

1994 | *Der erste niederländische Offshore-Windpark wird bei Lely errichtet. Die vier Anlagen vom Typ NedWind 40/500 (40 m Rotor-Ø, 500 kW, 39 m NH) erreichen eine Gesamtleistung von 2 MW.*

1994 *wurden in Deutschland 834 neue Windkraftanlagen gebaut mit einer Leistung von insgesamt 309 Megawatt. Damit erhöht sich die Gesamtzahl der Anlagen auf 2 617 mit einer kumulierten Leistung von 643 Megawatt.*

1995

14. Juli 1995 | *Der Bundesrat beschließt die Änderung im Baugesetzbuch, die die Errichtung von Windkraftanlagen im Außenbereich privilegiert.*

29. September 1995 | *Das Landgericht Karlsruhe erklärt den Einspeisepreis für verfassungswidrig.*

1. August 1995 | *Gründung der DeWind Technik GmbH in Lübeck*

November 1995 | *Nordtank Energy Group A/S geht als erster europäischer Windkraftanlagenhersteller an die Börse.*

Herbst 1995 | *Enercon beginnt mit der Produktion seiner Anlagen in Indien und ist damit der erste deutsche Hersteller, der Fertigungsstätten im Ausland aufbaut.*

1995 | *Auf dem Gelände der HDW Nobiskrug Werft in Rendsburg nimmt die Firma GET Gesellschaft für Energietechnik mbH die Produktion auf und fertigt die GET Danwind 41 mit 600 kW und die GET Danwind 27 mit 300 kW. Im Dezember 1995 übernimmt GET auch die Autoflug Energietechnik GmbH.*

Oktober 1995 | *Der Offshore-Windpark Tunø Knob vor der Ostküste Jütlands wird ans Netz angeschlossen. Die zehn Vestas V39/500 kW (40,5 m NH) bringen eine maximale Gesamtleistung von 5 MW.*

November 1995 | *Der spanische Hersteller Gamesa errichtet den ersten Windpark mit 37 Maschinen vom Typ G39-500 kW in El Perdon, Navarra/Spanien.*

Herbst 1995 | *In Rejsby Hede in Südjütland wird der seinerzeit größte Windpark Dänemarks errichtet, mit 40 Micon-600-kW-Anlagen und einer Gesamtleistung von 24 MW.*

November 1995 | *Der Windpark Himmelberg mit drei Micon M1500-600 kW geht als erster Windpark Baden-Württembergs in Betrieb.*

Dezember 1995 | *Micon errichtet im Windpark Braderup die ersten 750-kW-Anlagen M1500-750/175 kW in Deutschland (44 m Rotor-Ø, 750 kW, 51 m NH).*

Dezember 1995 | *Errichtung der ersten japanischen Windkraftanlage in Deutschland, einer Mitsubishi MWT 450 (39 m Rotor-Ø, 450 kW, 50 m NH), in Süderdeich bei Wesselburen. Betreiber ist die Winkra.*

Ende 1995 | *Der niederländische Energieversorger N.V. EDON nimmt gemeinsam mit dem amerikanischen Hersteller Kenetech Windpower Inc. in Eemshaven/NL in der Provinz Groningen den Windpark Eemsmond in Betrieb. Mit insgesamt 94 Anlagen vom Typ Kenetech 33 M-VS (33 m Rotor-Ø, 362 kW, 30 m NH) und einer Gesamtleistung von 34,028 MW ist er der größte Windpark Europas.* (Abb. 1)

Im Jahr 1995 *wurden 1070 Windkraftanlagen mit einer Gesamtleistung von 505 Megawatt neu errichtet. Ende 1995 stehen damit in Deutschland 3 655 Windkraftanlagen mit einer installierten Leistung von insgesamt 1 137 Megawatt.*

1

18. Mai 1994 | *Der Prototyp der Jacobs 37/500 wird in Eddelack errichtet (37 m Rotor-Ø, 500 kW, 40 m NH). Betreiber ist der Landwirt Werner Meier.*

30. Mai 1994 | *Der Prototyp der Wind World W-4100/500 geht im DEWI-Testfeld in Wilhelmshaven in Betrieb (40 m Rotor-Ø, 500 kW, 40 m NH).*

13. September 1994 | *Errichtung des Prototypen der 100-kW-Anlage AFE 100 von Autoflug Energietechnik im Testfeld im Kaiser-Wilhelm-Koog (23 m Rotor-Ø, 100 kW)*

September 1994 | *Die erste Anlage der Rendsburger Firma Gesellschaft für Energietechnik mbH & Co. KG (GET) geht unter dem Namen GET Danwin 225 in Westerbelmhusen bei Brünsbüttel in Betrieb (29 m Rotor-Ø, 225 kW, 30 m NH).*

TECHNIK | ANLAGEN-ENTWICKLUNG

Februar 1994 | *In Spijk in den Niederlanden errichtet NedWind B.V. aus Rhenen/NL den Prototypen der weltweit ersten 1-MW-Serienanlage (52,6 m Rotor-Ø, 1 MW, 40,7 m NH, Zweiflügler). Die Anlage wird im März 1994 in Betrieb genommen.*

Oktober 1994 | *Bonus errichtet bei Esbjerg in Dänemark den Prototypen der 750-kW-Anlage.*

15. Februar 1995 | *Der Prototyp der Nordex N52/800 kW geht in Bentwisch bei Rostock ans Netz (52 m Rotor-Ø, 800 kW, 60 m NH). Ein zweiter Prototyp dieser Anlage wird im April 1995 in Brunsbüttel aufgestellt.*

Juli 1995 | *In Jahnsdorf in Schleswig-Holstein wird die erste 600-kW-Anlage von Vestas in Deutschland errichtet, eine V42 (42 m Rotor-Ø, 600 kW, 53 m NH).*

November 1995 | *Nordex errichtet in Borgenteich-Natingen in NRW die erste Weiterentwicklung seiner 800-kW-Anlage, eine N54 mit 1 MW Leistung (54 m Rotor-Ø, 1 MW, 60 m NH).*

Anfang Dezember 1995 | *Errichtung der ersten vier HSW 1000 in Bosbüll (54 m Rotor-Ø, 1 MW, 55 m NH). Betreiber ist die Betreibergemeinschaft Südwestwindpark, Geschäftsführer Johann Heinrich Ingwersen.*

22. Dezember 1995 | *Inbetriebnahme des Prototypen der E-66 von Enercon auf dem Firmengelände in Aurich (66 m Rotor-Ø, 1,5 MW, 68 m NH), Enercon ist damit der erste deutsche Hersteller, der eine 1,5-MW-Maschine testet.*

Dezember 1995 | *Die Nordwind Umwelttechnik GmbH aus Neubrandenburg errichtet in Plauerhagen ihre erste 500-kW-Anlage NW 40-500 (Zweiblatt-Rotor, 40 m Ø, 500 kW).*

Ende 1995 | *Micon testet im Kaiser-Wilhelm-Koog den Prototypen der Binnenlandanlage M1800-600 kW (48 m Rotor-Ø, 600 kW, 46 m NH).*

April 1995 | *Der Prototyp der Nordic 1000 der Nordic Windpower AB wird in Näsudden auf der schwedischen Ostseeinsel Gotland errichtet (Zweiblatt-Rotor, 53 m Rotor-Ø, 1 MW, 58 m NH). Betreiber ist der schwedische Energieversorger Vattenfall AB.*

Mai 1995 | *Errichtung des Prototypen der Markham VS 45/600 kW im Kaiser-Wilhelm-Koog (45,9 m Rotor-Ø, 600 kW, 51,5 m NH). Diese in England gefertigte Anlage ist Nachfolgeanlage der Floda 600.*

30. August 1995 | *Nordtank errichtet den Prototypen der 1,5-MW-Anlage in Tjaereborg bei Esbjerg/DK auf dem Testfeld der I/S Vestkraft (60 m Rotor-Ø, 1,5 MW, 60 m NH).*

1995 | *Der Prototyp der Nordex N43/600 kW wird errichtet. Diese Anlage ist von Nordex in Dänemark entwickelt worden.*

2

3

1 *Windpark Eemsmond/NL*
2 *Jacobs 37/500*
3 *GET Danwin 225*
4 *Nordtank NTK 1500*
5 *HSW 1000*
6 *Enercon E-66*
7 *Nordex N43/600 kW*

4

5

6

7

Politik | Forschung

Firmen

Windparks | Betreiber

1996

Politik | Forschung

Februar 1996 | Gründung des Internationalen Wirtschaftsforums Regenerative Energien (IWR) in Münster durch Norbert Allnoch.

10. Mai 1996 | Die zweite Zivilkammer des Landgerichts Karlsruhe hat in einem Rechtsstreit eines Wasserkraftwerksbetreibers gegen die Badenwerk AG um die Einspeisevergütung die Vefassungsmäßigkeit des Stromeinspeisungsgesetzes bejaht.

14. Juni 1996 | Der Bundesrat stimmt einem Entwurf Schleswig-Holsteins zur Änderung des Stromeinspeisungsgesetzes zu, der den so genannten Fünf-Prozent-Deckel als Härtefallklausel vorsieht.

7. Oktober 1996 | Gründung des Wirtschaftsverbandes Windkraftwerke e.V. (WVW)

12. Oktober 1996 | Die Mitgliederversammlungen von IWB und DGW stimmen dem Zusammenschluss zum Bundesverband Windenergie e.V. (BWE) zu, damit wurde eine bundesweit einheitliche politische Vertretung der gesamten Windkraft-Branche geschaffen.

22. Oktober 1996 | Der Kartellsenat des Bundesverfassungsgerichts entscheidet einen Rechtsstreit um die Zahlung der Einspeisevergütung in der Klage zweier Betreiber kleiner Wasserkraftwerke im Schwarzwald gegen die Kraftübertragungswerke Rheinfelden (KWR) und bestätigt in seinem Urteil die Verfassungsmäßigkeit des Stromeinspeisungsgesetzes.

19. Dezember 1996 | Europäisches Parlament und Europarat verabschieden die EU-Richtlinie 96/92 zur Schaffung eines gemeinsamen Elektrizitäts-Binnenmarktes. Diese Richtlinie verpflichtet die Mitgliedsstaaten, im Stromsektor einen Wettbewerb einzuführen, so ist u.a. die vollständige Liberalisierung des Strommarktes bis 2009 vorgesehen. Weiterhin schreibt diese Richtlinie ein „Unbundling-System" vor, d.h. die geschäftliche Trennung von Stromerzeugung, Netzbetrieb und Endverkauf.

Firmen

Januar 1996 | Gründung der BWU Brandenburgische Wind- und Umwelttechnologien GmbH, die in Britz die Anlagen der Jacobs Energie GmbH in Lizenz fertigt

29. Mai 1996 | Kenetech Windpower Inc. (USA), einer der frühen amerikanischen Windturbinenhersteller, der bis 1993 unter dem Namen US Windpower Inc. firmierte, eröffnet das Konkursverfahren.

1. Juni 1996 | Eröffnung des Konkursverfahrens gegen die Südwind GmbH. Am 4. Juli 1996 gibt es einen Neuanfang unter dem Namen Südwind Energiesysteme GmbH, als neue Gesellschafter steigen die Firmengruppe Vento aus Greifswald, Job Luft Walther Junior KG aus Frankfurt und HIPG Hanseatische Industriebeteiligungs- und Projektierungs GmbH ein.

1. Juli 1996 | Die Balcke-Dürr GmbH in Ratingen, ein Tochterunternehmen der Babcock-Gruppe, übernimmt 51 Prozent der Stammanteile der Nordex Energieanlagen GmbH.

Oktober 1996 | Gründung der Windtest Grevenbroich GmbH

Windparks | Betreiber

8. Mai 1996 | „Wendolina", eine AN Bonus 600 kW/44, geht bei Lüchow im Wendland in Betrieb. Die Betreibergemeinschaft Wendland Wind setzt damit ein Zeichen für Alternativen zur Atomkraft exakt an dem Tag, als es auf Grund eines Castor-Transports nach Gorleben den bis dahin größten Polizeieinsatz der bundesdeutschen Nachkriegsgeschichte gab.

Juni 1996 | Der Windpark Ullrichstein wird errichtet, mit 23 Micon-Anlagen und einer Gesamtleistung von rund 10 MW der größte Windpark Hessens.

2. Oktober 1996 | Feierliche Einweihung des Windparks Utgast II. Mit insgesamt 41 Anlagen vom Typ TW 600 und einer Gesamtleistung von 24,6 MW ist er der größte Windpark Deutschlands.

Herbst 1996 | Das niederländische Versorgungsunternehmen NUON B.V. errichtet bei Dronten im Ijsselmeer/NL einen Offshore-Windpark mit zunächst 19 Anlagen des Typs Nordtank NTK 600 kW. Im Endausbau wird der Park erweitert auf insgesamt 28 Anlagen mit einer Gesamtleistung von 16,8 MW.

1. Dezember 1996 | Offizielle Inbetriebnahme der ersten 1,5-MW-Anlage im Binnenland. Die E-66 in Paderborn ist die erste Anlage dieses Typs, die Enercon verkauft hat. Betreiber ist die Buker Windkraft.

Dezember 1996 | Beginn der Serienproduktion der V63, Errichtung der ersten Anlage dieses Typs in Deutschland im Kaiser-Wilhelm-Koog (63 m Rotor-Ø, 1,5 MW, 60 m NH)

1996 ist das Jahr, in dem die Stromwirtschaft zahlreiche Prozesse verlor und die Verfassungskonformität des Stromeinspeisungsgesetz richterlich bestätigt wurde. Wegen der Verunsicherung der Branche stagnierte 1996 erstmals seit Bestehen des Stromeinspeisungsgesetzes der Ausbau der Windenergie. Im Jahr 1996 wurden 806 Windkraftanlagen errichtet, mit einer Leistung von 428 Megawatt. Damit stehen Ende 1996 in Deutschland insgesamt 4 326 Windturbinen mit einer Gesamtleistung von 1 546 Megawatt.

1

1997

Politik | Forschung

1. Januar 1997 | Änderung des Gesetzes zur Privilegierung von Bauvorhaben im Außenbereich (§ 35 BauGB) tritt in Kraft. Dieses Gesetz privilegiert die Errichtung von Windkraftanlagen im Außenbereich und stellt gleichzeitig ausdrücklich den Planungsvorbehalt, die Planungshoheit und die Planungskompetenz der Gemeinden sicher.

20. Februar 1997 | In einem Rechtsstreit zwischen der Südstrom Wasserkraftwerke Gmbh & Co. KG aus Lörrach und der Kraftübertragungswerke Rheinfelden (KWR) über die Zahlung von Stromvergütung entsprechend des Stromeinspeisungsgesetzes weist der Freiburger Zivilsenat des Oberlandesgerichts Karlsruhe die Berufung der KWR gegen ein Urteil des Landgerichts Freiburg vom 7. September 1995 in vollem Umfang zurück.

1. Juli 1997 | Die von der Schönauer Bürgerinitiative gegründete Elektrizitätswerke Schönau GmbH kauft das Stromnetz vom Regionalversorger KWR. Damit gelang es erstmals in Deutschland einer Bürgerinitiative, die Stromversorgung für eine Gemeinde zu übernehmen. Die politischen und finanziellen Vorraussetzungen wurden mit einer bundesweiten Spendenaktion, der „Störfall"-Kampagne, geschaffen. Ziel ist es, den Atomkraftanteil an der Stromversorgung der Gemeinde durch den Ausbau von erneuerbaren Energien auf null herunterzufahren.

Firmen

21. Mai 1997 | Die Hanseatische AG stellt einen Konkursantrag. Zugleich wird ein Verfahren wegen des Verdachts auf Anlagebetrug eröffnet.

Mai 1997 | Gründung der pro + pro Energiesysteme GmbH & Co. KG in Rendsburg

15. Juni 1997 | Nach dem Konkurs des dänischen Windkraftanlagen-Herstellers Wind World A/S bildet ein Kreis von Investoren die Wind World af A/S, um die Geschäfte weiter zu führen.

4. Juli 1997 | Die Aktionärsversammlung von Nordtank bringt die Entscheidung über den Zusammenschluss von Nordtank und Micon zur NEG Micon A/S.

21. Juli 1997 | Eröffnung des Konkursverfahrens gegen den zweitgrößten deutschen Windkrafthersteller Tacke Windtechnik GmbH in Salzbergen

Windparks | Betreiber

28. Februar 1997 | Nordtank errichtet die erste Anlage vom Typ NTK 1500 in Deutschland auf Gut Rögen in Gammelby bei Eckernförde. Damit beginnt Nordtank die Serienproduktion dieser Maschine.

15. April 1997 | Micon errichtet gleichzeitig zwei 1-MW-Anlagen M2300-1000/250 kW in Brunsbüttel bzw. im Friedrichskoog (54 m Rotor-Ø, 1 MW, 59 m NH). Sie sind die ersten Anlagen dieses Typs in Deutschland. (Abb. 1)

April 1997 | Inbetriebnahme der zweiten TW 1.5 in Stemwede bei Osnabrück. Mit 80 Metern Nabenhöhe ist sie die höchste Windkraftanlage im Binnenland, Betreiber ist die RWE Energie AG (65 m Rotor-Ø, 1,5 MW, 80 m NH).

28. Mai 1997 | In Admannshagen-Bargeshagen bei Rostock wird ein Testfeld für Windkraftanlagen der Firma Windconsult eröffnet.

September 1997 | Inbetriebnahme der ersten AN-Bonus-1-MW-Anlage in Deutschland in Altenbeken (54 m Rotor-Ø, 1 MW, 60 m NH).

Anfang April 1996 | *Errichtung des Prototypen der Tacke TW 1.5 in Emden (65 m Rotor-Ø, 1,5 MW, 67 m NH). Die von den Stadtwerken Emden betriebene Maschine wird während der 2. Emdener Energietage am 17. April 1996 offiziell eingeweiht.*

6. Juni 1996 | *Der Prototyp der DeWind 41 (41 m Rotor-Ø, 500 kW, 55 m NH) wird in Neustadt im Kreis Ostholstein errichtet.*

August 1996 | *Nordtank errichtet den Prototypen der NTK 600-180/43 (43 m Rotor-Ø, 600 kW), eine Weiterentwicklung der 500-kW-Anlage in Nienstedt in Sachsen-Anhalt.*

September 1996 | *Der Prototyp der 600 kW-Anlage Jacobs 43/600 wird in Süderwöhrden in Betrieb genommen (43 m Rotor-Ø, 600 kW).*

September 1996 | *Enercon errichtet bei Aurich den Prototypen der E-12 (12 m Rotor-Ø, 30 kW, 30 m NH).*

Oktober 1996 | *Der Prototyp der Autoflug A 1200 (Zweiblattrotor, 61 m Rotor-Ø, 1,2 MW, 60 m NH) des Rendsburger Firmenverbundes GET/Autoflug wird in Brunsbüttel errichtet. Betreiber ist die Uthlander Windpark GmbH & Co. KG.*

1996 | *Die erste Anlage der Serie 33 von Südwind in Deutschland wird in Herzberg/Pöhlde errichtet (33,4 m Rotor-Ø, 300 kW). Acht Anlagen dieses Typs wurden bereits in Indien eingesetzt.*

1996 | *Die Firma Neptun Techno Products testet einen Prototypen einer getriebelosen 600-kW-Anlage.*

Technik | Anlagen-Entwicklung

31. Januar 1996 | *Vestas beendet den Aufbau des Prototypen der V63/1,5 MW auf dem Testfeld der I/S Vestkraft in Tjaerborg/Esbjerg (63,6 m Rotor-Ø, 1,5 MW, 60 m NH).*

März 1996 | *Errichtung des Prototypen der getriebelosen Lagerwey LW 45/750 kW in Niewe Tonge/NL (45 m Rotor-Ø, 750 kW, 53 m NH). Die gemeinsam von Lagerwey und Universität Delft entwickelte Anlage ging Mitte April in Betrieb.*

Mai 1996 | *Wind World errichtet Prototypen der W-4200 in Göteborg in Schweden (42 m Rotor-Ø, 600 kW, 50 m NH).*

Frühjahr 1996 | *Micon errichtet den Prototypen der 1-MW-Anlage im Süden von Dänemark (54 m Rotor-Ø, 1 MW, 60 m NH).*

Juli 1996 | *Der Prototyp der 1-MW-Anlage von Bonus wird in Tjaereborg bei Esbjerg/DK auf dem Testfeld der I/S Vestkraft errichtet (54 m Rotor-Ø, 50 m NH). Die Serienproduktion beginnt 1997.*

Dezember 1996 | *Das 1995 gegründete österreichische Unternehmen Windtec Anlagenerrichtungs- und Consulting GmbH aus Klagenfurt baut in Wien den Prototypen der Windtec 600-kW-Anlage auf (46 m Rotor-Ø, 600 kW, 51,5 m NH).*

1996 | *Nordtank bringt die 600-kW-Anlage NTK 600/43 auf den Markt (43 m Rotor-Ø, 600 kW).*

1996 | *Der Prototyp der russischen 1-MW-Anlage Raduga 1 wird 300 km südlich von Wolgograd errichtet (50 m Rotor-Ø, 1 MW, 38 m NH). Die jeweils 24 Meter langen Rotorblätter sind aus Aluminium.*

Januar 1997 | *Errichtung des Prototypen der getriebelosen Genesys 600 (46 m Rotor-Ø, 600 kW, 62 m NH) der Genesys Gesellschaft für neue Energiesysteme mbH in Freisen im Saarland. Die getriebelose Anlage besitzt einen permanent magneterregten, sechsphasigen Synchrongenerator. Es ist eine Entwicklung der Forschungsgruppe Windenergie an der Hochschule für Technik und Wirtschaft des Saarlandes unter Leitung von Prof. Dr.-Ing. Friedrich Klinger.*

5. März 1997 | *Errichtung des Prototypen der HSW 600 im Kaiser-Wilhelm-Koog (48 m Rotor-Ø, 600 kW)*

25. März 1997 | *DeWind stellt den Prototypen seiner 600-kW-Anlage auf dem Gelände der ehemaligen Metallhütte Herrenwyk in Lübeck auf (46 m Rotor-Ø, 600 kW, 55 m NH). Für das Design dieser Anlage erhält DeWind den „IF Produkt Design Award 1997" des Forums für Industriedesign in Hannover.*

April 1997 | *Fuhrländer stellt zwei Prototypen seiner 800-kW-Anlage in Driedorf-Hohenroth und Schotten-Betzenroth im Westerwald auf (49 m Rotor-Ø, 60 m NH).* (Abb. 1, S. 378)

April 1997 | *Die britische Firma Wind Energy Group Ltd. aus Southall/Middlessex nimmt den Prototypen der MS4-600 in der Nähe von Machynlleth in Wales in Betrieb (41 m Rotor-Ø, 600 kW, 40 m NH, Lee-Läufer). Die Maschine ist gefördert aus dem WEGA-II-Programm.*

1 *Micon M2300-1000 kW in Brunsbüttel*
2 *Vestas V66*
3 *Lagerwey LW 45/750 kW*
4 *Tacke TW 1.5*
5 *Dewind D6*
6 *aerodyn/HSW 600*

Politik | Forschung

31. August 1997 | *Fertigstellung der neuen Husumer Messehalle, Austragungsort für die HusumWind 97*

23. September 1997 | *5 000 Teilnehmer aus der gesamten Windbranche demonstrieren bei der Aktion „Rückenwind“ auf einer großen Kundgebung in Bonn für die Erhaltung des Stromeinspeisungsgesetzes – mit Erfolg. Bundeswirtschaftsminister Rexrodt gibt seinen Plan auf, den Einspeisepreis für Windstrom zu kürzen.*

26. November 1997 | *Die EU-Kommission verabschiedet das „Weißbuch“: Demnach sind bis zum Jahr 2010 rund 900 000 neue Arbeitsplätze im Bereich der erneuerbaren Energien möglich.*

28. November 1997 | *Der Bundestag verabschiedet die Änderung des Stromeinspeisungsgesetzes mit dem so genannten Doppelte-Fünf-Prozent-Deckel als Härtefallklausel. Diese Regelung beschränkt die Vergütungspflicht der Regionalversorger auf einen Windstromanteil von maximal fünf Prozent. Danach übernimmt der vorgelagerte Netzbetreiber die Vergütung, bis auch bei ihm das Fünf-Prozent-Kontingent erreicht ist. Damit ist besonders in den Küstenländern ein Ende des Windkraft-Ausbaus abzusehen. Das Gesetz tritt am 29. April 1998 in Kraft.*

1. bis 10. Dezember 1997 | *Welt-Klimagipfel in Kyoto/Japan. Die Industriestaaten haben sich dabei verpflichtet, ihre Treibhausgas-Emissionen bis 2012 um fünf Prozent gegenüber dem Stand von 1990 zu senken.*

Firmen

15. Oktober 1997 | *Übernahme der Tacke Windtechnik durch die Enron Corporation aus Houston in Texas/USA*

21. November 1997 | *Einweihung der Südwind-Produktionsstätte in Lichtenau/NRW. Die Produktion hatte bereits im Juli 1997 begonnen.*

Dezember 1997 | *Die Gesellschaft für Energietechnik mbH & Co. KG (GET) in Rendsburg hat Vergleich angemeldet.*

1997 | *Die Bremer AN Maschinenbau und Umweltschutzanlagen GmbH teilt ihre einzelnen Geschäftsbereiche auf. Die Windsparte firmiert fortan unter dem Namen AN Windenergie GmbH.*

1997 | *Das spanische Industrieunternehmen M. Torres Diseños Industriales S.A. aus Torres de Eloz in Navarra startet die Entwicklung und Fertigung von Windkraftanlagen.*

1997 | *Nach dem Zusammenschluss von Nordtank und Micon zur NEG Micon A/S hat das Unternehmen 1997 erstmals dem bisherigen Weltmarktführer Vestas diesen Platz streitig machen können. Bei den insgesamt verkauften Anlagen nimmt Vestas mit 18,9 Prozent immer noch die Spitzenposition ein, vor NEG Micon, Enercon und Bonus.*

Windparks | Betreiber

Dezember 1997 | *Die erste getriebelose Lagerwey LW 50/750 (50 m Rotor-Ø, 750 kW) in Deutschland wird in Groß Haßlow in Brandenburg errichtet.*

Dezember 1997 | *Vestas errichtet die ersten Anlagen vom Typ V66 in Deutschland in Wiek auf Rügen und im DEWI-Testfeld in Wilhelmshaven (66 m Rotor-Ø, 1,65 MW, 67 m NH). Weiterhin wird im Dezember 1997 auf dem DEWI-Testfeld auch die erste Vestas V47 in Deutschland mit einer Leistung von 660 kW errichtet.*

Winter 1997 | *Der erste Windpark der Schweiz geht auf dem Mont Crosin in der Jura ans Netz. (drei Vestas V44 mit je 600 kW).*

1997 | *Errichtung des Offshore-Windparks Bockstigen in Schweden mit einer Gesamtleistung von 2,75 MW (fünf WindWorld à 550 kW)*

1997 hat Deutschland, trotz erheblicher Verunsicherung der Windkraftbranche durch den Versuch des Bundeswirtschaftsministers, die Einspeisevergütung zu senken, in der installierten Leistung erstmals den bisherigen Spitzenreiter USA überholt und sich mit insgesamt 5 193 Anlagen und einer installierten Windkraftleistung von 2 082 Megawatt an die Spitze beim weltweiten Aufbau der Windenergie gesetzt. 1997 wurden in Deutschland 849 Windturbinen mit einer Gesamtleistung von 534 Megawatt Leistung neu installiert.

1998

Politik | Forschung

29. April 1998 | *Das Gesetz zur Neuregelung des Energiewirtschaftsrechtes wurde rechtskräftig. Mit der Änderung dieses seit 1935 bestehende Gesetzes wurde – zumindest theoretisch – der von der EU geforderten Liberalisierung des Strommarktes Rechnung getragen. Gleichzeitig mit dieser Gesetzesänderung tritt auch die im November 1997 beschlossene Novellierung des Stromeinspeisungsgesetzes (StEG) in Kraft.*

Anfang Mai 1998 | *Die PreussenElektra klagt vor dem Bundesverfassungsgericht gegen das novellierte Stromeinspeisungsgesetz.*

1

Firmen

Januar 1998 | *Aloys Wobben (Enercon) und Heinz Buse (Logaer Maschinenbau) übernehmen zu jeweils gleichen Teilen die SKET Maschinen- und Anlagenbau GmbH in Magdeburg von der Bundesanstalt für vereinigungsbedingte Sonderaufgaben (BvS). Auf dem Gelände wird die Fertigung für die Enercon E-66 aufgebaut.*

16. April 1998 | *Gründung der Naturstrom AG. Sie ist der erste Energiedienstleister für reinen Strom aus erneuerbaren Energiequellen. Gründer sind Personen aus 20 ökologischen Verbänden.*

Mai 1998 | *Die Vestas Wind Systems A/S geht an die Börse.*

26. August 1998 | *Übernahme von Wind World A/S durch NEG Micon A/S*

1. Oktober 1998 | *Die NEG Micon A/S übernimmt den niederländischen Hersteller NedWind B.V. aus Rhenen. Ab 1. Juli 1999 wird daraus NEG Micon Holland.*

15. Dezember 1998 | *Die Plambeck Neue Energie AG geht als erste Windkraftfirma in Deutschland an die Börse.*

Dezember 1998 | *Lagerwey Windturbine B.V. übernimmt den bankrotten Hersteller WindMaster B.V. aus Lelystadt/NL.*

1998 | *Die BDAG Balcke-Dürr GmbH erwirbt die Anteile der Südwind Energiesysteme GmbH, Berlin.*

Windparks | Betreiber

16. Mai 1998 | *Einweihung des Windparks Lichtenau/Asseln bei Paderborn. Mit 54 Anlagen verschiedener Hersteller mit Leistungen zwischen 150 kW und 1,5 MW und einer Gesamtleistung von 36 MWist er der größte Binnenlandwindpark Deutschlands.*

12. September 1998 | *Der Windpark Holtriem wird eingeweiht. Mit 35 Anlagen vom Typ E-66 und einer Gesamtleistung von 52,5 MW ist er der leistungsstärkste Windpark Deutschlands und Europas. Nach einem Jahr Bauzeit war die letzte Anlage am 9. Juli 1998 errichtet worden.*

September 1998 | *Enron errichtet in der Nähe des Lake Benton in Minnesota/USA den größten Windpark der Welt mit 143 Anlagen vom Typ Zond Z 48-750 kW und mit insgesamt 107 MW installierter Leistung.*

Dezember 1998 | *Auf dem Binnenlandtestfeld von Windtest in Grevenbroich wird als erste Maschine eine Zond Z 50 errichtet (50 m Rotor-Ø, 750 kW, 64 m NH). Der amerikanische Hersteller Zond, eine Tochter der Enron Corp., lässt die Anlage von der Tacke Windenergie GmbH für den Einsatz auf dem spanischen Markt modifizieren.*

1998 überholt Niedersachsen mit einer installierten Windkraftleistung von 820 Megawatt erstmals Schleswig-Holstein, das bisherige „Windland Nr. 1“ (747 Megawatt). Insgesamt wurden 1998 bundesweit 1 010 Windkraftanlagen mit einer Gesamtleistung von 793 Megawatt errichtet. Insgesamt drehen sich jetzt 6 205 Rotoren in Deutschland mit einer Leistung von 2 875 Megawatt.

30. Juni 1997 | *Die 1997 gegründete FRISIA Windkraftanlagen Produktion GmbH nimmt den Prototypen der Frisia 48/750 kW auf ihrem Firmengelände in Minden-Päpinghausen/Westfalen in Betrieb (48 m Rotor-Ø, 750 kW, 65 m NH).*

August 1997 | *Die ersten 600-kW-Anlagen vom Typ Südwind S46 werden in Lauterbach in Sachsen errichtet (46 m Rotor-Ø, 60 m NH). Im Dezember 1997 wird in Lichtenau die erste S46 mit 750 Kilomwatt Leistung errichtet (46 m Rotor-Ø, 750 kW, 60 m NH).*

August 1997 | *Enercon errichtet die erste E-66 mit 98-Meter-Betonturm in Salzgitter-Steinlah.*

Oktober 1997 | *HSW nimmt die ersten drei Anlagen der HSW 1000/57 in Betrieb, zwei in Paderborn (57 m Rotor-Ø, 1,05 MW, 70 m NH), eine in Oldersbek in Nordfriesland mit 60 m NH.*

Dezember 1997 | *Seewind nimmt die erste, gemeinsam mit Wind World entwickelte Anlage vom Typ Seewind 52-750-65 (52 m Rotor-Ø, 750 kW, 52 m NH) in Nettersheim-Engelgau in der Nordeifel in Betrieb. Die Anlage wurde bereits am 20. November 1997 aufgebaut.*

Januar 1998 | *Nordex nimmt in Wilhelmshaven den Prototypen der N60 in Betrieb (60 m Rotor-Ø, 1,3 MW, 69 m NH).*

August 1998 | *Wind World errichtet in Drohndorf in Sachsen-Anhalt den Prototypen der WW 52/750 (52 m Rotor-Ø, 750 kW, 65 m NH).*

November 1998 | *DeWind errichtet den Prototypen der 1-MW-Anlage D6 in Scheid in der Eifel (62 m, 1 MW, Rotor-Ø, 68,5 m NH).*

November 1998 | *Jacobs Energie errichtet im Kaiser-Wilhelm-Koog den von pro + pro entwickelten Prototypen der MD 70 (70 m Rotor-Ø, 1,5 MW, 65 m NH).*

Herbst 1998 | *Fuhrländer errichtet die erste Anlage vom Typ FL 1000 in Kirburg im Westerwald (54 m Rotor-Ø, 1 MW, 70 m NH).*

Dezember 1998 | *AN Bonus nimmt den Prototypen der 2-MW-Anlage im DEWI-Testfeld in Wilhelmshaven in Betrieb (72 m Rotor-Ø, 2 MW, NH 60 m).*

Dezember 1998 | *Tacke Windenergie errichtet auf dem DEWI-Testfeld in Wilhelmshaven die erste TW 1.5s mit 70,5 Metern Rotordurchmesser.*

1998 | *Südwind errichtet den Prototypen der S50 (50 m Rotor-Ø, 750 kW) auf dem Testfeld in Grevenbroich.*

1998 | *Die Firma Nordwind aus Neubrandenburg errichtet auf dem DEWI-Testfeld in Wilhelmshaven eine zweiflüglige 600-kW-Anlage (44 m Rotor-Ø, 600 kW, 41 m NH). Es ist die Weiterentwicklung der von aerodyn entwickelten 500-kW-Anlage V 12, von der die Firma Ventis 1995 einen Prototypen errichtet hatte.*

TECHNIK | ANLAGEN-ENTWICKLUNG

September 1997 | *Auf dem Titlis in der Zentralschweiz wird in der Nähe der Bergbahnstation in über 3 000 Metern Höhe Europas höchstgelegene Windkraftanlage in Betrieb genommen. Es ist eine Anlage vom Typ HSW 30 (12,4 m Rotor-Ø, 30 kW, 24 m NH).*

Herbst 1997 | *Der niederländische Hersteller NedWind errichtet den Prototypen einer dreiflügligen 500-kW-Anlage NW 46/3 (46 m Rotor-Ø, 500 kW, 42,9 m NH) im Testfeld in Petten in Noord-Holland.*

1997 | *Der dänische Hersteller Wincon Wind errichtet in Novrup/DK bei Esbjerg den Prototypen der W 600/45 (45 m Rotor-Ø, 600 kW, 45 m NH).*

1997 | *Der japanische Hersteller Mitsubishi errichtet den Prototypen einer 600-kW-Anlage.*

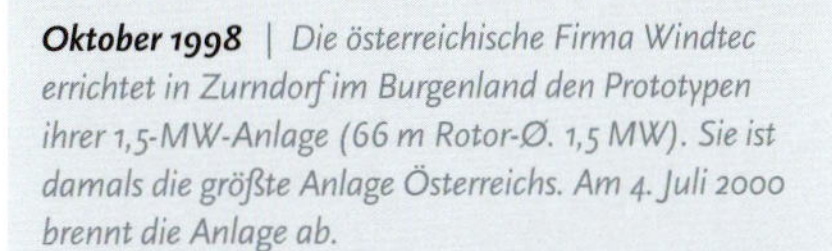

Oktober 1998 | *Die österreichische Firma Windtec errichtet in Zurndorf im Burgenland den Prototypen ihrer 1,5-MW-Anlage (66 m Rotor-Ø. 1,5 MW). Sie ist damals die größte Anlage Österreichs. Am 4. Juli 2000 brennt die Anlage ab.*

1998 | *Der dänische Hersteller Wincon aus Bjerringbro errichtet den Prototypen einer 755-kW-Anlage in der Nähe von Esbjerg in Westjütland.*

2

3

1 Fuhrländer FL800 in Driedorf
2 Südwind S46
3 Seewind 52-750-65
4 Nordex N60
5 WindWorld WW52/750
6 Tacke TW 1.5s
7 Nordwind 600 kW

4

5

6

7

Politik | Forschung	Firmen	Windparks | Betreiber

1999

Politik | Forschung

April 1999 | Die erste Stufe der Ökosteuer tritt in Kraft, auf jede Kilowattstunde Strom werden rund zwei Pfennige aufgeschlagen.

Mai 1999 | Die European Renewable Energies Federation (EREF) wird von verschiedenen Verbänden als Dachverband für die Betreiber von regenerativen Energieanlagen in Amsterdam gegründet. Der Sitz der EREF ist in Brüssel.

5. Oktober 1999 | Greenpeace International, die EWEA und das Forum for Energy and Development stellen die Studie „Windforce 10" vor, in der aufgezeigt wird, wie bis 2020 weltweit zehn Prozent des Energiebedarfs durch Windenergie gedeckt werden können. Die Studie wurde von dem dänischen Beratungsbüro BTM Consult erarbeitet.

9. Dezember 1999 | Hermann Scheer, dem Gründer von eurosolar, wird in Stockholm der alternative Nobelpreis verliehen.

Firmen

Februar 1999 | Die NOI Rotortechnik GmbH wird gegründet. Am 9. September 1999 weiht sie die Fertigungsstätte in Nordhausen ein und nimmt die Produktion von Rotorblättern auf.

1. April 1999 | Die Nordex Planungs- und Vertriebs GmbH übernimmt den Vertrieb für alle Südwind-Modelle. Die Südwind-Energietechnik GmbH wird als Tochter der Balcke-Dürr AG gegründet.

29. Oktober 1999 | Nordex weiht in Rostock eine neue Produktionsstätte in den Hallen des ehemaligen Dieselmotorenwerkes Rostock (DMR) ein.

30. November 1999 | Die Husumer Schiffswerft meldet Insolvenz an.

1999 | Die Nordwind Energieanlagen Bau- und Betriebs GmbH aus Neubrandenburg muss Konkurs anmelden.

Windparks | Betreiber

September 1999 | Der Thüringer Rotorblatthersteller NOI fertigt die ersten Blätter mit einer Länge von 37,5 Metern in Serie.

Oktober 1999 | In Midlum südlich von Cuxhaven wird ein Windpark mit 70 Anlagen vom Typ E-40 (32 m NH) in Betrieb genommen. Er ist derjenige mit den meisten Anlagen in Deutschland (35 MW Gesamtleistung).

3. Dezember 1999 | Inbetriebnahme des Windparks Klettwitz in der Niederlausitz mit 38 Anlagen vom Typ Vestas V66. Mit 62,7 MW installierter Leistung ist dieser der leistungsstärkste Windpark Europas. Die feierliche Einweihung findet am 17. Juni 2000 statt.

Im Jahr 1999 wurden in Deutschland insgesamt 1 670 Windkraftanlagen mit einer Gesamtleistung von 1 568 Megawatt installiert. Am 31. Dezember 1999 sind in Deutschland damit 7 875 Windkraftanlagen mit insgesamt 4 445 Megawatt am Netz, die rund zwei Prozent des deutschen Strombedarfs produzieren.

2000

Politik | Forschung

1

1. Januar 2000 | In Dänemark tritt im Zuge der Liberalisierung ein neues Energiegesetz in Kraft. Die bisherige Mindestpreisregelung für den Strom aus Windenergie wird außer Kraft gesetzt und ein neues Modell, das neben stark gesenkten Vergütungssätzen auf den Handel mit grünen Zertifikaten setzt, wird eingeführt.

25. Februar 2000 | Das Gesetz für den Vorrang erneuerbarer Energien (EEG) wird im Bundestag angenommen, es tritt am 1. April 2000 in Kraft und löst das Stromeinspeisungsgesetz ab. Neu ist vor allem die gestaffelte Vergütung von Windstrom je nach Referenzertrag und die Erweiterung der Mindestvergütung auf Stromerzeugung durch Biomasse, Geothermie und Photovoltaik.

Firmen

1. Januar 2000 | Die Fuhrländer GmbH wird umgewandelt in die Fuhrländer AG

Februar 2000 | Jacobs Energie GmbH übernimmt die Windsparte der Husumer Schiffswerft und verlagert den Firmensitz von Heide nach Husum. Die offizielle Einweihung der neuen Produktionsstätte findet am 6. Oktober 2000 statt.

Februar 2000 | Borsig Energy GmbH eröffnet eine Rotorblattproduktion für die Nordex-Maschinen in Rostock.

März 2000 | Die 1996 gegründete EUROS Entwicklungsgesellschaft für Windenergieanlagen mbH aus Berlin beginnt die Serienproduktion von Rotorblättern. Der erste Blatttest fand am 8. September 1999 statt.

Frühjahr 2000 | Der Nordhäuser Rotorblatthersteller NOI gründet eine Dependence in Spanien, die NOI Iberia S.A.

Mai 2000 | Enron Wind Energy legt den Grundstein für eine neue Fertigungsstätte in Noblejas in der Provinz Toledo/Spanien.

10. Juli 2000 | Die DeWind Technik GmbH wird in eine Aktiengesellschaft umgewandelt.

Windparks | Betreiber

Mai 2000 | Das Hannoveraner Planungsbüro Windwärts errichtet anlässlich der EXPO 2000 in Sehnde/Müllingen bei Hannover die erste Anlage im Rahmen des Projektes „Kunst und Windenergie zur Weltausstellung". Weitere Windenergie-Kunstwerke folgen in den kommenden Monaten in Barsinghausen und Garbsen.

Juli 2000 | Die Jacobs Energie GmbH beginnt die Serienfertigung der MD 70 in Husum. Die ersten beiden Anlagen gehen in den Windpark Melaune in Sachsen. Betreiber ist die Boreas Energie GmbH aus Dresden.

August 2000 | Die Brandenburgische Wind- und Umwelttechnologien GmbH errichtete die erste Anlage vom Typ MD 70 in Lichterfeld bei Eberswalde. Diese Anlage besitzt einen 85-Meter-Turm.

September 2000 | Bei Blyth in Northcumberland vor der englischen Ostküste werden zwei Windkraftanlagen vom Typ Vestas V66 mit jeweils 2 MW Leistung errichtet. Es ist das erste britische Offshore-Projekt und zugleich das erste in der Nordsee. Betreiber ist die Blyth Offshore Wind Ltd., ein Konsortium aus dem Windenergie-Planungsunternehmen Border Wind, Powergen Renewables und Shell Renewables.

21. Dezember 2000 | Der Offshore-Windpark Utgrunden geht in Schweden zwischen Festland und der Insel Öland in Betrieb. Die sieben Anlagen des Typs Enron 1.5 offshore (70,5 m Rotor-Ø, 1,425 MW, 65 m NH) wurden im September und Oktober aufgebaut. Die feierliche Eröffnung findet am 21. März 2001 statt.

Dezember 2000 | Vestas errichtet in Baalberge in Sachsen-Anhalt die ersten Anlagen vom Typ V52 in Deutschland (52 m Rotor-Ø, 850 kW, 74 m NH).

Ende 2000 | Die Pfleiderer AG aus Neumarkt in der Oberpfalz gründet die Pfleiderer Wind Energy GmbH und beginnt im Werk Coswig bei Dresden die Produktion von Windkraftanlagen.

Technik | Anlagen-Entwicklung

Januar 1999 | *Die erste AN Bonus 1,3 MW wird in Wilhelmshaven errichtet (62 m Rotor-Ø, 1,3 MW). Sie ist eine Weiterentwicklung der AN Bonus 1 MW. Die Serienproduktion beginnt im gleichen Jahr.*

August 1999 | *Enercon errichtet den Prototypen der E-58 in Aurich-Walle (58 m Rotor-Ø, 850 kW, 65 m NH).*

September 1999 | *Vestas errichtet in Sörup in Schleswig-Holstein den Prototypen der V80 mit einer Leistung von 2 MW (66 m Rotor-Ø, 2 MW, 67 m NH). Im August 2000 bekommt die Anlage einen 80-Meter-Rotor.*

4. Oktober 1999 | *Frisia errichtet die erste Anlage vom Typ F-5600/850-70 m in Hille-Südhemmern bei Minden (56 m Rotor-Ø, 850 kW, 70 m NH).*

Oktober 1999 | *Enercon errichtet die erste Anlage vom Typ E-66 mit 70 Metern Rotordurchmesser im rheinland-pfälzischen Plütscheid.*

Dezember 1999 | *Jacobs Energie errichtet in Wöhrden bei Heide den Prototypen der Jacobs 48/750 kW (48 m Rotor-Ø, 750 kW, 65 m NH).*

Dezember 1999 | *Windtechnik Nord errichtet im Windpark St. Michaelisdonn die ersten Anlagen vom Typ WTN 600 (46 m Rotor-Ø, 600 kW, 62,4 m NH).*

18. Juni 1999 | *Der französische Hersteller Jeumont beginnt mit dem Aufbau eines Windparks mit sechs Prototypen der getriebelosen 750-kW-Anlage J 48 im nordfranzösischen Widehem in der Nähe von Calais (48 m Rotor-Ø, 750 kW, 46 m NH).*

August 1999 | *Der Prototyp der NEG-Micon-2-MW-Anlage NM 2000/72 geht in Hagesholm auf Seeland/DK in Betrieb (72 m Rotor-Ø, 2 MW, 68 m NH). Sie ist die erste Anlage von NEG Micon mit Active-Stall-Regelung. Zwei weitere Prototypen werden im Dezember 1999 im nordfriesischen Drehlsdorf errichtet. Sie sind die ersten Anlagen dieses Typs in Deutschland. Außerdem nimmt NEG Micon im Sommer 1999 auch den Prototypen der NM 1500C in Betrieb (64 m Rotor-Ø, 1,5 MW).*

1999 | *NEG Micon Holland errichtet in Maasvlakte bei Rotterdam den Prototypen der dreiflügligen Nedwind 62/1000 „Pantheon" (62 m Rotor-Ø, 1 MW, 60 m NH).*

28. Januar 2000 | *Der Aufbau des Prototypen der Nordex N80/2.5 MW im Windtestfeld Grevenbroich wird abgeschlossen (80 m Rotor-Ø, 2,5 MW, 80 m NH). Sie ist die weltgrößte Serien-Windkraftanlage. Die offizielle Inbetriebnahme erfolgt am 29. Februar.* (Abb. 1)

März 2000 | *Enercon errichtet auf dem Kronsberg bei Hannover den Prototypen der E-66 mit 1,8 MW Leistung (70 m Rotor-Ø, 1,8 MW, 67 m NH). Die Anlage in der Nähe des EXPO-Geländes ist mit einer Aussichtsplattform versehen.* (Abb. 1, S. 383)

März 2000 | *Tacke Windenergie GmbH errichtet den Prototypen der überarbeiteten 750-kW-Zond-Anlage, die TZ 750i (50 m Rotor-Ø, 750 kW, 64 m NH), auf dem Testfeld in Grevenbroich.*

April 2000 | *Tacke Windenergie GmbH errichtet den Prototypen der TW 1.5 sl auf dem Testfeld in Grevenbroich (77 m Rotor-Ø, 1,5 MW, 80 m NH).*

September 2000 | *Die Jacobs Energie GmbH errichtet in Drohndorf/Sachsen-Anhalt ihre ersten Anlagen vom Typ MD 77 (77 m Rotor-Ø, 1,5 MW, 85 m NH).*

Oktober 2000 | *Südwind Borsig Energy errichtet die ersten Anlagen vom Typ S 70/1,5 MW in Ülitz bei Schwerin.*

September 2000 | *Der indische Konzern Suzlon errichtet zwei Prototypen seiner 1-MW-Anlage bei Mumbai im indischen Bundesstaat Maharashtra (57 m Rotor-Ø, 1 MW, 60 m NH). Die Anlagen wurden von der Ingenieurgesellschaft für Dienstleistungen, Anlagenbetreuung und Service GmbH (IDAS) aus Bad Doberan entwickelt.*

1 Aufbau Nordex N80 in Grevenbroich
2 AN Bonus 1,3 MW/62
3 NEG Micon NM 2000/72
4 Vestas V80
5 Jacobs 48/750 kW
6 Jacobs MD 77

Politik | Forschung

28. Februar 2000 | *Entscheidung des Europäischen Parlaments und des Europarates über ein mehrjähriges Programm zur Förderung erneuerbarer Energieträger (Altener Programm)*

Mai 2000 | *Die EU-Kommission legt eine „Richtlinie zur Förderung der Stromerzeugung aus erneuerbaren Energiequellen im Elektrizitätsbinnenmarkt" vor. Der Anteil des Ökostroms soll damit in Europa bis 2010 auf 22 Prozent erhöht werden.*

Firmen

17. November 2000 | *Gründung der OSB Offshore-Bürger-Windpark Butendiek GmbH & Co. KG in Husum, der ersten Betreibergemeinschaft für einen Bürgerwindpark auf See in Deutschland.*

2000 | *Enercon gründet zwei Werke für die Turmproduktion: für die Fertigung von Stahlrohrtürmen die Enercon Windtower Production AB in Malmö/Schweden und die WEC Turmbau GmbH in Magdeburg für die Herstellung von Betonfertigteiltürmen. Weiterhin entsteht in Indien eine neue Fertigungsstätte für Windkraftanlagen.*

2000 | *Die Pfleiderer AG erwirbt die Rechte an der Multibrid-Technologie und gründet die Multibrid Entwicklungsgesellschaft mbH in Neumarkt/Oberpfalz.*

Windparks | Betreiber

Dezember 2000 | *Die Errichtung des Offshore-Bürgerwindparks Middelgrunden vor Kopenhagen mit 20 Anlagen vom Typ Bonus 2 MW/76 (76 m Rotor-Ø, 2 MW, 60 m NH) wird abgeschlossen. Damit hat Bonus die Serienproduktion der 2-MW-Anlage aufgenommen. Bei der Inbetriebnahme im März 2001 ist Middelgrunden mit insgesamt 40 MW Leistung der größte Windpark Dänemarks.*

Im Jahr 2000 *gingen in Deutschland insgesamt 1 490 Windkraftanlagen mit einer Gesamtleistung von 1 665 Megawatt ans Netz. Die Gesamtzahl der in Deutschland installierten Windkraftanlagen erhöhte sich auf 9 359 mit einer Leistung von 6 095 Megawatt. Damit lassen sich in einem normalen Windjahr rund 2,5 Prozent des deutschen Strombedarfs decken. Beim weltweiten Ausbau der Windenergienutzung rückte Spanien im Jahr 2000 mit insgesamt 2 832 Megawatt installierter Leistung auf den zweiten Platz und überholte sowohl die USA (2 610 MW) als auch Dänemark (2 341 MW). Der Boom auf der iberischen Halbinsel wurde durch ein 1998 verabschiedetes Einspeisungsgesetz ausgelöst, welches der deutschen Regelung sehr nahe kommt.*

2001

Politik | Forschung

13. März 2001 | *Der Europäische Gerichtshof (EuGH) bestätigt in einem Urteil, dass es sich bei den durch das Stromeinspeisungsgesetz – und damit auch bei dessen Nachfolgeregelung, dem Erneuerbare-Energien-Gesetz – festgelegten Vergütungen nicht um staatliche Beihilfen handelt und es damit auch nicht gegen die europäische Verfassung verstößt.*

9. Juni 2001 | *Der World Council of Renewable Energies (Weltrat für Erneuerbare Energien) wird gegründet als unabhängiges, globales Netzwerk von Nicht-Regierungsorganisationen aus den Bereichen Umweltschutz und Entwicklungshilfe sowie Unternehmen und wissenschaftlichen Institutionen.*

1. Juli 2001 | *Gründung der World Wind Energy Association (WWEA) in Kopenhagen. Sie ist eine weltweite Organisation der nationalen Windenergievereine.*

September 2001 | *Die Deutsche Energie-Agentur GmbH (Dena) wird eingeweiht.*

27. Oktober 2001 | *Die „EU-Richtlinie zur Förderung der Elektrizitätserzeugung aus erneuerbaren Energiequellen im Elektrizitätsbinnenmarkt" tritt in Kraft, nachdem sie im Juli vom Europäischen Parlament und im September vom EU-Ministerrat verabschiedet wurde.*

Firmen

1. Januar 2001 | *Die Nordex AG verlagert ihren Firmensitz nach Norderstedt bei Hamburg.*

26. Januar 2001 | *Der niederländische Rotorblatthersteller Aerpac B.V. aus Almelo muss Konkurs anmelden. Enron Wind hat am 23. Februar 2001 die Fertigungsstätte mit einem Großteil der Beschäftigten übernommen.*

2. April 2001 | *Die Nordex AG wird erstmals am Neuen Markt der Frankfurter Wertpapierbörse notiert.*

April 2001 | *Die Firmen Jacobs Energie GmbH, Brandenburgische Wind- und Umwelttechnologien GmbH und der pro + pro Energiesysteme GmbH schließen sich rückwirkend zum 1. Januar 2001 zur REpower Systems AG zusammen.*

15. Mai 2001 | *Die Nordex AG, die bereits seit 1999 eigene Rotorblätter fertigt, legt den Grundstein für den Bau einer Fertigungshalle für die Rotorblattproduktion auf dem Gelände des ehemaligen Güterverkehrszentrums in Rostock. Die Einweihung erfolgt am 29. November 2001.*

13. Oktober 2001 | *Die Fuhrländer AG weiht eine neue Produktionshalle mit 2 300 Quadratmetern ein.*

2. November 2001 | *Die Frisia Windkraftanlagen Produktion GmbH aus Minden meldet Insolvenz an.*

2. Dezember 2001 | *Die Enron Corp. aus Houston/Texas, der größte Strom- und Gashändler der USA und Mutterkonzern der Enron Wind Corp., meldet Insolvenz an.*

2001 | *Enercon eröffnet eine neue Fertigungsstätte in Magdeburg-Rothensee.*

Windparks | Betreiber

Frühjahr 2001 | *Der dänische Hersteller Wincon aus Bjerringbro errichtet in Nordwohlde südlich von Bremen die erste Anlage vom Typ Wincon W755/48-755 kW in Deutschland (48 m Rotor-Ø, 755 kW, 73 m NH). Betreiber ist Karl-Heinz Niehues, der den Vertrieb von Wincon in Deutschland organisiert.*

Juli 2001 | *Der Offshore-Windpark Yttre Stengrund in Schweden mit fünf Anlagen des Typs NEG Micon NM 72/2000 geht in Betrieb (je 72 m Rotor-Ø, 2 MW, 60 m NH).*

25. August 2001 | *Eröffnung des Windgebietes Sintfeld im Hochsauerland, das aus sieben Windparks mit insgesamt 65 Windkraftanlagen mit einer Gesamtleistung von 105 MW besteht. Es ist das größte Binnenlandwindgebiet in Deutschland.*

15. September 2001 | *Der Windpark Wybelsumer Polder bei Emden ist mit 54 Anlagen vollständig in Betrieb. Mit einer Gesamtleistung von 70 MW ist er in Europa der größte Windpark an Land. Betreiber sind die Stadtwerke Emden GmbH, die EWE AG, die WWP Windpark Wybelsumer Polder GmbH & Co. KG und die Enercon GmbH. Die offizielle Einweihung findet am 18. September 2002 statt.*

9. November 2001 | *Die Prokon Nord Energiesysteme GmbH aus Leer erhält die erste Baugenehmigung für einen Offshore-Windpark in Deutschland für den Windpark Borkum-West durch das Bundesamt für Seeschifffahrt und Hydrografie (BSH).*

Dezember 2001 | *Die mit 278,3 MW installierter Leistung größte Windfarm der Welt, die King Mountains Windfarm, wird in Texas/USA von der FPL Energy in Betrieb genommen. Sie besteht aus 214 Maschinen vom Typ Bonus 1,3 MW.*

Im Jahr 2001 *gingen bundesweit insgesamt 2 079 Windkraftanlagen mit einer Gesamtleistung von 2 659 Megawatt neu ans Netz. Nunmehr drehen sich in Deutschland 11 438 Rotoren mit 8 754 Megawatt installierter Leistung. Damit lassen sich in einem normalen Windjahr knapp 3,5 Prozent des deutschen Strombedarfs decken.*

Technik | Anlagen-Entwicklung

12. November 2000 | *In Kirchhundem bei Olpe im Sauerland wird eine Vestas V66/1,65 MW auf einem von der SeeBa Energiesysteme GmbH entwickelten 117 Meter hohen Fachwerkmast errichtet. Sie ist damals die höchste Windkraftanlage der Welt. Die Montage des Maschinenhauses erfolgte kranlos mit Hilfe eines Montagegerüstes und Seilwinden.*

Herbst 2000 | *DeWind errichtet den Prototypen der modifizierten D6 mit 1,25 MW Leistung in Drohndorf/ Sachsen-Anhalt (64 m Rotor-Ø, 1,25 MW, 91,5 m NH).*

28. Dezember 2000 | *Die Brand Elektro GmbH aus Neubrandenburg errichtet den Windpark Iven mit 18 Nordwind-Anlagen NW 44-750 VD (44 m Rotor-Ø, 750 kW, 68 m NH). Die Firma hatte zuvor die Lizenz und den Namen für die Zweiblatt-Rotoren von der Nordwind Umwelttechnik GmbH erworben.*

2000 | *Fuhrländer errichtet in Lirsthal in Rheinland-Pfalz die erste Anlage vom Typ FL MD 70.*

Dezember 2000 | *NEG Micon errichtete an verschiedenen Standorten die ersten Anlagen vom Typ NM 900/52 (52 m Rotor-Ø, 900 kW).*

2000 | *Enron fertigt in seinem spanischen Werk in Noblejas die ersten 750-kW-Anlagen und errichtet den Prototypen der Enron Wind 900S in Spanien (55 m Rotor-Ø, 900 kW).*

März 2001 | *NEG Micon errichtet in Wulfshagen den zweiten Prototypen der NM 72C/1500/64 (72 m Rotor-Ø, 1,5 MW, 64 m NH). Eine ähnliche Anlage ging bereits 2000 in Baekke in DK in Betrieb: NM 64C/1500/68 (64 m Rotor-Ø, 1,5 MW, 68 m NH).*

Frühjahr 2001 | *Der spanische Hersteller M. Torres aus Torres de Elorz errichtet den Prototypen der TWT 1500 im Serralta Windpark in Cabanillas im Süden der Provinz Navarra (72 m Rotor-Ø, 1,5 MW, 60 m NH). Sie ist eine drehzahlvariable getriebelose Windkraftanlage.*

Sommer 2001 | *Bei Oulo in Finnland wird der Prototyp der WWD 1 des finnischen Herstellers WinWinD Oy errichtet (56 m Rotor-Ø, 1 MW, 70 m NH).*

Sommer 2001 | *Das russische Luftfahrtunternehmen JSC Tushino hat in Elista im Süden Russlands zwei Prototypen der Anlage Raduga-1 errichtet (48 m Rotor-Ø, 1 MW, 36 m NH).*

Dezember 2001 | *Der Prototyp der NEG-Micon NM 82/1500 (82 m Rotor-Ø,1,5 MW, 93,6 m NH), einer speziell für das Binnenland konzipierten Anlage, wird auf dem Testfeld Grevenbroich errichtet. Die Anlage hat Active-Stall-Regelung.*

1

2

3

1 Aufbau E-66 in Hannover-Kronsberg
2 Dewind D6
3 NEG Micon NM 900/52

2002

Politik | Forschung

26. April 2002 | *Zum sechzehnten Jahrestag der Reaktorkatastrophe von Tschernobyl tritt das „Gesetz zur geordneten Beendigung der Kernenergienutzung zur gewerblichen Erzeugung von Elektrizität" in Kraft. Damit wird der zwischen der Bundesregierung und der Elektrizitätswirtschaft im Juni 2001 vereinbarte Atomausstieg rechtskräftig.*

18. bis 21. Juni 2002 | *In Hamburg findet die WindEnergy 2002 statt. Diese erstmals ausgetragene Windmesse sieht sich vor allem als eine internationale Plattform.*

2. bis 6. Juli 2002 | *World Wind Energy Conference and Exhibition in Berlin, veranstaltet von der World Wind Energy Association (WWEA)*

26. August bis 4. September 2002 | *World Summit on Sustainable Development in Johannesburg/Südafrika*

September 2002 | *Die rot-grüne Koalition bleibt auch nach der Bundestagswahl an der Macht. Bei der Kabinettsumbildung wird die Zuständigkeit für die erneuerbaren Energien in Bundesumweltminister Jürgen Trittins Ressort übertragen.*

Firmen

8. März 2002 | *Enron Wind weiht in Salzbergen ein neues Fertigungs- und Verwaltungsgebäude mit insgesamt 18 000 Quadratmetern ein. Die Produktion startete bereits im September 2001.*

26. März 2002 | *Die Aktien der REpower Systems AG werden erstmals am Neuen Markt in Frankfurt notiert.*

1

10. Mai 2002 | *General Electric Power Systems aus Atlanta/USA hat die Übernahme eines Großteils der Enron Wind Corp. mit den Produktionsstätten in Deutschland, Spanien, USA und den Niederlanden abgeschlossen. Der neue Hersteller heißt GE Wind Energy. Die Deutschen Firmen werden zusammengefasst zur GE Wind Energy GmbH.*

22. Mai 2002 | *Vestas weiht im brandenburgischen Lauchhammer im Beisein von Bundeskanzler Gerhard Schröder eine Rotorblattfabrik ein.*

29. Mai 2002 | *Der britische Industriekonzern FKI plc übernimmt zu 100 Prozent die Anteile der DeWind AG, die im Laufe des Jahres wieder in eine GmbH umgewandelt wird.*

2002 | *Enercon baut eine Rotorblattproduktion in der Türkei auf.*

Windparks | Betreiber

Mai 2002 | *Der Windpark Großvargula mit 16 REpower MD 77 wird fertiggestellt. Mit 24 MW Gesamtleistung ist er der größte Windpark Thüringens.*

6. August 2002 | *Mit der Inbetriebnahme des Windparks Bimolten mit 14 Enercon E 66/18.70 bei Nordhorn in Niedersachsen sind in Deutschland 10 000 MW Windkraftleistung installiert.*

23. August 2002 | *Das dänische Energieversorgungsunternehmen ELSAM beendet den Aufbau des Offshore-Windparks Horns Rev vor der Westküste Jütlands mit 80 Anlagen vom Typ Vestas V80 (80 m Rotor-Ø, 2 MW, 70 m NH). Mit einer Leistung von 160 MW ist er der bis dahin weltgrößte Offshore-Windpark und der größte Windpark Europas. Der Windpark geht im Dezember vollständig ans Netz.* (Abb. 1)

September 2002 | *Die Enertrag AG nimmt als erstes deutsches Unternehmen einen Windpark in Frankreich in Betrieb. Die zwölf Turbinen vom Typ Nordex N60 mit jeweils 1,3 MW auf dem Bergrücken Merdellou und Fontanelles in der südfranzösischen Gemeinde Peux-et-Couffouleux sind zudem der bis dahin größte Windpark Frankreichs.*

18. Dezember 2002 | *Der Offshore-Bürger-Windpark Butendiek erhält die Baugenehmigung.*

Dezember 2002 | *In der österreichischen Gemeinde Oberzeiring wurde in knapp 2 000 Meter Höhe der höchstgelegene Windpark der Welt errichtet. Mit elf Anlagen vom Typ Vestas V66 mit jeweils 1,75 MW Leistung ist der Tauernwindpark bei einer Gesamtleistung von 19,25 MW zugleich Österreichs größter Windpark.*

Dezember 2002 | *Bonus Energy A/S errichtet auf der Untiefe Paludans Flak vor der dänischen Insel Samsø einen Offshore-Windpark mit zehn 2,3-MW-Anlagen (Rotor-Ø 82,4 m, 2,3 MW, 61,2 m NH). Dieser Park mit einer Gesamtleistung von 23 MW ist Bestandteil eines Gesamtenergiekonzeptes, das die vollständige Versorgung der Ostseeinsel aus regenerativen Quellen vorsieht. Der Park geht im Februar 2003 in Betrieb.*

2002 | *Enercon errichtet drei Enercon E-30 mit jeweils 300 kW Leistung für die Australian Antarctic Division an der Forschungsstation Mawson in der Antarktis.*

2002 *wurden in Deutschland 2 328 Windkraftanlagen installiert mit einer Gesamtleistung von 3 247 Megawatt. Dabei wurden insgesamt 3,5 Milliarden Euro investiert. Die installierte Leistung aller 13 766 Windkraftanlagen in Deutschland erreicht damit 12 001 Megawatt. Somit lassen sich in einem normalen Windjahr rund 4,7 Prozent des deutschen Stromverbrauchs erzeugen.*

16. März 2002 | *Errichtung des Prototypen der Dewind D8 mit 2 MW Leistung in Siestedt in Sachsen-Anhalt (80 m Rotor-Ø, 2 MW, 80 m NH). Seit dem 4. April 2002 speist die Anlage Strom ins Netz ein.* (Abb. 2)

29. Mai 2002 | *Inbetriebnahme des Prototypen der MM 70 von REpower in Bosbüll (70 m Rotor-Ø, 2 MW, 65 m NH). Betreiber ist der Landwirt Johann Heinrich Ingwersen.*

Mai 2002 | *Vestas errichtet in Risum-Lindholm in Nordfriesland den Prototypen der V90, mit einer Leistung von 3 MW (90 m Rotor-Ø, 3 MW, 80 m NH). Im November 2002 folgt der zweite Prototyp in Näsudden auf der Insel Gotland in Schweden.*

30. Juli 2002 | *Nordex errichtet bei Anklam in Mecklenburg-Vorpommern den Prototypen der N 90 (90 m Rotor-Ø, 2,3 MW, 80 m NH).*

12. bis 23. August 2002 | *Enercon errichtet in Egeln bei Magdeburg den Prototypen der E-112 (114 m Rotor-Ø, 4,5 MW, 124 m NH). Er die größte, höchste und leistungsstärkste Windkraftanlage der Welt. Die Stromproduktion beginnt im September 2002.*

Dezember 2002 | *Enercon errichtet die erste E-66 auf einem 114 Meter hohen Turm aus Betonfertigteilen.*

2002 | *Die Pfleiderer Wind Energy GmbH errichtet eine erste Maschine vom Typ PWE 650-75 in der Nähe von Neumarkt (50 m Rotor-Ø, 600 kW, 75 m NH).*

2

April 2002 | *NEG Micon errichtet in Tjaerborg bei Esbjerg den Prototypen der NM 80/2750/60 (80 m Rotor-Ø, 2,75 MW, 60 m NH), Ende Mai folgte der Prototyp der NM 92/2750/70 auf den schottischen Orkney-Inseln mit der gleichen Leistung, die mit 92 Metern Rotordurchmesser größte Windkraftanlage Großbritanniens (92 m Rotor-Ø, 2,75 MW, 70 m NH).*

April 2002 | *Lagerwey errichtet in Maasvlakte bei Rotterdam/NL den Prototypen seiner getriebelosen 2-MW-Anlage Zephyros LW 72 mit permanent erregtem Ringgenerator (71,2 m Rotor-Ø, 2 MW, 80 m NH).*

April 2002 | *Mitten in der Übernahmephase von Enron durch General Electric wird der Prototyp der 3,6-MW-Anlage GE 3.6 in Barrax bei Albacete in Spanien errichtet (104 m Rotor-Ø, 3,6 MW, 100 m NH). Sie ist zu diesem Zeitpunkt die größte Windkraftanlage der Welt. Die Maschine geht im Oktober 2002 in Betrieb.*

Ende Mai 2002 | *Lagerwey the Windmaster errichtet Prototypen der LW 58 mit 750 kW Leistung bei Creelam Noordoost Polder in der Provinz Flevoland, NL.*

Juli/August 2002 | *Bonus A/S errichtet den Prototypen der AN Bonus 2,3 MW/82 in Blahoj bei Brande/DK (82,4 m Rotor-Ø, 2,3 MW, 80 m NH) Eine weitere Anlage des gleichen Typs wurde im September 2002 auf der Hafenmole von Rødbyhavn auf Lolland errichtet, um sie auf Offshore-Tauglichkeit zu testen. Es handelt sich um eine Weiterentwicklung der 2-MW-Anlage. Erstmals wurden die Anlagen mit Rotorblättern B 40 aus eigener Produktion von Bonus ausgerüstet.*

August 2002 | *Der spanische Hersteller Gamesa Eolica S.A. errichtet in La Plana in der spanischen Provinz Aragon den ersten Prototypen der Gamesa G80-2000 kW (80 m Rotor-Ø, 2 MW).*

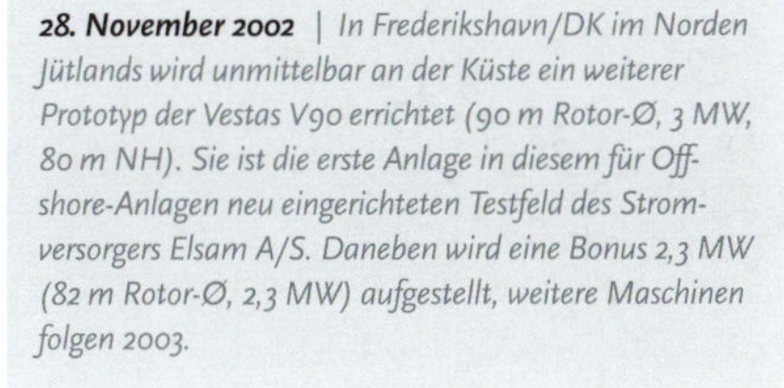

28. November 2002 | *In Frederikshavn/DK im Norden Jütlands wird unmittelbar an der Küste ein weiterer Prototyp der Vestas V90 errichtet (90 m Rotor-Ø, 3 MW, 80 m NH). Sie ist die erste Anlage in diesem für Offshore-Anlagen neu eingerichteten Testfeld des Stromversorgers Elsam A/S. Daneben wird eine Bonus 2,3 MW (82 m Rotor-Ø, 2,3 MW) aufgestellt, weitere Maschinen folgen 2003.*

3

4

5

6

7

8

1 Offshore-Windpark Horns Rev/DK
2 Aufbau der Dewind D8 in Siestedt
3 Dewind D8
4 REpower MM 70
5 Vestas V90
6 Enercon E-112
7 Bonus 2,3 MW/82
8 Pfleiderer PWE 650-75

2003

Politik | Forschung

11. Juli 2003 | *Die Offshore-Forschungsplattform FINO 1 wird 45 Kilometer nördlich vor Borkum in der Nordsee komplettiert. Insgesamt ragt diese Stahlkonstruktion 100 Meter über den Meeresspiegel heraus, bei einer Wassertiefe von 28 Metern.* (Abb. 1)

5. November 2003 | *Über 10 000 Demonstranten kommen zum Aktionstag für die erneuerbaren Energien unter dem Motto „Deutschland ist erneuerbar" nach Berlin und fordern auf einer Demonstration vor dem Brandenburger Tor die Bundesregierung zur weiteren Unterstützung der erneuerbaren Energien und zur Erhaltung des EEG auf.*

14. November 2003 | *Das niedersächsische Atomkraftwerk Stade geht nach 32-jähriger Betriebszeit endgültig vom Netz. Damit beginnt der von der Bundesregierung und der Energiewirtschaft im Juni 2001 vereinbarte Atomausstieg.*

1

Firmen

1. Januar 2003 | *Die Deutsche Essent GmbH, ein Tochterunternehmen der Essent Holding aus Arnheim, eines niederländischen Energieversorgers, übernimmt alle Anteile an der Winkra-Energie GmbH, einem der ältesten und größten Planungsbüros für Windkraftprojekte in Deutschland.*

April 2003 | *In Rostock eröffnet die indische Suzlon Group eine Filiale, die Suzlon Energy GmbH.*

Mai 2003 | *Ehemalige Nordex-Mitarbeiter gründen in Rerik die Wind-to-Energy GmbH (W2E), ein Ingenieurbüro für die Entwicklung von Windkraftanlagen. Die SeeBa Energiesysteme ist mit 40 Prozent an diesem Unternehmen beteiligt. Mit Fuhrländer wird ein Kooperationsvertrag über die Entwicklung einer 2,5-MW-Anlage geschlossen.*

Frühjahr 2003 | *Die britische Firma FKI plc hat in Loughborough bei Nottingham eine Produktionsstätte für die Fertigung der 2-MW-Windkraftanlagen ihres Tochterunternehmens DeWind eröffnet.*

November 2003 | *Rückwirkend zum 1. November 2003 übernimmt die PROKON Nord Energiesysteme GmbH die Multibrid Entwicklungsgesellschaft mbH von der Pfleiderer AG, einschließlich der Rechte an der Multibrid-Technologie. Der Firmensitz der Multibrid-Entwicklungsgesellschaft wird nach Bremerhaven verlegt.*

2003 | *Enercon richtet in Magdeburg-Rothensee die Serienfertigung für die Rotorblätter der E-112 ein.*

12. Dezember 2003 | *Vestas und NEG Micon teilen auf einer Pressekonferenz mit, die beiden Firmen zu verschmelzen.*

Ende 2003 | *Der niederländische Traditionshersteller Lagerwey, der im Laufe des Jahres Insolvenz anmelden musste, wird von dem niederländisch-amerikanischen Firmenkonsortium Emegia Wind Technology B.V. (EWT) übernommen.*

Windparks | Betreiber

27. Juli 2003 | *Im Offshore-Windpark Nysted, zehn Kilometer vor der dänischen Ostseeinsel Lolland auf der Rødsans Bank gelegen, wird die letzte der 72 Anlagen vom Typ Bonus 2,3 MW/82 (82 m Rotor-Ø, 2,3 MW, 70 m NH) errichtet. Der Windpark speist bereits seit dem 14. Juni 2003 Strom in das Netz. Mit einer Gesamtleistung von 165,6 MW ist er Europas größter Windpark und der größte Offshore-Windpark der Welt.*

5. Oktober 2003 | *GE beendet den Aufbau des Offshore-Windparks Arklow Bank vor der Ostküste Irlands. Die sieben Anlagen vom Typ GE 3.6s (104 m Rotor-Ø, 3,6 MW, NH 73 m), die Anfang 2004 ans Netz gehen, sind die größten, die den Offshore-Betrieb aufnehmen.*

19. November 2003 | *Der Offshore-Windpark North Hoyle vor der Küste von Wales wird in Betrieb genommen. Mit 30 Anlagen vom Typ Vestas V80/2 MW (80 m Rotor-Ø, 2 MW, 67 m NH) und einer Gesamtleistung von 60 MW ist er der größte Offshore-Windpark Großbritanniens. Betrieben wird dieser Windpark von der National Windpower (NWP), einem Tochterunternehmen der RWE.*

Im Jahr 2003 *wurden in Deutschland 1 703 Windkraftanlagen mit einer Gesamtleistung von 2 645 Megawatt errichtet. Damit stehen hier zu Lande 15 387 Turbinen mit insgesamt 14 609 Megawatt, die in einem normalen Windjahr 5,6 Prozent des in Deutschland verbrauchten Stroms erzeugen.*

2004

Politik | Forschung

1. bis 4. Juni 2004 | *In Bonn findet die „Renewables 2004" statt, die Internationale Konferenz für Erneuerbare Energien.*

Juni 2004 | *General Electric eröffnet in München-Garching sein erstes Forschungszentrum in Europa. Zwei der vier Labore befassen sich vornehmlich mit Themen der regenerativen Energien und elektrischen Energiesysteme.*

1. August 2004 | *Die EEG-Novelle tritt in Kraft. Neu errichtete Anlagen erhalten mindestens fünf Jahre lang eine Anfangsvergütung von 8,7 Cent pro Kilowattstunde, in Abhängigkeit vom Standort auch länger. Danach wird eine Basisvergütung von 5,5 Cent pro Kilowattstunde gezahlt. Windschwache Standorte mit weniger als 60 Prozent Ertrag als an einem gesetzlich definierten Referenzstandort sind von der Förderung ausgeschlossen. Offshore-Anlagen, die vor 2010 errichtet werden, erhalten mindestens zwölf Jahre lang eine Anfangsvergütung von 9,1 Cent pro Kilowattstunde.*

Firmen

Januar 2004 | *Die Fuhrländer AG übernimmt die Onshore-Aktivitäten von Pfleiderer. Es wird ein Gemeinschaftsunternehmen gegründet, die Fuhrländer-Pfleiderer GmbH & Co. KG.*

Ende März 2003 | *Vestas stellt die Montage von Windkraftanlagen am Standort Husum ein.*

1. Juni 2004 | *Der spanische Hersteller Gamesa Eolica S.A. gründet mit der Gamesa Eolica Deutschland GmbH eine deutsche Depandance, die in Aschaffenburg angesiedelt wird. Bereits seit 2003 sind die Spanier mit einem Vertriebsbüro in Hamburg auf dem deutschen Markt präsent.*

16. Juli 2004 | *Die NOI Rotortechnik GmbH aus Nordhausen meldet Insolvenz an.*

Windparks | Betreiber

25. Februar 2004 | *Das Bundesamt für Seeschifffahrt und Hydrographie (BSH) genehmigt die Offshore-Projekte Borkum Riffgrund der Plambeck Neue Energien AG und Borkum Riffgrund West der Energiekontor AG.*

Frühjahr 2004 | *Die Nordseeinsel Utsira vor der Küste Norwegens wird autark mit Windenergie versorgt. Zwei Enercon E-40 mit jeweils 660 kW Leistung speisen direkt in das Inselnetz. Überschussstrom wird für ein Elektrolyseverfahren genutzt, zur Erzeugung von Wasserstoff, der in windschwachen Zeiten als Energielieferant dient.*

9. Juni 2004 | *Das BSH genehmigt die Offshore-Windparks Nordsee Ost der Winkra Energie und Amrumbank West von Rennert Offshore und E.ON Energy Projects.*

23. August 2004 | *Der von der Projekt GmbH geplante Windpark Sandbank 24 bekommt die Baugenehmigung vom BSH.*

24. Januar 2003 | *Die Pfleiderer Wind Energy GmbH errichtet in Eismannsberg in der Oberpfalz ihre erste 1,5-MW-Anlage vom Typ PWE 1577-100 in Deutschland (77 m Rotor-Ø, 1,5 MW, 100 m NH). Neu an dieser Anlage ist der Hybridturm, der aus einem 35 Meter hohen Segment aus Ortbeton und einem darauf montierten Stahlrohrturm von 65 Metern Höhe besteht.*

Anfang 2003 | *Enercon errichtet in Westdorf in Ostfriesland den Prototypen der E-70 (71 m Rotor-Ø, 2 MW), der mit den neuen, bis an die Blattwurzel aerodynamisch ausgeformten C-4-Blättern ausgerüstet ist.*

15. Mai 2003 | *Die KGW Schweriner Maschinenbau GmbH nimmt eine Windkraft-Wärmepumpe mit einer Wärmeleistung von 150 kW in Betrieb.*

Ende Mai 2003 | *Die Vensys Energiesysteme GmbH aus Saarbrücken errichtet den Prototypen der getriebelosen Anlage Vensys 62 in der nordsaarländischen Gemeinde Nonnweiler (62 m Rotor-Ø, 1,2 MW, 69 m NH). Diese getriebelose Anlage mit permanent erregtem Generator ist eine Entwicklung des Teams von Professor Friedrich Klinger von der Saarländischen Hochschule für Technik und Wirtschaft in Saarbrücken.*

11. Juni 2003 | *Die REpower Systems AG nimmt den Prototypen der MM 82 auf dem Windtestfeld in Grevenbroich in Betrieb (82 m Rotor-Ø, 2 MW, 80 m NH).*

November 2003 | *Enercon nimmt in Wilhelmshaven den zweiten Prototypen der E-112 in Betrieb.*

Juni 2004 | *AN Bonus errichtet die ersten Maschinen vom Typ AN Bonus 2,3 MW/82 VS in Deutschland im Windpark Hörup in Schleswig-Holstein. Diese mit Combi-Stall geregelten Anlagen, sind zugleich die ersten drehzahlvariablen Maschinen von Bonus.*

1. Oktober 2004 | *Die REpower Systems AG beendet den Aufbau der REpower 5M (126 m Rotor-Ø, 5 MW, 120 m NH). Sie ist die größte, höchste und leistungsstärkste Windkraftanlage der Welt. Die Anlage geht Mitte November an das Netz und erreicht am 21. Dezember 2004 das erste mal die Nennleistung von 5 MW.*
(Abb. 2, S. 388)

Technik | Anlagen-Entwicklung

März 2003 | *In Hundhammerfjellet an der norwegischen Westküste errichtet die norwegisch-schwedische Firma ScanWind Group A/S den Prototypen einer getriebelosen 3-MW-Anlage ScanWind 3000 DL mit einem permanent erregten Generator von Siemens (90 m Rotor-Ø, 3 MW, 80 m NH). Ein ähnlicher Prototyp, der die Bezeichnung ScanWind 3000 GL trägt und mit Getriebe und Asynchrongenerator ausgerüstet ist, wird im Herbst 2004 an gleicher Stelle in Betrieb genommen.*

Mai 2003 | *Im dänischen Offshore-Testfeld in Frederikshavn/DK werden der Prototyp der Nordex N90 in neuem Design (90 m Rotor-Ø, 2,3 MW) sowie eine Vestas V90 (90 m Rotor-Ø, 2 MW) in Küstennähe im Wasser errichtet.*

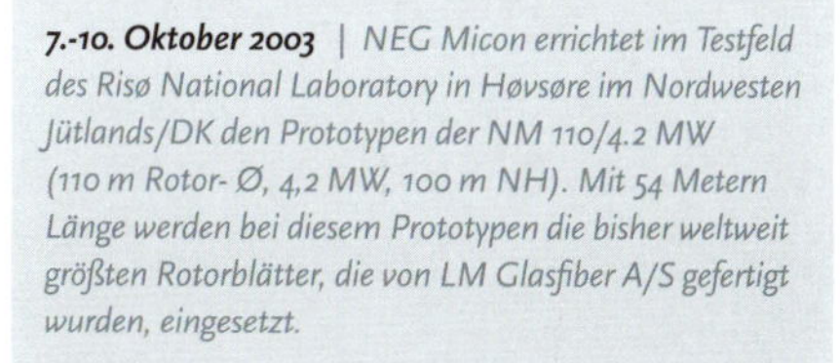

7.-10. Oktober 2003 | *NEG Micon errichtet im Testfeld des Risø National Laboratory in Høvsøre im Nordwesten Jütlands/DK den Prototypen der NM 110/4.2 MW (110 m Rotor- Ø, 4,2 MW, 100 m NH). Mit 54 Metern Länge werden bei diesem Prototypen die bisher weltweit größten Rotorblätter, die von LM Glasfiber A/S gefertigt wurden, eingesetzt.*

22. Oktober 2003 | *Die Leitner AG mit Sitz im Sterzing in Südtirol/Italien errichtet den Prototypen der Leitwind 1,2 MW in Mals im Finschgau in Österreich (62 m Rotor-Ø, 1,2 MW, 60 m NH). Sie ist eine getriebelose Anlage mit permanent erregtem Synchrongenerator.*

6. Mai 2004 | *GE Energy errichtet den Prototypen der GE-2.x-Serie auf dem ECN-Testfeld in Wieringermeer am Ijsselmeer in den Niederlanden (88 m Rotor-Ø, 2,5 MW, 85 m NH).*

Frühjahr 2004 | *LM testet das größte bisher gebaute Rotorblatt der Welt, das LM 61.5 P. Es hat eine Länge von 61,5 Metern und ein Gewicht von 18 Tonnen. Das Blatt, bei dem neben Glas- auch Kohlefasern eingesetzt werden, wurde in Zusammenarbeit mit der REpower Systems AG entwickelt, für deren 5-MW-Anlage es vorgesehen ist.*

2

3

4

5

1 *Offshore-Forschungsplattform FINO 1*
2 *Pfleiderer PWE 1577-100*
3 *REpower MM 82*
4 *REpower 5M*
5 *Multibrid M5000*

Politik | Forschung

Firmen

Windparks | Betreiber

__9. September 2004__ | Die Umweltkontor Renewable Energy AG, eines der größten Planungsunternehmen für Windkraftprojekte in Deutschland, meldet Insolvenz an.

__21. September 2004__ | GE Energy eröffnet in Salzbergen ein Kunden-Service- und Trainingszentrum.

__20. Oktober 2004__ | Der Geschäftsbereich Power Generation der Siemens AG übernimmt das dänische Windkraft-Traditionsunternehmen Bonus Energy A/S vom bisherigen Eigentümer, der Danregn Vindkraft A/S. Der neue Geschäftsbereich nennt sich nun Siemens Wind Power.

__3. Oktober 2004__ | Die Enercon GmbH beendet den Aufbau einer E-112 an der Ems (114 m Rotor-Ø, 4,5 MW, 108 m NH). Die Maschine wurde 40 Meter von der Deichkrone entfernt im flachen Wasser errichtet. Sie ist die erste Nearshore-Anlage in Deutschland. Die Maschine geht Mitte Oktober ans Netz. Ebenfalls in Emden, im Windpark Wybelsumerr Polder gehen 2004 zwei weitere Prototypen der E-112 in Betrieb. (Abb. 1)

__November 2004__ | Der spanische Hersteller Gamesa Eolica, weltweit der zweitgrößte Hersteller von Windkraftanlagen, hat die ersten Maschinen in Deutschland errichtet. Auf dem Kugelberg im Landkreis Holzminden drehen sich drei Gamesa G80 mit jeweils 2 MW Leistung.

__Dezember 2004__ | Der Offshore-Windpark Scorby Sands vor der Ostküste Norfolks/UK geht ans Netz. Die 30 Vestas V80 mit einer installierten Gesamtleistung von 60 MW werden von der Firma Powergen Renewables betrieben, einem Tochterunternehmen des Deutschen Energieversorgers E.ON.

__Im Jahr 2004__ wurden in Deutschland 1 201 Windkraftanlagen mit einer Gesamtleistung von 2 037 Megawatt neu aufgestellt. Insgesamt sind damit in der Bundesrepublik 16 543 Windturbinen mit einer installierten Gesamtleistung von 16 628,75 Megawatt am Netz. Damit musste Deutschland erstmals seine Vorherrschaft beim Ausbau der Windenergie abgeben, den es wurde knapp von Spanien überholt, wo 2004 insgesamt 2 061 Megawatt an das Netz gingen.

1

2005

__Anfang 2005__ | Das Global Wind Energy Council (GWEC) mit Sitz in Brüssel wird als globales Forum der Windenergie-Industrie und ihrer repräsentativen Verbände gegründet.

__1. Januar 2005__ | Das Europäische Emissionshandelssystem tritt in Kraft. Betreibern von Energieumwandlungsanlagen mit mehr als 20 MW thermischer Leistung sowie Anlagen der eisenmetallurgischen, mineralölverarbeitenden und der Zellstoffindustrie wird damit eine absolut begrenzte Menge an Kohlendioxid-Emissionsrechten zugeteilt. Diese Grenzwerte muss die Anlage nicht selbst einhalten, vielmehr kann ihr Betreiber Emissionsrechte von anderen Unternehmen kaufen.

__16. Februar 2005__ | Das Kyoto-Protokoll zur Klimarahmenkonvention tritt in Kraft. Die Industriestaaten sind damit verpflichtet, die Emission von Treibhausgasen bis 2008 um fünf Prozent gegenüber 1990 zu senken.

__24. Februar 2005__ | Die Deutsche Energie Agentur (Dena) stellt in Berlin die Studie „Energiewirtschaftliche Planung für die Netzintegration von Windenergie in Deutschland an Land und offshore“ vor. Laut dieser Dena-Studie ist bis 2020 ein Anteil von 20 Prozent Windstrom im deutschen Stromnetz möglich.

__30. August 2005__ | Mit 70,90 $ pro Barrel (159 Liter) übersteigt der Ölpreis des Tages erstmals die 70-$-Marke.

__August 2005__ | Das DEWI eröffnet eine Niederlassung in Lyon/Frankreich.

__6. September 2005__ | Die im Sommer 2005 gegründete „Stiftung der deutschen Wirtschaft für die Nutzung und Erforschung der Windkraft auf See“ – oder kurz: Stiftung Offshore-Windenergie – stellt sich der Öffentlichkeit vor und erhält den Förderbescheid für ein Offshore-Testfeld.

2

__März 2005__ | Die Siemens AG übernimmt den Getriebehersteller Flender.

__5. Juli 2005__ | FKI plc gibt den Verkauf der DeWind GmbH an das britisch-indische Joint-Venture EU Energy Shriram Ltd. bekannt.

__11. Februar 2005__ | Die Enova Energiesysteme GmbH & Co KG erhält vom BSH die Genehmigung für den Offshore-Windpark North Sea Windpower.

__6. April 2005__ | Der Offshore-Windpark Kriegers Flak erhält als erstes deutsches Offshore-Projekt in der Ostsee die Baugenehmigung vom BSH. Dieses von der Offshore Ostsee Wind AG in Börgerende geplante Projekt erhält zugleich auch die Genehmigung der Kabeltrasse.

__Juni 2005__ | Inbetriebnahme des Windparks Cefn Croes in Ceredion, Wales/UK. Mit 39 Maschinen vom Typ GE 1.5 und einer Gesamtleistung von 58,5 MW ist er der größte Onshore-Windpark Großbritanniens.

__10. September 2005__ | Der dänische Energieversorger Elsam nimmt den Offshore-Windpark Kentish Flats in der Themse-Mündung mit 30 Vestas V90/3MW in Betrieb. Mit einer installierten Gesamtleistung von 90 MW ist er der größte Windpark Großbritanniens.

__September 2005__ | Der norwegische Energieversorger Statkraft nimmt auf der Insel Smøla Europas größten Windpark an Land mit 68 Siemens-Turbinen und einer Gesamtleistung von 150 MW in Betrieb.

__Zum 30. Juni 2005__ sind in Deutschland 16 826 Windkraftanlagen mit einer installierten Gesamtleistung von 17 132,3 Megawatt am Netz. Der Anteil der Windenergie am Nettostromverbrauch beträgt damit 6,17 Prozent.

Dezember 2004 | *Der Prototyp der Multibrid M5000 (116 m Rotor-Ø, 5 MW, 102 m NH) wird im Industriegebiet Bremerhaven-Weddewarden in Betrieb genommen. Der Aufbau der Maschine war am 1. Dezember 2004 abgeschlossen.* (ABB. 3)

18. September 2005 | *REpower nimmt den Prototypen der MM92 in St. Michaelisdonn in Betrieb (92,5 m Rotor-Ø, 2 MW, 80 m NH).*

TECHNIK | ANLAGEN-ENTWICKLUNG

3. Oktober 2004 | *Bonus Energy A/S schließt den Aufbau des Prototypen der Bonus 3,6 MW /107 VS (107 m Rotor-Ø, 3,6 MW, 100 m NH) auf dem Testfeld in Hovsøre in Nordjütland/DK ab.*

Oktober 2004 | *Der indische Hersteller Suzlon Energy Ltd. hat in der Nähe des Pilgerortes Kanyakumari an der Südspitze Indiens den Prototypen der 2-MW-Maschine Suzlon 2000 errichtet.*

21. November 2004 | *Der finnische Hersteller WinWind Oy errichtet in Oulu in Finnland den Prototypen der 3-MW-Anlage WWD-3 (90 m Rotor-Ø, 3 MW, 90 m NH). Die Maschine basiert auf der Multibrid-Technologie.*

Februar 2005 | *Vestas nimmt auf dem Testfeld in Hovsøre in Nordjütland/DK den Prototypen der Vestas V100 in Betrieb (100 m Rotor-Ø, 2,75 MW, 80 m NH).*

Frühjahr 2005 | *Die Clipper Windpower Inc. aus Carpinteria in Kalifornien/USA, ein 2000 von Jim Dehlsen, dem vormaligen Gründer der Firma Zond, gegründetes Unternehmen, errichtet den Prototypen einer Liberty-Anlage C93 mit einer Leistung von 2,5 MW (93 m Rotor-Ø, 2,5 MW, 82 m NH). Die Maschine zeichnet sich durch ein „D-Gen" genanntes Triebstrangsystem aus, bei dem ein Verteilergetriebe die Kraft auf vier Generatoren verteilt. Der Prototyp steht auf dem Medicine Bow in Wyoming/USA.*

September 2005 | *GE Energy nimmt den Prototypen der GE 2.3 auf dem ECN-Testfeld in Wieringermeer am Ijsselmeer in den Niederlanden in Betrieb (94 m Rotor-Ø, 2,3 MW, 100 m NH).*

1 *Enercon E-112 in Emden*
2 *Aufbau der REpower 5M in Brunsbüttel*
3 *Multibrid M5000 in Bremerhaven*

Glossar, Abkürzungen

Active-Stall
Aktive Steuerung des Strömungsabrisses durch Verstellen der Rotorblätter, siehe Stall-Regelung

Anemometer
Windmessgerät

Anströmwinkel
bzw. **Anstellwinkel**
Winkel zwischen der Profilsehne und der resultierenden Luftströmung aus Wind- und Umfangsgeschwindigkeit

Asynchrongenerator
Generator mit einer Relativbewegung (Schlupf) zwischen Läufer und umlaufendem Statorfeld

Asynchrongenerator, doppelt gespeister
Asynchrongenerator, bei dem der Läufer über einen Frequenzumrichter an das Netz gekoppelt ist. Über eine Änderung der Frequenz ist das Drehfeld des Läufers steuerbar, sodass eine drehzahlvariable Fahrweise gestattet ist

Auftriebsbeiwert
Dimensionslose Größe zur Quantifizierung des Auftriebs von umströmten, profilierten Körpern

Azimutantrieb
Verstellantrieb zur Ausrichtung des Maschinenhauses zur Windrichtung, üblicherweise bestehend aus einem Asynchronmotor und Getriebe, siehe Windrichtungsnachführung

Blatteinstellwinkel
Winkel zwischen Profilsehne und Rotorebene

Blattwinkelverstellung
Mechanismus zur Verstellung des Blatteinstellwinkels durch Verdrehen der Rotorblätter um ihre Längsachse, siehe Pitch-Regelung

Combi-Stall
Eine Kombination von Pitch- und Stall-Regelung

Frequenzumrichter
Elektrische Schaltung mittels derer Drehstrom in Gleichstrom und anschließend wieder in Drehstrom gewandelt wird. Der Einsatz von Frequenzumrichtern zwischen Generator und Stromnetz gestattet den drehzahlvariablen Betrieb von Windkraftanlagen.

Gondel
Maschinenhaus einer Windturbine, in dem alle wichtigen Hauptkomponenten wie Triebstrang, Generator und gegebenenfalls das Getriebe untergebracht sind

Horizontal-Läufer
Windkraftanlage, bei der die Rotorwelle horizontal angeordnet ist, im Gegensatz zum Vertikalachs-Rotor

Inselbetrieb
Betrieb einer Windkraftanlage, die nicht an das Verbundnetz gekoppelt ist

Lastannahmen
Theoretische Annahmen für die an einer Windkraftanlage auftretenden Belastungen

Langsamläufer
Windrad mit üblicherweise vier- oder mehrflügligem Rotor mit geringer Schnelllaufzahl bzw. Blattspitzengeschwindigkeit

Lee-Läufer
Windkraftanlage, bei der der Rotor im Windschatten des Turms läuft

Leistungsbeiwert
Verhältnis zwischen der mechanischen Leistung und der kinetischen Energie des durch die Rotorfläche strömenden Luftstroms. Der theoretisch maximal erreichbare Leistungsbeiwert ist der so genannte Betzsche Faktor von 0,593.

Luv-Läufer
Windkraftanlage, bei der der Rotor in Windrichtung vor dem Turm läuft

Maschinenhaus
Siehe Gondel

Nabe
Bauteil zur Verbindung der Rotorblätter mit der Rotorwelle

Nabenhöhe
Höhe des Rotormittelpunktes über Grund

Netzparallelbetrieb
Betrieb einer Windkraftanlage am Verbundnetz

Nennleistung
In der Auslegung vorgesehene maximale Leistung einer Windkraftanlage

Nennwindgeschwindigkeit
Windgeschwindigkeit, bei der eine Windturbine ihre Nennleistung erreicht

Pendelnabe
Eine nicht starr an der Hauptwelle befestigte Nabe, die durch gedämpfte Pendelbewegungen das Biegemoment auf die Welle reduziert

Pitch-Regelung
Leistungsregelung einer Windkraftanlage durch gezielte Einstellung des Blatteinstellwinkels der in Längsachse drehbar gelagerten Rotorblätter. Dieses Regelungsprinzip hat sich bei den großen Anlagen durchgesetzt.

Repeller
Andere Bezeichnung für einen Rotor, der Strömungsenergie in mechanische Energie wandelt. Er ist das Gegenteil eines Propellers, der mit Hilfe mechanischer Energie eine Strömung erzeugt.

Repowering
Ersatz von Altanlagen durch größere Maschinen

Ringgenerator
Vielpoliger Generator mit ringförmigem Läufer und Stator

Rotor
Aus Rotorblättern und Nabe bestehendes, rotierendes Bauteil zur Wandlung der Strömungsenergie des Windes in mechanische Leistung

Rotorblatt
Schlanker, aerodynamisch geformter „Flügel" einer modernen Windturbine

Schnellläufer
Windkraftanlage, die sich durch eine geringe Zahl von Rotorblättern und eine hohe Blattspitzengeschwindigkeit des Rotors auszeichnet

Schnelllaufzahl
bzw. **Schnellläufigkeit**
Verhältnis zwischen der Blattspitzengeschwindigkeit und der Windgeschwindigkeit

Stall
Strömungsabriss an einem Profil ab Erreichen eines kritischen Anstellwinkels

Stall-Regelung
Leistungsregelung bei einer Windkraftanlage durch Strömungsabriss und dadurch verminderter Energieumsetzung

Synchrongenerator
Generator, bei dem das umlaufende Statorfeld synchron zum Erregerfeld des Läufers rotiert. Das Erregerfeld wird entweder elektrisch durch gleichstromdurchflossene Läuferwicklungen erzeugt oder durch Permanentmagnete

Triebstrang
Gesamtheit der Komponenten zur Übertragung der mechanischen Energie vom Rotor bis zum Generator

Vertikalachs-Rotor
Windkraftanlage mit senkrechter Rotorachse

Vollumrichter
Frequenzumrichter, über den der gesamte von der Anlage erzeugte Strom umgerichtet wird

Widerstandsläufer
Windturbine, die ihre Leistung fast ausschließlich aus dem Luftwiderstand des Rotors bezieht

Windrichtungs-Nachführung
Mechanische oder elektrische Einrichtung zum Ausrichten des Maschinenhauses zur Windrichtung

Windkraftanlage
Anlage zur Umwandlung der Strömungsenergie des Windes in elektrischen Strom, auch: Windenergieanlage oder Windenergiekonverter. Daneben gibt es noch gebräuchliche Synonyme wie Windturbine oder Windrad (für kleinere Anlagen) und Windkraftwerk (für sehr große Anlagen)

Windlast
Kräfte bzw. Momente, die infolge der Windströmung auf ein Bauteil wirken

ABM	Arbeitsbeschaffungsmaßnahme
AKW	Atomkraftwerk
CfK	Carbonfaserverstärkter Kunststoff
DOBA	Dove-Barenburg
EEG	Erneuerbare-Energien-Gesetz
GAU	größter anzunehmender Unfall, der Reaktorunfall von Tschernobyl war ein Super-GAU, da er größer war, als angenommen wurde
GfK	Glasfaserverstärkter Kunststoff
Growian	Große Windenergieanlage
HAWI	Hauswindanlage
kW	Kilowatt
MW	Megawatt
MOD	Modell
NH	Nabenhöhe
VD	Vertrauliche Dienstsache
VEB	Volkseigener Betrieb
W	Watt
WAsP	Wind Atlas Analysis and Application Programme
WEA	Windenergieanlage
WEC	Windenergyconverter
WEGA	Wind Energie Großanlagen
WKA	Windkraftanlage
WMEP	wissenschaftliches Mess- und Evaluierungsprogramm

Firmenverzeichnis

4WIND GmbH, Eckernförde
8.2 Ingenieurbüro, Süderdeich/Dithmarschen

A

Abeking & Rassmussen Rotec GmbH, Lemwerder
AdL – Deutsche Akademie der Landwirtschaftswissenschaften, Berlin
advanced wind power products A/S, DK (bis 1989)
AdW – Akademie der Wissenschaften der DDR, Berlin
AEG – Allgemeine Electricitäts-Gesellschaft, Berlin
Aeroconstruct GmbH, Bundenthal/Pfalz
aerodyn – aerodyn Energiesysteme GmbH, Rendsburg
Aerodynamische Versuchsanstalt Göttingen
AEROGIE – Ingenieurbüro für Windenergienutzung und schadstofffreie Energetik, Berlin
Aerpac – AERPAC B.V., Almelo, NL
Agrar-und sozialhygienische Entwicklungsgesellschaft ASE Neuland e.V., Geschendorf
Aida – Aktionäre im Dienste des Atomausstiegs, Hamburg
Allgaier – Allgaier-Werke GmbH, Uhingen
Alpha Real AG, Zürich, CH
Ammonit Gesellschaft für Meßtechnik mbH, Berlin
AN
– AN Maschinenbau und Umweltschutzanlagen GmbH (bis 1997)
– AN Windenergie GmbH, Bremen (seit 1997)
Anlagen und Energieversorgungstechnik GmbH
Asselner Windkraft GmbH & Co. KG, Lichtenau
Autoflug – Autoflug Energietechnik GmbH & Co. KG, Rellingen (1995 von GET übernommen)

B

Babcock
– Deutsche Babcock AG, Oberhausen
– BDAG Balcke-Dürr AG,Ratingen (1998)
– Balcke-Dürr GmbH, Ratingen
– Borsig Energy GmbH (ab 1999)
– BPA Babcock Prozessautomation GmbH, Oberhausen
Bayer AG, Leverkusen
BDI – Bundesverband der Deutschen Industrie e.V., Berlin
BDW – Bundesverband Deutscher Wasserkraftwerke e.V., München
BEE – Bundesverband Erneuerbare Energie e.V., Paderborn
BMFT – Bundesministerium für Forschung und Technologie
bmp – bmp AG, Berlin
BMZ – Bundesministerium für wirtschaftliche Zusammenarbeit und Entwicklung
Boeing – Boeing Company, Chicago, Illinois, USA
Bölkow Entwicklungen KG, Stuttgart
BÖWE – BÖWE Maschinenfabrik Gmbh, Augsburg (Böhler & Weber)
Bonus – BONUS Energy A/S, Brande, DK (seit 2004 Siemens)
Boreas – BOREAS Gruppe, Dresden
Bouma – Bouma Windenergie B.V., Heerhugowaard, Noord-Holland, NL
Brand Elektro GmbH, Neubrandenburg
Brümmer – Hermann Brümmer Wind- und Wasserkraftanlagen KG, Bad Karlshafen
BSH – Bundesamt für Seeschifffahrt und Hydrographie, Hamburg
BTM-Consult – BTM Consult ApS, Ringkøbing, DK
Buker Windkraft GmbH, Altenbeken
BUND – Bund für Umwelt und Naturschutz Deutschland e.V., Berlin
Bürgerwindpark Friedrich-Wilhelm-Lübke-Koog GmbH
Butendiek – siehe OSB
BvS – Bundesanstalt für vereinigungsbedingte Sonderaufgaben, Berlin (ab 1994 Nachfolge der Treuhandanstalt)
BWE – Bundesverband WindEnergie e.V., Osnabrück
BWU – Brandenburgische Wind- und Umwelttechnologien GmbH, Trampe

C

CAL – Chemieanlagenbau Leipzig (ehemals VEB Chemieanlagenbau Leipzig-Grimma, 1994 bis 2004 zu Pfleiderer, seit 2004 Schaaf Industrie AG)
Centro Técnico Aerospacial, San José, Brasilien
C. F. Neumann, Wittekiel
Christian-Albrechts-Universität, Kiel
Clipper Windpower Inc., Carpinteria, California, USA
CWS – Christa und Walter Schönball Windrotoren GmbH, Bonn

D

Danish Wind Power Production A/S, Middelfart, DK
Danish Wind Technologie, DK
Danregn Vindkraft A/S, Brande, DK
Danwin A/S, Helsingør, DK
DASA – Deutsche Aerospace AG, München (gegr. 1989, seit 2000 Teil der European Aeronautic Defence and Space Company EADS N.V., Schiphol Rijk, NL)
Dena – Deutsche Energie Agentur GmbH, Berlin
Deutscher Bauernverband e.V., Bonn
Deutsche Essent GmbH, Düsseldorf
DEWI – Deutsches Windenergie-Institut gemeinnützige GmbH, Wilhelmshaven
DEWI-OCC – DEWI Offshore and Certification Centre GmbH, Cuxhaven
DeWind
– DeWind GmbH, Lübeck
– DeWind AG, Lübeck (2000 bis 2003)
DFVLR – Deutsche Forschungs- und Versuchsanstalt für Luft- und Raumfahrt, Stuttgart
DGS – Deutsche Gesellschaft für Sonnenenergie e.V., München
DGW – Deutsche Gesellschaft für Windenergie e.V., Hannover (1982 aus DWEV hervorgegangen, bis 1996)
DLR – Deutsche Forschungsanstalt für Luft- und Raumfahrt, Stuttgart
Dornier – Dornier-System GmbH, Friedrichshafen (heute EADS)
DWEV – Deutscher Wind-Energie-Verein e.V. (früher VWFA, bis 1982)

E

EADS – European Aeronautic Defense and Space Company EADS N.V., Schiphol Rijk, NL
ECN – Energieonderzoek Centrum Nederland, Petten, NL
Ecofys – Ecofys Energieberatungs und Handels GmbH, Berlin
e.dis Energie Nord AG, Fürstenwalde/Spree
EDON – N. V. EDON, Zwolle, NL
Elektrizitätswerke Schönau GmbH, Schönau
Elsam
– Elsam A/S, Fredericia, DK
– Elsam Engineering A/S, Fredericia, DK
Emegia Wind Technology B.V., NL
EMO – Energieversorgung Müritz-Oderhaff AG, Neubrandenburg
EnBW – Energie Baden-Würtemberg AG, Karlsruhe
Enercon
– ENERCON Gesellschaft für Energieanlagen mbH & Co. KG, Aurich
– ENERCON GmbH, Aurich
– ENERCON Mechanics GmbH, Aurich
– ENERCON Windtower Production, Malmö, S
– WEC Turmbau GmbH, Magdeburg
Energie Dezent – Energie Dezent – Verein für dezentrale Energienutzung e.V., Pritzwalk
Energieidee, Dresden
Energiekontor AG, Bremen
Energieteam AG, Lichtenau
Energieversorgungsunternehmen Joh. Engelsberger, Traunstein
Energiewerkstatt GmbH, Hannover
Energy-Consult Projektgesellschaft mbH, Husum
Enertrag – ENERTRAG AG, Dauerthal
Enfield Cable Company, UK
Enova
– ENOVA Energieanlagen GmbH & Co.KG, Bunderhee
– ENOVA Energieanlagen GmbH, Bunderhee
Enron
– Enron Corporation, Houston, Texas, USA
– Enron Wind GmbH, Salzbergen (bis 2002)
Entwicklungsgesellschaft Brunsbüttel mbH, Brunsbüttel
E.ON
– E.ON AG, Düsseldorf
– E.ON Energie AG, München
– E.ON Hanse AG, Quickborn
EREF – European Renewable Energies Federation, Brüssel, B
ERNO – Entwicklungsring Nord GmbH, Bremen
Escher Wyss (heute VA Tech Escher Wyss GmbH, Ravensburg)
Essent N.V., Arnhem, NL
Etaplan – ETAPLAN Energietechnische Analyse und Planungs GmbH, München (1989 bis 2003)
EU – Europäische Union
EU Energy Shriram Ltd., Milton Keynes, UK
EUROS – Entwicklungsgesellschaft für Windenergieanlagen mbH, Berlin
Eurosolar – EUROSOLAR e.V., Bonn
EVO – Energieversorgung Oberfranken
EVS – Energieversorgung Schwaben AG, Stuttgart (seit 1997 EnBW AG)
EWE – EWE AG, Oldenburg (seit 1992)
Energieversorgung Weser-Ems AG, Oldenburg (bis 1992)
EWEA – European Wind Energy Association, Brüssel, B
EWG – Europäische Wirtschaftsgemeinschaft

F

Fachhochschule Aalen
Fachhochschule Flensburg
Fachhochschule für Technik Esslingen
Fachhochschule Hamburg
FAG Kugelfischer – FAG Kugelfischer Georg Schäfer AG, Schweinfurt
FGW – Fördergesellschaft Windenergie e.V., Kiel
FIMAG – VEB Finsterwalder Maschinen-, Aggregate- und Generatorenwerk
FKI plc – FKI plc, London, UK
FloWind – FloWind Corporation, San Rafael, California, USA
Flender – A. Friedr. FLENDER AG, Bocholt
F. L. Smidth, DK
Fokker – N. V. Fokker, NL
Folkecenter – Nordvestjysk Folkecenter for Vedvarende Energi, Ydby in Jütland, DK
FPL Energy – Florida Power & Light Company, Juno Beach, Florida, USA
Frauen Energie Gemeinschaft Windfang e.G., Hamburg
Frisia – FRISIA Windkraftanlagen Produktion GmbH, Minden/Westfalen
Fuhrländer
– Fuhrländer AG, Waigandshain/Westerwald, (seit 2000)
– Fuhrländer-Pfleiderer GmbH & Co. KG
– Fuhrländer GmbH
– Theo Fuhrländer GmbH

G

GAL – Grün-Alternative Liste
Gamesa
– GAMESA EOLICA S.A., Pamplona, E
– GAMESA EOLICA Deutschland GmbH, Aschaffenburg
GE
– General Electric Company, Fairfield, Connecticut, USA
– GE Energy, Atlanta, Georgia/USA (vormals GE Power Systems, Atlanta, Georgia, USA)
– GE Wind Energy GmbH, Salzbergen
Gemeende Energiebedriejf Amsterdam, NL
Gemeinnützige Landbauforschungs-GmbH, Fuhlenhagen
GeneralWind GmbH, Ibbenbühren
Germania Windpark GmbH & Co. KG, Rheine
Gesellschaft für Windenergienutzung, Berlin
GET – Gesellschaft für Energietechnik mbH & Co. KG, Rendsburg (bis 1997)
Getriebebau Nord GmbH, Bargteheide
GEW – Gas-, Elektritzitäts- und Wasserwerke Köln AG (heute Rheinenergie AG)
GeWi Planungs- und Vertriebsgesellschaft mbH & Co. KG, Husum
GKSS
– Gesellschaft für Kernenergieverwertung in Schiffahrt und Schiffbau
– GKSS-Forschungszentrum Geesthacht GmbH, Geesthacht
GL
– Germanischer Lloyd AG, Hamburg
– GL WindEnergie GmbH, Kaiser-Wilhelm-Koog
Goldwind – Goldwind Science and Technology Co., Ltd., Urumqui, Xinjiang, China
Greenpeace International, Amsterdam, NL
Grohmann & Paulsen, Rendsburg
Growian GmbH – Große Windenergieanlage Bau- und Betriebsgesellschaft mbH, Hamburg
GWEC – Global Wind Energy Council, Brüssel, B

ScanVind Group A/S, S
Schaaf Industrie AG, (SIAG), Dernbach
Shell
– Deutsche Shell AG, Hamburg
– Deutsche Shell GmbH, Hamburg
– Royal Dutch/Shell Group, Den Haag, NL
Schempp-Hirth – Sportflugzeugbau Schempp-Hirth, Göppingen
Schleswag – Schleswig-Holsteinische Stromversorgungs-Aktiengesellschaft, Rendsburg (heute E.ON Hanse, Quickborn)
Schubert Elektrotechnik GmbH & Co. KG, Braunschweig
SeeBa – SeeBa Energiesysteme GmbH, Stemwede
Seewind – SEEWIND Windenergiesysteme GmbH, Walzbachtal
Shawinigan Engineering Company Ltd., Montreal, Canada
Siemens
– Siemens AG, München
– Siemens Wind Power A/S, Brande, DK (ehemals BONUS Energy A/S)
SIMV – Solarinitiative Mecklenburg-Vorpommern e.V.
S. J. Windpower – Sven Jensen Windpower, DK
SKET – VEB Schwermaschinenbau Kombinat „Ernst Thälmann", Magdeburg (bis 1990)
SKET-MAB – SKET Maschinen- und Anlagenbau GmbH, Magdeburg
SKL – VEB Schwermaschinenbau „Karl Liebknecht", Magdeburg
SMA – SMA Regelsysteme GmbH, Niestetal (seit September 2004 SMA Technologie AG)
SMAD – Sowjetische Militäradministration in Deutschland
S. Morgan Smith Company, York, Pennsylvania, USA
Solarenergie-Förderverein e.V. (SFV), Aachen
Stadtwerke Norden GmbH, Norden
Statkraft – Statkraft AS, Oslo, NO
StGW – Studiengesellschaft Windkraft, Stuttgart
Stiftung Offshore-Windenergie
Stork
– Stork FDO B.V., Amsterdam, NL
– Stork FDO Wind Energy Systems B.V., Amsterdam, N.L.
Südstrom Wasserkraftwerke GmbH & Co. KG, Lörrach
Südwind
– Südwind GbR, Berlin (1982 bis 1988)
– Südwind GmbH Windkraftanlagen, Berlin (1988 bis 1996)
– Südwind Energiesysteme GmbH, Berlin (1996 bis 1998)
– Südwind Energietechnik GmbH, Berlin (seit 1998, später zu Nordex AG)
Suzlon – Suzlon Energy Ltd., Pune, Indien

T

Tacke
– Tacke Windtechnik GmbH GmbH & Co. KG, Salzbergen (1990 bis 1997, dann von Enron übernommen)
– Tacke Windenergie GmbH (1997 bis 2000)
– RENK Tacke GmbH, Augsburg (1986 bis 1995)
– F. Tacke KG, Rheine (seit 1886)
TAWE – Technischer Ausschuß Windenergie (innerhalb der DGW)
Tvind – Tvind Internationale Skolecenter, Ulfborg, DK
Technisches Büro für Windkraftwerke, Rostock
Technische Hochschule Lousanne, CH
Technische Hochschule Karlsruhe
Technische Universität Berlin
Technologiezentrum für Zukunftsenergien Lichtenau GmbH
Tellus, DK
Treuhandanstalt, Berlin

U

UBS – Umspannwerk Betriebs u. Service GmbH, Kiel
Uckerwind Ingenieurgesellschaft mbH, Dresden
Umschalten – Umschalten e.V., Hamburg (aber auch für UWW)
Umweltkontor Renewable Energy AG, Erkelenz
ÜNH – Überlandwerk Nord-Hannover AG, Bremen (bis 1998, dann EWE)
Universität Braunschweig
Universität Eindhoven
Universität Gesamthochschule Kassel
Universität Stuttgart
US Windpower, Burlington, Massachusetts, USA (ab 1993 Kenetech)
Uthlander Windpark GmbH & Co. KG, Husum
UWW – Umschalten Windstrom Wedel GmbH & Co. KG

V

Vattenfall
– Vattenfall Europe AG, Berlin
– Vattenfall AB, Stockholm, S
VDEW
– Vereinigung Deutscher Elektrizitätswerke e.V., Frankfurt am Main
– Verband der Elektrizitätswirtschaft e.V., Berlin (seit 2005)
VDMA
– Verband Deutscher Maschinen- und Anlagenbau e.V.
– Fachverband Power Systems (früher Kraftmaschinen), Frankfurt
VEB Dieselmotorenwerk Rostock
VEB Holzhandel Rostock
VEB Meliorationskombinat Neubrandenburg
VEB Meliorationskombinat Rostock
VEB Turbowerke Meißen
VEB Ratiomittelbau Pflanzenproduktion Sangerhausen
VEM
– Vereinigung Volkseigener Betriebe des Elektromaschinenbaus (1948)
– Vereinigung des Elektromaschinenbaus (seit 1997)
Vensys – Vensys Energiesysteme GmbH & Co. KG, Saarbrücken
Ventimotor GmbH, Weimar
Ventis – Ventis Energietechnik GmbH, Braunschweig, hervorgegangen aus Schubert Elektrotechnik GmbH & Co. KG
Verein für Windenergie e.V. (VWE), Hannover
Vereinigte Aluminiumwerke AG, Bonn
Verlag Natürliche Energie, Eckernförde, Ascheffel, Bräkendorf
VEW – Vereinigte Elektrizitätswerke Westfalen AG, Dortmund
Vestas
– Vestas Deutschland GmbH, Husum (seit 1986, seit 2004 Teil der Vestas Central Europe A/S, Husum)
– Vestas Wind Systems A/S, Randers, DK (seit 1986) Name kommt von „VEstjysk STalteknik A/S" (seit 1945)
Vestkraft – I/S Vestkraft, Esbjerg, DK
Villas Wind Technology GmbH, Villach, A
Vindsyssel, DK
Voith
– Voith Getriebe GmbH, Heidenheim (heute Voith AG)
– Voith-Werke, Bremen
VWFA – Verein für Windenergieforschung und -anwendung (1974 bis ca. 1980, dann DWEV, später DGW)

W

W2E – Wind-to-Energy GmbH, Rerik
Walter Keller – Bau und Entwicklung von Luftfahrtgeräten und Kunststofferzeugnissen, Bundenthal/Pfalz
WCRE – World Council of Renewable Energies, Bonn
WDR – Westdeutscher Rundfunk, Köln
Weier – WEIER Elektromotorenwerk GmbH & Co. KG, Eutin
WEG – Windkraft Entwicklungsgemeinschaft
Wendland Wind – Wendland Wind Kraftanlagen GmbH & Co. KG, Wustrow
Weser AG – Weser AG, Bremen (Werft, bis 1983)
Weserflug – Weserflugzeugbau GmbH, Bremen, (Teil von ERNO)
West Wind Energy Systems Taranto S.p.A., Taranto, I
Westinghouse – Westinghouse Electric Corporation, Pittsburgh, USA
Wincon – Wincon Wind Energy ApS, Ulstrup, DK (1985 bis 1992)
wind7AG, Eckernförde
Windconsult – WIND-consult Ingenieurgesellschaft für umweltschonende Energiewandlung mbH, Bargeshagen
Windenergiepark Westküste GmbH, Kaiser-Wilhelm-Koog
Wind Energy Group Ltd., Southall/Middlessex, UK
Windkraft-Zentrale, Brodersby/Kappeln (vorher Windpumpen-Zentrale)
WindMaster Nederland B.V., Lelystadt, NL
Windmatic ApS, Herning, DK
Windplan Bosse, Ingenieurbüro für Windenergie-Planung, Berlin
Windrad e.V.
wind strom frisia GmbH, Minden
Windtec – Windtec Anlagenerrichtungs- und Consulting GmbH, Klagenfurt/A
Windtest
– Windtest Kaiser-Wilhelm-Koog-GmbH, Kaiser-Wilhelm-Koog (seit 1989)
– Windtest Grevenbroich Gmbh, Grevenbroich (seit 1997)
– Windtest Iberica SL, Madrid (seit 2003)
Windwärts – Windwärts Energie GmbH, Hannover
Wind World
– WIND WORLD A/S, Skagen, DK (bis 1997)
– WIND WORLD af A/S (1997/98)
– WIND WORLD Windkraftanlagen Service GmbH, Minden
Winkra – WINKRA ENERGIE GmbH, Hannover
WINSON – Wind- und Sonnenenergieanwendung GmbH & Co. KG, Eckernförde
WinWinD Oy, Oulu, FIN
WISA Energiesysteme GmbH, Stuttgart
Wissenschaftlich-Technisches Zentrum für Landtechnik, Meißen
WISTRA – Windstromanlagen Beratungs- und Handelsgesellschaft mbH, Ibbenbüren
WKZ – Windkraft-Zentrale, Brodersby/Kappeln, vormals Windpumpen-Zentrale, Eckernförde (seit 1976)
wsf – wind strom frisia GmbH, Minden (seit 1990)
WTN – Wind Technik Nord, Stedesand
WTO – World Trade Organization, Genf, CH
Wuppertal Institut für Klima, Umwelt, Energie GmbH, Wuppertal
Wuseltronik GbR, Berlin
WVW – Wirtschaftsverband Windkraftwerke e.V., Cuxhaven
WWEA – World Wind Energy Association, Bonn
WWP Windpark Wybelsumer Polder GmbH & Co. KG, Emden

Z

Zond – Zond Energy Systems, Inc., Tehachapi, California, USA

Literatur

Alt, F., Claus, J., Scheer, H. (Hrsg.): Windiger Protest – Konflikte um das Zukunftspotential der Windkraft; Ponte Press, Bochum, 1998

Armbrust, S., Dörner, H., Hütter, U., Knauß, P., Molly, J.-P.: Energiequellen für morgen? Nichtfossile – nichtnukleare Primärenergiequellen, Teil III: Nutzung der Windenergie; Programmstudie im Auftrag des BMFT; Umschau-Verlag, Frankfurt/M., 1976

Aubrey, C. (Hrsg.): Windstärke 10, eine Studie, die zeigt, wie bis zum Jahr 2020 10 Prozent des weltweiten Elektrizitätsverbrauchs durch Windenergie gedeckt werden kann; dt. Ausgabe: FGW, Hamburg, 1999

Aubrey, C., Millais, C., Teske, S. (Hrsg.): Windstärke 12, Wie es zu schaffen ist, bis zum Jahr 2020 12 % des weltweiten Elektrizitätsbedarfs durch Windenergie zu decken; dt. Ausgabe: Greenpeace, Hamburg, 2004

Bartelt, H.: Windkraftanlagen in NRW – Ergebnisbericht eines Projektes zur Windstromerzeugung im nordwestdeutschen Binnenland; bearbeitet von der WISTRA GmbH, Ibbenbühren, herausgegeben vom Ministerium für Wirtschaft, Mittelstand, Technologie und Verkehr des Landes Nordrhein-Westfalen, Düsseldorf, 1993

Bauer, W., Lobe, A.: Sturmgeschichten – Ein Lese- und Bilderbuch zur Windenergie; Verlag Schwäbisches Tageblatt, Tübingen, 1999

Bouwmeester, H., Pattist, H.: Atlas van Windenergie in Nederland; Elsevier bedrijfsinformatie, Doetinchem/NL, 1999

Claasen, B. et al.: Demokratische Geschichte, Jahrbuch für Schleswig-Holstein 14; Schleswig-Holsteinischer Geschichtsverlag, Malente, 2001

Clini, C., Moody-Stuart, M. (Hrsg.): Renewable Energy; Development That Lasts 2001 G8 Renewable Energy Task Force Chairmen's Report Italian ministery of Environment, 2001

Coblenz, G.-U.: Mein Spaziergang von Arkona nach Pisa; Ev. Kirchgemeinde Rügen, Altenkirchen, 1999

Delfs, C., Haas, G., Lassen, R., Rübsamen, R.: Energiegemeinschaften, Umweltfreundliche Stromerzeugung in der Praxis; Pieper, München, 1995

Dörner, H.: Drei Welten – ein Leben, Prof. Dr. Ulrich Hütter, Hochschullehrer, Konstrukteur, Künstler; Heiner Dörner, Heilbronn, 1995

Franken, M. (Hrsg.): Rauher Wind: der organisierte Widerstand gegen die Windkraft; Alano Herodot Verlag, Aachen, 1998

Frees, H.: Windkraft – die unerschöpfliche Energie; Windpumpen-Zentrale, Eckernförde, 1978

Fries, S., Petersen, G., Mengelkamp, H.-T.: Windkraftanlagen-Versuchsfeld Pellworm – Abschlußbericht des Projekts „Vergleichende Untersuchungen des Betriebsverhaltens von Windenergieanlagen kleinerer Leistung"; GKSS-Forschungszentrum Geesthacht GmbH, Geesthacht, 1985 (GKSS 85/E/42)

Gasch, R. (Hrsg.): Windkraftanlagen, Grundlagen und Entwurf; B. G. Teubner, Stuttgart, 1996 (3. Auflage)

von Gersdorf, K.: Ludwig Bölkow und sein Werk – Ottobrunner Innovationen; Bernard & Graefe Verlag, Koblenz, 1987

Handschuh, K.: Windkraft gestern und heute – Geschichte der Windenergienutzung in Baden-Württemberg; Ökobuch Verlag, Staufen, 1991

Hau, E.: Windkraftanlagen, Grundlagen, Technik, Einsatz, Wirtschaftlichkeit; Springer Verlag, Berlin, Heidelberg, 2003 (3. Auflage)

Hauschildt, J., Pulczynski, J.: Die Große Windenergieanlage GROWIAN – Fallstudie zum Innovationsmanagement eines staatlich geförderten Projektes; Forschungsstelle für Technologie- und Innovations-Management am Institut für Betriebswirtschaftslehre der Christian-Albrechts-Universität zu Kiel, 1991

Heier, S.: Windkraftanlagen im Netzbetrieb; B. G. Teubner, Stuttgart, 1996

Heymann, M.: Die Geschichte der Windenergienutzung 1890–1990; Campus Verlag, Frankfurt/M., 1995

Hipp, K.: Entwicklung eines Windenergiekonverters mit Einblattrotor; Forschungsbericht BMFT-FB-T 84-114, Bundesministerium für Forschung und Technologie, 1984

Honnef, H.: Windkraftwerke und ihr Einfluß auf die deutsche Wirtschaft; ELGAWE-Tagesfragen, Verlag Dr. Fritz Pfotenhauer, Berlin, 1932

Hoppe-Kilpper, M.: Entwicklung der Windenergietechnik in Deutschland und der Einfluss staatlicher Förderpolitik; Dissertation, Fachbereich Elektrotechnik an der Universität Kassel, 2003

Hübner, H., Dürrschmidt, W.: Windenergieanlagen – vergleichende Übersicht käuflicher Anlagen; Arbeitspapier 4 der Arbeitsgruppe Angepaßte Technologie (AGAT), Gesamthochschule Kassel, (ca. 1982)

Ihde, S., Vauk-Henzelt, E. (Hrsg.): Vogelschutz und Windenergie, Konflikte, Lösungsmöglichkeiten und Visionen; Bundesverband WindEnergie e.V., Osnabrück, 1999

Janzing, B.: Baden unter Strom, eine Regionalgeschichte der Elektrifizierung von der Wasserkraft ins Solarzeitalter; doldverlag, Vöhrenbach, 2002

Kuhtz, C., Böhmeke, G.: Einfälle statt Abfälle, Heft 3, Ausführliche Bauanleitung: Leistungsfähiges Windrad mit verbesserter Autolichtmaschine, Holzrepeller, Direktantrieb; 5. erg. Auflage, Christian Kuhtz, Kiel, 1990

LTI-Research Group Mannheim (Hrsg.): Long-Term Integration of Renewable Energy Sources into the European Energy System; Springer Verlag, Berlin u.a., 1998

Molly, J.-P.: Windenergie – Theorie, Anwendung, Messung; Verlag C. F. Müller, Karlsruhe, 1990 (2. Auflage)

Nielsen, F. B.: Wind Turbines & The Landscape – Architecture & Aesthetics; Birk Nielsens Tegnestue, Aarhus, 1996

Otto, G. A.: Aerogie – Windenergienutzung, die schadstoffreie Energieversorgung oder die ökologische Physik der Energiebereitstellung; Aerogie-Verlag, Berlin, 1989

Scheer, H.: Solare Weltwirtschaft – Strategie für die ökologische Moderne; Verlag Antje Kunstmann, München, 1999

Springmann, B.: Bauer mit Leib und Seele, Band 2: Heimat aus Licht; Verlag Siegfried Bublies, Koblenz, 1995

Stampa, U., Bredow, W.: Die Windwerker – Selbstbau-Windkraftanlagen in Norddeutschland; Ökobuch-Verlag, Staufen, 1987

Tacke, F.: Windenergie – Die Herausforderung Gestern Heute Morgen; VDMA Verlag, Frankfurt am Main, 2004

Windwärts Energie GmbH (Hrsg.): Kunst und Windenergie zur Weltausstellung; Windwärts Energie GmbH, Hannover, 1998

Periodika:

DEWI-Magazin; Herausgegeben vom Deutschen Windenergie-Institut, Wilhelmshaven

Erneuerbare Energien; Sunmedia Verlags- und Kongressgesellschaft für Erneuerbare Energien mbH, Hannover, Jg. 1998–2005

Neue Energie; Hrsg.: Bundesverband WindEnergie, Osnabrück, Jg. 1991–2005

Sonne, Wind & Wärme; BVA Bielefelder Verlag, Bielefeld, Jg. 2000–2005

Sonnenenergie & Wärmetechnik; Bielefelder Verlagsanstalt, Bielefeld Jg. 1998–1999

Windenergie Aktuell; Husum Messe, Messe-, Veranstaltungs- und Verlagsgesellschaft mbH, Husum, Jg. 1990–1997

Windenergie Praxis-Ergebnisse; Hrsg.: Landwirtschaftskammer Schleswig-Holstein, Kiel, Osterrhönfeld, 1988, 1998, 2000

Windkraftanlagen Marktübersicht; Hrsg.: IWB (1989–1996) / BWE (seit 1997) Mettingen, Osnabrück, seit 1989

WindkraftJournal – Natürliche Energien; Verlag Natürliche Energie, Brekendorf, Jg. 1981–2005

Windpower Monthly; Wind Power Monthly News Magazine A/S, Knebel, DK, Jg. 1992–2005

Oben von links:
Dierk Jensen
Christian Hinsch
Bernward Janzing
Andrea Horbelt

Unten von links:
Nicole Paul
Ralf Köpke
Jan Oelker

Peter Ahmels: S.7

Peter Ahmels, 1956 geboren im friesischen Jever, ist das lebendige Beispiel dafür, dass Landwirte zu Energiewirten werden. Ahmels, der 1982 den Hof seiner Eltern in Hooksiel übernahm und später parallel an der Universität Kiel im Fachbereich Agrarwissenschaften promovierte, baute 1991 die erste kommerzielle Windturbine in Friesland, eine Enercon E-32 mit 300 Kilowatt Leistung. Später folgte der Bau einer zweiten Anlage, bevor er 1995 den Vorsitz des Interessenverbandes Windkraft Binnenland übernahm, einer Vorläuferorganisation des Bundesverbandes WindEnergie (BWE). Beim BWE steht er seit 1996 an der Spitze, wodurch sich sein Arbeitsschwerpunkt immer mehr in Richtung erneuerbare Energien verschob. Die Landwirtschaft läuft bei ihm nur noch im Nebenerwerb. Peter Ahmels Credo ist eindeutig: Die erneuerbaren Energien sind eine der erfolgversprechendsten Optionen des ländlichen Raumes, neues und zusätzliches Einkommen zu schaffen.

Andrea Horbelt, 1970 geboren in Berlin und aufgewachsen in Niedersachsen, begann nach einem kurzen Abstecher ins Bauingenieurwesen in Hannover, im Herbst 1991 Agrarökologie in Rostock zu studieren. Während dieser Zeit engagierte sie sich unter anderem bei den Jusos auf Landes- und Bundesebene und war Mitglied im Studentenrat der Universität. Während der Diplomarbeit kam ihre Tochter Anna zur Welt. Nach dem Abschluss des Studiums und einer Babypause startete Andrea Horbelt im Jahr 2000 ihre Berufslaufbahn beim Bundesverband WindEnergie in Osnabrück. Zunächst als Volontärin, später als Redakteurin des Magazins Neue Energie. Nach dreieinhalb Jahren Journalismus wechselte sie intern beim BWE und organisiert seitdem die Seminare für den Windverband.

Christian Hinsch, 1966 geboren in Geesthacht an der Elbe, kam nach seinem Maschinenbaustudium (Fachrichtung Luft- und Raumfahrt) an der Technischen Universität Braunschweig Mitte der Neunzigerjahre zum Deutschen Windenergie-Institut nach Wilhelmshaven. Dort war er vier Jahre lang als wissenschaftlicher Mitarbeiter tätig. Von Anfang 1998 bis April 2003 leitete Christian Hinsch die beiden vom Bundesverband WindEnergie herausgegebenen Magazine Neue Energie und New Energy. Seit seinem Wechsel zur juwi GmbH nach Mainz im Mai 2003 arbeitet er dort als Leiter Öffentlichkeitsarbeit & Marketing.

Bernward Janzing, 1965 in Furtwangen/Schwarzwald geboren, lebt heute als freier Journalist in Freiburg. Nach einem Studium der Geografie, Geologie und Biologie in Freiburg und Glasgow sowie einem anschließenden Volontariat bei der Badischen Zeitung machte er sich 1995 selbstständig. Schon während des Studiums hatte sich Bernward Janzing zunehmend für das Thema Klimaschutz interessiert – so wurden die erneuerbaren Energien auch journalistisch zu seinem wichtigsten Thema. Im Jahr 2002 erschien sein Buch „Baden unter Strom", das 125 Jahre Stromgeschichte in seiner badischen Heimat dokumentiert.

Dierk Jensen, 1964 auf der nordfriesischen Insel Pellworm geboren und unter kräftigem Westwind aufgewachsen, ist gelernter Landwirt und studierter Historiker. Er arbeitet seit 1993 als freiberuflicher Journalist und Autor für Bücher, Fachzeitschriften, Zeitungen, Unternehmen und Organisationen. Seit 1996 ist er Partner von agenda, einem Team von Fotografen und Journalisten in Hamburg. Für seine Reportagen, Berichte und Hintergrundbeiträge ist er viel im Ausland unterwegs, oft in Osteuropa und Asien.

Ralf Köpke, 1963 in Gladbeck geboren und aufgewachsen in der Kohleregion Ruhrgebiet, studierte von 1984 bis 1989 Journalistik und beendete parallel dazu die Ausbildung zum Redakteur an der Deutschen Journalistenschule in München. Während der 1992 abgeschlossenen Promotion an der Katholischen Universität Eichstätt begann er gezielt über Energie- und Umweltpolitik für zahlreiche Magazine und Tageszeitungen zu berichten. Zusammen mit Christian Hinsch prägte er jahrelang das BWE-Magazin Neue Energie. Nach Hinschs Wechsel übernahm er die Redaktionsleitung bis zum Herbst 2004. Mit Jahresbeginn 2005 wechselte Ralf Köpke als Chefreporter zum Fachblatt Energie & Management mit Sitz in Herrsching.

Jan Oelker, 1960 in Dresden geboren und in Cottbus aufgewachsen, studierte Kraftwerkstechnik und arbeitete bis 1990 für das ORGREB Institut für Kraftwerke an der TU Dresden. Seit 1991 ist der Sachse freiberuflich als Fotojournalist tätig. Das Verhältnis von Mensch und Umwelt ist sein Schwerpunktthema, das er in Russland, Alaska, aber auch zu Hause in der Lausitz bearbeitete. Seit 1992 erste Windkraftanlagen in Sachsen ans Netz gingen, verfolgt Jan Oelker die Entwicklung der Windenergie mit der Kamera und arbeitet für verschiedene Fachzeitschriften und Unternehmen. Seit 1999 arbeitete er parallel dazu an dem Bildband „Windgesichter".

Nicole Paul, 1969 in Bremen geboren, zog es zum Politikstudium nach Berlin. Schon bei ihrer Diplomarbeit mit dem Titel „Strukturen der Elektrizitätswirtschaft in Deutschland" beschäftigte sich die Hanseatin mit dem weiten Feld der Energiepolitik. Das Thema ließ Nicole Paul später als freiberufliche Journalistin nicht los, als sie in den Jahren 1999 bis 2003 schwerpunktmäßig über die Windenergie für verschiedene Magazine und Tageszeitungen berichtete. Daneben war sie auch für die Organisation von Veranstaltungen und Marktrecherchen im Bereich erneuerbare Energien tätig. Seit 2004 ist sie Referentin für Öffentlichkeitsarbeit bei der Fachagentur Nachwachsende Rohstoffe e.V. (FNR) mit Sitz im mecklenburgischen Gülzow.

„Jan, was macht Dein Buch?"

Die oben genannte Frage wurde mir in den letzten Jahren am häufigsten gestellt. „Windgesichter" hat sich ungewollt zum Langzeitprojekt entwickelt. Das erste Porträt für dieses Buch habe ich am 12. September 1998 fotografiert, das letzte am 18. August 2005. Zwischen Idee und Druckbeginn liegen mehr als sieben spannende Jahre mit vielen interessanten Begegnungen und Gesprächen.

Ich danke an dieser Stelle deshalb in erster Linie allen „Windgesichtern" – das sind weit mehr, als die in diesem Band vorgestellten Personen – für die Zeit, die sie sich genommen haben, für die Informationen, die Materialien, die sie zur Verfügung gestellt haben und vor allem für ihre Geschichten.

Dass daraus und aus den Interviews und Gesprächen das vorliegende Werk wurde, daran haben viele ihren Anteil. Deshalb möchte ich an dieser Stelle über den Entstehungsprozess berichten und damit all jenen danken, die dazu beigetragen haben, dass aus diesen Geschichten eine Publikation über den Aufbruch der Windenergie in Deutschland wurde.

Die Euphorie des Anfangs. Die erste Idee für dieses Projekt entstand im August 1998 bei der Einweihung eines Windparks im thüringischen Auma. Der Journalist Michael Franken – ein Essay von ihm und ein paar Fotos von mir waren kurz zuvor in dem Buch „Windiger Protest" veröffentlicht worden – kam auf mich zu und fragte, ob wir nicht zusammen ein „schönes Buch über die Windenergie" machen wollen.

Bei der fotografischen Umsetzung wollte ich mich weder auf Landschaftsfotografie mit Windkraftanlagen beschränken, noch auf die Technik. Vielmehr schwebte mir vor, das Thema Windenergie über Menschen zu transportieren, etwa im Stil einer Reportage über den Aufbau von Windkraftanlagen.

Den entscheidenden Anstoß bekam ich einen Monat später bei der Einweihung des Windparks Holtriem in Ostfriesland. Ich sprach mit Carlo Reeker, der damals bei Enercon das hauseigene Kundenmagazin Windblatt betreute und seit 2000 als Geschäftsführer des Bundesverbandes WindEnergie (BWE) in Osnabrück arbeitet, über das Vorhaben. Er stellte mir auf diesem Einweihungsfest einige „Urgesteine" der Windenergie vor und brachte mich auf die Idee, Pioniere der Windenergie zu porträtieren.

Wir wandten uns an Heinrich Bartelt, den damaligen Hauptgeschäftsführer des Verbandes. Heinrich war begeistert von dem Projekt, und konnte uns viele wertvolle Hinweise geben. Er stellte eine erste Liste zusammen mit Personen, die ihm wichtig erschienen. Diese Kontakte waren für Michael und mich eine gute Ausgangsbasis für unsere Recherchen.

Jeden Monat fuhren wir für ein paar Tage in eine andere Gegend von Deutschland, führten Interviews, porträtierten Leute, gruben alte und neue, oft auch kuriose Geschichten aus. Das Lebendige hinter den trockenen historischen Fakten versetzte uns in einen Rausch der Recherche. Dabei erhielten wir viele wertvolle Hinweise, wer an welcher Stelle wesentliche Akzente für die Entwicklung der Windenergie in Deutschland gesetzt hatte. Das Puzzle fügte sich zusammen.

Uns war bewusst, dass die Auswahl der Personen immer nur selektiv sein kann. Die Kunst bestand darin, sie so repräsentativ zu treffen, dass die Einzelgeschichten möglichst viele Aspekte der Historie beleuchten. In vielen Fällen war objektiv vorgegeben, wen wir porträtieren. In manchen Fällen trafen wir subjektiv eine Entscheidung, wohl wissend, dass sich viel mehr Personen um den Erfolg der Windenergie verdient gemacht haben, als in einem Buch beschrieben werden können.

Im Sommer 2000 stand jedoch das gesamte Projekt auf der Kippe. Wir hatten viel Material zusammengetragen, doch ohne die Unterstützung eines Verbandes und ohne einen Verlag bestand wenig Aussicht, die Teile schnell zusammenzufügen. Michael Franken stieg aus. Für ihn hatte das Buch eine Dimension angenommen, die sich „nicht mehr nebenbei stemmen ließ". Er sah, dass es noch viel Arbeit ist, bevor aus dem gesammelten Material ein rundes Buch wird, und glaubte nicht mehr so recht an eine erfolgreiche Umsetzung. Im ersten Punkt sollte Michael Recht behalten.

Damit stand ich vor der Entscheidung, das Projekt an dieser Stelle abzubrechen oder allein weiterzuführen. Ich hatte über siebzig Kassetten mit den bis dahin geführten Interviews und schon rund achtzig Porträts vorliegen. Und ich hatte die Geschichten dazu im Kopf. Es wäre schade gewesen, diese nicht zu veröffentlichen. Sie waren mir zu wertvoll.

Die Mühen der Ebene. Michaels Ausstieg war eine Zäsur. Als ich mich selbst anschickte, das erste Kapitel aufzuschreiben, wurde mir klar, dass das Buch eine neue Struktur braucht. Die Interviews spiegeln die Geschichte der modernen Windenergienutzung bis in die Gegenwart unter sehr aktuellen Aspekten. Und sie stellen aus der Sicht der Protagonisten zahlreiche Argumente für die Nutzung der Windenergie aus erster Hand dar. Um diese erzählte Historie für eine breite Leserschaft aufzuarbeiten, suchte ich eine geeignete Form, die einzelnen, sich in vielen Teilaspekten überschneidenden Geschichten miteinander zu verknüpfen.

Dabei war mir aber auch klar geworden, dass sich dieses Konzept nur mit professioneller Hilfe umsetzen ließ. Es lag für mich nahe, mit Journalisten zu arbeiten, die in das Thema involviert sind. So fragte ich die Redaktion des BWE-Magazins Neue Energie – die bestand damals aus Christian Hinsch und Ralf Köpke sowie Andrea Horbelt als Volontärin – ob sie das Projekt mit mir fortsetzen möchten. Ich wendete mich auch an Bernward Janzing, der als freier Autor für die Neue Energie schreibt. Wir trafen uns am 17. November 2000 bei einem

Medienforum im Ökozentrum Hamm. Alle sagten zu. „Windgesichter“ ging in eine neue Runde.

Als weitere Autoren gewann ich auf der Hannover Messe 2001 Dierk Jensen und auf der HusumWind 2001 Nicole Paul. Ich verteilte die Bänder mit den Interviews, gab Textinhalte vor. Wir führten weitere Interviews, das Wissen verdichtete sich, die Formen wurden konkreter und die Geschichten immer wieder aktualisiert. Was folgte, waren die Mühen der Ebene. Ich bekam erste Texte, ergänzte sie um die von mir recherchierten Informationen, sortierte sie mit dem Blick auf das Gesamtkonzept und schickte sie zum Überarbeiten zurück. Es ging mehrmals hin und her.

Dierk und Ralf unterstützten das Projekt dabei weit mehr, als es der enge Rahmen von Autorenhonoraren hergab. Sie konnten mir bei diesem Marathon „das Wasser reichen“. Das war besonders auf den langen Durststrecken sehr hilfreich. Ralf hat alle Texte stilistisch überarbeitet und vereinheitlicht. Mit Dierk habe ich die Texte auf den Bildseiten in eine Form gebracht. Inhaltlich liefen die Fäden bei mir zusammen. Es wurde eine dauerhafte, intensive, kritische und freundschaftliche Zusammenarbeit.

Wir gingen mehrmals gemeinsam in Klausur, auf Pellworm, in Hamburg, in Radebeul, zuletzt in Essen. Es waren sehr produktive Zusammenkünfte. Edith Walderbach, Michael Kottmeier, Stefanie Liebe und Walburga Fleischer boten dem „Redaktionsteam“ herzliche Gastfreundschaft. Edith transkribierte darüber hinaus Interviewbänder, Miko fotografierte die „Windpoeten“ bei der Arbeit. Stefanie und Walburga zeigten Geduld und Verständnis für den Zeitaufwand, mit dem sich ihre Lebensgefährten diesem Buch widmeten. Nach dem letzten Treffen Anfang Juli 2005 in Essen war Land in Sicht. Das Projekt „Windgesichter“ ging in seine letzte und hektischste Phase – die Produktion.

Die Hektik der Produktion. Ich hätte definitiv nicht so lange durchgehalten, wenn ich nicht schon sehr früh von Jens Mangelsdorf und Axel Voigt die Zusage zur Umsetzung des Projektes gehabt hätte. Sie hielten sie auch aufrecht, als bei weitem noch nicht abzusehen war, ob und wann es fertig wird.

Jens Mangelsdorf zeichnet für die Gestaltung verantwortlich. Er hatte bereits 2001 einen Grundentwurf für das Buch erarbeitet. Daran konnte ich mich für die weitere Bearbeitung orientieren. Mit viel Liebe zum Detail hat er den Band in seine endgültige Form gebracht.

Axel Voigt gründete in Voraussicht auf die Buchproduktion den Sonnenbuch Verlag. Dass er zunächst ein Kinderbuch herausbrachte, hängt damit zusammen, dass er in den vergangenen Jahren dreimal Vater wurde. Axel koordinierte die Herstellung und machte den nötigen Druck, um das Werk zu vollenden.

Seine Mitarbeiter bei c-macs publishingservice bereiteten den Druck vor. Dabei bewies Liane Zuther Gefühl für die richtigen Farbtöne bei Scans und anschließender Bildbearbeitung. Jürgen Schmieschek sorgte mit Akribie für die typografischen Feinheiten. Andrea Aust steht die Hauptarbeit noch bevor, sie organisiert den pünktlichen Versand.

Viele hilfreiche Hinweise über die Grundlagen beim Verlegen und Herausgeben eines Buches bekam ich von Jürgen F. Boden vom Alouette Verlag in Oststeinbek. Für die Bearbeitung der Texte bekam ich schon früh wertvolle und kritische Anmerkungen von Silke Röttig und Jutta Noack. Una Giesecke sorgte mit ihrem Lektorat dafür, dass die Texte sprachlich in Ordnung und orthografisch auf dem neuesten Stand sind. Den unabhängigen Blick von außen lieferte Erik Braunreuter mit den Texten für den Buchumschlag und die Werbung.

Die Zusagen von acht „Windgesichtern“, die Produktion des Buches vorzufinanzieren, gaben mir Rückendeckung und Vertrauensvorschuss zugleich. Last but not least bekam ich Unterstützung von meinen Eltern Helga und Karl-Heinz Oelker sowie meinem Onkel Klaus Oelker.

Bei allen Beteiligten möchte ich mich recht herzlich bedanken und wünsche viel Spaß beim Anschauen und Lesen. Man wird mir wohl nun öfter die Frage stellen:

„Jan, was machst Du jetzt eigentlich nach Deinem Buch?“

Jan Oelker

Windgesichter – Aufbruch der
Windenergie in Deutschland
Sonnenbuch Verlag, Dresden
ISBN 3-9809956-2-3

Erste Ausgabe 2005

Die deutsche Bibliothek
CIP-Einheitsaufnahme:
Windgesichter – Aufbruch der
Windenergie in Deutschland
Jan Oelker (Hrsg.)
Sonnenbuch Verlag, Dresden, 2005
ISBN 3-9809956-2-3

Sonnenbuch Verlag
Tannenstraße 2
01099 Dresden
Tel: +49-351 81103-0
Fax: +49-351 81103-99
E-Mail: info@sonnenbuch.de
www.sonnenbuch.de

Gestaltung:
Jens Mangelsdorf
E-Mail: info@design-produkt.de
www.design-produkt.de

Gesamtherstellung:
c-macs publishingservice

Druck, Bindung:
Westermann Druck Zwickau GmbH
Printed in Germany

Herausgeber: Jan Oelker

Autoren: Peter Ahmels, Christian
Hinsch, Andrea Horbelt, Bernward
Janzing, Dierk Jensen, Ralf Köpke,
Jan Oelker, Nicole Paul
Zeittafel, Anhang: Jan Oelker

Fotonachweis:
Alle Fotos in diesem Buch von
Jan Oelker (E-Mail: jan.oelker@gmx.de)
mit Ausnahme von:
Sepp Armbrust: S. 14 o., 14 u., 356, 357
Archiv Heiner Dörner: S. 13 o. r., 360 o.
Heinrich Dove: S. 87
Robert Gasch: S. 67 u., 361
Archiv Erich Hau: S. 34 o., 51, 362 r.
Archiv Götz Heidelberg: S. 38
Uwe Hinz: S. 34 u., 48, 362 l.
Aus: Honnef, Windkraftwerke, S. 354
Michael Kottmeier: S. 396 o. l., u. 2.,4. v. l.
Peter Quell: S. 364
Kurt Sauer: S. 371 3. v. o.
Walter Schönball: S. 64
Sönke Siegfriedsen: S. 66 o., 66 u.,
67 o., 68 o., 68 u., 95, 246
Archiv Norbert Wippich: S. 77